“十四五”普通高等教育本科重点系列教材

智能仪器设计基础

主　编　曾翔君
编　写　骆一萍
主　审　汤晓君

中国电力出版社
CHINA ELECTRIC POWER PRESS

内 容 提 要

本书以智能仪器的硬件设计为主线介绍了智能仪器的输入——传感器基础、前向通道设计、微处理器系统设计、后向通道设计以及智能仪器的保护和抗干扰技术。该书的特点之一是基础与应用并重，即注重从器件基本原理出发介绍其应用电路。既介绍基于器件理想特性的电路设计问题，也介绍其非理想特性的影响。另外，书中还列举了很多工程应用实例，便于培养学生解决复杂工程问题的能力。

该书主要面向测控技术与仪器专业或电气工程专业三年级以上本科生和研究生的教学应用，同时也适合广大工程技术人员参考。

图书在版编目（CIP）数据

智能仪器设计基础 / 曾翔君主编 . —北京：中国电力出版社，2020. 10（2023. 1 重印）
“十三五”普通高等教育本科规划教材
ISBN 978-7-5198-4809-5

Ⅰ. ①智… Ⅱ. ①曾… Ⅲ. ①智能仪器－设计－高等学校－教材 Ⅳ. ① TP216

中国版本图书馆 CIP 数据核字（2020）第 128492 号

出版发行：中国电力出版社
地　　址：北京市东城区北京站西街 19 号（邮政编码 100005）
网　　址：http://www.cepp.sgcc.com.cn
责任编辑：罗晓莉
责任校对：黄　蓓　朱丽芳
装帧设计：王红柳
责任印制：吴　迪

印　　刷：北京九州迅驰传媒文化有限公司
版　　次：2020 年 10 月第一版
印　　次：2023 年 1 月北京第四次印刷
开　　本：787 毫米 ×1092 毫米　16 开本
印　　张：23. 25
字　　数：571 千字
定　　价：72. 00 元

前　言

智能仪器是在现代社会的不同领域普遍应用的信息化装置，其设计技术涉及的学科领域非常广泛，包括材料、光学、精密机械、医学、计算机科学、自动控制、数字信号处理和计算方法以及软件工程等。因此，编写一本完全涵盖智能仪器设计各领域知识且具有足够深度的教材是非常困难的事。目前已有的教材在内容选择上主要有两种不同的侧重点：一种主要介绍微处理器接口技术，而另外一种则主要介绍人工智能及专家系统等内容。实际上，把智能仪器设计的内容分为硬件和软件两个部分来审视，会发现硬件相对而言比较通用，而软件则因为智能仪器应用领域不同，往往差异巨大，特别是核心算法和数据处理方法更是如此，例如图像识别算法与电量检测算法之间就存在着显著的不同。

智能仪器的硬件设计所包含的知识点分散在不同的课程中，如，传感器原理、电路理论、电磁场、电子学、自动控制原理、单片机与接口技术、电力电子技术以及电磁兼容等。虽然具有电气和电子背景的工科学生大多数都学习过这些内容，但是如何把这些琐碎的知识进行系统化的梳理，通过一条应用线索把它们融会贯通，则是很多学生均需要面对的问题。本书围绕智能仪器的硬件设计，尝试着把这些知识点串联起来，在已经先修过相关课程的基础上，从应用实际出发，对很多知识点进行了增删。教材既介绍了理想情况下电路的分析和设计方法，又阐述了器件的实际非理想特性对设计带来的影响。需要着重说明的是，作为一本定位为应用基础类的教材，本书对器件原理的介绍占用了大量的篇幅，如，教材介绍了运算放大器的电子学基础、ADC 和 DAC 原理以及存储器的结构和原理等内容。尽管在实际应用中，即使对于这些器件的基本原理不了解，似乎也不会影响对它们的使用，这也是很多应用性较强的课程和教材表现出来去基础化倾向的缘由。但是，在一个强调创新和创业的时代，创新能力的养成是离不开扎实的理论和实践基础的，这也是衡量一个专业人士素养的基本要求。实际上，电子器件和集成电路是构成整个智能化应用大厦的地基，只有很好地掌握了基本原理，才能搞清楚器件的理想特性如何获得，其局限性在哪里以及非理想特性怎么产生和应对，最终设计出符合要求的应用电路。

下面对本书各个章节的内容安排和特点做一个简单介绍。首先，本书基本上围绕智能仪器的典型结构展开论述，包括智能仪器的输入（传感器基础）、前向通道设计、微处理器系统设计和后向通道设计几个部分，最后阐述了智能仪器的抗干扰和保护技术。

第 1 章概述部分，主要阐述了智能仪器的概念、结构和作用。由于智能仪器是以微处理器为核心的仪器，因此基于不同微处理器系统所构造的仪器，其结构和开发方法也不尽相同，本章对此进行了比较。同时，对影响智能仪器形态的一些重要技术领域和方向，例如 MEMS 和纳米传感器、多核微处理器、人工智能（AI）、物联网、大数据和云计算等的概念及研究进展进行了介绍。

第 2 章主要阐述传感器的基本知识，本书选择了不同类型的物性型和结构型传感器，简述了其原理，然后对传感器的不同构成方式进行了总结。对于传感器的应用，关键是掌握其静态特性和动态特性，本章还介绍了对传感器的静态和动态特性进行建模及参数提取的数学和工程方法。

第 3～6 章介绍了智能仪器的前向通道设计。主要围绕前向通道的两个核心集成电路——运算放大器和 ADC 来展开论述。第 3 章从基本晶体管放大电路存在的问题出发逐步引出了运算放大器的设计思想。根据传感器输出的不同信号类型，分别介绍了基于理想运算放大器的电压、电流、电荷放大电路、线性偏移电路以及差分放大器的原理和应用方法。由于数字技术和计算机的应用，电子学中的重要内容——模拟非线性运算电路和振荡器在本书中涉及较少，只保留了模拟乘法器的原理，因为它们在调制解调和相敏检波技术中被普遍应用。对于阻抗的测量，本章介绍了自动平衡电桥技术和微小电容测量技术。最后对于电路中通用阻抗的产生以及有源滤波器的设计进行了阐述。第 4 章主要介绍了运算放大器的静态非理想特性和动态性能限制，其中还对电子电路中的噪声模型、噪声的表征和测量等问题进行了阐述，从而为第 5 章微弱信号的放大技术做了铺垫。作为测量领域的重要内容，微弱信号的放大和噪声消去技术涉及硬件和软件的不同方法，且不完全属于前向通道要解决的问题，本教材将之安排在噪声的基本概念之后，衔接上比较合理。第 6 章介绍了各种类型的 DAC 和 ADC 构成原理，其中高速和高分辨率 ADC 是目前研究的热点领域。

第 7～9 章介绍了智能仪器的微处理器系统设计。微处理器系统的基础是数字电路，因此在第 7 章主要介绍了通用数字电路的设计方法，与传统数字电路的教学内容不同，本教材提出了通用数字电路的设计方法，该方法把组合和时序逻辑电路用离散状态方程来表征，如果物理上实现了该方程，那么也就实现了数字电路的设计。离散状态方程可用基本的门电路以及存储单元（包括触发器和存储器）构造。在介绍了不同的数字电平标准以及各类存储器原理的基础上，阐述了基于宏单元和查找表模型的数字电路设计方法，并利用实例对 ASIC 和 FPGA 内电路级和行为级硬件描述以及基于 IP 核的数字电路设计方法进行了说明。第 8 章则以 MCS-51 单片机为例介绍了微处理器的最小系统设计及其并行和串行接口技术。在对并行接口进行阐述时，作者提出了 Latch-Buffer 的 I/O 接口电路模型，对于如何构造并行外设并实现与微处理器的接口进行了阐述。同时，介绍了在 ASIC 或 FPGA 内如何实现一个复杂外设控制器的通用技术。在对串行接口技术进行阐述时，作者将之分为串行外设接口（以常用的 SPI、I^2C 和 USB 为例）和串行通信接口（包括点对点和网络通信接口）两类。点对点通信以 RS-232、RS-422/485 为例，而网络通信接口则选择了应用广泛的 CAN 总线为例，同时对以太网和无线通信网络 ZigBee 进行了简述。内容的选择一方面是因为这些接口应用比较广泛，另一方面则是为了使学生能够学习基本的数字通信原理及网络协议等内容。第 9 章对高速数字电路的信号完整性问题进行了阐述，对于完整性问题的产生原因、分析模型以及应对方法等进行了介绍。

第 10 章则介绍了智能仪器的后向通道，阐述了基本的功率放大电路设计问题，同时对智能仪器的分布式供电电源技术进行了论述。最后，结合工程实例对智能仪器的抗干扰和瞬态防护问题进行了论述。

在本书编写中，内容的实用性是基本出发点，对于电路分析，重在解释其提出背景、作用和特点，至于所依据的公式一般均简化或直接给出，不做详细推导。另外，教材中所援引的观点和工程实例很多都来自本人在科研实践中的总结。尽管本教材是一本阐述硬件设计的书籍，但是仍然有大量的软件或者数学处理方法的介绍，例如在介绍传感器建模时，插值与最小二乘法拟合等都是必须要提到的，另外，在微弱信号的放大和去噪技术中，还提到了小波去噪以及卡尔曼滤波器，这些内容涉及一些数学推导，本教材对此并没有省略，而是给出了详细的过程。作者希望学生能够从公式推导的过程中充分了解理论产生的背景和思想。总之，对本教材内容的理解需要读者具有一定的背景和基础，它也比较适合高年级本科生以及硕士研究生使用，当然如果能得到该领域硬件工程师们的赞同，则幸莫大焉。

全书的第 7 和 8 章由我的同事骆一萍老师编写，其他章节以及全书的统稿则由本人来完成。在教材的编写中，参考了一些硕博士论文以及网络博客等，文中的图大多数均为本人设计和绘制，也有部分来自参考文献，我们已经尽可能进行了标注，但是如果有任何缺漏的地方，还希望读者及时反映以免引起纠纷。最后，该教材的编写耗时很久，虽不算穷经皓首，但是个中艰辛也不一而足，不过由于有个人能力的不足以及很多内容也超越了作者的背景和经历，难免有错误和疏漏，敬请读者批评和指正。

作者

2019 年 10 月 2 日于西安交通大学

目　录

第1章　概　　述

仪器是人类认识世界的工具，是人们对物质实体及其属性进行观察、监视、测定、验证、记录、传输、变换、显示、分析和控制的各种器具与系统的总称，是测量技术的物质手段和基础。智能仪器（Smart Instrument），是伴随着信息技术（包括测量技术、计算机技术和通信技术）的进步而发展起来的一种新型仪器，如今已经普遍应用于工业生产、军事、医疗卫生以及人们的日常生活中。智能仪器是集传感器技术、计算机技术、电子技术、现代光学、精密机械等多种高新技术于一体的产品，其用途也从传统仪器的单纯数据获取发展为集数据采集、信号传输、信息处理及智能控制于一体的测控系统。

智能仪器的发展对于国家的国防安全、工业生产和社会发展等各个方面均具有重要的作用。在军事上，智能仪器是“战斗力”。在现代战争中，高技术信息化战争已成为主要形式。对战场信息进行遥测和感知，利用卫星和无人机等进行战区监视，对目标进行定位和精确打击已经成为战争的基本手段和模式。其中，安装了各种侦查、监视、搜索和定位传感器及智能仪器的武器装备成为战争主角，可以说智能仪器的测控准确度决定了武器系统的打击准确度，成为重要的制胜因素。在工业生产中，智能仪器是效率的“倍增器”。现代化大生产，没有各种测量与控制设备，就不能正常安全地工作。从流水线工位上的机器抓手到物流领域的自动配送车，从电力系统无人值守的智能化变电站到电力设备在线监测设备实现故障自动预警，从半导体芯片的精细加工到智能化农业大棚温湿度控制及自动喷灌控制等均离不开传感器和智能仪器的应用。智能仪器将人们从大量的繁重体力劳动中解放出来，并降低了生产的危险性，提高了操作的准确度，从而大大提高了生产效率。在科学研究领域，智能仪器是“先行官”。科学仪器是发展高新技术所必需的基础手段和设备，离开了科学仪器，一切科学研究都无法进行。在医疗和健康领域，智能仪器是“医学助手”，各种显像和显影设备、生物体征和病原体检测设备及辅助检查仪器已经是医生离不开的助手，对于疾病的准确和快速诊断起到了不可或缺的作用。智能仪器还是当今社会的“物化法官”，检查产品质量、监测环境污染、检查违禁药物服用、识别指纹和假钞、侦破刑事案件等无一不依靠仪器进行“判断”。可见，智能仪器的应用和发展水平是一个国家科技水平和综合国力的重要体现。

1.1　智能仪器的基本结构和特点

智能仪器是以计算机为核心的测量仪器和控制设备，其典型结构如图1-1所示。传感器对环境量（电量或非电量）进行检测，其输出信号经过前向通道的变换和处理，被模/数转换器（ADC）转换为数字量。微处理器系统通过接口总线（BUS）读取ADC的转换结果，并经过数字信号处理方法或其他软件算法来得到被测环境量的数值，然后通过人机交互设备进行显示。同时，智能仪器的操作人员也可以通过人机交互设备干预微处理器的工作，进行功能选择或者参数设置等操作。微处理器的测量和计算结果还可以通过数/模转换器（DAC）

变换为模拟信号，并通过后向通道的信号处理电路及功率放大器后推动执行机构进行控制动作，实现测控功能。微处理器系统还可以通过各种不同的通信总线与远程计算机（远方监控设备）进行数据交互，上传测量结果或者接收远方设备的操作命令。

作为一个智能仪器，传感器、前向通道和微处理器系统是必不可少的单元，而后向通道、通信接口甚至人机交互设备等则都是可选的，这取决于智能仪器的功能和作用。没有传感器与前向通道的设备无法执行测量功能，因此它至多是一个智能信息产品，如手机和视频播放器等。如果没有后向通道，智能仪器是一个单纯的测量类仪器，而有后向通道时，智能仪器则成为一个测控类仪器。智能仪器的另外一个特点是以微处理器（uP）为核心，这意味着整个测量工作的核心任务是通过微处理器执行软件算法来完成的。如果一个仪器本身包含有微处理器，但是微处理器仅用于处理核心测量任务以外的附加功能，如显示任务，而测量功能仍然是通过传统的模拟电路来完成的，也不能称这样的仪器为智能仪器。

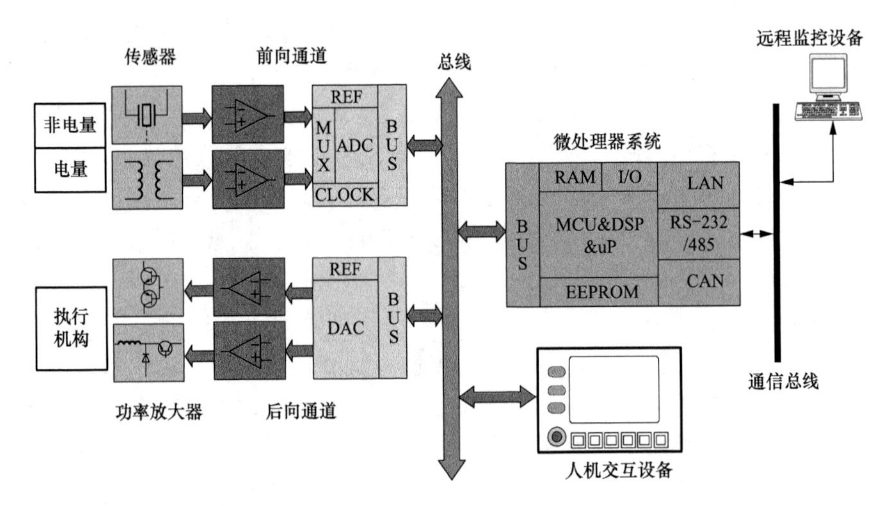

图 1-1 智能仪器的典型结构

相比于传统的模拟和数字仪器，智能仪器具有下列特点：

(1) 更高的测量准确度和稳定度。智能仪器采用对模拟信号的采样和量化技术及基于微处理器的运算来实现核心测量任务，它不像传统模拟仪器那样利用模拟电路来实现加、减、乘、除以及对数和指数等运算功能，因此其测量的准确度及稳定性都有很大的提高。智能仪器的前向通道只需要进行信号的线性放大、偏移以及滤波等处理，而不需要执行非线性运算功能，因此其电路复杂度得到了很大的简化。另外，只要保证 ADC 具有足够的分辨率及线性度，同时其基准源（图 1-1 中 ADC 的 REF）足够稳定，那么信号量化后得到的数字量将具有足够高的准确度，后续对数字量的处理环节是不会产生任何温漂和时漂的。

智能仪器的高准确度还得益于微处理器所执行的丰富的软件算法和强大的处理功能，如对各种数学函数的算法实现以及对代数和微分方程的数值求解等。同时，智能仪器可以采用简单的方法实现量程变换、自动调零、误差自动补偿和修正等技术，能够对包含噪声的信号进行统计特征量的分析，其他技术例如数据融合技术、相关分析及线性相位数字滤波等对于提高测量的准确度都具有重要意义。

(2) 功能多样化。智能仪器通过对信号进行采样，再利用微处理器来计算出特征量，往往通过一组采样数据便可以计算出很多不同的特征量，如，一个周期信号的采样序列可以同时计算信号的有效值、频率、谐波畸变率等特征量。同时，由于采用键盘和液晶显示器（Liquid Crystal Display，LCD）作为人机交互设备，因此在一个LCD屏幕上可以同时显示数值和波形等不同的信息量。另外，利用键盘还可以对测量功能进行切换。这些基本的手段使得智能仪器往往具有多样化的功能，有时增加测量功能只需要修改软件算法，而不需要改变硬件，这与传统模拟仪器有很大区别。智能仪器还能够对多路传感器的输入进行采样、转换和测量（如图1-1给出的多路传感器信号经过多通道ADC进行转换，MUX为模拟多路转换器）。这样，它就能实现更多信号特征的计算，例如阻抗、相位、变比、角差、相关系数、耦合系数等特征量的测量；进一步，还能够实现多信号融合的故障诊断、模式识别以及基于神经网络、支持向量机和深度学习技术的拟合和特征参数辨识等功能。

（3）集成化和模块化。从基本电路来分析，智能仪器是一个复杂的电子系统，然而由于采用了集成电路，因此整个系统的结构复杂度大大降低。对于图1-1给出的典型结构，从前向通道中使用的模拟集成电路—运算放大器和ADC转换器，到微处理器系统中使用的单片机（MCU）和数字信号处理器（Digital Signal Processor，DSP）以及随机存储器（Random Access Memory，RAM）、非易失性存储器（Electrically Erasable Programmable Read-Only Memory，EEPROM）和各种通信接口电路（如LAN、CAN和RS-232/485）等，它们均由集成电路实现，因此集成电路是整个智能仪器的硬件基础。随着大规模和超大规模集成电路的发展，智能仪器的功能和性能也越来越强大。另外，这也使得智能仪器的硬件设计趋向模块化和通用化，核心电路均被集成化了，智能仪器硬件设计的主要工作是根据仪器的功能和性能要求选择不同的集成电路来实现并对其相互之间的电气接口进行设计，从而大大降低了开发难度。半导体芯片的供应商则成为很多高精度或高性能电路的开发商，从而掌握了仪器硬件设计的核心技术。

（4）柔性化。所谓柔性化，即智能仪器的很多硬件功能逐渐被软件化，主要表现在两个方面：一是智能仪器的硬件越来越通用，核心的微处理器系统为通用架构，不同的仪器功能只需要修改软件即可实现。二是微处理器的速度越来越快，原来由硬件完成的测量功能可由软件来替代，软件算法在仪器开发中的分量越来越重。另外，在很多实时性要求高或需要高速处理和运算的场合，智能仪器采用可编程逻辑器件（如CPLD或FPGA）来进行核心电路和算法的开发，尽管从原理上讲这是一种直接硬件设计的方法，但从开发形式上来看则是软件化。

（5）网络化。智能仪器的网络化能力最初来自操作者希望在一个更为舒适的环境中操作仪器，因此为智能仪器配置了通信接口，比较简单的通信接口例如RS-232和RS-485。随着工业现场分布式测控技术的发展，越来越多的测量项目或相距较远的测量对象的信息都希望能够被采集并汇总到一个集中的平台上。在这种需求下，工业以太网（Ethernet）和现场总线等网络技术发展了起来，它们把众多智能仪器或智能传感器进行了连接，构成了一个分布式的测控网络。目前，随着无线通信和互联网技术的发展，利用宽带互联网及无线3G和4G网络，智能仪器的信息能够在更广域的范围内被传递和利用，而智能仪器的形态也发生了重大的变化，从具有完整测量功能的单一仪器迈向“采集终端＋通信网络＋远程服务器”这种更加分布式的形态，利用远程服务器提供的云存储和云计算能力可为仪器操作者提供海量存储资源和高速的计算能力，从而降低投资。

另外，利用数据挖掘和大数据分析等技术对后台计算机接收到的海量测量信息进行特征识别和故障诊断，也是目前智能仪器发展中的一项开创性内容。未来，随着5G技术的应用，智能仪器的发展更加全面迈向物联网时代，智能终端和测控设备在身边无处不在，在很多场合下只要简单地通过手机即可获取到感兴趣的测量信息并远程控制各种具有权限的智能设备。总而言之，网络化是智能仪器的显著特征之一。

（6）可视化。智能仪器的一个重要的发展领域是将测控过程和结果进行图形化的显示和输出。除了常规的三维物体形态的图像输出，还包括对力、温度、电磁和流场等不可见场量的形象化显示，以及对身体器官、组织和细胞、病毒和细菌等的显影和显像。另外，人机交互平台的发展也逐渐向形象化和可视化的方向过渡，从早期的键盘命令输入方式发展到目前的基于触摸和手指点击式的交互平台，以及未来的基于机器视觉的手势或姿态控制等技术。智能仪器的可视化技术涉及对复杂测量对象的建模与基于模型的可视化理论研究，以及利用各种具有图像创建能力的组态软件（例如MATLAB和LabVIEW等）进行软件开发的技术。总之，智能仪器的可视化技术使得科学研究和工业过程监测不再只是识别枯燥的数字，而是更为直观和形象化。

1.2 智能仪器的历史和发展现状

1.2.1 传统模拟和数字式仪器与智能仪器的比较

智能仪器的诞生和发展替代了老式的模拟和数字式仪表，现通过在电气领域常用的万用表作为实例来进行说明。图1-2（a）所示为老式的指针式模拟万用表实物图，这种表只能对电压和电流的平均值或有效值进行单一测量，其内部采用平均值滤波电路或者有效值（整流检波）电路来实现测量，不同的功能需要通过转换开关切换不同的电路来实现，电路输出一个小电流来驱动电磁线圈偏转指示结果。由于指针模拟万用表功能比较简单，成本很低，因此这种表目前还在很多场合被使用。但是显然，这种表的准确度等级是很低的。图1-2（b）所示为数字显示万用表，这种表比图1-2（a）所示的模拟表有了一些进步，但是需要指出的是它们本身的测量原理是相同的，只是其内部对电压（和电流）平均值及有效值测量的电路不再采用分立元件电路来实现，而采用了模拟集成电路（例如有效值测量芯片）。测量芯片输出直流电压，然后通过压控振荡器变换为时钟脉冲，进而通过计数器电路转换为数字量并进行显示。与此相比，图1-2（c）所示为一块智能化手持式万用表。该仪表采用LCD和键盘作为人机接口，其显示内容除了平均值和有效值等数值外，还能显示被测电压和电流的波形，可见其主要基于采样原理及内部包含微处理器系统，因此仪表的功能更为多样，测量准确度也更高。

1.2.2 微处理器系统的历史和发展

智能仪器的产生和发展与集成电路和微处理器技术的发展密切相关，20世纪70年代，美国Intel公司发明了世界上第一款微处理器芯片4044，之后很快研制了8086/8088（X86）系列微处理器，从此打开了大规模集成电路和智能系统的发展之门。很快，IBM公司把Intel的X86系列微处理器（Central Processing Unit，CPU）应用到他们的个人电脑（Personal Computer，PC）上，开创了通用计算机的发展时代。X86架构的PC采用“桥”的方式与扩展设备（如硬盘和内存等）进行连接，故其很容易进行资源的扩展，如增加更多内存和硬盘。随着微处理器硬件性能的提升，总线宽度、内存及输入/输出（Input/Output，I/O）设备的寻址空间均不断扩大，又引入了多总线和流水线架构、多级缓存技术、虚拟内存技术等，并扩展了指令集。因此，直接进行裸机操作或者对硬件编程已经不能适应PC的发展，许多公司致力于操作系统软件的开发，其中以微软公司的命令行MS-DOS系统及随后图形化的视窗（Windows）操作系统最为成功，发展成为PC机的标准系统软件。

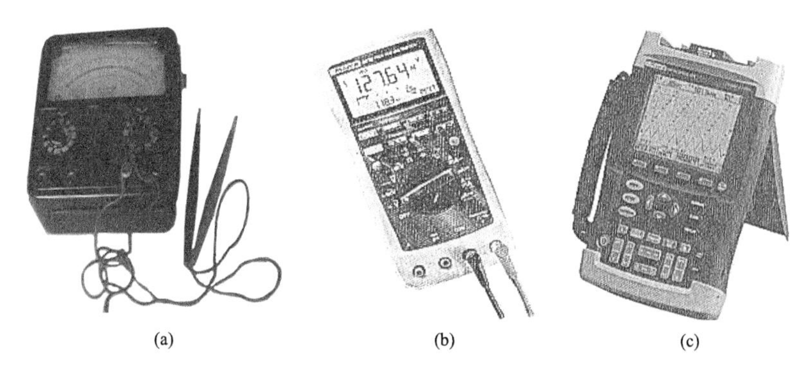

(a) (b) (c)

图1-2 模拟和数字仪器与智能仪器的对比
（a）模拟式万用表；（b）数字显示万用表；（c）智能化数字万用表

X86系列微处理器采用的是复杂指令集（Complex Instruction Set Computer，CISC），其设计目的是要用最少的机器指令来完成所需的计算任务。如，对于乘法运算，在CISC架构的CPU上可采用这样一条指令：MUL ADDRA，ADDRB就可以将存储器地址ADDRA和ADDRB，中保存的数据相乘并将结果储存在ADDRA中。在此过程中，将存储器ADDRA和ADDRB中的数据读入CPU的寄存器，进行乘法运算并将结果写回内存的操作全部依赖于CPU中设计的逻辑电路来实现。这种架构会增加CPU结构的复杂性，但对于编译器软件的开发则十分有利。如，上面的例子，C语言程序中的a＝a＊b就可以直接被编译为一条乘法指令。然而，CISC也存在许多缺点：首先，在这种计算机上，各种指令的使用率相差悬殊，一个典型程序的运算过程所使用的80％指令只占一个处理器指令系统的20％。事实上使用最频繁的指令是“取”“存”和“加”这些最简单的指令。这样一来，致力于复杂指令系统的设计实际中可能很少被用得上，而复杂的指令系统必然带来结构的复杂性，这不仅会增加设计时间与成本，而且也造成CPU的功耗比较大。

针对CISC的这些弊病，工程师们提出了精简指令的设想，即指令系统应当只包含那些使用频率很高的少量指令，并提供一些必要的指令以支持操作系统和高级语言。按照这个原则发展而成的微处理器被称为精简指令集（Reduced Instruction Set Computing，RISC）架构。RISC微处理器的典型代表是ARM系列微处理器。ARM公司最初设计并推出了自己的RISC架构微处理器，但是由于运算性能无法与Intel公司相比，因此其自推芯片的计划没有取得商业上的成功。然而得益于RISC架构，ARM处理器能够实现非常低的功耗水平，因此特别适合于移动通信领域和其他电池供电的便携式设备中应用。后来，ARM公司采用商业授权的方式将其处理器的设计交给其他通信和半导体应用厂商例如Nokia公司、苹果公司以及德州仪器公司（TI）等。这些公司将ARM架构处理器集成到自己的嵌入式系统中，开发出了一系列便携式消费类电子产品，例如PDA、移动电话、多媒体播放器、掌上型电子游戏和电脑外设（如硬盘、桌上型路由器）等。另一方面，针对以ARM微处理器为核心的嵌入式系统，很多软件公司针对其开发了有别于PC机的嵌入式操作系统，当前最主要使用的操作系统是开放式的 Linux。但是针对手机和 IPAD 等通信产品，Google 公司开发的 Android 系统以及苹果公司开发的 iOS 成为主流的操作系统。在今日，ARM 家族占据了所有 32 位嵌入式处理器 75%的比例，使它成为占全世界最多数的 32 位架构处理器之一。

但是，相比于采用 X86 系列微处理器的 PC 及其 Windows 操作系统，以 ARM 为核心的嵌入式系统也存在一些缺点：首先，不同于 X86 架构的 PC 采用"桥"的方式与扩展设备进行连接，ARM 架构的嵌入式系统通过专用的数据接口使 CPU 与数据存储设备进行连接，所以 ARM 的存储、内存等性能扩展难以进行（一般在产品设计时已经定好其内存及数据存储的容量），所以采用 ARM 架构的系统，一般不考虑扩展。其次，ARM 微处理器采用了开源的 Linux 操作系统，几乎所有的不同硬件系统都需要单独构建自己的系统，即需要针对不同的硬件系统进行 Linux 的移植或裁剪，不同的硬件系统使用的 Linux 不能互相兼容，这也导致其应用软件不能方便移植。相比而言，几乎所有 X86 硬件平台都可以直接使用微软的 Windows 系统及现在流行的几乎所有工具软件，所以 X86 系统在兼容性方面具有无可比拟的优势。同时，在软件开发方面，X86 架构比 ARM 架构更容易、更简单、实际成本也更低，同时更容易找到第三方软件（免去自己开发的时间和成本），而且软件移植更容易。第三，在服务器、工作站以及其他高性能运算等应用方面，在不考虑功耗和使用环境等条件时，X86 占据绝对优势。

为了满足工业或民用场合对大量低成本智能化设备和仪器的需要，微处理器的另外一条发展路线是对微控制器（Microcontroller Unit，MCU）或单片计算机的开发。X86 系列微处理器实际上只是一个 CPU，它还需要通过外部总线及桥接芯片组与内存及其他 I/O 设备进行接口才能实现完整的计算机功能，这些电路和设备最终通过计算机主板被连接在一起。但是在那些对体积和成本要求很高的场合，这种配置是不能被接受的。单片机在一个芯片上同时集成了功能较简单的 CPU、存储器和 I/O 接口等，即在一个芯片上实现了一个完整的计算机系统。它不像 PC 那样通用和复杂，不太追求速度和资源的多少，采用较少的程序代码，并完全根据工业需求进行设计。单片机的发展与专用处理器的发展几乎同时进行，在 20 世纪 70 年代末和 80 年代初，Intel 公司推出了 8031 单片机，并在此基础上发展出 MCS-51 系列单片机，奠定了典型的通用总线型单片机的体系结构。尽管 MCS-51 单片机几乎成了行业的一个标准，其内核直到如今仍然被广泛采用，获得了巨大的成功，但是随后 Intel 公司却退出了这个领域，专注于 PC 的核心 X86 系列微处理器的研发。相反，像 Philips、Atmel、ADI、TI、ARM 等这些站在电气或电子技术应用前沿的公司则继续推动单片机向着更高性价比的方向发展。从 20 世纪 90 年代开始，单片机在各个领域开始了全面深入的发展和应用，并出现了许多高速、大寻址范围、强运算能力的 8 位/16 位/32 位通用型单片机，以及各种小型廉价的专用型单片机。如前所述的以 ARM 架构处理器为核心的单片机如今已在移动电子设备中获得了巨大的成功，其主频达到百兆 Hz 甚至 GHz，并集成了声音、图像、网络、复杂的 I/O 系统等，最终在此硬件平台上还发展出了嵌入式操作系统，走上了准通用化的道路。当然，在大多数工业控制领域，仍然需要根据应用要求和价格来选择单片机类型，然后自定制控制设备的硬件系统及直接针对硬件来编写软件。

对于 MCU 而言，由于其集成的 CPU 设计比较简单，因此仅具有有限的数学运算能力，这对于很多要求进行复杂数字信号处理或者图像处理的领域是远远不能满足需要的。在此情况下，另外一种引入了通用处理器多总线和流水线结构，并采用CISC指令集的嵌入式微处理器被设计出来，即数字信号处理器（DSP）。DSP仍然属于单片计算机系统，其内部集成了16位或32位的CPU，具有强大的运算能力，同时还集成了存储器及I/O设备接口。在1982年，TI公司推出了第一块商用的DSP芯片TMS32010，之后随着CMOS工艺的发展，DSP也获得飞速发展，特别是在20世纪90年代以后，以TI公司的DSP芯片为例，它们发展出来了应对移动电话或语音处理的TMS320C5000系列DSP，以及在电气控制领域内应用的TMS320C2000系列DSP，在图像处理领域应用的高性能TMS320C6000系列DSP，均在相关领域获得了广泛的应用。

在嵌入式设计领域，无论是CISC架构的X86系列处理器、RISC架构的ARM处理器还是MCU和DSP等，它们在本质原理上是相似的，都是基于顺序执行指令的方式来完成一个用户任务，不能实现任务的并行处理，这对于某些实时性要求很高的应用场合，速度是不够的。另外，随着微电子技术的发展，设计与制造集成电路的任务已不完全由半导体厂商来独立承担。系统设计师们更愿意自己设计专用集成电路（Application Specific Integrated Circuit，ASIC）芯片，而且希望ASIC的设计周期尽可能短，最好能在芯片进入流片投产前对自己的设计进行验证。同时，更多的应用场合也不希望进行昂贵的流片制造，只希望能够借助一个可定制的通用ASIC平台推出自己的产品。这促使可编程逻辑器件的产生，其中应用最广泛的当属现场可编程门阵列（Field-Programmable Gate Array，FPGA）和复杂可编程逻辑器件（Complex Programmable Logic Device，CPLD）。Xilinx和Altera公司分别是该领域的两个领先企业。

早期的可编程逻辑器件只能完成简单的数字逻辑功能，这一阶段的产品主要有可编程阵列逻辑（Programmable Array Logic，PAL）和通用阵列逻辑（Generic Array Logic，GAL），其输出结构是可编程的逻辑宏单元结构，因而设计具有很强的灵活性和通用性。然而由于过于简单的结构，也使它们只能实现规模较小的电路。为了弥补这一缺陷，20世纪80年代中期。Altera和Xilinx公司分别推出了扩展型CPLD和与标准门阵列类似的FPGA，它们都具有体系结构和逻辑单元灵活、集成度高及适用范围宽等特点。这两种器件兼容了可编程逻辑器件（Programmable Logic Device，PLD）和通用门阵列的优点，可实现较大规模的电路，编程也很灵活。随着超大规模集成电路工艺的不断提高，单一芯片内部可以容纳上百万个晶体管，FPGA/CPLD芯片的规模也越来越大，其单片逻辑门数已达到上百万门，所能实现的功能也越来越强，用户甚至可以将其产品中的整个数字系统都集成到FPGA/CPLD内部。另外，FPGA/CPLD软件包中有各种输入工具、仿真工具、版图设计工具和编程器等全线产品，电路设计人员在很短的时间内就可完成电路的输入、编译、优化、仿真，直至最后芯片的制作。

FPGA/CPLD的诞生提供了一个高速并行电路设计的逻辑平台，且该平台出厂前已经通过了测试，因此可以基于它设计出复杂的并行计算电路，完全摆脱了通用微处理器通过顺序执行指令来完成计算任务的方式，从而可以获得高度的灵活性和实时性。在FPGA内部，可以通过IP核（Intellectual Property Core）技术将不同的电路功能模块集成在一起，从而实现一个片上系统。IP核就是知识产权核或知识产权模块的意思，是指用于ASIC或FPGA中预先设计好的电路功能模块。IP核在电子辅助设计（Electronic Design Automation，EDA）技术开发中具有十分重要的地位，它将一些在数字电路中常用，但比较复杂的功能块，如CPU、FIR滤波器、SDRAM控制器、PCI接口等设计成可修改参数的模块。随着CPLD/FPGA的规模越来越大，设计越来越复杂，设计者的主要任务是在规定的时间内完成复杂的设计。调用IP核能避免重复劳动，大大减轻工程师的负担，并大大缩短产品上市时间。

IP核主要分为软核、固核和硬核。软核是用VHDL（Very-High-Speed Integrated Circuit Hardware Description Language）等硬件描述语言描述的功能块，但是并不涉及用什么具体电路元件实现这些功能。由于不涉及物理实现，软核比较灵活，可进行修改，其主要缺点是在一定程度上使后续工序无法适应整体设计，在性能上也不可能获得全面的优化。硬核提供设计最终阶段的产品：掩膜，并经过完全布局布线的网表形式提供。硬核可以针对特定工艺或购买商进行功耗和尺寸上的优化。但是硬核由于缺乏灵活性而可移植性差。固核则是软核和硬核的折中。对于那些对时序要求严格的内核，在提供代码描述的同时，也可对特定信号分配特定的布线资源，以满足时序的要求。当然，预先指定信号和布线资源有可能影响包含该内核的整体设计。同时，由于内核的建立、保持时间和握手信号都可能是固定的，因此其他电路设计时需要考虑与该内核进行正确的接口。另外，如果固核内包含固定布局或部分固定的布局，那么还将影响其他电路的布局。

1.3 基于不同微处理器系统的智能仪器结构

1.3.1 基于PC的智能仪器

以PC通用计算机平台为核心构建智能仪器，可以充分利用PC的硬件和软件资源，缩短开发时间，实现复杂的测量算法及丰富的图形显示效果。以PC为核心的智能仪器技术最著名的代表是美国NI公司开发的虚拟仪器（Visual Instrument）技术。基于PC的虚拟仪器硬件和软件架构如图1-3所示。

在PC提供的通用硬件基础上，可通过其扩展的外设部件互连（Peripheral Component Interconnect，PCI）总线插槽安装数据采集板卡（Data Acquisition，DAQ），而仪器所用到的传感器及其调理电路一般需要用户进行选择和设计，其输出信号被接入DAQ中，这样就完成了整个仪器硬件的搭建。DAQ的核心是多通道的ADC和DAC以及数据缓存器，它们构成了基本的模拟量输入和输出通道（或称模拟I/O）。另外，DAQ上还包含数字I/O接口，可用来检测输入开关量的状态或者输出开关控制量。PCI总线是一种独立于CPU的32位或64位数据宽度的同步并行总线，其工作频率有33MHz和66MHz两种，目前主流的是32位数据宽度和33MHz频率，因此它每秒能够传输132MB的数据；如果升级到64位，其数据吞吐量可达到每秒264MB（对于33MHz主频）或528MB（对于66MHz主频），这是其他计算机总线难以比拟的。因此，PCI总线可大大缓解I/O设备的数据吞吐瓶颈，适应高速数据采集和传输的需要。目前，除了PCI总线，很多DAQ也通过USB总线与PC相连接。

虚拟仪器的核心特征是利用软件来构造一个仪器的测量功能，包括其显示和操作面板等都由软件虚拟生成。如图1-3所示的基于PC的硬件平台及Windows操作系统，用户可以采用C/C++及其他高级语言在Windows环境下开发仪器的应用程序。NI公司开发的LabVIEW软件是一种图形化的高级编程语言，它不仅预定义了很多图形控件来实现仪器的虚拟按键、开关、旋钮、显示屏、数据框和示波器等，还通过图形符号实现加、减、乘、除运算以及可调用各种函数和算法实现仪器的测量功能。它还通过不同的图形框实现条件判断语句、循环语句以及分支语句等逻辑结构。这些对于熟悉计算机仿真软件（如 MATLab/Simulink）的使用者来说是非常直观和方便的（LabVIEW 本身可以调用或嵌入 Matlab 的函数）。另外，如果在 PC 上安装 NI 公司开发的不同类型 DAQ 板卡，它们能够直接被驱动并在 LabVIEW 开发环境中载入其图形控件，因此用户可以很快建立起一个虚拟仪器的应用程序（在 LabVIEW 中被称为 VI）。当然，用户也可以自己开发 DAQ，但是需要为其开发 LabVIEW 的驱动程序，相对比较复杂和耗时。

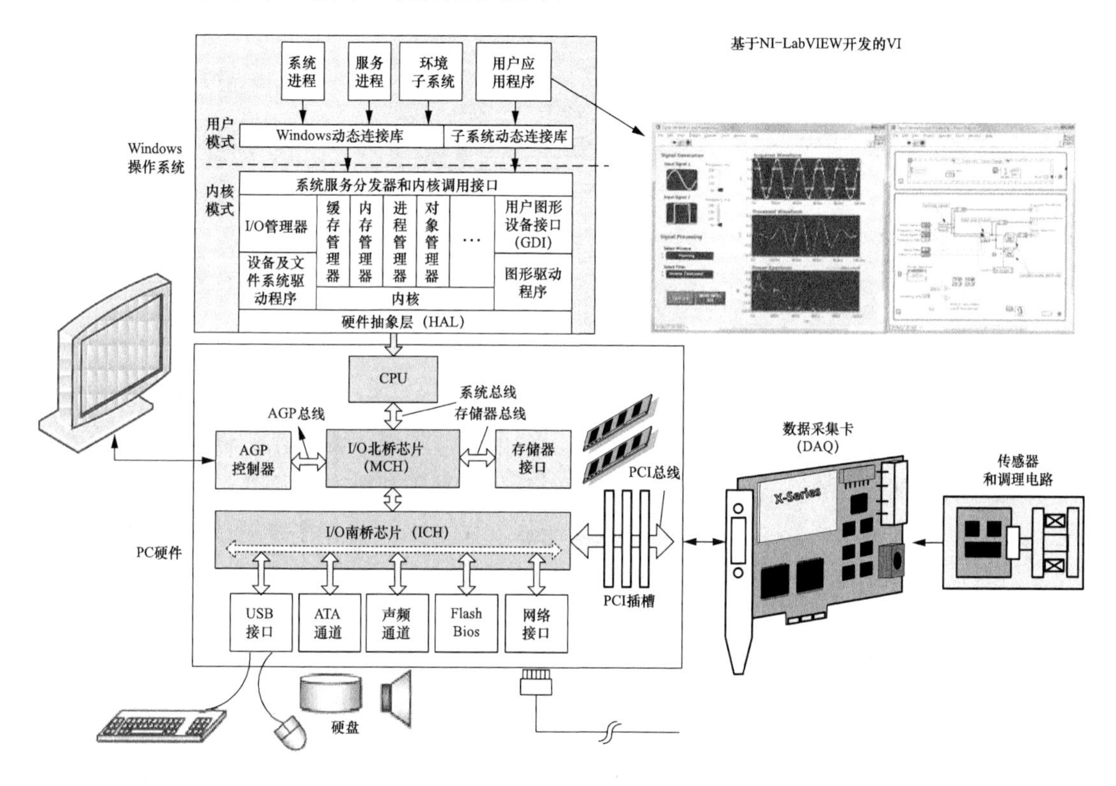

图 1-3 基于 PC 的虚拟仪器硬件和软件架构

直接采用普通 PC 来实现一个虚拟仪器，虽然方式很灵活，但是在工业现场应用中往往需要解决电磁兼容性等问题，同时其结构形式也不适合进行仪器功能的扩展。如，一个测量任务需要多 DAQ 来完成时，这种结构无法实现不同 DAQ 之间的同步采样。为了解决这个问题，工业界还提出了基于 VXI 或 PXI 总线的虚拟仪器形式。图 1-4 所示为基于 PXI 平台的虚拟仪器的结构。

PXI 在 1997 年完成开发，并在 1998 年正式推出，它是为了满足日益增加的对复杂仪器系统的需求而推出的一种开放式工业标准。PXI 是以 PCI 及 CompactPCI 为基础再加上一些 PXI 特有的信号组合而成的一个架构。PXI 继承了 PCI 的电气信号，使得 PXI 拥有如 PCI 总线的极高传输数据的能力，有高达每秒 132～528MB 的传输性能，且两者在软件上也是完全兼容的。另外，PXI 采用和 CompactPCI 一样的机械外形结构，因此也能同样享有高密度、坚固外壳及高性能连接器的特性。如图 1-4 所示，一个 PXI 系统包含一个机箱、一个 PXI 背板、系统控制器及数个外部设备模块（模拟和或数字 I/O 卡）。PXI 背板为系统控制器与外部设备模块之间提供PXI总线，同时也提供同步触发信号，因此能够实现各个子模块之间的同步触发和运行。图1-4中的PXI Express是另外一种基于PCI-E的串行点对点总线，它能够实现更高的数据传输速率，并且由于资源专属，它不会因为接入模块的增加而降低数据带宽。

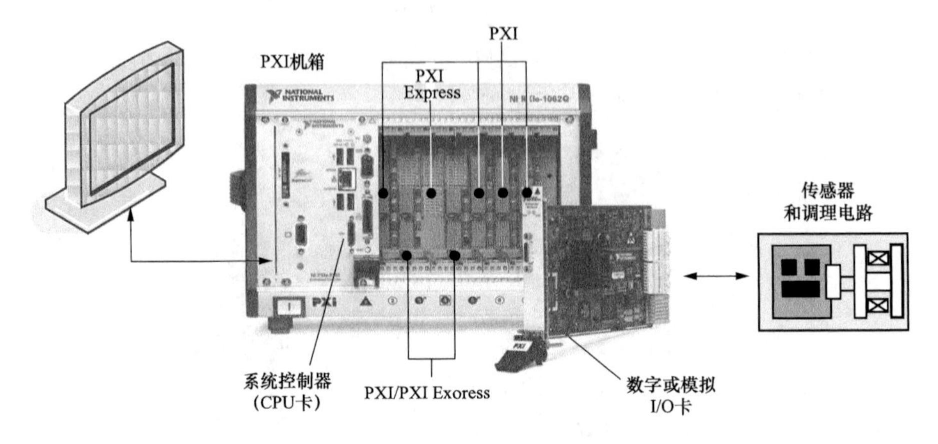

图1-4 基于PXI平台的虚拟仪器

基于PC的虚拟仪器也存在一些显著缺点。首先，由于其应用程序运行于Windows操作系统平台上，因此限定了仪器的动态响应能力。如图1-3所示，Windows操作系统是一个包括内核模式和用户模式的复杂多任务非实时操作系统，它需要处理很多系统进程、服务进程及用户应用程序进程。每个进程又被分成很多线程，Windows操作系统通过线程调度机制来为每个进程的执行分配CPU资源，因此任何进程的执行都不可避免地会受到其他进程的影响，从而降低执行的效率。Windows是基于消息机制的操作系统，任何事件的执行都是通过发送和接收消息来完成的。如果CPU被某个进程占用，或系统资源紧张时，发送到消息队列中的消息就暂时被挂起，得不到实时处理。同时，Windows操作系统已经对计算机底层硬件的访问进行了封装，用户不能直接对硬件进行访问，而硬件中断等事件也是通过消息机制来传递给进程的。这种机制使得Windows环境下对采样事件只能达到毫秒级别的响应速度，这对很多高速采样的场合来说是远远不够的。因此，虚拟仪器本身要求DAQ通过自身的硬件完成对信号的高速采样和缓存，PC只用于后续的数据处理。虚拟仪器的第二个主要缺点是体积庞大并且价格昂贵，这也限制了它在很多嵌入式和低成本场合的应用。

1.3.2 基于嵌入式微处理器和操作系统的智能仪器

基于ARM微处理器的智能仪器相比于PC更适合在嵌入式场合应用，因为其具有高度集成化的结构及更低的功耗。前面已经介绍过，ARM微处理器被很多半导体应用公司作为内核集成在其单片系统上，得益于ARM的RISC架构及先进的集成工艺，ARM微处理器的主频目前已经达到了1GHz以上，如ARM Cortex A8处理器。同时，这些应用公司还在其ARM单片系统中集成了图形控制器、LCD显示控制器、工业现场总线控制器、USB和以太网控制器等，还集成了DDR（Double Data Rate）存储器和NAND Flash存储器接口及各种简单串行外部设备和通信接口等，基本上实现了一个功能完整的片上计算机。图1-5左边给出了TI公司的Cortex-A8 AM335x系列微处理器的内部结构。

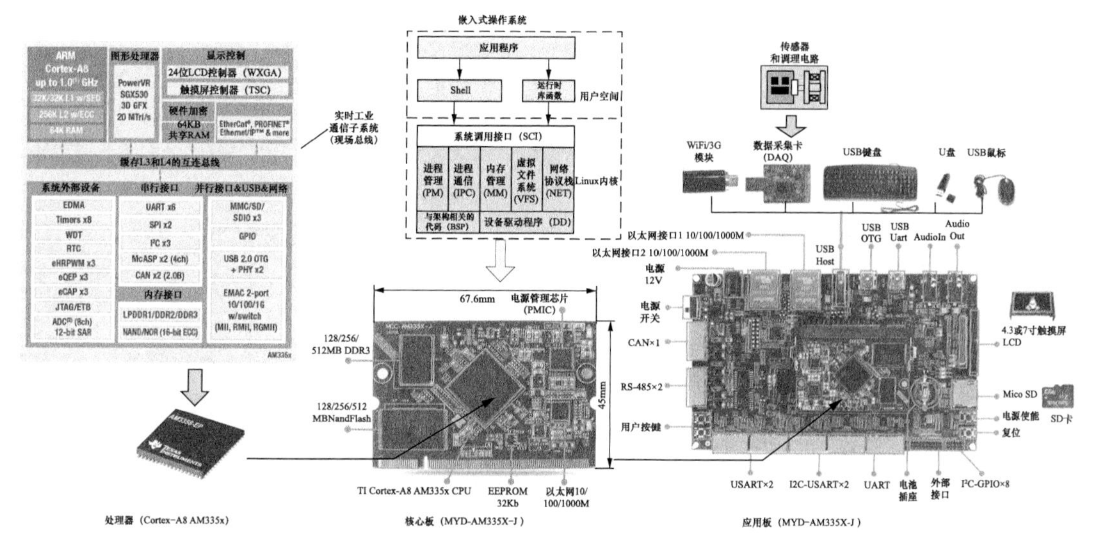

图 1-5　基于 ARM 微处理器和嵌入式操作系统的智能仪器结构

对于这种高度集成的嵌入式微处理器，半导体应用公司一般会通过高密度印刷电路板为其配置必要的电源管理芯片（Power Management IC，PMIC）、DDR 存储器和 NandFlash，构成了可商用的核心板。核心板的存储器容量按照可以运行一定版本嵌入式操作系统内核的原则来配置。目前，普遍应用的嵌入式操作系统大都采用 Linux 内核。用户可以购买核心板，然后根据自己的需求开发应用板，配置对应的外设接口。由于大多数外设的控制器均集成于处理器中，因此在应用板上一般只需要配置外设的电平变换电路及插座和连接器等，故开发难度和周期均大大降低。图 1-5 中图给出了 TI 公司推出的基于 ARM335x 系列微处理器的核心板 MYD-AM335x-J。同时，为了方便用户的使用，TI 公司也推出了应用板 MYD-ARM335x-J，并给出了对应的原理图（图 1-5 右图），以方便用户参考此应用板定制自己的硬件。应用板上可以安装标准的 USB 键盘、鼠标等输入设备及 LCD 等（当然，目前主流方案均通过触摸屏替代前述设备）。对于智能仪器的开发，用户需要开发独立的 USB 接口 DAQ，再与应用板相连接（也可以直接利用 ARM335x 的内置 ADC 实现采样功能）。可见，这种基于 ARM 微处理器的嵌入式系统需要根据自身需求进行应用板及数据采集卡的开发，属于硬件半定制的系统。

为了使应用程序的开发更容易，嵌入式微处理器系统往往不进行裸机的编程，而是需要为其移植一个嵌入式操作系统，并在该操作系统下完成对应用程序的开发。与 PC 的 Windows 系统不同，嵌入式操作系统是一种代码量很小，而且其运行仅需要较少的硬件资源的操作系统。为了抢占便携式智能设备的市场，很多公司都推出了其嵌入式操作系统，如 Windows CE、VxWorks 等，但是目前应用最广泛的是各种基于 Linux 内核的嵌入式操作系统。大多数应用之所以会采用嵌入式 Linux 内核，其主要原因包括：首先，Linux 的内核很小，占用资源少，且运行效率高，稳定性好。其次，Linux 内核是源码开放的，只要遵守 GPL（GNU General Public License）规定，任何人都可以免费使用该内核。由于开源性使得众多自由软件开发者能够针对内核进行修改，目前全球有几百家公司和几千名工程师参与 Linux 内核代码的编写及修改工作，而非营利性的 Linux 基金会则定期公布更新后的 Linux

内核版本，因此其内核更新速度很快。第三，Linux 内核可以根据硬件资源和需求的不同进行裁剪，除了其核心代码外，其他功能例如不同类型的文件支持、网络协议栈以及设备驱动等都可以通过编译器对相应的宏定义进行禁用来从代码中剔除。另外，Linux 操作系统是微内核机制，像图形显示接口（Graphical User Interface，GUI）这类功能并不包含在其内核中，仅仅在需要图形功能时才进行添加。第四，由于免费和开源，众多公司和软件爱好者针对不同的微处理器系统进行了大量 Linux 的内核移植工作，使得该内核广泛支持各种 CPU 平台。另外，Linux 还带有全面的网络通信协议的支持以及可以找到完善的对视频和无线产品的驱动程序支持。

图 1-5 给出了基于 Linux 内核的嵌入式操作系统的一般结构。可见，嵌入式 Linux 内核是一个支持多任务处理的操作系统内核，其主要功能分为 5 个部分：①进程管理器（Process Manager，PM），控制应用程序进程对 CPU 的访问，当需要选择下一个进程运行时，由调度程序选择最值得运行的进程；②进程间通信（Inter-Process Communication，IPC），支持进程间各种通信机制；③内存管理器，允许多个进程安全的共享内存区域；④虚拟文件系统（Virtual File System，VFS），它为文件系统提供了一个通用的抽象接口，使得上层应用程序编写者不关心文件的类型和实现细节，只需要通过 Open、Close、Read 和 Write 等操作对文件进行访问即可；⑤网络协议栈，提供了分层结构的完整网络协议栈。除此以外，内核的底层是设备驱动程序以及与微处理器硬件架构相关的板上支持包（Board Support Package，BSP），而上层则是系统调用接口（System Call Interface，SCI），为应用程序使用内核提供调用函数（API 函数）。完整的操作系统还需要在内核基础上添加 shell（命令解释器，用于与操作系统的交互）、运行时库函数以及图形显示（GUI）等可选择功能。

ARM 微处理器和嵌入式 Linux 操作系统也存在一些缺点：①支持多任务的标准 Linux 操作系统强调平衡各进程之间的响应时间来保证公平的 CPU 占用，通常采用固定时间片的分时调度算法，内核不能抢占，这会导致高优先级的任务不能得到及时响应。同时，Linux 操作系统在进行中断处理时会关闭中断，这样可以更快、更安全地完成自己的任务，但是在此期间，即使有更高优先级的实时进程发生中断，系统也无法响应，必须等到当前中断任务处理完毕。这种状况下会导致中断延时和调度延时增大，降低 Linux 操作系统的实时性。第三，Linux 的时钟粒度不高（时钟粒度即系统能提供的最小定时间隔，它与进程响应的延迟性呈正比关系，但较小的时间粒度会导致系统开销增大，降低整体吞吐率）。在 Linux 2.6 内核中，时钟中断的发生频率在 50～1200Hz 范围内，周期不小于 0.8ms，对于需要几十微秒的响应精度的应用来说显然不满足要求。总之，尽管 Linux 在定时准确性、任务切换时间以及对硬件中断响应的时间方面已经比 Windows 操作系统有了很大提高，但相比于 VxWorks 等强实时系统仍然只是一个软实时性系统，不能满足实时检测和控制要求。②嵌入式 ARM 处理器最大的能力在于实现各种网络和通信接口，因此其数学计算能力不优秀，也没有很多类似 Windows 操作系统下的数学工具和软件算法支持。③在智能仪器的开发上，需要定制部分硬件，特别是关键的 DAQ，并必须为此编写驱动程序，这就需要深入学习 Linux 内核原理及相关编程技术。

1.3.3 基于 MCU 和 DSP 的全定制化智能仪器

基于 MCU 和 DSP 的全定制化智能仪器是由用户根据应用需求围绕 MCU 或 DSP 完全独立的设计仪器的硬件并开发相应的软件，它是最传统的智能仪器开发方法，当然也是最灵活的一种方式。它的主要优点是用户可以根据应用需求设计出集成度高、体积小或者功耗足够低的硬件。另外，仪器的硬件资源完全对用户开放，因此用户可以设计出满足高度实时性要求的程序。但是，这类仪器要求设计者必须具备足够的硬件和软件开发能力及丰富的经验积累，研制周期长，难度相对比较高。开发者不仅要掌握仪器硬件的设计和调试方法（包括对模拟电路、数字电路和微处理器系统及供电电路的设计），也必须掌握按键和显示等人机接口程序及核心测量算法的编写，还要解决仪器的电磁兼容问题，并且能够根据现场使用条件对关键电路实施防护等。因此，这种仪器一般只适合那些功能要求相对比较简单的应用场合，对于那些要求丰富的图形化显示界面及具有复杂功能的应用需求，由于其开发周期和工作量太大，因此，是很不经济的。本书主要阐述这种仪器的硬件开发方法。

1.3.4 基于FPGA的智能仪器

通用微处理器采用顺序执行指令的方式来实现一个测量和控制任务，这种模式的实时性取决于指令代码的长度及微处理器的运行速度，因此对于一些高速信号的采样和处理，基于通用微处理器往往不能满足实时性的要求，此时就需要直接采用硬件电路和并行方式来对信号进行处理。目前，普遍采用的做法就是基于FPGA来实现智能仪器中高实时性及高速处理电路的设计。图1-6所示为基于FPGA的四通道高速ADC数据采集电路原理。

图1-6中，AD9229是ADI公司的一个四通道、采样率为50/65MS/S的12位高速ADC，其数据输出接口为高速差分串行总线，最高速率可达到780MHz。当基于AD9229设计一个采样频率为50MHz的四通道采集板时，4个通道的数据需要在20ns内被处理器完全读取，如果采用通用处理器顺序读取，那么每个通道的数据读取时间仅有5ns。可见，采用通用处理器要在这么短的时间内来进行数据的读取和结果的存储是十分困难的。图1-6给出了基于Xilinx的Spartan-6 FPGA实现的一个采集电路。AD9229的4组高速差分串行总线可同时输入FPGA的高速差分输入引脚（Spartan-6 FPGA的差分引脚可实现1080Mb/s的数据传输速率），12位的采样数据以串行数据流的形式被传输到FPGA内部的串入并出高速移位寄存器。每当完成一个采样数据的接收，则会被立刻写入一个先入先出队列（First Input First Output，FIFO）中。FIFO中数据的读出则由DDR读写控制器来完成。DDR动态存储器（DDR DRAM）是一种可以在输入同步时钟的双边沿进行数据输出和输入的动态存储器，图中，它们组成一个存储阵列，当触发条件满足时用来存放指定长度的采样数据。在对DDR存储器进行读写时，需要经过行激活、发送列地址及发送读写控制命令等操作，这些操作完成后，便可以在时钟的双边沿进行数据的写入或读出。FIFO用于在此期间暂存采样数据，确保DDR存储器的操作能够完成。图1-6中FPGA采用200MHz的时钟，如果将它作为DDR存储器的控制时钟，那么在20ns的采样周期内DDR控制器可以实现最多8个采样数据的读或写，可见DDR控制器的数据吞吐速率要大于AD9229的数据产生速率，可确保FIFO不会溢出。DDR存储器中的数据可被与FPGA相连接的MCU或DSP读取，然后进行数据处理，或者将采样波形进行显示。DDR控制器通过另外一个FIFO与MCU或DSP进行数据交换。在FPGA内，4个采样通道产生的数据均完全并行地被读取和存储，因此可以有效满足实时性的要求。

尽管FPGA具有通用微处理器所不具备的并行设计能力及高实时性的特点，但是它的重要缺点之一是设计自由度不高，并且存在资源限制。对通用微处理器编写和修改软件代码总

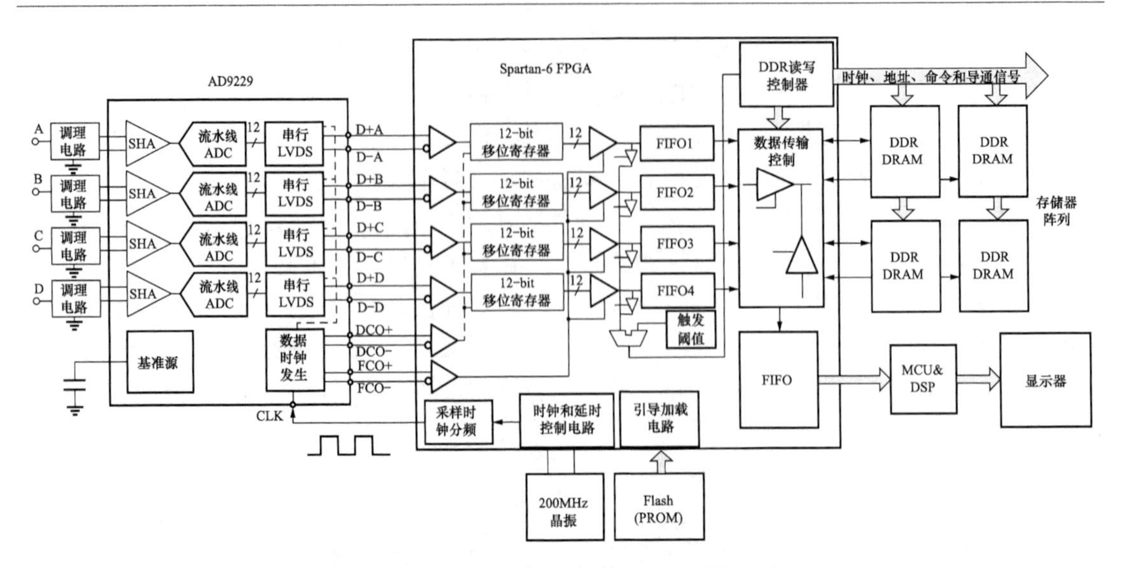

图 1-6 基于 FPGA 的四通道高速数据采集电路原理

是比修改 FPGA 的设计更方便，而且只需要通过扩展存储器资源即能容纳更多的指令代码和数据，而 FPGA 的逻辑门则无法由用户自由扩展。因此，目前很多公司在其智能仪器架构中往往都是将通用微处理器与 FPGA 进行复合应用。NI 公司开发的 CompactRIO 嵌入式控制器便是这种典型的复合结构，其原理如图 1-7 所示。

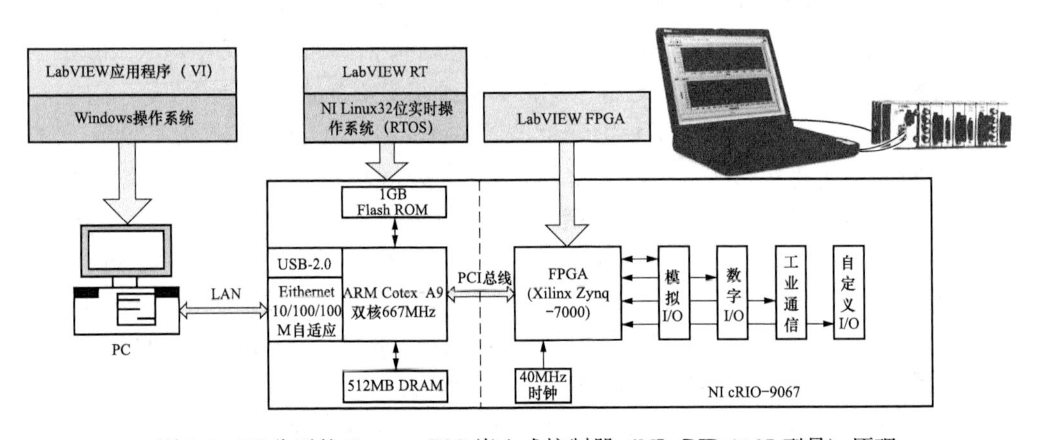

图 1-7 NI 公司的 CompactRIO 嵌入式控制器（NI cRID-9067 型号）原理

cRIO-9067 控制器内部包含一个 Xilinx Zynq7000 FPGA 以及一个 667MHz 的双核 ARM A9 处理器，并扩展了 1GB 非易失性存储器及 512MB 的 DRAM。两个处理器之间通过 PCI 总线相连。在其紧凑的机箱上还扩展了很多设备插槽，这些插槽上的接口信号直接与 FPGA 相连接。NI 公司提供了各种模拟采样 I/O 板、数字 I/O 板及工业通信板等，用户也可以设计自己的 I/O 板。用户可以利用该控制器设计出兼顾实时性及应用灵活性的智能仪器。由于设备 I/O 直接与 FPGA 相连接，因此在 FPGA 内可以设计实时性要求高的数据采集或高速输入/输出电路，甚至一些需要被实时完成的数学运算。ARM 处理器上则安装并运行一个 32 位 Linux 内核的实时操作系统（Real Time Operating System，RTOS），用户可以在该平台上开发一些更复杂但执行时间要求宽松的计算程序，同时 ARM 处理器还提供了 USB 和以太网接口，允许控制器与PC相连接，并在PC上开发更多时间和资源消耗大的计算程序或者丰富的图形显示程序。NI公司基于LabVIEW开发工具为每个层级的软硬件设计均提供了图形化的设计方法，包括PC层上的VI程序、ARM微处理器上的RT程序及FPGA内的LabVIEW FPGA硬件设计，各层之间的数据传输与交互均通过图形控件来完成，用户不必关心实现细节。

1.3.5 测控网络和系统

对于一个包含众多测量和控制对象的系统，单一的智能仪器不可能完成所有的测控任务，这就需要把这些智能仪器组网运行，并为此发展出了各种不同类型的现场总线或者工业控制网络。测控网络已经普遍应用于工业或者民用领域，如一个汽车内部的电子系统，它们把分布于全车各处的传感器信息进行采集并在行车计算机上集中显示。再如，广泛分布于各个居民小区、厂矿企业、政府机构的视频和安防系统，它们把分散安装在各处的摄像头的视频数据进行采集并上传到主监控室等等，这些都是典型的测控网络的实例。图1-8所示为应用于电力系统10～35kV配电网的智能配电监控系统的结构原理[1]。

输配电网的安全依靠变电站内的断路器和开关等设备通过智能化微机保护装置进行保护，同时还要接受远程主机的调度控制。另外，各种电量检测、温湿度等环境量测量及故障在线监测等电力仪表的结果也需要上传到站内的监控主机。如图1-8所示，继电保护控制器和电气仪表通过本地现场总线（RS-485、ModBus及基于IEC 60870-5-103或IEC 61850规约的局域网等）组网，在网络关口经过数据采集器和网络交换机与站内主机联网（通过光纤以太网），从而构成一个分布式测控网络。首先，该系统一方面可以采集各回路的电参量、非电量及开关状态量，结合电气主接线图予以显示，并通过系统操作，实现断路器和开关的远程分合闸控制及遥调操作。其次，系统与继电保护装置和电气仪表通信，实时读取变电站运行中的各类异常状况及参数，也可以在系统软件中设置遥测越限值产生告警事件，指导操

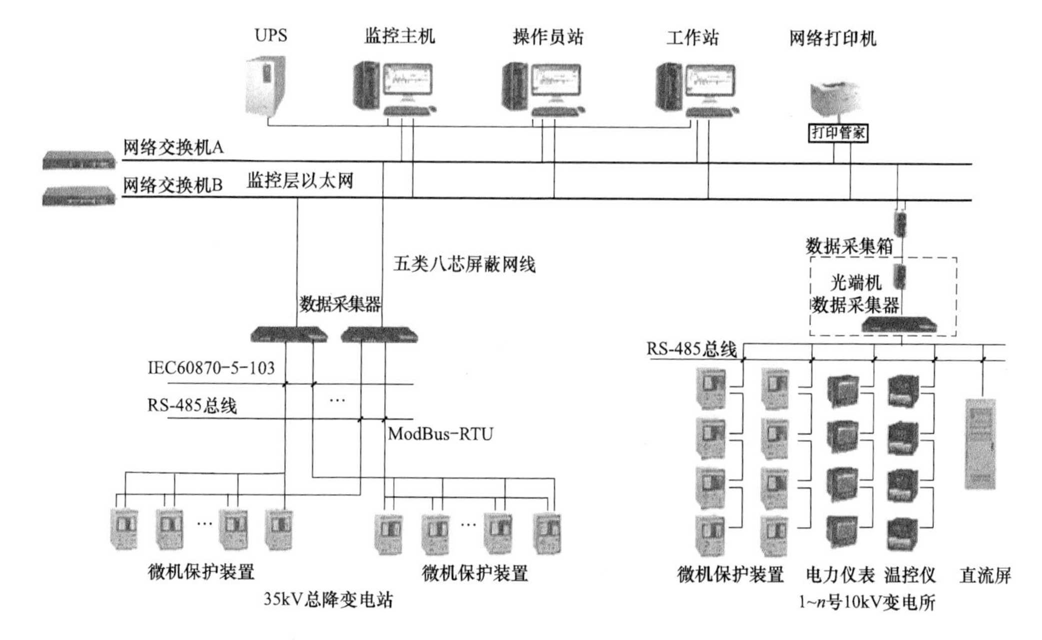

图1-8 智能配电监控系统实例—环形光纤双机双网结构原理图

作员执行规定操作。第三，系统可以进行故障录波和事故反演（在事故发生后，重放事故前后的系统重要参数，准确直观地进行事故分析，查找供电系统隐患），用于分析故障产生的原因和责任认定。第四，提供灵活的报表生成工具，统计参量包括电流、电压、功率、电能量等，可自动生成报表、曲线图和直方图等。可见，这样一个智能化的测控网络可以实现丰富的功能，是当前电力系统稳定安全运行不可或缺的工具。

1.4 智能仪器的发展趋势

1.4.1 MEMS和纳米传感器

传感器（Micro Electromechanical Systems，MEMS）即微机电系统传感器，它是利用微电子和微机械加工技术制造的传感器，涉及电子、机械、材料、物理学、化学、生物学、医学等多种学科与技术。如，在一个硅基片上通过掩膜、光刻、碱溶液腐蚀或者等离子刻蚀等工艺制作一个微型弹性硅梁（弹簧）和质量块，并在硅梁上通过沉积工艺来制作金属层，形成电极，这样就构造出一个MEMS电容式加速度传感器。图1-9（a）所示为这种传感器的典型结构，当图示方向产生加速度时，质量块将带动硅梁产生位移，从而导致极间电容 C_1 和 C_2 发生变化，最终将加速度转变为电参量。图1-9（b）所示为显微镜下MEMS传感器的实物照片，可见传感器部件的尺寸均达到 μm 级别（图底给出了一个20μm的尺寸参考线）。MEMS传感器可以和一个ASIC芯片进行混合封装，ASIC集成了模拟调理电路及ADC转换器等，从而形成一个功能完整的数字量输出集成芯片，如图1-9（c）所示。有些MEMS传感器可进一步集成微处理器和通信接口，形成智能化的传感器。

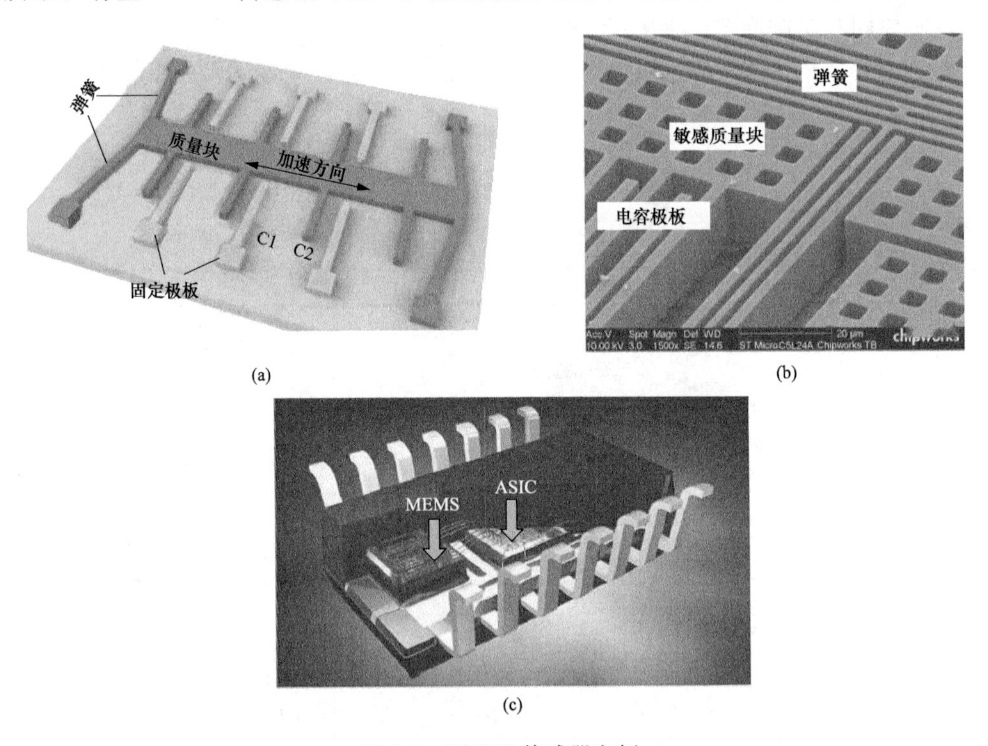

图1-9 MEMS传感器实例

（a）MEMS加速度传感器典型结构；（b）实物照片；（c）MEMS与ASIC的集成

这样的MEMS传感器已经被广泛应用于手机、汽车、安防设备、工业控制、环保、医疗、物流等领域，甚至在航天和军事领域也被广泛采用。与传统的传感器相比，MEMS传感器在体积、质量、成本、功耗及可靠性等方面都具有极大的优势，因此是目前智能仪器发展的重要方向之一。

在最近这些年，工艺技术的发展使得MEMS传感器的尺寸更进一步减小，已达到了更低的纳米级别（0.1～100nm），或者说传感器与待检测物体之间的距离达到了纳米级别。由于该尺寸已经接近原子的尺寸大小，因此基于量子效应的一些独特性质使得传感器具有传统传感器所不能实现的功能。如，纳米技术被引入化学和生物传感器领域后，提高了检测性能，并发展了新型的传感器。该种传感器对生物分子或者细胞的检测灵敏度均大幅提高，检测的反应时间也得以缩短，从而可以对癌症、心血管疾病等进行早期诊断。利用碳纳米管和其他纳米微结构的化学传感器能够检测氨、氧化氮、过氧化氢、碳氢化合物、挥发性有机化合物及其他气体，与具有相同功能的其他分析仪相比，它不仅尺寸小，而且价格便宜。另外，利用一些纳米材料的巨磁阻效应，已经研制出了各种纳米磁敏传感器。在光纤传感器的基础上发展起来的纳米光纤生物传感器，通过拉制光纤，在其末梢包裹铝衣或银皮，可做成的纳米级的探针可插入细胞内部进行单细胞的在线测量。它不仅具有一般光纤传感器的优点，同时由于大大减小了测微传感器的体积，响应时间也大大缩短。

图1-10所示为纳米裂纹传感器原理，它起源于蜘蛛腿部神奇的裂纹器官，能够对由极其轻微的动作或声音引起的振动进行测量。韩国科学家基于这种仿生原理开发了纳米级裂纹传感器，它在黏弹性聚合物表面添加20nm厚度的铂金层，搭建了传感器的框架，通过让表面的铂金变形延展，上下层之间便产生了空隙，暴露出底层的聚合物，形成间距为纳米级的缝隙。这些缝隙的打开和闭合会引起传感器表面电阻率的超高灵敏的变化，研究人员可通过测量传感器表面的电导来对振动进行探测。纳米裂纹传感器在干扰噪声高达92dB的实验环境中，仍然能够准确地捕捉到测试人员说出的基本词汇，而传统的传声器则根本无法录制任何清晰的声音。同时，当把传感器配置于乐器表面时，其能够准确记录下乐曲中的每一个音符。将传感器佩戴在手腕处，它还能准确测量人体的心跳。

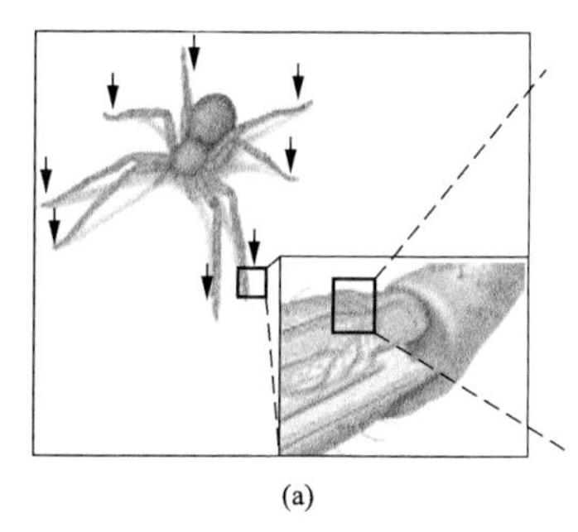
(a)

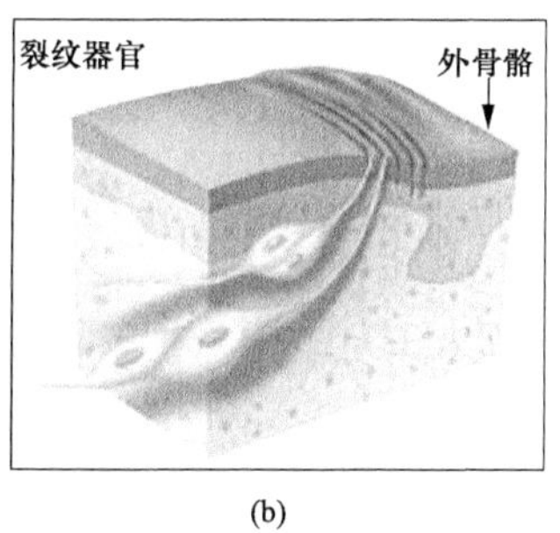

(b)

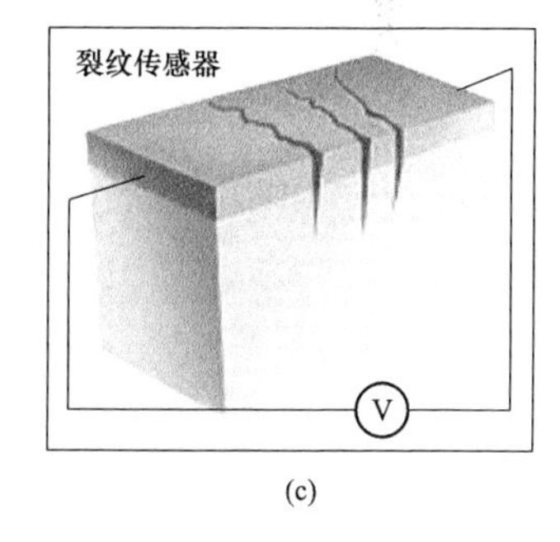

(c)

图1-10　纳米裂纹传感器原理[2]

纳米传感器未来在高感知能力可穿戴设备、疾病的早期检测及细胞或基因的检测和修复、危险品检查、军事及航天等领域均有巨大的应用前景，也有望成为推动世界范围内新一轮科技革命、产业革命和军事革命的“颠覆性”技术。

1.4.2 多核微处理器

智能仪器的未来发展仍然取决于微处理器技术的不断进步。一直以来，微处理器的发展都遵循 Intel 公司提出的 Tick-Tock 节奏及著名的摩尔定律。Tick-Tock 是时钟秒针行走时的声音，每一次 Tick 代表着新一代微架构处理器芯片工艺制程的更新，即在处理器性能接近的情况下，缩小芯片面积，提高工作频率。每一次 Tock 则代表在上一次 Tick 芯片工艺制程的基础上，更新微处理器架构，提升性能。同时，根据摩尔定理，集成电路上可容纳的元器件的数目，每隔 18～24 个月便会增加一倍，性能也将提升一倍。随着这个节奏，微处理器的主频越来越快，而架构则越来越复杂，但是在性能不断提升的前提下，微处理器的功耗也急剧增长。同时，复杂的微处理器架构导致时钟频率的提高对其性能的提升也越来越弱。当主频升高到接近 4GHz 时，工程师们不得不放弃继续提升主频，而是重新思考微处理器的发展问题。另外，利用先进的 FinFET（鳍式场效应晶体管）技术，当前半导体工艺制程从 22nm、14nm 发展到了 10nm 及 7nm，这极大地提高了单片可以容纳的晶体管数量。这样，多核处理器技术正式进入设计者的视线。实际上，多 CPU 的并行计算机技术一直都在大型计算机或服务器上被应用，而多核微处理器是指在一个单芯片内集成多个 CPU 内核，可并行执行用户程序的微处理器。多核微处理器的每个内核拥有独立的一级（或二级）缓存，但共享总线上的其他外部资源，内核之间通过共享的第二级（或第三级）缓存或者高速总线进行数据交换。操作系统可以把一个多线程应用程序的不同线程交由不同的 CPU 核来并行处理，相比于单个 CPU，在相同主频下程序执行速度可获得极大的提升。同时，由于单个核心的主频不需要很高，这样也能确保功耗增加不多。

多核微处理器在 PC 上的商业化应用初始于 2006 年的 Intel 公司的酷睿双核和四核处理器及至强处理器，发展到今天的酷睿 I7 所采用的 4 核 8 线程或者 6 核 12 线程微处理器（I7 每个内核可以同时处理两个线程）。在嵌入式微处理器领域，高通公司的骁龙 845 微处理器采用 4 个 Kryo 385 Gold 内核（基于 ARM Cortex A75），而华为的麒麟 985 则采用 8 核心设计（4 个 ARM Cortex A75 和 4 个 A55）。依赖这些多核微处理器，智能手机的性能得到了极大的提升，其强大的图像处理能力及通信和网络功能带给用户更好的感官体验。多核微处理器分为同构（或称为对称多任务处理器——SMP）和异构（非对称多任务处理器——AMP）两类，同构即采用同样结构的内核，而异构则是集成不同的内核。PC 上应用的多核处理器多数为同构结构；而 TI 公司的 OMAPL138 双核处理器则为典型的异构微处理器，其中集成了一个 ARM 内核和一个 DSP 内核。目前，为了更好地应用多核微处理器，还需要在硬件和软件上面产生更多革新，其中可编程性是多核处理器面临的最大问题。首先，操作系统面临着如何更有效应对多核微处理器的问题，如如何更高效的分配线程和管理资源。尽管当前的多任务操作系统能够自动把线程分配给空闲的 CPU 内核进行运行，然而由于线程之间存在着复杂的通信及对共享资源的争抢，导致并行执行线程的时间开销增加，运行效率下降。其次，目前大多数的应用程序在开发时都没有考虑多核运行的情况，没有将程序按照并行处理的思想进行编写和优化。一个单线程的应用程序显然不能在多核微处理器上运行得比单核处理器更快。总之，多核处理器是今后微处理器技术发展的重要方向，当它被应用于智能仪器时，如何基于它设计出高效运行的并行程序是一个重要的课题。

1.4.3 人工智能与深度学习

人工智能（Artificial Intelligence，AI）技术是最近这些年快速得到发展和应用的一种基于机器视觉和听觉技术，能够实现自动判断和决策，模拟人类行为的智能化技术。它已经被广泛应用于交通、公共安全、无人驾驶、遥感、生物医学、工业设备的在线监测和故障诊断等领域。其中，图像和语音识别技术是 AI 技术中发展最为迅速而且也是目前比较引人注目的技术。图像和语音识别属于模式识别技术范畴。模式识别的基本原理是对被识别对象（样本）的特征进行提取，然后将它们与事先经过分析已经建立起来的不同对象的特征集合（模式类别）进行比较和匹配，确定样本特征属于哪个对象的过程。从抽象概念来讲，模式识别就是样本到模式类别的映射。如，选择汽车的长、宽和高作为特征量可以组成一个三维模式向量：$[L\ W\ H]$，而用来描述大型车、中型车和小型车的模式向量可以组成一个模式类：$\{[L\ W\ H]_{大}, [L\ W\ H]_{中}, [L\ W\ H]_{小}\}$，当一个未知车辆（样本）通过检测提取了其特征模式：$[L\ W\ H]_x$，那么模式识别的过程即将 $[L\ W\ H]_x$ 向汽车的模式类去映射，从中寻找特征最匹配的类别，进而判断出该车属于哪种类型。模式识别的过程包括数据获取、数据预处理、特征提取和分类判决 4 个部分，但其中最核心的是两个问题：一个是特征的抽取，另一个是分类策略。

针对不同识别对象所抽取的特征参数应该存在明显的差异和可分性，且数量要尽量少。特征抽取直接影响到以后的分类策略的复杂度和实施效果。特征参数可以选择对象的绝对参数，如几何尺寸和颜色值等；也可以选择相对参数，如宽长比和对比度等；还可以用概念化的符号来对特征进行编码和描述（在模式识别中被称为句法模式识别），如可以对图形轮廓中的直角拐弯、弧度、凸起和下凹等典型特征用字母编码，然后将字母组合形成一个图形轮廓的特征描述。另外，有些特征参数需要进行某些数学变换来提取，如通过频谱分析得到信号的谐波分量或功率谱密度，或者通过小波变换来得到图像在不同频率和尺度下的小波分解系数。总的来说，特征提取需要由专家来确定，他们提供了特征模式的定义及抽取或计算方法。

由于被识别对象存在多样性（如道路上的各种车辆），它们虽具有相近的特征却也存在差异。另外，受到环境因素的干扰（如光线对图像的干扰），对象的特征也呈现出随机的变化。因此，在确定对象的特征模式向量时，通常需要采用多样本统计分析法，通过采集许多属于同类对象的不同样本数据作为输入，利用统计平均或最小二乘拟合对其特征模式向量进行提取，从而减小随机干扰的影响。然而，当样本数据与对象的特征模式向量之间存在复杂的非线性对应关系，且其很难通过已知数学函数来描述时，就需要引入更加智能的方法，如人工神经网络（Artificial Neural Network，ANN）技术。选择一种具有特定结构的神经网络，然后利用已知样本数据和对应的特征向量来对神经网络参数进行训练和学习，然后将之应用于未知样本的特征提取。

模式识别中的分类决策是将样本的特征向量与已经建立的模式类中的特征向量进行匹配，即根据特征向量来对样本进行分类的过程。N 维特征向量可以用 N 维几何空间（特征空间）中对应的一个点来表示，这样，对样本进行分类的一般方法是采用空间距离来分类，即计算样本特征向量与模式类中各个特征向量之间的空间距离，距离最近的模式类与样本可认为属于同一类别。另外，对特征向量进行相关性分析也是常用的匹配方法，如在车牌识别系统中，将被检测的车牌进行字符分割，然后将分割后的字符的像素数据与数据库中的对应的字符模板进行相关分析，相关性最高的即属于同一个字符。无论是空间距离的计算还是相关分析，这些都是分类器的决策函数。

由于存在随机性，即使属于同一类别的不同样本的特征向量在特征空间也表现出分散性。但是如果特征向量的选择比较恰当，那么这些样本点将汇聚在一起，形成一个聚类群，而不同类别的聚类群之间会存在明显的间隙，这样可以选择一条直线或平面（或者多维超平面）对不同类别的聚类群进行区分。这样的直线或平面被称为决策边界。这样，未知样本的特征向量可通过决策函数来计算，判断结果处于决策边界的哪边即可以对样本进行正确地分类。现实的情况是，样本的随机性造成不同类别的特征向量聚类群之间存在重合，因此对决策边界的划分并不容易。应付这种情况最基本的方法是贝叶斯分析，它基于统计学，在已知分类模式概率的情况下，判断未知样本的特征向量属于哪个类别以及相应的概率。贝叶斯分析的难点之一是需要先验的指导模式类中各种模式的发生概率以及某种模式下特征向量所满足的概率密度函数。为了应对这个难题，可采用更为智能化的 ANN 技术，建立一个以样本的特征向量为输入，样本的分类结果（是否属于某个模式类的结果，以逻辑 1 或 0 表示）为输出，具有多层结构的神经网络作为决策函数；然后利用已知类别的样本对网络进行自学习和训练，从而获得合适的权系数；最后用该网络对未知样本进行分类。ANN 显著的优点是通过自学习构造一种复杂的网络结构，不仅能实现线性分类，而且可以实现非线性分类（特征向量聚类群之间的决策边界为曲线、曲面或超曲面）。

以上对模式识别原理的简单阐述说明了 ANN 技术在模式识别中的重要应用。ANN 技术虽然诞生很早（最早可追溯到 20 世纪 40 年代），但是其发展却几经起伏。早期的神经网络只有一层，因此只能解决线性分类的问题，而尽管两层神经网络（具有一个隐层）可以实现非线性分类，但是却缺乏有效的学习算法来确定网络的权系数。随着人们对两层 ANN 的研究，在 1986 年时出现了误差反向传播（Bark Propagation，BP）神经网络，有效解决了两层 ANN 复杂的计算问题，从而带来了人们对 ANN 技术的一次研究热潮。不过 BP 神经网络也存在问题，即收敛速度慢，网络训练计算量大，耗时久，容易产生过拟合的问题，并且容易陷入局部最优解。对于 ANN 而言，当它拥有的网络层次越深，则越能更好地对输入数据和输出特征之间的非线性关系进行逼近，然而深度 ANN 也会造成 BP 算法几近失效（严重的过拟合或者网络不收敛）。为了解决这个问题，20 世纪 90 年代中期提出了支持向量机（Support Vector Machine，SVM）算法，可以获得全局最优解，且计算高效。SVM 的提出一度使得 ANN 的发展处于低谷。直到 2006 年，Hinton 教授（BP 神经网络的发明者）首度提出了“深度信念网络”（Deep Belief Network，DBN）的概念，正式提出了深度学习的概念。

与传统 ANN 的训练方式不同，DBN 是由许多受限波尔兹曼机（Restricted Boltzmann Machine，RBM）堆叠而成。RBM 是一种具有双向传播支路的两层神经网络，包含可见层和隐层，它可以通过概率型无监督学习（没有已知特征的训练样本或对数据特征不知情条件下的学习过程）最大限度地拟合输入和输出，从而自动找到最优的权系数和偏置。DBN 先逐层对 RBM 进行训练（前层 RBM 训练结束后，其输出作为后层 RBM 的输入，对后层 RBM 进行训练），将整个模型的参数预训练或初始化成较优的值，再通过少量传统学习算法（如 BP 算法）进一步训练，即微调，这样就绕过了对 DBN 网络整体训练的高度复杂，解决了模型训练速度慢的问题。

另外一种深度学习网络是在图像识别中广泛应用的卷积神经网络（Convolutional Neural Network，CNN）。在图像处理领域，一张图片的每个像素都是 ANN 的一个输入，在传统的全连接 ANN 中，每一层的所有神经元都与相邻层的神经元完全连接，这样就造成了拓扑非常复杂而且存在数量庞大的网络参数需要通过训练来确定。如，对于一个 28 像素×28 像素的灰度图（没有颜色的二维图片），如果采用一个两层的全连接 ANN（其中 ANN 的隐层为 15 个单元，输出为 10 个单元）来进行特征学习。这样，ANN 的全部［28×28＝784（个）］输入单元需要与 15 个隐层单元及 10 个输出单元全连接，所有连接支路的权重加每层的偏置总共就有 784×15×10＋2＝117602 个参数需要训练。如果图片的像素增加，那么参数的数量将呈几何级数增长，任何一次反向传播计算量都是巨大的，因此根本不适合应用。

与传统全连接 ANN 不同，CNN 的输入仍然是整张图片的所有像素，但是它的第二层中的每个节点只与部分输入节点相连接，即只对应图片的局部，称为稀疏连接。同时，在这一层中，每个局部图像（互相有重叠）与各节点之间的权重和偏置相同，称为权值共享。这些相同的权重和偏置也构成了一个数字滤波器（也称作卷积核）。这样，第二层的每个节点输出的就是图像的某个局部区域被滤波后的特征，而计算第二层所有节点输出的过程等于利用同样的滤波器对图像不同局部区域进行滤波的过程，且计算过程恰好等同于利用该滤波器对整个图像进行卷积运算，因此第二层被称为卷积层，这也是 CNN 名称的由来。卷积层获得的是由整个图像的局部特征构成的一个特征图像，当选择不同的滤波器时，则可以得到不同的特征图像。把这些特征图像层叠起来就构成了卷积层输出的深度，因此每个滤波器实现其中的一个深度。卷积层的输出（经过线性激活函数处理后）可与池化层相连，池化也称子采样，目的是为了减少特征图像的大小，得到新的维度比较小的特征，例如对特征图像的每个 2 像素×2 像素单元用其平均值或者最大值来取代。对于深度学习网络，为了获得更复杂的图像特征，卷积层可以设置很多层。最后，这些经过多层卷积和池化后的局部特征图像被“拍平”（即特征图像上的所有像素构成一个列向量输入到后面的全连接 ANN），然后经过全连接 ANN 对特征进行分类。

CNN 网络的一个形象化的理解是一个字母 A，它具有“∧”“/-”和“-\”等局部图像特征，这些局部特征与被识别图像的局部特征复合度越高，则可以判定为 A 的概率越高，分类越准确。可以选择这些局部特征图像作为卷积核对整个图像进行卷积运算，在局部吻合的位置则会获得比较大的数值，而不相似则数值较小。这样卷积层就输出了图像不同的局部与给定特征相似程度的数值大小，进一步对这些数值进行分析，则可以对图像是否属于图像“A”的类别进行判断。图 1-11 给出了一个 CNN 的实例。

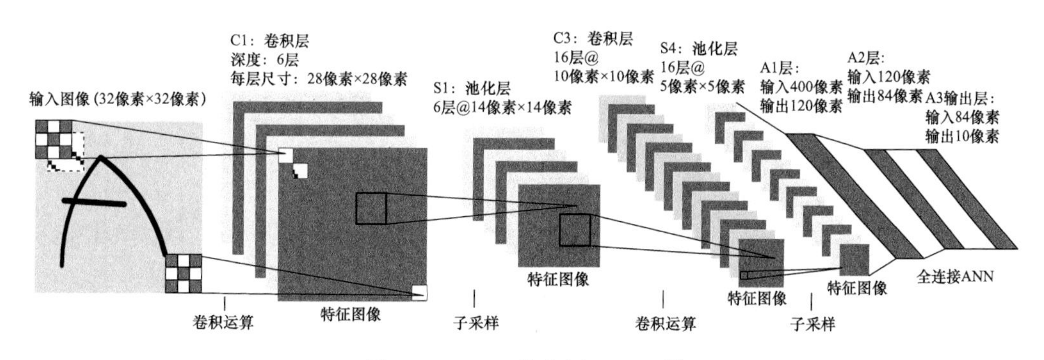

图 1-11 CNN 的实例 LeNet5[3]

为了应对 AI 技术的发展，目前很多微处理器中除了 CPU 核，还集成了 NPU 核，即神经网络处理器核，它们专门用于执行 ANN 的深度学习算法。AI 和深度学习技术对于未来智能仪器的发展将具有颠覆性的作用，它将使智能仪器从由人工预先设置的程序来操控的机器变成具有自主学习和决策能力的智慧型机器。

1.4.4 物联网技术

智能仪器的未来发展还有一个必须被提及的技术趋势——物联网（Internet of Things，IoT）技术。物联网是通过各种传感器、射频识别（Radio Frequency Identification，RFID）、全球定位系统（Global Positioning System，GPS）等信息传感设备以及各种通信手段（有线、无线、长距和短距等），将任何物体与互联网相连接，以实现远程监视、自动报警、控制、诊断和维护，进而实现“管理—控制—营运”于一体的网络。从技术架构上，物联网可分为 3 层：感知层、网络层和应用层。感知层由各种传感器及传感器网关构成，其作用相当于人的眼耳鼻喉及神经末梢，用来识别物体和采集信息，是整个物联网的信息源；网络层由各种私有网络、互联网、有线和无线通信网、网络管理系统及云计算平台等组成，相当于人的神经中枢和大脑，负责传递和处理感知层获取的信息；应用层是物联网与用户（包括人、组织和其他系统）的接口，它与行业需求结合，实现物联网的智能应用。

物联网技术的核心和基础仍然是“互联网”，但是和传统的互联网相比，物联网也有其鲜明的特征：首先，它是各种感知技术的广泛应用。物联网上部署了海量的各种类型传感器，每个都是一个信息源，不同类别的传感器所捕获的信息内容和格式不同。而且，传感器数据具有实时性，按一定的频率不断被更新。其次，它是一种建立在互联网上的泛在网络，通过各种有线和无线网络与互联网融合，将物体的信息实时准确地传递出去。为了保障数据传输的正确性和及时性，物联网必须能够适应各种异构的网络形式和协议。第三，物联网不仅提供了传感器的连接，其本身也具有处理能力，能够对物体实施智能控制。物联网将传感器和智能控制相结合，利用云计算、模式识别等智能化技术，从传感器获得的海量信息中分析、加工和整理出有意义的数据，以适应不同用户的不同需求，并发展新的应用领域和应用模式。

物联网目前在绿色农业、工业监控、公共安全、城市管理、远程医疗、智能家居、智能交通和环境监测等各个行业均有应用尝试，但是也存在一些挑战，很多关键技术尚需突破。首先，终端设备的功耗、无线传输距离和穿越障碍能力等都有待进一步改善。其次，目前物联网终端（如 RFID 标签和读写器）的成本还比较高，不能适应市场的要求。第三，物联网的核心架构，每一层的技术接口、协议都不规范，缺乏统一标准，这导致物联网难以进行大规模普及。最后，物联网存在可靠性、安全性和隐私保护较弱的问题。物联网将企业的基础设施及个人终端设备都连接在相互关联的网络上，所有的活动和设施存在理论上的透明度，一旦遭到攻击，安全和隐私将面临巨大的威胁。

1.4.5 云计算和大数据分析

在多数情况下，如果微处理器系统拥有足够快的计算能力、足够大的存储容量及高性能的操作系统和软件开发工具，那么智能仪器将拥有强大的能力。目前，这种高性能的计算资源需要用户花钱购置，因此往往会造成高昂的成本。如果这些资源由专门的基础设施供应商来提供，用户只在有需要时才付费使用，那么将极大地节省成本。在互联网时代，网络上总是存在很多分散且闲置的计算机资源，如果能够将它们利用起来将提供超级计算性能和海量存储能力。云计算技术即是为了应对这种需求而提出来的一种分布式计算技术，其最基本的概念是透过网络将庞大的计算处理程序自动分拆成无数个较小的子程序，再交由多部服务器所组成的庞大系统运行，经搜寻、计算和分析之后将处理结果回传给用户。通过这项技术，网络服务器可以在数秒之内处理数以千万计甚至亿计的信息，达到和“超级计算机”同样强大的性能。

云计算旨在允许以完全虚拟化的方式访问大量的计算能力，其主要特征包括：①用时付费；②弹性的能力和无限资源的假象；③自助服务界面；④抽象或虚拟化的资源。除了原始的计算和存储功能外，云计算供应商通常还提供广泛的软件服务。它们提供应用程序编程接口（Application Programming Interface，API）和开发工具，使开发人员能够在它们的服务之上构建无缝和可扩展的应用程序。在未来的云计算时代，用户拥有的一台智能仪器可能只是一个具有传感器及少量硬件和软件资源的终端，它能够与互联网相连，然后在“云端”执行超高速度的计算和数据处理，瞬时可以完成一个庞大的求解任务并快速地获得结果，最后通过智能仪器终端告知用户。

目前提出的云计算架构分为4层：物理资源层、资源池层、管理中间件层和面向服务的架构（Service Oriented Architecture，SOA）构建层。物理资源层包括网络上的计算机、存储器、网关和交换机等设备、数据库和应用软件等；资源池层将大量相同类型的资源构成同构或接近同构的资源池，如计算资源池、数据资源池等。管理中间件层负责对云计算的资源进行管理，并对众多应用任务进行调度，使资源能够高效、安全地为应用提供服务；SOA是一个软件组件模型，它将应用程序的不同功能单元（服务子程序）通过简单、精确定义的接口进行相互通信，且不涉及底层编程接口和通信模型。SOA的服务接口独立于实现服务的硬件平台、操作系统和编程语言，这使得构建各种各样的服务可以用一种统一和通用的方式实现。Web服务是实现SOA的一种技术方式和标准，可实现包括注册、查找、访问和构建服务工作流等能力。管理中间件和资源池层是云计算技术的最关键部分。

随着智能仪器网络化及云计算技术的发展，用户能够在互联网上收集到大量的数据，这些数据具有各种不同的类型，它们或者被存储起来，或者仅仅是短时存在的实时数据流，但是通过对这些数据进行分析，剔除干扰数据，研究数据间的关联度或进行统计分析，则能挖掘出额外的信息资源。这些信息资源可以在商业发展趋势预测、研究成果质量预测、疾病预防、打击犯罪和预测实时交通拥塞程度等很多应用场景下被看到。但是，由于数据量非常庞大，以至于现有的数据管理方法或者传统的数据处理应用很难应对，因此此类数据集的分析被称为大数据分析。大数据分析通常和云计算、数据挖掘、机器学习等技术密不可分，主要分为4种分析类别：

（1）描述型分析，即对发生了什么进行分析，这是最常见的分析方法。如，在一个智能交通大数据分析系统中，通过车辆导航系统或交通监视系统采集和上传用户汽车数量、行驶位置和速度等信息，然后对道路的车流量及占用情况进行分析，可以判断哪里发生了堵车事件。同时，利用可视化工具，能够直观展现描述型分析所提供的信息。

（2）诊断型分析，即对为什么会发生进行分析。通过对描述型大数据提供的信息进行诊断和分析，进一步深入地分析大数据，钻取到大数据包含的核心信息。如，上述智能交通系统中，通过对不同时间道路的拥堵情况进行分析，可诊断出堵车的原因，如是偶发事故还是道路施工等因素引起的堵车。

（3）预测型分析，即对可能发生什么进行预测。针对事件未来发生的可能性，建立一个预测模型，通过模型可获得一个可被量化的值，如预估事情发生的具体时间和地点。在充满不确定性的环境下，预测能够帮助用户做出更好的决定。如，智能交通系统根据当前道路车流量和拥堵信息，对于可能发生堵车的线路和地段甚至时间进行预测。

（4）指令型分析，即对需要做什么进行决策，它是在前述分析完成之后采用的分析方法。例如智能交通系统根据用户的目的地，在考量了每条路线的距离、行驶速度、道路拥堵情况及目前的交通管制等方面的因素后，帮助用户选择最好的到达路线。

大数据分析和数据挖掘经常采用下列方法：描述性统计，假设检验，信度分析，列联表分析，相关性和典型相关性分析，方差和协方差分析，回归分析，判别分析和聚类分析，主成分分析和因子分析以及时间序列分析等。

参考文献

[1] 安科瑞电气股份有限公司. 智能配电系统的产品说明网页：环形光纤双机双网［DL］，http://epc.acrel.cn/pd.jsp? id#fai_14_top&pfc=null&_pp=0_35[DB/OL],2018.

[2] Daeshik Kang, Peter V. Pikhitsa, et al. Ultrasensitive mechanical crack-based sensor inspired by the spider sensory system [J], Research Letter of Nature, 2014, 516 (11): 222-216.

[3] Y. Lecun, L. Bottou, Y. Bengio, et al. Gradient-based learning applied to document recognition [C], Proceedings of the IEEE, 1998, 86 (1).

第2章 智能仪器的输入——传感器基础

智能仪器的输入主要由各种传感器构成，传感器是把各种被测环境量通过敏感元件、转换元件及转换电路变换成电信号的器件和装置。传感器是整个智能仪器的基础，没有准确和可靠的传感器，那么智能仪器的性能将会受到很大的影响，甚至根本无法达到测量的目的。本章将主要针对传感器的分类和原理、构成方式及输入/输出特性进行简要阐述，更为详细的关于传感器原理和设计的内容请参考传感器相关书籍。

2.1 物性型传感器原理

传感器根据其构成方式分为物理传感器、化学传感器和生物传感器。物理传感器主要是利用功能材料本身的物理特性把被测环境量转换为电量的传感器。它是目前种类最多，应用最广泛的传感器。化学传感器是把无机、有机化学物质的成分、浓度等转换为电信号的传感器。生物传感器则是利用生物活性物质（如酶、抗原等蛋白质或者微生物和细胞等）选择性识别和测定生物化学物质的传感器。

传感器根据原理不同又分为物性型传感器和结构型传感器两种。物性型传感器是利用功能材料的各种物理或化学效应，如光敏特性、压敏特性、热敏特性、磁敏特性、声敏特性、色敏特性和气敏特性等来把被测量变换为电量的传感器，而结构型传感器则是通过结构和尺寸配合来把被测量变换为电参量的传感器。想要完整列举和介绍各种物理或化学效应传感器是一件很困难的事情（也没有太大必要），然而通过分类地列举几种传感器的原理可以有助于我们理解把物理（或化学）效应转换为传感器的典型方法和途径。

2.1.1 光敏特性传感器

光敏特性主要被用于检测特定波长的光的强度（或者辐照度），光电效应是其中一种重要的传感原理。当特定频率的光照射到金属上时，金属的外层电子会脱离原子的束缚发射出来，这种现象称为光电效应。光电效应对于推动物理学的发展，特别是量子物理的发展起到了重要的作用。光电效应有几个重要结论：首先，光线由光子组成，其能量与光波频率成正比，当光子的能量大于金属中电子的溢出功时才能产生发射。不同的金属具有不同的溢出功，故产生光电效应所需要的光的频率（称为红限频率）也不同。化学性质越活泼的金属其红限频率越低。第二，光的强度越高，光子数量越多，能够使发射的电子数量越多，产生越大的光电流。

图2-1（a）给出了光电管的原理，在一个透明的真空管内，光束照射到阴极金属上使其发射电子，再通过阳极和外加电场对电子进行收集，形成光电流。当外电场足够大时，所有的电子都将被收集，此时的光电流称为饱和电流，其大小正比于入射光强。对于微弱的光线进行测量，可通过图2-1（b）给出的光电倍增管来放大，其主要原理是光照射阴极金属产生的少量电子被电场加速，并撞击阳极激发出更多的电子，通过多级电场的作用产生倍增作用，最终使产生的电流能够被检测。对于大多数的半导体材料（如硅、锗等），当光照射其

上时，能够使电子从低能态跃迁到高能态。若光的频率高于材料的红限频率，则电子能获得足够的能量使其从价带越过禁带到达导带，从而使半导体的导电性增强，电阻下降，这称为内光电效应。基于此原理的传感器称为光敏电阻，如图 2-1（c）所示。纯净的硅材料通过掺杂五价元素（如磷）和三价元素（如硼）可以制造出 N 型和 P 型半导体，它们分别以电子和空穴为自由电荷（多数载流子）来导电。当 P 型半导体和 N 型半导体接触时，由于多数载流子的浓度差引起的扩散作用，在其界面上会形成一个多数载流子的耗尽区。耗尽区内只剩下不可移动的带电离子，它们产生了结电场并阻止多数载流子的进一步扩散，同时结电场也会使少数载流子产生漂移作用。当 PN 结反向偏置时，结电场增加，耗尽区扩大，二极管主要流过反向漂移电流。由于耗尽区内可自由移动的空穴和电子均耗尽了，当光照射到 PN 结上时，耗尽层中的束缚电子吸收了光子的能量会产生本征激发，产生空穴-电子对。这些自由的空穴-电子对增大了漂移电流，这就是图 2-1（d）光敏二极管的原理。另外，在 PN 结开路或者带有负载时，如果光子的能量足够，则空穴-电子对也将越过结电场，在其 PN 结两端形成光伏电压及光伏电流。如图 2-1（d）所示，当开关 K 断开时，在光照条件下，PN 结两侧会产生图示极性的电压。在作为传感器使用时，将 K 闭合，给二极管加反向偏置电压，则二极管中会流过光敏电流，该电流大小与光强存在对应关系。对于 PN 结产生的光电流，如果使它通过一个晶体管的基极注入发射极，则在其集电极上会获得被放大的电流，这就是图 2-1（e）给出的光敏晶体管的原理。

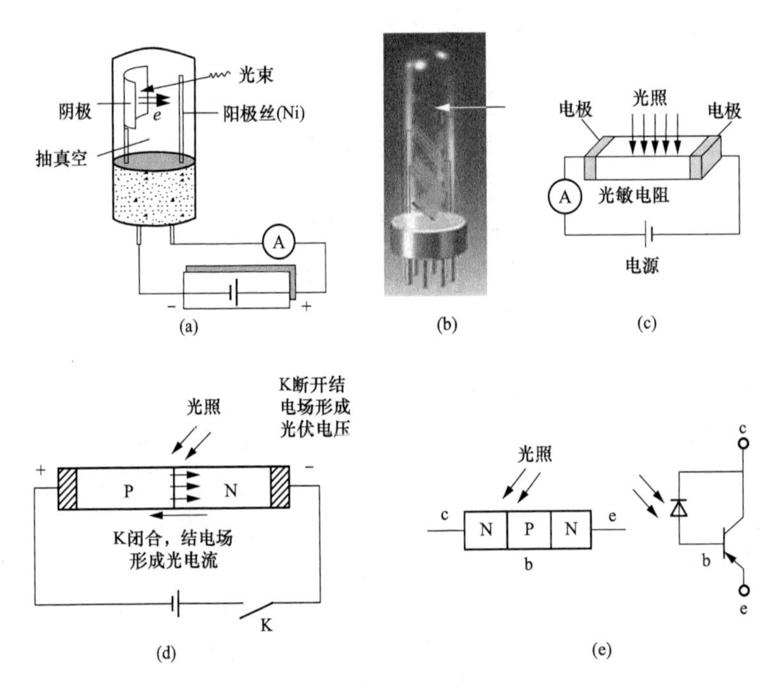

图 2-1　基于光电效应的传感器

（a）光电管；（b）光电倍增管；（c）光敏电阻；（d）光敏二极管；（e）光敏晶体管

2.1.2　光纤传感器

光纤传感器是近年来研究比较热门的传感器，由于其具有高灵敏度、快速的动态响应能力、可长距离传输以及优良的抗电磁干扰性能和绝缘性能，因此受到了工业界的广泛重视。

光纤传感器分为两种：一种为功能型光纤，这种光纤本身被作为敏感元件，使作用于其上的环境量对通过光纤传输的光进行调制。另一种为传光光纤，这种光纤本身并不起传感作用，而只用于把光导入（或导出）其他具有敏感作用的光学晶体或者物理元件。光纤传感器是一种光学传感器，因此它主要利用光的基本物理特性。考虑以电场强度矢量 $\vec{E}$ 表达的光的波动方程：$s(t)=\vec{E}\sin(\omega t+\theta)$，在该式中，环境量主要对入射光波的振幅大小（光强 E）及振动方向（偏振面）、频率 ω 和相位 θ 等产生调制作用，最终转化为出射光的光强变化，对之进行检测可获得环境量的大小。图 2-2 所示为基于光强调制的几种光纤传感器原理。

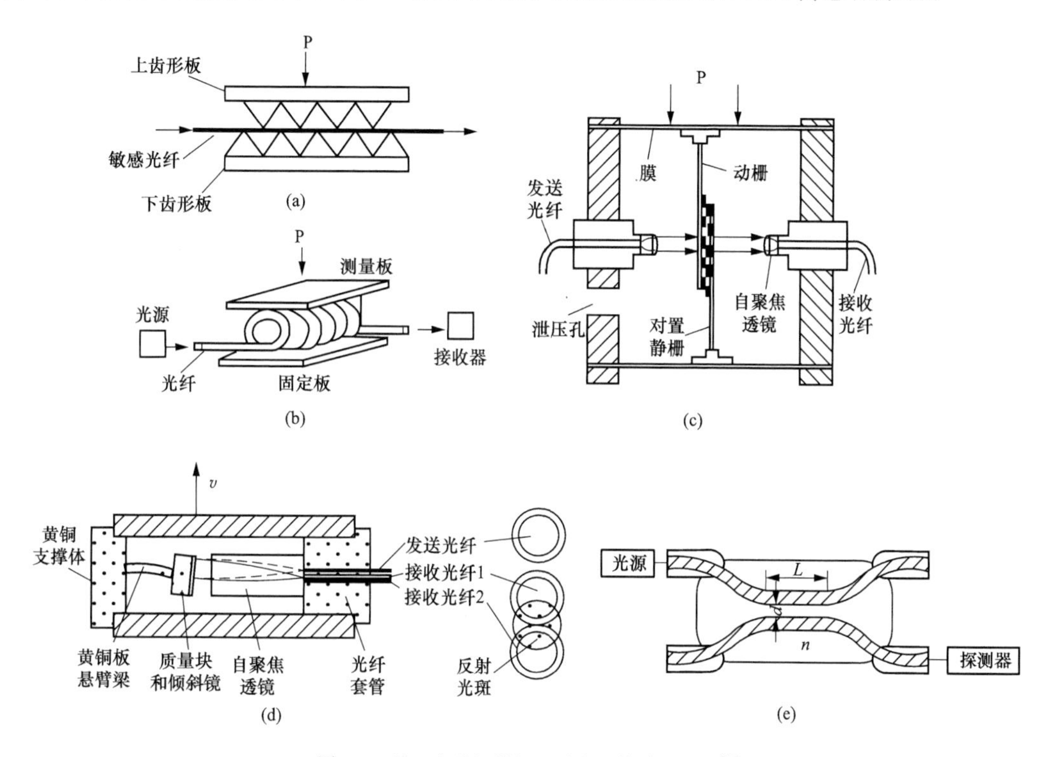

图 2-2　基于光强调制的几种光纤传感器原理[1]

（a）锯齿微弯型光强调制；（b）螺旋微弯型光强调制；（c）动栅式光强调制；（d）倾斜镜反射光强调制；（e）渐进场耦合光强调制

光纤是一种表面涂覆保护层的塑料或玻璃纤维，光在其中根据全反射原理进行传输。因此，如果光纤受到应力的影响使其产生小曲率半径的弯曲，则会破坏全反射条件，使得部分光离开纤芯，从而使得输出光纤的光强变弱。图 2-2（a）和（b）给出的微弯型光纤传感器即基于这种原理。图 2-2（c）给出的例子中，光纤仅起传光作用，而光栅则是敏感元件。在受到压力作用时，光栅的动栅相对静栅运动，结果导致透过光栅的光强受到影响（光栅的原理将在后文详细阐述）。图 2-2（d）为一个加速度传感器，在受到加速运动的影响时，质量块（带有一个反射镜面）会产生一定的倾斜，使得通过输入光纤照射到质量块且被反射的光束产生偏移，这导致接收光纤中得到的光强产生变化。图 2-2（d）中采用了两个接收光纤，反射光斑的偏移将导致其中一个光纤中的光强减少的同时，另外一个则增加，构成一种差动结构。通过对两条光纤的光强信号的差模进行测量，可以有效克服温度等环境量对传感器的耦合影响。图 2-2（e）给出了一个渐进场耦合光强调制的光纤传感器，它将两条光纤去掉外包覆层，只留下纤芯相互靠近，这样入射光纤的光束将被耦合到另外一条光纤中被输出。当然，这种耦合的强弱取决于纤芯之间的距离 d 及耦合区的长度 L，如果由于温度或应力等导致 d 变化，则这种变化会被光强探测器检测到。

光波在各向异性介质（如方解石、石英等）中传播时会产生双折射现象。所谓双折射现象，即入射到晶体的自然光，在晶体界面折射入晶体内部时产生的折射光会分为传播方向不同的两束光线，且这两束折射光是具有不同偏振方向的线偏振光（光矢量限于单一方向振动的光波）。这两束折射光，其中一束满足折射定理，称为寻常光（o 光）而另外一束则不满足折射定理，称为非常光（e 光），它们的偏振方向相互垂直。但是晶体也存在一个特定方向，当光沿该方向照射晶体时，不发生双折射现象，这个方向称为晶体的光轴方向。各向异性晶体产生双折射的原因是不同偏振态的光在各向异性晶体中的传播速度不同，从而导致其折射率不同。根据折射率的定义，对于 o 光，折射率 $n_o=c/v_o$，其中 c 为真空光速，而 v_o则为 o 光在晶体中的速度。n_o与 o 光的传输方向无关，只取决于材料常数（介电常数）。e 光由于不满足折射定理，因此无法用折射率来表征其折射规律，通常把真空光速与垂直光轴方向的 e 光的速度 v_e之比定义为 e 光的等效折射率，即 $n_e=c/v_e$。需要注意，在垂直光轴方向上，o 光和 e 光的速度差异是最大的。另外，如果对晶体进行切割，使其表面与光轴方向平行，然后使 o 光和 e 光垂直于该平面入射，则两束光在晶体内的传播方向将重合，但 o 光的偏振方向垂直于光轴，而 e 光则与光轴平行。尽管此时两束光是重合的，但是由于其速度的差异，会导致合成光波在经过一定距离（晶体厚度）的传输后产生固定的相位差。Pockels 效应和光弹效应正是利用这种 o 光和 e 光的相位差所产生的光波干涉原理来对电场及应力进行检测的，其原理如图 2-3（a）所示。

图 2-3（a）中，激光器产生的单色光通过一个起偏器 P1 后得到线偏振光，该线偏振光被输入电光晶体进行调制。起偏器是一种利用某些双折射晶体的二向色性制造的人工光学偏振片，它仅允许具有特定偏振方向的光通过。产生二相色性的机理是晶体对不同偏振方向的光具有不同的吸收率，如电气石对 o 光的吸收率远远大于对 e 光的吸收率。图 2-3（a）中，起偏器的偏振方向与电光晶体的光轴呈 45°角，这样产生的线偏振光垂直光轴进入电光晶体后会被分解成同向且等幅的 o 光和 e 光，但是其光速存在差异，取决于折射率的差异：n_o-n_e。Pockels 效应证实 n_o-n_e与在电光晶体的光轴方向施加的电场有关，而光弹效应则是一种在晶体光轴方向施加应力影响 n_o-n_e的现象。这样，o 光和 e 光的合成光波通过距离 L（晶体厚度）的传输后会产生相位差 $\Delta\varphi$，而 $\Delta\varphi$ 受到电场或应力的调制。考虑到 o 光与 e 光的偏振方向垂直，因此即使存在相位差 $\Delta\varphi$，它们的合成光波也不会产生干涉现象，而只是生成偏振方向随着时间呈现不断变化的椭圆偏振光，因此只有把它们的光振动引到一个方向上才能产生干涉。这个问题可以通过图 2-3（a）中的检偏器 P2 来解决，它实际上是另外一个偏振片，椭圆偏振光中只有与偏振方向一致的分量能够通过检偏器，其幅值实际上就是 o 光和 e 光两个垂直分量在 P2 偏振方向上的投影之和。一般 P2 的偏振化方向也被置于与电光晶体的光学主轴呈 45°角，此时由 P2 出射的两束光振幅最大，干涉效果最好。这样，当电光晶体上施加的电场或者应力大小发生变化时，会影响 o 光和 e 光的相位差，从而造成干涉后的光强产生变化，该变化将通过光电检测器被检测。

图 2-3（b）给出了另外一种利用偏振态调制的传感器的原理，即法拉第旋光效应。有些光学晶体（如石英），当某一个偏振方向的线偏振光通过它传输后，其偏振方向会朝某个方

向产生旋转，而旋转角会受到外加磁场的影响。这种影响可以通过检偏器被检测到，因此利用这种效应可以检测磁场或者电流的大小。图 2-3 中的两种传感器中，光纤都是传光元件。

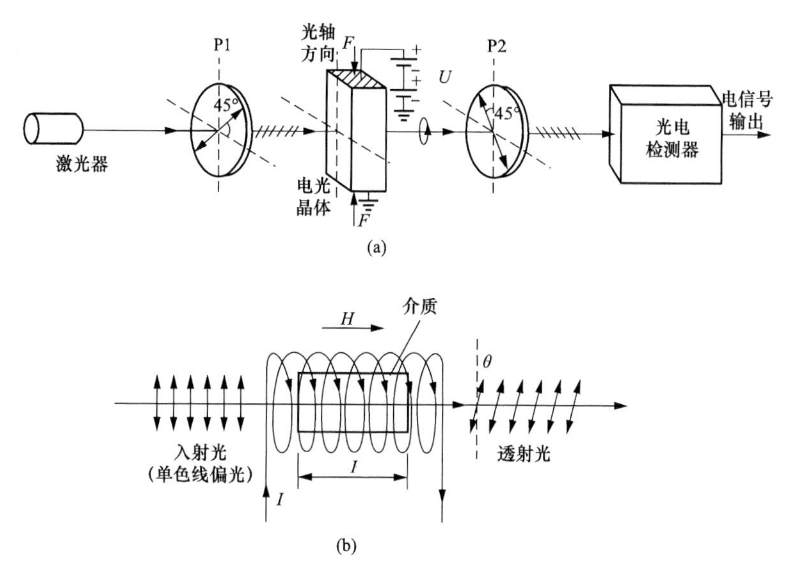

图 2-3　偏振态调制的光纤传感器

(a) Pockels 效应/光弹效应偏振态调制；(b) 法拉第旋光效应偏振态调制

基于光波相位调制原理的光纤传感器实际上就是不同类型的光纤干涉仪。图 2-4 (a) 给出了 Machelson 光纤干涉仪的原理，激光器产生的单色光通过透镜进入光纤，然后通过一个 3dB 耦合器被分成功率相等的两束光，分别进入另外两条光纤中。其中一条光纤中的光束被末端的一个固定参考平面反射，而另外一条光纤的光束则被一个检测平面反射，检测平面受到外力或者其他环境量的影响会产生位移，这样会导致两束反射光线之间产生光程差。当这两束反射光通过 3dB 耦合器被合成后，光程差会引起合成光的相位差，故会产生干涉现象，其光强变化反映了检测平面的位移大小。光程差也可以由光纤长度的变化而产生，如由于磁致伸缩效应、温度或应力等被测环境量 $s(t)$ 而导致的光纤长度的微小变化，可以通过干涉仪被灵敏地测量出来。

图 2-4 (b) 给出了 Mach-Zehnder 光纤干涉仪的原理，与 Machelson 光纤干涉仪不同，它把参考光纤和测量光纤中的光束通过另外一个 3dB 耦合器进行合并，然后直接输入光探测器，而不返回光源，因此可以避免回波的干扰。当被测环境量 $s(t)$ 作用到测量光纤上时会使其产生微小弯曲，结果造成测量光束与参考光束之间产生光程差，从而形成干涉。图 2-4 (b) 中给出了两个光探测器分别对两束干涉光进行探测，它们接收到的合成光构成差动结构，即如果一个探测器接收到的干涉光增强，则另外一个对应削弱，这样通过探测器输出的差分计算可以有效克服其他环境量的干扰。若要形成这种差动结构，需要采用 1/4 波长的 3dB 耦合器，即通过 3dB 耦合器输出的两束光之间存在 90°的相位差。

图 2-4 (c) 中给出了用于转速和角度测量的 Sagnac 光纤干涉仪，其主要原理是让激光束通过耦合器分成两束光，然后进入一个环状光纤。其中一束光沿顺时针方向传输，而另外一束光则沿逆时针方向传输，如果整个装置静止不动，那么两束光将传输同样的距离后到达耦合器，其合成光被探测器检测，此时的合成光的强度最大。但是，当整个装置以一定的速

度进行旋转时，那么顺着旋转方向的光束的光程将增加，而逆着旋转方向的光束的光程将缩短，从而产生光程差，形成干涉。合成光的干涉幅值反映了转速的大小。Sagnac 光纤干涉仪常被用于陀螺仪。

图 2-4（d）左图给出了 Febry-Perot 光纤干涉仪，它是一种由两块平行的玻璃板组成的多光束干涉仪，其中两块玻璃板相对的内表面涂覆高反射率材料，当入射光以一定的倾角射入，将在两个相对面之间反复反射和折射，然后会产生多束相干反射光和透射光，透射光束在透镜 L2 的焦面上叠加，形成圆环状等倾干涉条纹。这种干涉仪也被称为 Febry-Perot 谐振腔，当入射光的频率满足其共振条件时，其透射频谱会出现很高的峰值，对应着很高的透射率。不同波长的光波经过 Febry-Perot 干涉仪会形成不同的环状条纹，由于亮条纹非常细，能够分离波长差极小的光谱，因此常用于分析精细光谱。如图 2-4（d）右图所示采用光纤实现的 Febry-Perot 干涉仪，其透射光的强度受到谐振腔长 L 的影响，因此当被测环境量如温度使 L 发生变化，则会导致透射光的强度产生变化，从而能够被检测到。

基于频率调制的光纤传感器主要利用光学多普勒效应。当光波以恒定的速度沿着某个方向传输时，假设在光传输方向上有一个探测器，它以一定的速度向光源方向运动，则其在单位时间内记录到的光波的波峰数要比静止时的多，这就意味着探测器观测到的光波频率变快了。反之，如果逆着光源方向运动，则记录到的波峰比静止时的少，故探测器观测到的光波频率变慢了。考虑到波长与频率的反比关系（光速恒定），运动的探测器观测到的光的波长也会产生变化，这就是光学多普勒效应。基于这种效应的典型传感器如图 2-5（a）所示，它被用于检测血流的速度。

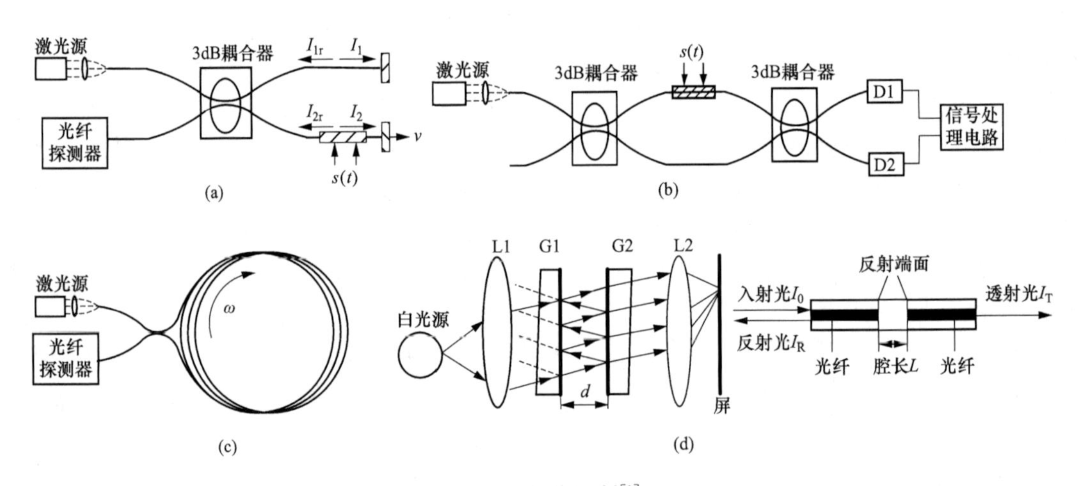

图 2-4 相位调制[1]

(a) Machelson 光纤干涉仪；(b) Mach-Zehnder 光纤干涉仪；(c) Sagnac 光纤干涉仪；(d) Febry-Perot 光纤干涉仪

如图 2-5（a）所示，光纤被注射器导入血液中，来自激光器的单色光通过偏光棱镜和透镜进入光纤，并被传导到血液中，进而被运动的血红细胞反射，这样由于多普勒效应，反射光中会产生频率变化的光分量。反射光经过偏光棱镜和外差式检波器，然后通过光谱分析测得频差，最终通过计算得到血流的速度。另外，光波在气体中传播时，某些波长的光会被气体中不同成分吸收而产生由暗线或暗带组成的吸收光谱，气体分子会将所吸收的光波能量转变成热能或电离能等。气体分子对光谱的吸收与分子内部的能级跃迁相关，而分子的能态又对应于分子内部的 3 种运动形态，即电子的运动、原子核在平衡位置的振动及分子的旋转。它们产生的能级不同，因此能够对不同波长的光进行吸收。图 2-5（b）给出了利用吸收光谱进行气体成分分析的分光传感器。它首先利用可调谐激光器产生不同波长的光，然后将光通过光纤传导到一个气室，在其中经过多次反射后被输出光纤导入分光器，通过分析吸收光谱来获知气体的成分和浓度。

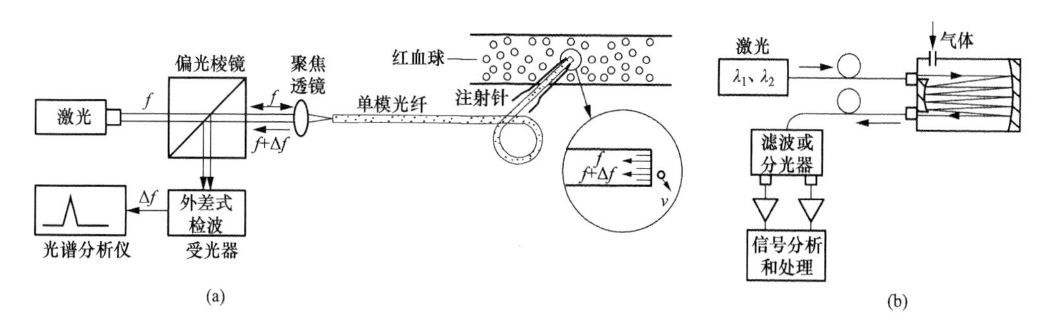

图 2-5　多普勒效应和光谱吸收[1]

（a）光纤多普勒效应（血流速度检测）；（b）光纤分光传感器（气体成分分析）

2.1.3　压敏特性传感器

压敏特性中最有趣的是压电效应，即晶体在受到拉力或者压力作用的情况下，其受力面两侧产生电荷的一种物理效应。天然的压电材料如石英晶体，其分子结构中正负电荷之间形成电偶极子，在不受外力作用时，由于分子结构的对称性，这些电偶极子的矢量和为零，故晶体呈现电中性。但是当受到拉力或压力时，构成石英的正负电荷的相对位置产生变化，导致电偶极矩的矢量和不再为零，从而产生极化现象，使晶体两端产生电荷分布。图 2-6（a）给出了上述原理的示意图（P_1、P_2 和 P_3 为分子电偶极矩的极化强度）。压电晶体还具有逆效应（电致伸缩），即对晶体施加外电场时，变化的电场会导致晶体发生伸长和压缩形变，其原因是在外电场作用下，晶体内的电偶极子发生定向移动及电荷间距被扩大或缩小。逆压电效应的原理如图 2-6（b）所示。

人工压电晶体，如碳酸钡晶体，它们在未极化时是非压电体，但是当用外电场使其极化后，在极化方向上施加外力则会产生压电效应。产生这种现象的主要原因是在这类晶体内部存在电畴（具有特定极化的区域，类似于铁磁材料中的磁畴），在外电场作用下，电畴会产生定向排列，从而使晶体被极化。这类晶体有些会产生铁电性，即当外电场消失后，其极化电荷仍然保持。这类铁电陶瓷已经被应用于高性能的非易失性存储器中。压电陶瓷的极化原理以及铁电特性如图 2-6（c）所示。有些压电陶瓷还具有一些特殊效应，如热释电特性，其应用将在后文中进行阐述。

压电效应及其逆效应有广泛的应用，例如作为超声波发生器以及接收器，另外还可以被用于声表面波（Surface Acoustic Wave，SAW）传感器。图 2-6（d）给出了典型的 SAW 无源谐振型传感器的结构示意图。SAW 的核心是在压电晶体上通过集成电路引线工艺制作的金属叉指换能器（Iner-Digital Transducer，IDT），其作用是把交变电场信号（可分解为压电晶体内的 E_x 和 E_y 分量）转换为压电晶体的机械振动，这将产生声波并在晶体表面传播。根据逆压电特性，当声波被一个 IDT 接收时，又能激励出交变电场。在通信领域中，由于声速远低于电磁波速，因此经常利用 SAW 作为信号的延迟线，可利用较短的 SAW 获得大的延时。同时，把两个 IDT 通过有源电路连接成反馈环，可构成有源 SAW 振荡器。对于图中给出的无源 SAW 振荡器，通过天线接收的射频电磁波通过 IDT 会激励出表面声波并沿着晶体表面传播，当遇到反射栅后被反射，从而形成一个振荡器。由于晶体的表面特性（如密度、温度和应力等）均会影响声波的传输速度，因此当这些因素发生变化时，振荡器的谐振频率会发生变化。振荡的声波通过 IDT 又被转换为电磁波并通过天线传输回去。通过检测输入电磁波与反射电磁波的频率偏差可对温度和应力等进行检测。这种 SAW 传感器的主要优点是其本身不需要电源，它在一定距离内接受一个射频源的激励而工作，且被测信号也可以通过无线射频传输到其他终端，因此非常适合应用于高压电气设备的温度等参量的测量。

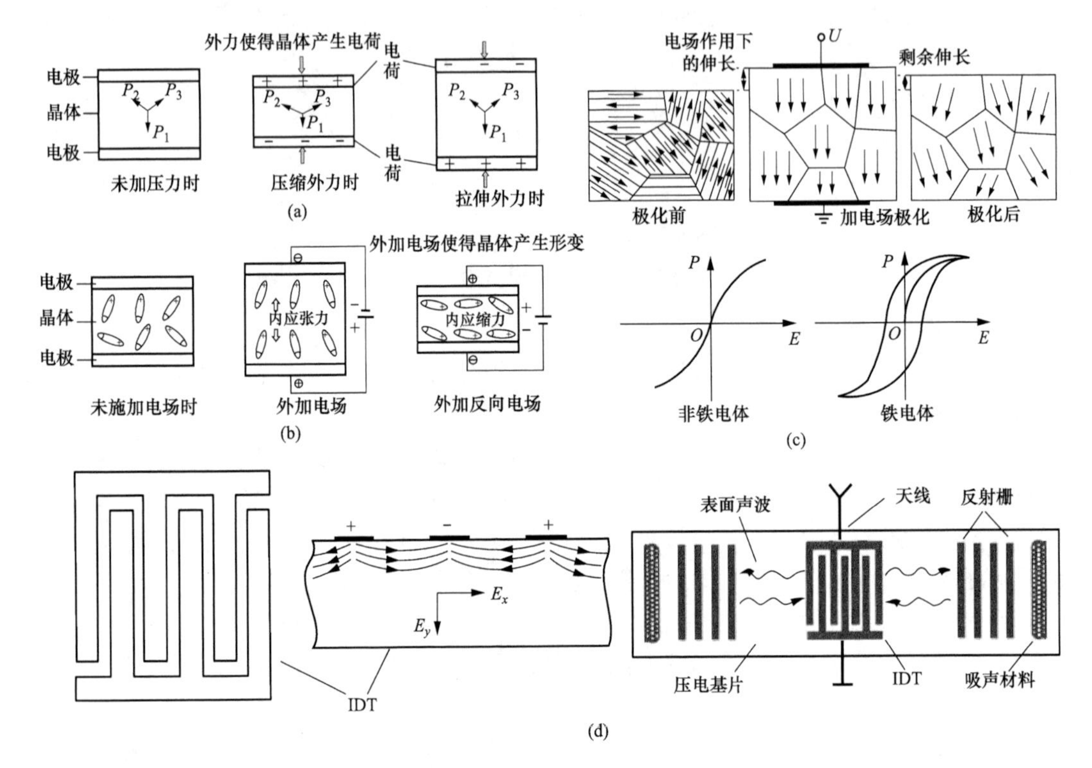

图 2-6　压电效应原理

(a) 正压电效应；(b) 逆压电效应；(c) 压电陶瓷的极化原理及铁电效应；(d) SAW 传感器

除了压电效应，压敏效应还包括压磁效应和压阻效应等。如图 2-7（a）所示，各向异性的铁磁材料在受到应力作用时，其不同方向的磁导率会产生变化，进而引起激磁特性产生变化。图 2-7（a）中线圈 W1 为激磁线圈，而 W2 为检测线圈。当电磁材料不受外力时，W1 在铁芯中激励的磁场方向与 W2 平行，故 W2 中感应的电压很低。但是，当受到外力作用时，磁导率的变化使得磁场方向产生变化，结果使 W2 中感应电压增大。通过这种变化可以对外力进行检测。单晶硅材料受到力的作用时，其电阻率会发生变化，这种现象称为压阻效应，压阻式压力传感器就是基于这种原理制成的。

图 2-7（b）给出了典型的压阻式压力传感器的结构：在一个单晶硅膜片（通过 5 价元素的掺杂制成 N 型半导体），通过集成工艺在硅膜片上沿着一定的方向扩散 4 个等值的 P 型半导体电阻，它们被连接成直流惠斯通电桥来感知硅膜上受到的压力。硅膜的上下两侧分别连接参考腔和测量腔，因此硅膜片感受两个腔体的压力差。硅膜片的四周需要被固定在一个底

座上，现在都是直接在硅膜片的背面利用机械磨制或化学腐蚀的方法制出一个很薄的凹腔，称为硅杯。在外力作用下，由于硅膜片受到的应力处处不同，且压阻效应的灵敏度还与单晶硅的晶向有关，因此测量电阻要按照一定的晶向和应力来布置。图中给出了两种布置方式的例子，一种是在晶面为（$1\bar{1}0$）的硅膜片上沿着［110］晶向布置 4 个电阻，另外一种则选择晶面为（001）的单晶硅制作硅膜片，然后沿着该平面内垂直的两个晶向［110］和［$1\bar{1}0$］对称布置应变电阻。图 2-7（c）给出了基于压阻效应的加速度传感器原理图：在一个单晶硅悬臂梁上沿着一定的晶向集成应变电阻，传感器的加速运动会导致质量块的偏移和悬臂梁产生弯曲应力，这将导致应变电阻的阻值产生变化，因此检测电阻的变化可获得加速度的信息。

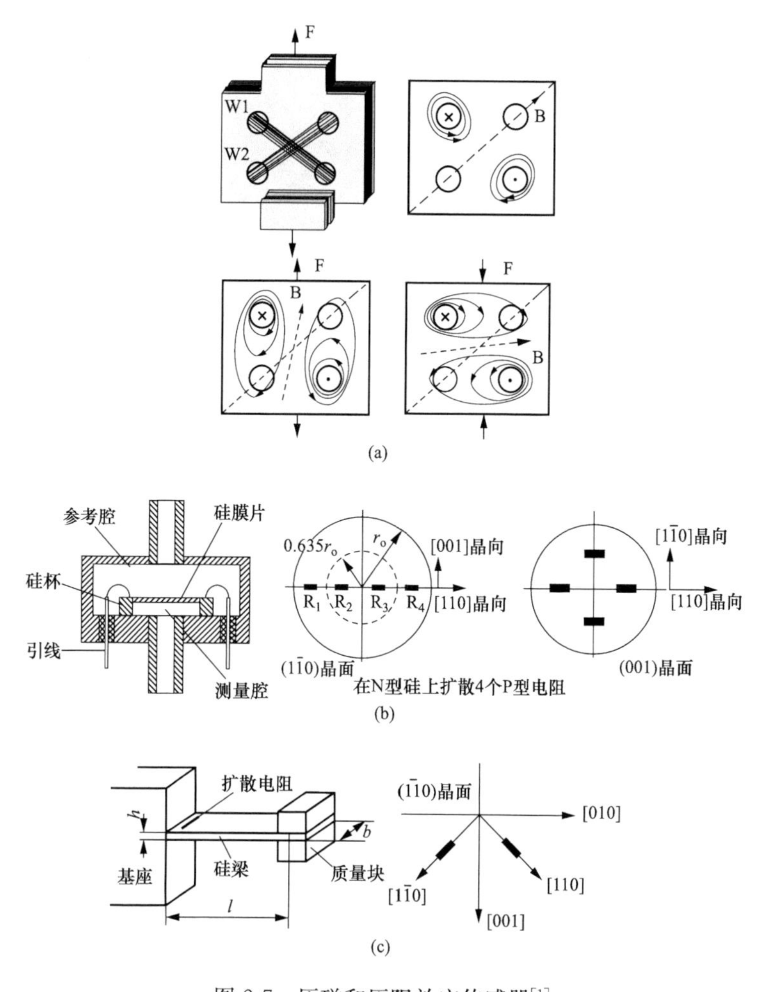

图 2-7　压磁和压阻效应传感器[1]

（a）压磁效应；（b）压阻效应—压力传感器；（c）压阻效应—加速度传感器

2.1.4　热敏特性传感器

热敏特性主要用于对温度和红外辐射进行测量。材料的温度代表其蕴含的内能，微观层面上表示其内部分子或原子的热运动活跃程度，因此绝大多数材料特性都会受到温度的影响。在热敏特性传感器中最常见的是热电耦及热敏电阻。把两种不同材质金属丝的两端分别结合在一起就形成一个热电偶，当其两个端点之间存在温差时，在热电偶内会形成热电势，且热电势的大小与温差成正比，这种现象称为热电效应。如果把热电偶的输出连接负载构成闭合回路，则热电势还能产生热电流，这表明热电偶能够从环境中吸收能量并转换为电能。当然，这种能量的转换是非常小的，表现为温差热电势很微弱。如，在100℃的温差条件下，热电偶也仅仅只能产生几毫伏的热电势。在这种情况下，为了提高温度测量的灵敏度或者获得更大的热电势，可以把热电偶进行串联构成一个热电堆。图 2-8（a）给出了热电偶和典型热电堆的原理和结构。

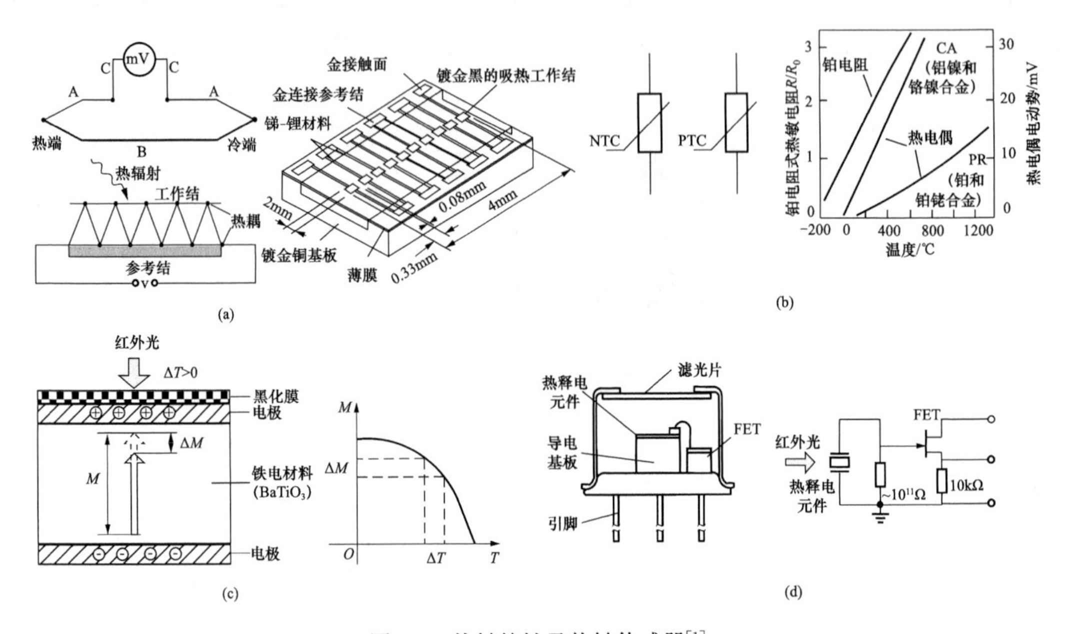

图 2-8 热敏特性及热敏传感器[1]

（a）热电偶和热电堆的原理和结构；（b）热敏电阻的温度特性曲线；（c）热释电效应；（d）热释电传感器

相比于微弱的热电势，温度对金属和半导体电阻的影响更为显著。金属材料的电阻率具有一个正的温度系数（PTC），这意味着温度越高，金属的电阻越大。金属铂电阻是最著名的热敏电阻，因为其电阻变化与温度之间呈现出非常好的线性关系，而且由于其熔点较高，因此与热电偶类似，在工业上可用于测量较高的温度。图 2-8（b）给出了铂电阻与几种高温热电偶的温度特性曲线。与此相比，半导体电阻表现出非常显著的温度灵敏性，但是其温度系数为负（NTC），即温度越高，其电阻越小，导电性越好，而且电阻与温度之间的曲线呈现出很强的非线性。由于价格低廉，因此半导体电阻被大量应用于温度保护电路。

图 2-8（c）和（d）给出了一种不接触温度测量传感器——热释电传感器，它利用了压电材料的热释电效应。如图 2-8（c）所示，具有铁电特性的压电陶瓷［例如钛酸钡（$BaTiO_3$）］在外电场作用下会被极化，产生极化场强 M，这种极化后的铁电体不仅能产生压电效应，也能产生热释电效应。极化场强 M 会导致陶瓷晶体表面产生束缚电荷，不过由于受到晶体表面的吸附电荷或晶体内部的自由电荷的中和，在静态情况下极化强度 M 是检测不出来的。当吸收红外辐射后，极化场强会产生变化（ΔM），这种变化的时间很短（约为 10^{-12}s），而自由电荷与束缚电荷中和所需要的时间则较长，此时就会有净电荷产生。这种铁电陶瓷由于红外吸收而产生出电荷的现象称为热释电效应。图 2-8（d）给出了典型的热释电

传感器的结构和电路原理，其中滤光片的作用是透过红外辐射并阻挡可见光。当热释电传感器处于一个恒定的背景辐射中时，其两侧不会产生电荷，但是当有发热体突然经过传感器附近时，红外辐射的突然变化会产生热释电效应，其产生的电荷被场效应管FET构成的跟随器转换为电压输出。

2.1.5 磁敏特性传感器

磁敏特性主要用于对磁场或电流进行检测，前文提到的法拉第旋光效应就是典型的磁敏特性，本节将对其他一些应用广泛的磁敏特性进行简介。带电粒子在垂直磁场方向运动时会受到洛伦兹力的影响而产生偏转，这种现象在通电导体或半导体中会引起磁敏效应。

图2-9（a）和（b）给出了磁敏二极管的结构和原理。磁敏二极管是一种P-i-N结构的二极管，普通的二极管由PN结构成，但是P-i-N二极管在P和N型半导体之间加入了一薄层低掺杂的本征半导体层。普通PN结二极管在正向偏置时，P区的多数载流子空穴会扩散到N区，并与N区的自由电子复合；而这种P-i-N二极管在正向施加偏压时，P区和N区的自由空穴和电子会进入i区，使得i区的电阻大大降低。另外，由于i区是本征半导体，其内部仅有少量的平衡载流子会产生速度很快的直接复合，而对于这些来自P区和N区的非平衡载流子，它们发生复合的时间很长（寿命很长），实际上也根本来不及复合就会越过i区，形成通态电流。因此，P-i-N二极管的正向特性与普通PN二极管相似。

磁敏二极管在P-i-N结构的i区专门制作了一个具有高复合率的r区。r区实际上就是在半导体中形成的复合中心，它们能够促进非平衡载流子的复合，减少载流子的寿命。半导体的表面缺陷及掺杂重金属元素（如金和铂）都会形成复合中心，且缺陷浓度和掺杂浓度越高，复合率就越高。这样，当磁敏二极管正向导电时，如果没有外磁场，则自由空穴和电子在进入i区后部分进入r区被复合掉，而其余部分则穿越i区形成通态电流。当有外加磁场作用时，载流子在磁场作用下会发生偏转，如果载流子远离r区，则二极管电流会增加。相反，若向r区偏转，则因为更多的载流子被复合，结果会导致通态电流减小。

磁敏晶体管与此原理类似，如图2-9（c）所示，来自发射极的电子到达基区，部分被r区复合，部分到达集电极，形成集电极电流。在外加磁场作用下，到达集电极的电流会受到磁场方向和大小的影响。另外一种重要的磁敏效应是霍尔效应，如图2-9（d）所示，在薄金属片或半导体中通以直流电流I，在磁场B的作用下，载流子会发生偏转，结果在其侧面上产生电荷的积累，形成霍尔电势。霍尔电势的大小与I和B成正比，与材料的厚度d成反比，同时，也取决于一个与材料相关的霍尔系数R_H。

磁阻效应是另外一种磁敏效应，指在磁场的作用下金属或半导体的电阻率发生变化的现象。正常磁阻效应来源于磁场对电子的洛伦兹力，使电子发生偏转或者产生螺旋运动，结果导致电子的碰撞概率增加，电阻增大。但是正常磁阻效应能够产生电阻变化的灵敏度很低。1857年，坡莫合金的各向异性磁阻（Anisotropic Magneto-Resistive，AMR）效应被发现。坡莫合金是一种具有很强磁导率的铁磁材料，在被磁化后其内部会建立磁化强度M，如图2-10所示。

当电流通过坡莫合金薄膜时，其呈现出的电阻与电流方向和内部磁化强度M之间的角度θ有关（如图2-10中曲线所示）。当电流与M方向平行时，电阻最大，相反，当电流方向与M垂直时，则电阻最小。这样，当有外加磁场作用时，如果外加磁场与内部磁化强度M的方向平行，则角度θ不受影响，故电阻不会变化。但是，如果外加磁场垂直于M的方向

(该方向称为敏感方向)，则会导致合金内部磁畴产生移动，从而使磁化强度 M 的方向产生偏移，结果改变了角度 θ，使电阻发生变化。一般在磁阻传感器中，在无外部磁场时电流方向配置成与磁化方向 M 之间呈 45°角，此时磁阻可以实现线性变化特性。

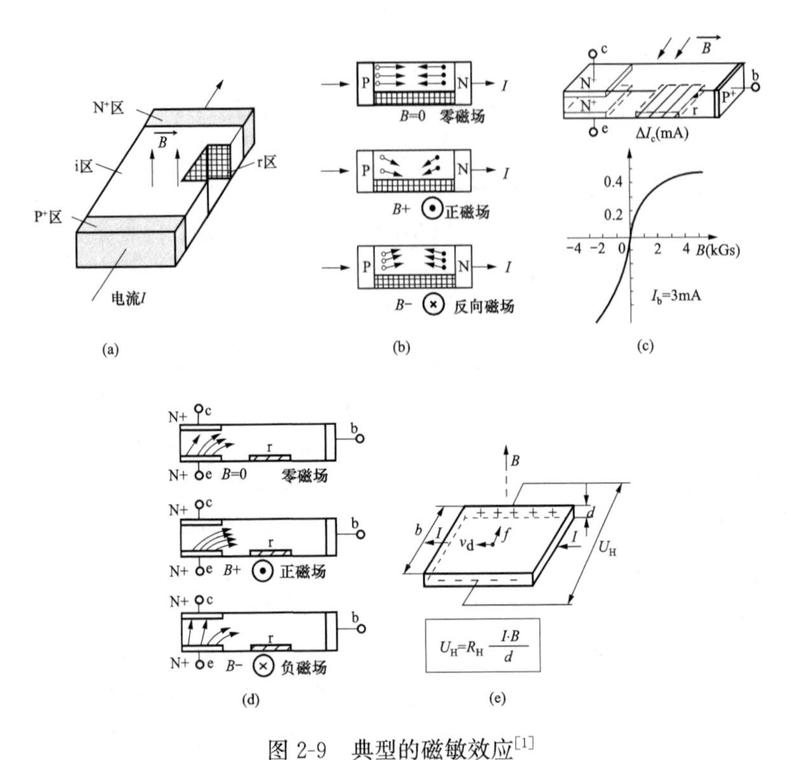

图 2-9 典型的磁敏效应[1]

(a) 磁敏二极管结构；(b) 磁敏二极管原理；(c) 磁敏三极管结构和典型特性；(d) 磁敏三极管原理；(e) 霍尔效应

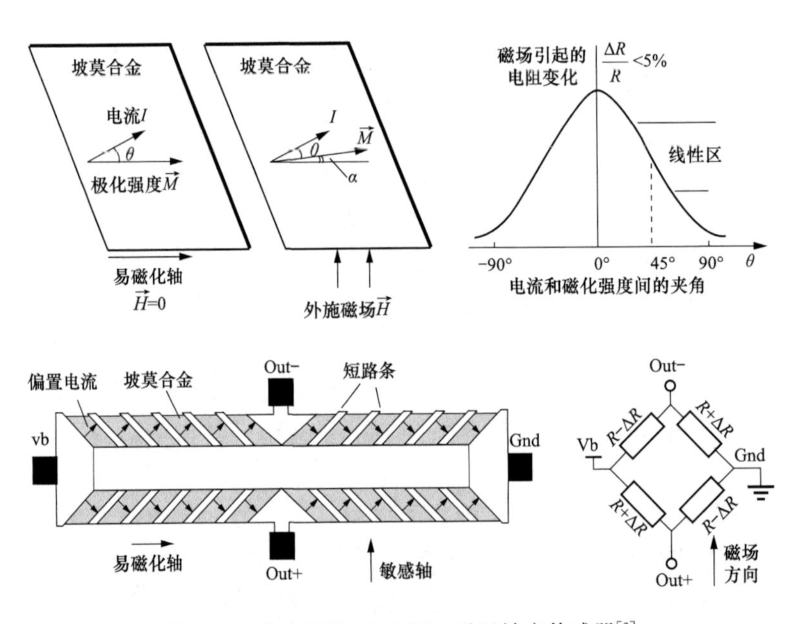

图 2-10 各向异性（AMR）磁阻效应传感器[2]

AMR 磁阻效应的电阻变化量一般只有 2%～3%，但是在磁性多层膜结构中还能产生巨磁阻效应，在外磁场作用下，其电阻变化率可以达到 50%以上。图 2-11（a）和（b）给出了 Fe/Cr 磁性多层膜巨磁阻的结构原理。这种由铁磁性金属 Fe 薄膜和非铁磁金属 Cr 薄膜交替重叠组成的多层导电结构，当把 Fe 薄膜按照图 2-11（a）所示的方向进行磁化时，整个结构在电流通过时会呈现出很大的电阻，但是如果按照图 2-11（b）所示的方向进行磁化，则电阻就很小。这种巨磁阻（Giant Magneto Resistance，GMR）效应只产生于纳米级的金属薄层中，是一种量子力学效应，一种理论认为与电子自旋以及在金属界面上的散射有关。电子的自旋会形成一个微小的磁矩，当该磁矩与铁磁薄层的磁化方向一致时，电子会顺利通过两种金属的界面而产生较小的散射。反之，若磁矩与铁磁薄层的磁化方向不同时，则电子在界面上会发生较大的散射。考虑到原子中的电子拥有两种不同的自旋方向，因此对于图 2-11（a）给出的磁化结构，对各种自旋方向的电子，在不同的界面上均会发生散射，因此整个结构表现出较大的电阻。对于图 2-11（b）给出的磁化结构，右旋电子会顺利通过整个结构，因此使得整体电阻较低。

图 2-11（c）和（d）给出了不同叠层材料以及不同薄层厚度下磁阻效应的比较。可见，Co/Cu 叠层比 Fe/Cr 材料表现出更强的磁阻效应，同时薄层的厚度越小，则磁阻效应越明显。对于这种叠层结构，外部微弱的磁场变化就可以引起显著的电阻变化，故 GMR 效应可以被应用于检测微弱磁场。另外，GMR 效应可被应用于硬盘存储器，可使硬盘尺寸大为缩小，但是存储容量却可增加上百倍。

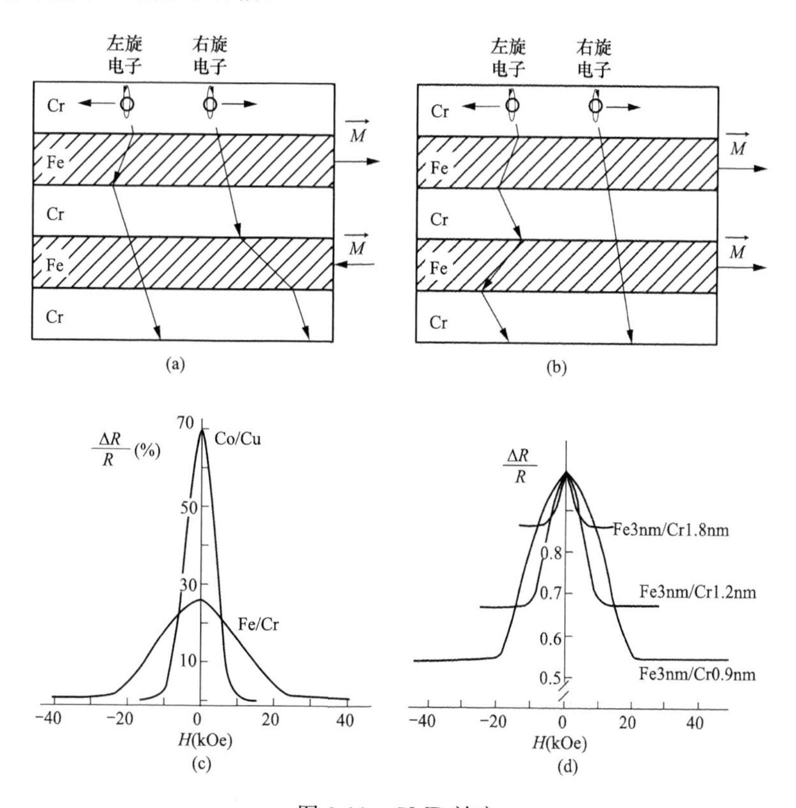

图 2-11　GMR 效应

（a）磁化结构 1；（b）磁化结构 2；（c）不同材料的磁阻比较；（d）不同厚度材料的磁阻比较

2.1.6 湿敏特性传感器

湿敏特性传感器用来检测环境的湿度，分为水分子亲和型和非水分子亲和型。前者主要源于大气中的水分子吸附于敏感元件表面而引起材料电阻率或介电常数等产生变化，但是此类湿敏特性传感器的精度一般不是很高。一是由于敏感元件的物理过程和化学反应机制比较复杂，影响因素比较多，二是暴露于大气中的传感器敏感元件容易受到离子污染或者氧化和还原，导致其使用寿命和精度受到影响。非水分子亲和型的湿敏特性传感器主要通过大气中的水分子对红外和微波等的吸收效应来检测湿度。

图 2-12（a）给出了典型的湿敏电阻的结构，在一个陶瓷基片（如 Al_2O_3）上设置金电极，然后涂覆一层薄薄的吸湿材料膜（如 Fe_3O_4 胶体膜），则制作成一个湿敏电阻。湿度会导致材料的电阻发生变化。当然，对于这种传感器，温度对其湿敏特性具有重要的影响。另外，在高湿环境下传感器会呈现出较大的输出滞后特性。目前应用比较普遍的湿度传感器是基于金属氧化物构成的多孔陶瓷（如 $MgCr_2O_4$-TiO_2 或 ZnO-Cr_2O_3），相比于致密陶瓷，多孔陶瓷的表面积显著增大，故具有较强的吸湿性，而且将其厚度变薄可在较短时间内达到吸湿和脱湿的平衡状态。为了除掉陶瓷晶粒上的污染物，避免传感器的性能下降，可如图 2-12（a）中下图给出的结构，在陶瓷元件周围安装加热线圈，使其在高温下达到除污的目的。

鉴于亲水性湿敏特性传感器响应速度慢，可靠性差，发展非亲水性湿敏特性传感器成为一个重要的方向。图 2-12（b）给出了我国某气象卫星上安装的被动微波大气垂直湿度测量仪的主要原理。由于大气中的湿气会对来自地球表面的微波辐射产生吸收和衰减作用，不同频率的微波辐射的吸收峰能表明不同高度的大气湿度信息。图 2-12（a）中给出的卫星湿度测量仪通过对 183GHz 附近的 3 个频率通道（±1GHz，±3GHz，±7GHz）的微波辐射进行测量来判断大气湿度的垂直分布。图 2-12（a）上图给出了测量仪的原理框图，来自地球的微波辐射被卫星上的扫描天线接收并馈送给前端测量、中频处理和检波积分电路后输出至数据处理单元。下图给出了处理电路的基本原理，天线接收的微波辐射信号与 183GHz 的本征频率源进行混频处理（混频器由乘法器和带通滤波器组成）和前置放大后得到 0.1～8GHz 频率范围的中频信号。然后，把中频信号通过功分器分成等功率的 3 路独立信号，并对每路信号根据 3 个不同的频率通道进行带通滤波。最后，把每个频率通道的信号经过检波和积分后得到信号的有效值并传输给后续处理单元，以计算出湿度信息。

2.1.7 气敏特性传感器

气敏特性传感器主要对气体组分和含量进行测量。气体的含量经常用分压值来表示，即当气体混合物中的某一种组分在相同的温度下占据与气体混合物相同的体积时，该组分所形成的压强。如，收集一瓶空气，将其中的氮气除去，恢复到相同的温度，剩余的氧气仍会逐渐占满整个集气瓶，但其单独造成的压强会比原来的低，此时的压强值就是原空气中氧气的分压值。气体组分测量中比较精确的方法是利用测量气体光学吸收峰的方法，如图 2-5（b）给出的光纤分光计法，但是其成本很高，因此大多数时候还需要低成本的传感器。图 2-13 给出了几种气敏特性传感器的原理。

图 2-13（a）给出了一种基于气敏固态电解质的浓差型气敏传感器的原理。一般的固态无机材料，离子和电子往往都牢牢地被束缚在晶格和组成晶格的原子内，不能远距离迁移，结果导致其导电能力很弱，除非使其高温熔融或者施加强电场使其电离，才具有良好的导电性。然而，也有一些固态无机材料，由于其结构的特殊性部分离子可以相对自由地在晶格结

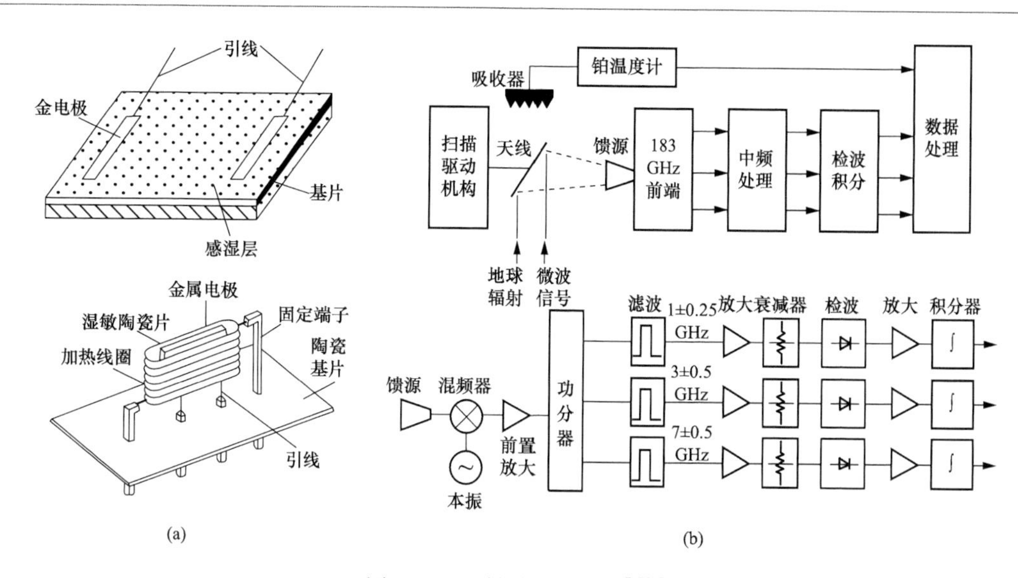

图 2-12　湿敏效应传感器[1][3]

（a）湿敏电阻的结构；（b）卫星微波湿度测量原理

构内移动，表现出一定的导电性能，这类固态无机材料称为固态电解质（或称为快速离子导体或超离子导体）。有些固态电解质本身具有气敏功能，如常用的氧离子固态电解质氧化锆（ZrO_2），可以制成氧气传感器。同样，质子固态电解质（含氢离子）如磷酸铀酰氢（HUP），可以制成氢气传感器。卤素离子固态电解质如氯化铅（$PbCl_2$）可检测氯气。其他还有金属离子固态电解质，如 Na_2SO_4 和 Na_2CO_3 等，它们的气敏基团是非金属的阴离子，所以会对 SO_2 和 CO_2 等气体敏感。图中给出的浓差型气敏传感器，其结构被分成两个气室，一个充满分压为 P^r的参比气体 A2；另外一个则为被测气体，其包含的 A2 气体组分的分压值 P^s待测。参比气体和被测气体在对 A2 敏感的固态电解质两侧形成浓度差（P^r-P^s），这会导致固态电解质上的参比电极和工作电极周围会形成离子的聚集，进而产生电位差，电位差的大小与分压值的差 P^r-P^s成正比，因此通过检测电极间的电压差就能测量出 P^s。固态电解质上产生电位差的现象与溶液中的电化学反应电池原理相似。

图 2-13（b）给出了另外一种基于氧化物半导体材料的气敏特性传感器原理。这种气敏特性传感器一般通过氧化物半导体粉末（添加催化剂）经烧结或沉积工艺制成，由于半导体材料的特殊性质，气体在半导体材料颗粒表面的吸附可以导致材料载流子浓度发生相应的变化，从而改变元件的电阻率。以 ZnO 为例，它是一种 N 型半导体材料，当它暴露在空气中时，空气中的氧气会在它上面产生吸附，因此具有很高的阻值。但是，当它接触到还原性气体如 H_2 和 CO 时，其阻值随即降低，因此它对测量还原性气体具有很好的灵敏度。氧化物半导体气敏传感器有使用温度的限制，例如 ZnO［添加钯 P（d）为催化剂］，温度在 400～450℃时对 H_2 和 CO 敏感。若采用铂（Pt）作为催化剂，则可在常温下用于检测烷烃类气体。

图 2-13（c）给出了基于 SAW 的气敏传感器原理。SAW 的原理在前文中已经阐述过，图中在 SAW 器件的压电晶体表面制作了一层气敏膜，当待测气体被吸附到气敏膜上后会造成膜的密度发生变化，结果会影响表面声波的传输速度或 SAW 振荡器的谐振频率。

图 2-13（d）给出了利用被测气体对红外辐射的吸收现象来进行测量的气敏传感器原理。如图所示，该传感器分为两个气室：一个是测量室，另一个是参比室。两室通过切光板以一

定周期同时或交替开闭光路。在测量室中导入被测气体后，特定波长的红外光被吸收，从而使透过测量室进入红外线接收室的光通量减少。相比之下，透过参比室进入到红外线接收气室的光通量是不变的。被测气体浓度越高，则透过测量室和参比室的光通量差值就越大。这个光通量差值随着光路开闭产生周期脉动。接收气室用几微米厚的金属薄膜分隔为两半部（薄膜与固定电极构成一个电容传感器），室内封有浓度较大的红外吸收气体，能将一定波长范围内的红外线全部吸收，从而光通量的脉动将引起温度的周期变化，这种温度变化会转化为气体压力的变化，引起薄膜产生形变，最后导致电容发生变化。

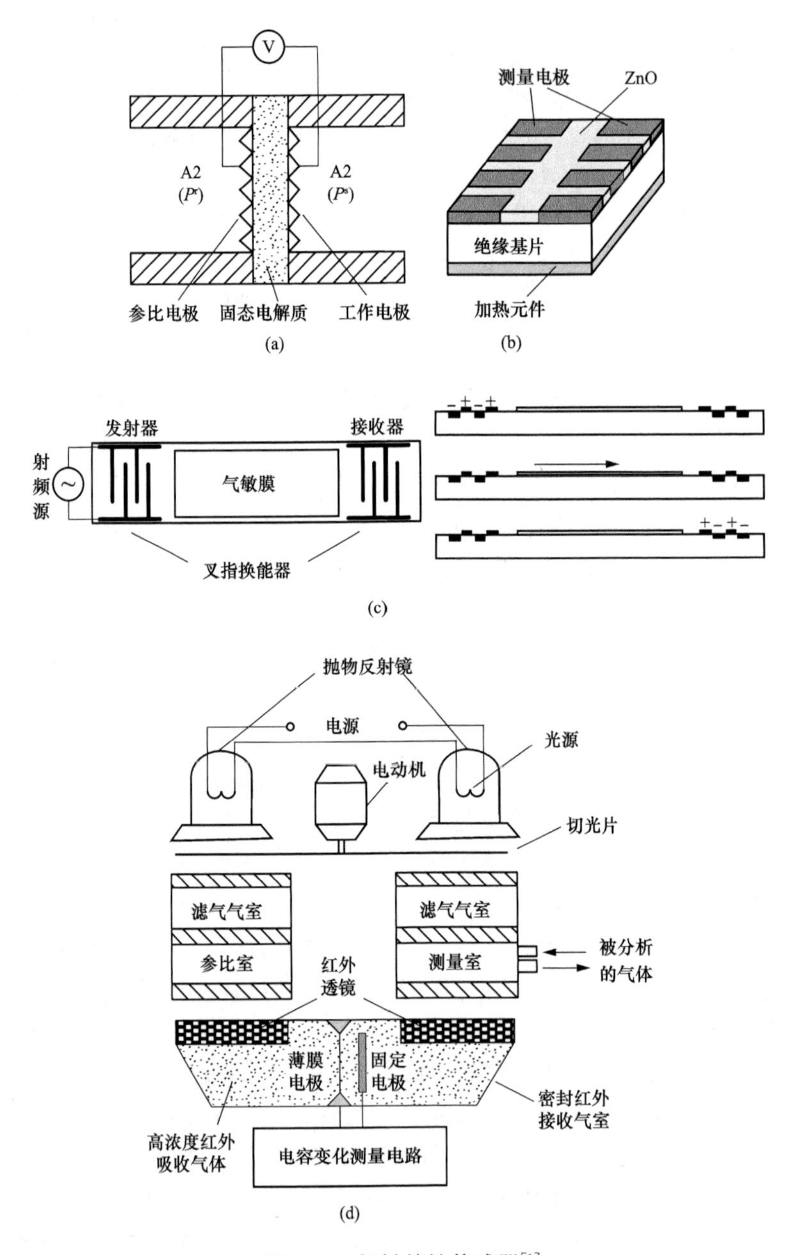

图 2-13 气敏特性传感器[1]

（a）浓差型；（b）半导体气敏传感器；（c）SAW 气敏传感器；（d）红外吸收型

2.1.8　色敏和图像传感器

颜色是不同波长的电磁辐射作用于人的视觉器官所产生的视觉感受，对于人眼而言，色彩所包含的信息量远大于黑白的灰度图像，但是人们通过眼睛获取的彩色信息是主观感受，为了对色彩进行定量估算，需要研制各种类型的色彩传感器。根据标准色度学的规定，任何一个物体的颜色都可由红、绿和蓝 3 基色表示，因此测量 3 种基色的强度就可以得到色彩信息。颜色测量可以通过光谱分析来实现，但是涉及使用光栅或棱镜等光学部件，体积大且价格高，目前半导体色敏传感器的研究获得了广泛的重视。

图 2-14 给出了两种基本的半导体色敏传感器的结构和原理。其中，图 2-14（a）给出了无定形硅（也称非晶硅）色敏传感器的结构原理。无定形硅没有单晶硅的正四面体晶体结构，原子间的晶体结构呈无序排列，对可见光范围的灵敏度高，其灵敏光谱与人的视觉灵敏度接近。由于其禁带宽度比单晶硅的要高，故对红外不敏感，因此不需要单晶硅色敏传感器所需要的高价红外遮断滤光镜。图中传感器在一块玻璃衬底材料上制作了红、绿、蓝滤色镜及无定形硅传感元件，流过无定形硅的电流与光强大小呈线性关系。图 2-14（b）给出了基于单晶硅的双色硅色敏光传感器的结构和等效电路。它由同一硅基片两个深浅不同的 PN 结光电二极管 P_{D1} 和 P_{D2} 组成。光电池的光谱特性表明，不同结深对光谱的响应不同，浅结 P_{D1} 对于短波光的灵敏度较好，而深结 P_{D2} 则对长波光比较灵敏。虽然两个 PN 结各自的短路电流与波长和光强大小均相关，但是其短路电流的比值却与光的强度无关，而只与光的波长呈单调对应关系，这样通过测量短路电流之比就可以获得光的波长，进而确定其颜色。

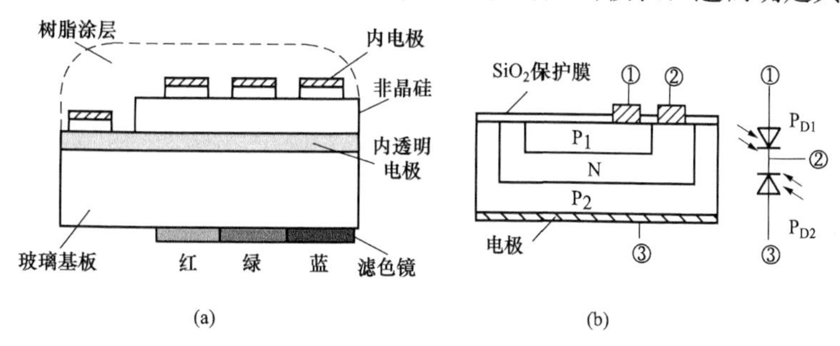

图 2-14　半导体色敏传感器[1]

（a）无定形硅色敏传感器；（b）双色硅色敏传感器

图像的采集和处理是目前发展和应用非常迅速的技术领域，特别是随着当前人工智能技术的进步，图像识别已经被广泛应用于自动驾驶、无人机及门禁和安防等领域。图像的采集需要采用图像传感器，图 2-15 给出了经典的电荷耦合器件（Charge Coupled Device，CCD）图像传感器的基本原理。CCD 传感器的成像原理是利用 MOS 电容器收集光照产生的电荷，然后利用移位电路把电荷转移到检测电路进行变换和处理。

图 2-15（a）给出了一个像素点上的 MOS 电容器及其电荷收集原理。如图 2-15（a）所示，在接地的 P 型半导体衬底上制作 SiO_2 绝缘层和栅极，就构成了一个 MOS 电容器，当在栅极施加正电压后会在电极下方的 P 区内形成多数载流子（空穴）的耗尽区，耗尽区深度取决于栅极电压的高低。当栅极电压高于阈值后，栅极下方的耗尽层顶端会产生电子的吸附并形成很薄的一个反型层，此时的耗尽区就像一个“势阱”，能够捕获电子并存储于其中。随着电子不断进入“势阱”，“势阱”的深度会逐渐缩小，最终达到不能再接受更多电子的“饱和状态”。

图 2-15（b）给出了 CCD 的电荷积分成像原理，入射光（经过滤色镜）照到光电二极管

(PN结)上产生空穴-电子对，电子会进入输入栅控制的“势阱”中被收集，在经过一定的曝光时间后，“势阱”中会积累足够多的电荷，且电荷量与该像素点的光强成正比。CCD传感器也可以直接使光线透射到“势阱”耗尽层的边缘来产生空穴-电子对。输入“势阱”的电荷随后将通过电荷移位器被送往检测电路。电荷移位电路是由一组并列的MOS电容器构成，其栅极被施加一定时序的控制电压，控制“势阱”的产生和消失。典型的三相栅控制时序如图2-15(c)所示。

图2-15(d)给出了在该时序的控制下，电荷从“势阱”Φ_1转移到Φ_2的过程。如图2-15(d)所示，在t_0时刻，Φ_1的电压为10V，而Φ_2和Φ_3均为2V，故电荷存储于“势阱”Φ_1中。然后，Φ_2的电压从2V升高到10V，而Φ_1保持不变，在此过程中，“势阱”Φ_2开始形成，并与Φ_1合并，保存于其中的电荷同时分布到两个势阱中。在t_1时刻以后，Φ_1的电压开始下降，其“势阱”也逐渐消失，则电荷被全部移入Φ_2中。这种电荷转移过程可以形容为“水桶”原理，即把水桶里的水从一个桶倒入另外一个桶中。

图2-15(e)给出了典型的电荷检测电路，电荷被转移到“势阱”Φ_3中，而此“势阱”与一个PN结相邻，因此电荷会注入PN结的N区。由于PN结通过电阻R和电源V_{cc}被反向偏置，突然到达N区的电子会导致流过PN结的电流增大，结果A点电位下降，这个电压变化(通过隔直电容)被后面的放大器放大。MOS开关Q的作用是对检测电路进行复位，当一个像素的电荷被检测完成后，Q被控制导通，此时电源Vcc会将存储于“势阱”Φ_3中的电荷全部吸收和清空，以便下一个像素的电荷被转移过来。

图2-15(f)给出了一个由多个像素点构成的面阵CCD的结构。如图2-15(f)所示，面阵CCD中的所有像素被组成一个阵列，每个像素单元与垂直电荷移位寄存器相连，并通过控制电压Φ_1、Φ_2和Φ_3来控制。当打开快门进行图像拍摄时，所有的像素单元同时感光并产生电荷，且电荷进入垂直移位寄存器。在每个Φ_1、Φ_2和Φ_3的控制周期，都会有一行像素电荷通过垂直移位寄存器被移入面阵的水平电荷移位器中。电压Φ_1'、Φ_2'和Φ_3'控制这行电荷水平移位且逐一通过检测电路输出，然后经过后续ADC变换为数字量并进行存储。接下来，进入下一个Φ_1、Φ_2和Φ_3的控制周期，控制第二行的像素输出，周而复始，直到所有的像素

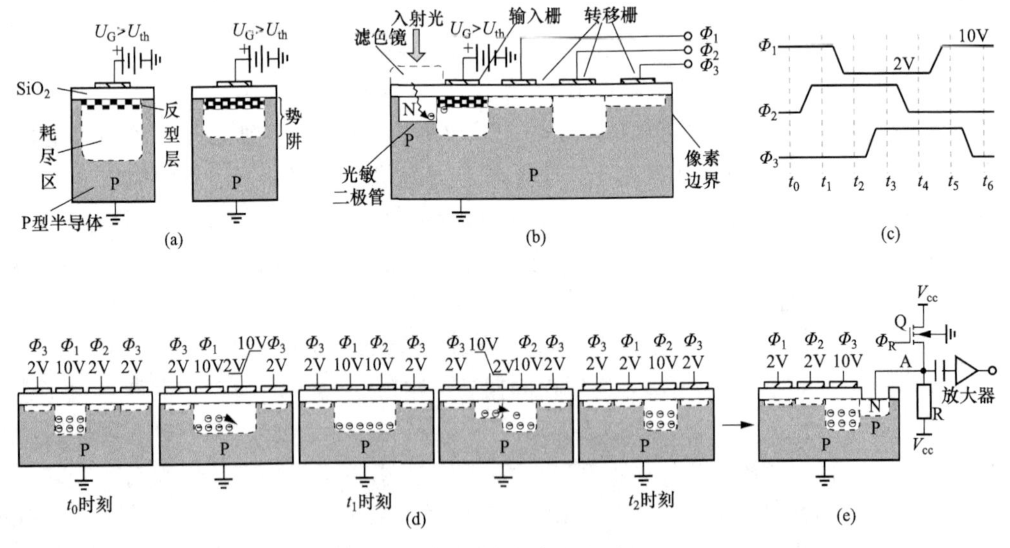

图2-15 CCD图像传感器的原理(一)

(a) MOS电容；(b) 电荷积分成像原理；(c) 三相栅控制时序；(d) 三相栅控制电荷转移原理；(e) 电荷检测电路

2.1.8　色敏和图像传感器

颜色是不同波长的电磁辐射作用于人的视觉器官所产生的视觉感受，对于人眼而言，色彩所包含的信息量远大于黑白的灰度图像，但是人们通过眼睛获取的彩色信息是主观感受，为了对色彩进行定量估算，需要研制各种类型的色彩传感器。根据标准色度学的规定，任何一个物体的颜色都可由红、绿和蓝 3 基色表示，因此测量 3 种基色的强度就可以得到色彩信息。颜色测量可以通过光谱分析来实现，但是涉及使用光栅或棱镜等光学部件，体积大且价格高，目前半导体色敏传感器的研究获得了广泛的重视。

图 2-14 给出了两种基本的半导体色敏传感器的结构和原理。其中，图 2-14（a）给出了无定形硅（也称非晶硅）色敏传感器的结构原理。无定形硅没有单晶硅的正四面体晶体结构，原子间的晶体结构呈无序排列，对可见光范围的灵敏度高，其灵敏光谱与人的视觉灵敏度接近。由于其禁带宽度比单晶硅的要高，故对红外不敏感，因此不需要单晶硅色敏传感器所需要的高价红外遮断滤光镜。图中传感器在一块玻璃衬底材料上制作了红、绿、蓝滤色镜及无定形硅传感元件，流过无定形硅的电流与光强大小呈线性关系。图 2-14（b）给出了基于单晶硅的双色硅色敏光传感器的结构和等效电路。它由同一硅基片两个深浅不同的 PN 结光电二极管 P_{D1} 和 P_{D2} 组成。光电池的光谱特性表明，不同结深对光谱的响应不同，浅结 P_{D1} 对于短波光的灵敏度较好，而深结 P_{D2} 则对长波光比较灵敏。虽然两个 PN 结各自的短路电流与波长和光强大小均相关，但是其短路电流的比值却与光的强度无关，而只与光的波长呈单调对应关系，这样通过测量短路电流之比就可以获得光的波长，进而确定其颜色。

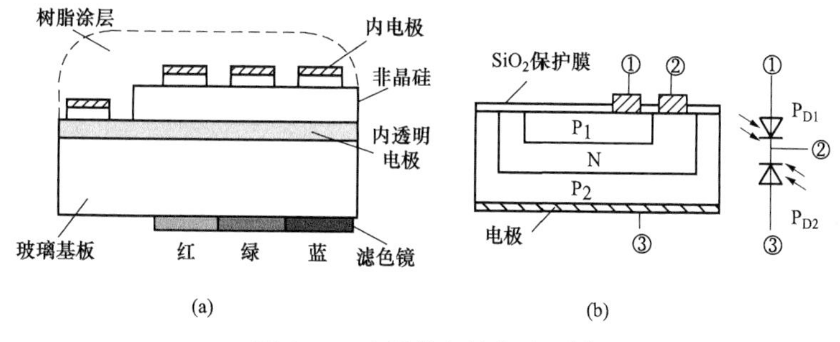

图 2-14　半导体色敏传感器[1]

（a）无定形硅色敏传感器；（b）双色硅色敏传感器

图像的采集和处理是目前发展和应用非常迅速的技术领域，特别是随着当前人工智能技术的进步，图像识别已经被广泛应用于自动驾驶、无人机及门禁和安防等领域。图像的采集需要采用图像传感器，图 2-15 给出了经典的电荷耦合器件（Charge Coupled Device，CCD）图像传感器的基本原理。CCD 传感器的成像原理是利用 MOS 电容器收集光照产生的电荷，然后利用移位电路把电荷转移到检测电路进行变换和处理。

图 2-15（a）给出了一个像素点上的 MOS 电容器及其电荷收集原理。如图 2-15（a）所示，在接地的 P 型半导体衬底上制作 SiO_2 绝缘层和栅极，就构成了一个 MOS 电容器，当在栅极施加正电压后会在电极下方的 P 区内形成多数载流子（空穴）的耗尽区，耗尽区深度取决于栅极电压的高低。当栅极电压高于阈值后，栅极下方的耗尽层顶端会产生电子的吸附并形成很薄的一个反型层，此时的耗尽区就像一个“势阱”，能够捕获电子并存储于其中。随着电子不断进入“势阱”，“势阱”的深度会逐渐缩小，最终达到不能再接受更多电子的“饱和状态”。

图 2-15（b）给出了 CCD 的电荷积分成像原理，入射光（经过滤色镜）照到光电二极管

(PN结)上产生空穴-电子对，电子会进入输入栅控制的“势阱”中被收集，在经过一定的曝光时间后，“势阱”中会积累足够多的电荷，且电荷量与该像素点的光强成正比。CCD传感器也可以直接使光线透射到“势阱”耗尽层的边缘来产生空穴-电子对。输入“势阱”的电荷随后将通过电荷移位器被送往检测电路。电荷移位电路是由一组并列的MOS电容器构成，其栅极被施加一定时序的控制电压，控制“势阱”的产生和消失。典型的三相栅控制时序如图2-15（c）所示。

图2-15（d）给出了在该时序的控制下，电荷从“势阱”Φ_1转移到Φ_2的过程。如图2-15（d）所示，在t_0时刻，Φ_1的电压为10V，而Φ_2和Φ_3均为2V，故电荷存储于“势阱”Φ_1中。然后，Φ_2的电压从2V升高到10V，而Φ_1保持不变，在此过程中，“势阱”Φ_2开始形成，并与Φ_1合并，保存于其中的电荷同时分布到两个势阱中。在t_1时刻以后，Φ_1的电压开始下降，其“势阱”也逐渐消失，则电荷被全部移入Φ_2中。这种电荷转移过程可以形容为“水桶”原理，即把水桶里的水从一个桶倒入另外一个桶中。

图2-15（e）给出了典型的电荷检测电路，电荷被转移到“势阱”Φ_3中，而此“势阱”与一个PN结相邻，因此电荷会注入PN结的N区。由于PN结通过电阻R和电源V_{cc}被反向偏置，突然到达N区的电子会导致流过PN结的电流增大，结果A点电位下降，这个电压变化（通过隔直电容）被后面的放大器放大。MOS开关Q的作用是对检测电路进行复位，当一个像素的电荷被检测完成后，Q被控制导通，此时电源Vcc会将存储于“势阱”Φ_3中的电荷全部吸收和清空，以便下一个像素的电荷被转移过来。

图2-15（f）给出了一个由多个像素点构成的面阵CCD的结构。如图2-15（f）所示，面阵CCD中的所有像素被组成一个阵列，每个像素单元与垂直电荷移位寄存器相连，并通过控制电压Φ_1、Φ_2和Φ_3来控制。当打开快门进行图像拍摄时，所有的像素单元同时感光并产生电荷，且电荷进入垂直移位寄存器。在每个Φ_1、Φ_2和Φ_3的控制周期，都会有一行像素电荷通过垂直移位寄存器被移入面阵的水平电荷移位器中。电压Φ_1'、Φ_2'和Φ_3'控制这行电荷水平移位且逐一通过检测电路输出，然后经过后续ADC变换为数字量并进行存储。接下来，进入下一个Φ_1、Φ_2和Φ_3的控制周期，控制第二行的像素输出，周而复始，直到所有的像素

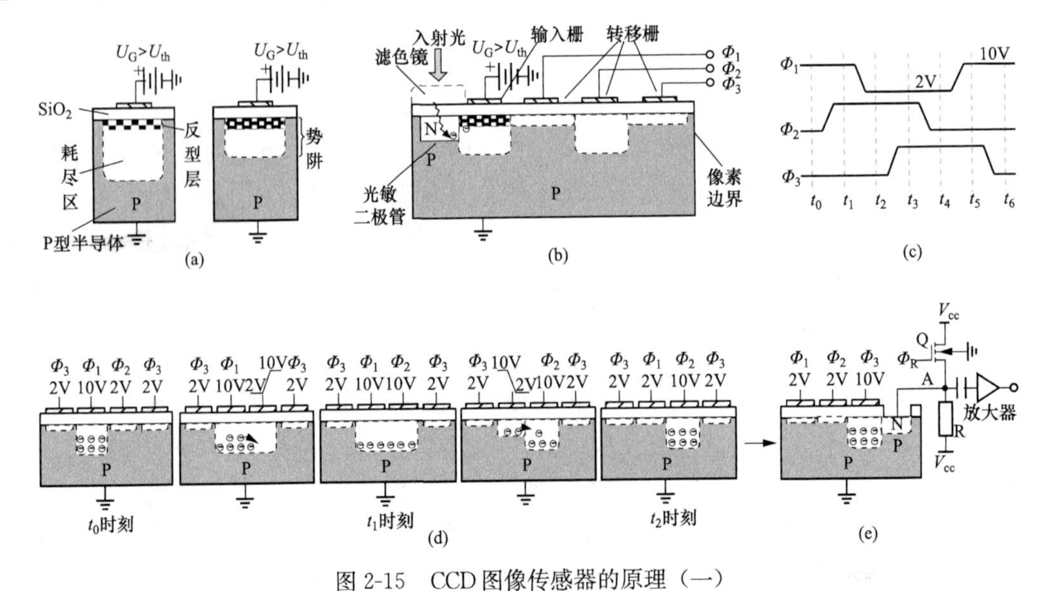

图2-15　CCD图像传感器的原理（一）

（a）MOS电容；（b）电荷积分成像原理；（c）三相栅控制时序；（d）三相栅控制电荷转移原理；（e）电荷检测电路

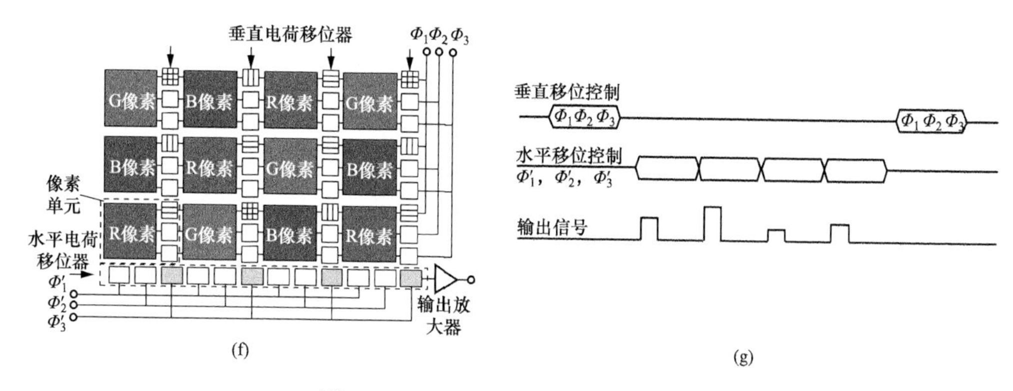

图 2-15　CCD图像传感器的原理（二）

(f) 面阵 CCD 的结构；(g) 面阵 CCD 的控制时序

电荷都被检测且转换为数字量保存起来。图 2-15（g）给出了面阵 CCD 的上述控制时序。

2.2　结构型传感器

结构型传感器主要依赖敏感元件的精密尺寸配合，其输出往往等效为电参数，当被测环境量变化时由于结构尺寸的变化，会导致等效电阻、电感和电容参数的变化。

2.2.1　电容式传感器

电容式传感器是目前应用最广泛的结构型传感器。任何两个独立的导体之间都存在电容，电容量的大小可以用平行板电容器的计算公式来进行描述：$C=\varepsilon_0\varepsilon_r A/d$，式中，$A$ 为平行板电容器的正对面积，d 为极板间距，而 $\varepsilon=\varepsilon_0\varepsilon_r$ 为材料的介电常数。因此，当环境量的变化使得电容元件的面积、间距或者介电常数发生变化时，则可以使其电容量发生改变，电容的变化可以通过转换电路进一步变换为电压或电流的变化。

图 2-16 给出了几种典型的电容式传感器，其中图 2-16（a）是变面积电容传感器，动片或动电极在外力作用下产生形变或位移，导致其正对面积发生变化，则电容将发生变化。图 2-16（a）的下图中给出的电容传感器为差动结构，当其动电极上下移动时，则会引起上下两个电容值产生相反的变化，从而使得相同的动电极位移量会产生两倍的电容差变化，提高了传感器的灵敏度。图 2-16（b）给出了另外一种变面积电容传感器—容栅传感器。所谓容栅，即电容的静电极和（或）动电极采用多个栅条结构，当动栅相对静栅移动时，其电容量会产生周期性的变化，这种结构可用于准确测量位移或者速度等。图 2-16（b）的上图是典型的水平容栅结构，而下图则给出了旋转容栅结构。图 2-16（c）给出了变间距电容压力和加速度传感器，它们均采用差动结构。对于压力传感器，当两端压力 P_1 和 P_2 不相等时，会导致金属膜片（动极）产生形变，而这会改变它与两个定极之间的间距，从而导致电容量一个增加，而另外一个减小。加速度传感器与此类似，当整个传感器产生上下加速运动时，中心质量块会产生相对位移，导致它与两个静止电极之间的间距发生变化，结果导致电容量的差动变化。图 2-16（d）给出了典型的变介电常数电容传感器原理，它们主要被用于测量液位或者物料深度。如图 2-16（d）所示，当液位或物料深度发生变化时，电容传感器两个电极之间的等效介电常数会产生变化，结果导致电容发生变化。

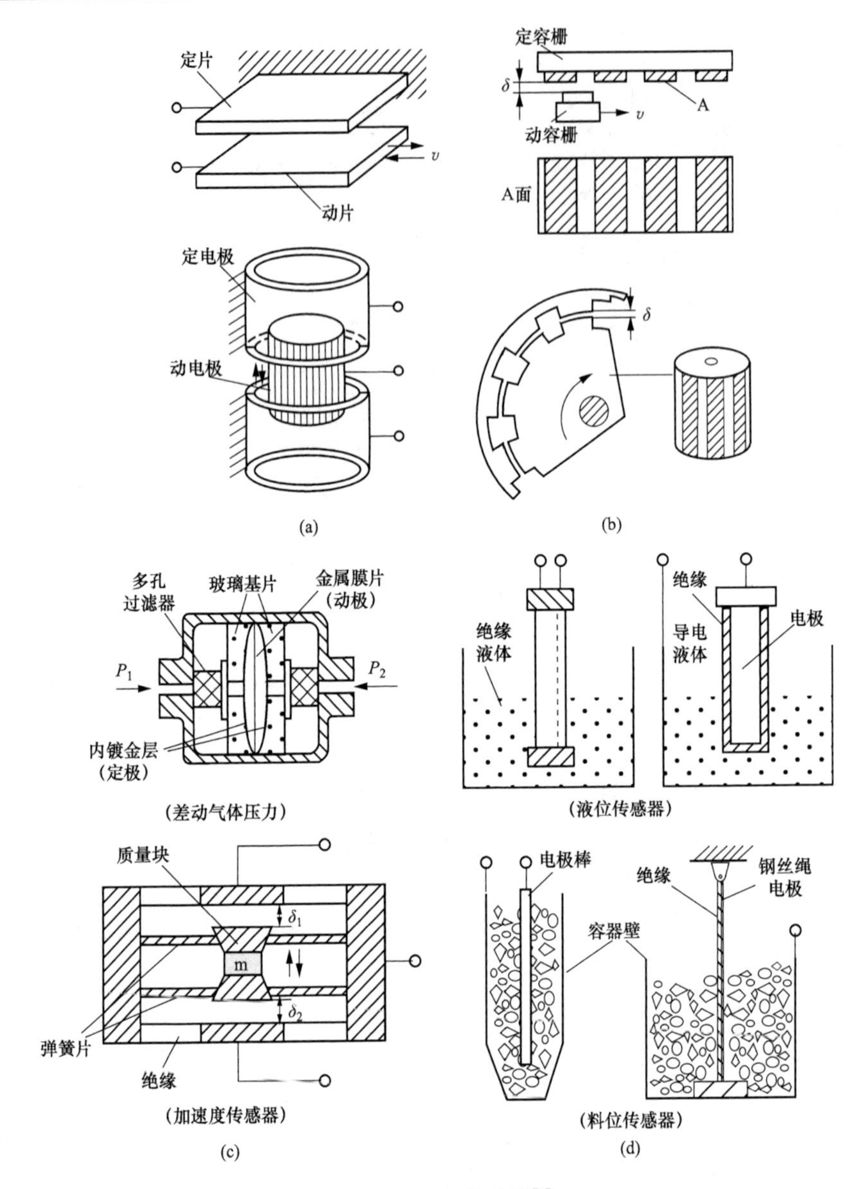

图 2-16 电容传感器[1]

(a) 变面积;(b) 水平和旋转容栅;(c) 变间距;(d) 变介电常数

2.2.2 电感和变压器式传感器

尺寸和形状的变化还会影响到电感量或者变压器的耦合系数，可以据此设计出电感或变压器式的结构型传感器，图 2-17 给出了几种典型传感器的原理。

图 2-17 (a) 中，一个磁芯结构为 EI 型的电抗器，具有一个气隙 δ，当外力或形变导致气隙 δ 发生改变时，则铁芯的磁阻会发生变化，进而导致其电感量也发生变化。这种结构很容易被设计成差动结构，只需增加另外一个对称的电感线圈［如图 2-17 (a) 中虚线部分］即可。图 2-17 (b) 中，当两个磁轭之间的铁芯向上移动时，铁芯与磁轭的正对截面增大，整个磁路的磁阻会下降，反之，则磁阻升高，因此铁芯的位移会转变为电感量的变化。同样，这种结构也可以通过增加对称的部分而被改造成差动结构。图 2-17 (c) 的原理与图 2-17

(a) 类似，但是它是通过两组共铁芯的线圈形成一个耦合变压器，其中线圈 1 为励磁线圈，而线圈 2 为感应线圈。这样当气隙 δ 变化时，两个线圈之间的耦合系数产生变化，进而引起相同激励电压下的感应电压发生变化。图 2-17 (d) 给出的结构把图 2-17 (b) 中变截面电感传感器通过增加一组励磁线圈 1 而改造成了变压器传感器，其原理是相似的。

图 2-17 (e) 给出了一种四磁极角度测量差动变压器的结构。定子磁轭上被设计了 4 个凸型磁极，每个凸极上均绕制两组线圈：一次线圈串联构成励磁线圈，而二次线圈则被按照图示同名端方向串联在一起组成感应线圈。当源边线圈流过同样的励磁电流时，二次电压大小取决于中间转子与凸极之间的正对面积，当正对面积增大，则磁阻减小而磁通增加，二次感应电压增大。当转子处于图 2-17 (e) 中平衡位置时，它与 4 个凸极之间的正对面积相同，二次四个线圈的感应电压大小相等，但是由于 4 个线圈 1 和 3 与 2 和 4 的极性相反，因此总的串联电压等于零。当按照图示方向旋转一个角度，则线圈 1 和 3 的电压增加而 2 和 4 的电压下降，这样串联总电压将不再为零，它反映了偏转角度的大小。

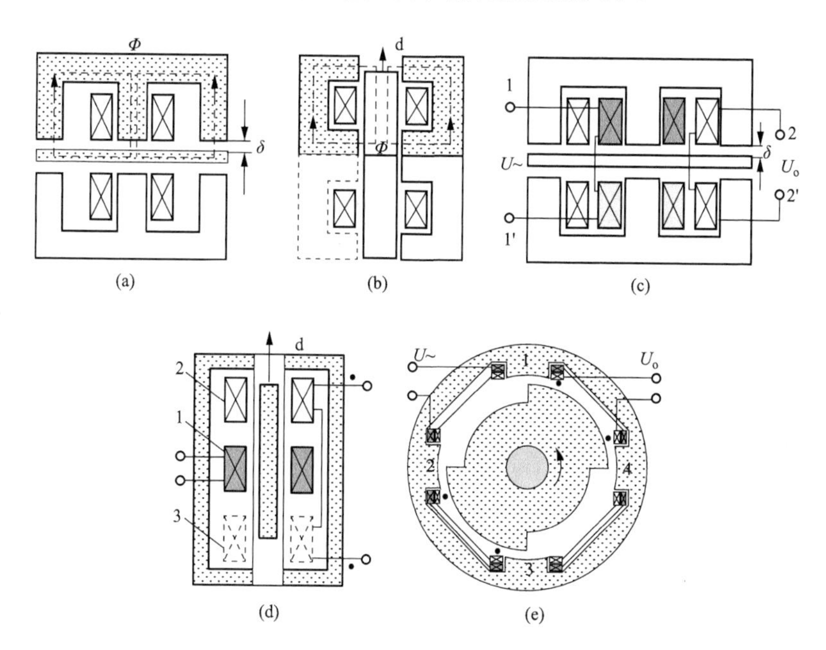

图 2-17　电感和变压器传感器[1]

(a) 变气隙电感传感器；(b) 变截面电感传感器；(c) 变气隙变压器传感器；
(d) 三节变截面差动变压器；(e) 四极测角度差动变压器

2.2.3　光栅式传感器

除了电参数型的结构型传感器，许多光学传感器也依赖尺寸或形状的变化来对位移或速度进行测量，典型的传感器如图 2-18 (a) 给出的光栅式传感器。

光栅是由一系列等间隔的遮光条纹构成的光学器件。光栅传感器主要由主光栅和指示光栅两部分构成，其中指示光栅以一定的倾角 θ 置于主光栅一侧，当光源通过透镜照射到主光栅时，从指示光栅看过去的图样即图中所给出的那样。可以看到，在此位置光栅的顶部和下部的光照被遮蔽，故为暗区；而中间部分则透光，称为亮区，这样的明暗分布称为莫尔条纹。当主光栅左右移动时，可以看到中间亮区会呈现出周期性的明暗变化，其周期 B 取决于倾角 θ 及光栅的栅条间距 w（也叫做光栅常数）。这种光强的明暗变化可以通过光电探测器被检测，从而可以对主光栅的相对位移进行测量。光栅就像一个位移“放大器”，当发生微小位移时，为了提高灵敏度，必须将光栅条纹设计得非常密，但是其光强随位移的变化梯度很大（就像一个光闸，或者全透光，或者全遮光），导致无法进行位移的精确测量。但是，通过指示光栅的倾角 θ 的设计，位移的变化导致光强变化的周期变慢，故光强的变化也能反映出更微小的位移变化。图 2-18（a）给出的光栅传感器其光栅常数 w 远比光的波长 λ 要长，它主要是利用遮光原理来进行测量。但是当 w 与 λ 接近或者更小时，就会发生衍射和多缝干涉现象，这种光栅称为衍射光栅。

图 2-18（b）给出了衍射光栅的简单原理，衍射光栅将在观察屏上显示出非常细和明亮的衍射条纹，其衍射角 θ 与光波长 λ 满足图中给出的光栅方程，这意味着不同波长的光通过衍射光栅后形成的亮条纹的位置是不同的，若光以一定的入射角 φ 入射，则其衍射图样也会发生一定的偏移，偏移量的大小也取决于波长。这就说明衍射光栅可以作为分光计来使用，它可以替代棱镜等对光谱进行分析。衍射光栅的细亮条纹使得其对光波长的分辨率比较高。衍射干涉的主要机理是光的单缝衍射和多缝干涉的调制效应，这可以通过图中给出的波形图来进行说明。

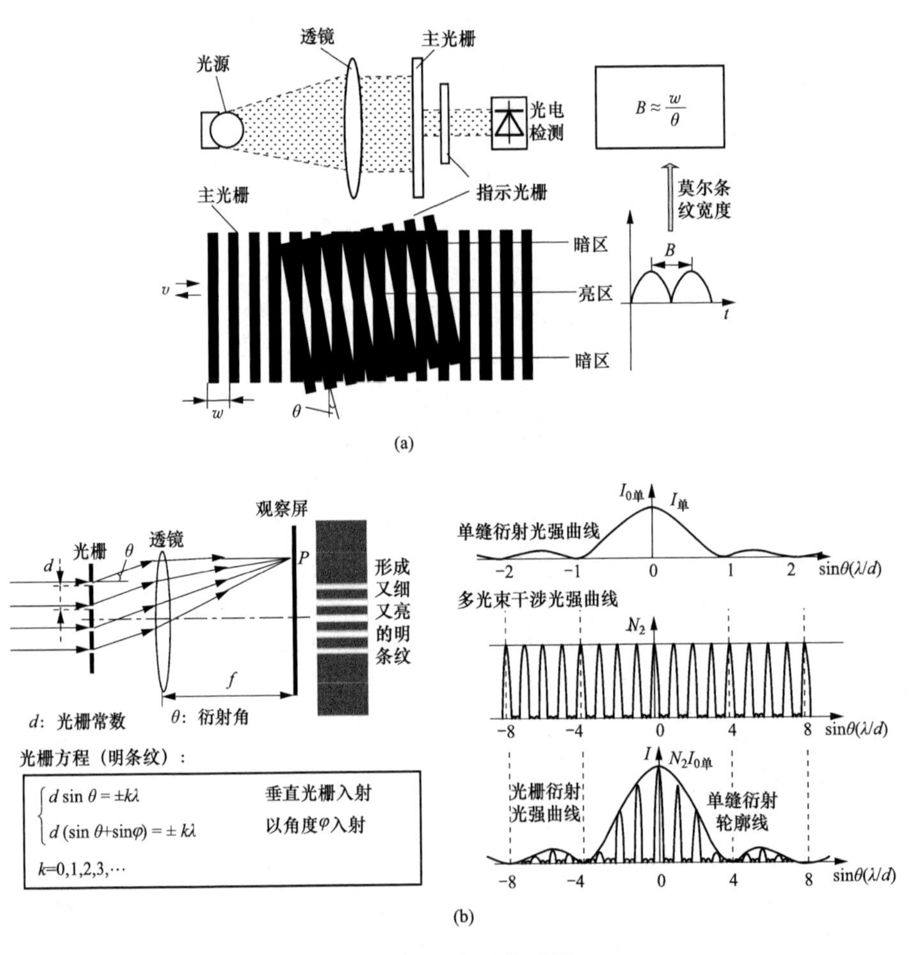

图 2-18 光栅式传感器

（a）光栅式传感器；（b）衍射光栅

2.3 传感器的构成方式

在对各种传感器的结构进行分析后可以发现，它们都具有相似的一些构成方式，主要分为以下几种：无源基本型、有源基本型、电参数型、多级变换型、差动型、参比补偿型和反馈型[1]。了解这些典型的传感器构成方式对于设计和制造新型传感器具有启发意义。

2.3.1 无源基本型

无源基本型传感器只有敏感元件构成，这种传感器产生电效应不需要外加电源，故敏感元件输出的能量来自环境，其结构框图如图 2-19（a）所示。这类传感器的例子很多，前文所述的光敏二极管（开路时等效为光伏电池）、热电偶和热电堆、压电陶瓷及浓差型气敏特性传感器都是属于这种类型。由于具备把环境能量转换为电源的能力，这类传感效应也往往被用于新能源发电或制造电池。

2.3.2 有源基本型

这种类型的传感器也只由一个敏感元件构成，但是需要外部辅助电源才能工作，传感器输出功率主要由电源提供，而环境量或者提供部分能量，或者只是对辅助电源提供的能量进行控制或者调制，其结构如图 2-19（b）所示，典型实例如前文所述的光电管和光敏二极管。

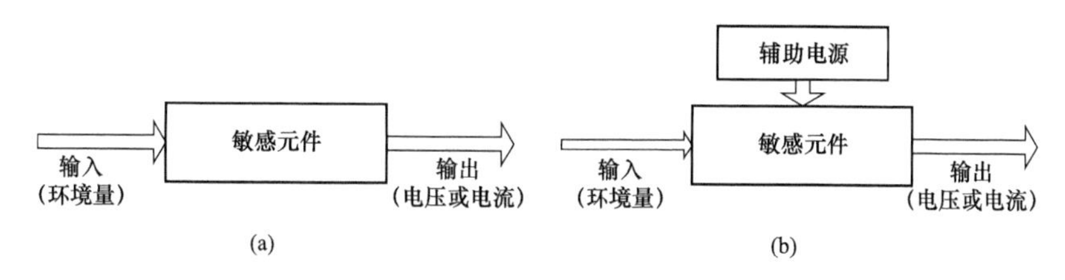

图 2-19　基本型传感器的结构框图

（a）无源基本型；（b）有源基本型

对于光电管（包括光电倍增管），当外加高压电场时，光照产生的阴极电子会被阳极收集和倍增放大，从而在电源回路中形成光电流。光敏二极管需要外加反向偏置电压，才能在电源回路中产生大小与光照成正比的反向饱和电流。在这两个例子中，环境量（光）和辅助电源均能提供能量。对于光电管，在没有外电场作用时，在光照条件下金属阴极中也会发射电子（只要满足光电效应的频率条件），电子获得的初始动能取决于光子的频率。当在光电管两个电极之间并联一个负载电阻时，电阻中会流过一定的电流，只是此时的电流很小。这是因为有部分电子被散射掉未能达到阳极，另外，还有一些电子获得的动能不足以使其到达阳极。同时，当光电流流过电阻时会产生压降（产生反向电场）作用于光电管两侧，该电场将阻止电子从阴极向阳极转移。

无外电场时，光电流在负载中的功率损耗全部来自光子的能量。当施加外电场时，随着电场的增加，光电流也逐渐增加直到饱和，之后光电管表现为一个恒流源，即使负载电阻发生变化，流过电阻的电流也将保持恒定。辅助电源提供的电场不仅阻止了电子的散射，同时也克服了负载电阻的压降并为光电管提供加速电场，使得绝大多数光电子能够到达阳极。此时，负载电阻消耗的功率主要由辅助电源提供，光照只是一个对功率的调制因素。光敏二极管也是如此，当对其施加反向偏置电压时，其特性可被视为恒流源，它将具有一定的负载能力，只要串联的负载电阻两侧的压降不超过电源电压，恒流特性将被维持，此时负载电阻消耗的功率实际上是由电源来提供，光照只是功率的控制条件。

2.3.3 电参数型

此类传感器把环境量的变化转换为电参数的变化，敏感元件等效为电阻、电容、电感（或互感）等电路参数。这种传感器的类型很多，包括光敏、热敏、压敏、气敏电阻和磁阻及结构型电容、电感和变压器型传感器等。电参数型传感器需要进一步采用电桥等转换电路把电参数的变化转换为电压或电流信号。电参数型传感器的结构如图 2-20（a）所示。

2.3.4 差动型

电参数型传感器往往被设计成差动结构，利用两个具有相同物理性质的电参数传感器对同样的环境量进行检测，但是却产生完全相反的变化，这种变化被后面的差分转换电路处理，可以消去其中的共模分量，而仅保留变化的差模分量。差动型传感器的结构如图 2-20（b）所示。显然，这种传感器不仅可以使传感器的灵敏度增加一倍（变化量是一个传感器的两倍）。同时由于可以消去共模分量，那么可以克服环境扰动量对传感器的影响（假设扰动量对两个传感器产生同样的共模变化）。第三，差动传感器还能克服非线性的问题。如，图 2-16（c）中给出的电容式气体压力差动传感器，在两侧压差作用下，由于间距变化，会导致两个电容产生相反的变化：$C_1=\varepsilon A/(d+\Delta d)$ 和 $C_2=\varepsilon A/(d-\Delta d)$。可见，间距的变化 Δd 与电容的变化呈非线性关系。当把两个电容串联，并施加一个电源电压 $\dot{E}$ 时，则其中点电压的变化为：

$$\dot{U}=\frac{\dfrac{1}{\mathrm{j}\omega C_2}}{\dfrac{1}{\mathrm{j}\omega C_1}+\dfrac{1}{\mathrm{j}\omega C_2}}\dot{E}=\frac{\dfrac{d_0+\Delta d}{\varepsilon A}}{\dfrac{d_0-\Delta d}{\varepsilon A}+\dfrac{d_0+\Delta d}{\varepsilon A}}\dot{E}=\frac{d_0+\Delta d}{2d_0}\dot{E}=\frac{\dot{E}}{2}+\frac{\Delta d}{2d_0}\dot{E}$$

式中，恒定的共模电压 $\dot{E}/2$ 可用一个电阻分压器产生，并采用差分放大器将其从电容电压中消除，这样整个转换电路的输出电压将等于 $\Delta d\cdot\dot{E}/2d_0$。这个式子表明经过转换电路输出的差分电压与电容间距的变化 Δd 呈线性正比关系（改善了非线性），同时消去了共模分量截面积 A 和介电常数 ε 的影响。这意味着该电容差动传感器对于气体的性质不敏感，即只要金属膜片两侧产生压差的气体为同一种气体，则无论其介电常数 ε 为多少，都不会影响压差的测量。

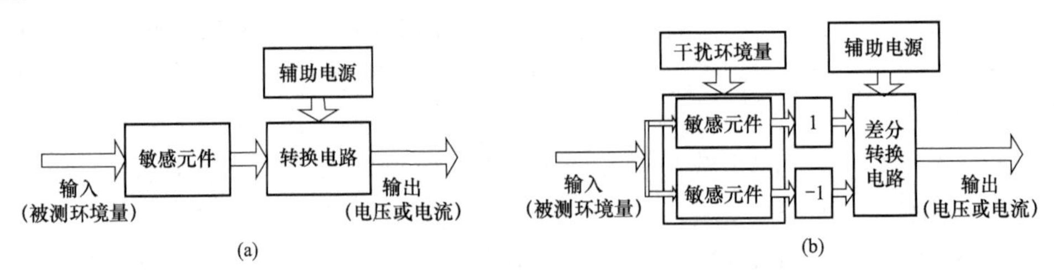

图 2-20 电参数型和差动型传感器的结构框图

（a）电参数型；（b）差动型

2.3.5 参比补偿型

参比补偿型传感器与差动型传感器比较类似，所不同的是参比补偿型传感器不需要两个传感器对同样的被测环境量产生相反的输出变化（这种结构在实现上往往比较复杂），它只需要两个特性相同的传感器就可以，一个作为测量传感器，而另外一个作为补偿传感器。测量传感器用于对被测环境量进行检测，当然它同时受到其他干扰环境量的影响。补偿传感器并不用于对被测量进行检测，而只是把它与测量传感器置于相同的测量环境中感知干扰量的影响。最后，两个传感器的输出通过差分电路进行处理，则干扰量作为共模分量会被衰减。参比补偿型传感器在实现上比较简单，但是对两个传感器的特性一致性要求较高，而且还要求被测量与干扰量作用于传感器上产生的输出响应互不相关。图 2-21（a）给出了参比补偿型传感器的结构框图，而图 2-21（b）则给出了典型的参比补偿型传感器实例——磁致伸缩光纤传感器。

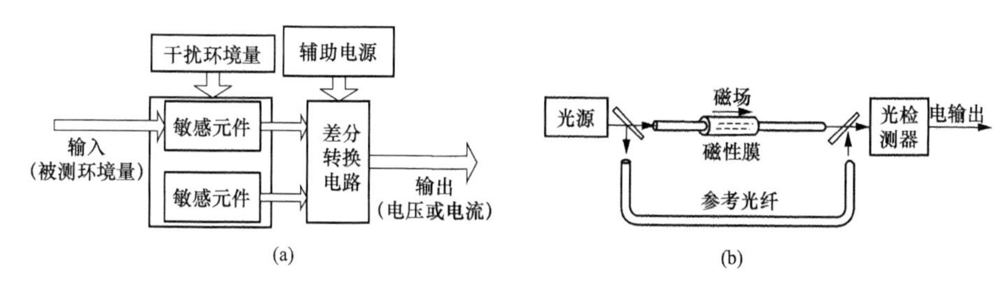

图 2-21　参比补偿型传感器的结构框图和实例

（a）参比补偿型；（b）磁致伸缩光纤传感器

某些铁电材料制作的磁体在受到磁场作用时，磁体会产生伸缩现象，这种现象被称为磁致伸缩效应。对于图 2-21（b）中给出的利用磁致伸缩原理测量磁场强度的光纤传感器，它由两条光纤构成，一条为测量光纤，在它上面涂覆了磁性膜；而另外一条为参考光纤，它与测量光纤的特性和尺寸完全相同，且与测量光纤置于同样的环境中，但是它不涂覆磁性膜，故对磁场不敏感。光源产生的单色光经过两条光纤后输出的合成光通过光检测器被检测。在不施加磁场时，单色光经过两条光纤的光程相同，没有光程差，但是在外加磁场作用时，磁体的伸缩将导致测量光纤沿轴向产生伸缩，故两条光纤中传输的光将产生光程差和干涉现象，进而引起合成光强度的变化。由于温度也会对光纤产生热胀冷缩效应，因此它是一种干扰环境量。如果采用上述参比补偿结构，由于温度对两条光纤产生相同的胀缩，因此不会引起光程差，也不会影响合成光的强度。在前文中给出的 Machelson 光纤干涉仪、Mach-Zehnder光纤干涉仪及 Sagnac 光纤干涉仪也都采用相似的参比补偿原理。

2.3.6　多级变换型

被测环境量通过敏感元件不能直接被转换为电信号或电参数，而是转换为另外一种中间环境量，进而通过使用其他敏感元件（或称转换元件）再转换为电信号或电参数，这种传感器结构称为多级变换型（图 2-22）。比较常见的中间环境量是位移，因为它与力、加速度、温度、湿度及流速等被测环境量之间存在对应关系，而位移又可以通过光纤传感器或者电容、电感等结构型传感器来进行检测。

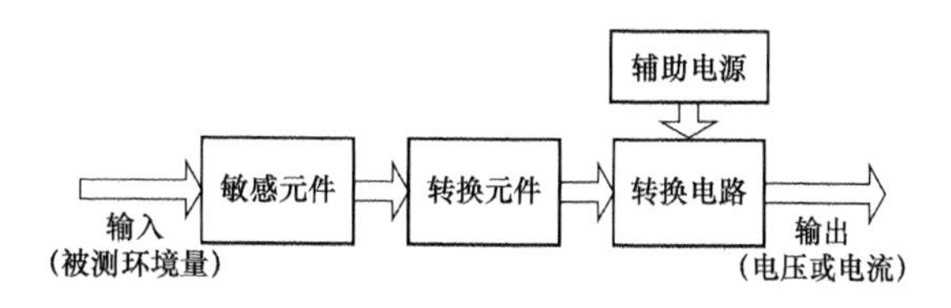

图 2-22　多级变换型传感器

2.3.7　反馈型

利用材料的物理效应制造的敏感元件，其输入/输出特性往往是非线性的，并且还会受到其他干扰环境量的影响。假如能够利用负反馈原理构造一个偏差控制闭环系统，那么根据自动控制原理，如果该闭环系统具有高的开环增益，那么输出响应将只由输入环境量和反馈系数来决定，而与前向通道（假设非线性和干扰环境量都是作用于前向通道上的）无关，因此可以克服非线性及干扰环境量的影响。图 2-23（a）给出了反馈型传感器的结构。在实际中要想实现这个结构是比较困难的，主要原因有两个：一是在该结构的反馈环节中，需要一个逆传感器把电量变换为环境量，而且其线性度和抗干扰性必须非常好，否则会导致传感器的整体性能不佳。第二，偏差检测环节需要直接实现两个环境量的差分，而不是电信号的差分，因此选择物理器件来实现此“减法”是有挑战的。反馈型传感器应用最成功的实例是基于磁平衡原理的电流传感器，如图 2-23（b）给出的基于霍尔原理的反馈型磁平衡电流互感器及图 2-23（c）给出的基于自激磁通门原理的电流互感器。

如图 2-23（b）所示，霍尔电流互感器用于检测一次回路（N_1）侧的电流 i_1。i_1 将在铁芯中产生磁场，该磁场通过霍尔元件被检测并转换为霍尔电压，这是传统的霍尔传感器的原理。但是图 2-23（b）中的霍尔电压被一个高增益放大器放大并激励一个二次线圈 N_2，使其在铁芯中产生与一次方向相反的磁场，即削弱一次磁场的作用。这是一个负反馈结构，由于放大器的增益很高，实际上霍尔元件输出的电压是很小的，因此铁芯中的净磁场几乎为零（当在前向通道使用一个积分器时，对于直流电流输入，铁芯中的净磁场实际等于零）。对比图 2-23（a）中的反馈型传感器的结构，霍尔电流互感器中的线圈 N_2 充当了反馈环节，将电流变换为环境量——磁场，而霍尔元件仅用于对磁场的偏差进行测量。当该反馈系统稳定时，根据铁芯中的净磁场为零的条件（磁平衡条件），可以得到二次电流 i_2 与一次电流 i_1 之间的线性关系。采用反馈结构，使得霍尔传感器不仅能用于检测交流电流，也能检测直流电流，因此应用非常广泛。

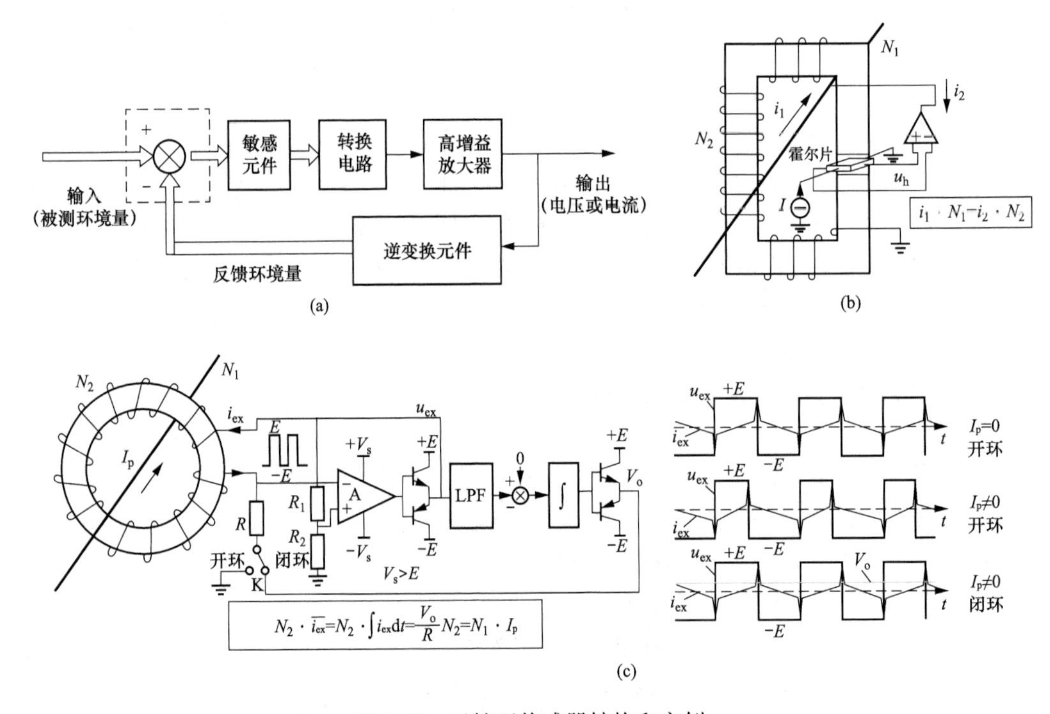

图 2-23 反馈型传感器结构和实例

（a）反馈型传感器的结构；（b）霍尔电流传感器的结构；（c）反馈型自激磁通门电流传感器的原理

图 2-23（c）给出的自激磁通门电流传感器也是典型的反馈型传感器，同样可以用于检测直流和交流电流，但是却不使用任何磁敏感元件，而是利用了铁芯的磁饱和效应及偏磁原理。如图 2-23（c）所示，对于一个闭合铁芯上缠绕的二次线圈 N_2，当对其施加幅值为 $+E$ 的直流电压时，其内部会产生激磁电流 i_{ex}，其大小取决于线圈的电感。线圈电感是一个非线性电感，其大小取决于铁芯的饱和程度，如果铁芯不饱和，则由于磁导率高，因此电感很大，而一旦铁芯饱和，则由于饱和磁导率很低，那么电感将迅速下降。对于在线圈上施加的直流电压，如果其持续时间足够长，那么铁芯就会进入饱和状态，进而使得 i_{ex} 从一个较小的值迅速增加，在其波形中产生瞬时尖峰。如果将图 2-23（c）中的开关 K 置于接地的位置（开环模式），则激磁电流 i_{ex} 通过电阻 R 被变换为由运算放大器 A 构成的滞环比较器的输入。图 2-23（c）中，滞环比较器的阈值电压为 $\pm E \cdot R_2/(R_1 + R_2)$。通过对电阻 R、R_1 和 R_2 进行合理设计，可以使滞环比较器在 i_{ex} 中产生瞬时电流尖峰时翻转，驱动后面的推挽开关电路产生反向电压（$-E$）并施加到线圈上。负直流电压将导致线圈中的激磁电流开始迅速下降，使铁芯从正向饱和状态退出。然后由于电感的限制，激磁电流将继续缓慢下降到零并反向，而此时铁芯也将被反向激磁。最后，当铁芯内的磁通达到反向饱和，激磁电流 i_{ex} 的波形中将产生反向尖峰，并使比较器再次翻转，输出正向电压施加到线圈。这个自激振荡过程持续发生，则线圈电压 u_{ex} 形成一个幅值为 $\pm E$ 而占空比等于 50%的方波电压。图 2-23（c）中波形图的上图给出了这种情况下 u_{ex} 和 i_{ex} 的典型波形（此时一次线圈中的电流 $I_p=0$）。

当一次线圈 N_1 中通过直流电流 I_p 时，情况将发生变化，此时 I_p 将使铁芯向一个方向偏磁，因此在这个方向上，线圈上施加的直流电压持续较短时间就能使铁芯进入饱和，而在相反的方向上则需要更长的时间才能达到反向饱和。因此，当 I_p 非零时，线圈电压 u_{ex} 将变成一个占空比不等于 50%的方波，其波形存在直流分量，且激磁电流 i_{ex} 中也会产生非零的平均值。这种情况下 u_{ex} 和 i_{ex} 的典型波形如图 2-23（c）波形图的中图。u_{ex} 的直流分量可以通过一个低通滤波器（Low Pass Filter，LPF）获得，根据负反馈原理，将它与零给定值进行偏差比较，然后通过积分调节器产生一个控制电压 V_o，经过功率驱动后作用于线圈 N_2 上（此时开关 K 被置于闭环位置）。V_o 将在线圈中激励出反向的偏磁电流来抵消 I_p 的影响，最终使铁芯中的平均磁场为零（铁芯中仍然存在高频脉动磁场），也消除了 u_{ex} 和 i_{ex} 中的直流分量，使得 u_{ex} 恢复成 50%占空比的方波。在反馈控制稳定的条件下，u_{ex} 和 i_{ex} 的典型波形如图 2-23（c）波形图的下图。根据零磁通条件，可以推导出控制电压 V_o 与 I_p 之间的关系，通过检测 V_o 可以得到 I_p 的大小。

2.4　传感器的静态特性及建模

传感器的静态特性是指当被测环境量与传感器的输出均处于稳定状态时测量得到的输入/输出特性，主要包括线性度、一致性、灵敏度、重复性和迟滞性。

2.4.1　线性度

传感器的线性度是指对于传输特性为线性的传感器，其实际输入/输出关系与标准直线之间的吻合程度。假设最大偏差为 Δy_{max}，而传感器的输出量程为 y_N，则线性度可以用 $\Delta y_{max}/y_N$ 来表示。实际中传感器的线性度参数需要通过对传感器进行标定实验来确定，考虑到实验系统存在随机噪声的影响，标定过程需要通过重复测量来完成，而测量值则存在分散性，这就要求利用线性拟合对线性度进行科学的评价。

【例 2-1】 对一个测温范围为0～100℃的温度传感器进行标定实验，其输出电压量程为0～5V，通过实验平台对传感器施加不同的温度，并记录在该温度下传感器的输出电压值。考虑随机噪声的影响，每个温度点对传感器的输出均进行10次重复测量并计算平均值和标准差，其结果如表2-1所示。通过对实验数据的线性拟合来考察传感器的线性度。

表 2-1 温度传感器标定实验中重复测量值的平均值和标准差

标称温度（℃）	0	20	40	60	80	100
输出电压平均值 $\bar{u}_o$(V)	0.10	0.99	2.03	2.95	4.06	4.89
测量值的标准差 σ（V）	0.06	0.05	0.04	0.04	0.06	0.07
根据拟合直线的输出（V）	0.069	1.043	2.017	2.991	3.965	4.939
测量值与拟合值的差异 Δu（V）	0.031	−0.053	0.013	−0.041	0.095	−0.049

在标定实验中，假设每个温度点重复测量得到的电压值为 u_{oi}（$i=1, 2, \cdots, N$，在本例中，$N=10$），则表2-1给出的平均值 $\bar{u}_o$ 和标准差 σ 的计算公式如下（利用 N 个测量值来计算平均值，标准差计算公式中自由度 $S=N-1$）：

$$\bar{u}_o = \frac{1}{N}\sum_{i=1}^{N} u_{oi}, \sigma = \sqrt{\frac{1}{S}\sum_{i=1}^{N}(u_{oi} - \bar{u}_o)} = \sqrt{\frac{1}{N-1}\sum_{i=1}^{N}(u_{oi} - \bar{u}_o)} \tag{2-1}$$

由于温度传感器的期望静态特性为线性关系，因此输入温度与输出电压平均值之间通过最小二乘法线性拟合可以得到一条直线，测量点则分散在该直线的附近，且其与拟合直线之间的残差的方差最小，这说明线性拟合获得的直线为最优的一条直线。拟合直线（由斜率 a 和截距 b 两个参数决定）与每个温度输入值 x_i 及输出电压测量值 y_i 之间可以通过式（2-2）来表示，其中 ε_i 表示输出测量值与拟合直线之间的残差。

$$y_i = a \cdot x_i + b + \varepsilon_i \tag{2-2}$$

根据最小二乘法线性拟合公式，斜率 a 和截距 b 为：

$$a = \frac{\overline{xy} - \bar{x}\bar{y}}{\overline{x^2} - \bar{x}^2}, b = \bar{y} - a\bar{x} \tag{2-3}$$

式中，$\bar{x} = \frac{1}{M}\sum_{i=1}^{M} x_i$；$\bar{y} = \frac{1}{M}\sum_{i=1}^{M} y_i$；$\overline{x^2} = \frac{1}{M}\sum_{i=1}^{M} x_i^2$；$\overline{xy} = \frac{1}{M}\sum_{i=1}^{M} x_i y_i$，$M$ 为测量点数（在本例中 $M=6$）。

这样，通过式（2-3）和表2-1可计算得到拟合直线的斜率和截距分别为：$a=0.0487$，$b=0.069$。每个测量值与拟合直线之间的差异 Δu 表征了传感器的非线性程度，因此利用表2-1中的数据，计算得到传感器的线性度为 $|\Delta u_{max}/u_N| = 0.095/5 \times 100\% = 1.9\%$。利用实验数据进行线性拟合，得到的直线如图2-24所示。

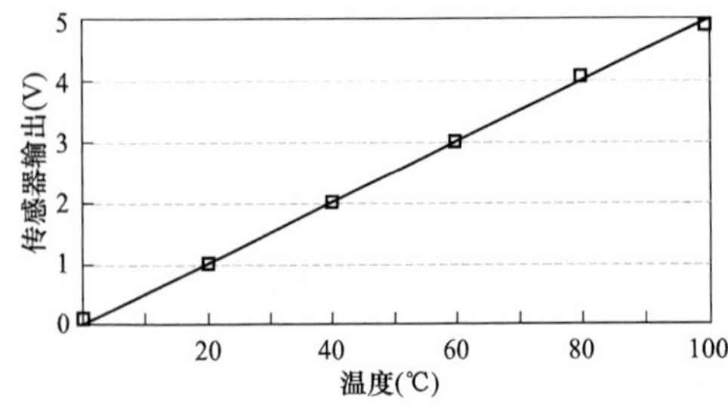

图 2-24 实验数据的线性拟合直线

2.4.2 一致性

若传感器的标准输入/输出特性为曲线，一致性指标则反映了实际测量曲线与理想曲线之间的吻合程度。在实际中，一致性指标是通过对传感器进行标定实验来确定的。通过标定实验可以得到不同输入时传感器的输出测量值，然后利用这些离散的输入和输出数据对，通过最小二乘法曲线拟合可获得最优拟合曲线，测量值与拟合曲线的最大偏差 Δy_{max} 与整个传感器输出量程 y_N 的比值（$\Delta y_{max}/y_N$）作为一致性的度量。可见，一致性的计算与线性度是相似的，差别无非是选择的拟合对象不同，一致性计算选择曲线，而线性度计算则选择直线。假设通过标定实验获得的 N 组测量点为：(x_i, y_i)，$(i=1, \cdots, N)$，实验曲线的函数表达式为：$y=f(x)$，其中，$y_i=f(x_i)$，拟合得到的期望曲线的函数表达式为 $y=\varphi(x)$，则通过最小二乘法拟合可以得到最优的 $\varphi(x)$，使其与实际曲线 $f(x)$ 之间的偏差的方差最小，即

$$Q=\min\left(\sum_{i=1}^{N}\varepsilon_i^2\right)=\min\left\{\sum_{i=1}^{N}[f(x_i)-\varphi(x_i)]^2\right\}=\min\left\{\sum_{i=1}^{N}[y_i-\varphi(x_i)]^2\right\} \tag{2-4}$$

如果 $\varphi(x)$ 选择为多项式时，称为多项式曲线拟合。多项式拟合的应用最为广泛，其他拟合函数还包括指数函数、对数函数或幂函数等。曲线拟合可通过数学工具 Matlab 提供的程序 polyfit（多项式拟合）和 lsqcurvefit（最小二乘曲线拟合）等来计算，在此不再赘述。

利用最小二乘法对传感器的非线性输入/输出关系进行拟合，测量值分散在拟合曲线的两侧，其偏差与所选择的拟合函数有关，如果函数选择不恰当，那么拟合的精度就很差。另外，在传感器的使用中，如果以拟合曲线为基准通过传感器的输出值来计算被测环境量的大小，那么计算出的结果与实际的环境量并不相同。拟合曲线只反映传感器输入/输出的一种总体特性和规律，并不准确反映标定的实验结果，尤其当拟合精度比较差时。如果由于噪声等随机因素的影响，测量值本身存在分散性（这可以通过重复测量值的标准差来反映），那么通过拟合曲线来表征传感器的特性会比较准确，条件是曲线拟合的最大偏差不大于重复测量值的标准差（这表明残差是由于随机噪声引起的，而不是期望函数选择不当所致）。但是，如果重复测量结果的分散性较小，测量结果比较准确，而拟合的偏差更大，此时利用标定实验的测量值直接构造输入/输出函数关系更能准确反映传感器的实际传输特性，插值法即是这种典型的方法。插值法构造的函数曲线，所有的测量点都处于该曲线上，因此线性函数只需要两个测量点就可以构造，而二次多项式也只需要三个测量值就能构造。更多的测量点就需要构造阶数更高的多项式，但是利用高阶多项式进行插值时曲线边缘会出现误差无穷大的现象，被称为龙格（Runge）现象。所以，插值法最好是利用相邻的几个有限测量点来构造阶数不高的插值函数。在这种情况下，相比拟合法，插值法能够更准确反映传感器的局部输入/输出特性。

插值法的局部性决定了如果针对传感器全量程的输入/输出特性进行插值，那么需要分区间或分段进行，然而区间的分段插值曲线可能彼此之间并不连续或者不光滑。为了解决这个问题，可采用样条插值的办法。早期工程师制图时，把富有弹性的细长木条（样条）用压铁固定在样点上，在其他地方让它自由弯曲，然后沿木条画下曲线，称为样条曲线。三次样条是样条插值中应用广泛的一种，其思想是把标定实验中测量得到的 $N+1$ 组数据对 (x_i, y_i)，$(i=0, \cdots, N)$ 分成 N 个区间，假设 $a=x_0<x_1<\cdots<x_N=b$，每个区间 $[x_i, x_{i+1}]$ $(i=0, \cdots, N-1)$ 内的样条函数都是一个三次多项式 $S_i(x)$，其表达式为

$$S_i(x)=a_i+b_i(x-x_i)+c_i(x-x_i)^2+d_i(x-x_i)^3, i=0,\cdots,N-1 \tag{2-5}$$

整个样条函数 $S(x)$ 由这些分段的三次多项式 $S_i(x)$ 构成，且 $S(x)$ 满足如下条件：①插值连续性方程：$S_i(s_i)=y_i$，$S_i(x_{i+1})=y_{i+1}$。②微分连续性方程：$S'_i(x_{i+1})=S'_{i+1}(x_{i+1})$，

$S''_i(x_{i+1})=S''_{i+1}(x_{i+1})$。该条件表明 $S(x)$ 在整个 $[a, b]$ 段是光滑的，即其导数 $S'(x)$ 及其二阶导数 $S''(x)$ 是连续的。

对于 N 个分段区间，根据插值连续性和微分连续性方程可得到 $N-1$ 个方程，然而未知数却有 $N+1$ 个，因此必须补充两个方程才能确定。这需要对两个端点 x_0 和 x_N 的微分加一些限制，即施加边界条件。一般有 3 类边界条件：①自然边界：这种边界要求端点处不受任何弯曲应力的影响，即 $S''(x)=0$。②固定边界：要求端点处的微分值为固定值，即 $S'_0(x_0)=A$ 和 $S'_{N-1}(x_N)=B$。③非节点边界：要求端点处样条函数的三次微分是匹配的，即 $S'''_0(x_1)=S'''_1(x_1)$ 和 $S'''_{N-2}(x_{N-1})=S'''_{N-1}(x_{N-1})$。

【例 2-2】 有一个气体浓度传感器，其输入浓度和输出电压之间满足非线性关系，表 2-2 给出了标定实验得到的数据，利用分段三次样条插值来得到曲线，使曲线完全通过这些测量点。

表 2-2 气体浓度传感器标定实验中输入浓度和输出电压的测量值

气体标称浓度（$\times10^{-6}$）	10	20	30	40	50	60	70	80	90	100
输出电压（V）	0.10	0.14	0.2	0.22	0.25	0.30	0.35	0.41	0.54	0.58

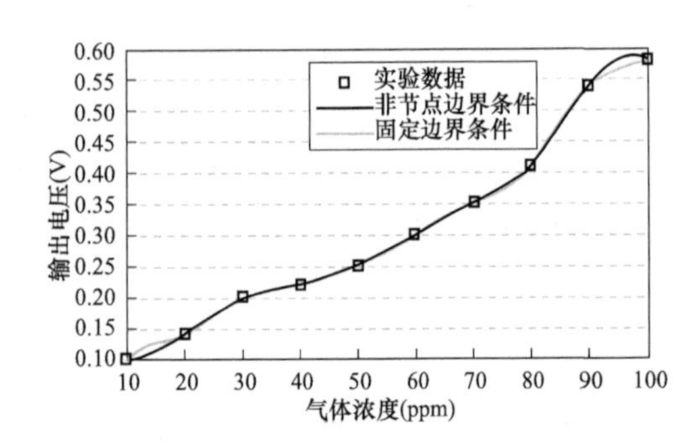

图 2-25 三次样条插值得到的传感器输入/输出特性

利用 Matlab 提供的工具函数 spline 及表 2-2 中给出的数据可以对传感器的输入/输出特性进行三次样条插值，得到的插值曲线如图 2-25 所示。图中，还给出了固定边界和非节点边界两种条件下的结果对比。可见，两种边界条件对曲线的中间段没有影响，主要是影响两端，非节点边界条件会造成末端曲线不单调。

2.4.3 灵敏度

灵敏度是传感器的一个重要指标，它表示传感器输入的变化引起的输出电量的变化，即 $S=\Delta y/\Delta x$。对于传感器的静态特性曲线，灵敏度即曲线的斜率，因此对于一个线性特性的传感器，其灵敏度处处相等。但是对于一个非线性特性的传感器，其灵敏度与传感器的输出工作点有关。灵敏度是一个有量纲的物理量，它体现了环境量与电量之间的变换关系。如，对于一个电压输出的压力传感器，其灵敏度单位为 V/Pa；而对于一个热敏电阻，其灵敏度的单位为 Ω/℃。传感器的灵敏度越高，则表示其对被测环境量变化的反应越灵敏。传感器的灵敏度可以通过连接放大电路来提高，放大电路的增益越高，则灵敏度也越高。但是，如果传感器自身的灵敏度比较低，而单纯依靠提高放大器的增益来增加灵敏度，那么代价就是其噪声性能会劣化。因此，传感器的设计者总是寻找和选择那些物理效应更为灵敏的材料来制造传感器的敏感元件，就是希望尽可能提高传感器的本体灵敏度，从而减小后续放大电路的增益，获得更好的信噪比。很多教科书上针对传感器的特性还提出了一个模拟分辨率的概念，其含义是能够从噪声中分辨出来的最小被测量的变化。但是，对于传感器模拟分辨率的测量，需要研制一个带有数字显示的仪表来指示，因此该指标实际上反映的是测量仪表的指标，而不属于传感器的技术指标，不过传感器的灵敏度对于该指标具有关键的影响。对于

图 2-23 给出的线性传感器，其灵敏度为拟合直线的斜率，即 $S=0.0487\text{V}/℃$。

2.4.4　重复性

由于存在模拟噪声，即使在输入被测环境量保持不变的情况下，传感器输出的模拟信号实际上也存在随机变化。在标定实验中，通过在每个输入量下对传感器的输出进行重复测量，可以测试传感器的重复性指标，其计算公式为 $R=\sigma_{\max}/y_N$。式中，$\sigma_{\max}$为所有测量点上重复测量值标准差的最大值，而 y_N则为传感器的量程，因此对于表 2-1 给出的数据，其重复性指标 $R=\sigma_{\max}/u_N=0.07/5\times100\%=1.4\%$。可见，重复性反映了测量值的分散性，与传感器本身是否线性无关。重复性越好的传感器，表明其精密性越好，对测量仪表的精密度指标具有关键影响。

2.4.5　迟滞性

传感器由于所选择的铁磁材料的磁滞特性、陶瓷材料的铁电特性或者机械结构的蠕变和应力残留等特性都会引起迟滞性，表现为当输入被测量正向增加后再反向减小时，同样输入条件下传感器的输出值不一致，或者说其上行曲线和下行曲线之间不重合。图 2-26 给出了传感器的迟滞性的示意图，传感器的迟滞特性通过上行和下行曲线的最大偏差与传感器的量程之比来衡量，即 $D=\Delta y_{\max}/y_N$。传感器的迟滞性是强非线性特征，对于测量和控制是需要极力避免的，因为其输入/输出特性是非单值对应的，即一个输出可能对应于两个不同的输入量。

2.4.6　多输入耦合传感器的静态特性建模

如果一个传感器对于多个不同的环境量都敏感（一个为被测环境量或主环境量，其他为干扰环境量），那么仅通过该传感器的输出是无法准确获知被测量的，除非引入更多的传感器对干扰量进行测量并对主传感器的输出进行补偿，这样就构成了一个多传感器测量系统，它被等效为一个多输入/多输出的数学系统。

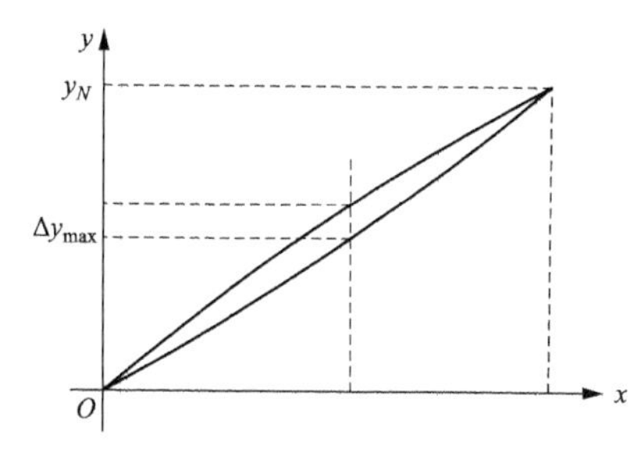

图 2-26　传感器的迟滞性

在理想情况下，新引入的传感器应该只对被检测的干扰环境量灵敏，但是实际中它们也可能受到其他环境量的影响，这样，整个多传感器系统将存在交叉耦合。对于多传感器系统，通过标定实验数据和矩阵的最小二乘法可以建立其输入/输出模型，其原理与单输入/单输出传感器的一致，差别仅在于待求解的拟合方程为多元方程，而拟合参数的计算也涉及矩阵的多元回归运算。对于最小二乘法拟合，需要预先假设输入和输出函数关系，在多输入多输出系统中，由于存在相互之间的耦合，函数规律很难直观确定。同时，如果选择非线性函数进行拟合（如多元高阶多项式），则又涉及数量庞大的方程的求解，而且其中还可能出现方程无解的情况。本节将介绍另外一种自适应非线性拟合方法——基于人工神经网络的拟合技术。

为了更好地理解神经网络拟合技术的原理，首先对样本数据的线性拟合（或称为线性回归）进行回顾。前面已经介绍过，对于一个单输入/单输出的传感器系统，其 N 个输入/输出测量值 (x_i, y_i) $(i=1, \cdots, N)$ 构成二维平面上的离散数据点，通过最小二乘法线性拟合可以得到一条穿越这些样本点的最优直线，如图 2-24 给出的例子。这里，最小二乘法拟合所依据的主要原理是使每个测量值到拟合直线 $f(x)=wx+b$ 之间的欧氏距离最小，而欧氏距离可以用下列函数来表示：

$$J=\sum_{i=1}^{N}[y_i-f(x_i)]^2=\sum_{i=1}^{N}[y_i-(wx_i+b)]^2 \tag{2-6}$$

在线性回归理论中，这个函数被称为线性回归的代价函数（或损失函数）。对于一个具有两个输入 x_1 和 x_2 的传感器系统，线性回归的目的是寻找一个最优平面 $f(x_1, x_2)=w_1x_1+w_2x_2+b$，使它能够穿过 N 个由输入和输出测量值（x_{1i}，x_{2i}，y_i）（$i=1$，…，N）构成的三维空间的离散数据点，并使其代价函数 J 最小，即让数据点与拟合平面之间的欧氏距离最短。对于更多的输入，线性回归的问题是寻找超平面，使得其代价函数 J——欧氏距离最小。

在建立了线性回归问题的基本认识后，我们来引出逻辑回归的问题。逻辑回归的目的是分类问题，即建立一个决策函数，把输入样本分为两类，一类导致逻辑 1 输出（如根据样品特征将之归类为合格），另外一类则导致逻辑 0 输出（将样品归类为不合格）。不同的决策函数可能对输入样本产生不同的分类结果，寻找一个针对给定训练样本进行分类后错误率最低的决策函数的方法即为逻辑回归。如，对于具有两个输入 x_1 和 x_2 及一个输出 y 的系统，建立线性分类函数：$g(x)=w_1x_1+w_2x_2+b$，其中 w_1 和 w_2 为权系数，而 b 为偏置，求取 w_1、w_2 和 b，使得该变换能够正确地将输入样本进行分类，该问题被称为线性逻辑回归问题。

图 2-27（a）给出了线性分类的示例，图中一组不同的 x_1 和 x_2 取值及其对应的逻辑输出 y 构成训练样本，其中一类 x_1 和 x_2 样本（图中用×表示）对应的 $y=1$；而另外一类（图中用○表示）对应的 $y=0$。下面则需要建立线性决策函数 $g(x)$，利用训练样本进行拟合来获得 w_1、w_2 和 b 参数，使得 $g(x)$ 的输出与实际的 y 值最一致。图中，直线 $g(x)=0$ 将 x_1 和 x_2 样本集合分为两部分，处于直线上方的样本得到 $g(x)>0$，与 $y=1$ 对应，而处于直线下方的样本则导致 $g(x)<0$，与 $y=0$ 对应。可见，在图 2-27（a）中给出的 3 条直线中，只有实线给出的分类最准确，只有一个样本错误。如果采用曲线（如多项式）来对样本进行分类，那么这种方法称为非线性逻辑回归（或非线性逻辑分类），图 2-27（b）给出了一个例子。

有时，采用阶数比较高的多项式或复杂的非线性函数来进行逻辑分类，可以获得很高的准确度，如图 2-27（c）给出的例子。但是这种拟合在实际应用中是有问题的，因为它仅能对训练样本获得高准确度，而对其他样本分类准确度并不高，这种现象称为过拟合现象。过拟合现象主要是引入了复杂的决策函数所导致的，因此实际当中必须在分类的准确度与拟合函数的简单性之间进行折中。

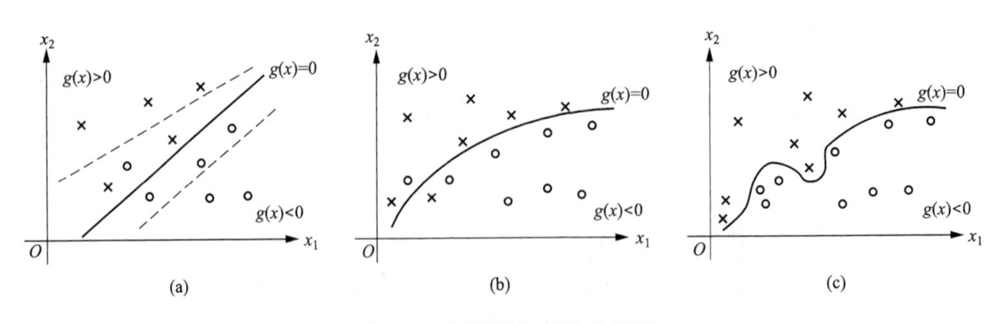

图 2-27 逻辑回归的几种情况

（a）线性逻辑分类；（b）非线性逻辑分类；（c）过拟合现象

上述逻辑回归的过程可通过图 2-28（a）给出的单层感知器来描述，图中 x_1 和 x_2 为输入样本，而 $g(x)$ 则为线性分类函数，逻辑输出 y 通过非线性符号函数 sign 对 $g(x)$ 进行运算来得到。该逻辑回归的问题在于确定最优系数 w_1、w_2 和 b，使得在该系数下输入感知器的训练样本得到的逻辑输出值 $\hat{y}$ 与样本实际的输出 y 最接近（或者称为代价函数最小）。这里，符号函数 sign 被称为感知器的激励函数。感知器是模仿生物体的神经元在感受外界刺激后形成输出的基本机制，也是人工神经网络（ANN）的基础。为了确定最优的 w_1、w_2 和 b，不可避免需要进行微分运算，但是符号函数 sign 是不连续且不可导的，因此实际当中需要采用连续可导的激励函数 $f(x)$，常见的如 sigmoid 函数或者双曲正切 tanh 函数，其数学表达式为

（1）sigmoid 函数：$f(x)=\frac{1}{1+\mathrm{e}^{-x}}$，其导数为：$f'(x)=f(x)\ [1-f(x)]=\frac{\mathrm{e}^{-x}}{(1+\mathrm{e}^{-x})^2}$

（2）tanh 函数：$f(x)=\frac{1-\mathrm{e}^{-2x}}{1+\mathrm{e}^{-2x}}$，其导数为：$f'(x)=1-f^2(x)=\frac{4}{(\mathrm{e}^{x}+\mathrm{e}^{-x})^2}$

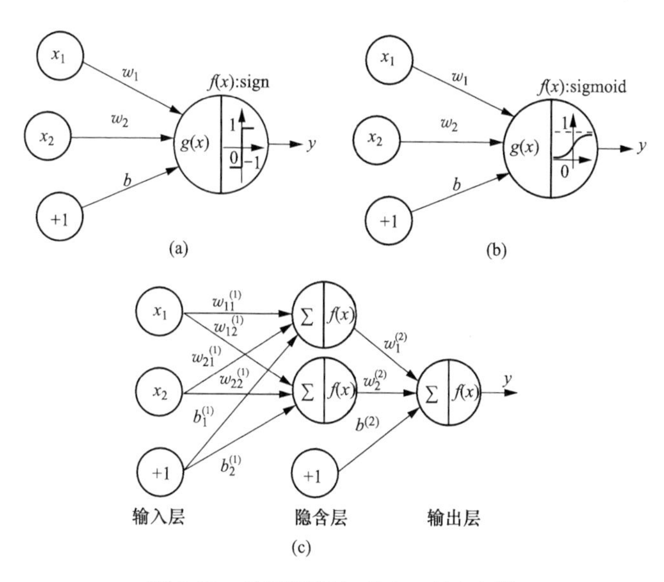

图 2-28　从逻辑回归到人工神经网络

（a）单层感知器；（b）人工神经元；（c）人工神经网络

在线性回归问题的求解中，利用最小二乘法原理，代价函数为式（2-6）给出的平方函数。根据极大似然统计原理，这是假设样本值分布在拟合直线的周围，呈现出高斯概率分布规律，因此通过方差运算作为代价函数。采用 sigmoid 激励函数的逻辑回归问题，根据极大似然统计原理，感知器的输出表示将输入样本归类为逻辑 1 或 0 的准确概率，其满足伯努利分布，故逻辑回归的代价函数也可选择对数函数为

$$\begin{cases} J = -\dfrac{1}{N}\sum_{i=1}^{n}[y_i\log(\hat{y}_i)+(1-y_i)\log(1-\hat{y}_i)] \\ \hat{y}_i = f(x_i) = \mathrm{sigmoid}[g(x_i)] \end{cases} \tag{2-7}$$

式中：N 为样本数。

逻辑回归的目标就是选择一组最优的 w_1、w_2 和 b 值，使得上述代价函数获得最小值。图 2-28（b）给出的单层的神经网络在应用中存在一些问题，即对于有些逻辑回归问题不

能进行正确的线性分类。如，历史上著名的对于异或门逻辑的学习问题，由于异或门的4个逻辑样本（$x_1x_2 \to y$：00→0，01→1，11→0，10→1）之间互相交错，因此无法像图2-27（a）那样通过一条直线将四个样本进行正确的逻辑分类，解决该问题的方法是采用非线性的分类方法，一是如图2-27（b）那样引入非线性分类函数，第二则是采用图2-28（c）那样的多层神经网络进行学习。多层神经网络通过引入中间隐含层对输入样本进行多级变换（隐含层节点数量与输入层相同或者更多），输入样本首先经过线性分类函数和非线性激励函数变换后得到中间隐含层的输出，这其实是把输入样本从一个空间非线性变换到了另外一个空间（变换前后的空间维数不变或者维数增加）。在另外一个空间，变换后的样本则可以被正确地进行线性分类。ANN利用已知训练样本，通过逻辑回归分析来得到每个支路上的权系数w_{ij}或偏置系数b_i，但是当隐含层的数量比较多，或者输入层或隐含层中的节点数量较多时，都会形成复杂的网络结构，此时数量庞大的权系数和偏置系数需要被计算，这就导致了ANN的实际应用遭遇了巨大的困难。后来，有学者提出了反向误差传播的ANN的技术，即BP算法，为ANN的应用开辟了一条道路，推进了神经网络技术的发展。

BP算法首先预设一组权系数和偏置系数初值，然后将训练样本输入ANN，并正向计算其输出。利用ANN计算出来的输出$\hat{y}$与实际样本的输出y来计算代价函数J，然后根据梯度下降法和数学迭代来寻找最优的权系数w_{ij}和偏置系数b_i，其目标是使代价函数J取最小值。代价函数J是一个以w_{ij}和b_i为自变量的函数，它在几何意义上是一个超平面，因此梯度下降法就是计算J在各个自变量方向上的梯度（偏导数），然后沿着梯度的反方向去调整和更新自变量的值。通过不断的迭代运算。直到采用修正后的系数w_{ij}和b_i后，ANN对于训练样本的输出$\hat{y}$已与实际输出y足够接近，即其代价函数J足够小，则迭代结束。若代价函数J是一个凸函数（J只有一个全局的最小值），则根据梯度下降法，通过若干次的迭代后将最终收敛于该全局最小值处；但是，若J非凸函数，则它可能有很多局部的最小值，则梯度下降法可能会收敛在某些局部最小值处。J相对于w_{ij}和b_i的梯度可类比于一个坡面的斜率，当沿着该坡面往下走时，需要控制步长，否则可能会错过最低点跨到对面的上坡面，然后来回迭代振荡不收敛。这个步长的控制因子称为学习函数η，这样利用梯度下降法来进行系数修正为

$$\hat{\theta} = \theta - \eta \cdot \frac{\partial J}{\partial \theta} \tag{2-8}$$

式中，θ为ANN当前的权系数w_{ij}或偏置系数b_i；$\hat{\theta}$为修正后的系数；η为控制修正的强度，恰当选择η能够使迭代的次数最少。

对于图2-28（c）给出的多层ANN的结构，输入层到隐含层之间有4个权系数$w_{11}^{(1)}$、$w_{12}^{(1)}$、$w_{21}^{(1)}$和$w_{22}^{(1)}$以及两个偏置系数$b_1^{(1)}$和$b_2^{(1)}$，同时在隐层到输出层之间也有两个权系数$w_1^{(2)}$和$w_2^{(2)}$和一个偏置系数$b_2^{(2)}$，需要从输出目标函数J出发来根据梯度下降法进行修正。下面以$w_{11}^{(1)}$的修正为例，说明BP迭代的过程。

首先，假设隐含层的两个节点的输出分别为h_1和h_2，则采用sigmoid激励函数时：

$$h_1 = f(z_1) = \text{sigmoid}(w_{11}^{(1)}x_1 + w_{21}^{(1)}x_2 + b_1^{(1)})$$
$$h_2 = f(z_2) = \text{sigmoid}(w_{12}^{(1)}x_1 + w_{22}^{(1)}x_2 + b_2^{(1)})$$

第二步，根据输入样本，正向计算ANN的输出$\hat{y}$：

$$\hat{y}=f(h_1,h_2)=\text{sigmoid}(w_1^{(2)}h_1+w_2^{(2)}h_2+b^{(2)})$$

第三步，计算样本的总代价函数 J_{total}。对于具有 m 个输出的 ANN，如果有 N 个训练样本，若采用最小二乘法平方代价函数，则其总的输出代价函数为

$$\begin{aligned}J_{\text{total}}&=J_{o1}+J_{o2}+\cdots+J_{om}\\&=\sum_i^N\frac{1}{2}(\hat{y}_{1i}-y_{1i})^2+\sum_i^N\frac{1}{2}(\hat{y}_{2i}-y_{2i})^2+\cdots+\sum_i^N\frac{1}{2}(\hat{y}_{mi}-y_{mi})^2\end{aligned}\tag{2-9}$$

式中，系数 1/2 的引入是为了在计算 J_{total}的微分时消去平方幂。当然，代价函数也可以选择式（2-7）给出的对数代价函数，此时 ANN 的总代价函数 J_{total}等于其 m 个输出的对数代价函数之和。对于图 2-28（c）给出的单一输出的 ANN 的例子，为了简单起见，选择平方代价函数，其 N 个样本的总代价函数为

$$J_{\text{total}}=\sum_i^N\frac{1}{2}(\hat{y}_i-y_i)^2$$

这样，系数 $w_{11}^{(1)}$对于整体代价函数的影响可通过其偏导数来计算：

$$\frac{\partial J_{\text{total}}}{\partial w_{11}^{(1)}}=\sum_i^N(\hat{y}_i-y_i)\frac{\partial\hat{y}_i}{w_{11}^{(1)}}=\sum_i^N(\hat{y}_i-y_i)\frac{\partial\hat{y}_i}{\partial h_1}\frac{\partial h_1}{w_{11}^{(1)}}\tag{2-10}$$

式中，$\dfrac{\partial\hat{y}_i}{\partial h_1}=\dfrac{\mathrm{e}^{-w_1^{(2)}h_1-w_2^{(2)}h_2-b^{(2)}}}{[1+\mathrm{e}^{-w_1^{(2)}h_1-w_2^{(2)}h_2-b^{(2)}}]^2}w_1^{(2)}$；$\dfrac{\partial h_1}{\partial w_{11}^{(1)}}=\dfrac{\mathrm{e}^{-w_{11}^{(1)}x_{1i}-w_{21}^{(1)}x_{2i}-b_1^{(1)}}}{[1+\mathrm{e}^{-w_{11}^{(1)}x_{1i}-w_{21}^{(1)}x_{2i}-b_1^{(1)}}]^2}x_{1i}$

将初始权系数、偏置系数和 N 个样本值 x_{1i}、x_{2i}及 y_i（$i=1,\cdots,N$）代入式（2-10）中可以计算出 $\partial J_{\text{total}}/\partial w_{11}^{(1)}$，然后选择一个恰当的学习因子 η（如 0.5），代入式（2-8），对参数 $w_{11}^{(1)}$进行修正。式（2-10）描述了输出误差 $\hat{y}_i-y_i$ 通过 ANN 隐含层向输入层反向传播的过程，故被称为 BP 算法。利用 BP 算法可对 ANN 的所有层的权系数和偏置系数进行修正，利用修正后的系数和训练样本进行第二次正向计算，并再次计算其总代价函数，然后通过 BP 算法进行系数的进一步修正。这个过程反复迭代，直到总代价函数的值减小到几乎不再变化为止。

BP 算法的收敛性取决于总代价函数是否为凸函数，这又与 ANN 的网络层数、隐含层节点数、初始权系数和偏置系数选择有关，另外恰当的学习函数的选择也很重要。ANN 的层数或节点数越多，则其学习能力越强，但是对应的待定系数的数量越庞大，BP 迭代计算也就越耗时。同时，复杂结构的 ANN 容易产生过拟合问题。另外，随着 ANN 层数的增加，“梯度发散”现象会越严重。所谓梯度发散，即当利用 sigmoid 函数作为激励函数时，对于幅值为 1 的信号，在 BP 反向传播梯度时，每传递一层，梯度会衰减为原来的 0.25，因此层数一多，梯度衰减后前面的网络就接收不到有效误差传递信号了。深层 ANN 的这些问题目前可以通过深度学习技术来解决。例如通过在代价函数中引入惩罚因子和权系数的正则化（L1 或 L2 正则化）来使 ANN 的结构被简化，减少权系数，提高泛化能力，防止产生过拟合问题。另外，选择其他的激活函数（如 ReLU 函数）以防止梯度发散的问题；还有，通过改进的梯度下降法来提高 BP 算法的效率并防止陷入局部最小点等。这些关于 ANN 深度学习的技术在本文中不再赘述，读者可参考相关书籍。下面通过一个例子来介绍 BP 神经网络在传感器静态特性建模中的应用。

【例 2-3】 表 2-3 给出了一个由位移传感器和温度传感器构成的传感器系统的标定实验数据，不同的位移和温度对两个传感器的输出均存在耦合影响。请利用 BP 神经网络对该传感器系统的输入/输出特性进行建模。

表 2-3　具有温度敏感性的位移传感器的标定实验数据　(V)

T (℃) / S (mm)	0		20		40		60		80	
	Y_S(V)	Y_T(V)	Y_S(V)	Y_T(V)	Y_S(V)	Y_T(V)	Y_S(V)	Y_T(V)	Y_S(V)	Y_T(V)
0.1	0.36	−1.0	0.48	−1.27	0.84	−1.59	1.44	−1.99	2.28	−2.47
0.2	0.74	−0.8	0.86	−1.07	1.22	−1.39	1.82	−1.79	2.66	−2.27
0.3	1.24	−0.6	1.36	−0.87	1.72	−1.19	2.32	−1.59	3.16	−2.07
0.4	1.86	−0.4	1.98	−0.67	2.34	−0.99	2.94	−1.39	3.78	−1.87
0.5	2.6	−0.2	2.72	−0.47	3.08	−0.79	3.68	−1.19	4.52	−1.67

注：T 为环境温度；S 为被测位移。

位移和温度传感器系统可以被等效为一个两输入/两输出的数学模型，从表 2-3 中的数据可以判断，每个输入与输出的传递关系（逐行或逐列观察）是非线性单调的，因此选择 BP 神经网络对此类问题建模比较容易收敛。首先，建立一个包含一个隐含层的 3 层神经网络：输入层具有 2 个神经元节点，隐层 3 个节点，输出层 2 个节点。隐层神经元采用 tansig 激励函数，隐层到输出层之间则采用线性函数 purelin。神经网络采用 LM（Levenberg-Marquardt）优化算法进行反向误差传播并更新权值和偏置值，训练的目标是使网络的输出与实际样本输出值之间的均方误差最小。直接调用 MATLab 的 Newff 函数可创建上述神经网络，然后利用表 2-3 中的数据作为训练样本（T 和 S 值为输入，Y_S和 Y_T为输出），调用 Train 函数进行网络训练，当达到预设的最小梯度以下时计算收敛，可得到最优的权值和偏置值。

图 2-29（a）给出了 MATLab 生成的神经网络结构及各层权系数和偏置值。图 2-29（b）为温度等于 40℃时利用神经网络得到的拟合曲线及对应的测量值，可见测量值几乎完全落在拟合曲线之上，拟合准确度非常高。

对于图 2-29（a）给出的 ANN 模型，读者可以利用给出的权系数和偏置，代入表 2-3 中的数据进行验证。需要注意的是，ANN 的输入（S_N和 T_N）和输出（Y_{SN}和 Y_{TN}）都是归一化的数据，即数值范围均在−1～+1，因此，在进行验证时需要把表 2-3 中的输入 S 和 T 数据进行归一化，并且从 ANN 输出的数据也要去归一化才能得到正确的检验值。以 S 和 Y_{SN} 为例，归一化公式：$S_N=2/(S_{max}-S_{min})\cdot(S-S_{min})-1$，式中，$S_{max}=0.1mm$，$S_{min}=0.5mm$。去归一化公式 $Y_S=(Y_{Smax}-Y_{Smin})/2\cdot(Y_{SN}+1)+Y_{Smin}$，式中 $Y_{Smax}=4.52V$，$Y_{Smin}=0.32V$。

到目前为止，已经通过 ANN 建立了比较精确的传感器输入/输出模型，但是在实际应用中还需要根据传感器的输出来反向计算其输入，这样才能完成测量工作。由于 ANN 建立的是非线性耦合模型，因此无法根据输出 Y_S和 Y_T及 ANN 的权系数和偏置值直接计算出输入 S 和 T。同样，可以采用 BP 算法，从一个给定初值 S_0 和 T_0 开始，首先计算 ANN 的正向输出及它与传感器的实际输出值之间的差异及对应的代价函数，然后利用输出对输入的偏导数进行误差的反向传递，最后利用式（2-9）对 S_0 和 T_0 进行修正。通过多次迭代，直到系统的代价函数最小且基本不变，则会得到正确的输入 S 和 T。

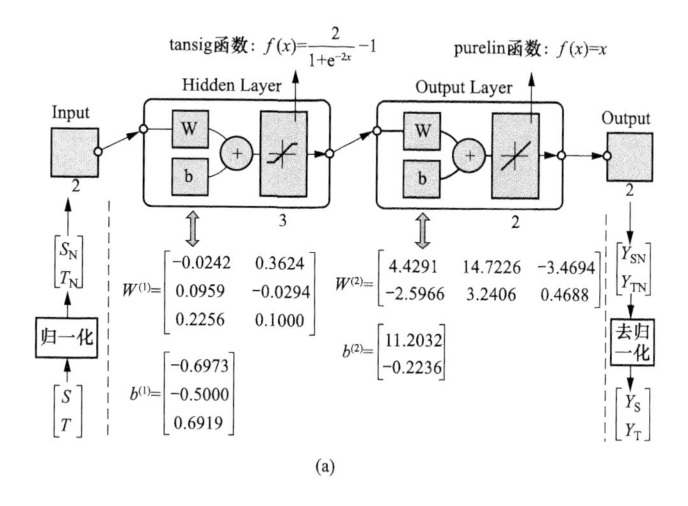

(a)

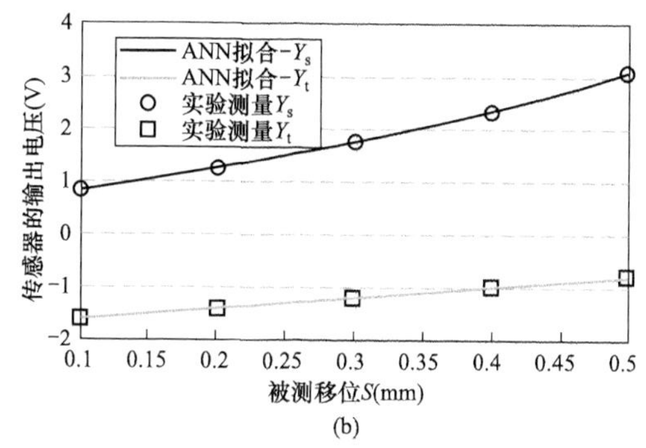

(b)

图 2-29　传感器 MATLab 实现

(a) 传感器的神经网络结构及各层权系数和偏置值；(b) 40℃时传感器的拟合曲线及对应的测量值

在本例中，设 $w_{ij}^{(1)}$ 和 $b_i^{(1)}$ 表示隐含层的权系数和偏置，$w_{ij}^{(2)}$ 和 $b_i^{(2)}$ 表示输出层的权系数和偏置，S_{N0} 和 T_{N0} 为输入初值（归一化值），Y_{S0} 和 Y_{N0} 为传感器当前输出（归一化值），则 ANN 正向输出为

$$\begin{cases} z_1 = w_{11}^{(1)} S_N + w_{12}^{(1)} T_N + b_1^{(1)} \\ z_2 = w_{21}^{(1)} S_N + w_{22}^{(1)} T_N + b_2^{(1)} \\ z_3 = w_{31}^{(1)} S_N + w_{32}^{(1)} T_N + b_3^{(1)} \end{cases}$$

其中

$$\begin{cases} h_x = \text{tansig}(z_x) = 2/(1+e^{-2z_x})-1 \\ \dfrac{\partial h_x}{\partial z_x} = \dfrac{4e^{-2z_x}}{(1+e^{-2z_x})^2} \end{cases}, x=1,2,3$$

$$\begin{cases} Y_{SN} = w_{11}^{(2)} \cdot h_1 + w_{12}^{(2)} \cdot h_2 + w_{13}^{(2)} \cdot h_3 + b_1^{(2)} \\ Y_{TN} = w_{21}^{(2)} \cdot h_1 + w_{22}^{(2)} \cdot h_2 + w_{23}^{(2)} \cdot h_3 + b_2^{(2)} \end{cases}$$

输出到输入之间的偏导数为

$$\begin{bmatrix} \partial Y_{SN}/\partial S_N \\ \partial Y_{SN}/\partial T_N \\ \partial Y_{TN}/\partial S_N \\ \partial Y_{TN}/\partial T_N \end{bmatrix} = \begin{bmatrix} w_{11}^{(2)} w_{11}^{(1)} & w_{12}^{(2)} w_{21}^{(1)} & w_{13}^{(2)} w_{31}^{(1)} \\ w_{11}^{(2)} w_{12}^{(1)} & w_{12}^{(2)} w_{22}^{(1)} & w_{13}^{(2)} w_{32}^{(1)} \\ w_{21}^{(2)} w_{11}^{(1)} & w_{22}^{(2)} w_{21}^{(1)} & w_{23}^{(2)} w_{31}^{(1)} \\ w_{21}^{(2)} w_{12}^{(1)} & w_{22}^{(2)} w_{22}^{(1)} & w_{23}^{(2)} w_{32}^{(1)} \end{bmatrix} \times \begin{bmatrix} \partial h_1/\partial z_1 \\ \partial h_2/\partial z_2 \\ \partial h_3/\partial z_3 \end{bmatrix}$$

代价函数选择：$J=\frac{1}{2}\left[(Y_{SN}-Y_{SN0})^2+(Y_{TN}-Y_{TN0})^2\right]$

根据式（2-9），得到修正函数为

$$\begin{cases} S_N = S_{N0} - \eta \dfrac{\partial J}{\partial S_N} = S_{N0} - \eta\left[(Y_{SN} - Y_{SN0})\dfrac{\partial Y_{SN}}{\partial S_N} + (Y_{TN} - Y_{TN0})\dfrac{\partial Y_{TN}}{\partial S_N}\right] \\ T_N = T_{N0} - \eta \dfrac{\partial J}{\partial T_N} = T_{N0} - \eta\left[(Y_{SN} - Y_{SN0})\dfrac{\partial Y_{SN}}{\partial T_N} + (Y_{TN} - Y_{TN0})\dfrac{\partial Y_{TN}}{\partial T_N}\right] \end{cases}$$

2.5 传感器的动态特性

2.5.1 传感器的动态方程和求解

除了静态特性外，传感器在应用中还必须考虑其动态特性。所谓动态特性，即被测环境量动态变化时，传感器的输出响应特性。例如，把一个温度传感器放置于被测温度场中，其输出会从当前值不断变化直到达到另外一个稳定值，这个过程就反映了传感器的动态性能。传感器的动态特性可以由式（2-11）给出的微分方程来描述，其中 $x(t)$ 和 $y(t)$ 分别为传感器的输入和输出变量。

$$a_n \frac{d^n y(t)}{dt} + a_{n-1} \frac{d^{n-1} y(t)}{dt} + \cdots + a_1 \frac{dy(t)}{dt} + a_0 y(t)$$
$$= b_m \frac{d^m x(t)}{dt} + b_{m-1} \frac{d^{m-1} x(t)}{dt} + \cdots + b_1 \frac{dx(t)}{dt} + b_0 x(t) \tag{2-11}$$

对于该方程，输入 $x(t)=0$ 时（齐次方程）的解被称为方程的通解，它是一系列特定指数基函数的集合，表达式为 $y(t)=\sum_{i=1}^{n} C_i e^{p_i t}$，式中，$C_i$为待定的复系数。通解中的指数基函数 $e^{p_i t}$仅由方程的系数 a_0，a_1，…，a_n来决定，p_i是特征多项式方程 $a_n s^n + a_{n-1} s_{n-1} + \cdots + a_1 s + a_0 = 0$ 的 n 个复数根（特征根），且 $p_i = \sigma_i + j\omega_i$，因此 $e^{p_i t} = e^{(\sigma_i + j\omega_i)t} = e^{\sigma_i t} \cdot e^{j\omega_i t} = e^{\sigma_i t}[\cos(\omega_i t) + j\sin(\omega_i t)]$，它实际上表征了一个幅值呈现指数变化的正弦振荡波，σ_i为衰减系数，而 ω_i为振荡频率，虚数的引入仅仅是为了从形式上把正弦函数变换为指数函数（欧拉公式），从而使整个数学表达具有统一的形式，同时可以使运算更简单。指数基函数 $e^{p_i t}$反映了系统的固有运动模态，若 p_i为负实数（$\sigma_i<0$，且 $\omega_i=0$），则系统的响应中将存在指数衰减分量；若 p_i为正实数，则响应中将存在指数发散分量；若 p_i具有非零的虚部（$\omega_i \neq 0$），则存在幅值呈指数变化的正弦振荡分量。方程的特解则由输入 $x(t)$ 及其微分系数 b_0，b_1，…，b_m来确定，它是系统在输入信号的激励下表现出来的运动形态。显然，式（2-11）描述的系统其输出响应既取决于系统的固有运动模态（通解），同时也与输入激励源有关（特解），为了对系统的输出响应进行计算，数学上定义了一种奇异的输入激励源，即冲击函数 $\delta(t)$，其定义为

$$\delta(t) = \begin{cases} \infty & t = 0 \\ 0 & t \neq 0 \end{cases}, \quad \int_{-\infty}^{+\infty} \delta(t) dt = 1 \tag{2-12}$$

冲击激励意味着在很短的时间内对系统施加一个高强度的脉冲，为系统注入能量，并诱发系统固有运动模态产生输出响应，此输出响应被称为冲击响应 $g(t)$。输入 $x(t)$ 引起的响应则是将 $x(t)$ 分解成无数不同延时和幅值的冲击函数，并将它们产生的冲击响应进行线性叠加。这个过程可表示为 $x(t)$ 与系统冲击响应 $g(t)$ 的卷积运算：

$$y(t)=g(t)*x(t)=\int_{-\infty}^{+\infty}x(\tau)g(t-\tau)\mathrm{d}\tau \tag{2-13}$$

上述响应计算方法仅针对线性系统是成立的，线性系统的概念将在后文中进行讨论。直接对微分方程求解，或者利用输入与系统冲击响应的卷积来计算输出都是一种时域的方法，实际运算比较困难。为了便于对微分方程进行求解，数学上引入拉普拉斯变换（以下简称拉氏变换）。拉氏变换是一种积分变换，对于实际的因果系统，其定义（单边拉氏变换）为：

$$X(s)=\mathrm{L}[x(t)]=\int_{0}^{\infty}x(t)\cdot \mathrm{e}^{-st}\mathrm{d}t \tag{2-14}$$

式中，$s=\sigma+\mathrm{j}\omega$。

其反变换为

$$x(t)=\mathrm{L}^{-1}[X(s)]=\frac{1}{2\pi j}\int_{\sigma-j\infty}^{\sigma+j\infty}X(s)\cdot \mathrm{e}^{st}\mathrm{d}s \tag{2-15}$$

可见，拉氏变换采用的是以指数函数 e^{st} 为基函数对时域信号 $x(t)$ 进行的积分变换。根据积分变换的数学意义，如果时域信号 $x(t)$ 中包含与 e^{st} 相同的分量，那么积分变换的结果 $X(s)$ 将反映出这个分量所占的权重。反拉氏变换则通过把不同权重的指数基函数线性叠加来重构原始信号。拉氏变换把信号从时域变换到复频域 s 平面（由实部 σ 和虚部 ω 为坐标构成的平面），当衰减系数 $\sigma=0$ 时，拉氏变换就变成了傅里叶变换，即以正弦波为基函数的积分变换。实际上，拉氏变换也可以看作是把信号 $x(t)$ 乘以一个指数衰减函数 $\mathrm{e}^{-\sigma t}$ 后的傅里叶变换，当 $\sigma>0$ 且其数值足够大时，$x(t)\mathrm{e}^{-\sigma t}$ 的傅里叶变换总是存在的。

既然微分方程（2-11）的解中本身包含着指数基函数的运动形态，故对其进行拉氏变换可获得在复频域 s 平面内更为简单的代数表达式。对式（2-11）两侧进行拉式变换，得到：

$$G(s)=\frac{Y(s)}{X(s)}=\frac{b_m s^m+b_{m-1}s^{m-1}+\cdots+b_1 s+b_0}{a_n s^n+a_{n-1}s^{n-1}+\cdots+a_1 s+a_0}=k_{\mathrm{p}}\frac{(s-z_m)(s-z_{m-1})\cdots(s-z_1)}{(s-p_n)(s-p_{n-1})\cdots(s-p_1)} \tag{2-16}$$

式中，$X(s)$ 和 $Y(s)$ 分别为 $x(t)$ 和 $y(t)$ 的拉氏变换，$G(s)$ 被称为传感器的传递函数。

$G(s)$ 的分母多项式即特征多项式，复数特征根 p_1，p_2，…，p_n 又被称为传递函数的极点，它决定了系统的固有指数运动模态 $e^{p_i t}$。分子多项式方程的根 z_1，z_2，…，z_n 被称为零点，它决定了在冲击信号激励下系统固有运动模态在响应中所占的权重。传递函数 $G(s)$ 可以用零极点分解为因式的形式。当零点与某个极点接近时，会产生零极点对消，因此该极点所表征的指数运动模态在响应中的比例会下降或消除。当零点与极点远离时，该固有运动模态的响应会增强。这个规律可以用来简单阐述零点和极点对系统响应的影响。可见，通过拉氏变换，复杂的高阶微分方程被变换为代数方程，从而更有利于方程的求解。线性系统的时域冲击响应 $g(t)$ 与其传递函数 $G(s)$ 之间构成一对拉氏变换对，因此系统对输入信号的时域响应与其复频域的响应之间存在如下对应关系：

$$y(t)=g(t)*x(t)\xrightarrow{\mathrm{L}}Y(s)=G(s)X(s) \tag{2-17}$$

【例 2-4】 传感器的输入信号为阶跃信号 $x(t)=u(t)=\begin{cases}1 & t\geqslant 0\\ 0 & t<0\end{cases}$，若传感器的输入/输出动态方程为 $2\frac{\mathrm{d}^2 y}{\mathrm{d}t^2}+\frac{\mathrm{d}y}{\mathrm{d}t}+3y=-2\frac{\mathrm{d}x}{\mathrm{d}t}+x$，计算此时传感器的输出响应。

首先，对传感器的动态方程进行拉氏变换，得到传感器的传递函数：$G(s)=\frac{Y(s)}{X(s)}=$

$\frac{-2s+1}{2s^2+s+3}$，其中输入信号的拉氏变换为 $X(s)=\mathscr{L}[x(t)]=\frac{1}{s}$，故输出信号的拉氏变换等于(分解为因式形式)：

$$Y(s)=G(s)X(s)=\frac{-2s+1}{(2s^2+s+3)s}=\frac{-s+0.5}{[(s+0.25+1.2\mathrm{j})(s+0.25-1.2\mathrm{j})]s}$$

利用部分分式法，把传递函数展开，

$$Y(s)=\frac{-0.166+0.45\mathrm{j}}{s+0.25+1.2\mathrm{j}}+\frac{-0.166-0.45\mathrm{j}}{s+0.25-1.2\mathrm{j}}+\frac{1}{3s}$$

下面对输出传递函数进行反拉氏变换，并根据欧拉公式可得到输出信号的时间响应为

$$\begin{aligned}y(t)&=\mathrm{L}^{-1}[Y(s)]\\&=(-0.166+0.45\mathrm{j})\mathrm{e}^{(-0.25-1.2\mathrm{j})t}+(-0.166-0.45\mathrm{j})\mathrm{e}^{(-0.25+1.2\mathrm{j})t}+\frac{1}{3}u(t)\\&=-0.332\mathrm{e}^{-0.25t}\frac{[\mathrm{e}^{(1.2t)\cdot\mathrm{j}}+\mathrm{e}^{(-1.2t)\cdot\mathrm{j}}]}{2}+0.9\mathrm{e}^{-0.25t}\frac{[\mathrm{e}^{(1.2t)\cdot\mathrm{j}}-\mathrm{e}^{(-1.2t)\cdot\mathrm{j}}]}{2\mathrm{j}}+\frac{1}{3}u(t)\\&=-0.332\mathrm{e}^{-0.25t}\cos(1.2t)+0.9\mathrm{e}^{-0.25t}\sin(1.2t)+0.33u(t)\\&=\mathrm{e}^{-0.25t}\sin(1.2t-0.35)+0.33u(t)\end{aligned}$$

通过上面的例子，可以看到利用拉氏变换可大大降低微分方程的求解难度。

2.5.2 线性系统及传感器的失真问题

式（2-11）和式（2-16）分别给出了在时域和复频域中描述传感器动态特性的两种模型。在这两个方程中，当系数 $a_0\sim a_n$ 及 $b_0\sim b_m$ 均为实常数时，这样的传感器系统被称为线性系统。线性系统满足式（2-17）给出的输入和输出变换关系，且具有如下性质：

(1) 叠加性：如果信号 $x_1(t)$ 输入到传感器后得到的输出响应为 $y_1(t)$，而信号 $x_2(t)$ 得到响应 $y_2(t)$，那么合成信号 $x_1(t)+x_2(t)$ 得到的响应为 $y_1(t)+y_2(t)$，即 $x_1(t)+x_2(t)\rightarrow y_1(t)+y_2(t)$。

(2) 齐次性：如果输入信号 $x(t)$ 增加 k 倍，则其响应 $y(t)$ 也将增加 k 倍，即 $kx(t)\rightarrow ky(t)$。

(3) 微分和积分特性：信号 $x(t)$ 的微分和积分信号通过传感器系统得到的响应是原来的响应信号的微分和积分，即 $\mathrm{d}x/\mathrm{d}t\rightarrow\mathrm{d}y/\mathrm{d}t$，$\int x(t)\mathrm{d}t\rightarrow\int y(t)\mathrm{d}t$。

(4) 频率保持特性：如果传感器输入信号的频率为 ω，那么其响应信号的频率也为 ω。

这里所提的线性系统的概念与传感器静态特性中提到的线性度是两个不同的概念，但是它们之间也存在着一定的联系。对于式（2-11）所描述的传感器方程，当把输入和输出的微分项全部置零后得到的方程就是其静态特性方程（即输入和输出稳定不变时的方程）：$Y=(b_0/a_0)X$。可见，对于一个线性系统，由于 a_0 和 b_0 均为常系数，因此其静态特性为过零的直线。反过来，一个静态特性为直线的传感器则未必是线性系统，因为如果除了 a_0 和 b_0 以外的其他微分项的系数不是常系数而是变量，则这样的传感器是非线性系统。另外，静态特性为直线但有直流偏置的传感器，假设其方程为 $y(t)=kx(t)+b$，从动态性能上看它也不属于线性系统，因为不满足叠加性和齐次性定理。

如果一个传感器的动态特性为线性，意味着输入信号的变化将等比例地引起输出信号产生变化，这种性质对于一个控制仪器具有重要的意义，因为线性系统可以通过经典控制理论

进行闭环调节器的设计和参数整定，使其获得理想的稳定性和动态响应能力。对于一个反馈控制系统，传感器往往被应用于检测和反馈被控状态量，因此其动态线性特性对于控制性能具有重要的影响。然而，对于一个测量仪器，要求传感器应该具有很低的失真度，即能够准确复现被测信号的动态变化波形。传感器的失真度是由其动态特性决定的，但是与其是否为线性系统并不存在必然关系，即动态特性为线性的系统也会产生失真，而一个非线性系统则有可能是不失真的系统。下面通过频域分析来对信号的不失真条件进行解释。

假设传感器的输入信号包含两种不同频率的分量：$x(t)=f_1(\omega_1 t)+f_2(\omega_2 t)$，若希望它通过传感器后输出的信号与输入信号相似（不失真），那么要求传感器对两种频率分量的增益应该相同，且延时也要相同，即

$$y(t)=Af_1[\omega_1(t-T_d)]+Af_2[\omega_2(t-T_d)]=A[f_1(\omega_1 t-\omega_1 T_d)+f_2(\omega_1 t-\omega_2 T_d)]$$

式中，$-\omega_1 T_d=\theta_1$ 和 $-\omega_2 T_d=\theta_2$ 分别为两种频率分量的相位角，如果延时相同，则意味着相位与频率成正比。

由此可见，信号不失真的条件是要求传感器对输入信号的不同频率分量具有相同的增益，并且相位与频率呈现线性关系（即线性相位系统）。图 2-30（a）给出了一个不失真系统的波特图。所谓波特图，即根据系统的传递函数绘制的幅频特性和相频率特性曲线，表示系统对不同频率的正弦信号的增益和相移。图 2-30（b）给出了一个典型的线性系统——一阶惯性系统的波特图，其传递函数 $G(s)=A/(Ts+1)$。

一阶惯性系统的增益随着频率的增加是逐渐下降的，增益从直流增益 A 下降到其 0.707 倍时的频率称为转折频率 $\omega_T=1/T$，或者称为 -3dB 频率，而且其相位随着频率也呈现非线性的下降关系。对比图 2-30（a）和图 2-30（b）可知，线性系统也存在着失真的问题，但是如果输入信号的最高频率限制在 -3dB 频率以下，则可近似认为其是一个不失真系统，-3dB 频率被称为该一阶系统的带宽。可见，线性系统本质上仍然存在着失真问题，但是如果信号的频率被限定在其带宽范围内，若通带增益较为平坦且相位随频率的非线性较小则可近似认为是一个不失真的系统。另外，通过波特图也可以看到，宽带信号在经过线性系统时比窄带信号更容易产生失真，因此为了降低信号的失真，除了扩展传感器的带宽，还要严格限定信号的频率范围。

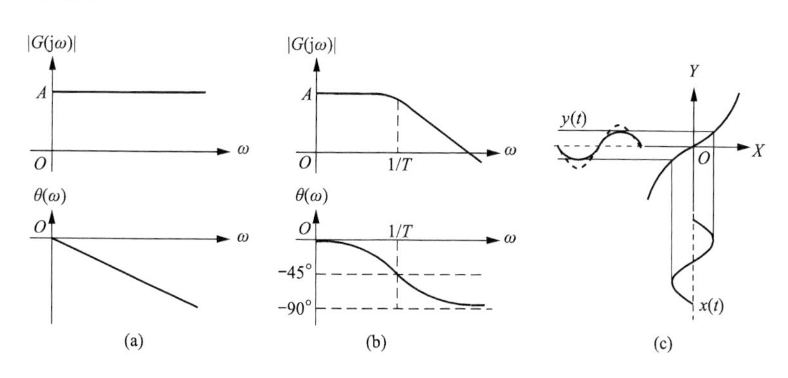

图 2-30　系统不失真条件

（a）不失真系统的波特图；（b）一阶惯性系统的波特图；（c）静态非线性引起的失真

非线性系统一般情况都会产生较严重的失真，如图 2-30（c）给出的静态特性为曲线的传感器对一个输入正弦波的测量结果（根据投影关系来确定），输出波形中明显产生了严重的

谐波。但是，并不是所有的非线性系统都会产生失真的问题。如，一个纯延时系统：$y(t)=a_0x(t-T_d)$，它是一个不失真系统，但是却不是线性系统，因为当输入信号施加到传感器上时，需要经过 T_d 的延时后输出才能产生。

总之，当检测变化的输入信号时，需要考虑传感器的带宽，否则其输出将产生严重的失真。对于测量仪器，失真意味着我们观察到的信号是不可信的。然而对于控制仪器，传感器是否失真有时并不重要，其动态特性是否为相移很小的线性系统更为重要。

2.6　传感器动态模型的参数辨识

2.6.1　最小相位系统和传感器的建模

通过对传感器进行标定实验可以得到其静态特性，同样，如果希望获得传感器的动态方程，也需要通过实验的方法来进行测量。如果传感器可等效为线性系统，理论上可通过对其施加瞬时冲击激励来测量其冲击响应 $g(t)$，进而通过拉式变换可得到其传递函数 $G(s)$。由于冲击激励要求的幅值必须非常高且时间很短，有可能会对传感器造成损害，同时还需要激励源提供很大的冲击能量，因此现实中实现起来非常困难，仅具有理论意义。第二种办法是对传感器施加正弦激励后检测其输出，然后通过扫频来得到传感器的幅频特性和相频特性。对于电压和电流等电量，实现扫频的正弦激励源相对比较容易，但是对于温度、压力等非电量则比较困难。第三种方法是选择阶跃激励，由于阶跃激励可以通过把传感器从一种稳态环境迅速切换到另一种稳态环境中来实现，因此对激励源的要求大大降低。如，把温度传感器放入被测液体中，或打开遮光罩来检测光敏传感器的动态性能等。总之，实现对传感器的动态性能的检测，其难度要远高于对其静态特性的测量。

对于一个动态线性的传感器，它必须是稳定的，因此所有的极点都在复平面的左半平面，且每个极点都会造成其对数幅频特性上一个－20dB/dec（10 倍频）的衰减斜率及滞后的相移。零点的情况则比较复杂，一个稳定的线性系统可以具有左半平面的零点，也可以具有右半平面的零点。在对数幅频特性上，零点会造成＋20dB/dec 的斜率增加；但对于相频特性，左半平面的零点引起超前相位，而右半平面的零点则引起滞后相移。可见，如果一个线性系统没有右半平面的零点，其滞后相移是最小的，这种系统被称为最小相位系统。对一个控制系统而言，最小相位系统无疑对于系统的稳定性是最优的。另外，如果一个传感器系统为最小相位系统，这意味着可仅根据其对数幅频特性来得到传感器的传递函数。

【例 2-5】　图 2-31 给出了一个可等效为最小相位系统的传感器的对数幅频特性，根据该特性写出其传递函数。

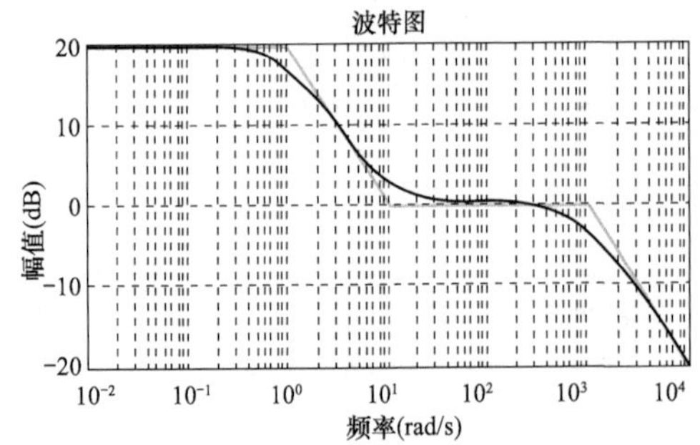

图 2-31　最小相位系统的对数幅频特性

从图 2-31 中可以看到，该传感器的对数幅频特性有 3 个转折频率。根据对数幅频特性可直接曲线相加的性质，第一个和第三个转折频率引起－20dB/dec 的下降斜率，第二个引起＋20dB/dec 的斜率，故系统有两个极点和一个零点。根据其直流增益和转折频率，可直接写出传递函数为

$$G(s)=\frac{10(0.1s+1)}{(s+1)(0.001s+1)}$$

如果通过对传感器施加阶跃激励后获得了其输出响应波形，那么也可以据此对传感器进行动态建模。如前所述，对于一个线性系统，其阶跃响应中包含了以指数基函数表征的系统的固有运动模态，通过观察响应波形是否过阻尼（不存在正弦振荡形态）或欠阻尼（存在指数衰减正弦振荡分量）、振荡波的振荡频率和衰减速度等特征，可以初步确立模型的极点个数（或微分方程的阶数），然后通过拟合等方法来确定模型的参数。本节将主要介绍传感器动态模型参数的最小二乘估计方法，该方法通过对传感器输入和输出波形进行采样（假设测量波形中包含随机噪声），然后通过对离散方程进行递推运算来得到系统的最优参数。为了介绍该方法的原理，需要首先对方法中用到的矩阵运算规则及噪声的方差和协方差等概念进行解释。

2.6.2　矩阵的运算规则

矩阵的转置运算规则如下（其中 $\boldsymbol{A}$ 和 $\boldsymbol{B}$ 为矩阵，λ 为常数）

$$\begin{cases}(\boldsymbol{A}^{\mathrm{T}})^{\mathrm{T}}=\boldsymbol{A}\\(\boldsymbol{A}+\boldsymbol{B})^{\mathrm{T}}=\boldsymbol{A}^{\mathrm{T}}+\boldsymbol{B}^{\mathrm{T}}\\(\lambda\boldsymbol{A})^{\mathrm{T}}=\lambda\boldsymbol{A}^{\mathrm{T}}\\(\boldsymbol{AB})^{\mathrm{T}}=\boldsymbol{B}^{\mathrm{T}}\boldsymbol{A}^{\mathrm{T}}\end{cases}$$

设矩阵 $\boldsymbol{A}$ 和 $\boldsymbol{B}$ 均为非奇异的方阵且其逆阵存在，则矩阵的逆阵满足下列公式：

$$\begin{cases}(\boldsymbol{A}^{-1})^{-1}=\boldsymbol{A}\\(\boldsymbol{A}^{\mathrm{T}})^{-1}=(\boldsymbol{A}^{-1})^{\mathrm{T}}\\(\lambda\boldsymbol{A})^{-1}=\dfrac{1}{\lambda}\boldsymbol{A}^{-1}\quad,\lambda\neq 0\\(\boldsymbol{AB})^{-1}=\boldsymbol{B}^{-1}\boldsymbol{A}^{-1}\end{cases}$$

矩阵的迹：矩阵主对角线上的所有元素之和。定义矩阵 $\boldsymbol{A}=\{a_{ij}\}_{n\times n}$，则其迹的表达式为：$\mathrm{tr}(\boldsymbol{A})=a_{11}+a_{22}+\cdots+a_{nn}=\sum_{i=1}^{n}a_{ii}$。矩阵 $\boldsymbol{A}$、$\boldsymbol{B}$ 和 $\boldsymbol{C}$ 的迹满足下列运算规则：

$$\begin{cases}\mathrm{tr}(\boldsymbol{A}+\boldsymbol{B})=\mathrm{tr}(\boldsymbol{A})+\mathrm{tr}(\boldsymbol{B})\\\mathrm{tr}(\lambda\boldsymbol{A})=\lambda\cdot\mathrm{tr}(\boldsymbol{A})\\\mathrm{tr}(\boldsymbol{A}^{\mathrm{T}})=\mathrm{tr}(\boldsymbol{A})\\\mathrm{tr}(\boldsymbol{AB})=\mathrm{tr}(\boldsymbol{BA})\\\mathrm{tr}(\boldsymbol{ABC})=\mathrm{tr}(\boldsymbol{BCA})=\mathrm{tr}(\boldsymbol{CAB})\end{cases}$$

迹的偏导公式（$\boldsymbol{I}$ 为单位矩阵）为

$$\begin{cases}\dfrac{\partial[\mathrm{tr}(\boldsymbol{X})]}{\partial\boldsymbol{X}}=\mathrm{I},\\\dfrac{\partial[\mathrm{tr}(\boldsymbol{AX}^{-1}\boldsymbol{B})]}{\partial\boldsymbol{X}}=-(\boldsymbol{X}^{-1}\boldsymbol{BAX}^{-1})^{\mathrm{T}}\\\dfrac{\partial[\mathrm{tr}(\boldsymbol{A}^{\mathrm{T}}\boldsymbol{XB}^{\mathrm{T}})]}{\partial\boldsymbol{X}}=\dfrac{\partial[\mathrm{tr}(\boldsymbol{BX}^{\mathrm{T}}\boldsymbol{A})]}{\partial\boldsymbol{X}}=\boldsymbol{AB}\\\dfrac{\partial[\mathrm{tr}(\boldsymbol{AXBX}^{\mathrm{T}})]}{\partial\boldsymbol{X}}=\boldsymbol{AXB}+\boldsymbol{A}^{\mathrm{T}}\boldsymbol{XB}^{\mathrm{T}},\quad\dfrac{\partial[\mathrm{tr}(\boldsymbol{AXBX})]}{\partial\boldsymbol{X}}=\boldsymbol{A}^{\mathrm{T}}\boldsymbol{X}^{\mathrm{T}}\boldsymbol{B}^{\mathrm{T}}+\boldsymbol{B}^{\mathrm{T}}\boldsymbol{X}^{\mathrm{T}}\boldsymbol{A}^{\mathrm{T}}\end{cases}$$

2.6.3　随机噪声向量的均值和方差

表征噪声的连续随机变量 x 的期望均值和方差的定义如下：

均值：$E(x)=\int_{-\infty}^{\infty}xp(x)\mathrm{d}x=\mu$

方差：$\mathrm{Var}(x)=E[x-E(x)]^2=\int_{-\infty}^{\infty}(x-\mu)^2 p(x)\mathrm{d}x=\sigma^2$

式中 $p(x)$ 为随机变量的概率密度函数。两个随机变量 x 和 y 之间的协方差定义为

$$\mathrm{cov}(x,y)=E\{[x-E(x)][y-E(y)]\}=\int_{-\infty}^{\infty}\int_{-\infty}^{\infty}(x-\mu)(y-\eta)p(x,y)\mathrm{d}x\mathrm{d}y$$

式中，$p(x,y)$ 为随机变量 x 和 y 的联合概率密度函数。

在实际应用中，需要对噪声信号进行采样从而获得随机变量的离散样本，这样期望均值和方差将采用离散的表达式。

$$x=[x_{s1},x_{s2},\cdots,x_{sn}]^{\mathrm{T}}\Rightarrow\begin{cases}E(x)=\sum_{i=1}^{n}x_{si}p_i\\ \mathrm{Var}(x)=\sum_{i=1}^{n}(x_{si}-\mu)^2p_i=\sum_{i=1}^{n}p_ix_{si}^2-\mu^2=E(x^2)-[E(x)]^2\end{cases}$$

两个离散变量 x 和 y 之间的协方差为

$$\begin{cases}x=[x_{s1},x_{s2},\cdots,x_{sn}]^{\mathrm{T}}\\ y=[y_{s1},y_{s2},\cdots,y_{sn}]^{\mathrm{T}}\end{cases}\Rightarrow\mathrm{cov}(x,y)=\sum_{i=1}^{n}[x_{si}-E(x)][y_{si}-E(y)]p_i=\sum_{i=1}^{n}[x_{si}-\mu][y_{si}-\eta]p_i$$

对于一个具有 n 个噪声源的系统，可以建立 n 个随机变量 $x_1\sim x_n$ 构成的统计总体 $\boldsymbol{X}$，它可用一个列向量来表示：$\boldsymbol{X}=[x_1,\ x_2,\ \cdots,\ x_n]^{\mathrm{T}}$。其中，$\boldsymbol{X}$ 的每个随机变量 $x_i(i=1\sim n)$ 都由相同数目（假设为 N）的离散样本构成，即 $x_i=[x_{i1},x_{i2},\cdots,x_{iN}]$。这样，随机向量 $\boldsymbol{X}$ 的期望均值也将构成一个列向量：$E(\boldsymbol{X})=E\{[x_1,x_2,\cdots,x_n]^{\mathrm{T}}\}=[E(x_1),E(x_2),\cdots,E(x_n)]^{\mathrm{T}}=[\mu_1,\mu_2,\cdots,\mu_n]^{\mathrm{T}}=\boldsymbol{\mu}$。$\boldsymbol{X}$ 的方差将等于

$$\mathrm{Var}(\boldsymbol{X})=\mathrm{cov}(\boldsymbol{X},\boldsymbol{X})=(\boldsymbol{X}-\boldsymbol{\mu})\cdot(\boldsymbol{X}-\boldsymbol{\mu})^{\mathrm{T}}=\begin{bmatrix}\mathrm{cov}(x_1,x_1)&\mathrm{cov}(x_1,x_2)&\cdots&\mathrm{cov}(x_1,x_n)\\ \mathrm{cov}(x_2,x_1)&\mathrm{cov}(x_2,x_2)&\cdots&\mathrm{cov}(x_2,x_n)\\ \vdots&\vdots&\ddots&\vdots\\ \mathrm{cov}(x_n,x_1)&\mathrm{cov}(x_n,x_2)&\cdots&\mathrm{cov}(x_n,x_n)\end{bmatrix}$$

由于 $\mathrm{cov}(x_i,x_j)=\mathrm{cov}(x_j,x_i)$，因此方差矩阵是一个对称方阵，且对角线元素是每个随机变量的方差，而非对角元则是不同变量之间的协方差。一般情况下，对于包含不同随机变量数目的两个向量：$\boldsymbol{X}=[x_1,x_2,\cdots,x_m]^{\mathrm{T}}$ 和 $\boldsymbol{Y}=[y_1,y_2,\cdots,y_n]^{\mathrm{T}}$，其协方差

$$\mathrm{cov}(\boldsymbol{X},\boldsymbol{Y})=[\boldsymbol{X}-E(\boldsymbol{X})][\boldsymbol{Y}-E(\boldsymbol{Y})]^{\mathrm{T}}=\begin{bmatrix}\mathrm{cov}(x_1,y_1)&\mathrm{cov}(x_1,y_2)&\cdots&\mathrm{cov}(x_1,y_n)\\ \mathrm{cov}(x_2,y_1)&\mathrm{cov}(x_2,y_2)&\cdots&\mathrm{cov}(x_2,y_n)\\ \vdots&\vdots&\ddots&\vdots\\ \mathrm{cov}(x_m,y_1)&\mathrm{cov}(x_m,y_2)&\cdots&\mathrm{cov}(x_m,y_n)\end{bmatrix}_{m\times n}$$

它是一个 $m\times n$ 的对称矩阵。

2.6.4 传感器动态模型参数的最小二乘法辨识

对于一个包含随机噪声的单输入/单输出线性离散系统，其数学模型为（通过一个 n 阶微分方程的离散形式来表达）

$$y(k)+\sum_{i=1}^{n}a_iy(k-i)=\sum_{i=1}^{n}b_iu(k-i)+\varepsilon(k)\tag{2-18}$$

通过不断对其输入和输出进行 $n+N$ 次采样，可以建立起 N 个观测方程：

$$\begin{cases} y(n+1) = -a_1 y(n) - a_2 y(n-1) - \cdots a_n y(1) + b_0 u(n+1) + b_1 u(n) + \cdots \\ \qquad + b_n u(1) + \varepsilon(n+1) \\ y(n+2) = -a_1 y(n+1) - a_2 y(n) - \cdots a_n y(2) + b_0 u(n+2) + b_2 u(n+1) + \cdots \\ \qquad + b_n u(2) + \varepsilon(n+2) \\ \vdots \\ y(n+N) = -a_1 y(n+N-1) - a_2 y(n+N-2) - \cdots - a_n y(N) \\ \qquad + b_0 u(n+N) + b_1 u(n+N-1) + \cdots b_n u(N) + \varepsilon(n+N) \end{cases} \tag{2-19}$$

写成矩阵形式：

$$\boldsymbol{y}_N = \boldsymbol{\Phi\theta} + \varepsilon_N \tag{2-20}$$

式中，$\boldsymbol{y}_N = [y(n+1), y(n+2), \cdots y(n+N)]^{\mathrm{T}}$；$\boldsymbol{\theta} = [a_1, a_2, \cdots, a_n, b_0, b_1, \cdots, b_n]^{\mathrm{T}}$；

$$\boldsymbol{\Phi} = \begin{bmatrix} -y(n) & -y(n-1) & \cdots & -y(1), & u(n+1) & \cdots & u(1) \\ -y(n+1) & -y(n) & \cdots & -y(2), & u(n+2) & \cdots & u(2) \\ \vdots & \vdots & \ddots & \vdots & \vdots & \vdots & \vdots \\ -y(n+N-1) & -y(n+N-2) & \cdots & -y(N), & u(n+N) & \cdots & u(N) \end{bmatrix}_{N\times 2n}$$

$$= \begin{bmatrix} \varphi_1^{\mathrm{T}} \\ \varphi_2^{\mathrm{T}} \\ \vdots \\ \varphi_N^{\mathrm{T}} \end{bmatrix}$$

$$\boldsymbol{\varepsilon}_N = [\varepsilon(n+1), \varepsilon(n+2), \cdots, \varepsilon(n+N)]^{\mathrm{T}} = [\varepsilon_1, \varepsilon_2, \cdots, \varepsilon_N]^{\mathrm{T}} = \boldsymbol{y}_N - \boldsymbol{\Phi\theta} = \boldsymbol{y}_N - y。$$

式中，$\boldsymbol{\theta}$ 为参数值向量；$\boldsymbol{\Phi}$ 是输入值和测量值矩阵；而 $\boldsymbol{\varepsilon}_N$ 向量为测量的残差数据，它是噪声引起的实际测量值 $\boldsymbol{y}_N$ 与理想无噪声系统的测量真值 $\boldsymbol{y}$ 之间的差异。设系统噪声是方差为 σ^2 的零均值白噪声，则残差的方差矩阵为 $\mathrm{Var}(\boldsymbol{\varepsilon}_N) = \mathrm{cov}(\boldsymbol{\varepsilon}_N, \boldsymbol{\varepsilon}_N^{\mathrm{T}}) = \sigma^2 \boldsymbol{I}_{N\times N}$，$\boldsymbol{I}_{N\times N}$为 $N\times N$ 维的单位矩阵。若 $N>2n$，则方程数大于待求解参数的个数，这是一个超定解方程组，可以根据残差向量 $\boldsymbol{\varepsilon}_N$的方差矩阵的迹 J 最小的准则来进行参数 $\boldsymbol{\theta}$ 的估计，这就是最小二乘估计。

残差向量 $\boldsymbol{\varepsilon}_N$ 的方差矩阵的迹等于：

$$J = \mathrm{tr}\{\mathrm{Var}[\boldsymbol{\varepsilon}_N]\} = \mathrm{tr}\{E[\boldsymbol{\varepsilon}_N \cdot \boldsymbol{\varepsilon}_N^{\mathrm{T}}]\} = \sum_{i=1}^{N} \varepsilon_i^2 = \sum_{i=1}^{N} [y_i - \varphi_i^{\mathrm{T}} \boldsymbol{\theta}]^2$$
$$= [\boldsymbol{y}_N - \boldsymbol{\Phi\theta}]^{\mathrm{T}} [\boldsymbol{y}_N - \boldsymbol{\Phi\theta}] = \boldsymbol{y}_N^{\mathrm{T}} \boldsymbol{y}_N + \boldsymbol{\theta}^{\mathrm{T}} \boldsymbol{\Phi}^{\mathrm{T}} \boldsymbol{\Phi\theta} - 2\boldsymbol{\theta}^{\mathrm{T}} \boldsymbol{\Phi}^{\mathrm{T}} \boldsymbol{y}_N$$

根据极值计算定理$\dfrac{\partial \boldsymbol{J}}{\partial \boldsymbol{\theta}} = 0$，以及线性代数矩阵的偏导数计算公式，可以推导出参数 $\boldsymbol{\theta}$ 的最小二乘估计值：

$$\hat{\boldsymbol{\theta}}_{\mathrm{LS}} = (\boldsymbol{\Phi}^{\mathrm{T}} \boldsymbol{\Phi})^{-1} \boldsymbol{\Phi}^{\mathrm{T}} \boldsymbol{y}_N \tag{2-21}$$

该结论成立的条件是方阵 $\boldsymbol{\Phi}^{\mathrm{T}}\boldsymbol{\Phi}$ 是非奇异阵。进而，可以计算出最小二乘参数估计值的误差协方差矩阵等于：

$$\mathrm{cov}(\hat{\boldsymbol{\theta}}_{\mathrm{LS}} - \boldsymbol{\theta}) = E[(\hat{\boldsymbol{\theta}}_{\mathrm{LS}} - \boldsymbol{\theta})(\hat{\boldsymbol{\theta}}_{\mathrm{LS}} - \boldsymbol{\theta})^{\mathrm{T}}] = (\boldsymbol{\Phi}^{\mathrm{T}} \boldsymbol{\Phi})^{-1} \boldsymbol{\Phi}^{\mathrm{T}} E(\boldsymbol{\varepsilon}_N \boldsymbol{\varepsilon}_N^{\mathrm{T}}) \boldsymbol{\Phi} (\boldsymbol{\Phi}^{\mathrm{T}} \boldsymbol{\Phi})^{-1}$$
$$= \sigma^2 (\boldsymbol{\Phi}^{\mathrm{T}} \boldsymbol{\Phi})^{-1}$$

如果系统噪声是零均值白噪声，可证明参数的最小二乘估计是最小方差无偏估计，且误

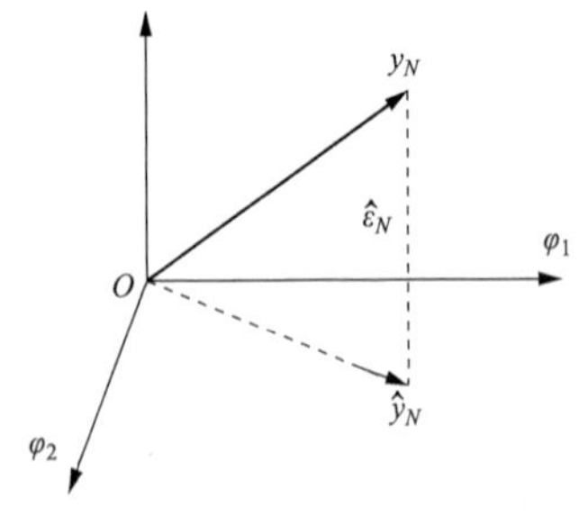

图 2-32 最小二乘法的正交投影

差协方差矩阵是噪声信号的方差乘以变换矩阵。这意味着在所有的估计参数中，最小二乘估计值 $\hat{\boldsymbol{\theta}}_{LS}$ 与真值 $\boldsymbol{\theta}$ 之间的误差的方差是最小的，且正比于噪声信号的方差，因此最小二乘估计是一种最优估计。如果采用最小二乘估计参数 $\hat{\boldsymbol{\theta}}_{LS}$ 作为系统参数，那么根据输入值和测量值矩阵 $\boldsymbol{\Phi}$ 可以得到系统输出的估计值：$\hat{\mathbf{y}}_N=\boldsymbol{\Phi}\hat{\boldsymbol{\theta}}_{LS}$，而实际测量值 $\mathbf{y}_N$ 与估计值 $\hat{\mathbf{y}}_N$ 之间的残差向量为：$\hat{\boldsymbol{\varepsilon}}_N=\mathbf{y}_N-\hat{\mathbf{y}}_N=\mathbf{y}_N-\boldsymbol{\Phi}\hat{\boldsymbol{\theta}}_{LS}$。可以证明：$\boldsymbol{\Phi}^T\hat{\boldsymbol{\varepsilon}}_N=0$，即组成 $\boldsymbol{\Phi}$ 矩阵的各个相量 φ_1，φ_2，…，φ_N 与 $\hat{\boldsymbol{\varepsilon}}_N$ 是正交的。这个结论的几何意义如下：残差向量 $\hat{\boldsymbol{\varepsilon}}_N$ 与由测量数据矩阵 $\boldsymbol{\Phi}$ 的各个向量 φ_1，φ_2，…，φ_N 构成的估计空间正交，而最小二乘模型的输出 $\hat{\mathbf{y}}_N$ 为实际输出 $\mathbf{y}_N$ 在估计空间上的正交投影，这就是最小二乘法估计的几何意义，如图 2-32 所示。

上述动态系统参数的最小二乘估计过程需要建立一个 $N\times 2n$ 的测量值矩阵，但是仔细观察可以发现这个矩阵可以通过递推的方法来建立。如果已知系统的 N 个观测方程，则可以建立 $N+1$ 个方程组

$y_N+1=\begin{bmatrix} y_N \\ y_{N+1} \end{bmatrix}$，$\boldsymbol{\Phi}_N+1=\begin{bmatrix} \boldsymbol{\Phi}_N \\ \varphi_{N+1} \end{bmatrix}$若令 $\boldsymbol{P}_N=(\boldsymbol{\Phi}_N^T\boldsymbol{\Phi}_N)^{-1}$，则得到：

$\boldsymbol{P}_{N+1}=(\boldsymbol{\Phi}_{N+1}^T\boldsymbol{\Phi}_{N+1})^{-1}=\{[\boldsymbol{\Phi}_N^T|\varphi_{N+1}][\boldsymbol{\Phi}_N\varphi_{N+1}^T]\}^{-1}=(\boldsymbol{\Phi}_N^T\boldsymbol{\Phi}_N+\varphi_{N+1}\varphi_{N+1}^T)^{-1}=(\boldsymbol{P}_N^{-1}+\varphi_{N+1}\varphi_{N+1}^T)^{-1}$。根据矩阵求逆的辅助公式：$[\boldsymbol{A}+\boldsymbol{BCD}]^{-1}=\boldsymbol{A}^{-1}-\boldsymbol{A}^{-1}\boldsymbol{B}(\boldsymbol{C}^{-1}+\boldsymbol{DA}^{-1}\boldsymbol{B})^{-1}\boldsymbol{DA}^{-1}$，进一步得到：

$$\boldsymbol{P}_{N+1}=(\boldsymbol{P}_N^{-1}+\varphi_{N+1}\varphi_{N+1}^T)^{-1}=\boldsymbol{P}_N-\frac{\boldsymbol{P}_N\varphi_{N+1}\varphi_{N+1}^T\boldsymbol{P}_N}{1+\varphi_{N+1}^T\boldsymbol{P}_N\varphi_{N+1}}$$

根据式（2-21）得到最小二乘法参数估计值

$$\hat{\boldsymbol{\theta}}_{N+1}=(\boldsymbol{\Phi}_{N+1}^T\boldsymbol{\Phi}_{N+1})^{-1}\boldsymbol{\Phi}_{N+1}^T\mathbf{y}_{N+1}=\boldsymbol{P}_{N+1}\boldsymbol{\Phi}_{N+1}^T\mathbf{y}_{N+1}=\boldsymbol{P}_{N+1}[\boldsymbol{\Phi}_N^T \mid \varphi_{N+1}]\begin{bmatrix} \mathbf{y}_N \\ y_{N+1} \end{bmatrix}$$

最后，整理成递推方程组：

$$\begin{cases} \hat{\boldsymbol{\theta}}_{N+1}=\hat{\boldsymbol{\theta}}_N+\boldsymbol{G}_{N+1}[y_{N+1}-\varphi_{N+1}^T\hat{\boldsymbol{\theta}}_N]=\hat{\boldsymbol{\theta}}_N+\boldsymbol{G}_{N+1}[y_{N+1}-\hat{y}_{N+1}]=\hat{\boldsymbol{\theta}}_N+\boldsymbol{G}_{N+1}\alpha_{N+1} \\ \boldsymbol{G}_{N+1}=\dfrac{\boldsymbol{P}_N\varphi_{N+1}}{1+\varphi_{N+1}^T\boldsymbol{P}_N\varphi_{N+1}} \\ \boldsymbol{P}_{N+1}=(\boldsymbol{I}-\boldsymbol{G}_{N+1}\varphi_{N+1}^T)\boldsymbol{P}_N \end{cases} \tag{2-22}$$

式中，$\hat{\boldsymbol{\theta}}_N$ 为利用时刻 N 以前的输入值和测量值向量 $\varphi_1^T\sim\varphi_N^T$ 估计出来的系统的参数，而 $\hat{y}_{N+1}=\varphi_{N+1}^T\cdot\hat{\boldsymbol{\theta}}_N$ 则为利用 $N+1$ 时刻的输入值和测量值向量 φ_{N+1}^T 与估计参数 $\hat{\boldsymbol{\theta}}_N$ 预测出来的 $N+1$ 时刻的输出。因此方程中的 $\alpha_{N+1}=y_{N+1}-\hat{y}_{N+1}$ 表示预测误差，也被称为“新息”。这样式（2-23）的物理意义就是新的参数估计值 $\hat{\boldsymbol{\theta}}_{N+1}$ 是通过对旧的值 $\hat{\boldsymbol{\theta}}_N$ 进行修正而得到的，修正量的大小等于预测误差—“新息”乘以一个修正系数 $\boldsymbol{G}_{N+1}$（或叫做增益）。最后，虽然式（2-23）是针对单输入/单输出系统得出的，但是它也可以被推广到多输入/多输出（MIMO）系统中。

【例 2-6】 一个二阶系统的微分方程为：$y''+a_1y'+a_0=b_1x'+b_0$，根据图 2-33a 给出的

阶跃响应数据（输入包含白噪声）来对参数进行辨识。

该系统已经明确为二阶线性系统。首先，对系统进行拉式变换，得到其传递函数为 $G(s)=\frac{b_1s+b_0}{s^2+a_1s+a_0}$。其次，将模拟系统按照一定的采样频率 T 离散化成式（2-18）给出的标准后向差分方程形式，在本例中 T 选择为 0.1s。根据文献［4］给出的双线性变换原理，用双线性变换关系 $s=\frac{2}{T}\frac{z-1}{z+1}$ 把传递函数中的 s 进行替换，得到其 z 变换形式（z 变换的定义将在第 5 章中给出），即

$$G(z)=\frac{Y(z)}{X(z)}=\frac{d_2+d_1z^{-1}+d_0z^{-2}}{1+c_1z^{-1}+c_0z^{-2}}$$

式中，$c_1=\frac{-8+2a_0T^2}{4+2a_1T+a_2T^2}$；$c_0=\frac{4-2a_1T+a_0T^2}{4+2a_1T+a_0T^2}$；$d_2=\frac{2b_1T+b_0T^2}{4+2a_1T+a_0T^2}$；$d_1=\frac{2b_0T^2}{4+2a_1T+a_0T^2}$；$d_0=\frac{-2b_1T+b_0T^2}{4+2a_1T+a_0T^2}$。

根据 z 变换的性质，其对应的离散差分方程为

$$y(n)+c_1y(n-1)+c_0y(n-2)=d_2x(n)+d_1x(n-1)+d_0x(n-2)$$

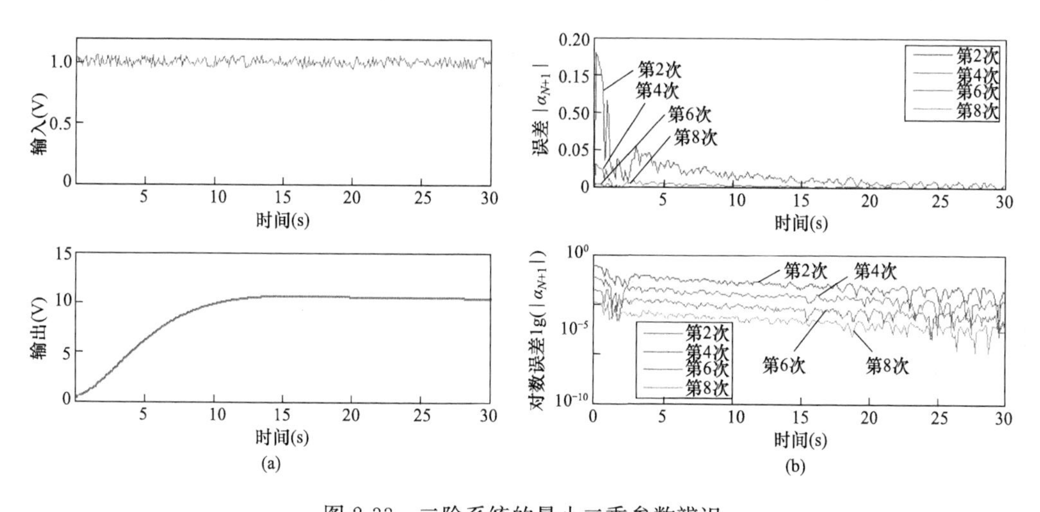

图 2-33　二阶系统的最小二乘参数辨识

(a) 系统的阶跃输入及其响应；(b) 多次迭代后的参数误差曲线

图 2-33 中阶跃输入包含取值在［−0.1，0.1］（V）之间均匀分布白噪声（均值为零）。对于一个二阶系统，$n=2$，因此进行参数拟合需要的方程最少为 $N>2n$ 个，本例选择 $N=5$。根据式（2-20），选择输入和响应曲线初始上升阶段的 7 个值构成输入值/测量值矩阵：

$$\boldsymbol{\Phi}=\begin{bmatrix}-y(2) & -y(1) & u(3) & u(2) & u(1)\\ -y(3) & -y(2) & u(4) & u(3) & u(2)\\ -y(4) & -y(3) & u(5) & u(4) & u(3)\\ -y(5) & -y(4) & u(6) & u(5) & u(4)\\ -y(6) & -y(5) & u(7) & u(6) & u(5)\end{bmatrix}=\begin{bmatrix}-0.0244 & 0 & 0.9012 & 0.9513 & 1.0985\\ -0.0554 & -0.0244 & 0.9486 & 0.9012 & 0.9513\\ -0.0940 & -0.0554 & 0.9646 & 0.9486 & 0.9012\\ -0.1402 & -0.0940 & 1.0116 & 0.9646 & 0.9486\\ -0.1941 & -0.1402 & 0.9593 & 1.0116 & 0.9646\end{bmatrix}$$

对应每行的测量值向量 $\boldsymbol{y}_N$ 为

$\boldsymbol{y}_N=[y(3)\quad y(4)\quad y(5)\quad y(6)\quad y(7)]=[0.0554\quad 0.0940\quad 0.1402\quad 0.1941\quad 0.2548]$

带入式（2-21）得到拟合参数值 $\hat{\boldsymbol{\theta}}=[c_1, c_0, d_2, d_1, d_0]=[-1.9503, 0.9512, 0.0122, 0.0049, -0.0073]$，进一步得到：$a_1=0.5$，$a_0=0.1$，$b_1=0.2$，$b_0=1$。对于该参数拟合过程，输入白噪声非常重要，因为理想的阶跃输入（输入值均为1V）会导致输入值/测量值矩阵 $\boldsymbol{\Phi}$ 不满秩，故其逆阵不存在，无法进行拟合计算。

另外，参数也可以采用式（2-23）给出的递推公式来进行递推计算。此时，可以采用一个估计的初始参数 $\hat{\boldsymbol{\theta}}_N$，然后不断载入新的输入值/测量值对参数进行修正，直到获得比较准确的参数为止。如，任意指定一组参数初值为 $\hat{\boldsymbol{\theta}}_N=[-0.5, -0.5, 0.5, 0.5, -0.5]$，利用图 2-33（a）给出的 30s 的输入和响应数据以式（2-23）对参数进行迭代修正，结束时可以获得一个误差较大的参数值。然后，把该参数值作为初值，利用输入和响应数据进行第二次迭代修正，反复为之，直到预测误差 $|\alpha_{N+1}|=|y_{N+1}-\hat{y}_{N+1}|$ 足够小为止，参数将逐渐逼近其真实值。在本例中，经 8 次重复迭代后的参数为 $\hat{\boldsymbol{\theta}}_{N+1}=[-1.9464, 0.9475, 0.0124, 0.0052, -0.0071]$，可见，其值已经非常接近真实值了。图 2-33（b）给出了在不同迭代次数下，预测误差的绝对值 $|\alpha_{N+1}|$ 的变化趋势。

2.7 传感器的输出等效电路

对一个智能仪器，传感器的输出将接入调理电路进行进一步的变换，这就涉及传感器如何与调理电路进行接口的问题。理想的接口原则是调理电路的接入不对传感器的输出带来影响，这就要求调理电路与传感器的等效输出电路能够进行阻抗的匹配。传感器的输出等效电路与其输出信号的类型相关，对应的调理电路的接口方式也不同，图 2-34 给出了输出为不同电信号时传感器的输出等效电路。其中，图 2-34（a）为输出电压信号时的等效电路，此时由于传感器固有的弱功率特征，其输出等效为一个具有较高内阻抗 R_s 的电压源 u_s。这类传感器与调理电路进行接口时，要求调理电路的输入阻抗 R_i 要远大于传感器内阻抗 R_s。图 2-34（b）给出了输出为电流信号时的传感器等效电路，同理，由于弱功率特征，传感器输出等效为具有较低并联内阻抗 R_s 的电流源 i_s。为了不对传感器输出的电流信号产生影响，调理电路的输入阻抗 R_i 应该远低于 R_s。

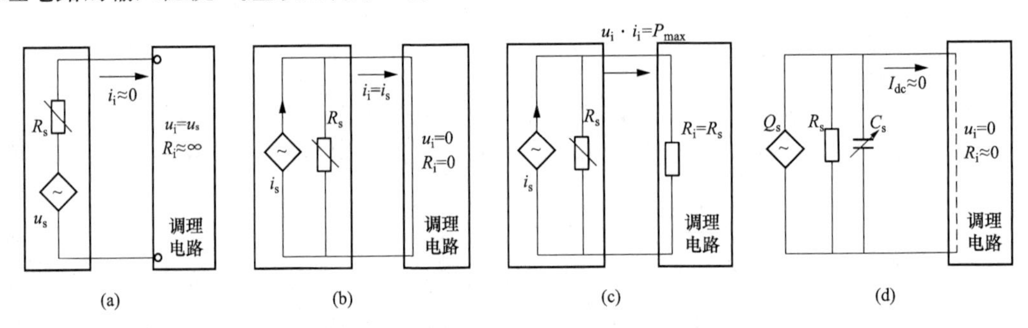

图 2-34 传感器的输出电路模型

（a）电压模型；（b）电流模型；（c）功率模型；（d）电荷模型

图 2-34（c）给出的传感器实现了对环境中的能量进行检测并输出，如利用光伏电池对光

功率进行测量，此类传感器等效为具有可变内阻抗 R_s 的电压源（戴维南等效）或电流源（诺顿等效）。对此类传感器进行接口，要求调理电路的输入阻抗 R_i 应该等于 R_s，这样才能使传感器的输出功率达到最大值 P_{max}。图2-34（d）给出了输出为电荷量的传感器的等效电路（如压电陶瓷传感器），此类传感器等效为一个电荷源 Q_s，但它具有并联的泄露阻抗 R_s 以及可变电容 C_s。这种传感器不能持续存储电荷，而且传感器输出的电压受到引线电容的影响。对于此类传感器，要求接口电路提供一种看似矛盾的特性：一方面，为了防止电荷通过调理电路流失，要求调理电路的直流输入阻抗应该足够大，即 $I_{dc}\approx 0$。另外一方面，为了克服输出电容 C_s 的影响，应该保持传感器两侧的电压为零，即调理电路的输入阻抗 $R_i=0$。这种“矛盾”的特性可以通过有源电路来实现，在后面的章节中将对此进行专门介绍。

对于电参数型的传感器，其输出等效电路为变化的 R、L 和 C，如图2-35（a）所示。这种传感器需要采用变换电路将电参数转换为电压或电流信号，由于传感器本身是无源的，因此需要变换电路提供电压或电流源。同时，对于电参数型的传感器，由于环境量的变化只会引起电参数在初始值的基础上产生变化，因此要求变换电路仅把变化量（差分量）进行转换和放大，而对不变的参数值（共模分量）的影响要抑制和消除。对电参数型传感器的变换电路通常采用电桥来实现，典型接口电路如图2-35（b）所示。除了电参数传感器，还有一些传感器的输出是频率信号，如图2-35（c）所示的电容传感器，被测电容 C_x 通过张弛振荡电路被转换为方波输出，方波的频率（$1/T_s$）与电容 C_x（最终与被测环境量）之间存在单调对应关系。传感器将被测环境量转换为频率信号会提高传感器的抗干扰性能，可以实现较长的传输距离，同时对于信号频率进行测量的方式也比较简单，且测量准确度很高，只要利用数字计数器对脉冲数进行计数即可测量频率。

图2-35（c）中的张弛振荡电路由3个运算放大器构成，其中A1构成积分器电路，A2为反相器，A3为滞环比较器，其输出波形如图2-35（d）所示。当A3输出为 $+V_c$ 时，电容 C_x 被从左向右恒流充电（充电电流等于 V_c/R_c），积分器A1的输出线性变化，经A2反相后

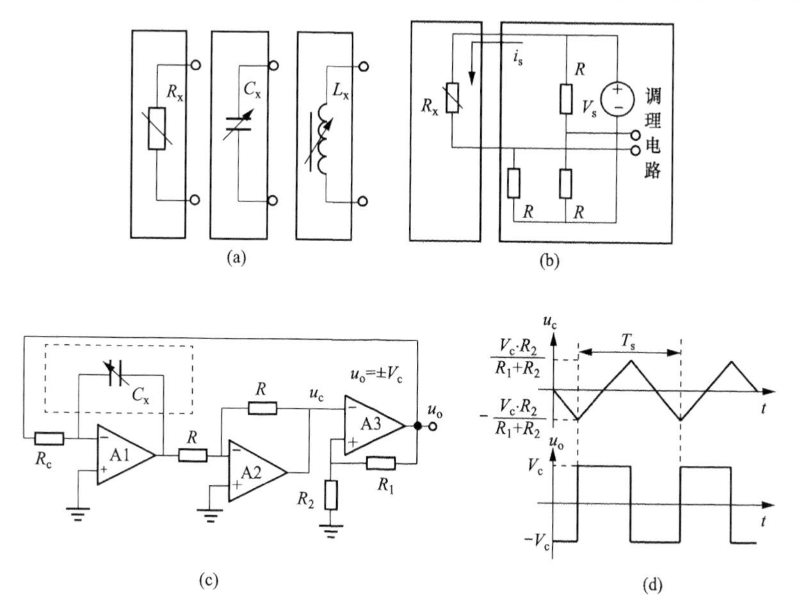

图2-35　电参数传感器的等效电路模型

（a）等效电路；（b）接口电路；（c）张弛振荡电路；（d）振荡器输出波形

的电压 u_c将朝着比较器的正阈值 $V_cR_2/(R_1+R_2)$ 方向运动。一旦 u_c达到正阈值，则比较器 A3 翻转，输出变为$-V_c$，这导致 A3 的比较阈值也变化为负阈值$-V_cR_2/(R_1+R_2)$。此时，$-V_c$将使电容 C_x被从右向左恒流充电，积分器 A1 向反方向积分，直到 u_c达到负阈值，则比较器 A3 再次翻转为$+V_c$，一个振荡周期结束。根据该电路的原理可以计算出方波的振荡周期 $T_s=4C_xR_cR_2/(R_1+R_2)$，它与被测电容大小呈正比。

参考文献

[1] 张洪润，傅瑾新，吕泉，等. 传感器技术大全［M］. 北京：北京航空航天大学出版社，2007.

[2] 麦姆斯咨询. 磁性的魅力——带你认识 AMR 磁阻传感器［DB/OL］. http://www.mems.me/mems/magnetic_sensor_201608/3375.html,2016.

[3] 张升伟，李靖，姜景山，等. 风云 3 号卫星微波湿度计的系统设计与研制［J］. 遥感学报，2008. 12(2)：199-207.

[4] 赵健，王宾，马苗. 数字信号处理［M］. 北京：清华大学出版社，2012.

第 3 章　基于理想运算放大器的调理电路设计

智能仪器前向通道的主要作用是把传感器输出的模拟信号（或电参数）进行变换和调理并将之转换为数字量。信号调理的主要形式包括对信号进行电量变换、阻抗变换、放大和偏移、调制和解调及滤波等。信号调理电路主要基于运算放大器来设计，因此学习和掌握运算放大器的电子学原理、典型应用电路及其非理想特性的影响是调理电路设计的基础。针对传感器输出的各种不同信号形式，本章将围绕理想运算放大器的应用这条主线来介绍其调理技术。

3.1　运算放大器的电子学基础

运算放大器是由晶体管构成的复杂的模拟集成电路，在大多数模拟电子学的课程中都会对它的基本构成原理进行介绍，而本书将侧重于阐述运算放大器的设计思想，即重点阐述运算放大器为什么要被这样设计，设计者究竟遇到了什么问题。在对基本的晶体管放大电路进行介绍的过程中，有些公式将直接给出而省略了推导过程，读者可以参考其他模拟电子学的教程。

3.1.1　晶体管的基本特性

长期以来，人们一直研究能够利用小信号来控制大信号或者对另外一个电路进行调制的器件，其典型原理如图 3-1（a）所示。输入该器件的小电压或电流，经过器件的“放大”作用产生更高幅值的电压或电流输出，但是输出信号的能量来自独立的外加电源 E。半导体晶体管能够产生这种放大作用，并且其体积小、灵敏度高、速度快、易于集成，故成为现代电子技术的基础。半导体晶体管的典型器件包括双极性晶体管（BJT）和金属氧化物场效应管（MOSFET）。

图 3-1（b）给出了一个 NPN 型 BJT 的原理，N 型半导体为掺杂了五价磷的硅，其中电子为多数载流子；P 型则为掺杂了三价硼的硅，空穴为多数载流子。BJT 基于双极性载流子的导电原理，结构上包含两个 PN 结（势垒）。在施加图中所示的偏置电压的情况下，基极和发射极之间的电场 V_{BE}将使发射极 N 区的多数载流子——电子越过基区-发射区之间的势垒进入基区。在基区，部分电子与基区的空穴进行复合，它们形成基极电流，而大部分的电子则在集电极的电场 V_Q作用下，经过漂移作用越过集电极-基区之间的势垒到达集电极，形成集电极电流。这样，微小的基极电流与较大的集电极电流之间形成一种比例受控关系，基极电流越大，则集电极电流也随之增大。

图 3-1（c）给出了 n 沟道 MOSFET 的基本结构，MOSFET 是一种单极性载流子导电器件。当栅极施加电压 V_{GS}时，栅极下面的 P 型衬底中的空穴会被排斥形成耗尽区，同时 P 型衬底中的少数载流子—电子则被吸引到衬底的表层。当 V_{GS}超过一定大小时，电子将在衬底顶部形成一个薄层（称为反型层），从而在源极 S 和漏极 D 之间形成导电沟道。不过，当漏

极施加电压 V_Q时，沟道在漏极一侧将被夹断。由于夹断区承受着压降，因此其内部强电场仍然能够使得电子越过夹断区到达漏极，形成漏极电流。此时，栅极电压 V_{GS}将对漏极电流的大小产生控制作用。V_{GS}越高，则漏极电流也越大。

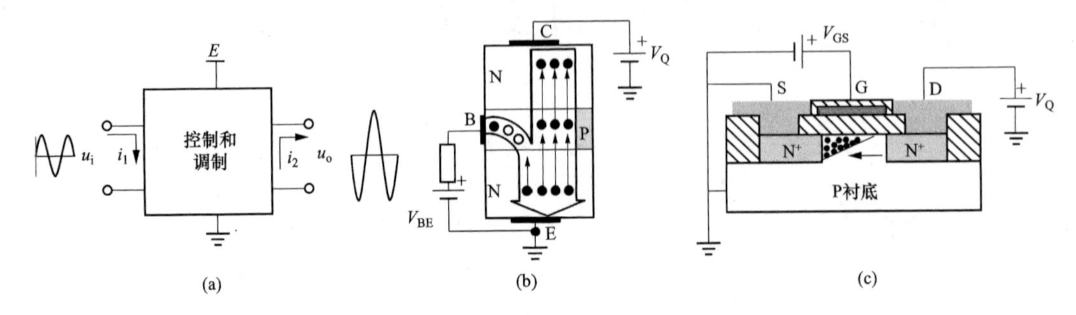

图 3-1 信号放大器件与晶体管的原理

(a) 信号放大器件；(b) BJT；(c) MOSFET

本节将主要以 MOSFET 为例来说明运算放大器的基本构成，图 3-2（a）给出了对 n 沟道 MOSFET 的输入/输出特性曲线进行测试的电路。首先，保持 MOSFET 的漏源电压 $V_{DS}=V_Q$不变，调整栅极电压 V_{GS}来测试漏极电流 I_D的大小变化，可获得 I_D-V_{GS}曲线，如图 3-2（b）左图所示。由图可知，当调整栅极电压 V_{GS}大于阈值电压 V_T后，漏极电流 I_D将随 V_{GS}-V_T的增加而增大，形成一种受控关系。这里有一个重要的晶体管控制参数“跨导”被定义为$g_m=dI_D/d(V_{GS}-V_T)$。由于 I_D-V_{GS}曲线是非线性的，故 g_m等于 I_D-V_{GS}曲线在某个工作点处的斜率。接下来，我们将固定栅极电压 V_{GS}不变，通过改变漏源电压 V_{DS}的大小，测量和绘制 I_D-V_{DS}曲线，如图 3-2b 右图所示。若 V_{GS}小于阈值电压 V_T，MOSFET 不导电，I_D始终为零。当 $V_{GS}>V_T$，调整 V_{DS}从零开始增大，但是处于 $V_{DS}<V_{GS}$-V_T的区域，I_D会随着 V_{DS}的增加而近似线性增大，这个区域被称为 MOSFET 的线性区。但是，随着 V_{DS}继续增大，在 $V_{DS}>V_{GS}$-V_T的区域，MOSFET 的导电沟道被夹断，I_D几乎不再随 V_{DS}变化，呈现出近似恒流的特性，这个区域被称为饱和区。显然，在不同的栅极电压下（图中 $V_{GS}=V_1\sim V_6$），MOSFET 的恒流特性不同，对应于图中不同的曲线。

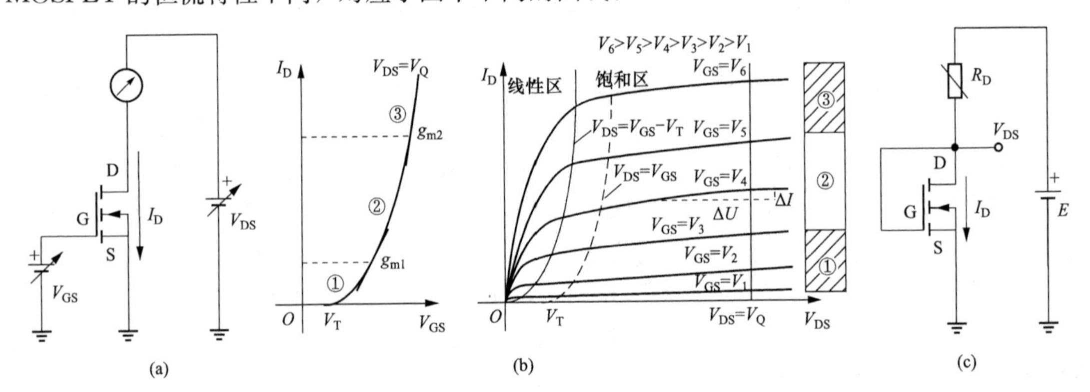

图 3-2 MOSFET 的传输特性以及基本电压放大电路

(a) 电路原理；(b) 传输特性；(c) 有源二极管原理

在线性区，MOSFET 的特性是一个受到栅极电压 V_{GS}控制的可变电阻，其漏极电流 I_D与管压降 V_{DS}之间的满足式（3-1）给出的非线性关系。

$$I_D = K_n \frac{W}{L}\left[(V_{GS}-V_T)-\frac{V_{DS}}{2}\right]\cdot V_{DS},\quad V_{GS}>V_T, V_{DS}<V_{GS}-V_T \tag{3-1}$$

式中，$K_n=\mu_n C_{ox}$是一个与工艺相关的参数（μ_n为电子迁移率，C_{ox}则为单位面积栅极氧化物电容），W和L分别为MOSFET沟道的宽度和长度。

当作为放大器应用时，MOSFET将被配置于饱和区来工作，此时它等效为一个栅极电压控制的电流源，控制灵敏度取决于MOSFET的跨导g_m。正如图3-2（b）中I_D-V_{GS}曲线所反映的非线性关系，在不同的栅极电压下g_m是不同的。I_D-V_{GS}曲线分为三个区域：低电流①区（弱反型区）中电流②区（强反型区）和大电流③区（速度饱和区）。在①区，由于栅极电压比较低，因此在MOSFET的沟道内只形成较弱的反型层，此时栅极电压与漏极电流之间满足一个指数规律的关系，但是在这个区域内电流和跨导g_m都比较低，电路噪声很大，且电路速度也很低，一般不把放大电路偏置在该区域。在②区，由于栅极电压的提高，MOSFET的沟道内将形成强反型层，此时I_D与V_{GS}-V_T之间满足式（3-2）给出的平方律关系：

$$I_D = K_n'\frac{W}{L}(V_{GS}-V_T)^2,\quad V_{GS}>V_T, V_{DS}>V_{GS}-V_T \tag{3-2}$$

式中，$K_n'=K_n/(2n)$，$1/(2n)$是一个比例因子，且n与偏置电压有关。

根据式（3-2）可以得到在强反型区内的跨导g_m为

$$g_m = \frac{dI_D}{d(V_{GS}-V_T)} = 2K_n'\frac{W}{L}(V_{GS}-V_T) = \frac{2I_D}{V_{GS}-V_T} \tag{3-3}$$

③区称为速度饱和区，在这个区域内，I_D与V_{GS}-V_T之间呈现出线性关系，故跨导参数变成常数，而这个值也是整个MOSFET能够获得的最大跨导值。引起这个现象的主要原因是在①区和②区内，不仅沟道中的电子浓度随栅极电压的增加而增加，同时电子的运行速度也在增加，故电流I_D随V_{GS}-V_T的增加呈现指数或平方律关系，而在③区，沟道中的所有电子均运行于最大的饱和速度，因此栅极电压提高只会引起载流子浓度的增加，I_D将随V_{GS}-V_T线性增加。由于在③区，流过MOSFET的电流很大，因此功耗也很大，但是跨导却不会再增加，故一般也不把MOSFET工作点配置到这个区域。作为折中，②区是放大电路工作点的主要偏置区域。

若把基本MOSFET的栅极G和漏极D短接则会构成一个有源二极管，对它的测试电路如图3-2（c）所示。此时由于$V_{DS}=V_{GS}$，故其I_D-V_{DS}特性为图3-2（b）中给出的虚线。它是由MOSFET从线性区到饱和区的过渡边界线［图3-2（b）中的$V_{DS}=V_{GS}-V_T$曲线］向右平移V_T得到。

最后，MOSFET饱和区特性曲线并非理想的平坦恒流特性，而是随着V_{DS}有一个变化，表现为一个具有较高并联内阻$r_{DS}=\Delta U_{DS}/\Delta I_D$的电流源，$r_{DS}$与MOSFET沟道长度$L$有关，若沟道长度越长，恒流特性越理想，则$r_{DS}$越大。

3.1.2　三种基本的晶体管电路[1]

1. 共源放大电路

MOSFET的放大能力来自式（3-2）所描述的控制律，它能将输入栅极的电压变化转换为漏极的电流变化。然而，如果希望构建一个电压放大电路，需要一个被放大了的电压信号的输出，而非变化的电流。在图3-3（a）中给出了基于MOSFET构造的基本电压放大电路——共源极电路。在该电路中，一个负载电阻R_D被串联到晶体管的漏极，将变化的电流变换成电压，而MOSFET的漏－源极电压V_{DS}则充当放大电路的输出，且满足$V_{DS}=E-g_m$

$(V_{GS}-V_T)R_D$。共源极电路的作用就像一个反相器，当 V_{GS}升高时，V_{DS}则下降。由于 MOSFET 只有工作在饱和区时才能具备上述控制能力，因此对于不同性质的输入信号，需要像图中那样为单管共源放大电路施加直流偏置 V_{GS}和 E，并选择合适的电阻 R_D确保 MOSFET 被配置在饱和区，并且放大电路的输出还要具有合适的动态变化范围。直流偏置电压 V_{GS}、漏极电流 I_D以及直流输出电压 V_{DS}构成了 MOSFET 的直流工作点。输入信号 u_{gs}在 V_{GS}附近的微小变化将会引起漏极电流在工作点 I_D附近产生变化 i_d（灵敏度决定于工作点处的跨导 g_m），进而引起输出电压在 V_{DS}附近产生变化 u_{ds}。据此可以建立一个工作点附近的小信号等效电路模型如图 3-3（b），用于对放大电路的输入/输出特性进行研究。其中 MOSFET 被等效为一个由栅极电压 u_{gs}控制的电流源，若考虑 MOSFET 饱和区的非理想恒流特性，电流源还包含一个并联内阻 r_{DS}。根据该等效电路，可以计算单管共源放大器的电压增益 A_v，输入阻抗 R_{in}和输出阻抗 R_{out}。A_v正比于源极电阻 R_D和晶体管内阻 r_{DS}的并联等效电阻。

共源放大电路是最基本的电压放大器，但是它却存在诸多缺点：①具有较高的输出阻抗 R_{out}；②小信号增益 A_v和输出阻抗 R_{out}都与源极电阻 R_D相关，而 R_D同时还决定着放大器的直流工作点，增加 R_D虽然可以提高增益，但是却增加了输出阻抗以及导致直流工作点偏离设计点；③放大器的输出包含偏置电压 V_{DS}，其大小与直流电源 E 相关，即放大电路的输出受到电源的影响；④放大电路的放大能力来源于晶体管的跨导参数 g_m，但是 g_m是非线性参数，只有在小信号变化时可以在工作点附近被视为常数，当大信号输入时，输出信号将产生畸变。另外，g_m还是温度的函数，放大倍数的温漂不可忽视。总之，共源放大电路并不是理想的放大器。

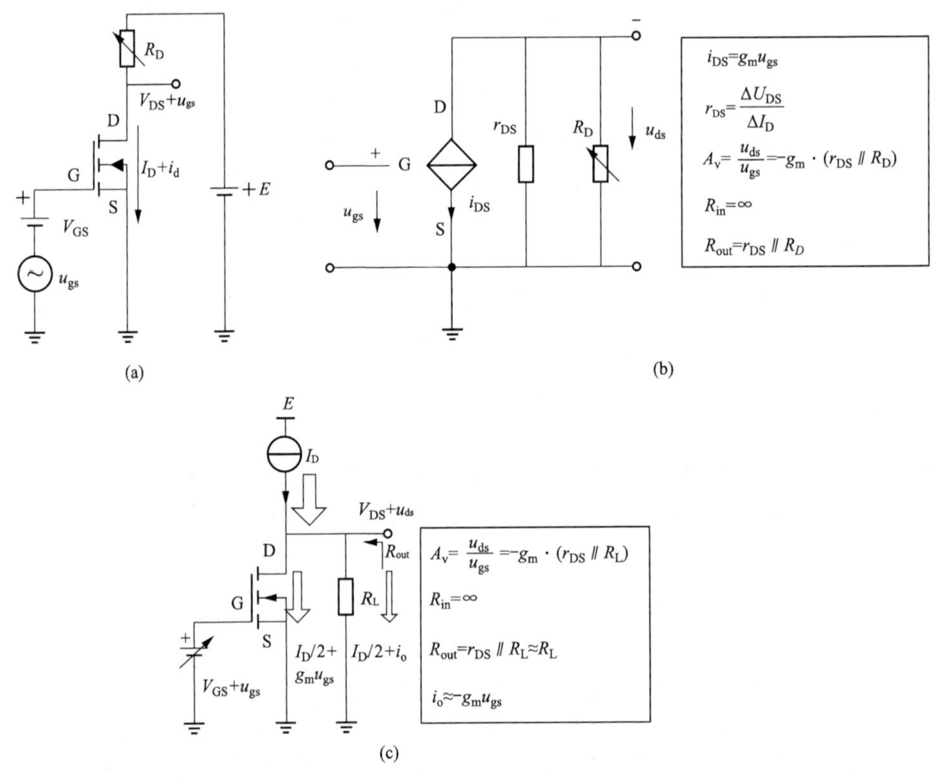

图 3-3　共源放大电路及其工作点附近小信号等效电路

（a）基本电路原理；（b）小信号模型；（c）恒流源偏置的共源放大电路

为了阻断电源电压 E 对放大器输出的影响，同时为 MOSFET 提供稳定的直流工作点电流 I_D，可采用恒流源作为有源负载来代替 R_D。但是由于恒流源具有极高的阻抗（理想内阻无穷大），因此如果用它取代 R_D作为晶体管的偏置，则会使共源电路产生极高的增益，同时输出阻抗也变得很高（等于晶体管的内阻 r_{DS}）。显然，外接负载电阻 R_L将会决定放大器的电压输出，实际的电压增益 A_v将由负载电阻 R_L和 r_{DS}的并联等效电阻以及跨导 g_m来决定。

图 3-3（c）给出了采用恒流源 I_D作为偏置的共源极放大电路的原理。实际上，该放大器本质上是一个跨导放大器，即流过 R_L的电流 i_o是一个仅由输入电压 u_{gs}和晶体管跨导 g_m所决定的受控电流源，不受 R_L变化的影响。当然，在 R_L中也会流过直流偏置电流。如果按照图中那样，通过调整栅极偏置电压 V_{GS}使得晶体管和负载电阻 R_L中均流过一半的直流偏置电流 $I_D/2$，那么输出电流 i_o将获得最大的动态范围 0～I_D。与此对应，放大器的输出电压范围为 0～ $I_D \cdot R_L$。这也限定了最大可以选择的负载电阻：$R_{Lmax}<(E-V_D)/I_D$，其中 E 为电源电压，而 V_D则为恒流源 I_D维持其恒流特性所允许的最低压降（即恒流源的饱和压降）。可见，恒流源偏置的共源放大电路，其增益不受电源电压的影响，但是电源就像是房间的天花板和地板一样，决定了放大器输出电压的动态范围，并为电路提供偏置电流和功率。

2. 共漏极电路（源极跟随器）

恒流源偏置的共源级放大电路的输出阻抗为负载电阻 R_L，如果要对该电压进行传输和变换，那么后续电路必须具有远高于 R_L的输入阻抗，否则会导致电压的下降（负载效应）。为了克服这个问题，需要接入电压缓冲电路来提供高输入阻抗，并将电压信号变换成具有低输出阻抗的电压源输出。图 3-4（a）给出了可以实现这个思想的源极跟随器电路。源极跟随器在栅极对地之间施加小信号电压 u_g，而从源极电阻 R_E上得到输出电压 u_s（图中 V_G、V_{GS}、V_S和 I_D为直流工作点的电压和电流）。源极跟随器电路主要利用负反馈原理，对输入信号 u_g和输出电压 u_o之间进行偏差比较，偏差电压被施加到 MOSFET 的栅源极之间，即 $u_{gs}=u_g-u_o$，进而通过 u_{gs}控制电流 i_d。假如由于负载电阻的接入造成输出电压 u_o下降，则偏差 u_{gs}会增加，进而 i_d增大补偿输出电压的下降。最终得到的输出 $u_o \approx u_i$，即电压增益 A_v为 1，故该电路称为跟随器。这种负反馈结构通过闭环控制降低了等效输出电阻 R_{out}。R_{out}的大小取决于跨导 g_m、内阻 r_{DS}以及偏置电阻 R_E。R_E不能选择很低，否则会引起电路功耗太大，而 R_E太大则会导致 I_D过小，影响跨导值 g_m。与共源放大电路类似，采用恒流源 I_S作为有源偏置取代电阻R_E［见图 3-4（b）］，则 R_{out}将反比于 g_m，而不再受晶体管内阻的影响。

这种负反馈跟随电路的另外一个优点是能够增加电路的输入阻抗 R_{in}。当然，这对于 MOSFET 这种场效应器件没什么意义，因为如果信号的频率不是很高（忽略电容效应），则 MOSFET 的输入阻抗本身就足够高。但是对于 BJT，跟随器对输入阻抗的提升作用则非常突出。图 3-4（c）中给出了由 NPN 型 BJT 构成的射极跟随器电路及对应的参数表达式。在跨导 g_m的方程中，k 是波尔兹曼常数，T 为温度，q 为电子电量，故当 $T=300\text{K}$ 时，$kT/q=26\text{mV}$。β 是 BJT 电流放大系数；r_{BE}是 BJT 基-射极 PN 结在工作点电流 I_B处的等效电阻；r_{CE}与 MOSFET 的 r_{DS}类似，表示 BJT 工作于恒流区时的等效内阻。当 BJT 工作于共射极放大电路时，其等效输入电阻仅为很小的一个 r_{BE}，因此必须串联一个基极电阻。但是，对于射极跟随器，BJT 的等效输入电阻将增大为 $(1+\beta)r_{CE}$，可见等效输入电阻被大大提高。

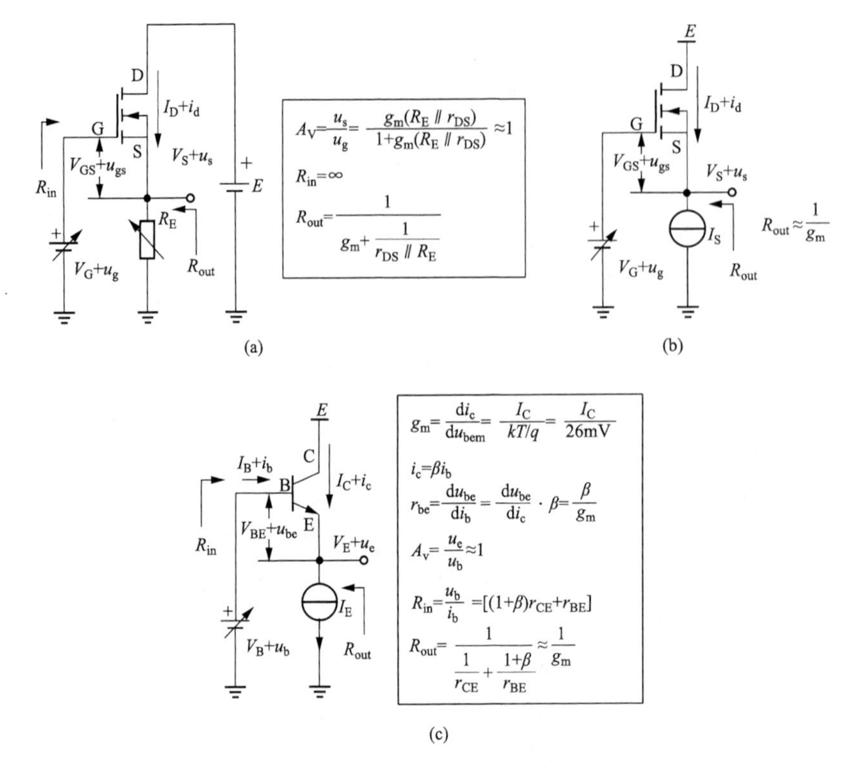

图 3-4 共漏极（共集电极）电路及其增益和阻抗特性

（a）基本电路原理；（b）恒流源偏置的共漏极电路；（c）恒流源偏置的共集电极电路

3. 共栅极电路

除了共源极和共漏极两种基本的晶体管电路，第 3 种共栅极电路（Cascode）也经常被用到，如图 3-5（a）所示。这是一个电流缓冲器（或称电流跟随器），输入电流 i_{in} 从源极偏置恒流源 I_S 处注入，在负载 R_L 上会流过同样的电流，即 $i_{out}=i_{in}$，但晶体管提供了阻抗变换，即对于电流输入 i_{in} 提供低输入阻抗，而对输出 i_{out} 则提供高输出阻抗。与共漏极电路相比，共栅极电路在 MOSFET 的栅极和地之间连接了直流电压 V_G，根据负反馈跟随器原理，恒流源 I_S 上的电压将基本等于 V_G-V_{GS}，因此 i_{in} 的输入点为直流电源，内阻很低。但是 R_{in} 的准确表达式需要根据晶体管受控电流源模型来推导，它与 MOSFET 的跨导 g_m 及等效内阻 r_{DS} 有关，还受到负载电阻 R_L 的影响。只要负载电阻 R_L 不要选择过大（即 $R_L \ll r_{DS}$），则输入电阻 $R_{in}=1/g_m$，可见，它与图 3-4（b）给出的共漏极电路的输出阻抗相等。共栅极电路的输出阻抗等于偏置恒流源的内阻［图 3-5（a）中的 R_s］及 MOSFET 的等效内阻 r_{DS} 之和，因此偏置恒流源越理想，则输出阻抗越高。

共栅极电路的一个重要应用是将它与共射放大电路复合构成一个高增益的共源共栅放大器，如图 3-5（b）。对于该复合电路，输入 u_{gs} 升高时会引起 M1 的漏源电压下降，这又会引起 M2 的栅源电压增加，导致 M2 的漏源电压也下降，故两个器件的串联能提供更大幅度的电压下降。可见，共源共栅电路的电压增益 A_v 等于两个晶体管的增益的乘积，而输出阻抗也大大增加。该复合电路可以被看作一个理想的跨导放大器，由栅极电压 u_{gs} 准确控制流过负载 R_L 的电流，电路不受实际晶体管有限内阻 r_{DS} 的影响。

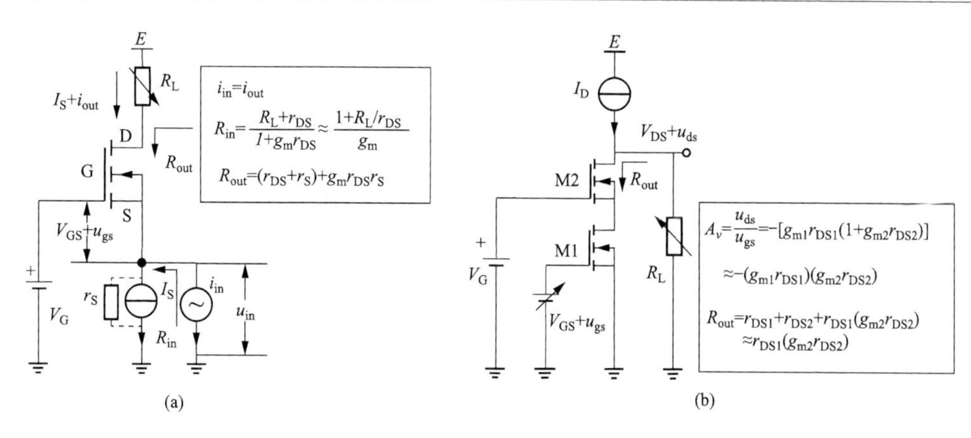

图 3-5　共栅极电路的基本应用

(a) 基本电路的原理；(b) 共源共栅电路

3.1.3　差分放大器

为了满足晶体管的工作条件，前面给出的放大电路的输入信号需要被叠加在直流偏置电压（或电流）上，同时其输出信号中也包含直流工作点电压（或电流）。作为一个信号放大器，这些直流分量需要在最后的输出中被消去。对于高频交流信号，直流分量可以通过隔直电容消去，但是这种方法对于直流或低频信号的放大则不适合。另外，基本的共源放大电路还会受到来自地线上的扰动电压的影响。对于两个参数完全相同的共源极放大电路，相同的直流偏置以及公共的地线干扰电压可以被看作共模分量。通过对这两个电路的输出求差就可以消除其影响，这就是差分放大器的原理。

1. 电压差分放大器

图 3-6（a）给出了采用两个特性参数完全一样的单管共源放大电路构成的差分对，该电路采用双电源 $+V_{CC}$ 和 $-V_{EE}$ 供电，同时一个恒流源 I_s 被连接到两个放大电路的源极作为公共的直流偏置。采用正负双电源供电可以解决基本放大电路只能输入正信号的问题（或者必须施加栅极直流偏置电压），允许零信号或负信号输入和输出。若两个放大电路的输入电压 u_{in1} 和 u_{in2} 中既包含差模电压 $\pm u_d/2$，也包含来自地线上的共模电压 u_c，那么该差分放大电路只对差模电压进行放大（放大倍数 A_{dv} 取决于晶体管的跨导 g_m、漏极电阻 R_D 及晶体管等效内阻 r_{DS}），而对共模分量的放大倍数 A_{cv} 为零。差模电压在放大电路中产生的电流 i_d 只在两个晶体管和负载之间流动，而不流过电源 V_{CC} 以及恒流源 I_S（此处假设恒流源为一高值电阻），当然也不会在恒流源上产生压降。因此，根据小信号模型，在差模电压输入时，两个晶体管的源极都等效为接地（由于并不是真的与地线连接，只是电位为零，因此称为“虚地”）。但是，若只有共模电压 u_c 输入，则恒流源 I_S 提供了无穷大的阻抗，导致共模电压 u_c 不会在晶体管中产生任何变化的电流（此时两个晶体管里仅流过直流偏置电流 $I_S/2$）。最后，差分放大器的输出电压 u_o 为两个晶体管放大器的对地电压之差，因此它将消除直流工作点电压及来自电源中的共模干扰电压的影响。

图 3-6（b）给出了这个差分放大器的差分输入/输出特性曲线。在输入 u_d 为小信号时[图 3-6（b）中零点附近]，差分放大器的增益 A_{dv} 是线性的，满足图 3-6（a）中的表达式，但是当输入 u_d 为大信号时，差分放大器的增益会趋向饱和，最大饱和值为 $I_S R_D$。实际上，差分电流 i_d 的范围是 $\pm I_S/2$，因此在最大饱和点，两个晶体管中一个流过的电流从 $I_S/2$ 升高

的 I_S，另外一个则从 $I_S/2$ 下降到零。根据式（3-2）给出的平方律关系，若晶体管内的电流从 $I_S/2$ 增加到 I_S，则其栅极电压只需要增加$\sqrt{2}$倍，因此当 $u_d=\sqrt{2}(V_{GS}-V_T)$ 时，放大器输出达到最大饱和点。为了确保直流工作点电压在电路的差分输出中被完全消除，要求两个晶体管里面必须流过相同的偏置电流 $I_S/2$，否则，电流差会在 R_D上产生差分电压输出，这就需要引入电流镜电路作为负载来取代 R_D。

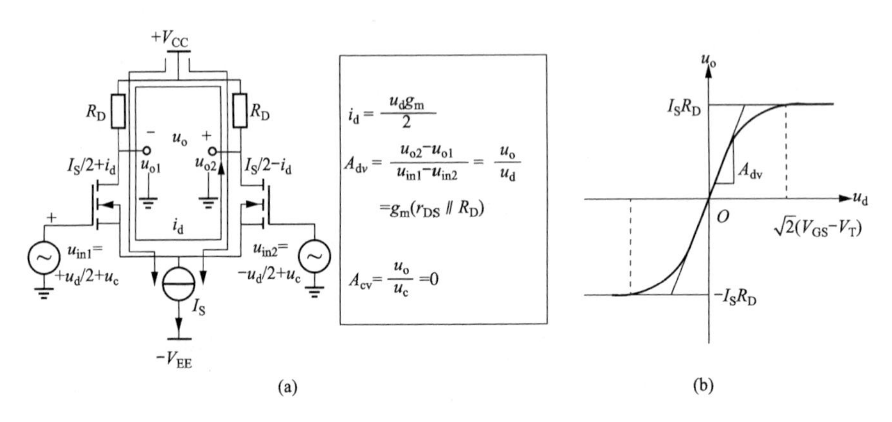

图 3-6 电压差分放大器

（a）电路原理；（b）差分输入/输出特性

2. 电流镜和差分跨导放大器[1]

图 3-7（a）给出了电流镜的基本电路。图 3-7（a）中晶体管 M1 的漏极和栅极被短接在一起构成了图 3-2（c）中给出的有源二极管电路，其工作曲线处于晶体管的饱和区［图 3-7（b）中的虚线］，在此曲线上输入电流 I_{in}决定了其栅源之间的压降为 V_{GS0}。晶体管 M2 则构成一个共源放大电路，不过其栅极和源极与 M1 并联，因此 M2 的工作曲线是一条由栅极电压 V_{GS0}决定的恒流特性曲线［图 3-7（b）中的实线］。既然 M1 和 M2 的栅源电压相同，若它们的跨导也相同，则 M2 输出电流将等于 M1 中的电流，即 $I_{out}=I_{in}$。若调整 I_{in}，则 I_{out}也会随之变化。I_{out}形如 I_{in}的镜像，故称该电路为电流镜。不过在实际中，随着负载的变化，M2 的漏源电压 V_{DS}会产生较大的变化。如前所述，实际晶体管饱和区 $I_D \sim V_{DS}$曲线不是平直的，即非理想恒流的（饱和区曲线的斜率反映了电流源的内阻 r_{DS}），因此随着 V_{DS}的变化，M2 输出的电流也会产生变化，除非能够限制 V_{DS}的变化范围［例如限制在图 3-7（b）阴影给出的范围内］，才能实现较理想的电流镜像。为了达到这个目的，图 3-7（c）和图 3-7（d）给出了两种改进的电流镜电路。

图 3-7（c）中，两个电流镜被串联来增加电流源的内阻。图 3-7（c）中 M1 和 M3 为两个有源二极管，在偏置电流 I_{in}的作用下，它们构成一个分压器，其栅极对地电压分别为 V_{G1}和 V_{G3}。M2 与 M4 的栅极分别与 M1 和 M3 并联。在该电路中，M4 为共栅极电路，它使得 M2 的漏源电压 V_{DS2}实际上是被钳位的，不随负载电阻的变化而变化，因为 $V_{DS2} \approx V_{G3}-V_T$，其中 V_T为 M4 的阈值电压，因此 M2 决定了镜像电流 I_{out}不随负载变化而变化。负载变化引起的压降的变化则主要由 M4 承受，即 M4 的漏源电压 V_{DS4}将根据负载的改变而变化。图 3-7（d）则给出了另外一个基于反馈原理的电流镜电路。根据图 3-7（d）所示电路，假设负载变化引起 M4 的漏源电压 V_{DS4}大幅度升高，并导致电流 I_{out}增大。由于 I_{out}也流过有源二极管

M2，因此这将使 M2 的压降 V_{G1} 也会略微升高。V_{G1} 的升高将会使栅极与 M2 并联的 M1 的漏源电压 V_{DS1} 下降（因为 M1 为恒流源 I_{in} 偏置的共源极放大电路）。M3 被连接成有源二极管的形式，故当流过恒定电流 I_{in} 时其压降不变，这样 V_{DS1} 的下降会导致 V_{G3} 下降。进而，M4 的栅源电压 V_{GS4} 也随之下降，导致 I_{out} 减小，形成负反馈，克服了负载变动的影响。

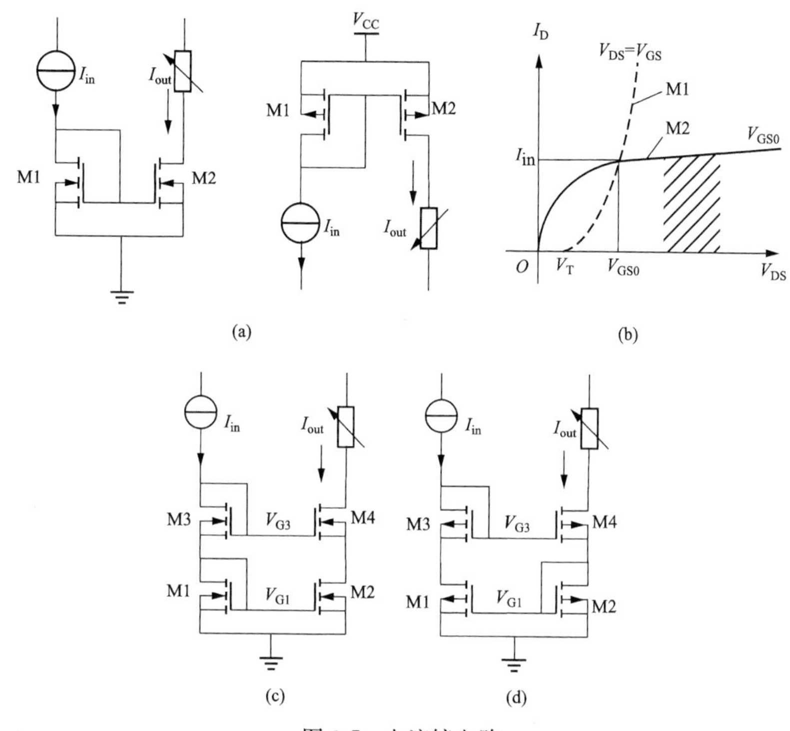

图 3-7　电流镜电路

（a）基本电路；（b）工作曲线；（c）串联结构的电流镜；（d）反馈原理的电流镜

如果利用电流镜取代图 3-6 中电压差分放大器的电阻 R_D，则就像前文所述电流源偏置的共源放大器那样，在连接一个负载电阻 R_L 时，会得到一个电流输出的跨导放大器，而且它把差分输入电压转换为流过 R_L 的对地电流信号。图 3-8 中，两个 PMOS M3 和 M4 构造的电流镜被用于取代差分放大器的电阻 R_D，图 3-8（a）给出了只有共模电压 u_c 输入的情况，图 3-8（b）则给出了差分电压 u_d 输入的情况。在共模电压输入的情况下，M1 和 M2 中的电流是相等的，均等于 $I_S/2$，而 M1 中的电流也是 PMOS 电流镜的参考电流，因此 M3 和 M4 中的电流也等于 $I_S/2$。这样，流过负载电阻 R_L 上的电流将为零。在差分电压输入的情况下，电路中将产生差分电流 i_d，按照图 3-8（b）中的极性，M1 中的电流将从 $I_S/2$ 增加到 $I_S/2+i_d$，而 M2 中的电流将对应下降为 $I_S/2-i_d$。由于 M1 中的电流是 PMOS 电流镜的参考电流，因此 M3 和 M4 中的电流均等于 $I_S/2+i_d$，结果在负载中将流过两倍于差分电流的净电流。同时，负载电流 i_o 将直接由电源 V_{CC} 来提供。可见，采用电流镜作为负载，差分电压 u_d 根据 M1 和 M2 的跨导 g_m 被变换为电流输出，故称为跨导放大器，而输出电流流过接地的负载 R_L 被转换为单端电压 u_o。

3. 电流差分放大器[1]

在图 3-7（a）的电流镜电路中增加一个共栅极管 M3，则它将构成一个电流跟随器，原

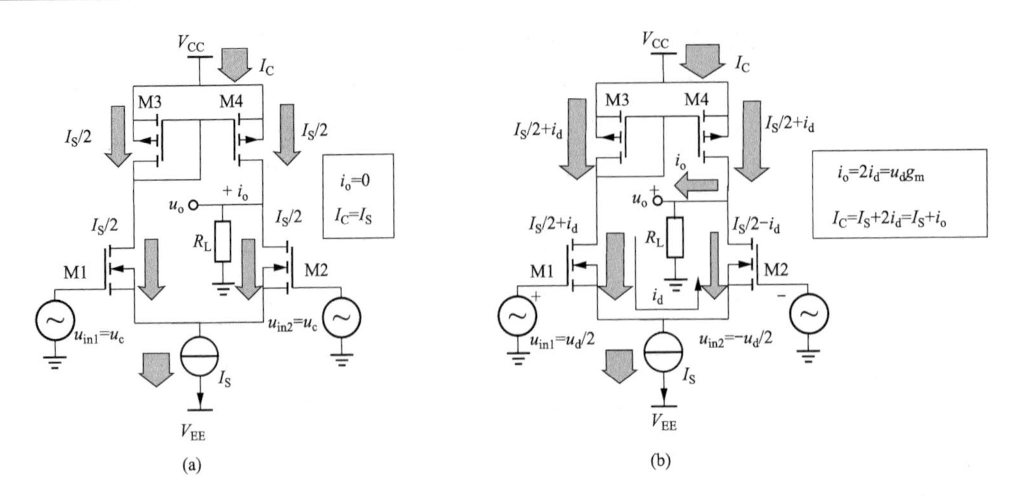

图 3-8　差分跨导放大器原理

（a）共模电压输入时的状态；（b）差分电压输入时的状态

理如图 3-9（a）所示，该电路通过电流镜可为一个接地负载 R_L 提供电流。图 3-9（a）中的电路有两个低阻抗节点 a 和 b。当电流 i_{in} 从 a 点流出，它会导致 a 点的电位下降，并引起 M1 的栅源电压增加，进而在 M1 中产生电流 i_{in}，并使 a 点电位回升。在此电路中，M3 提供了对 M1 漏源间电压的钳位，与图 3-7（c）和图 3-7（d）中阐述的原理相同，这会使 M1 输出的电流更准确（极大的增加了等效电流源的并联阻抗）。同时，M3 的共栅极反馈作用也使得 a 点呈现出较低的输入阻抗。另外，在图中，为了使 M1 和 M3 工作于饱和区，需要设定合适的偏置电压 V_G，假设 M1 和 M3 具有同样栅源电压 V_{GS}＝0.85V，且阈值电压 V_T＝0.7V，则 V_G 的选择应该使 M1 和 M3 的漏源电压 V_{DS1} 和 V_{DS3} 都必须大于 $V_{GS}-V_T$＝0.15V（饱和区定义参考图 3-2 给出的 MOSFET 的 I_D～V_{DS} 曲线）。图中给出了 V_G 的设定范围。可见，该电路可以在很低的电源电压下工作，例如当 E＝1V，而 V_G＝0V 时，该电路也能工作。不过，此时镜像电流 i_{out} 在负载 R_L 中产生的电压不能超过 1V，限制了 R_L 的变化范围。

对于另外一个低阻抗点 b，电流 i_{in} 也可以选择在该点输入，如图 3-9（b）所示。当从 b 点抽取电流时，b 点电位的微小下降使得 M3 的栅源电压 u_{gs3} 降低，进而导致其漏源电压 u_{ds3} 大幅度升高，这是因为 M3 和恒流源 I_S 贡献了极高的电压增益。这样，a 点的电位将会随之大幅下降。而 a 点电位的下降又会导致 M1 的栅源电压 u_{gs1} 增加，进而控制 M1 产生电流 i_{in}，并使 b 点电位重新回升。在这个负反馈过程中，M1 和 M2 构成级联放大的共源共栅电路，其增益等于两个晶体管的增益的乘积。可见，这会大大降低 b 点的输入阻抗 R_{in}。通过小信号计算可以看到，比起图 3-9（a），电流在 b 点输入时阻抗的确显著降低了。

在基本的电流放大器基础上增加 M4 可以构成差分电流放大器，如图 3-9（c）和图 3-9（d）所示，两个电路均把输入的差分电流变换成单端对地电流，且提供极低的输入阻抗，但两者的差异在于前者输出电流 i_{out} 包含直流偏置电流 I_S，而后者则通过在负载侧增加了相同的偏置电流源 I_S，抵消了输出电流中的直流分量。在两个电路中，4 个晶体管看似形成了对称的电路结构，但是其实对于输入电流 i_{in1} 和 i_{in2}，它们的输入阻抗并不相同，主要原因是 M2 和 M4 并没有形成共源共栅结构，i_{in2} 输入点 c 的阻抗主要由 M4 的跨导来决定，且 M2 的漏源电压（被 M4 钳位）几乎不受 i_{in2} 的影响。

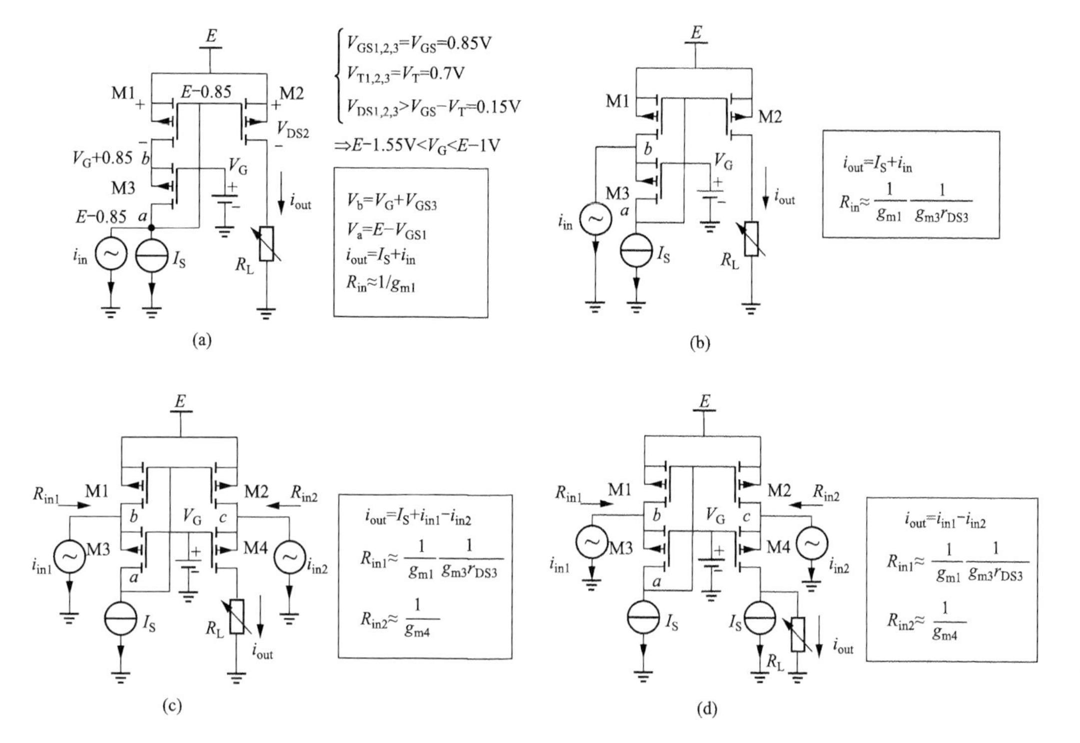

图 3-9　电流差分放大器

(a) 基本电流放大器；(b) 改进的电流放大器；(c) 基本差分电流放大器；(d) 改进的差分电流放大器

3.1.4　理想的运算放大器及其等效电路模型

前面章节给出的几种最基本的晶体管电路，如果将其进行复合可以解决基本共源极放大电路存在的一些问题，如，通过恒流源偏置阻断电源对输出的影响，通过差分结构消除直流偏置或者共模干扰电压的影响，通过源极跟随器来降低放大电路的输出阻抗等。然而，基本放大电路利用晶体管的跨导参数来获得放大能力，前面已经说过，跨导是一个非线性参数，其值随直流工作点和温度变化。另外，晶体管电路中的直流工作点和恒流源偏置不可能是精确和不变的，而差分对以及电流镜电路等也不可能实现完全的匹配，存在直流失配和失调等问题。这些因素都造成直接利用晶体管的特性来产生放大能力是不理想的。运算放大器的设计思想并不是直接采用晶体管的放大能力，而是通过复合电路构造出一个具有极高增益的差分放大器，并基于负反馈控制原理来实现各种放大或变换电路。

图 3-10 (a) 给出了一个简单的两级结构的运算放大器原理图，它的第一级是一个差分跨导放大器，用于将 u_1 和 u_2 的差分电压转换为对地电流输出。输出电流经过负载 R 和 C (C 为补偿电容，为运算放大器增加一个主极点，用以保证运算放大器负反馈应用中的稳定性) 转换为电压。第二级则是一个源极跟随器，用于将高输出阻抗转换为低输出阻抗。如果负载 R 选择一个很大的阻值，那么放大器将具有高增益，另外运算放大器还可以采用共源共栅电路或者采用多级放大等方法来实现极高的增益。

理想运算放大器 (常用的电压放大器) 等效为图 3-10 (b) 所示的差分输入，单端输出的三端器件，具有极高的差分增益 a。另外，运算放大器的输入级为 MOSFET 或 BJT 构成的差分对，由于信号从 MOSFET 的栅极输入或者 BJT 采用发射极恒流源偏置，因此运算放大器具有极高的对地共模输入阻抗 r_c。运算放大器还具有较高的差模输入阻抗 r_d（不过相对于 MOSFET，BJT 运算放大器的差模阻抗低得多）。最后，运算放大器的输出级采用了源极跟随器，因此其具有很低的输出阻抗 r_o（r_o取决于跟随器的跨导参数 g_m）。由于运算放大器的高输入阻抗使电流几乎无法流入同相端（+）和反相端（−），因此运算放大器被认为具有“虚断”的特性。若采用 BJT 晶体管来构成运算放大器的输入差分对，那么同相端（+）和反相端（−）之间仍然会有较小的偏置电流 I_+ 和 I_-。表 3-1 列举了几种常用运算放大器的放大倍数和输入、输出阻抗等参数。

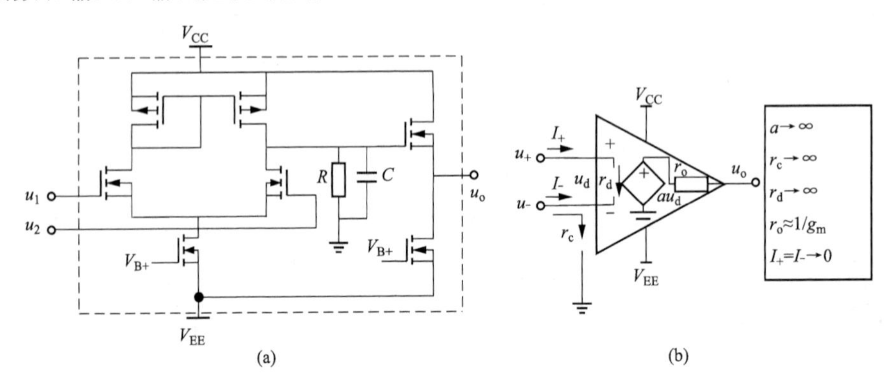

图 3-10 简单的两级结构的运算放大器及理想运算放大器的等效电路

（a）实际电路原理；（b）等效模型和理想特性

表 3-1 几种常用运算放大器的参数

参数	OP07	AD712	OPA234
直流增益 a	400V/mV（=112dB）	400V/mV（=112dB）	1000V/mV（120dB）
差模输入电阻 r_d	33MΩ	3000GΩ	10MΩ
共模输入电阻 r_c	120GΩ	3000GΩ	10GΩ
输出阻抗电阻 r_o	60Ω	—	—
偏置电流 I+，I−	7nA	20pA	15nA

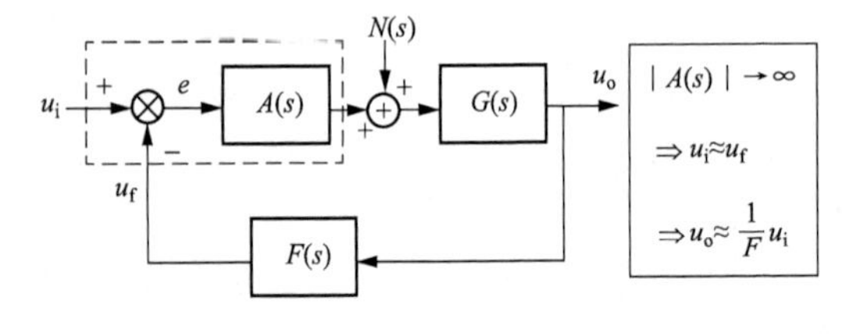

图 3-11 偏差反馈系统框图

从表 3-1 给出的数据可以看出，一个运算放大器的增益非常高，显然它不是用来直接进行信号放大的，而是要将之应用于负反馈电路中实现对信号的放大和变换。图 3-11 给出了一个反馈控制系统的典型框图，其中 $A(s)$ 和 $G(s)$ 为前向通道传递函数，而 $F(s)$ 为反馈函数，$N(s)$ 为一个扰动函数。对于这样一个系统，如果 $A(s)$ 具有极高的增益，那么偏差 e 将接近于零，从而输入信号 u_i 和反馈信号 u_f 将近似相等，这种情况被称为“虚短”。这样，输出信号 u_o 将仅由给定信号 u_i 和反馈函数 $F(s)$ 来决定，而与前向通道无关，这样就克服了扰动 $N(s)$ 的影响。这是一个自动控制系统固有的优点。利用一个理想运算放大器来替代图中虚线框中的部分，u_i 和 u_f 分别为运算放大器的同相端（+）和反相端（−）输入电压，而 $A(s)$ 则为其开环增益传函，$N(s)$ 可视为晶体管电路的非线性、温漂以及失配和失调等因素，而 $G(s)$ 则为其他有源或无源电路。这样的负反馈连接，将使运算放大器同相端和反相端之间呈现“虚短”特性。

综上所述，一个理想运算放大器由于具有足够高的输入阻抗，因此具有“虚断”特性，然而只有当它被应用于负反馈形式时才具有“虚短”特性。当然，“虚短”特性不仅适用于运算放大器，也适用于一切稳定的偏差反馈系统，只要其开环增益足够高，即可认为给定信号和反馈信号是相等的，这也是一种广义上的“虚短”特性。需要注意的是，一个运算放大器的“虚短”条件受到许多因素的限制：①必须是负反馈连接；②系统必须具有足够高的开环增益；③系统不能饱和；④系统必须是稳定的。当然，这也是对一切偏差反馈系统的要求。

【例 3-1】 运算放大器的负反馈、开环和正反馈应用。

图 3-12（a）给出了一个基于理想运算放大器的同相放大器电路，对该电路可以采用瞬时极性法判断其反馈形态。首先将输入信号置为零，然后在反馈环的任意点处断开，在断口施加正向变化的信号，然后分析该信号反馈到断口处的极性，如果相反则为负反馈电路，极性相同则为正反馈电路。当判断为负反馈，则可以利用“虚短”原理列出其输出/输入方程，同相放大器的方程为：$u_o=(1+R_1/R_2)u_i$。图 3-12（b）给出了运算放大器的开环应用，它是一个比较器，理想情况下其输出或者等于正电源 V_{CC}，或者等于负电源 V_{EE}。

较难判断的是图 3-12（c），它与同相放大器非常类似，但是根据瞬时极性法分析，它是正反馈电路。正反馈的运算放大器实际上实现了比较器功能，其输出或者等于 V_{CC}，或者等于 V_{EE}。对于正反馈的比较器，必须从输出侧开始分析。首先假设输出 $u_o=V_{CC}$，则反馈信号 $u_f=R_2/(R_1+R_2)V_{CC}$。如果当前的输入 $u_i>u_f$，则假设的 V_{CC}输出不能被保持，故其当前输出只能是负电源，即 $u_o=V_{EE}$，反之亦反。不过该电路也存在一种特殊情况，即假设的输出 V_{CC}或者 V_{EE}都能满足比较器的工作条件。图 3-12（c）中给出了该比较器的输入/输出特性，可见，它是一个滞环比较器，当输入 u_i处于滞环的环宽范围内时，两种输出都有可能发生。滞环比较器一般用于抗抖动电路的设计。

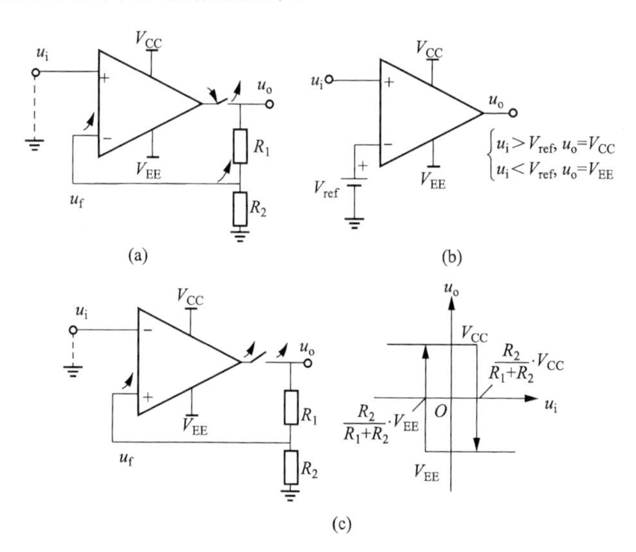

图 3-12　瞬时极性法以及运算放大器的比较器应用

（a）瞬时极性法原理；（b）开环比较器原理；（c）滞环比较器原理

【例 3-2】 运算放大器的饱和对负反馈应用的影响。

对于图 3-12（a）的同相放大器电路，若 $V_{CC}=+15V$，$V_{EE}=-15V$，$R_1=10k\Omega$，$R_2=2k\Omega$，根据“虚短”条件计算的放大电路增益为 6 倍，当输入 $u_i=3V$ 时，按照此增益得到的输出电压将高于电源电压，而这是不可能发生的。因此，实际中放大器会饱和，即 $u_o=V_{CC}$，

而这种情况下 $u_f=2.5V$。可见，当运算放大器饱和时，“虚短”条件不成立。

除此之外，运算放大器的“虚短”条件还受到其增益传递函数 $A(s)$ 的限制。随着输入信号频率的提高，增益会下降，此时运算放大器同相端和反相端之间的偏差将增大，这样“虚短”条件也将不再满足。关于运算放大器高频响应限制的问题，将在第 4 章中进行详细介绍。最后，运算放大器的负反馈还存在稳定性的问题。当一个运算放大器电路处于临界稳定时［图 3-11 系统的环增益 $A(s)G(s)F(s)$ 为 1 时，其相移达到 $-180°$］，在没有输入 u_i 时也将产生等幅振荡输出。此特性常被用来设计振荡器电路，当然此时运算放大器的“虚短”条件也会被破坏。由于目前数字振荡器和信号源技术已经非常成熟，且具有更高的频率稳定度，因此本节将不对运算放大器的这种应用进行介绍。

3.2　对传感器不同输出信号的调理电路设计

3.2.1　对单端电压信号的放大和阻抗变换

传感器输出的单端电压信号一般被等效为一个具有较高内阻的小信号电压源，需要放大电路对信号进行放大，同时进行阻抗变换。这里的阻抗变换，是指放大电路的输入阻抗应该远远高于信号源内阻，从而防止产生负载效应。由于传感器的内阻往往不是一个恒定的值，因此即使传感器连接的负载电阻是固定的，也仍然无法通过标定和线性补偿将内阻的影响消除，因此进行阻抗变换是比较有效的方法。直接利用运算放大器的“虚断”特性，可以构造出高性能的阻抗变换电路。图 3-13 给出了两种基本的电压信号放大和阻抗变换电路。图 3-13（a）给出了基于运算放大器的跟随器，它对电压信号没有放大能力，主要用于阻抗变换。图 3-13（b）给出了同相放大电路，它能够对输入信号进行放大，且放大后的信号与输入信号极性相同。同时，该电路也能实现阻抗变换。从电路元件的角度来看，这些运算放大器电路可等效为电压控制电压源（Voltage Controlled Voltage Source，VCVS），如图 3-13（c）。同时，作为一个偏差反馈电路，同相放大电路的输出电压 u_o 被反馈到输入端与输入电压 u_i 进行偏差比较，属于电压反馈型的运算放大器。若将运算放大器用偏差比较和开环增益传函 $A(s)$ 来替代，则很容易得到其标准的控制系统框图［如图 3-13（d）］。

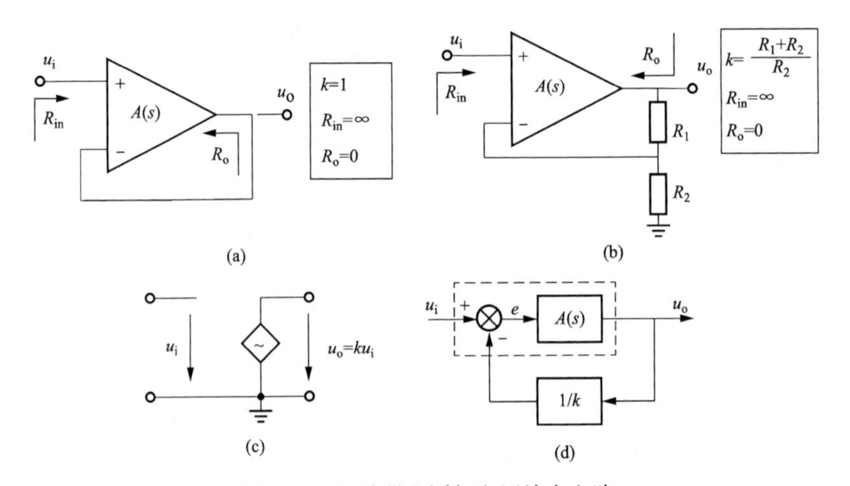

图 3-13　跟随器和同相电压放大电路

（a）跟随器；（b）同相放大器；（c）等效电路；（d）控制框图

图 3-14（a）给出了另外一种常用的反相放大器电路，该电路既能够对输入信号进行放大，也能够进行衰减，但是输出信号与输入信号是极性相反的，同时其输入电阻也是有限的。反相放大电路可以等效为具有有限输入内阻的 VCVS，如图 3-14（b）所示。反相放大器电路也可以用标准的偏差反馈系统框图来表示，但是它是一种电流反馈型的放大电路，需要一定的变换步骤。如图 3-14（c）所示，根据反相放大电路的特点和运算放大器的“虚断”特性，可以计算出运算放大器同相端对地电压 u_+ 和反相端电压 u_- 的表达式，这样就可以将运算放大器用偏差比较和开环传递函数来替代。然后利用图 3-14（d）中给出的方框图运算过程，可以转化为标准形式。从中可以看出，当增益 $|A(s)|$ 足够高时，输出电压 u_o将仅由反馈系数 $F=-R_1/R_2$ 和输入电压 u_i来决定。

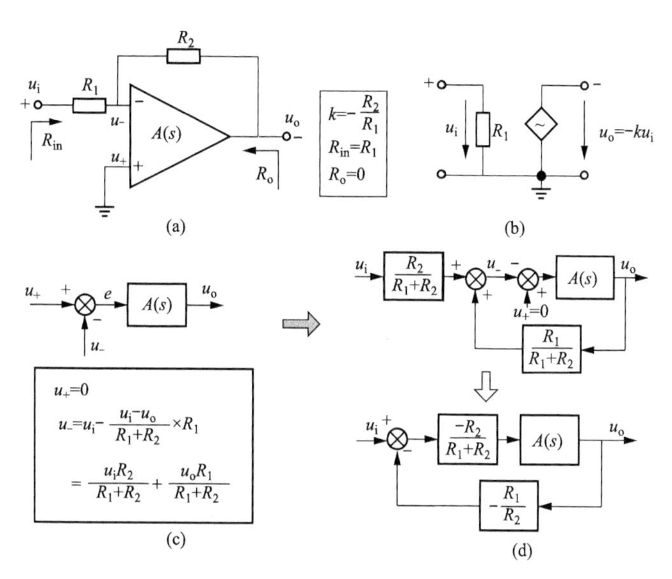

图 3-14　反相放大电路及其等效控制系统框图

（a）电路原理；（b）等效电路；（c）同相和反相端对地电压；（d）方框图运算过程

3.2.2　对单端电流信号的放大和阻抗变换

如果传感器输出的不是电压信号，而是对地电流信号，那么它一般被看作一个具有较低内阻抗的电流源。调理电路需要将该电流变换为电压信号并提供阻抗变换。对输入电流信号而言，阻抗变换要求电流-电压变换电路具有很低的输入电阻，并提供足够高的电流灵敏度系数。图 3-15 给出了基本的电流变换为电压的电路，由于运算放大器的“虚短”条件，该电路的输入电阻等于零，因此可以克服电流源的内阻抗的影响，不会对电流信号源产生负载效应。在电路中，这个电路等效为一个电流控制电压源（Current Controlled Voltage Source，CCVS）。

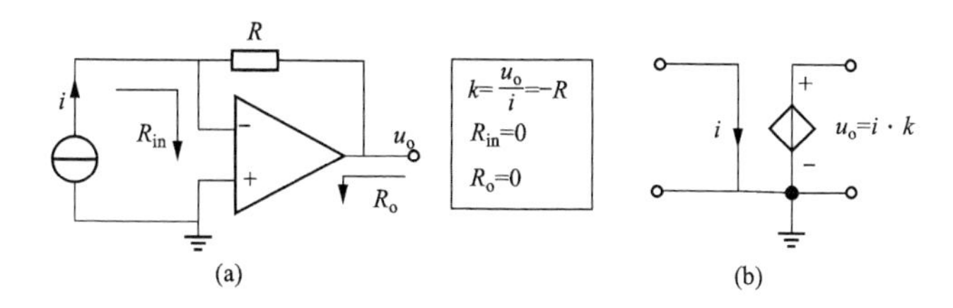

图 3-15　基本的电流变电压电路的原理及其等效模型

（a）电路原理；（b）等效电路

图 3-15 中的电流变电压电路，其电流灵敏度系数 k 正比于反馈电阻 R。对于比较微弱的电流信号（如幅值小于 $1\mu A$），为了获得高的灵敏度（转换后电压达到 1V 以上），需要采用高值电阻 R（阻值>1MΩ）。在有源电路中采用高阻值电阻会存在一些问题：首先，高阻值电阻会产生较高的电噪声（电阻的噪声与温度和阻值成正比），其次，高阻值电阻往往温度特性和准确度都不高，而且受环境因素的影响较大（如温度、湿度或表面污秽等）。这样，为了避免高阻值电阻的使用，同时又要获得较高的电流灵敏度系数，可以采用图 3-16 所示的高灵敏度电流变电压电路。图 3-16（a）中给出的电路采用一个 T 形电阻网络来作为反馈电阻，这样得到的电流放大系数将不仅与 R_1、R_2 和 R 的阻值有关，还与电阻比例 R_1/R_2 相关，这样只要通过选择大的电阻比例就可以提高电流放大系数，而不需要采用高阻值电阻。为了更好地说明该电路的原理，图 3-16（b）给出了一个双运算放大器电流-电压变换电路，其中一个电压跟随器被插入运算放大器的反馈环节中，这样电流放大倍数的表达式被大大简化。只要选择一个合适的反馈电阻 R，然后通过 R_1 和 R_2 来配置一个较大的电阻比例就可以使该电路获得较高的电流灵敏度系数。

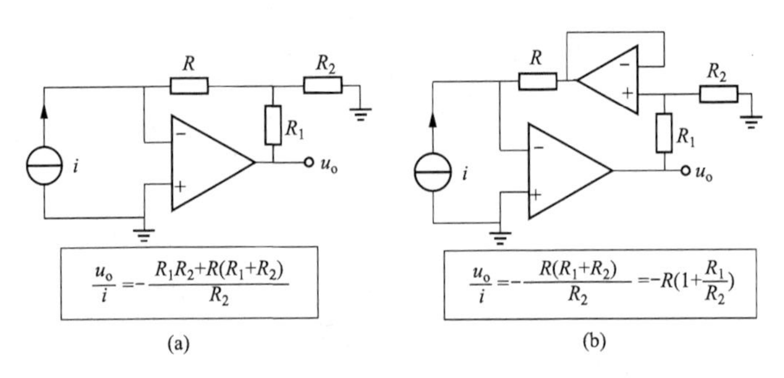

图 3-16 高灵敏度电流变电压电路

（a）基本电路；（b）改进的电路

3.2.3 电压变换为电流的电路

有时，电压信号也需要被变换为电流输出，如许多变送器都采用 4～20mA 的电流输出。与电压信号相比，在测量电路中采用电流来传输信号可以有效克服耦合干扰。图 3-17（a）给出了一个变送器输出的电压信号 u_s 经过长线传输后到达一个高阻抗测量电路的例子，长线上耦合一个干扰电压 e，R_s 为线路的阻抗。图 3-17（b）给出的是采用电流信号 i_s 来进行传输的例子，在线路的末端连接了一个电阻 R_x，将电流信号变换为电压后进入高阻抗测量电路。在图 3-17（a）这种情况下，由于采用了高阻抗测量电路，信号回路中不会产生电流，这样就会克服线路阻抗 R_s 的影响，然而干扰电压 e 的影响无法被避免，u_x 中包含了 e 的分量。与此不同，对于图 3-17（b）的情况，尽管测量回路中有电流流动，这会造成导线阻抗上产生压降，但是这个压降不会出现在测量电压 u_x 中，这是因为电阻 R_x 采用了四端连接法。更重要的是，干扰电压 e 不会在测量回路中产生任何电流，因为恒流源的等效阻抗无穷大，这样 e 只会出现在恒流源两侧，而不会出现在 R_x 两端。可见，电流信号能够克服耦合干扰主要是通过电流源具有高阻抗特性。

电流源可以利用晶体管的恒流特性来产生，正如 3.1 节给出的电流镜电路那样，但是利用晶体管的特性产生电流源其性能并不好，因此更好的方法依然是通过高增益的运算放大器和负反馈电路来产生电流源。图 3-18 给出了两种基本的电压-电流变换电路，它们产生的电

流将流过浮地负载 R_L。如图 3-18 所示，这两种电路实际上就是反相和同相放大电路，可见电流源实际上是由受控电压源施加到负载电阻 R_L 上得到的。随着 R_L 的增加，则需要的受控电压也等比例升高，当负载达到某个极限值时运算放大器输出电压会升高至电源电压附近，运算放大器将饱和，反馈开环，受控特性丧失；相反，当 R_L 为零时，运算放大器输出电压也会降到零。这符合电流源的性质，即负载可以短路，但是不能超过某个上限阻值。

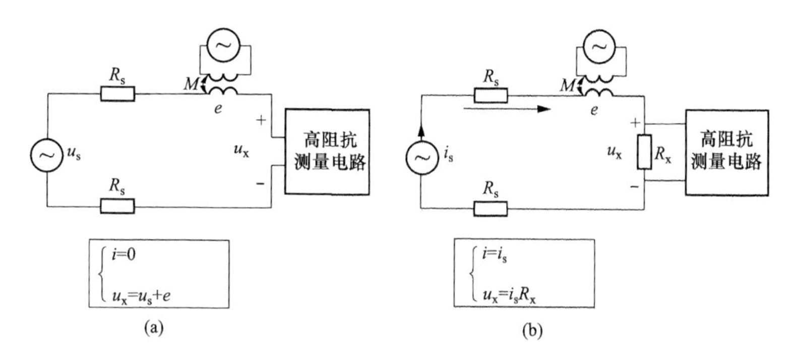

图 3-17　电流信号的长线传输抗耦合干扰的原理

（a）电压源信号传输干扰模型；（b）电流信号传输干扰模型

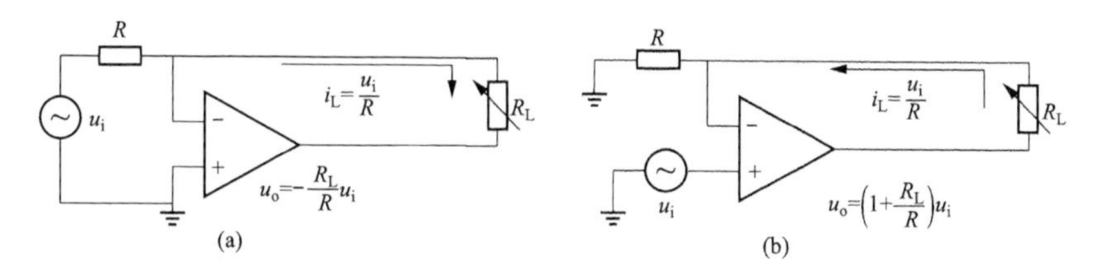

图 3-18　针对浮地负载的电压-电流变换电路

（a）反相电路；（b）同相电路

上述基本的电压-电流变换电路只能连接浮地负载，对于那些被连接到电路中的接地负载（例如一个二端口电路的等效输入电阻），则不能采用这些电路，因为会造成运算放大器输出短路。对于接地负载，可采用图 3-19 所示的原理实现电压-电流变换。如图 3-19 所示，电压源 u、电阻 R 以及接地负载 R_L 构成一个电流回路。利用诺顿等效原理可以把该回路转换为电流源模型。假设有一个负电阻"$-R$"能够被并联到整个回路中来抵消正电阻 R，那么整个回路就仅剩下电流源和负载电阻。

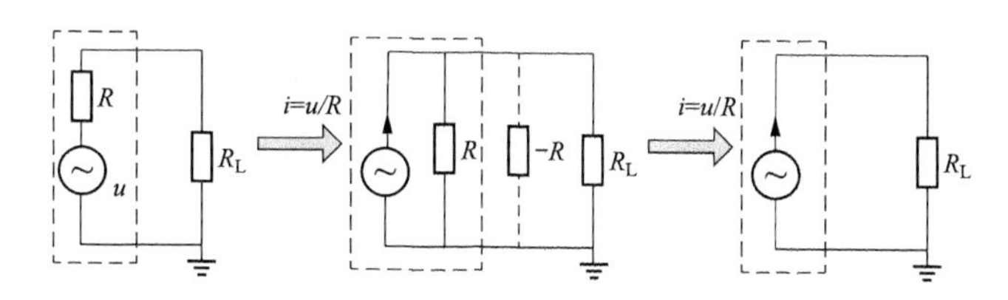

图 3-19　针对接地负载的电压-电流变换原理

根据电路理论，利用有源电路可以实现负电阻。一个负电阻说明在对其两端施加电压后，也会根据欧姆定理产生电流，但是电流是从电阻内部流出，因此它不像正电阻那样会吸收功率，而是会输出功率。图 3-20（a）给出了根据上述原理实现的 Holand 电压-电流变换电路。如图 3-20（a）所示，由于同相放大器电路的输出电压总是高于输入电压，因此通过图中的连接方式，将会有电流 i_2 反流回负载电阻上，这样等效输入电阻 R_{in} 即为负电阻。假设 R_L 增加，本来仅由 u_i、R 和 R_L 组成的回路电流 i_1 会减小，但是由于 i_2 的补偿作用，负载上的电流 $i_L = i_1 + i_2$ 保持不变，这就是该电路的工作原理。但是，Holand 电路存在稳定性的问题。如图 3-20（b）所示，电路输出 u_o 不仅通过 R_1 和 R_2 构成的分压电路向运算放大器的反相输入端进行了反馈，此为负反馈支路；还通过 R_x 和 R_s（输入电路的戴维南等效电路的内阻）构成的分压器向同相端进行了反馈，此为正反馈支路。只有当负反馈的深度大于正反馈时，电路才能实现稳定，否则电路将工作于滞环比较器的模式。图 3-20（b）中给出了电路稳定需要的电阻条件。

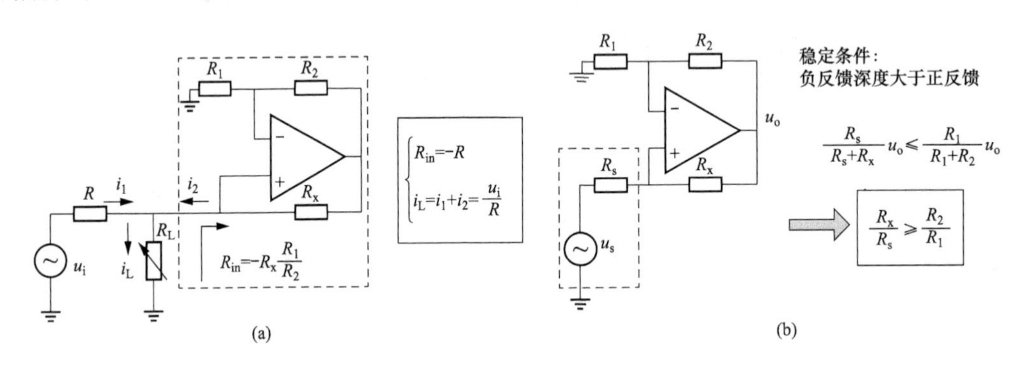

图 3-20 Holand 电压-电流变换电路

（a）电路原理；（b）稳定条件

3.2.4 电荷放大器

除了电压和电流输出的传感器，还有一类传感器是电荷输出型的，如压电传感器。压电传感器在外力作用下会产生电荷。理论上，只要外力持续施加，那么电荷将会维持不变。但是实际上这种情况不会发生，因为压电元件自身有泄漏电阻，即使传感器的外部回路理想开路，那么该泄漏电阻也会把电荷释放掉。因此，压电传感器实际上只能对具有一定变化频率的动态力或振动加速度等进行测量，而不能用于检测稳态或低频变化的力。对于电荷输出的传感器，最好采用电荷放大器进行接口，将电荷量转换为电压量。图 3-21 给出了电荷放大器的原理。

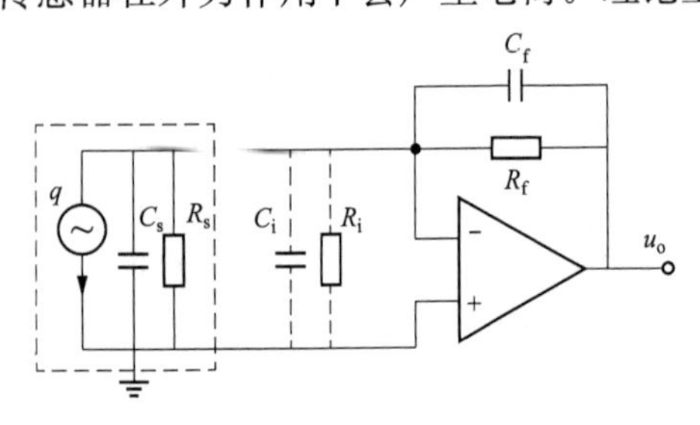

图 3-21 电荷放大器原理

图 3-21 中，压电传感器可以用一个电荷源 q 与并联阻抗 C_s 和 R_s 来建模，其中 C_s 为等效电容，而 R_s 为泄漏电阻。R_i 和 C_i 则构成了传感器的负载阻抗，其中 R_i 是信号电缆的绝缘电阻并联运算放大器的共模输入电阻（从表 3-1 可以看到，这个电阻高达 $10^{11} \sim 10^{12}\,\Omega$），而 C_i 则由电缆的等效电容及运算放大器的输入电容构成。R_f 和 C_f 是反馈电阻和电容。本来电荷源 q 会在 C_s 和 C_i 上产生电压，但是这个电压很容易受到干扰（例如受到电缆长度的影响以及外电场的干扰）。电荷放大器通过负反馈连接的运算放大器的“虚短”特性使得 C_s 和 C_i 上的电压被置于零，这样就消除了电缆和传感器寄生电容效应的影响。由于电容效应被消除，电荷 q 将被转移到反馈电容 C_f 上。理论上，电荷放大器只要采用 C_f 即可形成负反馈，但是对于信

号的直流分量而言，仅有电容 C_f 意味着运算放大器开环，导致运算放大器的输出会被直流分量积分直到输出饱和。为了保证直流分量的负反馈存在，一个大阻值的反馈电阻 R_f 被使用。

对于图 3-21 给出的电荷放大器，它将把压电传感器输出的变化的电荷量转化为输出电压 u_o。假设压电传感器的输出电荷 q 按照正弦规律变化，幅值为 Q，而频率为 ω，则根据“虚短”条件可以列出下列正弦稳态相量方程：

$$\begin{cases}\dot{I} = \mathrm{j}\omega Q \\ \dot{U}_o = \dot{I}\left(\dfrac{1}{1/R_f + \mathrm{j}\omega C_f}\right) \Rightarrow \dot{U}_o = \dfrac{\mathrm{j}\omega Q}{1/R_f + \mathrm{j}\omega C_f}\end{cases} \tag{3-4}$$

根据式（3-4），输出幅值 $U_o = \dfrac{\omega Q}{\sqrt{(1/R_f)^2 + (\omega C_f)^2}}$，相位 $\varphi = \arctan\left(\dfrac{1}{\omega R_f C_f}\right)$。

当 ω 足够高，使得 $\omega C_f \gg 1/R_f$，则 $U_o \approx Q/C_f$，且 $\varphi \approx 0$。

当 ω 比较低，则反馈电阻 R_f 的影响不能忽略，输出电压幅值将随频率 ω 的下降而降低。若 U_o 从幅值 Q/C_f 下降到 $1/\sqrt{2} \times (Q/C_f)$（即增益下降 3dB），则此下限截止频率可表示为：

$$f_L = \frac{1}{2\pi R_f C_f} \tag{3-5}$$

这就要求压电传感器的输入振动频率不能低于该下限频率。为了尽可能地降低 f_L，对于电荷放大器的设计要求采用更高的 R_L 或更大的 C_f。

类似于电荷放大器的原理，利用运算放大器负反馈的“虚短”特性可以设计自举电路来消除屏蔽电缆寄生电容的影响，图 3-22 给出了一个微小电容位移传感器的测量实例。如图 3-22（a）所示，一个电容传感器探头被用于测量工件的位移 d，其输出通过较长的电缆连接到放大器。为了克服外电场对被测电容 C_x 的影响，整个探头和电缆都被屏蔽并连接“大地”。但是，由于信号芯线与屏蔽层之间存在寄生电容 C_p，被测电容 C_x 的变化被淹没（C_p 与 C_x 并联，且 $C_p \gg C_x$）。为了克服这个问题，可采用图 3-22（b）给出的电缆驱动技术（或称为双层屏蔽等电位技术）。该方案采用了两层屏蔽，其中外屏蔽层接“大地”，但是内屏蔽层通过运算放大器构成的跟随器连接到芯线上，使得它与芯线等电位但连接阻抗无穷大，这样消除了内屏蔽层与芯线之间的寄生电容 C_{p1}，测试电流 i 不流过内屏蔽层。内屏蔽层与外屏蔽层之间的寄生电容 C_{p2} 则变成了跟随器的输出负载电容，根据“虚短”条件，跟随器的输出等于图 3-22（b）中的参考地电位，因此 C_{p2} 的影响也被消除了（实际上 C_{p2} 产生的干扰电流 i_c 并不流过检测电路，而是沿着电源 u_i、外屏蔽壳、内屏蔽壳及跟随器的输出端口流入参考地中，形成回路）。

3.2.5　线性叠加电路

在调理电路的设计中，往往需要将双极性信号转换为单极性信号，以适应 ADC 的输入要求，或者适应单电源供电电路的要求。有时还需要将多路输入信号合成为一路信号输出，或者计算两路信号的差分分量，这都会用到多路信号输入的线性叠加电路，即加法器或减法器电路。图 3-23 给出了几种经典的电路，包括反向比例加法器［图 3-23（a）］、同相加法器［图 3-23（b）］、减法器［图 3-23（c）］和通用加权偏移电路［图 3-23（d）］。对于这些多路信号输入的线性电路，可以先分别计算每路输入信号的响应，然后通过线性叠加原理计算合成信号的输出。当计算反相端输入的信号时，电路可以被简化为反相放大器，其响应与输入信号反极性。而当计算同相端输入的信号时，电路可以被简化为同相放大器，其响应与输入信号同极性。减法器和通用加权偏移电路都既有同相端输入的信号，也有反相端输入的信号，因此通过电阻网络的阻值选择可以设计正反极性输出分量的权重，从而实现任意极性的信号输出。

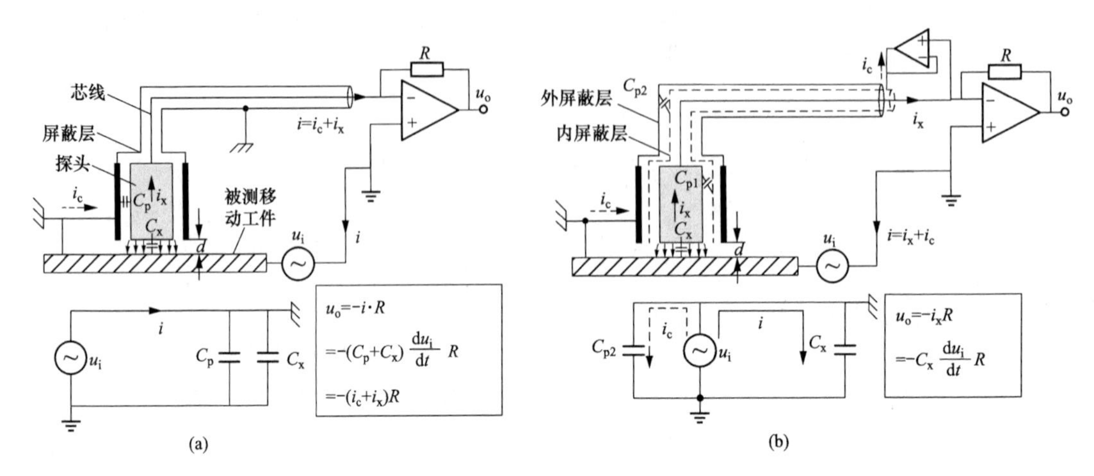

图 3-22 通过自举电路消除电容传感器屏蔽电缆寄生电容的方法

(a) 微小电容测量实例；(b) 自举电路消除寄生电容原理

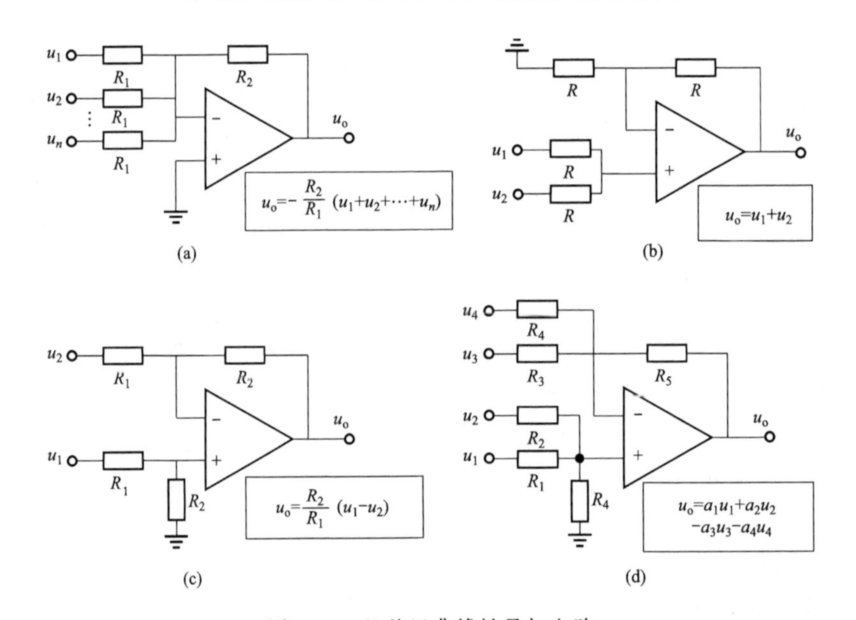

图 3-23 几种经典线性叠加电路

(a) 反相加法器；(b) 同相加法器；(c) 减法器；(d) 通用加权偏移电路

【例 3-3】 某传感器输出信号的幅值范围为－3～3V（内阻不考虑），现有一个 2.5V 的基准电压源，设计一个单运算放大器构成的偏移电路，能够将输入信号线性偏移到 0～5V。

利用通用偏移电路，将输入信号 u_i 与基准电压源 V_{ref} 分别连接到电路的同相和反相输入端。图 3-24 给出了一个应用实例。

根据图 3-24 中给出的各输入信号分量的输出响应表达式，代入实际信号幅值范围的上下边界数值可以列出方程组（3-6）。根据图 3-24 的连接方式，由于输入信号 u_i 从运算放大器的反相端输入，因此当 $u_i=-3V$ 时，按照反相原理，其输出应该对应 5V，而当 $u_i=3V$ 时，其输出应该对应 0V。这样，求解方程组可以得到电阻的比例系数，按照这个系数选择合适的电阻值即可实现要求的偏移电路。如果方程的求解产生电阻为负数的情况，只要将 u_i 和 V_{ref} 的连接位置相互交换，重新进行设计即可。

$$\begin{cases}(-3)\times\left(-\dfrac{R_3}{R_1}\right)+\dfrac{R_4}{R_2+R_4}\left(1+\dfrac{R_3}{R_1}\right)\times 2.5=5\\ 3\times\left(-\dfrac{R_3}{R_1}\right)+\dfrac{R_4}{R_2+R_4}\left(1+\dfrac{R_3}{R_1}\right)\times 2.5=0\end{cases}\Rightarrow\begin{cases}\dfrac{R_3}{R_1}=\dfrac{5}{6}\\ \dfrac{R_2}{R_4}=\dfrac{5}{6}\end{cases}\tag{3-6}$$

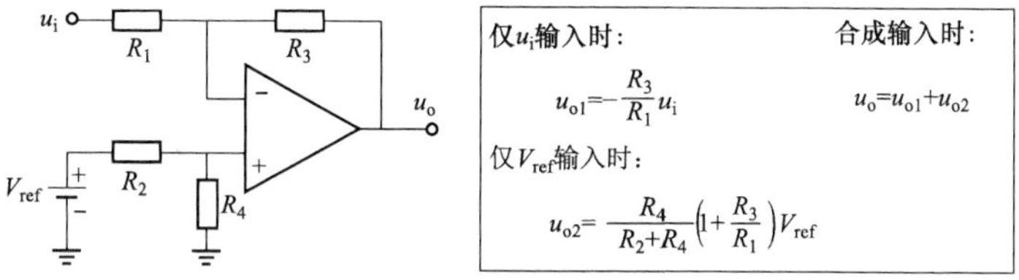

图 3-24　通用加权偏移电路的应用实例

3.2.6　信号的共模和差模以及差分放大器

在对传感器的输出信号进行调理和放大的过程中，常常会遇到共模和差模信号处理的问题。如图 3-25（a）所示的负温度系数热敏电阻，当温度在 $T_0\sim T_f$ 范围内变化时，其阻值会从 R_f 下降到 R_0。假设通过图 3-25（b）给出的恒流源电路和四端电阻法来对电阻 R_T 进行检测，则电阻上的压降 u_T 中包含一个固有的直流分量 U 和一个随温度变化的分量 Δu。如果 $\Delta u\ll U$，为了把 Δu 进行放大，需要减去直流分量 U 的影响，否则它会导致运算放大器的饱和。在这里，直流分量 U 可被视为信号中的共模分量，而 Δu 则为差模分量。这个例子表明，在传感器的输出信号中既包含共模分量，也包含差模分量的情况是普遍存在的。差模分量是传感器输出信号中随被测量变化的分量，而共模分量则是一个与被测量变化无关的分量。由于差模分量叠加在共模分量上输出，这种情况下需要构造一个共模消除电路及采用差分放大器。

有时共模分量是一个传感器工作的必要条件，正如一个基本的晶体管放大电路中的直流工作点一样，它将晶体管配置在有源放大区，而远离可变电阻区或截止区。但是，有时共模分量则是由于公共阻抗耦合或干扰引入的，如图 3-25（c）中信号地线上的阻抗 r（在信号电流流过时，会造成地电位不相等）及干扰电压 u_n，此时若采用差分信号传输及差分放大器则可有效降低该共模分量的影响。有时，当差分放大器被用于检测一个电路中的两个点之间的电压差［图 3-25（d）中的 A 点和 B 点］，那么两点之间的电压差为差模信号，而 A 点和 B 点对于差分放大器的参考地之间的电压则构成了共模信号（准确地说，共模信号应该是这两个电压的相同部分）。

信号的差模和共模分量可以表示为图 3-26 中的信号源模型，其中图 3-26（a）给出了电压信号的差模和共模模型，而图 3-26（b）则给出了电流信号的差模和共模模型。

根据图 3-26 给出的模型，公式（3-7）给出了差模和共模信号的表达式。

$$\begin{cases}u_c=\dfrac{u_A+u_B}{2}\\ u_d=u_A-u_B\end{cases}\quad 和\quad\begin{cases}i_c=\dfrac{i_A+i_B}{2}\\ i_d=i_A-i_B\end{cases}\tag{3-7}$$

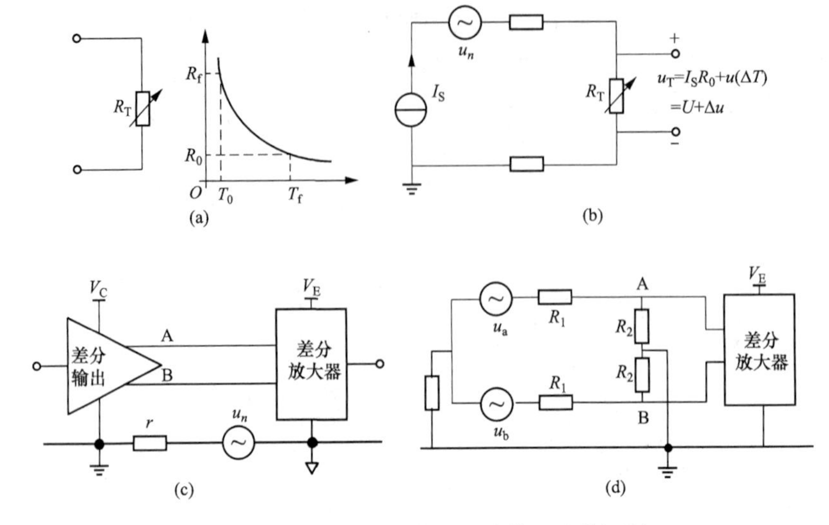

图 3-25 实际应用中信号的共模和差模问题

（a）热敏电阻特性；（b）电阻测量中的共模和差模；（c）放大电路中的共模和差模；（d）一般电路中的共模和差模

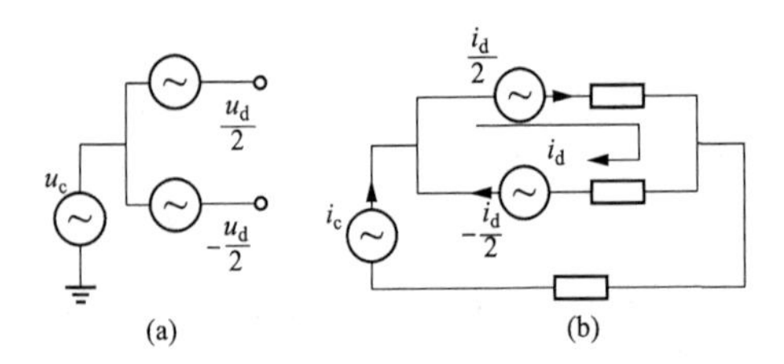

图 3-26 共模和差模分量的信号源模型

（a）电压源模型；（b）电流源模型

为了对差模信号进行放大而对共模信号进行抑制，需要采用差分放大器。虽然运算放大器本身就是一个差分放大器，但是由于它的增益太高，因此，不能直接应用于差分信号的放大。图 3-27 给出了由运算放大器构成的差分放大器。图 3-27（a）给出的电路实际上就是减法器电路，但是作为差分放大器，为了提高共模抑制能力，要求 4 个电阻要被准确匹配。该电路最主要的问题是其同相端和反相端的输入电阻是有限的，而且也不相同，因此在某些应用中会产生问题（如应用于直流测量电桥中会引起电桥的失衡）。另外，为了调节增益，该电路需要同时修改两个电阻，并且还要保持电阻被准确匹配，这是比较困难的。

为了克服这些问题，图 3-27（b）给出了三运算放大器差分放大器，它是由两个前置运算放大器和一个被准确匹配的“减法器”构成。两个前置运算放大器提供了高输入阻抗，同时将同相端和反相端输入电压 u_p和 u_n跟随到增益电阻 R_g的两侧。这样，通过调节 R_g可以调节电流 i_g，进而调节减法器的差分输入电压。由于“加法器”的 4 个电阻是固定的，其增益不变，因此只要调节 R_g，就可修改整个电路的差分增益（增益电阻 R_g与差分增益呈反比关系）。三运算放大器差分放大器在制造过程中对片上电阻都进行了精确的匹配和校准，而且它们具有非常一致的温度系数，因此使得整个放大器具有很高的共模抑制能力和很低的失调电压，从而在测量仪表中获得了广泛的应用，被称为“仪表放大器”。

为了利用差分放大器对图 3-25（a）中热敏电阻的差模分量进行放大并消除共模分量，需要构造共模消除电路。图 3-28（a）给出了最常用的不平衡电桥＋差分放大器的电路原理。图 3-28（a）中，热敏电阻 R_T被放置到一个测量桥臂上，其中点电压既包含共模分量也包含差模分量，而另外一个桥臂为参考桥臂，它仅提供共模分量。这样通过差分放大器对两个桥臂的中点电压进行差分放大，则共模分量会被消除。当然，消除的效果取决于电阻的准确匹配程度。虽然采用直流电桥和差分放大器能够消除共模信号，但是放大器的输出 u_o 与电阻随温度的变化量 ΔR 之间不是线性关系。

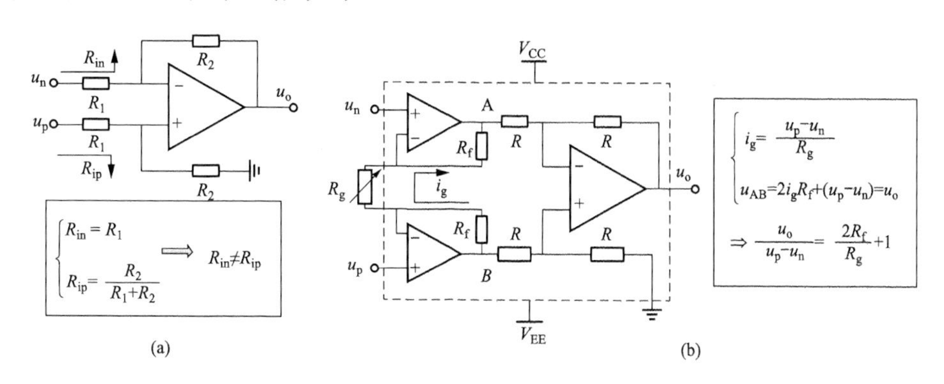

图 3-27　差分放大器

(a) 基本差分放大器；(b) 三运算放大器差分放大器

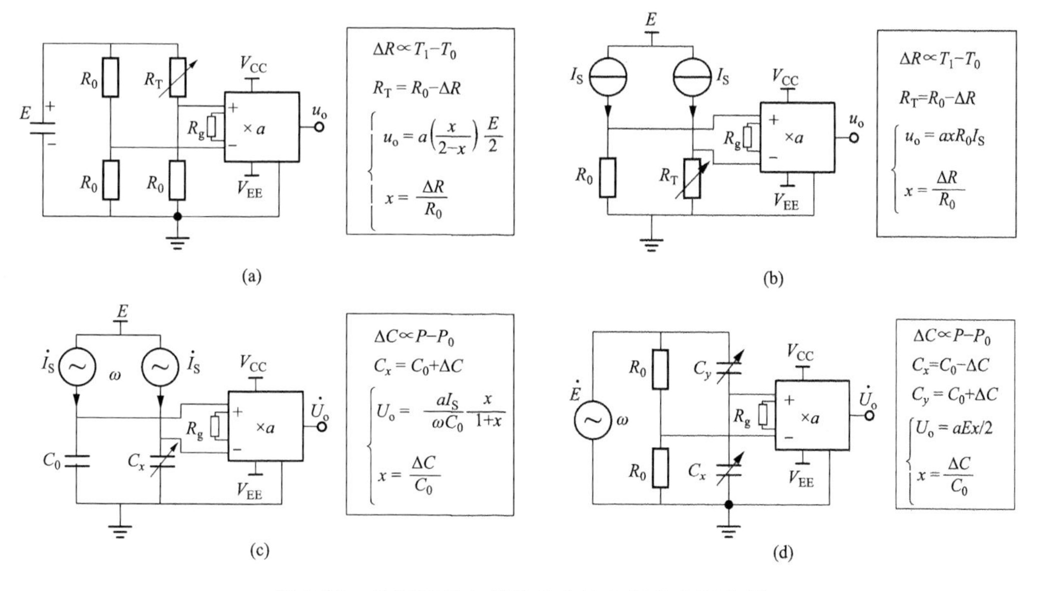

图 3-28　几种测量电桥和差分放大器的应用实例

(a) 电阻测量电桥 1；(b) 电阻测量电桥 2；(c) 电容测量电桥；(d) 差分电容测量电桥

参考桥臂也可以用其他方式来构造，图 3-28（b）给出了利用恒流源构成的测量桥臂和参考桥臂，若两个桥臂的电流源准确相等且参考电阻也精确配合，则差分放大器不仅可以完全消除共模分量，而且输出 u_o 与电阻的变化量 ΔR 之间呈线性关系。若传感器等效为电容或电感参数，同样可以使用交流恒流源或交流电桥来构造共模消除电路。图 3-28（c）给出了利用交流恒流源构造的电容传感器的共模消除电路时，此电路输出的 U_o 与电容变化量 ΔC 之间的关系是非线性的。当采用交流电桥来构造共模消除电路，若被测对象为纯电容或电感，那么参考桥臂也可以采用电阻来构造。图 3-28（d）给出了一个差动结构的电容传感器，它被置于交流电桥中作为测量桥臂，两个差动电容的容值之和 $C_x+C_y=2C_0$ 在被测量变化时保持不变，而电桥的参考桥臂则由两个电阻构成，此时差分放大器的输出 U_o 与电容的变化量 ΔC 之间将呈线性关系。

差分放大器的输出虽由差模输入电压和放大倍数来决定，但是共模电压却决定了其能够正常工作的关键条件。一般情况下，差分放大器同相端和反相端的允许输入电压范围是其电源范围$-V_{EE}\sim+V_{CC}$，这意味着每个输入端的共模电压和差模电压之和不能超过该范围，否则不仅会引起差分放大器不能正常工作，甚至有可能损坏放大器。对于被测电路，任意两点之间的差分电压与差分放大器参考点的选择无关，而共模电压却取决于参考点的位置。

【例 3-4】 根据图 3-29 给出的电路，如果利用一个差分放大器对 A 和 B 两点之间的电压进行测量，分别选择 O 和 O′点作为放大器的参考点，计算两种情况下能够使放大器正常工作的电阻 R_x的阻值范围是多少？若 R_x选择 500Ω，分别计算输入放大器的差模电压和共模电压。

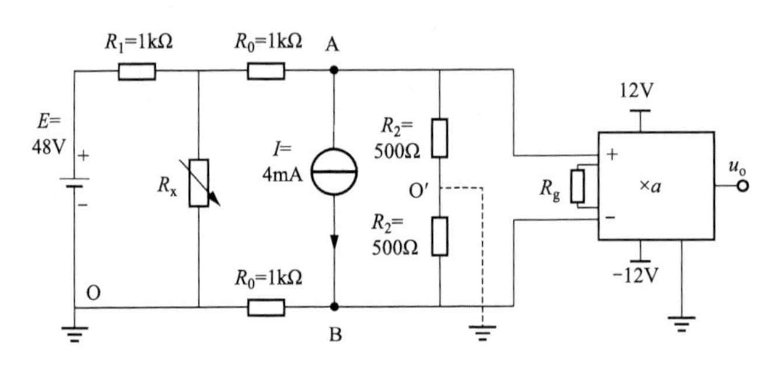

图 3-29 选择不同参考点时差分放大器的共模和差模

若选择 O 点作为放大器的参考点，则根据图 3-29 中的电路计算出 A 点和 B 点相对于参考点的电压，为

$$\begin{cases} u_{AO} = \dfrac{ER/R_1 + I\times 2R_2}{R+2(R_0+R_2)}\times(R_0+2R_2) - I\times 2R_2 = \dfrac{48R+4}{R+3}\times 2 - 4 \\ u_{BO} = \dfrac{ER/R_1 + I\times 2R_2}{R+2(R_0+R_2)}\times 2R_2 = \dfrac{48R+4}{R+3} \\ R = \dfrac{R_1R_x}{R_1+R_x} \end{cases}$$

根据$|u_{AO}|<12$和$|u_{BO}|<12$，得到：$R_x<500\Omega$。若 $R_x=500\Omega$，则共模电压和差模电压分别为

$$\begin{cases} u_c = \dfrac{u_{AO}+u_{BO}}{2} = \dfrac{12+8}{2} = 10(\text{V}) \\ u_d = u_{AO} - u_{BO} = 12 - 8 = 4(\text{V}) \end{cases}$$

若选择 O′点作为参考点，则根据图 3-29 中电路可以计算 A 和 B 点相对于参考点的电压为

$$\begin{cases} u_{AO'} = \left(\dfrac{ER/R_1 + I\times 2R_2}{R+2(R_0+R_2)} - I\right)\times R_2 = \left(\dfrac{48R+4}{R+3} - 4\right)\times\dfrac{1}{2} \\ u_{BO'} = -\left(\dfrac{ER/R_1 + I\times 2R_2}{R+2(R_0+R_2)} - I\right)\times R_2 = -\left(\dfrac{48R+4}{R+3} - 4\right)\times\dfrac{1}{2} \\ R = \dfrac{R_1R_x}{R_1+R_x} \end{cases}$$

根据$|u_{AO}|<12$和$|u_{BO}|<12$，得到：$R_x<20\text{k}\Omega$。若 $R_x=500\Omega$，则共模电压和差模电压分别为

$$\begin{cases} u_c = \dfrac{u_{AO} + u_{BO}}{2} = 0V \\ u_d = u_{AO} - u_{BO} = 4V \end{cases}$$

在例 3-4 中当差分放大器的参考端连接到 O′点时，输入共模电压将等于 0，而且 R_x可选的参数范围更宽，但是参考点的选择不影响差分电压的大小。

既然差分放大器的允许共模输入电压是有限的，那么在使用时必须事先确定共模电压的大小，而有时准确计算共模电压的大小是有困难的。如图 3-30（a）给出的热电偶测温电路，当设计人员把热电偶作为差分信号源连接到差分放大器的同相和反相端时，往往不会将放大器的参考端与热电偶相连接，那么这个形似正确的电路实际上是不能正常工作的。这是由于差分放大器的共模输入阻抗 Z_C极高，“浮地”的热电偶会造成共模输入电压由外部电源（如交流 220V 电源）通过分布参数 C_{p1}、C_{p2}与 Z_C的阻抗比来决定，而这往往超出允许的电压范围，造成放大器不能正常工作。因此，放大器的参考端必须要与被测电路相连接［如图 3-30（b）］。如果设计者不希望把热电偶直接与放大器测量回路的“地”相连接，也可以如图 3-30（c）将其通过一个高值电阻相连，但是要求其阻值远远低于分布参数的阻抗。

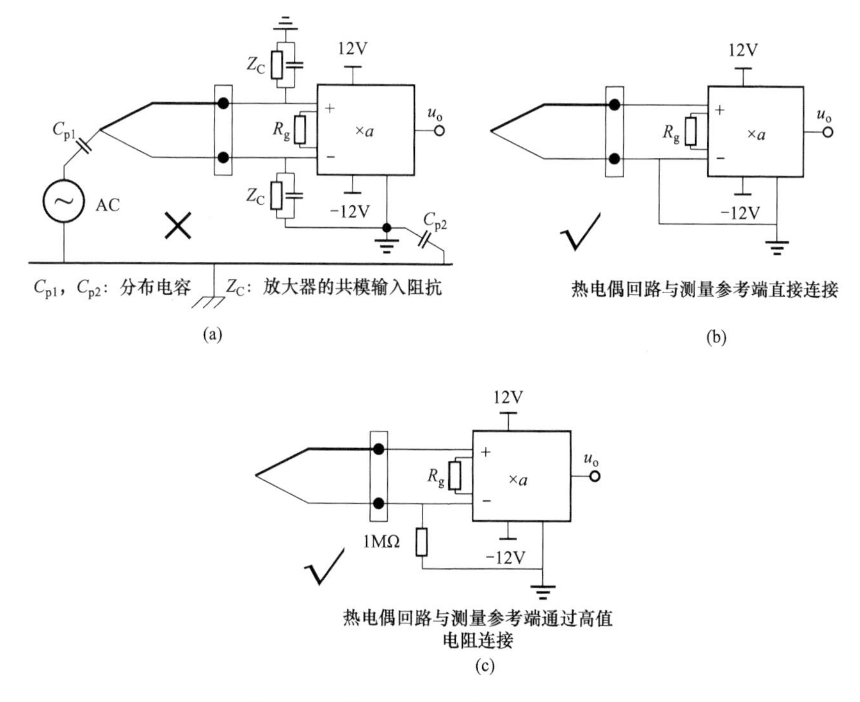

图 3-30　热电偶与差分放大器的连接

（a）错误的连接；（b）正确连接方式 1；（c）正确连接方式 2

采用一些外部电路可以提高差分放大器的共模电压承受能力。图 3-31（a）采用两个分压比完全一致的电阻分压器来降低输入放大器的共模电压，这种方法的主要缺点是采用电阻分压器也会对差分电压产生衰减，同时降低了共模输入阻抗，并且两个分压桥臂的电阻要求精确匹配，电阻失配会造成放大器共模抑制能力下降。另外一种方法是把被测回路的输入信号与测量电路进行隔离来获得高共模承受能力。如图 3-31（b）给出的变压器信号隔离方法，这种方法的主要缺点是被测信号必须是交流信号。第 3 种方法是对放大器测量电路采用独立电源供电，使其“悬浮”于被测电路之上，这样就可以通过在被测电路中选择合适的连接点作为放大器的参考端，使得共模电压满足放大器的要求，这种方法的原理如图 3-31（c）所示。这种方法的主要缺点是需要独立的测量电源，同时如果测量仪器悬浮在高压侧，那么其外壳电位很高，需要绝缘和安全防护。

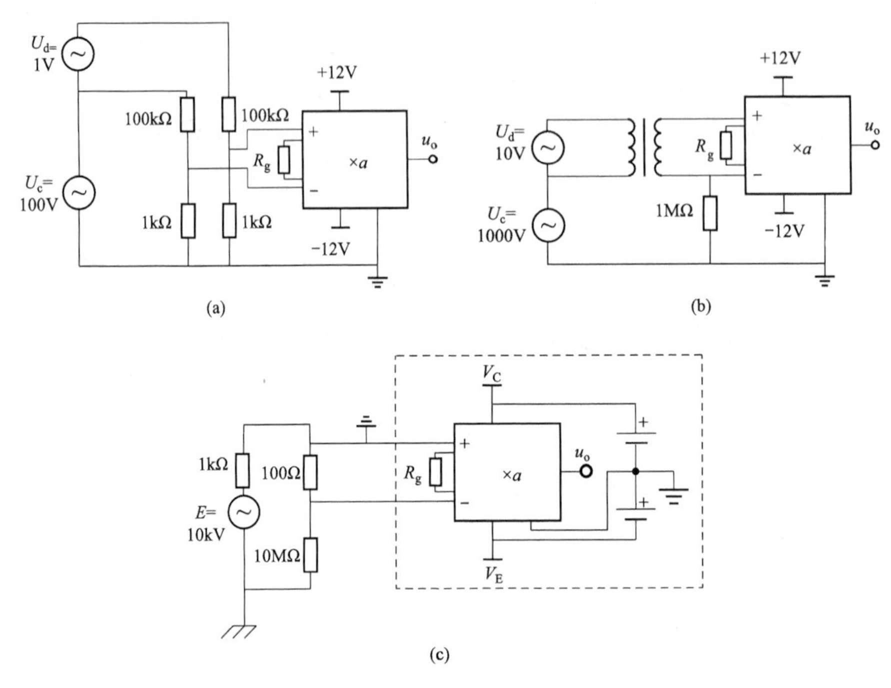

图 3-31　提高差分放大器共模承受能力的方法

（a）基于分压器；（b）基于隔离变压器；（c）独立电源悬浮测量

3.2.7　电参数测量及自平衡电桥

利用图 3-28 不平衡测量电桥和差分放大器可以把 R、L 和 C 电路参数变换为电压信号，电参数只是被测环境量和最终电压输出之间的中间变换量。有时，直接测量电参数也是对被测对象的状态进行评价的重要方法，这种应用场景的实例比如通过对绝缘设备的介质损耗角进行检测（由设备的等效电容和电阻来计算）来评价绝缘性能的好坏，对蓄电池的内阻进行测量来评价电池的寿命和容量性能等。直接对 R、L 和 C 电路参数进行测量的普遍做法是采用平衡电桥。

平衡电桥分为直流电桥和交流电桥，直流电桥主要用于对电阻的测量，而交流电桥则主要用于对阻抗的测量。图 3-32 给出了传统的两种直流电桥，其中图 3-32（a）是最基本的惠斯通电桥，它的中点电压 u_{ab}通过一个增益为 a 的差分放大器放大，放大器输出电压 u_o用来判断电桥是否平衡。当调节标准电阻箱 R_N使得 u_o等于零时，电桥达到平衡，此时被测电阻 R_x将由参考电阻比值 R_1/R_2 和标准电阻 R_N的乘积来决定。当电桥处于平衡位置时，微调桥臂上的任意一个电阻（如标准电阻 R_N）而使得差分放大器输出不平衡电压 Δu_o，该电压与电阻微调量 ΔR_N之间的比值 $\Delta u_o/\Delta R_N$被定义为电桥的灵敏度 S。可见放大器的增益 a 和直流电压 E 越高，则电桥越灵敏。同时，电桥灵敏度还受到桥臂总电阻的影响，较大的桥臂总电阻会降低电桥灵敏度。

如果 R_x 和标准电阻 R_N 的阻值非常小，那么接触电阻和引线电阻对电桥的影响将不可忽略，此时可采用图 3-32（b）所示的开尔文电桥。开尔文电桥是一个双电桥结构，被测电阻 R_x 和标准电阻 R_N 均采用四端连接，而接点 1 和 4 的接触电阻 r_1 和 r_4 被等效到电源回路中，不会影响电桥的平衡。同时，接点 2、3、5 和 6 点的接触电阻及引线电阻 r_2、r_3、r_5 和 r_6 则被等效到对应的桥臂中。当这些电阻远远小于对应的桥臂电阻 R_1、R_2、R_3 和 R_4 时，它们的影响也可被忽略。最后，当电桥的中点 a 和 b 点等电位，并且两个参考桥臂的电阻比例 $R_1/R_2 = R_3/R_4$ 时，引线电阻 r 的影响将被消除。

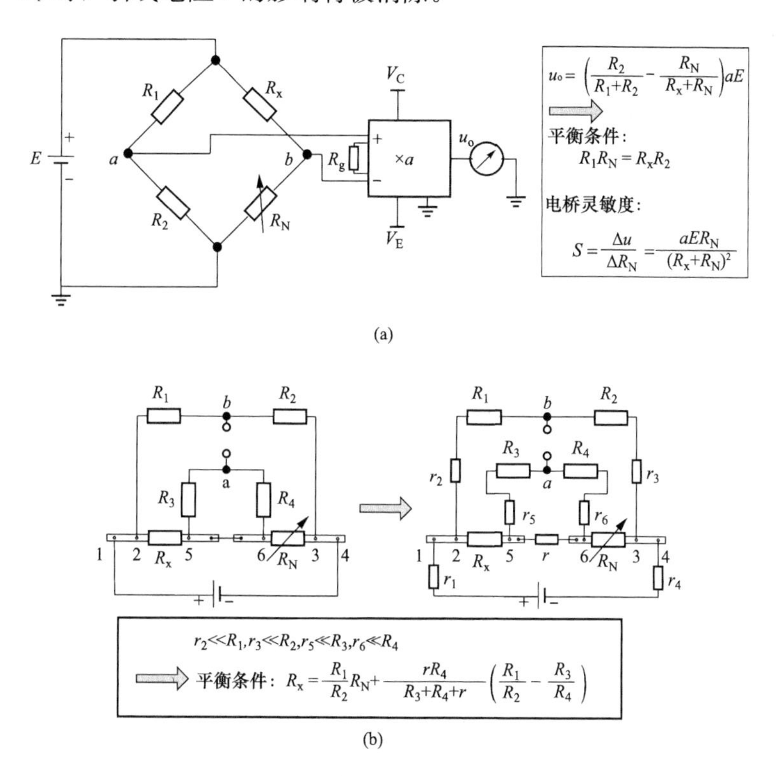

图 3-32　直流平衡电桥的原理

（a）惠斯通电桥；（b）开尔文电桥

直流电桥将被测电阻与标准电阻比对来获得准确阻值，而外电源和放大器只影响电桥灵敏度。但是为了使电桥平衡，需要可调整的标准电阻箱。通过开关来选择标准电阻箱的电阻进而实现电桥的自动平衡，在技术上没有什么问题，但是开关和可调电阻箱的体积较大，不适合便携式测量仪器。自动电桥技术是通过将可调标准电阻用固定标准电阻和受控源来代替，同时利用负反馈原理来调整受控源的大小进而实现电桥自动平衡的技术。通过测量自动平衡电桥的受控源电压 U 和电源电压 E 的比值，可以得到被测电阻和标准电阻之间的比例系数，进而得到被测电阻值。图 3-33 给出了基于运算放大器的自动平衡电桥的原理与实例。自动平衡电桥避免了调节电阻，而是通过测量电压值来计算出电阻值，故在智能仪器中更易实现。图中，由于运算放大器的“虚短”作用，电桥总是平衡的，R_x 的变化只影响输出 U。

当然，根据图 3-33 给出的自动平衡电桥的原理，也可以基于开尔文电桥结构来设计一个小电阻测量自动平衡电桥，读者可以自己尝试去做。

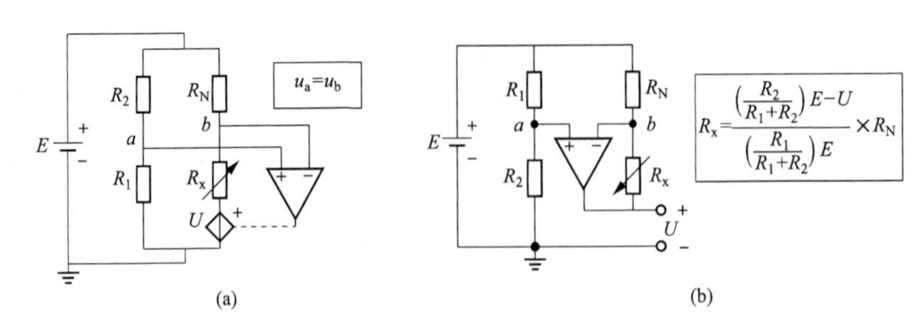

图 3-33 直流自动平衡电桥

（a）基本原理；（b）实际电路

交流电桥是用于对交流阻抗进行精密测量的电桥，图 3-34 给出了交流电桥的原理和平衡条件。相比直流电桥，交流电桥的平衡需要相对的两个桥臂上的复阻抗的乘积相等，因此必须满足两个条件：阻抗的乘积相等以及相位的和相等。由于桥臂上 R、L 和 C 元件的类型不同，复阻抗的相位存在较大差异，这可能会导致交流电桥无法平衡，因此需要根据被测元件的性质来选择恰当的桥臂元件。目前，比较常用的几种交流电桥如图 3-35 所示。

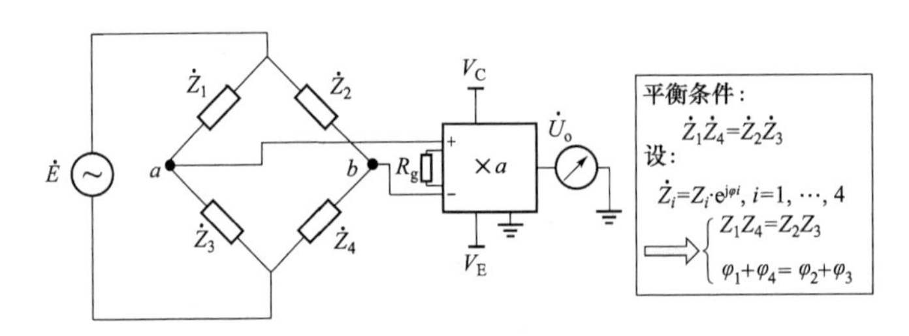

图 3-34 交流电桥的原理和平衡条件

图 3-35（a）和图 3-35（b）为电容电桥，用于对未知电容进行测量。由于被测电容在电流流过时有介质损耗，因此采用纯电容和电阻构成的串联或并联电路模型来等效。两种等效电路对应的电阻和电容参数各不相同，但是总复阻抗及介质损耗角 $\mathrm{tg}\delta$ 是相同的。

图 3-35（a）为串联比较电容电桥，它用于低介质损耗电容的测量，被测电容采用串联等效模型，而被测电容相邻桥臂也采用串联的标准可调电容和电阻来调节电桥的平衡。由于当电桥平衡时，介质损耗角 $\mathrm{tg}\delta$ 与标准电阻 R_0 和电容 C_0 的乘积呈正比，这意味着 $\mathrm{tg}\delta$ 越大，则需要选择更大的 C_0 或 R_0，大的标准电容是不易制作的，而大的 R_0 又会造成电桥灵敏度降低，因此它只用于低介损电容器的测量。图 3-35（b）给出了并联比较电容电桥原理，被测电容采用并联等效模型，而标准电容和电阻也采用并联连接，同理，它适合高介质损耗电容的测量。图 3-35（c）和图 3-35（d）用于对电感的测量，其中麦克斯韦电桥适合低 Q 值的电感测量，而海氏电桥则适合高 Q 值的电感测量。另外，海氏电桥有一个问题就是电桥的平衡与电源频率 ω 有关。

从上述基本交流电桥的原理可以看到，传统的交流电桥需要根据被测量的不同而采用不同的电桥形式，同时要实现电桥平衡，需要对标准电阻和电容进行反复的调节，因此它不适合在智能仪器系统中被应用。交流自动平衡电桥是通过在电桥中加入受控源，检测电桥的失衡电压及利用负反馈来调整受控源从而使电桥自动达到平衡的测量电桥。与直流自动平衡电桥相似，交流电桥也通过电桥的输出电压来计算出被测阻抗的大小。

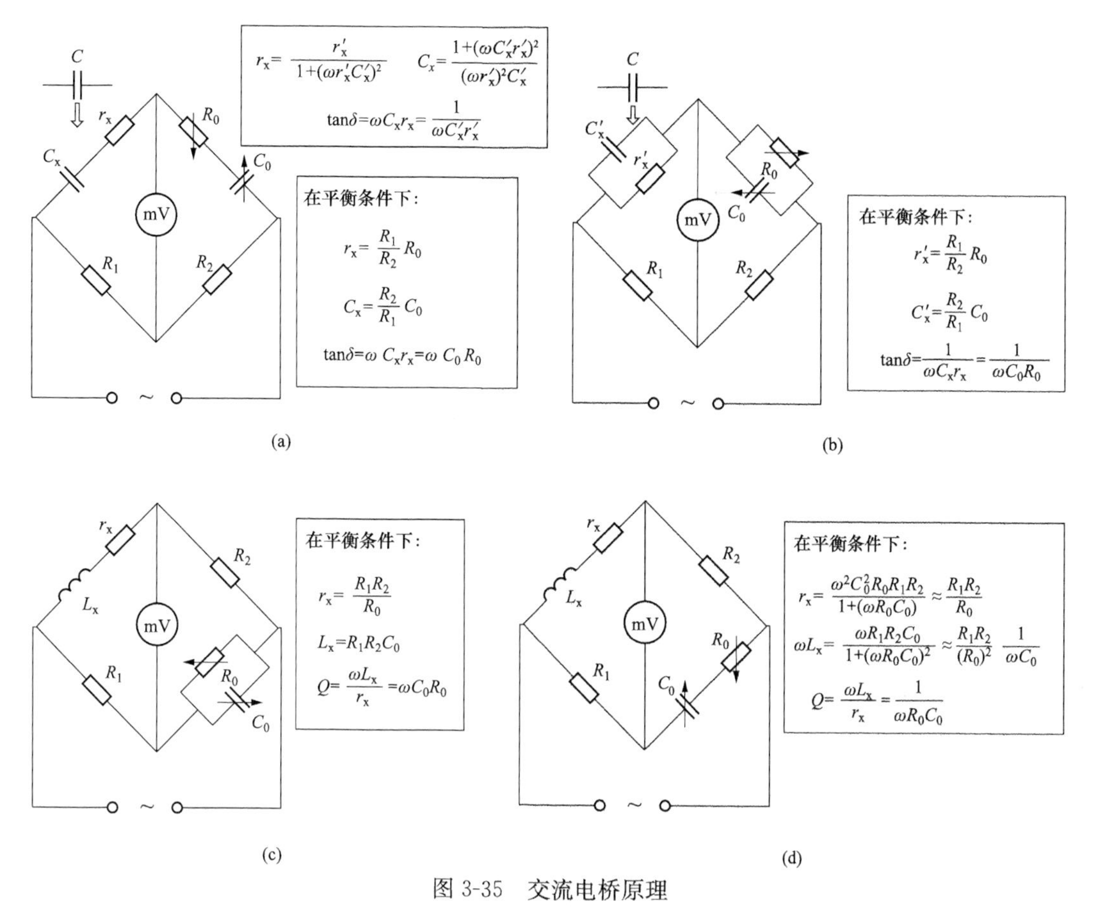

图 3-35　交流电桥原理

(a) 串联比较电容电桥（测低介质损耗的电容）；(b) 并联比较电容电桥（测高介质损耗的电容）；(c) 麦克斯韦电桥（测低 Q 值的电感）；(d) 海氏电桥（测高 Q 值的电感）

图 3-36 给出了交流自动平衡电桥的一般原理。如图 3-36 所示，电阻 R_1 和 R_2 组成了交流电桥的参考桥臂，而被测阻抗 Z_x 与受控源 $\dot{U}_c$（包含串联标准电阻 r）则构成了测量桥臂，运算放大器对桥臂的中点电压 $\dot{U}_a$ 和 $\dot{U}_b$ 的差异进行检测和反馈，并调整受控源，使得电桥达到平衡。但是为了使交流电桥达到平衡，需要同时对受控源的电压幅值和相位进行调整，这需要两个控制量。为此，可以建立两个正交的等幅正弦信号源，一个与电桥电源 $\dot{U}_s$ 同相位（称为 d 轴参考矢量），另外一个则与它相差 90°（称为 q 轴参考矢量），这两个参考矢量根据矢量原理可构成一个 d-q 轴正交坐标系。将运算放大器检测到的电桥中点不平衡电压通过乘法运算分解到两个坐标轴上，乘积中既包含直流分量，也包含两倍电源频率的高频分量，通过低通滤波器 LPF 可以提取其中的直流分量。根据电桥平衡的控制原理，d-q 轴的不平衡电压分量将分别与零电压进行比较，其误差电压 U_d 和 U_q 通过与对应的参考矢量相乘还原成为交流电压分量，并计算出其合成电压 $\dot{U}_c$ 作为受控源的输出。由于运算放大器的高增益和负反馈带来的“虚短”特性，桥臂中点电压相量 $\dot{U}_a=\dot{U}_b$。根据该特性可列出图 3-36 中的方程组，并推导出被测阻抗 Z_x 的表达式。可见，分别测量电源电压幅值 U_s、d 轴和 q 轴直流电压 U_d 和 U_q，然后根据桥臂电阻参数即可计算出未知阻抗 Z_x。最后根据 Z_x 的等效电路（并联或串联模型），可计算出被测电容和 $\tan\delta$（或者电感和 Q 值）。

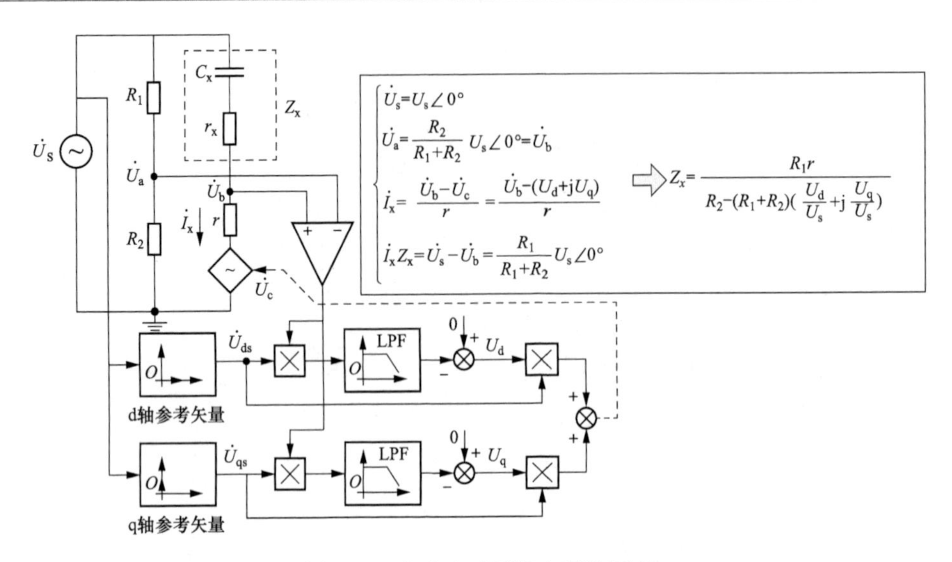

图 3-36　交流自动平衡电桥的原理

根据自平衡交流电桥的原理，首先要建立两个正交等幅的正弦信号源，其次需要由乘法器和低通滤波器构成的相敏检波器（Phase Sensitive Detection，PSD）对反馈电压直流分量进行测量。对电源电压 $\dot{U}_s$ 进行微分电路和比例放大可获得 d-q 轴的两个正交信号源，如图 3-37（a）所示，而经典 PSD 的原理则如图 3-37（b）所示。方程（3-8）描述了正弦信号 u_i 通过两个正交正弦参考信号 u_{refd} 和 u_{refq} 被分解到 d-q 坐标轴上，经过低通滤波后得到两个轴的直流分量 U_{od} 和 U_{oq}。

$$\begin{cases} u_i = B\cos(\omega t+\theta) \\ u_{refd} = A\cos(\omega t) \\ u_{refd} = \Lambda\sin(\omega t) \end{cases} \Rightarrow \begin{cases} u_{md} = u_i u_{refd} = \dfrac{AB}{2}[\cos\theta + \cos(2\omega t+\theta)] \\ u_{mq} = u_i u_{refd} = \dfrac{AB}{2}[-\sin\theta + \sin(2\omega t+\theta)] \end{cases} \Rightarrow \begin{cases} U_{od} = \dfrac{AB}{2}\cos\theta \\ U_{oq} = -\dfrac{AB}{2}\sin\theta \end{cases} \tag{3-8}$$

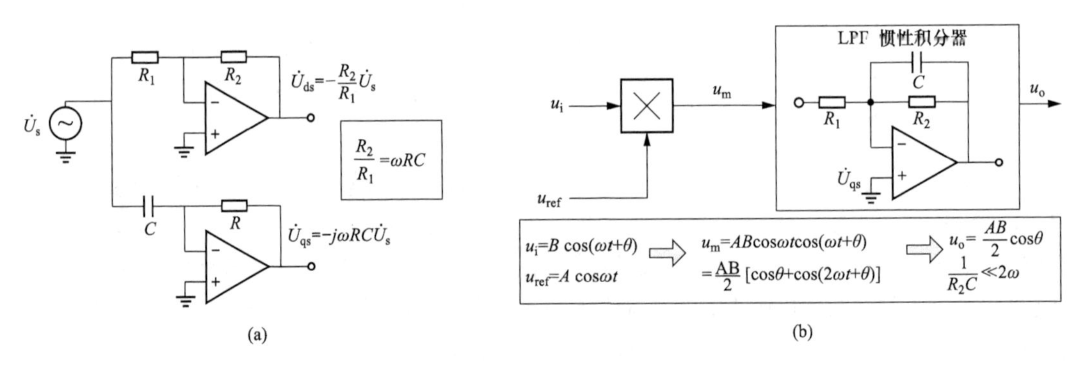

图 3-37　d-q 轴正交正弦波的获得及 PSD 原理

（a）正交正弦波发生电路；（b）PSD 电路

图 3-36 给出的交流自动平衡电桥涉及 d-q 轴正交信号的产生、乘法器和低通滤波器构成的相敏检波等复杂电路，采用模拟电路往往存在非线性、失调及参数漂移等问题，因此可以采用 ADC、DAC 及 DSP 微处理器来构造数字化交流自动平衡电桥。首先，利用差分放大器

和 ADC 对电桥中点的不平衡电压进行检测，然后利用 DSP 执行信号的正交分解和矢量求和及数字低通滤波器等运算，最后通过 DAC 输出控制电压来调整电桥使其平衡。DSP 还可以利用直接数字信号合成（Direct Digital Synthesizer，DDS）技术来构造正交的信号源，并通过 DAC 和功率放大器后作为电桥的电源。

交流自动平衡电桥还有其他的构成方式，图 3-38（a）给出了利用两个反相电压源构成双电源平衡电桥的原理。如果采用运算放大器的“虚短”功能使得负载中点接“地”，则构成双电源交流自动平衡电桥，如图 3-38（b）所示。图 3-38（b）中，信号源 $\dot{U}_s$ 及其反相源 $-\dot{U}_s$ 构成了电桥的一个桥臂，其中点为电源地，故电位为 0。另外一个桥臂则由被测阻抗 Z_x 和标准阻抗 Z_s 构成，其中点 O 连接一个电流-电压变换电路。由于运算放大器的“虚短”特性，O 点是虚地的，故其电位也为 0。由于这个交流电桥两个桥臂的中点都是零电位，故其总是平衡的。但是，Z_x 和 Z_s 的差异将使得电桥中点输出差分电流 $\dot{I}_m$，并被线性变换成电压 $\dot{U}_o$。这样，通过检测 $\dot{U}_o$ 和 $\dot{U}_s$ 的幅值比和相位差，则可以得到被测阻抗 Z_x 的值。

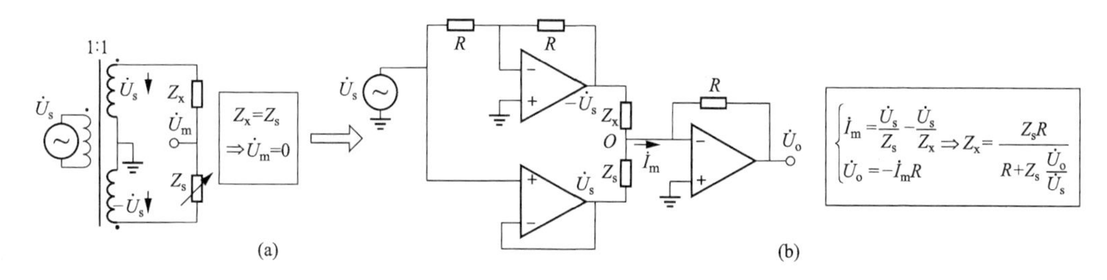

图 3-38　双电源交流自动平衡电桥原理

（a）基于变压器的双电源电桥；（b）基于运算放大器的双电源电桥

相比于直流电桥，交流电桥由于采用交流电源，因此可以利用变压器隔离或者利用电磁感应原理实现在高压场合中的应用。图 3-39 给出了利用磁平衡原理的高压交流自动平衡电桥原理。图 3-39 中，高压交流电源 $\dot{U}_s$ 被施加到被测阻抗 Z_x 和标准阻抗 Z_s 上，其产生的泄漏电流 $\dot{I}_x$ 和 $\dot{I}_{s1}$ 通过两个匝数为 N_1 的绕组在铁芯中产生磁通。两个绕组在铁芯中的净磁通将在匝数为 N_2 的测量绕组上产生感应电势。该感应电势通过运算放大器检测、反馈以及电压-电流变换电路后产生净平衡电流 $\dot{I}_{s2}$，并将其注入匝数为 N_3 的控制绕组中。$\dot{I}_{s2}$ 在铁芯中产生反向磁通抵消铁芯中的非零磁通。由 N_2 和运算放大器的增益决定的高检测灵敏度可以使得铁芯中净磁通达到零。在这种情况下，只要测量出电流 $\dot{I}_{s1}$ 和 $\dot{I}_{s2}$，则可以计算出被测阻抗 Z_x。

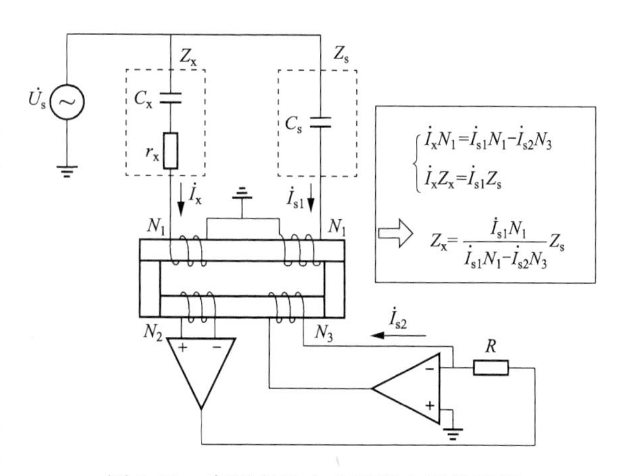

图 3-39　高压交流自动平衡电桥的原理

3.2.8 微小电容的检测

电容传感器由于其结构简单，灵敏度高，动态响应快，可以实现非接触式测量，能够在高温，辐射环境和强振动环境下使用，同时体积小，便于集成等优点被广泛应用于各工业领域中。特别是，电容传感器适合一些流体浓度或流量检测应用，如，火电厂煤粉输送中的气固两相流成分和流量检测中所采用的电容层析成像技术（Electrical Capacitance Tomography，ECT）。在这些应用中，电容的容量往往非常小（小于 1pF），而且系统中的各种杂散电容甚至大于被测电容，这就对微小电容的测量带来了挑战。下面将讨论几种主要的微小电容测量方法。

1. 基于开关电容法的微小电容测量技术

这种方法的原理如图 3-40（a）所示。首先，在一个开关周期 T 的 t_1 时间内，开关 S1 导通，S2 关断，被测电容 C_x的电压被充电到参考电压 V_{ref}，C_x上存储电荷 $Q_x=V_{ref}\cdot C_x$。在 t_2 时间内，S1 关断，而 S2 闭合，则 C_x上的电荷 Q_x将通过电阻 R_f全部释放。R_f和并联的 C_f以及运算放大器构成了一个低通滤波器，使得每个周期流过 R_f的电流平均值为 $I_c=Q_x/T$。最后，运算放大器输出的直流电压 u_o等于 C_x、R_f、V_{ref}以及开关频率 f 的乘积。这样，通过测量 u_o可以检测出 C_x。

在这个电路中，由于运算放大器的“虚地”作用，在 S2 闭合期间，C_x被“短路”，因此电荷 Q_x将被全部释放。同时，寄生电容 C_p被短路，使它不会对检测产生影响。但是，由于 MOSFET 开关器件存在电荷注入效应，它仍然会对 C_x的检测带来影响。电荷注入效应是指 MOSFET 在导通时，其沟道内的栅氧化层电容中会存储电荷（称为沟道电荷），在 MOSFET 关断时，沟道电荷将从源极和漏极流出，从而注入负载电容中，引起电压变化的现象。对于图示电路，当 S1 关断时，随着栅极电压下降，存储在沟道电容 C_{gd}和 C_{gs}中的电荷会流入栅极控制源 V_G，但是 C_{gs}中的电荷将流过 C_x，从而引起 C_x电压的变化，造成测量误差。另外，运算放大器的失调电压也是误差因素。

为了克服这些问题，可以采用图 3-40（b）给出的差分结构。在该电路中，4 个开关S1～S4 的中间连接被测电容 C_x。S1 和 S4 同时开和关，而 S2 与 S3 同时开和关，但与 S1 和 S4 互补。在 t_1 时间内，S1 和 S4 导通，C_x被充电到参考电压 V_{ref}，同时充电电流平均值 i_{c2} 流过运算放大器 A2 的测量电路，输出电压 u_2。在 t_2 时间内，S2 和 S3 导通，C_x被放电到零电压，同时反向放电电流 i_{c1}流过运算放大器 A1 的测量电路，输出电压 u_1。然后，差分放大器（增益为 G）把两个电压相减，得到最后的测量输出 u_o。由于电路是对称的，并且开关和运算放大器的特性都非常一致，因此该电路可有效消除电荷注入效应的影响。例如在 t_1 时刻，S1 关断时沟道电荷 Q_{ch}流出 C_x，造成 C_x上的总电荷变为 $V_{ref}C_x-Q_{ch}$，故周期 T 内 C_x的平均充电电流为 $I_{c2}=(V_{ref}C_x-Q_{ch})/T$。但是在 t_2 时刻，放电结束 S_3 关断时会把等量沟道电荷 Q_{ch}注入 C_x，造成 C_x上的残余电荷为$+Q_{ch}$，故周期 T 内 C_x的平均放电电流为$I_{c1}=(V_{ref}C_x+Q_{ch})/T$。这样，经过差分放大器后，注入电荷的影响就被消除了。同时，差分运算也可以消除运算放大器 A1 和 A2 的失调电压对测量的影响。在该电路中，由于 A1 和 A2 的“虚短”作用，C_x右极板总是“虚地”的，因此寄生电容 C_{ps2}和 C_p都对测量无影响。至于 C_x左极板对地寄生电容 C_{ps1}，由于它的充放电电流不流经测量电路，因此对测量也无影响。

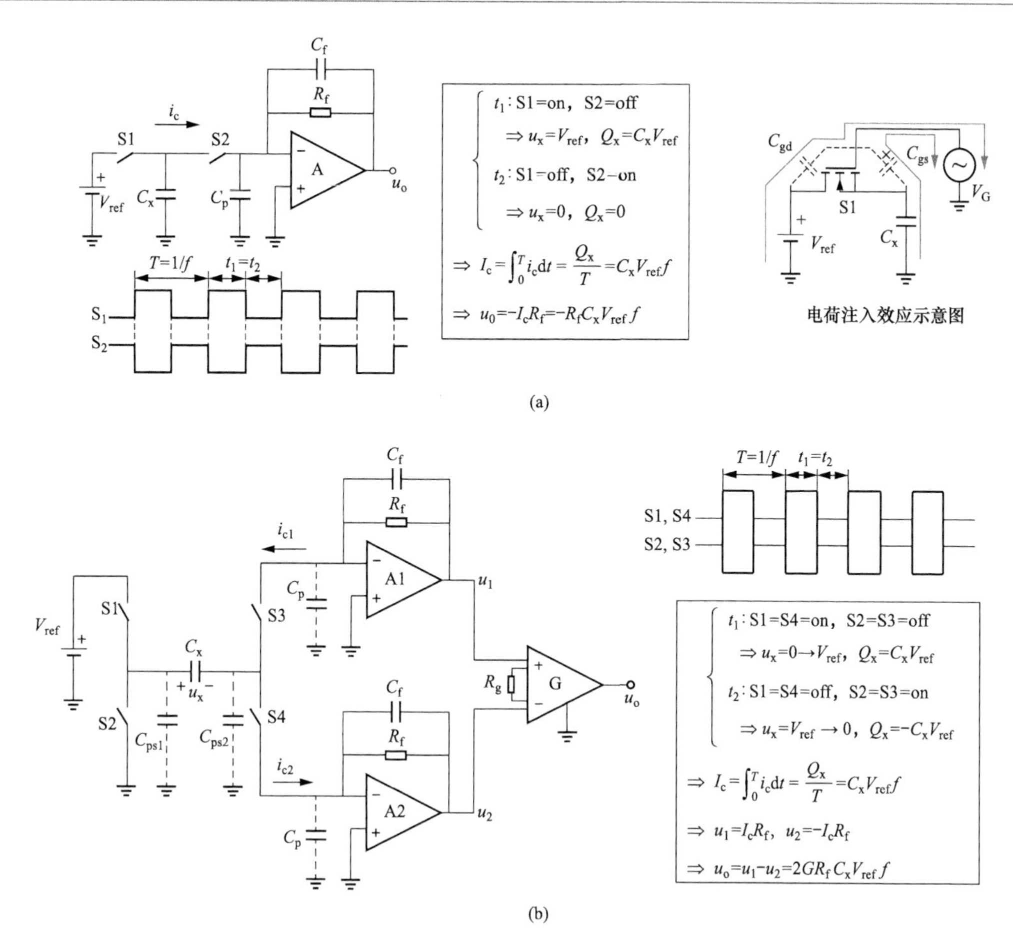

图 3-40　基于开关电容法的微小电容测量原理

(a) 基本电路；(b) 改进的差分电路

2. 基于 CDC 方法的微小电容测量

图 3-41 为另外一种由开关电容和Σ-Δ 模/数转换技术实现的直接电容数字转换器（Capacitance to Digital Converter，CDC）电路。图 3-41 中，被测电容 C_x和已知容值的参考电容 C_{ref}通过时钟源 ck 及开关桥 B1 与 B2 构成的开关电容电路变换为被测电流 I_x和参考电流 I_r，它们的和 I_x+I_r被运算放大器 A1 转换为电压 u_1。所不同的是，C_{ref}的激励源采用正负两个参考电压$+V_{ref}$和$-V_{ref}$，它们通过互补开关 S1 和 S2 来进行切换。当 S1 闭合时，则$+V_{ref}$被接通至 C_{ref}，这样在一个 ck 周期，注入 A1 的平均电流 $I_r=Q_r\cdot f=V_{ref}\cdot C_{ref}\cdot f$。当 S2 闭合时，则$-V_{ref}$被接通，平均电流 $I_r=-Q_rf=-V_{ref}\cdot C_{ref}\cdot f$。S1 和 S2 的不同开关状态使得流过 A1 的电流在 $I_x+I_r=V_{ref}\cdot(C_x+C_{ref})f$ 和 $I_x+I_r=V_{ref}\cdot(C_x-C_{ref})f$ 之间切换。积分器 A2 和过零比较器 CMP 产生开关 S1 和 S2 的控制信号，这构成了一个$\Sigma-\Delta$ 转换器的噪声成形电路。只要 $C_{ref}>C_x$，则$+V_{ref}$将促使 A2 向正方向积分，而$-V_{ref}$则促使其向负方向积分。这样，由于反馈作用，积分器的输出 u_2 总是围绕零点上下波动，而比较器则输出一系列时间宽度不同的 1 和 0 的数字信号。把比较器的输出按照一定的速率进行采样，并通过数字滤波器进行平均值计算，则得到的数字量 D 代表 C_x与 C_{ref}的比值。有关$\Sigma-\Delta$ 模/数转换技术的更详细的讨论，可参见本书的第 6 章。

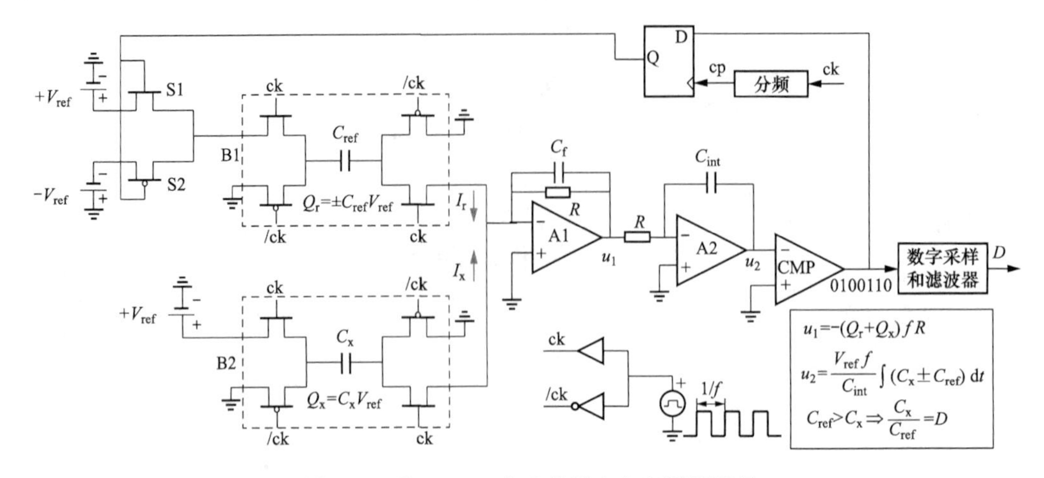

图 3-41 基于 CDC 方法的微小电容测量原理

3.3 模拟乘法器原理

在前面的叙述中提到了模拟信号的乘法器，这是一种非线性电路，广泛应用于信号的调制和解调、倍频和混频、相敏检波和锁相放大等领域。利用模拟乘法器还可以构造除法、平方和开方等电路。目前，模拟乘法器是除了运算放大器之外的另外一种重要的模拟集成电路，因此有必要理解其构成原理。虽然随着微处理器技术和可编程数字逻辑器件的发展，数字乘法器的应用更加广泛，而且相比于模拟乘法器，数字乘法器能够实现理想的乘法运算，而模拟乘法器则是对理想乘法器的近似，且会受到温漂和信号输入范围等因素的限制，但是数字乘法器受到 ADC 采样频率及微处理器速度等的限制，无法对高频信号使用且成本较高，此时模拟乘法器仍然具有不可替代的应用价值。图 3-42（a）给出了模拟乘法器的基本构造方法。

首先，利用一个对两路电压或电流输入信号敏感的非线性元件产生输出信号（输入/输出特性为包含直流、一次项、乘积项、平方项及其他高次项的复杂多项式）。然后，利用非线性抵偿电路消去直流、一次项和其他高次项，只保留乘积项，就可以实现输入信号的乘法输出。图 3-42（b）给出了利用具有乘积关系的非线性器件来实现四象限乘法器（输入信号 x 和 y 可以具有任意极性的乘法器）的原理框图。其中，输入信号 x' 和 y' 中包含了偏置或直流工作点及其他高次共模分量 X 和 Y，通过图示抵偿电路可以消去这些共模分量，得到乘积项 $x \cdot y$。图 3-42（c）则给出了利用具有平方律关系的器件特性来得到四象限乘法器的抵偿电路原理框图。

原则上，可以利用一切对多电量敏感且具有乘积关系的元件来实现模拟乘法器，如霍尔或磁阻器件。如图 3-43（a）所示，霍尔电势 u_h 正比于流过其中的电流 i_x 和外加磁场（由另外一个电流 i_y 激励产生）的乘积，因此利用霍尔元件可以实现模拟乘法器。同样的原理对于磁敏电阻也是有效的，如图 3-43（b）所示，各向异性 AMR 磁阻电桥被施加一个电压源 u_x（磁阻电桥实现了共模抵偿电路），整个电路受到外加磁场（由电流 i_x 激励）的调制，故利用磁阻也可以实现模拟乘法器。利用霍尔或磁阻元件实现的模拟乘法器，其输出与输入信号的乘积项之间并不是理想线性的，一般在大信号输入的情况下，由于饱和等因素，这些器件的线性度会变差。另外，产生磁场的线圈会影响乘法器的动态响应能力，并且不利于实现电路的集成。

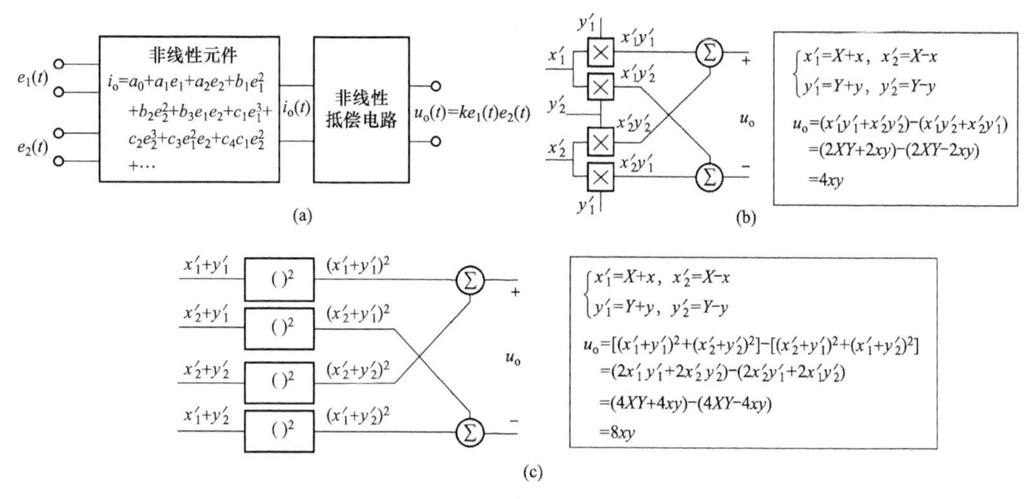

图 3-42　模拟乘法器

（a）基本原理；（b）基于乘积关系的方法；（c）基于平方律关系的方法

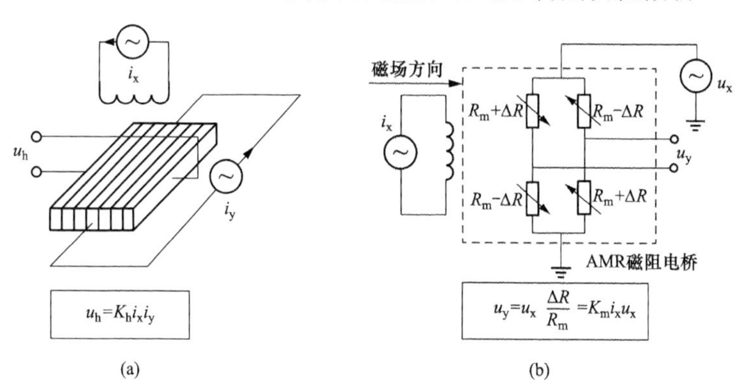

图 3-43　基于霍尔和磁阻效应乘法器

（a）霍尔元件乘法器；（b）AMR 磁阻乘法器

集成的模拟乘法器主要还是利用晶体管的特性来产生。图 3-44（a）给出了应用最普遍的吉尔伯特变跨导四象限模拟乘法器的原理，其中 MOS 差分对管 M1 和 M2 特性一致，它受到输入电压 u_y控制产生漏极电流 i_1 和 i_2，而 i_1 和 i_2 分别是差分对管 M3 和 M4 及 M5 和 M6 的偏置电流。以 M3 和 M4 为例，根据式（3-3），M3 和 M4 的跨导 g_{mb}与流过各个 MOS 管的偏置电流 $i_1/2$ 及栅极控制电压$\pm u_x/2$ 的乘积项成正比，因此通过 u_y控制 i_1 实际上也实现了对 M3 和 M4 的变跨导控制。M3 和 M4 的输出电流 i_3 和 i_4 则由 u_x和 g_{mb}的乘积来决定，最后通过差分连接消除共模分量，得到的输出电压 u_o正比于 u_x和 u_y的乘积。吉尔伯特乘法器从形式上是图 3-42（b）所示利用乘积项及差分抵偿电路实现四象限乘法的一种实例。图 3-44（b）给出了另外一种模拟乘法器构造方式，形式上它是图 3-42（c）所示利用 MOS 器件的平方律特性及差分抵偿电路来实现四象限乘法的实例。

同样是利用晶体管来实现的模拟集成电路，模拟乘法器与运算放大器的设计理念是不同的，运算放大器是一个偏置在直流工作点附近的小信号输入器件，故它可以采用小信号模型来分析，并且其跨导参数也近似是常数。运算放大器通过共源共栅或多级放大等设计使其增益非常高，然后采用负反馈应用方式，这就很好地克服了参数的非线性、温漂等的影响，获得了较高的线性特性。模拟乘法器主要还是利用器件自身的非线性特性来实现，这会受到工艺参数、温度、输入信号的幅值及抵偿电路性能的影响，故其性能远逊于数字乘法器，同时具有比较严格的使用条件。

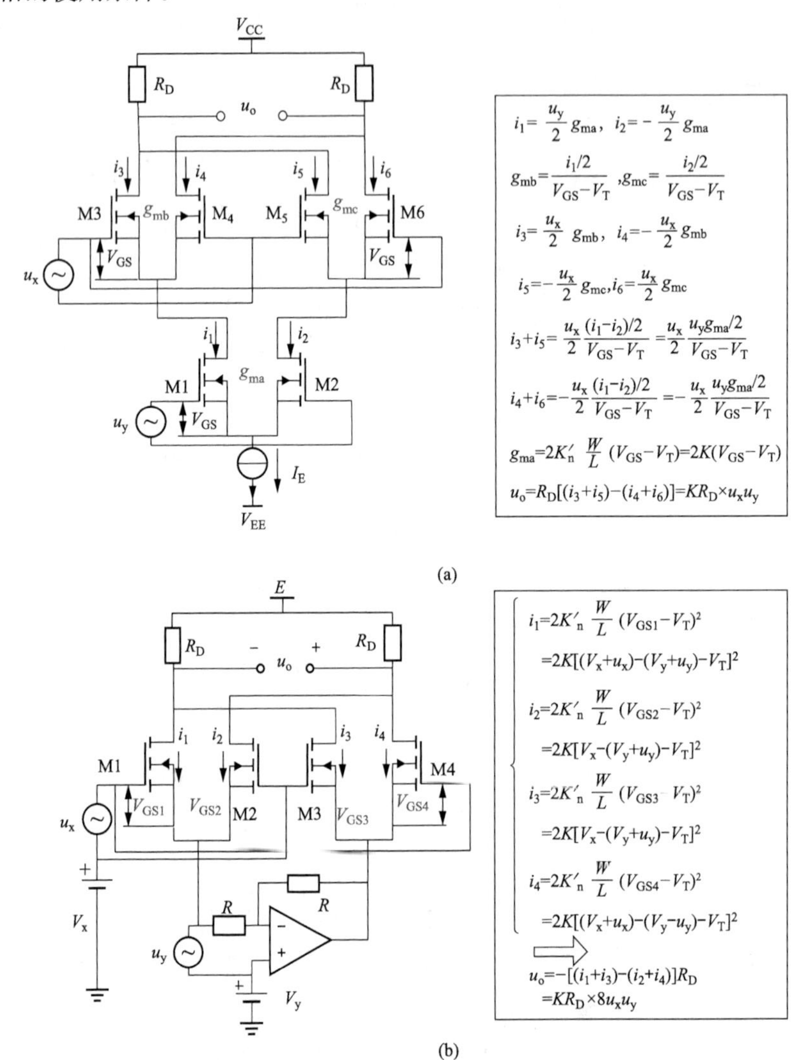

图 3-44 模拟乘法器

(a) 吉尔伯特乘法器；(b) 平方律乘法器

集成模拟乘法器还可以采用其他技术来实现，图 3-45（a）给出了利用脉宽调制（Pulse Width Modulation，PWM）技术来实现乘法器的原理。根据 PWM 原理，当输入信号 $e_1(t)$ 与高频三角载波［载波频率 f_c 远远大于被调制波 $e_1(t)$ 的频率 f_1］通过比较器生成脉宽调制信号后，其占空比 d 正比于 $e_1(t)$。将 PMW 信号施加到全桥开关电路上，其桥臂中点电压既包含 $e_1(t)$ 与全桥电路母线电压 $e_2(t)$ 的乘积（低频分量），也包含三角载波的高频分量。利用低通滤波器（LPF）滤除载波频率后，即得到输出电压 $u_o(t)=e_1(t)\times e_2(t)$。对于该乘法器，全桥开关电路需要采用双向导通的开关（如图中给出的两个 NMOS 构成的双向开关结构），同时全桥母线电压 $e_2(t)$ 的最高频率也要远远低于三角载波的频率。基于 PWM 的乘法器不需要利用器件的非线性特性，而且也无需复杂的非线性抵偿电路，因此具有良好的性能，并且电路也比较简单，适合集成，但是要求载波频率要远远高于输入信号的最高频率，这就限制了其在高频领域的应用。

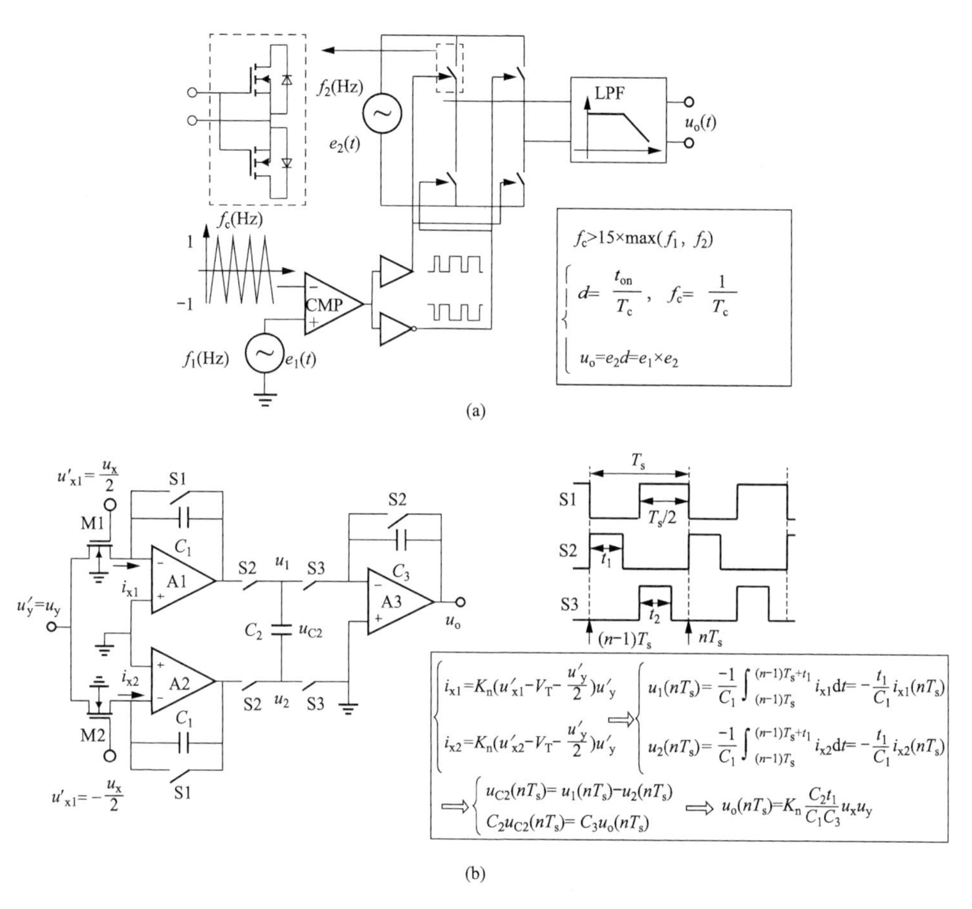

图 3-45　基于 PWM 原理以及基于开关电容技术的模拟乘法器

（a）PWM 乘法器；（b）开关电容乘法器

开关电容技术是模拟集成电路设计的一个重要领域，图 3-45（b）给出了利用耗尽型 MOSFET 器件的非线性特性及开关电容技术来实现模拟乘法器的原理和开关时序。耗尽型 MOS 的阈值电压 V_T 为负值，即它在零栅压下也能形成沟道，因此允许双极性栅极电压的输入。同时，根据式（3-1），MOS 在线性区工作的条件为 $V_{GS}>V_T$，$V_{DS}<V_{GS}-V_T$，即耗尽型 MOS 允许漏源电压 V_{DS} 为负。图 3-45（b）中，两个耗尽型 MOS 管 M1 和 M2 被配置在线性区，其源极分别连接了两个有源积分器 A1 和 A2，双极性输入信号 u_x' 和 u_y' 被分别施加到 MOS 的栅极和漏极。由于运算放大器的"虚短"特性，M1 和 M2 的源极总是接地的。这样流过 M1 和 M2 的电流 i_x 和 i_y 将满足 MOS 在线性区的 i_d-u_{gs} 关系式（3-1）。这是一个由乘积项构成的非线性关系，但是需要抵偿电路消去共模分量（包括阈值电压、一次项和平方项）。图 3-45（b）中，抵偿电路由开关电容 C_2 和有源积分器 A1 与 A2 及电荷放大器 A3 构成。

开关电容技术利用开关和电容器把连续的信号转换为离散的输出，并根据电容电荷等效原理实现某种变换。根据开关电容原理，开关 S_1～S_3 将周期性开断，i_x和 i_y在较短的开关周期 T_s内可以认为是恒定的。在第 n 个周期内，当 S_2 闭合后，积分器 A1 和 A2 开始积分，同时其差模输出将在开关电容 C_2 上存储电荷。当 S_3 闭合后，由于电荷放大器 A3 的作用，开关电容 C_2 上存储的电荷将全部转移到 C_3 上，电荷放大器可以消去寄生电容效应，并产生 $u_o(nT_s)$ 的离散输出，实现乘法运算。乘法器的系数与工艺参数 K_n、电容以及时间 t_1 有关。开关 S_1 和 S_2 同时还起到对 C_1 和 C_3 周期性放电的作用，这可以有效抑制积分器和电荷放大器的零漂问题。但是，S_2 开关闭合将造成输出电压 u_o为零，因此 u_o输出是离散的，如果要得到连续的输出，需要在 A3 后级联一个零阶保持电路。从以上原理可以看出，吉尔伯特乘法器需要较多的差分 MOS 管，且对 MOS 器件特性一致性具有严格要求，与此相比，开关电容技术则不仅实现简单，利于集成，且对器件特性的依赖也大大降低。不过，与 PWM 原理相似，开关电容技术也要求输入信号 x 和 y 的频率远低于开关频率 $1/T_s$。

3.4 通用阻抗的产生

在电路理论中，一个集总电路可以被等效为独立电压和电流源、受控电压和电流源及 R、L、C 参数构成的电网络。前文论述了如何通过负反馈应用的运算放大器构造各种受控源，甚至如何实现负电阻（Holand 电路）的原理，原则上，有源电路也可以被用来实现任意的阻抗，这是非常重要的电路设计思想。对于那些难以精确制造的电感元件及高值电阻和电容，或者要求很宽的调节范围又需要足够小的体积，而且很容易被集成在电路中的阻抗参数，通过有源电路来进行等效是一种行之有效的方式。当然，利用有源电路的受控特性还可以实现那些物理上不存在或者具有其他奇特性质的电路参数，如负阻抗和频变电阻等。图 3-46 给出了基于运算放大器和标准电阻与电容实现通用可调阻抗的一种方案——通用阻抗转换器（General Impedance Converter，GIC）。

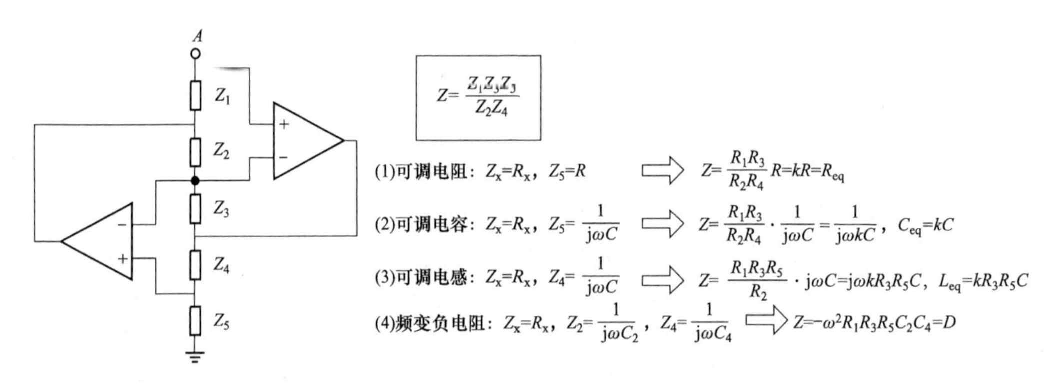

图 3-46 通用阻抗转换器

如图 3-46 所示，利用运算放大器的“虚短”特性，当所有阻抗元件都为电阻时，该电路可以实现可调电阻。如果选择 Z_4 或 Z_5 之一为标准电容 C，其他选择为电阻，则 GIC 可以实现通过电阻比值来调节的任意电容或电感。另外，如果选择 Z_2 和 Z_4 均为电容，那么 GIC 等效为一个频变电阻。由 GIC 实现的等效电路参数可以被应用于一个平衡电桥中，通过电阻比例的调节来实现电桥的平衡，读者可以自行设计相关电路。需要注意的是，GIC 实现的阻抗是一个接地阻抗（A 点相对参考地的等效阻抗），故它只能用于取代电桥中与电路参考地相连的阻抗元件。

阻抗具有电阻（实部）和电抗（虚部）两个部分，GIC 电路难以实现阻抗的实部和虚部单独可调，因此在图 3-47 中给出了更一般的有源阻抗实现方法。如图 3-47（a）所示，有源阻抗可以通过与电压源并联的受控电流源来实现，只要电流的大小和相位与电压源之间存在受控关系，那么控制系数 k 就代表阻抗。根据正弦稳态相量法，若 k 为实数，则受控电流源等效为电阻。若 k 为纯虚数，则等效为纯电感或电容。若 k 为复数，则等效为一般阻抗。图 3-47（b）给出了根据这个思想设计的有源阻抗电路方案。如图 3-47（b）所示，电阻 R_s、受控源 U_c和运算放大器 A 构成了一个电流负反馈闭环控制器。另外，从输入电源 $\dot{U}_s$ 通过单位增益移相电路得到两个正交分量：一个与 $\dot{U}_s$ 同相位（或反相位），另外一个则相差 90°（超前或滞后）。对这两个正交分量分别进行增益调节（实部增益 G 和虚部增益 B），合成信号作为电流闭环控制器的给定，利用运算放大器 A 的“虚短”性能，电源回路中的电流 $\dot{I}$ 将受到 U_s的控制，这样等效阻抗 Z_s将由 G 和 B 来决定。

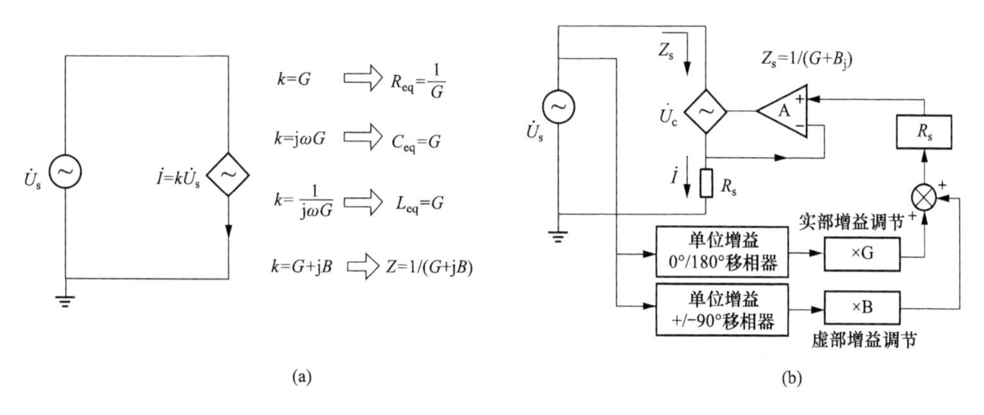

图 3-47　实虚部分别可调的通用阻抗实现原理

（a）基本原理；（b）实现方案

从以上原理可知，0°/180°移相器及＋/－90°移相器是整个电路的核心之一，它决定了有源阻抗在四象限相量图中的位置，包括正阻抗或负阻抗及容抗或感抗。理想移相器要求其增益和相移不随电源 $\dot{U}_s$ 的频率变化。0°/180°移相器可以采用同相或反相放大电路来实现，比较简单，相比之下，±90°移相器在实现上则比较复杂。图 3-48 给出了几种固定电源频率下的 90°移相器电路。

图 3-48（a）和 3-48（b）给出了微分电路和积分电路，这两种电路针对所有频率都能实现固定 90°移相，但是其增益却随频率而变化。积分器还需要一个反馈电阻 R_f来确保直流输入时运算放大器不会开环运行，从而保证了运算放大器的稳定。然而，为了不影响相位，要求 $R_f \gg R$。图 3-48（c）和 3-48（d）则给出了另外两种单位增益移相器，通过设置参数 R 和 C 可以实现不同的相移，相位设置范围为 0°～180°。这两种移相器虽然在各种频率下都是单位增益，但是其相位却随频率而变化，只是在一定频率范围内可以近似认为相位不变。在物理上要实现宽带全通移相器是困难的，只能采用传递函数在一定频率范围内进行近似，因此，对于包含谐波的宽带信号，采用图 3-47 给出的通用阻抗生成方法是有局限的。

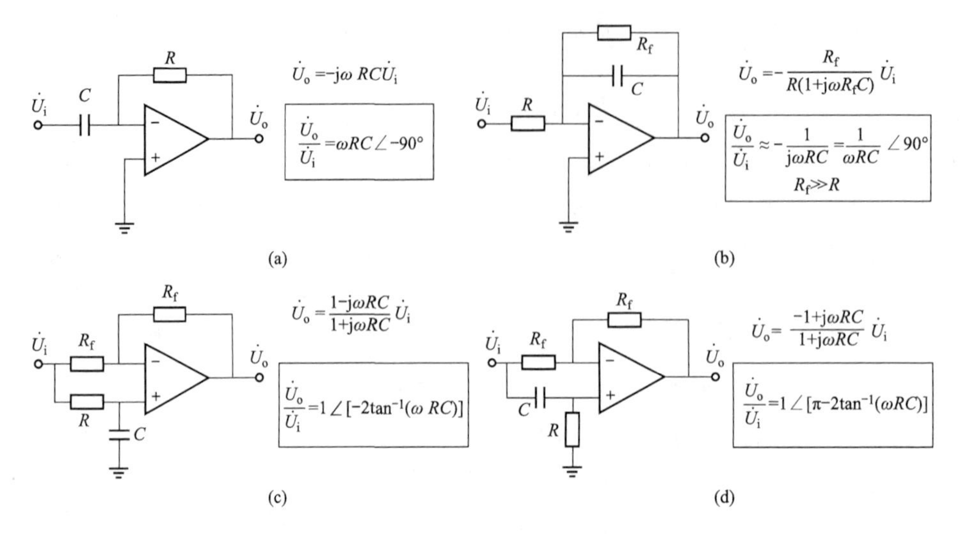

图 3-48　几种固定频率下的 90°移相器电路

（a）微分电路；（b）积分电路；（c）积分型单位增益移相电路；（d）微分型单位增益移相电路

【思考题】 根据图 3-47 给出的通用阻抗产生方法，设计一个在 10V/50Hz 频率下的有源阻感负载 $R=100\Omega$，$L=10\text{mH}$，画出电路图。图中的受控源可以采用单端输出的运算放大器来实现，而电流可用电阻 R_s 和差分放大器来检测。

3.5 有源滤波器设计

从上面的分析可知，基于负反馈连接的运算放大器有源电路可以实现不同的电路元件。首先它能实现各种受控电源（电压源或电流源）；其次，它可以实现 R、L 和 C 阻抗及负阻抗；第三，它可以实现各种传递函数，如前文给出的移相电路。传递函数反映了一个电路输入和输出之间的关系，通常采用随频率变化的增益和相位来表征。任意一个采用传递函数表征的电路都可以视为广义滤波器，但是它的作用并非仅仅是为了“滤波”。图 3-49 给出了采用信号自举技术构造的高输入阻抗放大器的原理，这种技术经常被应用于生物信号的测量。

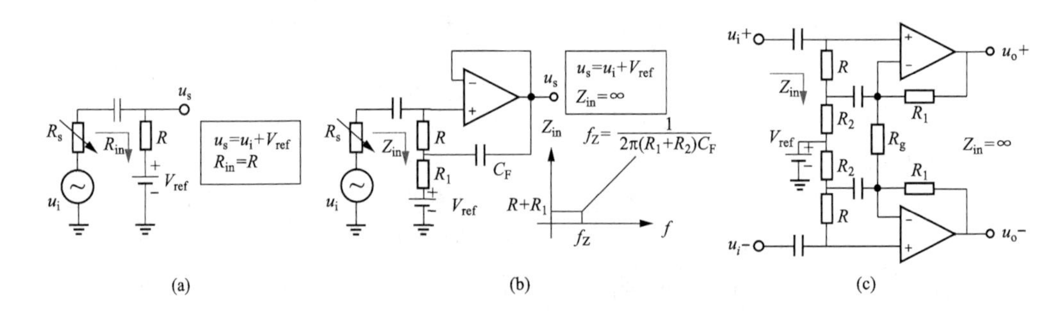

图 3-49　生物信号测量中的高频自举电路原理

（a）基本测量电路；（b）自举电路；（c）差分自举电路

生物信号可以等效为一个具有较高内阻的高频微弱信号源，通过在生物体上安装的电极来进行检测并通过低噪声前置放大器（经常由单晶体管电路来实现）放大，环境中的工频信号往往对检测电路产生严重的干扰。因此，检测电路一方面需要把生物信号叠加到直流工作点上进行放大，同时也需要对工频干扰信号进行衰减。图 3-49（a）把生物信号 u_i 通过隔直电容、串联电阻 R、直流偏置电压源 V_{ref} 进行偏移，但是该电路对交流信号具有较低的输入阻抗 $R_{in}=R$，故会引起输入信号的衰减。为此，图 3-49（b）通过一个跟随器（可采用单晶体管源极跟随器实现）及反馈电容 C_F 将高频信号自举，使得 R 两端的电位相等，从而抵消了输入电流，使得输入阻抗 $Z_{in}=\infty$。但是，由于 C_F 的作用，该电路对于低频信号没有自举能力，其输入阻抗较低，因此实现了对低频干扰信号的衰减。图 3-49（c）则给出了对生物信号进行差分测量的电路原理，该电路不仅实现高频自举，同时也能消除两路生物信号中的共模干扰。

滤波器的主要作用是对不期望的信号频率分量进行滤除或衰减以及降低噪声并提高信号的信噪比。对于一个滤波器，允许信号通过的频率范围称为通带，对信号产生衰减或阻碍的频带称为阻带，从通带到阻带的增益下降区域称为过渡带。理想滤波器分为低通、高通、带通和带阻滤波器 4 种，从通带到阻带直角锐变（过渡带宽度为 0）。以 LPF 为例，它的频谱是一个矩形，而对应的时域冲击响应是 sinc 函数，其波形沿时间轴左右无限延伸。由于在 $t=0$ 时刻已经有响应存在，因此它是非因果函数，这说明在某个频率处呈直角锐变的理想滤波器是不存在的，实际滤波器只能实现对理想滤波器的近似。在各种各样的近似中，有一些一直以来令人感到满意，它们是巴特沃斯、切比雪夫、考尔和贝塞尔近似。实际的滤波器会存在通带的起伏、滚降的过渡区及逐渐衰减的阻带，滤波器的性能则由最大通态起伏和过渡区宽度来表征。过渡区宽度是指滤波器的幅频特性从通带开始衰减（增益下降到 -3dB）时的频率 ω_c 到增益完全落到允许的最大阻带衰减值（如 -60dB）时的频率 ω_s 之间的带宽。一般来说，为了获得较窄的过渡带特性，需要提高滤波器的阶数，而在同样的阶数下，可以选择通带起伏较大的滤波器形式。

巴特沃斯滤波器从幅频特性上逼近理想滤波器，其增益表达式如式（3-9）所示。

$$|H(\mathrm{j}\omega)|=\frac{1}{\sqrt{1+(\omega/\omega_c)^{2n}}} \tag{3-9}$$

式中，n 为滤波器阶数；ω_c 为截止频率。

这种滤波器具有平坦的通带增益特性，故称为最大平坦滤波器。

切比雪夫滤波器也是从幅频特性上逼近理想滤波器，其增益为

$$|H(\mathrm{j}\omega)|=\frac{1}{\sqrt{1+\varepsilon^2 C_n^2(\omega/\omega_r)}} \tag{3-10}$$

式中，ε 为决定通带纹波大小的波动系数（$0<\varepsilon<1$）；$C_n(\omega/\omega_c)$ 为 n 阶切比雪夫多项式，其定义在式（3-11）中给出。

$$C_n(\omega/\omega_c)=\begin{cases}\cos[n\cdot\arccos(\omega/\omega_c)] & \omega/\omega_c\leqslant 1\\ \cosh[n\cdot\arccos(\omega/\omega_c)] & \omega/\omega_c\geqslant 1\end{cases} \tag{3-11}$$

切比雪夫滤波器以引入通带起伏为代价，使过渡带增益曲线下降斜率最大化，它可以用低于巴特沃斯滤波器的阶数来实现给定的过渡带截止频率，因此降低了电路的复杂度。

考尔滤波器也被称为椭圆滤波器，它比切比雪夫滤波器更进一步地同时用通带和阻带的起伏为代价来换取过渡带更为陡峭的特性。因此，它们可以用比切比雪夫滤波器更低的阶数来实现要求的过渡带特性。

贝塞尔滤波器又称恒时延滤波器，其主要特点是在通带内近似线性相位系统，这样非正弦信号通过这种滤波器时不会产生严重的相位失真，但是，在同样的阶数下，其过渡带的陡峭程度在几种滤波器中是最低的。

利用数学工具MATLAB很容易对上述模拟滤波器进行设计，得到其传递函数。滤波器传递函数有两种形式表示：一种是按照分子分母多项式系数来表示，如式（3-12)，另外一种则以零点、极点和增益来表示，如式（3-13)。采用零点和极点的表示方法有利于采用级联方式通过基本的一阶和二阶滤波器电路来实现高阶滤波器。

$$H(s)=\frac{B(s)}{A(s)}=\frac{b(1)s^n+b(2)s^{n-1}+\cdots+b(n+1)}{s^n+a(2)s^{n-1}+\cdots+a(n+1)} \tag{3-12}$$

$$H(s)=k\frac{(s-z_1)(s-z_2)\cdots(s-z_m)}{(s-p_1)(s-p_2)\cdots(s-p_n)},m\leqslant n \tag{3-13}$$

【例3-5】 利用MATLAB设计一个巴特沃斯（butter）和切比雪夫-I型（cheby1）低通滤波器（这种滤波器具有平坦的阻带特性），要求截止频率（－3dB频率）为50Hz，通带纹波小于－10dB，而阻带频率小于或等于300Hz，阻带衰减大于－60dB。

利用MATLAB的butter和cheby1滤波器设计函数在不同的阶数、不同的通带起伏（cheby1）条件下设计滤波器，得到滤波器传递函数的分子和分母系数，然后绘制其波特图，根据波特图选择合适的滤波器。下面给出了3阶和4阶butter及具有不同通态起伏的3阶cheby1滤波器的MATLAB设计程序及设计结果（图3-50）。

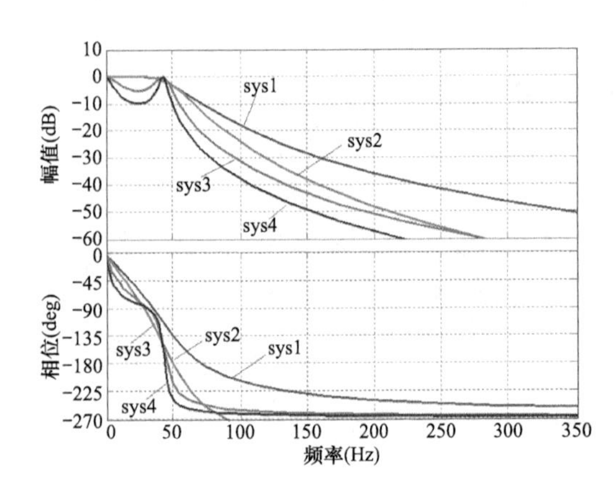

图3-50 不同滤波器的波特图

```
% ****************************************************************************
  clear
  w0 = 2 * pi * 50;      % 设置截止频率
  [B1,A1] = butter(3,w0,'s'); % 生成 3 阶 butter 滤波器系数
  [B2,A2] = butter(4,w0,'s'); % 生成 4 阶 butter 滤波器系数
  [B3,A3] = cheby1(3,5,w0,'low','s');
      % 生成 3 阶 cheby1 滤波器系数,允许通态起伏 5db
  [B4,A4] = cheby1(3,10,w0,'low','s');
      % 生成 3 阶 cheby1 滤波器系数,允许通态起伏 10db
  sys1 = tf(B1,A1); % 3 阶 butter 的传递函数
  sys2 = tf(B2,A2); % 4 阶 butter 的传递函数
  sys3 = tf(B3,A3); % 3 阶 5dB 起伏的 cheby1 的传递函数
  sys4 = tf(B4,A4); % 3 阶 10dB 起伏的 cheby1 的传递函数
  bode(sys1,'b',sys2,'g',sys3,'r',sys4,'k'); % 绘制波特图
  grid  on % 显示栅格
```

从图 3-50 的设计结果可以看出，巴特沃斯滤波器具有最大平坦的通带特性。同时，在同等阶数条件下，切比雪夫滤波器具有比巴特沃斯滤波器更陡峭的过渡带，但是代价是具有通态起伏，而且所允许的通态起伏越大，则可以获得越陡峭的过渡带特性。

高阶滤波器可以采用基本的一阶和二阶滤波器级联来实现，为了减少模拟电路的复杂度和串联级数，往往先把高阶滤波器尽量分解成二阶滤波器的级联。既然一个二阶滤波器需要两个极点才能构造，因此如果高阶滤波器的传递函数共有 m 个极点（m 为偶数），则它可以被分解成 $m/2$ 个二阶滤波器级联单元，而如果高阶滤波器的极点数为奇数 n，则它可以分解成（$n-1)/2$ 个二阶滤波器单元和 1 个一阶滤波器单元。一阶单元的冲击响应特性是一个指数函数，其极点表征了时间常数。二阶单元的响应特性也由其极点决定，若两个极点是具有负实部的共轭复数极点（左半平面非实轴上的极点），则此二阶滤波器是欠阻尼的，其响应是衰减的正弦函数，谐振频率为 ω_0。若在频率 ω_0 处的滤波器增益由品质因数 Q 来表征，则 $Q>0.5$。若两个极点是负实数（左半平面实轴上的极点），则该滤波器具有过阻尼的响应特性，其品质因数 $Q<0.5$。纯虚数的极点（虚轴上的极点），则表征了该滤波器只会在 ω_0 处产生谐振，故 $Q=\infty$。若极点为正实数或正实部极点（右半平面的极点），则表示该二阶单元的响应是发散和不稳定的。标准的二阶响应可以通过阻尼系数 ζ、品质因数 Q 和谐振频率 ω_0 来表征，它与极点 p_1 和 p_2 的关系为

$$\begin{cases} H(s)=\dfrac{N(s)}{(s-p_1)(s-p_2)}=\dfrac{N(s)/\omega_0^2}{(s/\omega_0)^2+2\zeta(s/\omega_0)+1} \\ p_{1,2}=-\zeta\omega_0\pm \mathrm{j}\omega_0\sqrt{1-\zeta^2} \end{cases} \tag{3-14}$$

令 $s\to \mathrm{j}\omega$，且引入 Q 到方程中，则可以得到滤波器的频率特性为

$$\begin{cases} H(\mathrm{j}\omega)=\dfrac{N(\mathrm{j}\omega)/\omega_0^2}{\sqrt{1-(\omega/\omega_0)^2+(\mathrm{j}\omega/\omega_0)/Q}} \\ Q=1/(2\zeta) \end{cases} \tag{3-15}$$

根据上述方程，可知对于一个标准二阶滤波器，为了保持稳定性，要求阻尼系数 $\zeta>0$。当 $0<\zeta<1$ 时，$Q>0.5$，滤波器为欠阻尼响应，当 $\zeta>1$ 时，$Q<0.5$，滤波器为过阻尼响应。

标准二阶滤波器的零点多项式 $N(s)$ 则表征了滤波器的 4 种类型：低通、高通、带通或带阻滤波器。它们的标准频率特性如式（3-16）～式（3-19）所示。

$$H_{\mathrm{LP}}(\mathrm{j}\omega)=\frac{1}{s^2/\omega_0^2+s/(\omega_0 Q)+1}\xlongequal{s=\mathrm{j}\omega}\frac{1}{1-(\omega/\omega_0)^2+\mathrm{j}(\omega/\omega_0)/Q} \tag{3-16}$$

对于式（3-16）给出的二阶低通滤波器，其低频增益为 1，而高频增益呈现 $-40\mathrm{dB/dec}$ 的斜率滚降，在 ω_0 处的增益为 Q。通过 ω_0 可以配置滤波器的截止频率，而通过选择不同的 Q 可以使得幅频特性呈现有谐振峰或无谐振峰的情况，它对滤波器截止频率附近的曲线的形状具有重要的影响。

$$H_{\mathrm{HP}}(\mathrm{j}\omega)=\frac{s^2/\omega_0^2}{s^2/\omega_0^2+s/(\omega_0 Q)+1}\xlongequal{s=\mathrm{j}\omega}\frac{-(\omega/\omega_0)^2}{1-(\omega/\omega_0)^2+\mathrm{j}(\omega/\omega_0)/Q} \tag{3-17}$$

对于式（3-17）给出的二阶高通滤波器，它具有两个原点处的零点（二阶零点），其高频增益为 1，而低频增益则呈 40dB/dec 的斜率上升。同样，该频率特性在 ω_0 处的增益为 Q。

$$H_{\mathrm{BP}}(\mathrm{j}\omega)=\frac{s/(\omega_0 Q)}{s^2/\omega_0^2+s/(\omega_0 Q)+1}\xlongequal{s=\mathrm{j}\omega}\frac{(\mathrm{j}\omega/\omega_0)/Q}{1-(\omega/\omega_0)^2+\mathrm{j}(\omega/\omega_0)/Q} \tag{3-18}$$

对于式（3-18）给出的二阶带通滤波器，它具有一个原点处的零点。增益曲线在 ω_0 处呈现峰值，峰值增益为 1。不同的 Q 值具有不同的曲线形状，Q 值低则曲线形状较宽，Q 值高则曲线形状较为狭窄。

$$H_{BS}(j\omega)=\frac{s^2/\omega_0^2+1}{s^2/\omega_0^2+s/(\omega_0 Q)+1}\xlongequal{s=j\omega}\frac{1-(\omega/\omega_0)^2}{1-(\omega/\omega_0)^2+j(\omega/\omega_0)/Q} \tag{3-19}$$

对于式（3-19）给出的二阶带阻滤波器，它具有一个虚轴上的两个对称零点 $\pm j\omega_0$。增益曲线在 ω_0 处出现凹陷（无限深），而其他位置的增益为 1。不同的 Q 值具有不同的曲线形状，Q 值低则曲线形状较宽，Q 值越高则曲线形状越狭窄。

标准二阶低通、高通、带通和带阻滤波器可以通过无源电路来实现，最简单的无源滤波器由两级 *R-C* 电路构成，如图 3-51 所示。但是由 R 和 C 构成的二阶滤波器最主要的问题是其 Q 值均小于 1，即在谐振频率 ω_0 处的增益仅为通态增益的 1/3 或 1/4，严重影响其过渡带的斜率，滤波性能不理想。

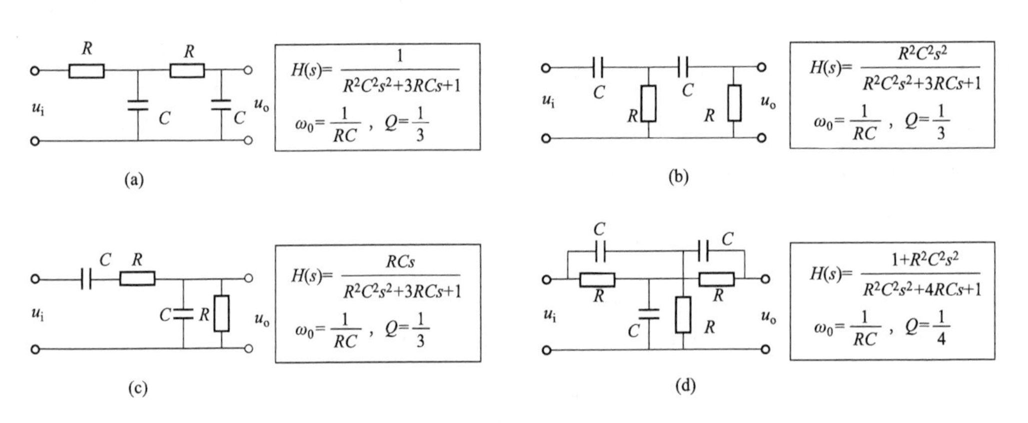

图 3-51　由级联 R-C 电路构成的二阶无源滤波器

（a）低通；（b）高通；（c）带通；（d）带阻

为了获得高 Q 值，可采用 *R-L-C* 谐振电路构成的二阶滤波器，如图 3-52 所示。其中，图 3-52（a）～图 3-52（c）给出了由 *R-L-C* 串联谐振电路构成的二阶低通、高通和带通滤波器，实际上它们是同一个谐振电路在 u_i 输入激励作用下分别从 C、L 或 R 上获得输出响应 u_o 的结果。图 3-52（d）和图 3-52（e）则给出了利用并联谐振电路构成的二阶带通和带阻滤波器。

R-L-C 滤波器在高谐振频率的场合应用非常普遍，但是在低频场合，由于需要较大的滤波电感，结果导致滤波器体积大、电感参数分散性高且不易设计等问题，因此一般希望在滤波电路中只采用 R 和 C，而避免采用电感，电感可以采用图 3-46 给出的 GIC 电路来取代。GIC 电路的等效阻抗为接地阻抗，因此对于图 3-52（b）和 3-52（d）给出的滤波器拓扑，它可以直接被应用来取代电感 L。图 3-53（a）给出了高通滤波器采用 GIC 电路替代后的电路原理。

对于图 3-52（a）、3-52（c）和 3-52（e）中的浮地电感 L，GIC 电路则无法将其取代。此时可以采用一种阻抗的频率变换思想，即对滤波器的每个元件 R、L 和 C 均乘以 $1/s=1/(j\omega)$ 进行阻抗变换，这样整个传递函数并不受影响，但是电阻 R 将变成电容 C'，电感 L 将变成电阻 R'，电容 C 将变成频变电阻 D 参数。图 3-53（b）给出了参数变换原理，而图 3-53（c）则给出了根据阻抗变换后由 GIC 实现的低通滤波器原理。

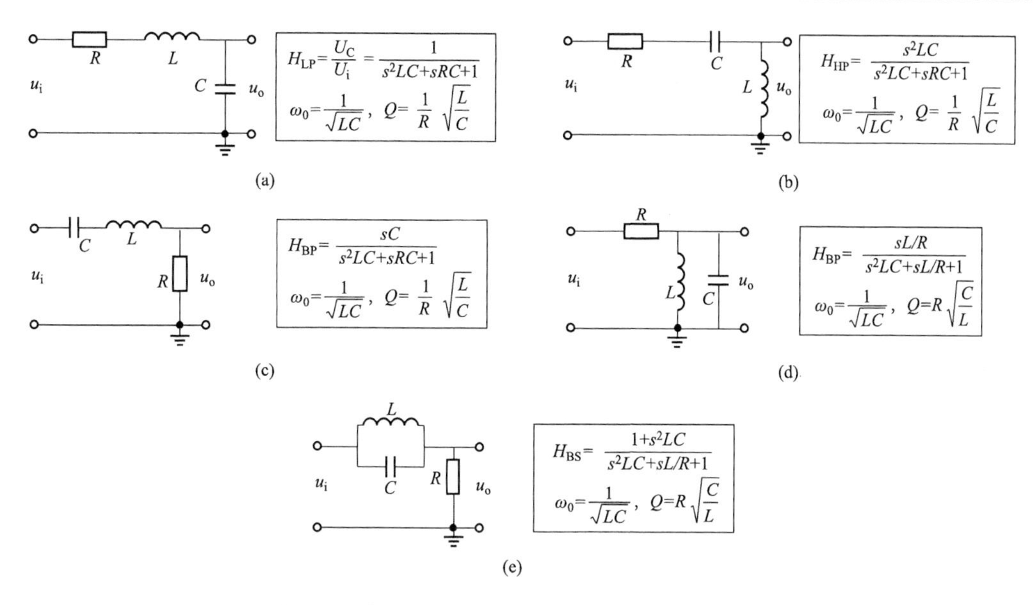

图 3-52　由 R-L-C 谐振电路构成的无源二阶滤波器

(a) 串联谐振低通滤波器；(b) 串联谐振高通滤波器；(c) 串联谐振带通滤波器；(d) 并联谐振带通滤波器；(e) 并联谐振带阻滤波器

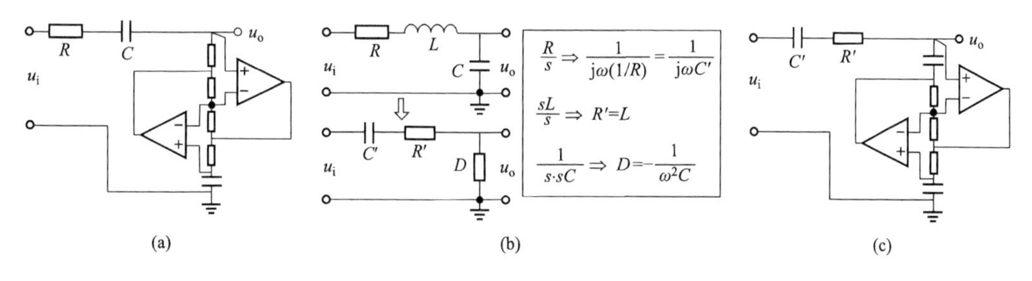

图 3-53　采用 GIC 电路的二阶有源滤波器

(a) 基于 GIC 的高通滤波器；(b) 滤波器的阻抗变换原理；(c) 基于 GIC 的低通滤波器

采用 GIC 电路要采用较多的运算放大器，当用于实现高阶滤波器时电路结构比较复杂。实际上，一个有源二阶滤波器可以采用单个运算放大器及 R 和 C 参数来实现，图 3-54 给出了著名的基于单运算放大器的 KRC 二阶滤波器的几种电路形式。从图 3-54 中拓扑可以看到，它是由图 3-51 给出的无源 R-C 二阶滤波器和一个同相放大器构成的，其中运算放大器的输出还被反馈到无源滤波器的中间节点上，构成一个正反馈支路。

以图 3-54 (a) 中的低通滤波器为例，在低频和高频下，由于电容 C_1 的隔直作用及 C_2 的高频旁路作用，正反馈都很弱，而只有在截止频率附近会起作用。因此，在传递函数上，正反馈会造成截止频率附近产生高谐振峰，从而克服了 RC 无源滤波器的 Q 小于 1 的缺点，同时，也避免了在 R-L-C 滤波器中使用电感元件。图 3-54 中还给出了在等值元件的条件下滤波器通带增益 H_0，谐振频率 ω_0 及 Q 值与电路参数的关系。仍以低通滤波器为例，所谓等值元件即令 $R_1=R_2=R$，$C_1=C_2=C$，该设计简单但却会造成 H_0 和 Q 值之间存在耦合，不能被分别独立设计。另外一种设计方法是采用单位增益法，即令同相放大器增益 $K=1$，选择不同的 R_1，C_1，R_2 和 C_2 值来满足 ω_0 及 Q 的设计要求，它可以消除 H_0 和 Q 值之间的耦合，不过需要选择的元件较多，设计上略微有些复杂。

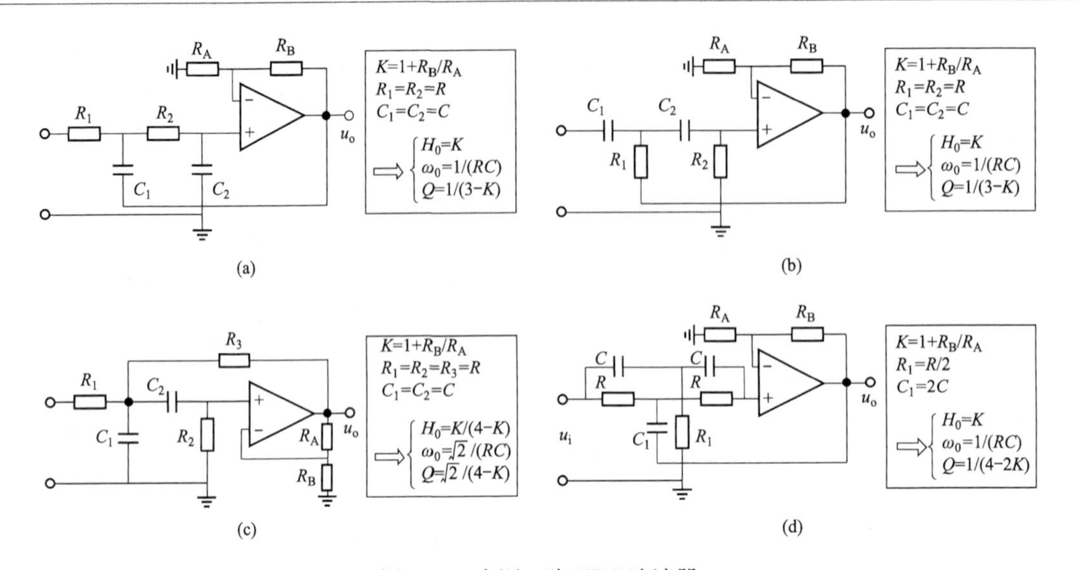

图 3-54　有源二阶 KRC 滤波器

（a）低通滤波器；（b）高通滤波器；（c）带通滤波器；（d）带阻滤波器

KRC 滤波器通过在无源滤波器基础上添加正反馈支路来构造，但是有源滤波器也可以由多重负反馈来构造（形成多环反馈系统），这类滤波器的典型实例如图 3-55 所示。

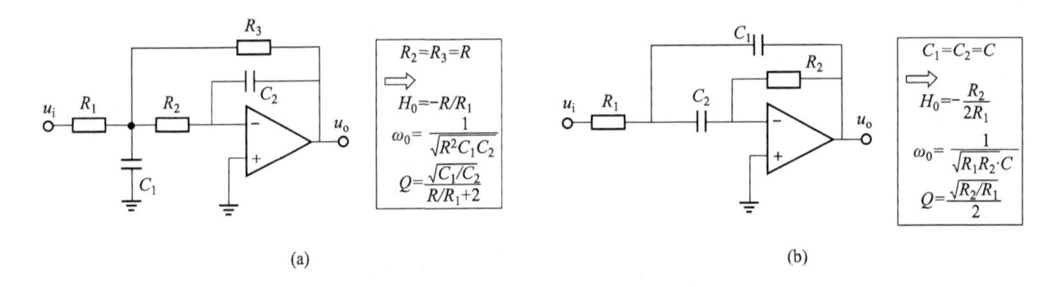

图 3-55　多重负反馈有源滤波器

（a）低通滤波器；（b）带通滤波器

基于多重反馈也可以构造高通和带阻滤波器，但是存在滤波器的输出特性指标之间相互耦合，参数可调性差的问题。根据式（3-16）～式（3-19）所示，一个低通滤波器可以通过一个带通滤波器级联一个积分器构成，一个高通滤波器可以通过一个带通滤波器级联一个微分器构成，而一个带阻滤波器则可以通过把带通滤波器的输出与输入信号做减法来获得。可见，带通滤波器是构成其他滤波器的一个基础。基于这种思想可以根据图 3-55 中的带通滤波器电路来构造高通和带阻滤波器的电路，如图 3-56 所示，以增加一个运算放大器的代价来克服直接采用多重反馈构造高通和带阻滤波器的缺陷。利用状态反馈和积分器也可以实现二阶有源滤波器，当然积分器需要被置于闭环内，其主要思想是如何利用电路来实现滤波器的时域状态方程，在此不再赘述，相关内容可参考文献［2］。

一个高阶滤波器可以被分解成若干个一阶和二阶滤波器的级联，但是一个高 Q 值的滤波器被置于级联的前端有可能造成运算放大器输出饱和，或者造成输出信号过大而无法通过下一级传输的现象，因此一般把各滤波器按照 Q 值从低到高的次序进行级联。下文给出了采用低阶滤波器级联实现例 3-5 中设计的 4 阶巴特沃斯低通滤波器的一个实例。

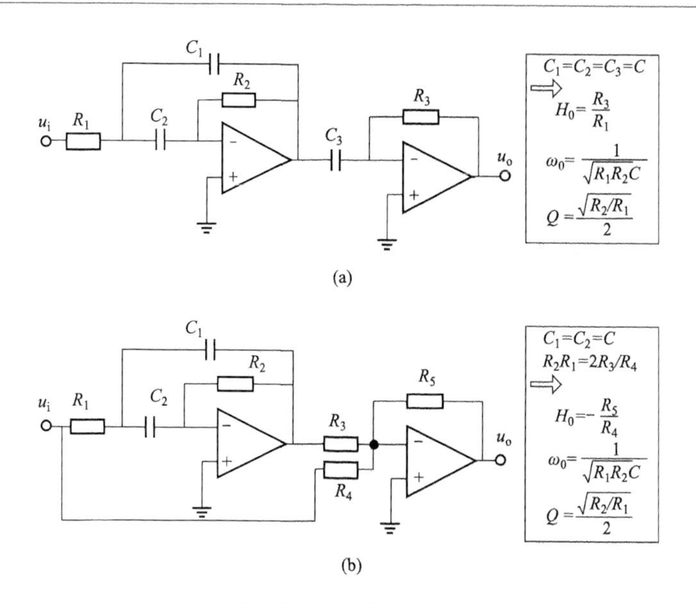

图 3-56　由多重反馈带通滤波器构造的高通和带阻滤波器

（a）高通滤波器；（b）带阻滤波器

【例 3-6】 利用一阶和二阶有源滤波器级联实现例 3-5 中设计的 4 阶巴特沃斯滤波器。

首先利用 Matlab 滤波器设计函数得到被设计的 4 阶 butter 滤波器的增益 k、零点 z 和极点 p 如下：

```
% ***********************************************************************
clear
w0 = 2 * pi * 50; % 截止频率
[z,p,k] = butter(4,w0,'s');
        % 4 阶 butter 滤波器的增益和零
        极点
% ***********************************************************************
```

$$k = 9.7409 \times 10^9, p = \begin{bmatrix} -2.9025 + 1.2022j \\ -2.9025 - 1.2022j \\ -1.2022 + 2.9025j \\ -1.2022 - 2.9025j \end{bmatrix} \times 10^2$$

然后构造其传递函数并将其分解成两个二阶滤波器的级联形式，如下：

$$G(s) = 9.7409 \times 10^9 \times \frac{1}{(s^2 + 5.805 \times 10^2 s + 9.8698 \times 10^4)} \times \frac{1}{(s^2 + 2.4044 \times 10^2 s + 9.8698 \times 10^4)}$$

将上述传递函数变换成标准二阶滤波器形式，如下：

$$G(s) = \frac{1}{(s/314.16)^2 + 0.0059s + 1} \times \frac{1}{(s/314.16)^2 + 0.0024s + 1}$$

通过上述传递函数得到两级滤波器的谐振频率 ω_0 和 Q 值表达式，如下：

$\omega_{01} = 314.16$，$Q_1 = 1.8535$；　$\omega_{02} = 314.16$，$Q_2 = 0.754$；

最后，利用图 3-54（a）给出的 KRC 低通滤波器以及等值元件法来实现两个级联的滤波器，并把低 Q 值的滤波器置于前面，得到实际的设计电路，如图 3-57 所示。需要注意的是，由于采用等值元件法，因此 Q 值由滤波器的直流增益 H_0 来决定，这样为了保证了 Q 的设计，滤波器的增益就无法保证是单位增益，而是图 3-57 中的 $H_0 = 4.1$ 倍。

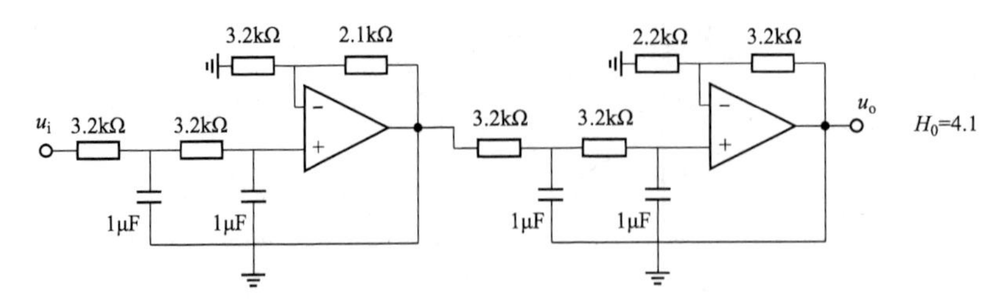

图 3-57 一个 4 阶 butter 低通滤波器的实际设计

参考文献

［1］ WILLY M C SANSEN，著．模拟集成电路设计精粹［M］．陈莹梅，译．北京：清华大学出版社，2007.

［2］ 赛尔吉欧・佛朗哥，著．基于运算放大器和模拟集成电路的电路设计［M］．刘树棠，朱茂林，荣枚，译．3 版．西安：西安交通大学出版社，2004.

第 4 章　运算放大器的非理想特性及噪声

利用运算放大器的高输入阻抗、高增益特性以及负反馈连接可以构造出性能理想的放大和变换电路，这些电路的分析和设计基本都利用了运算放大器的“虚断”“虚短”、对共模信号完全抑制、输出不受电源电压波动的影响、输出不含噪声等理想特性。但是在实际应用中，运算放大器的真实特性并非完全理想，一些非理想因素会对电路的输出造成影响。如果不能有效认识运算放大器的非理想特性，并且在实际电路设计中充分考虑它们，则可能造成电路的输出达不到期望，甚至会造成设计失败。本章将主要介绍运算放大器静态和动态性能方面的一些非理想因素及它们对电路可能产生的影响。

4.1　运算放大器的静态非理想特性

运算放大器的静态非理想特性主要包括失调电压（V_{OS}）、偏置电流（I_B）和失调电流（I_{OS}）、有限的共模抑制比（Common Mode Rejection Ratio，CMRR）、有限的电源抑制比（Power Supply Rejection Ratio，PSRR）。图 4-1 给出了一个考虑了各种非理想因素的实际运算放大器的电路模型。该模型由一个理想运算放大器 A 以及等效到其输入侧的失调电压源（V_{OS}）、由共模信号和有限 CMRR 引起的受控电压源（V_{cm}/CMRR）、电源电压波动 ΔV_s和有限 PSRR 引起的受控电压源（ΔV_s/PSRR）、同相和反相端不同的偏置电流源（I_{B+} 和 I_{B-}）、噪声电压源（e_n）、同相端和反相端的噪声电流源（i_{n+} 和 i_{n-}）以及阻容并联的输入阻抗构成。由于运算放大器的各种非理想特性根据具体放大电路的形式不同对输出的影响也不一样，因此以信号源的形式被等效到输入侧，再分析它们对理想放大电路的影响是行之有效的方法。

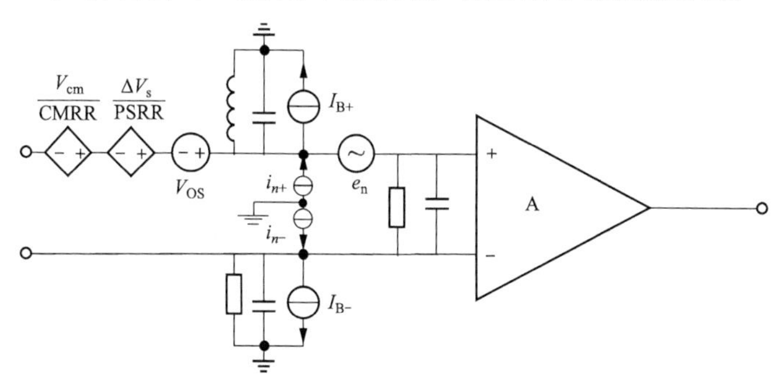

图 4-1　考虑非理想特性的实际运算放大器的电路模型

4.1.1　运算放大器的失调电压 V_{os}

在运算放大器的同相和反相端均接入准确相等的电压，理想情况下，运算放大器的输出应该为零，但是在实际中，还需要接入一个微小的差分电压才能使输出为零，这个电压称为失调电压。图 4-1 中的失调电压 V_{OS}是一个被等效到运算放大器的同相输入端的电压源（有些资料上也把它等效在反相输入端）。失调电压主要是由于运算放大器输入差分对的失配造成的，一般精密运算放大器在设计中均会进行一定的补偿。表 4-1 给出了几种不同类型运算放大器失调电压的范围。

表 4-1 **不同类型运算放大器失调电压的范围[1]**

运算放大器的类型	失调电压数量级
斩波稳定型运算放大器	<1μV
普通精密运算放大器	50～500μV
高精密双极性运算放大器	10～25μV
高精密 JFET 输入运算放大器	100～1000μV
高速运算放大器	100～2000μV
未做补偿的通用 CMOS 运算放大器	5～50mV

失调电压并不是固定的直流偏移量，而是温度的函数，即存在温漂，其温度系数定义为 $TC\ (V_{OS})=\partial V_{OS}/\partial T$。因此，失调电压可表示为 $V_{OS}=V_{OS}(25°)+TC(V_{OS})(T-25°)$。典型失调电压温度系数为 1～10μV/℃。另外，失调电压还会随时间的变化产生老化漂移。运算放大器的失调电压一般采用图 4-2（a）给出的电路来进行测试[1]。由于失调电压非常小，因此测量电路提供 1000 倍左右的放大倍数。为了抵消偏置电流且平衡热电势的影响，在运算放大器的同相端和反相端均配置了对称的电阻网络，且需要精密的电阻配合。运算放大器的失调电压会对高增益的放大电路造成误差影响，同时还会使纯积分电路（没有反馈电阻）输出饱和，其原理如图 4-2（b）所示。

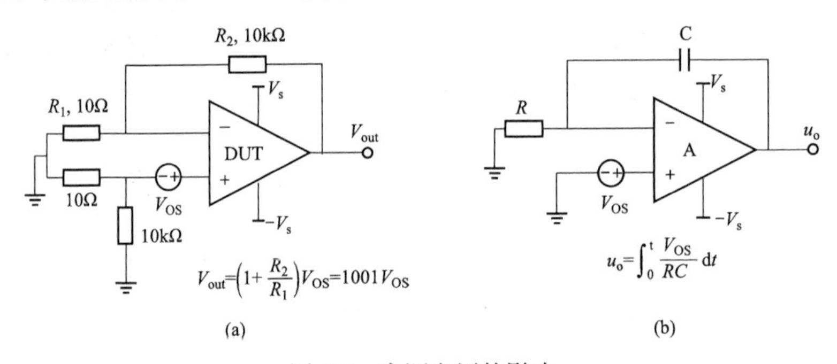

图 4-2 失调电压的影响

（a）失调电压的测试电路；（b）考虑失调电压的积分器电路

4.1.2 运算放大器的偏置电流和失调电流

理想运算放大器被认为没有电流流入其同相端和反相端，但是实际上存在两个偏置电流 I_{B+}和 I_{B-}。偏置电流的大小随运算放大器的结构和工艺不同有很大的差别，有些特殊的运算放大器其偏置电流非常小，例如 AD549 大约仅 60fA，它们被用来对电子进行测量，但是有些高速运算放大器的偏置电流则高达几十 mA。一般 BJT 或 JFET 工艺的运算放大器，其偏置电流的方向都是单向的，但是有些内部进行过偏置补偿的运算放大器输出电流的方向则不确定。偏置电流的主要问题是当它们流过放大电路的外部阻抗时，会产生压降，结果造成放大电路的误差。如果设计者忘记这一点，那么电路有可能根本就不能正常工作。如图 4-3（a）所示中，一个交流信号 u_{in}通过耦合电容 C 连接到放大器 A 的同相端进行放大，由于偏置电流 I_B的存在，隔直电容会被充电，使得电路输出 V_{out}并不等于期望的放大值。实际上，偏置电流在该电路中会导致运算放大器输出饱和。另外，如果一个运算放大器的偏置电流非常小，这意味着运算放大器将具有极高的输入直流阻抗，那么它的端子就很容易积累电荷，结果会造成电路的工作异常或者遭受干扰的影响。

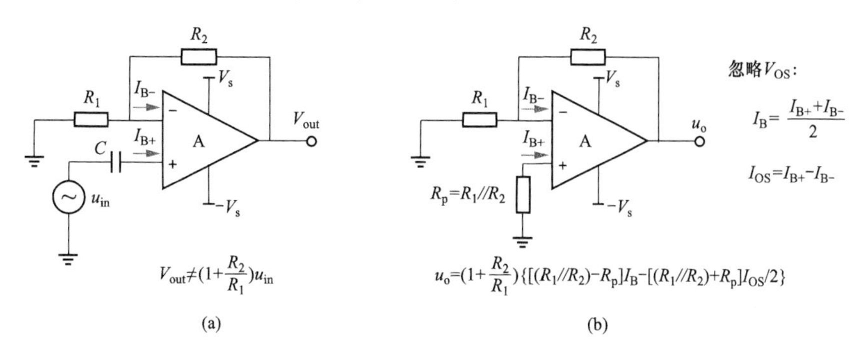

图 4-3　偏置电流的影响

(a) 偏置电流对交流耦合电路的影响；(b) 利用电阻来抵消偏置电流的影响

如果运算放大器的偏置电流 I_{B+} 和 I_{B-} 精确相等，那么它们的影响可以通过阻抗匹配来进行补偿，如图 4-3 (b) 给出的反相放大器的实例，其同相端连接的电阻 $R_p=R_1/\!/R_2$ 可以补偿偏置电流的影响。但是，如果 I_{B+} 和 I_{B-} 并不严格相等，它们的差称为失调电流 $I_{OS}=I_{B+}-I_{B-}$，那么电阻补偿效果就会受到影响。运算放大器偏置电流可以通过图 4-4 (a) 中的测试电路被测量[2]。在该电路中，被测运算放大器 (DUT) 的两个输入端对称串入高值电阻 R_s，偏置电流会在 R_s上产生额外的偏置电压（与运算放大器的失调电压 V_{OS}相区别)。DUT 之后级联一个积分器 A，其输出被反馈到 DUT 的输入测，整体构成负反馈电路。积分器构成该闭环电路的偏差调节器，它具有极高的直流增益，可消去 DUT 输出中的直流电压，这样将使 DUT 输入侧失调电压 V_{OS}以及偏置电流 I_{B+} 和 I_{B-} 造成的差分电压被反馈电压完全补偿而反馈电压乘以增益 $1+R_2/100$ 则等于输出电压 V_{out}。当然，积分器运算放大器 A 要求比 DUT 具有更低的失调电压和偏置电流，以减少对测量带来的误差影响。为了对输出 V_{out} 中不同失调因素进行区别，可以分别将两个电阻 R_s短路来进行测试。开关 S1 闭合时测量 I_{B+}，S2 闭合时测量 I_{B-}，同时闭合测量 V_{OS}，而把它们同时断开则可以测量失调电流 I_{os}。对于 BJT 型的运算放大器，R_s的典型值在 100kΩ 以上，但是对于 JFET 型的运算放大器，R_s有可能高达 10GΩ。对于极小的偏置电流还可以采用图 4-4 (b) 给出的另外一个电路来测试[2]。该电路基于积分原理来测量，利用偏置电流对积分电容充电，根据输出电压变化的速率来计算出偏置电流。分别互补控制图中两个开关 S_1 和 S_2（一个断开，另外一个对应闭合），则可以分别测量出 I_{B+} 和 I_{B-}，最终被测偏置电流的额定值等于两个电流的平均值即 $I_B=(I_{B+}+I_{B-})/2$。

4.1.3　运算放大器的共模抑制比

理想运算放大器是一个差分放大器，它对于同相端和反向端的电压差 $u_d=u_+-u_-$ 具有极高的增益，而对施加到两个端子上的相同的电压（共模电压）$u_{cm}=(u_++u_-)/2$，其输出则被减为零。实际运算放大器对共模的抑制能力是有限的，因此共模电压 u_{cm}仍然会造成一定的输出。设 A_d为运算放大器的差分放大倍数，而 A_{cm}为共模电压放大倍数，那么共模抑制比(CMRR) 定义为二者之比，即 $CMRR=A_d/A_{cm}$。由于 CMRR 是一个很大的值，因此常常用 dB 来表示，即：$CMRR_{dB}=20\lg(A_d/A_{cm})$。运算放大器的典型 CMRR 在 70～120dB，这是一个很大的值，但是需要注意的是 CMRR 是频率的函数，随着共模电压信号频率的增加，其 CMRR 会下降，反映出运算放大器对高频共模信号的抑制能力是下降的。图 4-5 (a) 给出了典型运算放大器 AD712 的 CMRR 随频率的变化曲线。

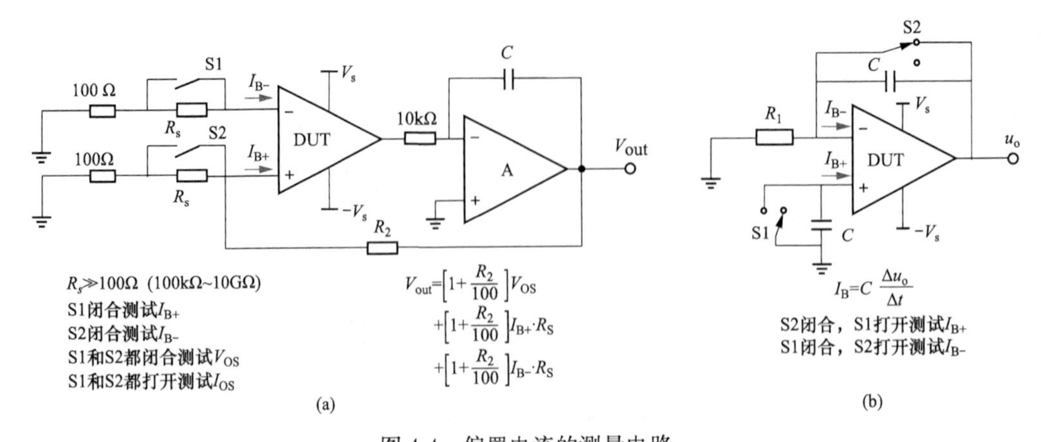

图 4-4 偏置电流的测量电路

（a）一般偏置电流测量电路；（b）极小偏置电流测量电路

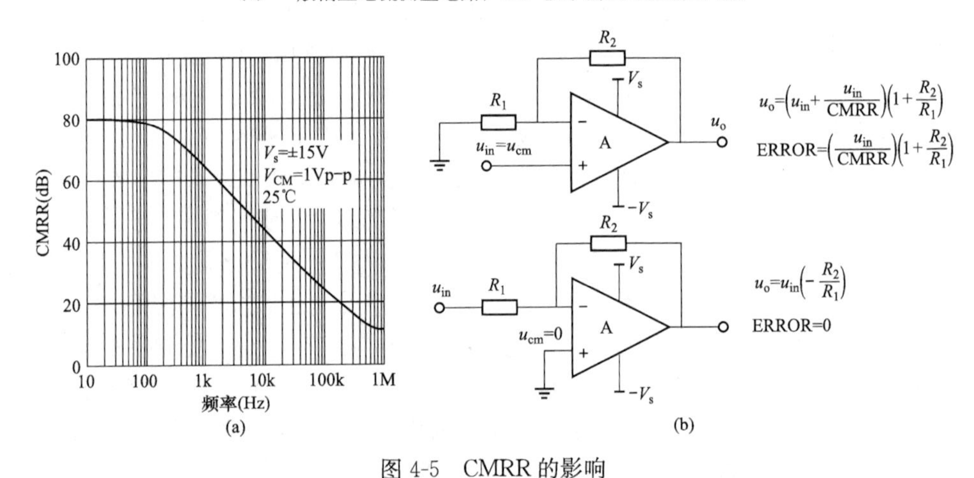

图 4-5 CMRR 的影响

（a）运算放大器的 CMRR 与频率的关系；（b）CMRR 对电路的误差影响

运算放大器有限的 CMRR 能力会导致共模电压对放大电路造成一定的误差影响，而这种影响对不同的放大电路是不一样的。如图 4-5（b），对于同相放大电路，其输入电压 $u_{in}=u_{cm}$，因此其输出包含了 CMRR 造成的误差，但是对于反相放大电路，由于“虚地”特性，使得 $u_{cm}=0$，因此不存在共模电压的影响。显然，在对高频信号进行放大时，反相放大器更有利。

图 4-6 给出了对运算放大器 CMRR 进行测量的两个电路[3]。图 4-6（a）虽然比较简单，但是要求所有的电阻能够精确匹配，因此只是一个概念上的测试电路（实际上该电路常常被用于对电阻的匹配精度进行测量）。相比之下，图 4-6（b）所示电路虽然稍微复杂，但是却不需要电阻的准确匹配，故为实际测量电路。这个电路与 4-4（a）中给出的测量电路原理类似，但其输入侧接地，共模电压是通过切换电源电压来被输入和改变的。如图 4-6 所示，DUT 为额定±15V 电源供电的运算放大器，电源的差分电压为 30V。利用开关 S1 和 S2 将电源＋5V 和－25V 接入，然后再切换到＋25V 和－5V。两种情况下，其差分供电电压没有变化（仍然为 30V），但是共模电压则从－10V 变化为＋10V。共模电压变化引起 DUT 输出的变化反映了 CMRR 的大小，这会引起由测量运算放大器 A 构成的积分器的输出产生变化。计算两次测量的电压差 ΔV_{out} 不仅可以计算 CMRR，也消除了 DUT 失调的影响。在图 4-6（b）中测量运算放大器 A 的同相端并没有接地，而是通过电阻分压器把电源的共模电压检测出来并

接入。这样，当积分器输出稳定后，DUT 的输出电压总是等于共模电压。这样做的目的是使 DUT 的输出工作点总是被偏置在共模电压上，使得其差分输出电压的动态范围（±15V）不受影响。最后，在采用图 4-6（b）的测试电路时，需要根据实际运算放大器的额定供电电压来选择恰当的测试电压及共模电压范围，同时要求测量运算放大器 A 具有高增益、低 V_{OS}和低 I_B。

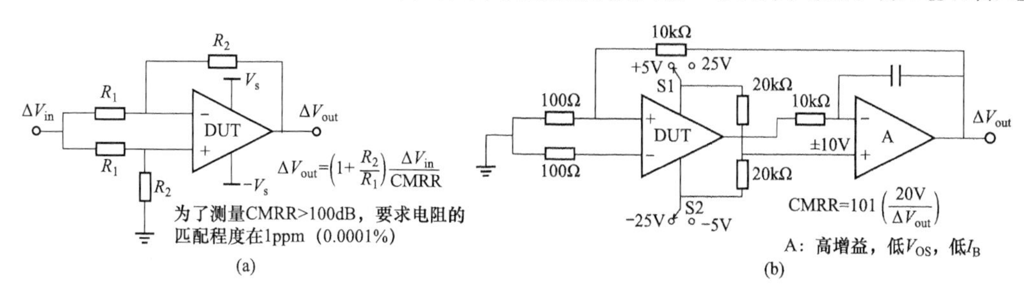

图 4-6　CMRR 的测试电路

（a）CMRR 的简单测试电路；（b）不需要精确电阻匹配的 CMRR 测试电路

4.1.4　运算放大器的电源抑制比

理想运算放大器采用恒流源作为偏置，因此它很好地隔离了电源和输出，使得运算放大器的输出与电源电压无关（严格来说，电源电压只决定运算放大器输出的动态范围）。然而，实际运算放大器电源电压的变化 Δu_s会引起其输出的微小变化 Δu_o，定义这种变化的比值为电源抑制比（PSRR），即 $PSRR=\Delta u_s/\Delta u_o$。由于这个值非常大，因此常常用 dB 来表示，即$PSRR_{dB}=20\log_{10}(\Delta u_s/\Delta u_o)$。对于双电源供电的运算放大器，其正电源和负电源对应的 PSRR 分别为两个不同的值。与 CMRR 相似，PSRR 也是频率的函数，图 4-7（a）给出了运算放大器 AD712 的 PSRR 曲线。从图 4-7（a）中可以看到，运算放大器对于来自电源的高频电压波动具有较低的抑制能力，因此在精密的测量中，给运算放大器供电的电源应该选择没有纹波的线性电源，避免采用开关模式电源。另外，运算放大器的电源端必须连接去耦合电容，如图 4-7（b）所示，去耦合电容一般为一个大容量（10～50μF）的电容并联一个小容量（0.1μF）的电容。大容量电容用于对运算放大器电源电流中的低频波动进行抑制，而小电容则用于旁路高频电流。如果运算放大器的输出为低频信号，那么几个运算放大器可以采用同一个公共的大容量去耦合电容，但是电容与运算放大器的距离在 PCB 上不能超过 10cm。小容量 0.1μF 电容用于对高频信号进行去耦合，它们在 PCB 上必须紧贴运算放大器安装，而且要采用低等效串联电感的陶瓷电容。

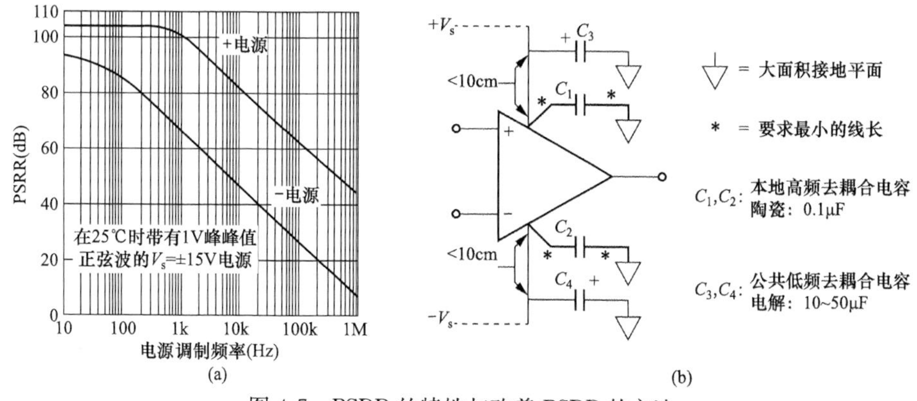

图 4-7　PSRR 的特性与改善 PSRR 的方法

（a）PSRR 与频率的关系；（b）运算放大器的高频和低频去耦合技术

最后，图 4-8 给出了对电源 PSRR 进行测试的电路，它与 CMRR 测试电路不同的是该测试电路通过开关改变的是供电电源的差分电压。如图 4-8 所示，测试电路通过开关 S1 和 S2 首先将+15V 和-15V 电源电压接入 DUT，然后再变化为+14V 和-14V，施加的差分电压变化为±1V。在两种情况下，共模电压始终保持为零。

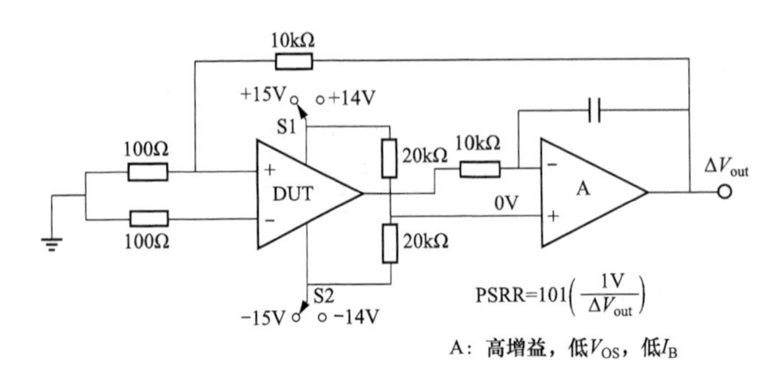

图 4-8 PSRR 的测试电路

4.2 运算放大器的动态性能限制

运算放大器的开环增益不能在很宽的频率范围内保持极高的值，而是会伴随着频率的增加而下降，这导致了运算放大器的闭环特性也受到带宽的限制，即只具有有限的动态响应能力。另外，由于运算放大器开环传递函数中包含了很多极点，这也会导致运算放大器在闭环应用时产生稳定性的问题，在运算放大器的设计中对此进行了补偿。了解补偿后的运算放大器所表现出的动态性能对于基于运算放大器的调理电路的设计具有重要的意义。另外，在高频信号的传递和处理中需要宽带运算放大器，这种运算放大器的频率特性以及其在应用中的问题也将在本节中讨论。

4.2.1 晶体管的频率特性

构成运算放大器的基础是晶体管，晶体管本身具有一些寄生电容效应，而这限制了晶体管能够被使用的极限频率。对于 BJT 和 MOSFET 晶体管，寄生电容效应的原理是不一样的。BJT 是由两个 PN 结构成的，因此其寄生电容效应来自 PN 结（二极管）。图 4-9（a）给出了一个 PN 结的寄生电容模型。由于载流子的扩散作用，PN 结会形成一个空间电荷区（耗尽层），并建立起势垒电压 V_{diff}（结电场），这会导致电容效应的产生，此电容称为结电容 C_j。在二极管反偏时（偏置电压 $V_A<0$），仅存在结电容效应，且结电容的大小与 V_A大小相关。但是在对 PN 结施加正向偏置且偏置电压高于势垒电压时（$V_A>V_{diff}$），存储在二极管中的载流子（扩散电荷）将越过势垒形成正向电流。由于扩散电荷越过整个二极管需要一定的渡越时间 τ，因此也会产生电容效应，此电容称为扩散电容 C_d。如果偏置电压 V_A在 $0\sim V_{diff}$之间的时候，则既存在结电容也存在扩散电容效应。图中，C_{j0}是零偏置电压下的结电容大小；V_T为热电势（温度为 300K 时近似值为 26mV）；N_A和 N_D分别为 PN 结的掺杂浓度，n_i为本征载流子浓度；V_m为二极管死区电压（略低于 V_{diff}）；m 为结区梯度系数，$0.2\leqslant m\leqslant 0.5$，梯度突变的结通常取 0.5；$I_0$ 是二极管的反相饱和电流（漏电流）；I_D为正向导通电流。

对于 BJT 而言，它由两个基极-发射极和基极-集电极 PN 结构成，在线性放大区由于 V_{be}为正偏电压，因此基极-发射极之间会产生一个寄生电容 C_π，该电容由结电容和扩散电容构成。由于基极-集电极 PN 结反偏，即 $V_{bc}<0$，因此基极-集电极之间存在一个结电容 C_μ。图 4-9（b）给出了 BJT 在工作点附近的小信号动态模型，C_π和 C_μ决定了 BJT 的极限工作频率，它们的值则根据 PN 结的结电容和扩散电容公式来计算。根据该等效电路可得到在负载短路时 BJT 的电流增益 β 随频率的关系，并得到转折频率 f_β和单位增益时的特征频率 f_T。可见，随着频率的增加，BJT 的电流增益呈现滚降的趋势，说明其放大能力在高频时受到制约。

对于 MOSFET，图 4-9（c）给出了其寄生电容原理。MOSFET 的栅极 G 与沟道之间有一个栅极氧化层电容 C_{oxt}，另外栅极 G、漏极 D 与源极 S 之间还相互交叠，故产生交叠电容 C_{os}和 C_{od}，这些电容都是栅极氧化层电容，可采用平板电容的公式来计算，与沟道的长和宽（$L\times W$）成正比（具体大小则由交叠面积来决定）。除了栅极氧化物电容，MOSFET 还存在结电容。对于 MOSFET 的应用，P 型衬底 B 的电位是最低的，这样 D、S 及导电沟道与 B 之间均为反向偏置的 PN 结，因此分别产生 S 与 B 之间的结电容 C_{sb}，导电沟道与 B 之间的结电容 C_{cb}及 D 与 B 之间的结电容 C_{db}。通常在工艺上会把衬底 B 与源极 S 短路，这样可以消去 C_{sb}和 C_{cb}的影响。

图 4-9（d）给出了 MOSFET 的小信号动态电路模型，其中 MOSFET 的电容效应可以用 3 个电容 C_{GS}、C_{GD}及 C_{DS}来建模，而 3 个电容可根据图中的公式进行计算。图 4-9（d）中 C_{ox}为栅极氧化物单位面积电容（单位 F/cm^2），t_{ox}为氧化物厚度（工艺上该值一般选择为沟道长度 L 的 1/50）。由于在恒流区 MOSFET 的导电沟道被夹断，并且导电沟道的长度受到漏源电压 V_{DS}的影响会产生变化，因此 C_{GS}一般估计为 WLC_{ox}的 2/3。C_{GD}为交叠电容，一般估计为 WLC_{ox}的 20％～25％。根据等效模型可以计算单位增益时 MOSFET 的特征频率 f_T（负载短路时 $i_g=i_c$时的频率）由栅源电容 C_{GS}和跨导 g_m来决定。如果将 g_m［式（3-3）］带入 f_T，则可以看到沟道长度 L 越短，同时栅极电压 V_{GS}-V_T越高，则 f_T越高，但这与提高 MOSFET 增益的设计要求刚好相反。增益和带宽是晶体管放大电路的一对基本矛盾，即增益越高，则会导致带宽越低。

【例 4-1】 已知一个 NMOS 采用标准 0.35μm 工艺，沟道长度 $L=0.35\mu m$，沟道宽长比 $W/L=8$，而栅极氧化层厚度 $t_{ox}=L/50=7nm$，栅极氧化物的介电常数 $\varepsilon_{ox}=0.34pF/cm$，电子的迁移率 $u_n\approx 600cm^2/(V\cdot s)$，空穴迁移率 $u_p\approx 250cm^2/(V\cdot s)$，晶体管栅极电压 $V_{GS}-V_T=0.2V$，比例系数 $n=1.2$，计算特征频率 f_T的大小。

根据上述数据可以计算单位面积栅极氧化层电容 $C_{ox}=\varepsilon_{ox}/t_{ox}=5\times 10^{-7}F/cm^2$，总栅极氧化物电容 $WLC_{ox}=5fF$，故 $C_{GS}=3.3fF$，f_T约等于 20GHz。

高电子迁移率的半导体材料例如砷化镓、锗硅或磷化铟可以实现比硅半导体器件更高的工作频率，如砷化镓场效应管商品的特征频率 f_T已经达到 200GHz 及以上，实验室指标则已经超过 1THz。

【例 4-2】 一个砷化镓场效应管的栅极长度为 $L=1\mu m$，宽度 $W=200\mu m$，厚度 $t_{ox}=0.5\mu m$，已知栅极绝缘层相对介电常数 $\varepsilon_r=13.1$，$N_D=10^{16}cm^{-3}$和电子迁移率 $u_n=8500cm^2/V\cdot s$，则其 f_T可以达到 120GHz。

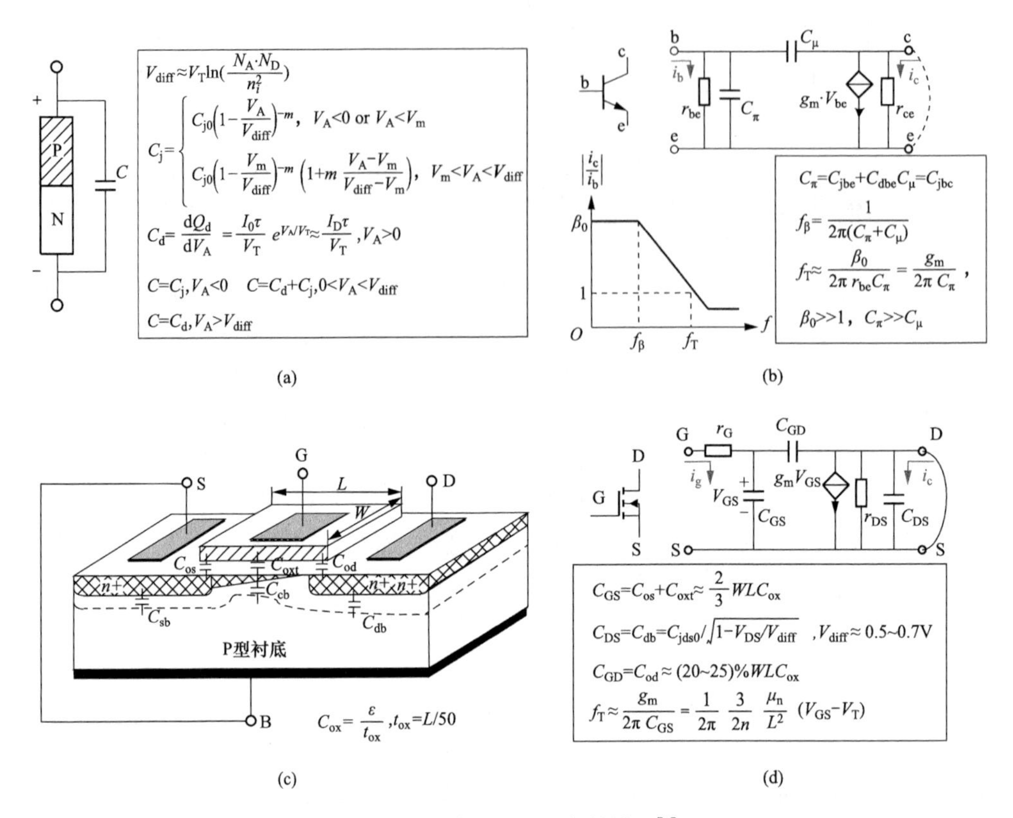

图 4-9 晶体管的寄生参数模型[5]

（a）PN 结；（b）BJT；（c）、（d）MOSFET

4.2.2 基本晶体管放大电路的频率特性

在实际放大电路中，晶体管的寄生电容（如 MOSFET 的栅极氧化物电容和结电容）会与输入信号源的内阻抗、放大电路的输出阻抗及负载电容等一起对放大器的频率特性产生影响，使得放大器的截止频率远低于 f_T，而且不同的电路形式其影响也不同。图 4-10（a）给出了恒流源作为负载的共源极单晶体管放大电路，其输出连接一个较大的负载电容 C_L。由于共源放大电路的高输出阻抗 r_{DS}，该放大电路的 −3dB 截止频率（也被称为带宽 BW）由 $r_{DS} \cdot C_L$来决定。放大电路的增益和频率特性还可以通过另外一个指标来被表征，即增益带宽积（GBW，定义为低频增益 A_{v0} 与 BW 的乘积）。图 4-10（a）中给出了共源放大电路的波特图及 BW 和 GBW 的定义。

若放大电路的输入信号源具有较高的内阻 R_s，则放大电路的带宽将由 R_s和 MOSFET 的寄生电容 C_{GS}和 C_{GD}来决定。如图 4-10（b）所示，栅漏极电容 C_{GD}可以被等效为两个电容 C_{M1}和 C_{M2}，其中 C_{M1}相当于把 C_{GD}放大了 $1+Av_0$ 倍，这种现象叫做 Miller 效应。利用 Miller 效应可以在共源极放大电路的漏极和栅极之间连接一个较大的补偿电容 C_F，这个电容将为放大电路的增益传递函数贡献一个主极点 f_p（频率最低的极点），它决定了整个放大电路的带宽。同时，C_F也会将输入信号直接前馈向放大器的输出，这种前馈效应表现在其放大电路的增益传递函数中还包含一个右半平面的零点。该零点使增益的幅频特性按照＋20dB/dec 斜率来增加，但是相频特性却像极点一样产生滞后作用。图 4-10（c）给出了 f_p、f_z的表达式及增益的频率特性。

对于共漏极电路（源极跟随器），考虑寄生电容效应后它的增益传递函数比较复杂，但是表现为一个二阶系统的特性，包含两个极点和一个零点，它们都与跨导 g_m 相关。当调整偏置电流使得 MOSFET 选择不同的跨导时（例如图中的 g_{m0} 和 g_{m1}），则可能产生两种情况：当选择 g_{m0} 时，二阶系统为过阻尼系统，增益的幅频特性是平坦的；当选择 g_{m1} 时，二阶系统为欠阻尼系统，增益幅频特性产生一个谐振峰，如图 4-10（d）所示。

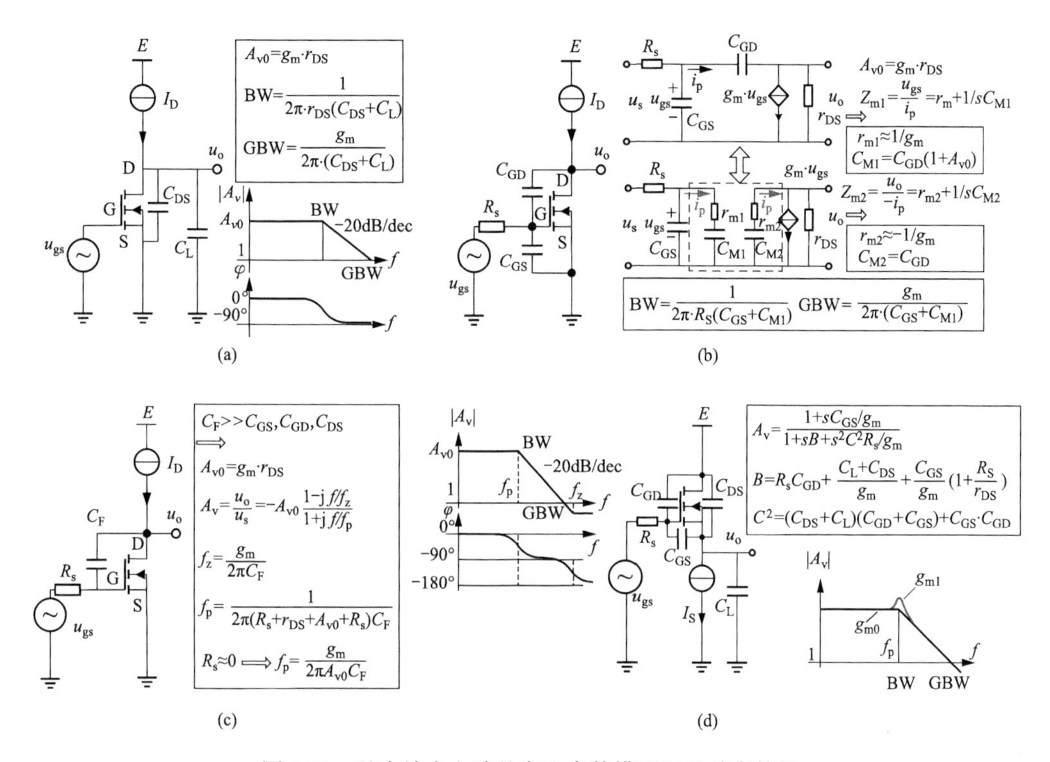

图 4-10　基本放大电路的寄生参数模型以及动态特性

（a）大负载电容对共源极带宽影响；（b）大输入源内阻对带宽影响；

（c）补偿电容对带宽的影响；（d）共漏极电路的动态特性

从以上分析可以看到，单晶体管放大电路的频率特性实际上主要取决于高阻抗节点和该节点处的电容（结电容或负载电容）。恒流源偏置的共源极放大电路具有高输出电阻 r_{DS}，因此它会与负载电容 C_L 构成一个低频极点，如果输入信号 u_{gs} 具有高内阻 R_s，则它与输入结电容 C_{GS} 也会构成一个低频极点。这样，整个放大电路将具有两个低频极点。在多级放大器中也常能看到典型的两极点系统，如图 4-11（a）给出的两级放大器结构，它由一个差分对构成的跨导放大器级联一个共源放大电路构成。运算放大器采用多级放大结构的主要目的是提高增益，克服实际 MOSFET 器件跨导参数 g_m 较小的缺陷，同时与共源共栅结构相比，多级放大也不会显著降低输出电压的动态范围，适合电源电压较低的情况。图中电路有两个高阻抗节点：一个是差分对的负载电阻 R_s，另外一个则是共源放大级的输出电阻 r_{DS}。R_s 与等效寄生电容 C_A（包括差分对的输出电容 C_{DS}、共源放大级的栅源电容 C_{GS} 及等效 Miller 电容 C_{M1}）构成一个低频极点。而 r_{DS} 则与负载电容 C_L（也包含共源放大级的输出电容 C_{DS} 以及等效 Miller 电容 C_{M2}）构成另外一个低频极点。这样整个两级放大器的开环增益幅频特性将呈现出二阶滚降，且其相移逼近 $-180°$。根据控制理论的稳定性判据，在开环增益大于1（0dB）的频率区间内（$0\sim f_c$），若相频特性穿越−180°线，则运算放大器闭环使用将不稳定。考虑到由于 Miller 效应而带来的右半平面零点 f_z的相移作用，若 f_z比开环截止频率 f_c要低，则会导致运算放大器的不稳定，因此为了确保稳定性要使 f_z远高于 f_c。即使如此，若一个二阶系统在 f_c附近的相角裕量 PM 比较低，则它的闭环幅频特性也会呈现出一个谐振峰，如图 4-11（b）所示。

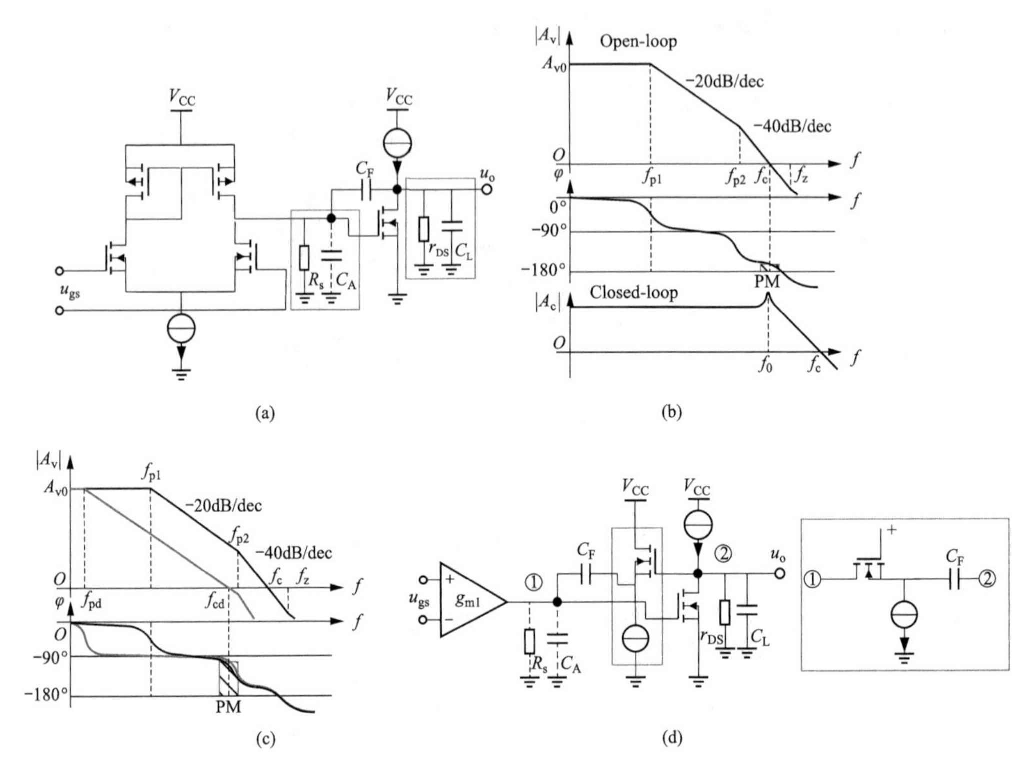

图 4-11 两级放大器的频率特性以及稳定性补偿

（a）两级放大器电路原理；（b）两级放大器波特图；（c）两级放大器的稳定性补偿原理；（d）两级放大器正零点消除原理

为了保证运算放大器的闭环稳定性，需要对运算放大器进行补偿来增加相角裕量 PM。补偿主要的方法是将运算放大器增益中的一个极点向低频方向移动，成为主极点，而其他极点（非主极点）及右半平面的零点所在的增益曲线被降到 0dB 线以下。这样，整个运算放大器的增益传递函数将变成一个主极点来决定的单极点系统，从而保证了闭环的稳定性，同时闭环增益特性也将是平坦的。图 4-11（c）给出了把两极点放大电路通过主极点补偿变成一个单极点系统的原理，图中 f_{pd}是主极点对应的转折频率，而 f_{cd}则是补偿后的截止频率。为了实现这个低频主极点，可以在共源放大级增加 Miller 反馈电容 C_F。正如前文图 4-10（b）和 4-10（c）阐述的原理，Miller 电容 C_F可以被等效为一个大小为（$1+A_{v0}$）C_F的输入电容，其优点是可以采用一个不太大的电容值来获得低频主极点。但是正如前文所述，补偿电容 C_F本身会引入右半平面的零点，对运算放大器的稳定性产生不利影响。正零点是由于输入信号通过 C_F直接向输出前馈引起的，因此切断前馈通道（但又要不影响反馈通道）则会消除其影响。图 4-11（d）给出了两种具体的方法：一种是在反馈支路上连接一个源极跟随器，它实现了输出和输入电压的隔离，而另外一种则是采用恒流源偏置的共栅极电路，它是一个电流缓冲器，只能允许反馈电流流过。

4.2.3 运算放大器的动态性能指标

1. 运算放大器的小信号频率响应特性

一个经过补偿的单极点运算放大器的开环增益 $A(s)$ 可以通过图 4-12（a）中给出的一阶系统来建模（其中 f_d为主极点的频率，A_0 为运算放大器的开环直流增益），这样它在闭环应用时对任意频率输入信号的响应可以通过传递函数分析来得到。图 4-12（a）中还给出了同相放大电路及其闭环控制框图，利用控制系统传函运算原理可以得到其闭环增益 $G(s)$ 的表达式，另外还可以推导出闭环带宽 BW 及增益带宽积 GBW 的表达式。从表达式可以看到，当同相放大器具有不同的放大倍数（放大倍数等于 $1/k$）时，其闭环带宽 BW 是不同的，但是却具有恒定的 GBW。这就说明闭环增益越高，则带宽越窄，故最大的带宽出现在单位增益时。图 4-12（b）给出了同相放大器在不同增益时的闭环增益曲线。在单位增益时运算放大器的 −3dB 频率 f_t被称为单位增益频率（即运算放大器作为电压跟随器时的小信号带宽），它是衡量一个运算放大器动态性能的重要指标，通常会在运算放大器的器件资料中给出。

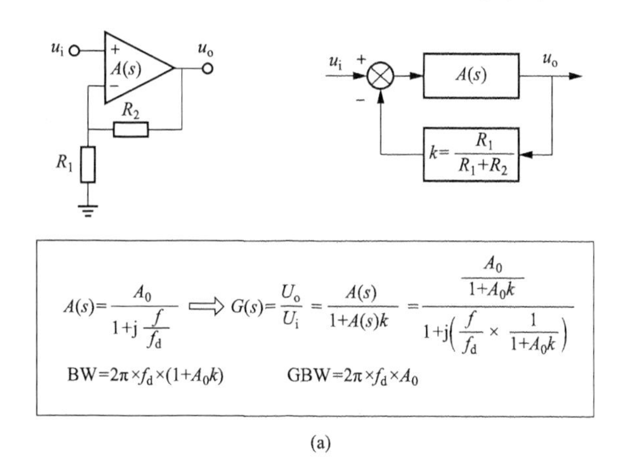

(a)

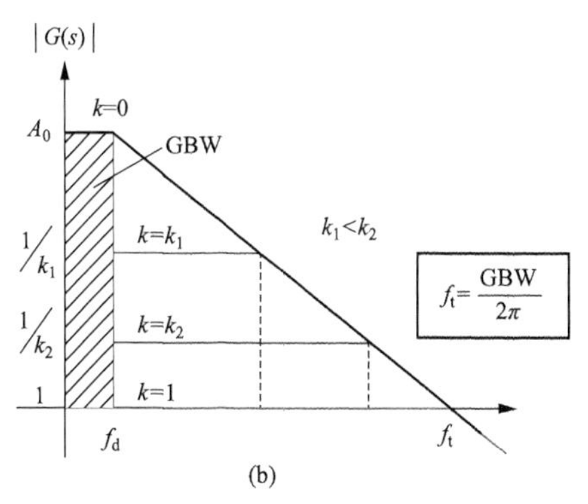

(b)

图 4-12 同相放大器的闭环传递函数以及恒 GBW 特性

（a）传递函数（b）恒 GBW 特性

【例 4-3】 计算图 4-13 中一个由单极点补偿的运算放大器所构成的反相放大器的 BW 和 GBW。

对于图 4-13 给出的反相放大器，根据图 3-13 给出的控制系统框图，可以推导出其闭环增益如下：

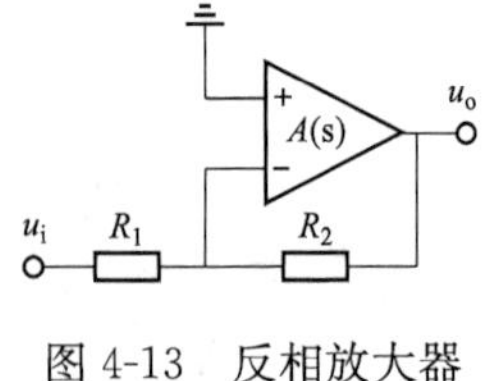

图 4-13　反相放大器电路原理

$$G(s)=-\frac{R_2A(s)}{(R_1+R_2)+R_1A(s)}=-\frac{R_2A_0/(R_1+R_2+R_1A_0)}{1+(R_1+R_2)/(R_1+R_2+R_1A_0)\mathrm{j}f/f_\mathrm{d}}$$

这样可以得到直流增益：

$$G_0=-\frac{R_2A_0}{R_1+R_2+R_1A_0}\approx-\frac{R_2}{R_1}$$

同时：

$$BW=2\pi f_\mathrm{d}(1+kA_0),k=R_1/(R_1+R_2),\mathrm{GBW}=2\pi f_\mathrm{d}A_0(1-k)$$

可见，反相放大器的 BW 和同相放大器是相同的；但是其 GBW 却并不是常数，而是与放大器的增益有关。

2. 弱补偿宽带运算放大器或大电容负载条件下的双极点运算放大器动态特性

从图 4-11（c）可以看出，单主极点补偿的运算放大器是牺牲了带宽来换取足够的相角裕量，因此在宽带运算放大器的设计中并不被采用。为了实现尽可能高的带宽，宽带运算放大器的开环幅频特性在 0dB 曲线以上往往具有两个极点。另外，即使是单极点运算放大器，如果在应用中其输出连接了较大的负载电容 C_L，那么它也会引起次极点向低频转移，导致运算放大器变成一个 0dB 增益曲线上具有双极点的系统。双极点运算放大器的闭环特性表现出与单极点系统的一些独特差异，一个双极点运算放大器的开环增益传递函数可以为

$$A(s)=\frac{A_0}{(T_\mathrm{d}s+1)(T_\mathrm{nd}s+1)},\quad T_\mathrm{d}=\frac{1}{2\pi f_\mathrm{d}},T_\mathrm{nd}=\frac{1}{2\pi f_\mathrm{nd}}\tag{4-1}$$

当该运算放大器被应用于同相放大电路中时，其闭环传递函数为

$$G(s)=\frac{A(s)}{1+kA(s)}=\frac{A_0}{1+kA_0}\cdot\frac{1}{T_\mathrm{d}T_\mathrm{nd}s^2/(1+kA_0)+(T_\mathrm{d}+T_\mathrm{nd})s/(1+kA_0)+1}\tag{4-2}$$

闭环直流增益 G_0，谐振频率 ω_0 及品质因数 Q 为

$$G_0=\frac{A_0}{1+kA_0}\approx\frac{1}{k},\omega_0=\sqrt{\frac{1+kA_0}{T_\mathrm{d}T_\mathrm{nd}}}=2\pi\sqrt{(1+kA_0)f_\mathrm{d}f_\mathrm{nd}},Q=\sqrt{1+kA_0}\cdot\frac{\sqrt{f_\mathrm{d}f_\mathrm{nd}}}{f_\mathrm{d}+f_\mathrm{nd}}\tag{4-3}$$

式中，k 为反馈系数（k=0～1）。

根据上述公式，一个两极点运算放大器开环传递函数的相位裕量 PM 由极点的位置以及反馈系数 k 来决定。若主极点 f_d远低于次极点 f_nd，则同样的反馈系数 k 下系统获得的相位裕量也越大，从而其闭环增益曲线也越接近平坦（当相位裕量 PM＝65°时，Q＝0.707）。若两者越接近，那么为了获得相同的稳定裕量，则必须降低 k 的大小。由于运算放大器的闭环直流增益 G_0 反比于反馈系数 k，因此 k 越小，则运算放大器的闭环增益越高，但是这也降低了系统的带宽。可见，一个双极点运算放大器用作同相放大器时，其放大倍数越高，则增益曲线越平坦，而放大倍数越低，则越容易出现 $Q>1$ 的谐振峰，因此在单位增益时（电压跟随器电路），其增益曲线将产生最高的谐振峰 Q。上述现象可以通过图 4-14 的实例来说明，其中图 4-14（a）给出了主极点与次极点分开不同距离时的开环幅频特性以及对应的相位裕量 PM；而图 4-14（b）给出了对应的闭环幅频特性；图 4-14（c）给出了按照图 4-14（a）中的曲线 3 给出的极点配置，改变反馈系数 k 时得到的同相放大器闭环幅频特性及其 Q 值。

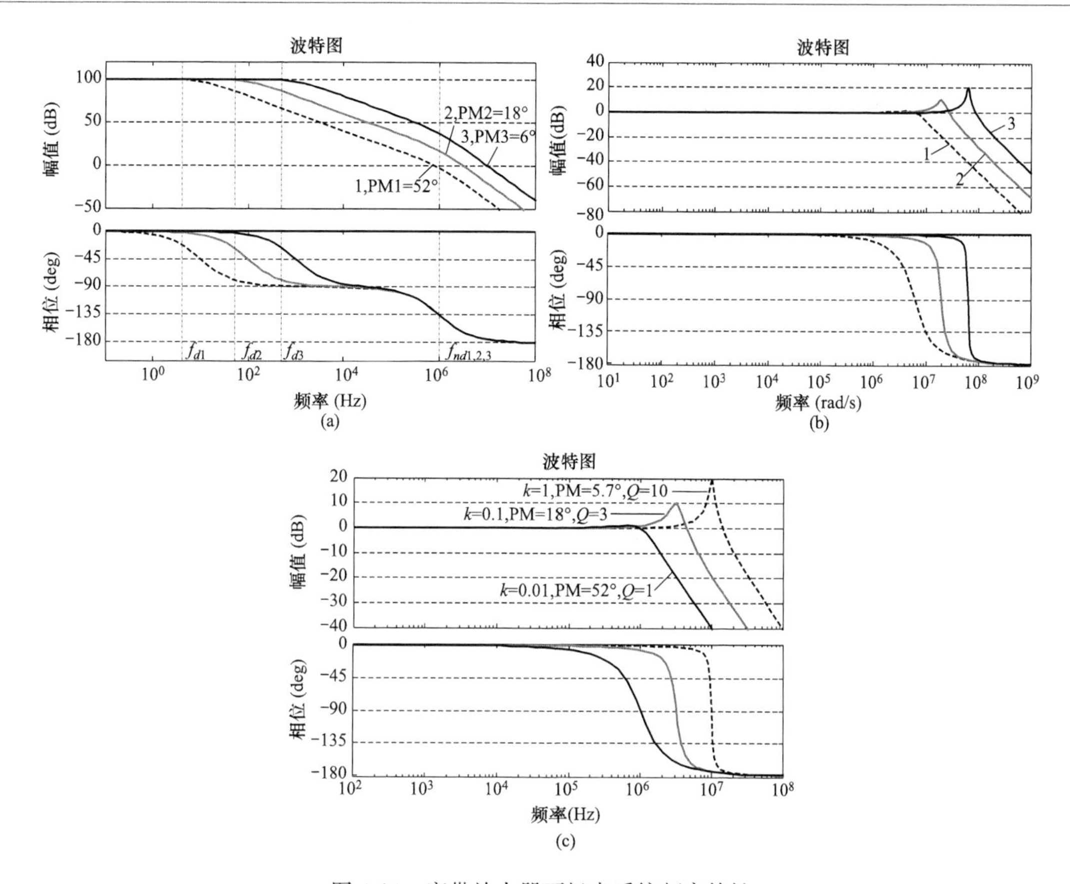

图 4-14　宽带放大器两极点系统频率特性

(a) 主极点和次极点处于不同位置时的开环波特图；(b) 对应的闭环波特图；(c) 不同 k 值对闭环特性的影响

3. 运算放大器的大信号频率响应

一个补偿为单极点的运算放大器如果用作电压跟随器，在小信号输入时可以推导出其动态响应等同于一个一阶 RC 滤波器的特性，且其−3dB 频率（转折频率）等于 f_t，闭环传递函数可表示为

$$G(s)=\frac{1}{1+\mathrm{j}f/f_t} \tag{4-4}$$

根据式（4-4）可以得到跟随器在小信号阶跃输入时（设信号的幅值为 V_m）输出电压的上升时间 t_r（从幅值的 10%上升到 90%所用的时间），等于：

$$t_r=\frac{0.35}{f_t} \tag{4-5}$$

可见，t_r是一个仅由 f_t决定的常数，随着输入信号的幅值 V_m的增大，输出电压上升时间 t_r保持不变，但上升速率 $\mathrm{d}v/\mathrm{d}t$ 会随之增加。然而，随着输入信号的幅值继续增大，输出电压的上升速率 $\mathrm{d}v/\mathrm{d}t$ 在增加到某个数值后将不再增加，而是会保持在该极限值不变。这个最大的 $\mathrm{d}v/\mathrm{d}t$ 值称为转换速率（Slew Rate），简称 SR，它是运算放大器的一个重要的技术指标。图 4-15（a）给出了在不同幅值阶跃信号输入时，电压跟随器输出的电压波形及 SR 的定义。

为什么运算放大器会产生 SR 的限制呢？从图 4-15（b）给出的简化的两级运算放大器原

理（被连接成电压跟随器形式）可以看到，若大信号电压 u_i被输入由 M1 和 M2 构成的差分跨导放大器，放大器输出的电流 i_o将瞬时达到最大值 I_s（差分放大器发生饱和），该电流将对负载电容 C_A（包含 M3 的栅源电容及 Miller 补偿电容 C_F的等效值）充电，进而引起输出 u_o的上升，这是运算放大器的输出电压能够达到的最快的上升斜率，即最大 SR 限制。在实际应用中，当高频或大幅度信号输入运算放大器的应用电路并试图超越运算放大器的最大 SR 限制时，其输出会产生失真。对于一个正弦输入信号，假设无失真时运算放大器的输出为 $u_o=V_{om}\sin(2\pi ft)$，那么 $du_o/dt=2\pi fV_{om}\sin(2\pi ft)$。为了防止出现失真，要求 $(du_o/dt)_{max}<SR$，即 $fV_{om}\leqslant SR/(2\pi)$。这就表明必须在输入信号的频率和幅度之间进行权衡，如果希望在高频条件下工作，就必须限制输入信号的幅值，使运算放大器的输出电压 V_{om}保持在足够低的水平，以避免 SR 限制引起的失真。而如果希望输出较高的电压幅值，则必须限制输入信号的频率。对于一个实际的运算放大器，当它输出最大幅值的交流电压，而且不引起失真问题时，允许的信号频率被定义为全功率带宽（Full Power Balance，FPB）。运算放大器能够输出的最高电压幅值依赖于运算放大器的类型及其供电电源。假设运算放大器能够输出的最高电压幅值（运算放大器的饱和输出电压）为 $\pm V_{sat}$，则 FPB 可以表示为

$$FPB=\frac{SR}{2\pi V_{sat}} \tag{4-6}$$

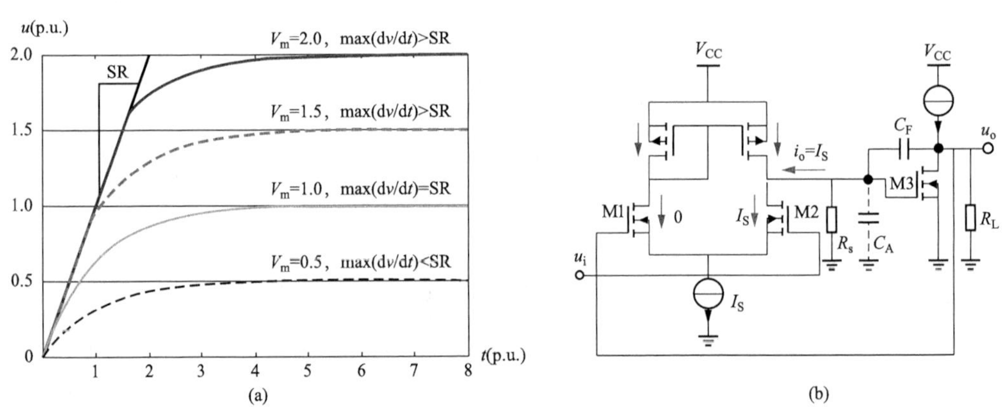

图 4-15 跟随器在不同幅值的阶跃信号输入时的响应及 SR 限制的原理

（a）阶跃响应；（b）SR 限制机理

【例 4-4】 已知运算放大器 AD712 的转换速率 SR＝20V/μs，同时其饱和输出电压(±15V 供电时)$V_{sat}=\pm13V$，计算其 FPB 等于多少。另外，当该运算放大器被应用于同相放大器时，若放大倍数为 10，那么对于一个 500kHz 的输入信号，要实现不失真的输出，则输入信号的最大幅值是多少？

4. 建立时间

如果运算放大器被应用于高速和高精度场合，如 DAC 和采样保持器等，则运算放大器的建立时间 t_s是一个需要被关注的参数。建立时间是指运算放大器在大信号阶跃输入时，其输出电压从零点上升并稳定到一个给定的误差范围内所需要的时间。一般规定建立时间要在输入信号产生 10V 的阶跃变化时（包括正和负方向的阶跃输入）对运算放大器的输出电压进行测量，测量精度要达到 0.1%或 0.01%。图 4-16（a）给出了 t_s测试电路的原理，图 4-16

(b) 给出了被测试的 AD712 的阶跃响应输出及幅值误差波形。如图 4-16 所示，被测 AD712 被连接成反相比例器电路，其输入与输出误差电压通过一个分压器来检测（由图中两个 4.99kΩ 和 200Ω 精密电阻构成）。分压器中点电压被另外一个 AD712 构造的同相放大器放大并输入示波器显示。

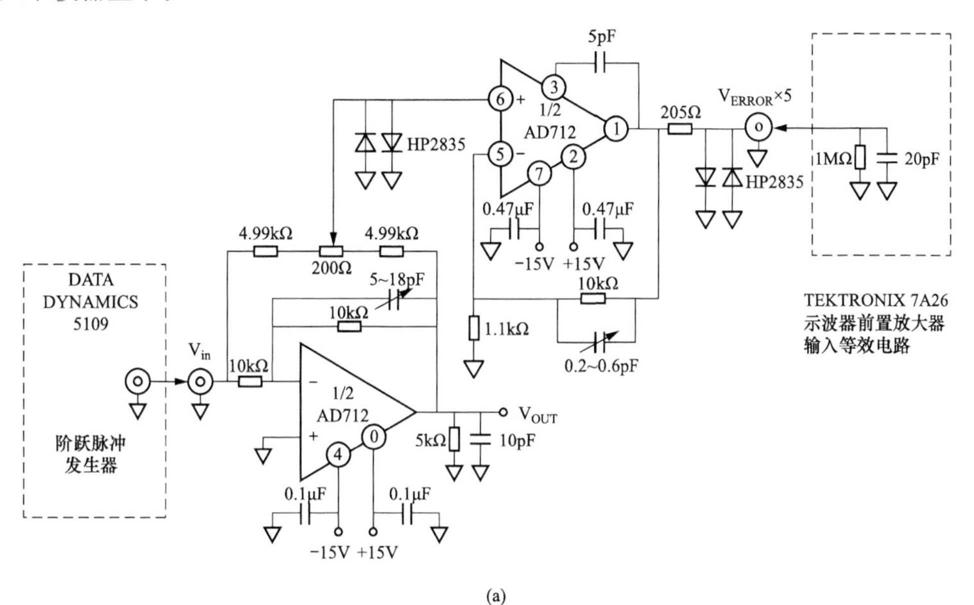

(a)

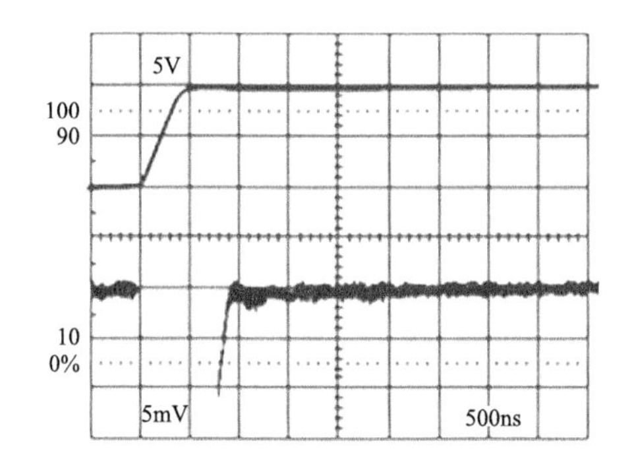

AD712在+10V阶跃输入下的响应
上曲线：运算放大器的输出(5V/div);
下曲线：幅值误差(0.01%/div)

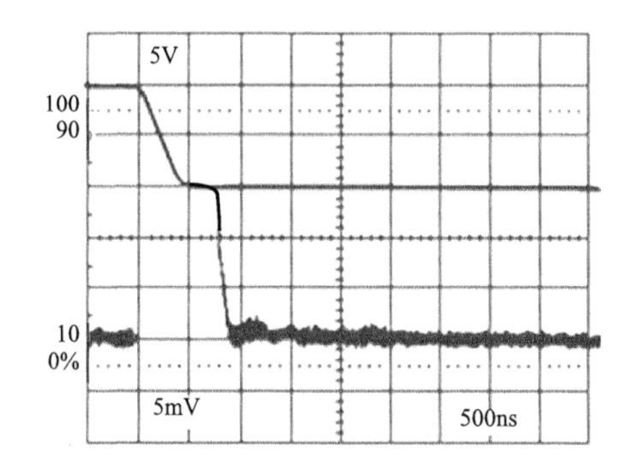

AD712在-10V阶跃输入下的响应
上曲线：运算放大器的输出(5V/div);
下曲线：幅值误差(0.01%/div)

(b)

图 4-16　运算放大器建立时间 t_s 的测量[5]

(a) 建立时间 t_s 测试电路原理；(b) AD712 的 t_s 测量结果

4.3　电路的噪声

电路中总是存在各种电噪声。当我们用示波器观察一个幅值较小的直流电压信号时，看到的往往并不是一条平直的细线，而是一条粗粗的包含杂乱变化的电压波形，这些杂波围绕着一条中心线上下波动。这条中心线（直流平均值）经常被看作被测的直流电压信号，而围绕它随机变化的杂波则被视为电噪声。如果该直流信号是由安装在电力电子变流器中的一个传感器输出的，那么当该变流器的功率电路开始工作时，会发现噪声电压的幅值产生了极大的增长，显然增长的噪声是由于功率电路的干扰造成的。这个现象充分说明电噪声主要来自两个方面，一个是背景噪声（电路的固有噪声），而另外一个是干扰噪声。另外一个概念是，如果被测直流电压的幅值比较高，那么必须提高示波器的垂直量程，此时示波器上显示的被测信号的线条将变细，但是这并不意味着噪声电压降低了，而是信号电压相对噪声电压的比例（信噪比）提高了，因此信号也越来越真实。对于测量者来说，从噪声中提取和放大信号，提高信噪比是研究噪声的主要目的之一。另外，对于示波器上显示的噪声电压，如果选择不同的示波器输入带宽（现代数字示波器往往具有可选的带宽限制功能），则在宽带输入时，会发现噪声的幅值比较大，而进行带宽限制后，示波器显示的噪声幅值会下降，这说明噪声中包含各种频率的分量，可以通过滤波器来降低噪声的影响。当然，噪声的影响也可以被其他测量仪表观察到，如一个高分辨率的数字万用表，在对被测电压或电流进行重复测量时，其显示值的最后一位数字往往会有随机波动，这也是由测量噪声引起的。对于一个精密的测量仪器，电噪声制约着系统整机的测量精密程度、检测灵敏度、误触发率、保真度及分辨率等不同指标。

4.3.1 噪声的定义和表征

电噪声是随机的电压和电流波动，包含不同的频率分量，且其幅值和相位都存在随机性。噪声的幅值并不能用来衡量噪声的强弱，因为强度较低的噪声信号也偶尔会出现很大的幅值，只是发生的概率较低。因此，噪声的强度更科学的是通过信号的平均功率（均方值）来表征，式（4-7）给出了随机噪声功率的定义：

$$P_{\mathrm{n}} = X_{\mathrm{n}}^2 = \lim_{T\to\infty}\frac{1}{T}\int_0^T x_{\mathrm{n}}^2(t)\mathrm{d}t \tag{4-7}$$

式中，X 为噪声信号的有效值（或称均方根值）。

噪声功率的物理含义是把噪声电压施加到或使噪声电流流过 1Ω 电阻所产生的损耗，因此其单位为 W。式（4-7）表征的仅仅是噪声的总功率，确定性信号的功率往往集中在某些特定的频率上（如正弦信号的功率便集中在一条单一频谱上）。然而噪声的功率分布在一定的频带上，为了表征这种分布，式（4-8）给出了噪声功率谱密度函数的定义：

$$S(\omega) = \lim_{\Delta\omega\to 0}\frac{\Delta P_{\mathrm{n}}}{\Delta\omega} \tag{4-8}$$

式中，ΔP_{n}为角频率间隔 $\Delta\omega$ 之间的噪声功率。

式（4-7）可用于对实际噪声信号的功率进行测量。对于平稳随机噪声（噪声的均值是与时间无关的常数，且其均方值为有限值），随着时间间隔 T 的增大，噪声功率值会趋近为常数。因此，实际计算中只要选择一个合适的有限时间间隔 T，然后计算噪声信号 $x_{\mathrm{n}}(t)$ 在这段时间内的均方值即可计算出噪声功率。相比之下，式（4-8）不具实用意义，事实上无法通过它计算出随机信号的功率谱密度函数。为了计算功率谱密度函数，需要引入随机信号的自相关函数。式（4-9）给出了随机噪声的自相关函数的定义，它描述了同一个噪声信号在不同时刻的取值之间的相关程度，不同时刻通过延时 τ 来表示。

$$R(\tau) = \lim_{T\to\infty}\frac{1}{T}\int_0^T x_{\mathrm{n}}(t)x_{\mathrm{n}}(t-\tau)\mathrm{d}t \tag{4-9}$$

自相关函数具有一些有趣的特点：①如果 $x_{\mathrm{n}}(t)$ 是平稳随机信号，其自相关函数只与延

时时间 τ 有关，而与 $x_n(t)$ 的起始时刻无关。②自相关函数为偶函数，即 $R(\tau)=R(-\tau)$，无论延时是超前或滞后，其函数值是相等的。③当 $\tau=0$ 时，自相关函数 $R(0)$ 就反映了信号的功率。④如果 $x_n(t)$ 中包含周期分量，那么其自相关函数也包含同样频率的周期分量，但是丢掉了相位信息；而如果 $x_n(t)$ 不包含周期分量，那么当 $\tau=\infty$ 时，自相关函数 $R(\infty)$ 反映了噪声信号的均值的功率。更为重要的是，根据维纳-辛钦定理，对于平稳随机噪声，其自相关函数 $R(\tau)$ 与其功率谱密度函数 $S(\omega)$ 之间构成一个傅里叶变换对，如下式所示：

$$\begin{cases} S(\omega)=\int_{-\infty}^{\infty}R(\tau)\mathrm{e}^{-\mathrm{j}\omega\tau}\mathrm{d}\tau \\ R(\tau)=\dfrac{1}{2\pi}\int_{-\infty}^{\infty}S(\omega)\mathrm{e}^{\mathrm{j}\omega\tau}\mathrm{d}\omega \end{cases} \tag{4-10}$$

考虑 $R(\tau)$ 和 $S(\omega)$ 的偶函数性质，式（4-10）可以被进一步表示为

$$\begin{cases} S(\omega)=2\int_{0}^{\infty}R(\tau)\cos(\omega\tau)\mathrm{d}\tau \\ R(\tau)=\dfrac{1}{\pi}\int_{0}^{\infty}S(\omega)\cos(\omega\tau)\mathrm{d}\omega \end{cases} \tag{4-11}$$

可见，噪声的功率谱密度函数 $S(\omega)$ 可以通过对噪声信号的自相关函数 $R(\tau)$ 进行傅里叶分析来获得，而噪声信号的功率 P_n 则等于其功率谱密度函数所覆盖的面积。$R(\tau)$ 和 $S(\omega)$ 的形状都与随机噪声 $x_n(t)$ 的变化速度有关。$x_n(t)$ 的变化越快，则表示其频带越宽，因此 $S(\omega)$ 也就越宽，而此时 $R(\tau)$ 的峰值区域则越窄，说明 $x_n(t)$ 不同时刻的值相关性比较差；反之，变化较慢的噪声信号其 $S(\omega)$ 越窄，$R(\tau)$ 则越宽，说明同样延时情况下其数值相关性则越高。对于有限功率的平稳随机噪声，噪声功率 P_n 可以通过对功率谱密度函数进行积分来获得：

$$P_n=R(0)=\frac{1}{2\pi}\int_{-\infty}^{\infty}S(\omega)\mathrm{d}\omega \tag{4-12}$$

由于物理上不存在负频率，因此定义一个仅存在于正频率轴上的物理功率谱密度函数 $F(\omega)=2S(\omega)$，则噪声功率 P_n 的计算如下：

$$P_n=R(0)=\frac{1}{\pi}\int_{0}^{\infty}S(\omega)\mathrm{d}\omega=\frac{1}{2\pi}\int_{0}^{\infty}F(\omega)\mathrm{d}\omega \tag{4-13}$$

根据噪声功率是其有效值的平方关系，还可以采用噪声有效值来表示特定频带上噪声信号的强弱，称为噪声信号的频谱密度 e_n，它等于以频率 Hz 表示的噪声功率谱密度 $S(f)$ 的开方，即 $e_n=\mathrm{d}\sqrt{P_n}/\mathrm{d}f=\sqrt{S(f)}$。对于噪声频谱密度，如果是电压频谱密度其单位为 $\mathrm{V}/\sqrt{\mathrm{Hz}}$，而如果是电流频谱密度则其单位为 $\mathrm{A}/\sqrt{\mathrm{Hz}}$。噪声的功率谱密度或者频谱密度反映了噪声中不同频率分量的能量，同时也表征了噪声的特征和类型。如果噪声的功率谱密度在整个频率范围内是一个常数，即功率谱密度函数为一条平坦直线，则这种噪声形态称为白噪声（名称来自包含各种频率的白光）。白噪声的瞬时值是随机变化的，其幅值变化随时间的分布满足正态分布（高斯分布）。白噪声的典型波形和功率谱密度函数如图 4-17（a）所示。

除了白噪声，还有很多其他噪声形态，它们的功率谱密度在不同的频率下是不同的，这类噪声统称为有色噪声（名称来自有色光）。有一种噪声形态，其功率谱密度与频率成反比 $(1/f)^{\gamma}$，γ 为一个相关的指数因子，其功率主要集中在中低频段，这种噪声称为 $1/f$ 噪声。$1/f$ 噪声幅值变化随时间也满足正态分布，也是一种高斯噪声，但是其中低频分量的噪声有效值要高于高频分量。$1/f$ 噪声的典型波形和功率谱密度函数如图 4-17（b）所示。这里有

一个容易混淆的概念，即高斯分布的噪声未必是白噪声，高斯噪声的主要特征是噪声的瞬时值随时间满足正态概率分布，而与噪声中包含怎样的频率分量无关。最典型的例子是图 4-17（c）给出的窄带高斯噪声。它的功率谱密度集中在一个较窄的频带内，因此波形明显表现出其周期函数的特征（实际上是一个调制波），但是其幅值（调制波的幅值包络线）却是随机变化的，且满足高斯分布。

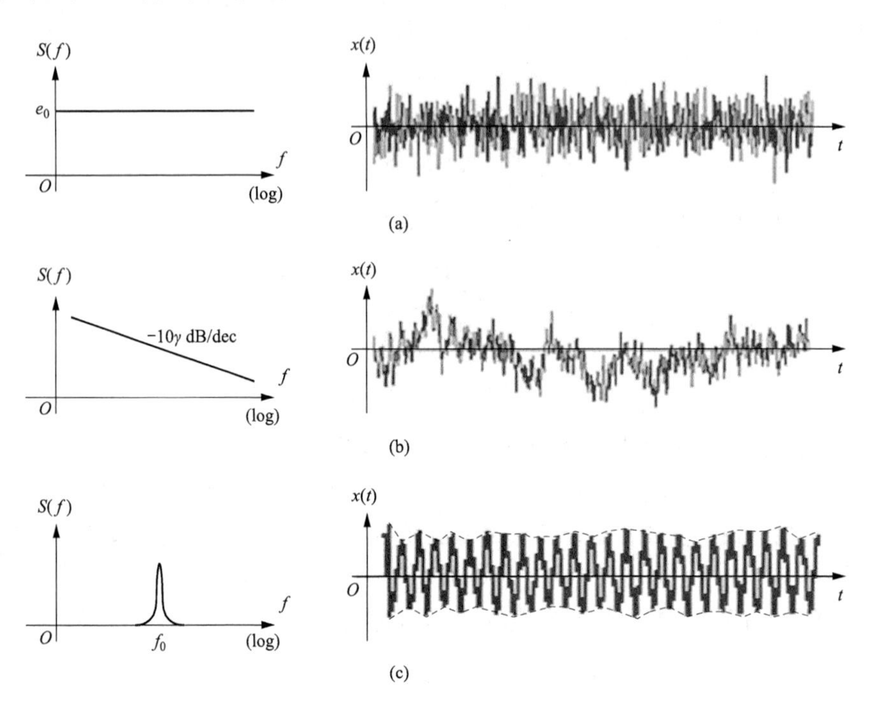

图 4-17 噪声的功率谱密度及其时域波形

（a）白噪声；（b）$1/f$ 噪声；（c）窄带高斯噪声

4.3.2 噪声的求和以及噪声信号通过线性系统的响应

噪声信号是随机信号，因此两个噪声信号 $x_{n1}(t)$ 和 $x_{n2}(t)$ 叠加后的输出 $y(t)$ 也是随机信号。输出噪声的功率可以通过下式计算：

$$P_{ny}=\lim_{T\to\infty}\frac{1}{T}\int_0^T[x_{n1}(t)\pm x_{n2}(t)]^2\mathrm{d}t$$

$$=\lim_{T\to\infty}[\frac{1}{T}\int_0^T x_{n1}^2(t)\mathrm{d}t+\int_0^T x_{n2}^2(t)\mathrm{d}t]\pm\lim_{T\to\infty}\frac{2}{T}\int_0^T[x_{n1}(t)x_{n2}(t)]\mathrm{d}t$$

如果两路噪声信号 $x_{n1}(t)$ 和 $x_{n1}(t)$ 是彼此无关的，则上式噪声乘积项的积分将等于零。因此，两路相互无关的噪声信号叠加（无论相加或相减），其输出噪声的功率等于输入噪声功率之和，噪声求和公式如下：

$$P_{ny}=Y_n^2=P_{nx1}+P_{nx2}=X_{n1}^2+X_{n2}^2\Rightarrow Y_n=\sqrt{X_{n1}^2+X_{n2}^2} \tag{4-14}$$

同理，对于噪声信号的加权求和（或求差），其输出噪声有效值的计算公式如下：

$$Y=\sqrt{C_1^2X_1^2+C_2^2X_2^2} \tag{4-15}$$

式中，C_1 和 C_2 为权系数。

对于确定性信号 $x(t)$，当它通过一个冲击响应为 $h(t)$ 的线性系统时，其在时域内的输

出响应为 $y(t)=x(t)*h(t)$，其中 $*$ 为卷积运算符。对应在频域内，$y(t)$ 和 $x(t)$ 的傅里叶频谱 $Y(\mathrm{j}\omega)$ 和 $X(\mathrm{j}\omega)$ 之间满足 $Y(\mathrm{j}\omega)=X(\mathrm{j}\omega)H(\mathrm{j}\omega)$，其中 $H(\mathrm{j}\omega)$ 为系统冲击响应 $h(t)$ 的傅里叶频谱。对于随机噪声 $x_{\mathrm{n}}(t)$，若它通过同样的线性系统（假设该系统本身是无噪声的），则系统的输出响应 $y_{\mathrm{n}}(t)$ 也是随机噪声，而且其时域卷积关系仍然是满足的：$y_{\mathrm{n}}(t)=x_{\mathrm{n}}(t)*h(t)$。然而，由于随机信号幅值的不确定性导致其傅里叶频谱也是不确定的，因此信号频谱与系统频谱之间的关系不再有效，只能从统计学角度来确定它们之间的关系。根据输入噪声信号 $x_{\mathrm{n}}(t)$ 和输出 $y_{\mathrm{n}}(t)$ 的自相关函数 $R_{\mathrm{x}}(\tau)$ 和 $R_{\mathrm{y}}(\tau)$ 的定义及噪声信号与系统冲击响应之间的时域卷积关系，可以推导出 $R_{\mathrm{y}}(\tau)$ 和 $R_{\mathrm{x}}(\tau)$ 与 $h(t)$ 之间的关系，进而根据式（4-10）可以得到其功率谱密度函数 $S_{\mathrm{y}}(\omega)$ 和 $S_{\mathrm{x}}(\omega)$ 与系统频谱 $H(\mathrm{j}\omega)$ 之间的关系，如下：

$$S_{\mathrm{y}}(\omega)=|H(\mathrm{j}\omega)|^2 S_{\mathrm{x}}(\omega) \tag{4-16}$$

确定性信号 $x(t)$ 与噪声信号 $x_{\mathrm{n}}(t)$ 通过线性系统 $h(t)$ 的响应可通过图4-18进行说明。

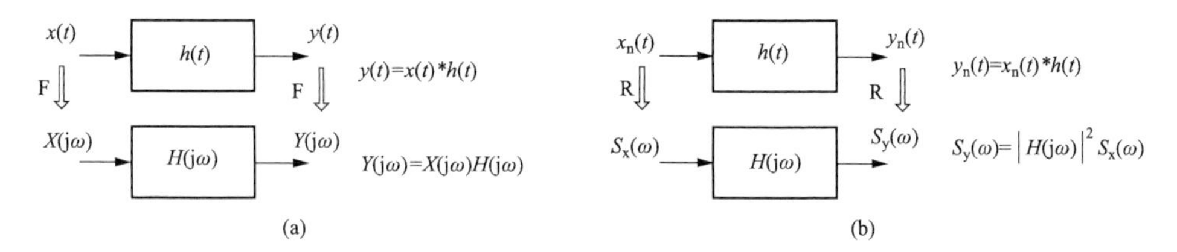

图4-18　线性系统对确定性信号与噪声信号的传递关系

（a）确定性信号；（b）噪声信号

【例4-5】 计算一个功率谱密度 $F(\omega)$ 为 e_{n0}^2 的白噪声输入信号 $x(t)$ 通过一个一阶 RC 滤波器后的输出噪声 $y(t)$ 的功率谱密度函数及噪声功率。

首先，一阶 RC 滤波器的频谱为

$$H(\omega)=\frac{1}{1+\mathrm{j}\omega RC}$$

其次，其幅频特性为

$$|H(\omega)|=\frac{1}{\sqrt{1+(\omega RC)^2}}$$

通过式（4-16）可得其功率谱密度函数为

$$S_{\mathrm{y}}(\omega)=|H(\omega)|^2 S_{\mathrm{x}}(\omega)=|H(\omega)|^2\frac{F(\omega)}{2}=\frac{e_{\mathrm{n0}}^2/2}{1+(\omega RC)^2}$$

通过式（4-13）可得其功率为

$$P_{\mathrm{y}}=R_{\mathrm{y}}(0)=\frac{1}{\pi}\int_0^{\infty}\frac{e_{\mathrm{n0}}^2/2}{1+(\omega RC)^2}\mathrm{d}\omega=\frac{e_{\mathrm{n0}}^2}{4RC} \tag{4-17}$$

对于一个用传递函数 $H(s)$ 表示的线性电路，其对于确定性信号的带宽为通常所说的－3dB频率，即 $H(s)$ 的幅频特性曲线 $|H(\mathrm{j}\omega)|$ 从通带下降到原来的0.707倍时对应的频率（意味着该频率的信号通过系统后其幅值会衰减到原来的70.7%，由于信号的幅值和功率之间的平方关系，幅值下降到70.7%对应于信号的功率下降到原来的50%）。对于噪声信号而言，当它通过同样的线性电路，也可以引入一个噪声的等效带宽的概念。但是噪声的等效带宽不同于上述－3dB带宽，它的定义如下：假设噪声同时通过一个实际的线性系统和一个理想的矩形通带系统，如果两个系统的输出噪声功率相等，则认为该矩形通带系统的带宽为

实际系统的噪声等效带宽。噪声的等效带宽 B_e 可以通过下式计算：

$$B_e = \frac{1}{|A_0|^2}\int_0^{\infty} |H(j\omega)|^2 d\omega \quad (rad/s) \tag{4-18}$$

式中，A_0 为 $H(j\omega)$ 的通带最大增益。

若 $H(j\omega)$ 为低通滤波器特性，那么 A_0 即为直流增益。对于一个一阶 RC 电路，根据式（4-18）可以计算其等效噪声带宽为 $B_e=\pi/(2RC)\approx 1.57/(RC)= 1.57B_0$，这里 B_0 为一阶 RC 电路的－3dB 带宽（rad/s）。可见，线性系统对噪声的等效带宽要高于－3dB 带宽，这意味着为了限制噪声的输出功率，对滤波器带宽的要求更严格。

4.3.3 放大电路的信噪比和噪声系数

噪声对测量结果的影响取决于它与被测有效信号之间的相对强弱，即信噪比（SNR）。调理电路设计的一个重要内容就是放大有效信号而抑制噪声。式（4-19）给出了信噪比的定义，它等于有效信号与噪声的功率之比 P_s/P_n（或有效值之比 X_s/X_n），通常采用 dB 来表示。

$$\text{SNR}=20\lg\frac{X_s}{X_n}=10\lg\frac{X_s^2}{X_n^2}=10\lg\frac{P_s}{P_n} \tag{4-19}$$

放大电路本身也是具有噪声的，当它把有效信号放大的同时，也会把自身的噪声注入信号中，结果恶化了信噪比。为了对放大电路自身的噪声功率对信噪比的影响进行评价，引入了一个噪声系数（Noise Figure，NF）的概念，它被定义为放大电路输入侧信噪比 P_{si}/P_{ni}和输出侧的信噪比 P_{so}/P_{no}的比值。对于一个线性放大电路，若它对信号功率的放大能力（功率增益）为 $G_p=P_{so}/P_{si}$，那么噪声系数可用下式表示：

$$\text{NF} = \frac{P_{si}/P_{ni}}{P_{so}/P_{no}} = \frac{P_{no}}{G_p P_{ni}} \tag{4-20}$$

如果放大电路对噪声的功率增益与对有效信号的功率增益是相同的，那么噪声系数还可以进一步写为

$$\text{NF} = \frac{P_{no}}{G_p P_{ni}} = \frac{G_p P_{ni} + P_{ano}}{G_p P_{ni}} = 1 + \frac{P_{ano}}{G_p P_{ni}} \tag{4-21}$$

式中，P_{ano}为放大电路自身的噪声功率输出。

这表明若一个线性放大电路对于输入有效信号和噪声均进行同等增益的放大，那么这种电路的信噪比一定是恶化的，其噪声系数 NF 总是大于 1。放大电路的噪声性能越差（P_{ano}越高），则 NF 的值越大，反之，则 NF 越接近于 1。对于理想无噪声的放大电路，NF＝1。另外，式（4-21）也说明，提高放大电路的功率增益 G_p可以降低噪声系数。噪声系数用 dB 可表示为（NF）$_{dB}$＝10lg（NF）。需要注意的是，噪声系数反映的是信号通过放大电路后被噪声“污染”的程度，从式（4-21）可以看到，P_{ano}/P_{ni}决定了噪声系数的大小，这意味着如果输入信号具有很差的信噪比（输入噪声远高于放大电路的固有噪声），那么噪声系数也会接近于 1，但这并不表示放大电路具有较好的噪声性能，而是其固有噪声相对于输入噪声比较小而已。

对于图 4-19 给出的由三级放大电路级联构成的测量电路，假设各级的功率增益分别为 G_{p1}，G_{p2}和 G_{p3}（故三级总的功率增益为 $G_p= G_{p1}G_{p2}G_{p3}$），各级的固有噪声分别为 P_{ano1}，P_{ano2}和 P_{ano3}，第一级的输入噪声功率为 P_{ni}，而最后一级的输出噪声功率为 P_{no}。倘若将输入噪声功率 P_{ni}分别输入到每一级的放大电路，那么可得到各级放大电路的噪声系数分别为

$$NF_1 = 1 + \frac{P_{ano1}}{G_{p1} \cdot P_{ni}}, \quad NF_2 = 1 + \frac{P_{ano2}}{G_{p2} \cdot P_{ni}}, \quad NF_3 = 1 + \frac{P_{ano3}}{G_{p3} \cdot P_{ni}}$$

则三级放大电路级联后总的噪声系数等于：

$$\begin{aligned} NF &= \frac{P_{no}}{G_p \cdot P_{ni}} = \frac{G_{p1}G_{p2}G_{p3}P_{ni} + G_{p2}G_{p3}P_{ano1} + G_{p3}P_{ano2} + P_{ano3}}{G_{p1} \cdot G_{p2} \cdot G_{p3} \cdot P_{ni}} \\ &= 1 + \frac{P_{ano1}}{G_{p1} \cdot P_{ni}} + \frac{P_{ano2}}{G_{p1} \cdot G_{p2} \cdot P_{ni}} + \frac{P_{ano3}}{G_{p1} \cdot G_{p2} \cdot G_{p3} \cdot P_{ni}} = NF_1 + \frac{NF_2 - 1}{G_{p1}} + \frac{NF_3 - 1}{G_{p1} \cdot G_{p2}} \end{aligned} \tag{4-22}$$

可见，级联放大电路中各级噪声系数对总噪声系数的影响是不同的，越是前级则影响越大。因此，必须确保第一级的噪声系数足够小，即前置放大器的低噪声设计至关重要。

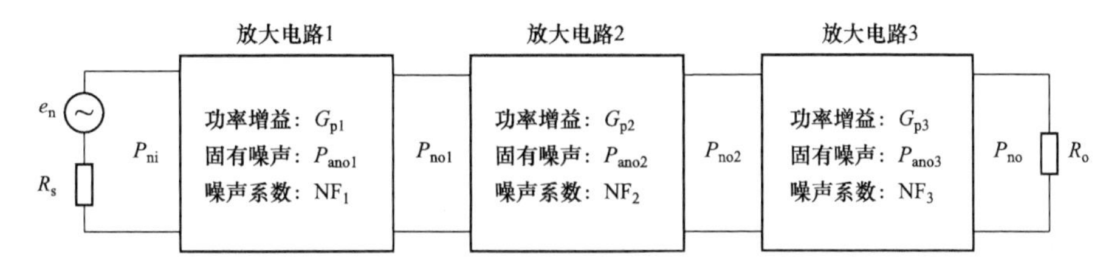

图 4-19　多级放大电路的噪声系数

4.3.4　电子元器件的噪声模型

电路的固有噪声来自基本的元器件噪声。长期以来，人们对电路内部的固有噪声进行了大量理论分析和实验研究，发现电子元器件的噪声可以采用具有下列一般形式的功率谱密度函数来表示：

$$S(f) = A + \frac{B}{f^{\gamma}} + \frac{C}{1 + \left(\frac{f}{f_0}\right)^{\alpha}} \tag{4-23}$$

式中，A 为白噪声的幅度；B 为 $1/f$ 噪声的幅度（γ 为频率指数）；C 为 G-R 噪声（产生-复合噪声）的幅度；f_0 为转折频率；α 为相关指数因子。不同元器件，上述噪声分量的表征参数具有不同的物理含义，且对应于元器件的不同结构特征与缺陷量，这些参数往往是通过对实测噪声数据进行拟合后得到的。本节将选择其中比较典型的几种元器件的固有噪声模型进行介绍。

1. 电阻的热噪声

热噪声起源于晶体中载流子的随机热运动，表现为电阻两端电荷的瞬时堆积造成的电压随机起伏。即使导体没有连接到任何电源，热噪声也同样存在。热噪声广泛存在于各种电阻性元器件之中，被约翰逊在 1928 年首先发现，因此也称约翰逊噪声。奈奎斯特根据热动力学原理推导了热噪声的统计特性，证明了热噪声的功率谱密度函数为

$$S(f) = 4kTR \quad (V^2/Hz) \tag{4-24}$$

式中，R 为电阻值（Ω）；T 为电阻的绝对温度（K）；k 为玻尔兹曼常数（$k=1.3806488 \times 10^{-23}$ J/K）。

从式（4-24）可以看出，热噪声的功率谱密度是常数，因此它可以被认为是白噪声。式（4-24）是根据热力学推导出来的近似结果，当频率很高时，由量子理论可以得到更准确的功率谱密度函数表达

$$S(f)=\frac{4hfR}{\exp[hf/(kT)]-1}\quad (\mathrm{V}^2/\mathrm{Hz})\tag{4-25}$$

式中，h 为普朗克常量（$h=6.62\times10^{-34}\mathrm{J\cdot s}$），$f$ 为频率。

可见，当 $f>kT/h$ 时，$S(f)$ 将逐渐减小。在室温下（$T=300\mathrm{K}$），当 $f<0.1kT/h\approx 10^{12}\mathrm{Hz}$ 时，式（4-25）可以被近似为式（4-24）。电阻的热噪声可以通过图 4-20（a）给出的理想电阻 R 串联噪声电压源 e_n 或者理想电阻 R 并联噪声电流源 i_n 来表示。根据该等效电路，两个电阻串联或并联后的总电阻及噪声功率谱密度的表达式如图 4-20（b）和 4-20（c）所示。根据噪声叠加原理，可知串联或并联电阻后的总噪声功率谱密度等于各电阻的噪声功率谱密度之和。

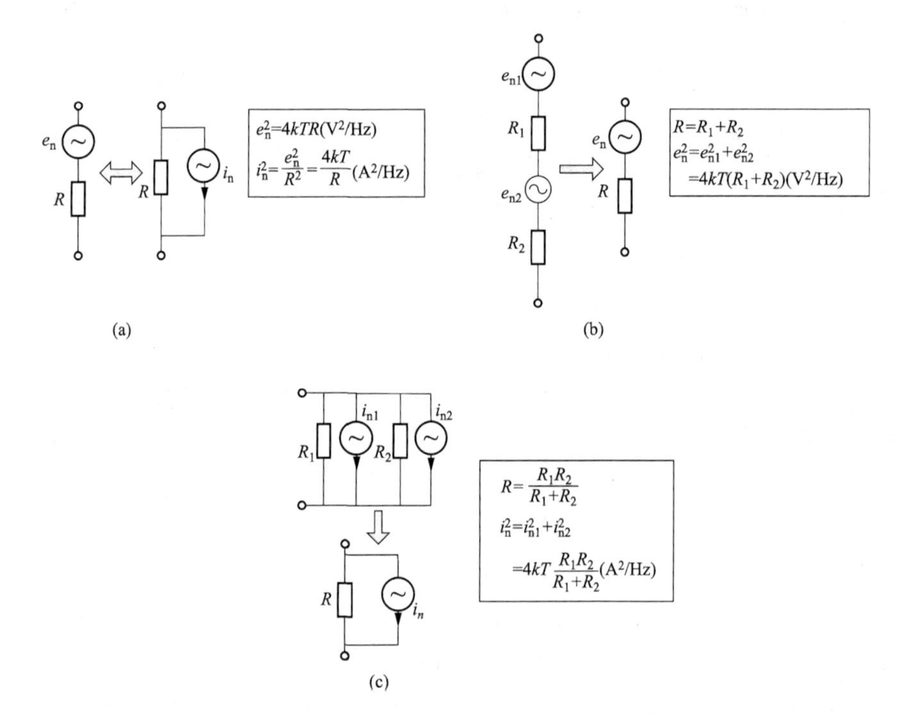

图 4-20 电阻热噪声的等效电路

（a）热噪声模型；（b）串联电阻电压噪声模型；（c）并联电阻电流噪声模型

当电阻 R 两端并联电容 C 后，可以限制噪声的带宽，从而降低热噪声的总有效值。根据式（4-17），可得并联电容后的热噪声有效值为

$$E_n=\sqrt{\frac{4kTR}{4RC}}=\sqrt{kT/C}\tag{4-26}$$

2. PN 结的散粒噪声

当电流流过半导体的 PN 结时，由于载流子（电子或空穴）的随机扩散及空穴电子对的随机产生和组合将导致流过势垒的电流在其平均值附近随机起伏，这种电流噪声称为散粒噪声。凡是具有 PN 结的元器件都具有这种噪声，因此流过 PN 结的真实电流为 $i=I_d+i_{ns}$，其中 I_d 为流过 PN 结的平均电流，而 i_{ns} 则为噪声电流。散粒噪声 i_{ns} 是一种白噪声，其噪声功率谱密度函数（在低频和小注入工艺条件下）为

$$S(f)=2qI_d\quad (\mathrm{A^2/Hz})\tag{4-27}$$

式中，$q=1.6\times10^{-19}$为电子电量；I_d为流过 PN 结的平均电流。

可见，减小流过 PN 结的电流对于降低散粒噪声非常重要。

3. 1/*f* 噪声

虽然 1/*f* 噪声的研究已经有许多年了，但其真正的产生原因至今没有统一的结论，但是其存在不寻常的特性及明显的普遍性，人们普遍认为 1/*f* 噪声涨落是存在于所有系统中的一个非常基本的过程。在导体或半导体元器件中的 1/*f* 噪声被归因于表面载流子涨落机制或者迁移率涨落机制。表面载流子涨落机制由麦克沃特（McWhorter）1957 年提出，是指半导体表面氧化层中存在的陷阱可与半导体的内部通过隧道效应交换载流子，这将导致半导体导带电子或价带空穴的涨落，从而引起低频 1/*f* 噪声。迁移率涨落模型是指当两种导体材料不完全接触时，接触点的电导随机涨落会产生 1/*f* 噪声，如开关、继电器或晶体管或二极管的不良接触及电流流过碳质电阻的不连续介质等。在 1969 年，霍克（Hooge）通过对各种金属和半导体电阻中的 1/*f* 噪声测量结果进行研究后提出了一个关于迁移率涨落模型的著名的经验公式：

$$\frac{S_V(f)}{V_d^2}=\frac{S_I(f)}{I_d^2}=\frac{S_R(f)}{R^2}=\frac{\alpha_H}{Nf} \tag{4-28}$$

式中，V_d 是样品两侧的平均电压，I_d 是通过样品的平均电流，R 是样品的电阻，N 是样品中的载流子总数，$\alpha_H=1\times10^{-3}\sim9\times10^{-3}$，为一个无量纲常数，由材料特性来决定。迁移率涨落通常以电流噪声来表征，则上式可写为：

$$S(f)=\frac{\alpha_H I_d^2}{N\cdot f}\quad (\mathrm{A^2/Hz}) \tag{4-29}$$

在分别用迁移率涨落模型和表面载流子数涨落模型对许多具体材料和元器件进行计算以及对实验结果进行比对后发现：通常这两种机制是同时存在的，且在大多数情况下，只有通过改变元器件结构或改善表面状况，使表面载流子数涨落引起的 1/*f* 噪声被降低到可以忽略的程度后，迁移率涨落才成为 1/*f* 噪声的主导机制。根据式（4-29），1/*f* 噪声的功率谱密度函数 $S(f)$ 在频率 f 趋近于零时将趋近于无穷大，实际上是不可能的，因此有人预计当频率低于某个下限时，$S(f)$ 会趋近于一个常数，通常该下限频率被选择为 0.001Hz。当 f 增加到一定程度后，热噪声和散粒噪声等白噪声将占主导地位，而 1/*f* 噪声可以忽略。

4. G-R 噪声

G-R 噪声即产生-复合噪声。在半导体材料或器件中，存在着能够发射或俘获载流子的各种杂质中心。根据它们在禁带中能级位置的不同，分别起着受主中心、施主中心、陷阱中心或产生-复合中心的作用。这些杂质中心对载流子的发射和俘获是一种随机事件，因此占据其能级的载流子数目将随机涨落，同时引起导带电子或价带空穴的随机涨落，通常这种涨落称为产生-复合噪声（G-R 噪声）。式（4-23）表明，G-R 噪声也是一种低频噪声，当频率高于某个转折频率后，它的噪声密度将下降。在进行噪声的测量和噪声曲线拟合时，对于 1/*f* 噪声，在对数坐标下其功率谱密度曲线为下降的直线，但是如果低频下功率谱密度偏离了直线，那么这种偏离被视为 G-R 噪声的影响。

除了上述噪声以外，电子元器件中还有一种爆裂噪声。这种噪声具有瞬时高强度，主要是由于元器件中的杂质造成的，如果减少杂质，则可以防止这种噪声的产生。

4.3.5 电路元器件的噪声

1. 实际电阻的噪声

实际的电阻除了基本的热噪声外，还具有低频 $1/f$ 噪声，因此实际产生的噪声比热噪声更高。这是由于电阻器内部的导电微粒的不均匀性或不连续性造成的。一般来说，金属绕线电阻基本上只有热噪声，其噪声性能是最优的，而金属膜和碳膜电阻则具有表面 $1/f$ 噪声，且碳膜电阻的 $1/f$ 噪声要比金属膜高很多，碳粒电阻则具有很高的 $1/f$ 噪声，噪声性能是最差的。电阻的热噪声只与温度和电阻值相关，而低频 $1/f$ 噪声则与流过电阻的电流有关，电流越大则引起的 $1/f$ 噪声越高。实际包含热噪声和 $1/f$ 噪声的电阻的噪声谱密度函数可表示为[6]

$$S(f)=4kTR+\frac{K_{\mathrm{R}}I_{\mathrm{D}}^{2}R^{2}}{f}\quad(\mathrm{V}^{2}/\mathrm{Hz}) \tag{4-30}$$

式中，K_{R}为电阻材料噪声特性常数；I_D为流过电阻的平均电流。

可见，当实际电阻流过电流时，会产生附加的与电流相关的 $1/f$ 噪声，工业上常常称之为电阻的电流噪声，且定义了一个电流噪声系数来表征它的大小。电流噪声系数定义为在十倍频程内直流电流引起的电阻噪声电压（不包括热噪声）的有效值（μV）与直流电流在电阻两端产生的平均电压（V）的比值。可见，电流噪声系数是一个无量纲的比值（μV/V），而且根据其定义和式（4-30）可以推导出它是一个只与电阻材料的噪声特性相关的常数。图 4-21 给出了典型的碳膜电阻的电流噪声系数，可见高值碳膜电阻（$>100\mathrm{k}\Omega$）不仅热噪声比较严重，其电流噪声也非常严重。

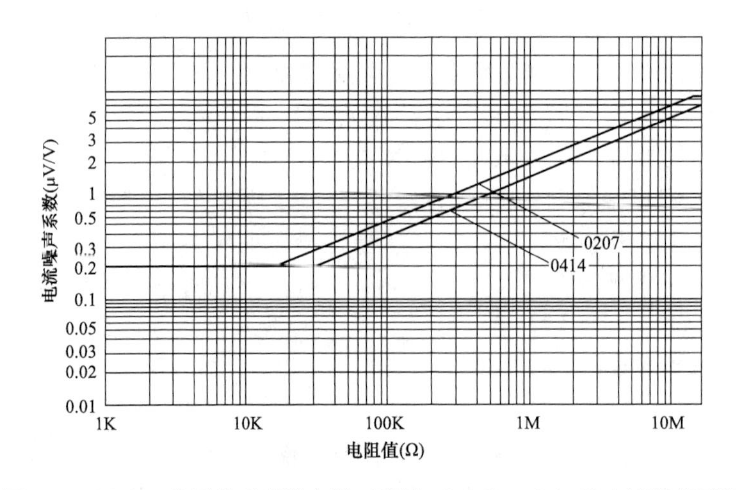

图 4-21 Vishay 公司典型碳膜电阻（型号 0207 和 0414）的电流噪声系数

2. 二极管的噪声

对于一般的二极管，基本的噪声是当有电流流过时产生的散粒噪声。但是，由于二极管具有体电阻和引线接触电阻，因此也包含热噪声。另外，二极管的金属电极与半导体的接触及半导体内的杂质和缺陷与载流子相互作用也会引起低频 $1/f$ 噪声。与一般二极管不同，齐纳击穿二极管由于具有雪崩击穿特性，这种二极管具有比较显著的附加噪声（雪崩噪声或倍增噪声）。雪崩噪声是由于二极管在反向击穿时空间电荷层中的电子碰撞晶格产生了新的电子-空穴对，它们进而引起连锁雪崩效应，这种雪崩效应造成流过齐纳二极管的电流中存在随机分布的噪声尖峰。雪崩噪声类似于散粒噪声，但是比散粒噪声更剧烈。

文献［7］给出了一个齐纳二极管 1N4246 的低噪声设计方法，通过在硅平面结上加保护环来避免表面击穿引起的噪声，通过缓慢升降温氧化工艺来避免半导体晶格产生新缺陷，通过 CVD 表面钝化（在硅片上沉淀保护层）阻挡钠离子和潮气的侵入和表面沾污，以及采用凸点电镀技术减小接触电阻等措施可大大降低其噪声。图 4-22 给出了低噪声 1N4626 的噪声功率谱密度曲线，其中在 250μA 的测试电流下，f=2kHz 频率点的噪声功率谱密度大约为$1.2\times10^{-14}\mathrm{V^2/Hz}$（频谱密度为 $0.11\mu\mathrm{V}/\sqrt{\mathrm{Hz}}$）。

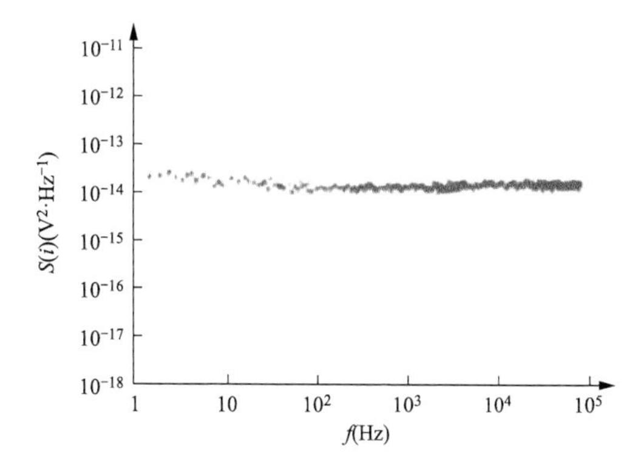

图 4-22 低噪声设计的齐纳二极管 1N4246 的功率谱密度曲线

3. BJT 的噪声

BJT 的主要噪声源包括：①基区电阻的热噪声；②基极电流和集电极电流造成的散粒噪声；③低频 $1/f$ 噪声（与二极管的 $1/f$ 噪声机理相似）。这些噪声源中既有噪声电压，也有噪声电流。BJT 的噪声可以通过图 4-23 给出的等效电路来建模，它由一个无噪声的 BJT 与被等效到 BJT 基极输入侧的噪声电压源 e_n及噪声电流源 i_n构成。根据文献［8］，等效噪声电压源和电流源的功率谱密度可采用式（4-31）和式（4-32）来近似。

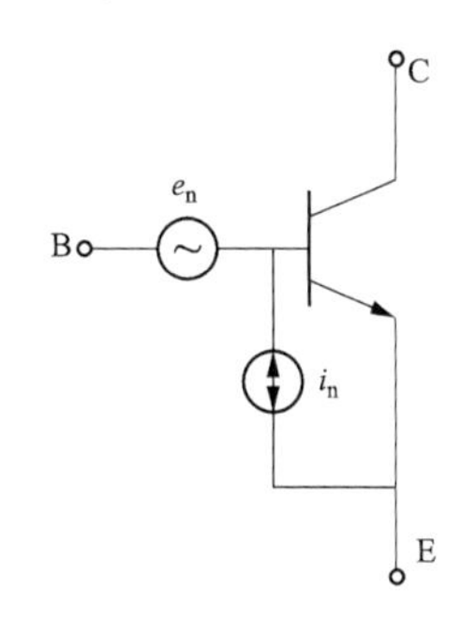

图 4-23 BJT 的噪声等效电路

$$S_e(f)=4kr_bT+\frac{2qI_C}{g_m^2}+\frac{K_F I_B^\gamma r_b^2}{f^\alpha}\quad(\mathrm{V^2/Hz})\tag{4-31}$$

$$S_i(f)=2qI_B+\frac{K_F I_B^\gamma}{f^\alpha}\quad(\mathrm{A^2/Hz})\tag{4-32}$$

式中，r_b为基区电阻；q 为电子电量；g_m为 BJT 的跨导；I_B为基极偏置电流；I_C为集电极偏置电流；K_F则为与 BJT 的 $1/f$ 噪声系数，它取决于不同的 BJT 类型和样品，α 和 γ 为相关的指数因子（通常 $\alpha=1$，而 $\gamma=1\sim2$）。

需要注意的是，只有基区电阻 r_b 产生热噪声，基极-发射极（PN 结）的等效电阻 r_{be}不是实电阻而是一个等效电阻，因此它不产生热噪声。另外，从式（4-31）可以看到，为了降低电压噪声 e_n需要增加跨导 g_m，然而这就需要增大集电极偏置电流 I_C，结果又导致电流噪声 i_n的增加（$I_B=I_C/\beta$，β 为 BJT 的电流放大倍数）。因此，在 BJT 的低噪声设计中，必须对电压噪声和电流噪声进行折中。

4. 场效应管的噪声

场效应管（Filed Effect Transistor，FET）的主要噪声源包括：

（1）沟道电阻的热噪声。由于沟道电阻与跨导 g_m的大小有关，因此该沟道热噪声也与 g_m有关。

（2）低频 $1/f$ 噪声，与二极管或 BJT 的 $1/f$ 噪声机理相似。

（3）对于一般结型场效应管（JFET）所具有的栅极散粒噪声，MOSFET 是没有的，因为 JFET 的栅极和源极之间为反向 PN 结，所以流过 PN 结的反向栅极电流会产生散粒噪声。

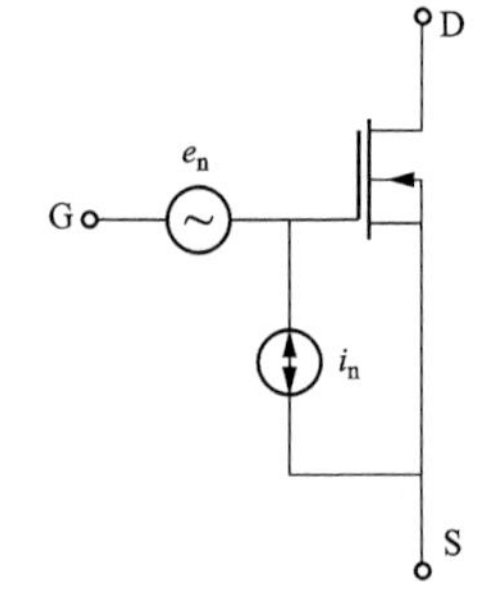

图 4-24 FET 的噪声等效电路

但是对于 MOSFET，其栅极近似为绝缘层，因此栅极电流非常小，因此该噪声不存在。

（4）栅极感应噪声。在高频下，沟道电阻热噪声的高频分量通过栅极-源极之间的电容 C_{GS}耦合到栅极回路中，从而产生了栅极感应噪声，相当于在栅-源极之间并联了噪声电流源。图 4-24 给出了 FET 的噪声等效电路，同样它是一个把所有噪声源等效到一个无噪声 FET 的栅极输入侧的噪声源模型，包括等效电压噪声源 e_n和电流噪声源 i_n。

根据文献［8］，FET 噪声源的功率谱密度函数近似由式（4-33）和式（4-34）表达。式（4-33）表征的噪声电压包含两项，第一项为沟道电阻热噪声，第二项为 $1/f$ 噪声。式(4-34）的两项则分别为栅极散粒噪声和栅极感应噪声，对于 MOSFET 则只有栅极感应噪声。

$$S_e(f) = 4kTR_{ds} + \frac{K_F I_D^{\gamma}}{g_m^2 f^{\alpha}} = \frac{4kTK_D}{g_m} + \frac{K_F I_D^{\gamma}}{g_m^2 f^{\alpha}} \quad (\mathrm{V}^2/\mathrm{Hz}) \tag{4-33}$$

$$S_i(f) = 2qI_G + \frac{4kT\omega^2 C_{gs}^2 K_u}{g_m} \approx \frac{4kT\omega^2 C_{gs}^2 K_u}{g_m} \quad (\mathrm{A}^2/\mathrm{Hz}) \tag{4-34}$$

式中，R_{ds}为沟道电阻，它与跨导 g_m相关，关联系数为 K_D；I_D为漏极电流；K_F为 FET 的 $1/f$ 噪声系数，取决于 FET 的型号和样品；I_G为栅极电流，对于 MOSFET，该值为零；ω 为信号的角频率；K_u为一个与栅源电压和漏源电压大小相关的系数。

从式（4-33）和式（4-34）可以看到，在低频下 FET 的主要噪声形态为电压噪声，而在高频下栅极上将感应出电流噪声。BJT 或 FET 的噪声性能可以通过噪声系数 NF 来表征，假设由 BJT 或 FET 构成的放大电路输入只有源电阻 R_s引入的热噪声 $P_{ni}=4kTR_sB$，其中 B 为测试带宽，表 4-2 给出了几种低噪声 BJT 和 JFET 的噪声系数（NF）的指标及相应的测试条件。

表 4-2　几种低噪声 BJT 和 JFET 的噪声系数

型号	测试条件	噪声系数 NF
NPN：BC849，BC850	I_C=200μA，V_{CE}=5V，R_S=2kΩ，f=10Hz～15.7kHz 或 f=1kHz，带宽 B=200Hz	2.5 （4dB）
PNP：BC859，BC860	I_C=－200μA，V_{CE}=－5V，R_S=2kΩ，f=30 Hz～15kHz 或 f=1kHz，带宽 B=200Hz	2.5 （4dB）
JFET：IT120，IT121	窄带噪声系数，I_C=100μA，V_{CE}=5V，B=200Hz，栅极电阻 R_G= 10kΩ，f=1kHz	1.26 （Max 1dB）

5. 运算放大器的噪声

运算放大器是由大量晶体管、电阻和电容等元器件通过集成工艺来制造的，因此这些元器件的所有噪声源通过噪声叠加构成了运算放大器的噪声。运算放大器的噪声与分立的 BJT 或 MOSFET 具有相似性，既包含噪声电压也包含噪声电流。两种噪声几乎可以认为是不相关的，而且由于噪声的叠加是功率求和，因此一般情况下集成电路的噪声要高于分立元器件的噪声。对于某些精密测量电路，为了实现较好的噪声性能，往往采用分立元器件构成的放大电路作为前置放大器。由运算放大器构成的放大电路所产生的总噪声除了与运算放大器固有的内部噪声源相关外，还取决于电路中所采用的电阻的大小、运算放大器的增益以及带宽。为了对放大电路的噪声进行估计，一般都把所有的噪声源等效到放大电路的输入侧（等效输入电压或电流噪声），然后计算这些等效输入噪声源通过理想无噪声的放大电路后所产生的输出。图 4-25（a）给出了运算放大器的等效噪声模型，它由等效输入噪声电压源 e_n，两个噪声电流源 i_n以及增益传递函数为 $A(s)$ 的无噪声放大器构成。运算放大器的固有噪声在低频下主要为 $1/f$ 噪声，当然运算放大器的失调电压和电流也可看作是 $1/f$ 噪声的一部分，在高频下则是由热噪声和散粒噪声构成的白噪声（设噪声电压频谱密度为 e_{n0}或电流频谱密度为 i_{n0}），低频 $1/f$ 噪声与高频白噪声之间存在一个转角频率 f_{ce}或 f_{ci}。这样，电压噪声或电流噪声的功率谱密度函数可以用式（4-35）来表示。图 4-25（b）给出了运算放大器的等效噪声电压（或电流）的典型功率谱密度曲线。

$$S_e(f)=e_n^2=e_{n0}^2\left(\frac{f_{ce}}{f}+1\right)\quad(\mathrm{V^2/Hz}),\quad S_i(f)=i_n^2=i_{n0}^2\left(\frac{f_{ci}}{f}+1\right)\quad(\mathrm{A^2/Hz})\tag{4-35}$$

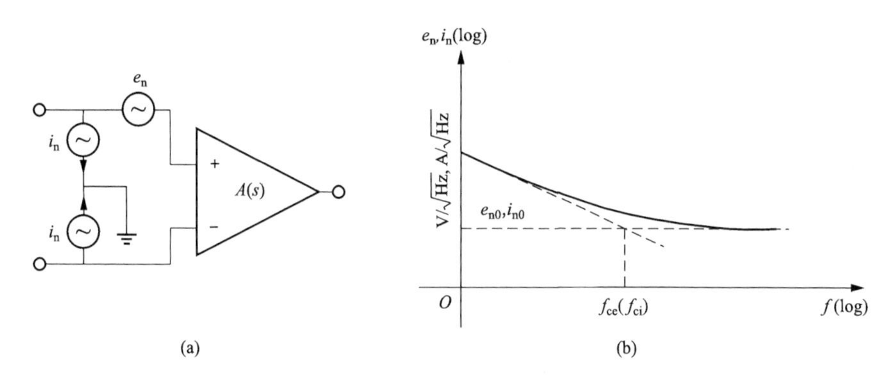

图 4-25　运算放大器的噪声

（a）噪声模型；（b）噪声功率谱密度曲线

表 4-3 列出了几种常用运算放大器及低噪声运算放大器的噪声指标，而图 4-26（a）和图 4-26（b）则给出了其中两种运算放大器的噪声功率谱密度曲线。从表 4-3 中的数据对比可以看到，JFET 工艺的运算放大器电流噪声是很低的。同时，运算放大器的电压噪声和电流噪声性能是互相制约的，电压噪声较低的运算放大器往往其电流噪声会比较高。

表 4-3　　几种常用运算放大器和低噪声运算放大器的噪声指标

型号	e_{n0} (nV/$\sqrt{\mathrm{Hz}}$)	f_{ce} (Hz)	i_{n0} (pA/$\sqrt{\mathrm{Hz}}$)	f_{ci} (Hz)
AD712（JFET 型）	16	200	0.01	—
OP-07	10	10	0.1	50
OPA227/4277	8	20	0.2	200
OP-27/37	3	2.7	0.4	140

【例 4-6】 图 4-27（a）给出了一个由 AD712 运算放大器构成的同相放大电路，已知 AD712 的小信号单位增益频率 f_t=4MHz，根据表 4-3 给出的噪声指标（表 4-3 中 AD712 的电流噪声指标未给出转折频率 f_{ci}的具体值，此例中假设 $f_{ci}=f_{ce}$），计算当放大电路输入 E_{si}=1mV 的直流信号，且输入信号中包含有效值为 E_{ni}=10μV，测试带宽为 f_n=1MHz 的白噪声信号时，放大电路的输出 SNR 及噪声系数 NF（假设环境温度为 25℃）。

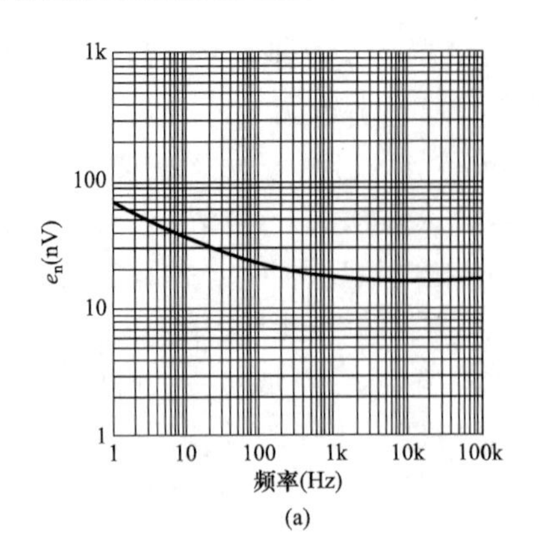

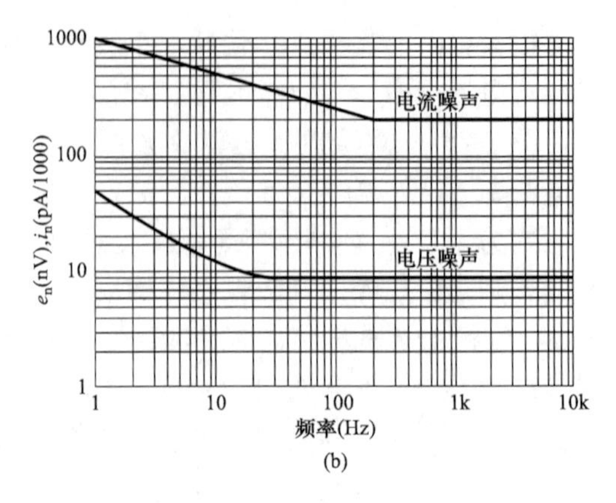

图 4-26 典型运算放大器的噪声功率谱密度曲线

(a) AD712；(b) QPA427

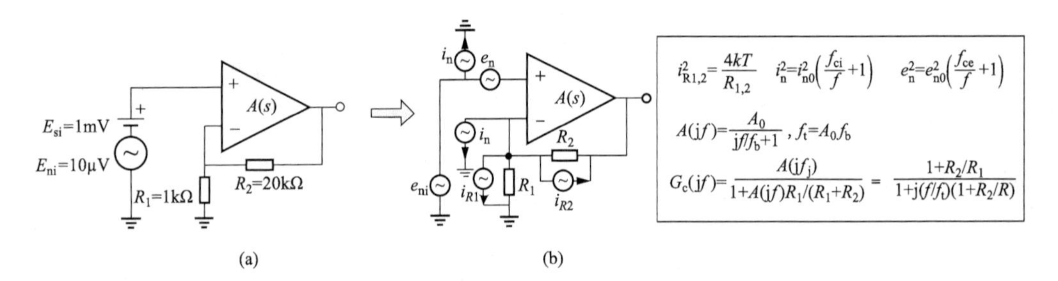

图 4-27 AD712 构成的同相放大电路

(a) 电路参数及输入信号；(b) 噪声等效电路

首先，图 4-27 (b) 中给出了同相放大电路的各种噪声源及噪声等效电路，包含电阻的热噪声及运算放大器的固有噪声。同时，图 4-27 (b) 中也给出了这些噪声源的功率谱密度函数及放大电路的开环增益传递函数 $A(\mathrm{j}f)$ 和闭环增益传函 $G_c(\mathrm{j}f)$。由于输入信号源的内阻被忽略，因此运算放大器的同相端噪声电流不会引起电压噪声，只有反相端噪声电流能通过 R_1 和 R_2 的并联等效电阻产生噪声电压。根据噪声的功率叠加原理，放大电路的各种固有噪声可以被等效为总的输入噪声电压功率谱密度 S_{ani}（不包含输入噪声 e_{ni}）为

$$S_{ani}=[i_n(R_1 /\!/ R_2)]^2+(i_{R1}R_1)^2+(i_{R2}R_2)^2+e_n^2 \tag{4-36}$$

S_{ani}通过运算放大器的闭环增益传递函数 $G_c(jf)$ 产生输出噪声功率 P_{ano}，其频率上限由闭环传递函数的带宽 f_B决定。由于 $1/f$ 噪声的功率谱密度随着频率的降低而不断增加，因此在计算输出噪声时必须指定下限频率 f_L。在本例中，运算放大器的噪声下限频率假设为 $f_L=0.1\mathrm{Hz}$，意味着选择 10s 的时间长度对噪声电压的功率进行测量。这样，P_{ano}的计算过程为

$$\begin{aligned}P_{ano}&=E_{ano}^2=\int_{f_L}^{\infty}[|G_c(\mathrm{j}f)|^2S_{ani}]\,\mathrm{d}f\\&=\int_{f_L}^{\infty}\left\{\frac{A_c^2}{1+(f/f_B)^2}\cdot\left[(R_1 /\!/ R_2)^2i_{n0}^2\left(\frac{f_{ci}}{f}+1\right)+4kT(R_1+R_2)+e_{n0}^2\left(\frac{f_{ce}}{f}+1\right)\right]\right\}\mathrm{d}f\\&=\frac{A_c^2[(R_1 /\!/ R_2)^2i_{n0}^2f_{ci}+e_{n0}^2f_{ce}]}{2}\ln\left(\frac{f^2}{1+(f/f_B)^2}\right)\Bigg|_{f_L}^{\infty}+[4kT(R_1+R_2)+(R_1 /\!/ R_2)^2\end{aligned}$$

$$i_{n0}^2+e_{n0}^2]A_c^2 f_B\arctan(f/f_B)|_{f_L}^{\infty}$$

$$=A_c^2(i_{n0}^2 f_{ci}+e_{n0}^2 f_{ce})\ln(f_B/f_L)+A_c^2[4kT(R_1+R_2)+(R_1 /\!/ R_2)^2 i_{n0}^2+e_{n0}^2]$$

$$[\pi f_B/2-\arctan(f_L/f_B)] \tag{4-37}$$

式中，A_c为放大电路的直流闭环增益，即$A_c=1+R_2/R_1$。

根据运算放大器的恒增益带宽积特性，闭环带宽$f_B=f_t/A_c=f_t/(1+R_2/R_1)$。这样，根据式（4-37）可计算放大电路的固有输出噪声电压有效值为：$E_{ano}=(P_{ano})^{1/2}\approx 282\mu V$。

其次，对于输入信号中的白噪声，根据噪声功率和带宽可以计算出其功率谱密度：$e_{ni}^2=E_{ni}^2/f_n=100(nV)^2/Hz$，由于噪声的带宽大于同相放大电路的带宽，因此放大电路对于输入噪声的功率增益不等于对直流输入信号的功率增益$G_p=A_c^2$，而是要考虑闭环传递函数$G_c(jf)$的影响。对于输入白噪声e_{ni}，当它通过放大电路后得到的输出噪声由放大电路的直流增益A_c和等效噪声带宽B_e来决定，根据一阶系统等效噪声带宽B_e与其小信号带宽f_B的关系，可以计算出输出噪声电压的有效值如下：

$$E_{no}=\sqrt{P_{no}}=\sqrt{e_{ni}^2\int_0^{\infty}[|G_c(jf)|^2]df}=\sqrt{A_c^2\cdot B_e\cdot e_{ni}^2}=\sqrt{A_c^2 1.57 f_B e_{ni}^2}=114.8\mu V$$

相比之下，输出有效信号的大小为：$E_{so}=A_cE_{si}=21mV$。这样，输出SNR为

$$SNR=20\lg(E_{so}/\sqrt{E_{no}^2+E_{ano}^2})=20\lg(21mV/\sqrt{282^2+114.8^2}\mu V)=37dB$$

噪声系数为：$NF=(P_{no}+P_{ano})/(G_pP_{ni})=(E_{no}^2+E_{ano}^2)/(A_c^2\cdot E_{ni}^2)=2.1$

在上面的例子中，如果放大电路的输入噪声e_{ni}来自输入信号源内阻R_s的热噪声，那么放大电路的噪声系数NF将与R_s的大小有关。假如热噪声的功率P_{ni}由放大电路的等效噪声带宽B_e来限定，则$P_{ni}=4kTR_sB_e$。同时，由于运算放大器同相端的等效输入噪声电流i_n流过R_s会产生额外的电压噪声，这样在放大电路的输出噪声功率中，将附加这部分噪声功率$P_{sn}=i_n^2R_s^2A_c^2B_e$。最终，放大电路的噪声系数$NF$为

$$NF=\frac{P_{no}+P_{sn}+P_{ano}}{G_p\cdot P_{ni}}=\frac{4kTR_sA_c^2B_e+i_n^2R_s^2A_c^2B_e+\int_{f_L}^{\infty}S_{ani}\ |G_c(jf)|^2df}{A_c^2\cdot 4kTR_sB_e}$$

$$=1+\frac{i_n^2R_s^2A_c^2B_e+\int_{f_L}^{\infty}S_{ani}\ |G_c(jf)|^2df}{A_c^2\cdot 4kTR_sB_e} \tag{4-38}$$

从式（4-38）可知，如果R_s很大，那么会导致电流噪声的影响被放大，噪声系数NF就会很大。但是，如果R_s很小，那么由于输入热噪声P_{in}也很小，结果NF也会比较大。因此，R_s有一个最佳值，该阻值能够使放大电路的噪声系数最小，称为放大电路的噪声阻抗匹配。在上面的例子中，噪声匹配源内阻$R_s=2.4M\Omega$，最小噪声系数$NF_{min}=1.047$。

4.3.6 噪声的测量

相比于可能的干扰噪声，器件的固有噪声往往是比较微弱的，对它们进行评估和测量，进而获知噪声的特性指标是一项有挑战性的工作。然而，在精密仪器中对于微弱信号进行放大时必须要对构成放大电路的各元器件进行噪声特性评估，因此有必要了解噪声测量的一些知识。文献［9］提到了对半导体器件的散粒噪声进行测试的测量系统原理，本节将以此为例，来简单介绍对器件噪声进行测量时的一些关键技术。图4-28（a）给出了该测量系统的原理框图，图4-28（b）则是一个对纳米尺寸MOSFET进行散粒噪声测试的具体方案（这种

MOSFET 被认为存在沟道散粒噪声，且比热噪声的影响更大)。

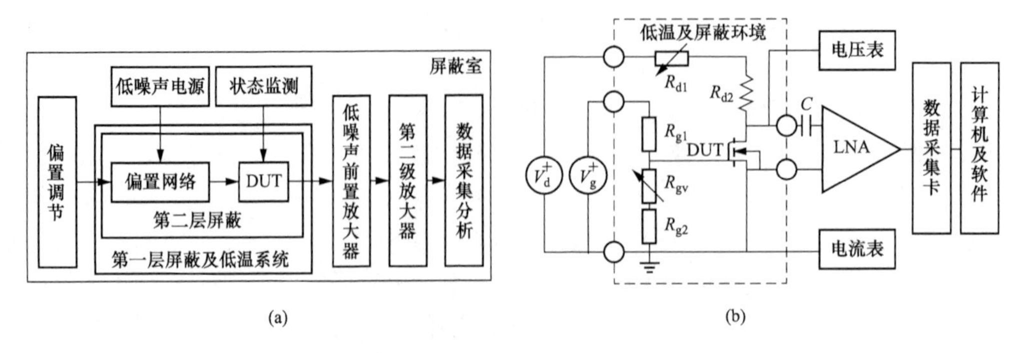

图 4-28 半导体元器件的散粒噪声测量系统原理[9]

(a) 测量系统原理框图；(b) 对 MOSFET 测量方案

在对 MOSFET 的散粒噪声进行测量时，首先要对 MOSFET 元器件施加直流偏置电压和电流，这就需要低噪声的电源和偏置网络。其次，微弱的噪声必须要通过低噪声的放大器进行放大。第三，放大后的噪声信号经过数据采集卡进行采样和量化，然后通过计算机进行数据处理来计算噪声功率谱密度或噪声功率等指标。在噪声测量的偏置和放大环节中，要求测量电路自身的噪声水平一定要比被测噪声信号更低，这是噪声测量中的难点问题。为了观察到散粒噪声，要求必须充分抑制热噪声，因此图 4-28 中的方案采用低温环境来降低偏置电阻和被测 MOSFET 的热噪声。根据前面散粒噪声的计算式，如果采用 mA 级的偏置电流且沟道电阻为 kΩ 级别，MOSFET 散粒噪声功率谱密度数量级大致为 $10^{-16}V^2/Hz$，要求测试系统的总噪声应该至少低于其一个数量级，而每个独立的噪声源则需要低至少两个数量级。首先，测量系统采用的偏置电源 [图 4-28 (b) 中的 V_d和 V_g] 为低噪声 Ni-H 电池组，它在充电饱和且在 10mA 测试电流的条件下，噪声电压功率谱密度小于 $10^{-18}V^2/Hz$。偏置电阻网络均采用绕线电阻（这种电阻一般认为只有热噪声），根据式 (4-24)，在 10K 的低温下其热噪声只有常温下的 1/30。这些措施使得偏置网络具有极低的噪声水平。另外，选择低噪声的前置放大器（通常采用分立晶体管来搭建，如日本的 SA-200F3，其背景噪声最低达到 $0.5nV/\sqrt{Hz}$)。数据采集系统应该具有足够的采样速率和分辨率（如 2MHz 采样速率和 14 位以上的分辨率）。最后，为了区别热噪声和散粒噪声，被测样品和偏置电路都被置于液氦介质循环制冷机控制的 10K 左右的低温下，同时采用双层屏蔽尽量降低干扰噪声的影响。

噪声测试中所面临的主要问题是如何有效、准确地测试元器件中微弱的噪声信号，这需要从各个方面减少测试系统自身的噪声，其中最主要的环节是如何有效降低测试系统中电压放大器自身的噪声。

图 4-29 给出了利用低噪声放大器并联降低放大器背景噪声的原理。图 4-29 中，e_n为单路放大器的等效输入电压噪声（包含运算放大器噪声及电阻热噪声的影响），i_n为单路等效输入电流噪声，A_1 为第一级放大器闭环增益，A_2 为第二级的增益。若第一级放大器由同样特性的 n 路放大器并联构成，其输出噪声线性叠加并通过第二级放大电路放大。由于噪声电压为随机信号，因此线性叠加使得输出噪声的总功率谱密度增加了 n 倍，但是两级放大器的功率增益 G_p增大了 n^2 倍，这样输出噪声被等效到输入侧后，其噪声电压下降为单路放大器的

$1/\sqrt{n}$。这种利用并联实现背景噪声下降的主要思想还是利用多路不相关噪声电压叠加后会产生互相削弱效应，使得噪声功率的增加倍率大大低于放大电路功率增益的增加倍率。这种并联的放大电路结构虽然会降低电压噪声，但是会使得电流噪声大大增加，为了避免电流噪声的影响，它只能被应用于低内阻信号源的放大，即图中内阻 R_s 比较小的场合。

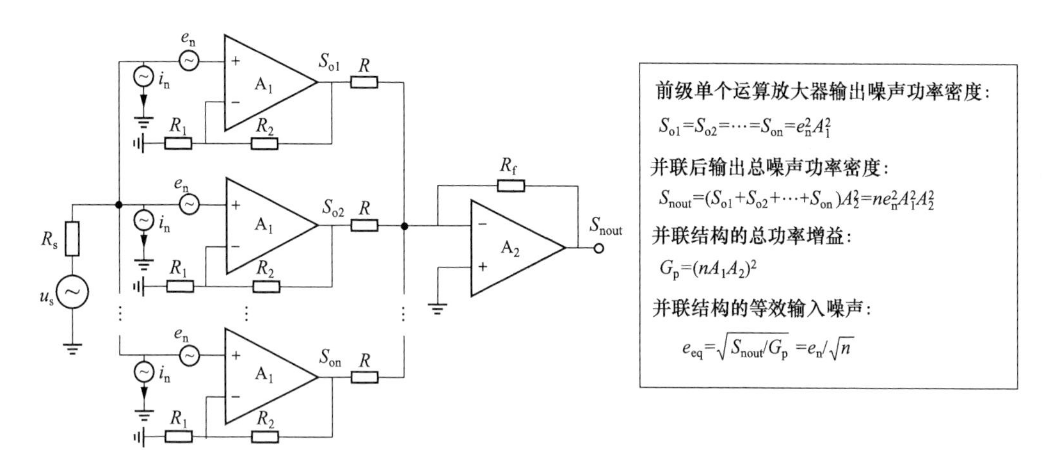

图 4-29　放大器并联降低放大器背景噪声的原理

参考文献

[1] Analog Device Inc.，MT-037 Turorial：OP Amp Input Offset Voltage [R]. http：//www. analog. com 2008.

[2] Analog Device Inc.，MT-038 Turorial：OP Amp Input Bias Current [R]. http：//www. analog. com 2008.

[3] Analog Device Inc.，MT-042 Turorial：OP Amp Common-Mode Rejection Ratio-CMRR [R]. http：//www. analog. com 2008.

[4] Analog Device Inc.，MT-043 Turorial：OP Amp Power Supply Rejection Ratio-PSRR and Supply Voltage (R) http：//www. analog. com 2008.

[5] Analog Device Inc.，Datasheet of Dual-precision，Low-cost，High-speed，BiFET OP AMP，AD712 (R)，http：//www. analog. com，1998.

[6] 陈文豪. 电子元器件低频电噪声测试技术及应用研究 [D]. 西安：西安电子科技大学，2012.

[7] 刘兴辉，刘通. 1N4626 型齐纳二极管的低噪声关键技术研究 [J]. 半导体技术，2009，34 (5) 478-481.

[8] 高晋占. 微弱信号检测 [M]. 清华大学出版社，2004.

[9] 陈文豪，杜磊. 电子器件散粒噪声测试方法研究 [J]. 物理学报，2011，60 (5)：1-8.

第5章　微弱信号的放大和去噪技术

很多情况下，传感器输出的有效信号非常微弱，使得其被淹没于电子元器件的噪声及外部干扰噪声中，表现出很差的信噪比。因此，对于调理电路而言，在放大信号的同时需要千方百计地改善信噪比。本章将介绍几种经典的微弱信号放大技术，包括一些采用硬件改善信噪比的放大技术，如调制解调放大器和取样积分器，以及通过数字电路或数字算法来改善信噪比的方法，如相关电路或相关运算、傅里叶变换、小波变换和卡尔曼滤波器。需要指出的是，对于微弱信号的放大，本章所述的几种方法只是具有鲜明的特色，但并不表示是这个领域的唯一方法。在微弱信号的放大中，通过限制噪声的带宽来降低噪声功率进而改善信噪比，那么传统的模拟滤波器和数字滤波器［如无限冲击响应（Infinite Impulse Response，IIR）滤波器和有限冲击响应（Finite Impulse Response，FIR）滤波器］等对于改善信噪比也具有重要的作用。同时，研究如何降低放大电路的本底噪声，包括对低噪声器件的选择、噪声的电阻匹配技术和参数优化设计等对微弱信号的放大同样重要。另外，各种抗干扰措施，如屏蔽和接地等对于微弱信号的放大更是不可或缺。总之，微弱信号放大技术是一个宽广的研究领域，限于篇幅，本章无法尽述之，读者可参考该领域的其他著作。

5.1　调制解调放大技术和锁相放大器

既然噪声的功率取决于放大电路的频带宽度及噪声的功率谱密度，因此提高信噪比需要首先降低有效信号的频带，从而使放大电路可以被设计成窄带的。其次，应该让有效信号的频率偏离放大电路的高噪声密度区域，调制放大技术即体现了这一思想。从前文的分析可知，放大器的低频 $1/f$ 噪声具有较高的噪声功率谱密度，而被测的环境量（如温度和压力等）一般都是缓变的低频量，这样传感器输出的低频分量会与 $1/f$ 噪声混叠，导致有效信号不易从噪声中分离出来。为了解决这个问题，可以采用调制器把传感器输出信号调制到较高的频率上（远离 $1/f$ 噪声区域），进而通过前置低噪声放大器（Low Noise Amplifier，LNA）将有效信号和噪声一起放大后通过带通滤波器（Band Pass Filter，BPF）削减非调制频率处的噪声（但无法抑制 BPF 通带内的噪声），从而提高信噪比。放大后的调制信号通过解调器解调（PSD），其中有效信号通过二次移频被还原到低频，而高频分量则被 LPF 滤掉。相比于 BPF，LPF 能够实现非常低的带宽。由于解调过程中采用了与调制器同频同相的载波信号，因此该技术被称为锁相放大技术。那些处于载波频率附近的噪声与载波信号发生同频且同相的概率非常低，因此它们可以通过窄带 LPF 被滤掉。调制和锁相放大技术可以实现优秀的噪声抑制性能。图 5-1 给出了调制和锁相放大技术的原理及通过两次移频实现降噪的示意图。

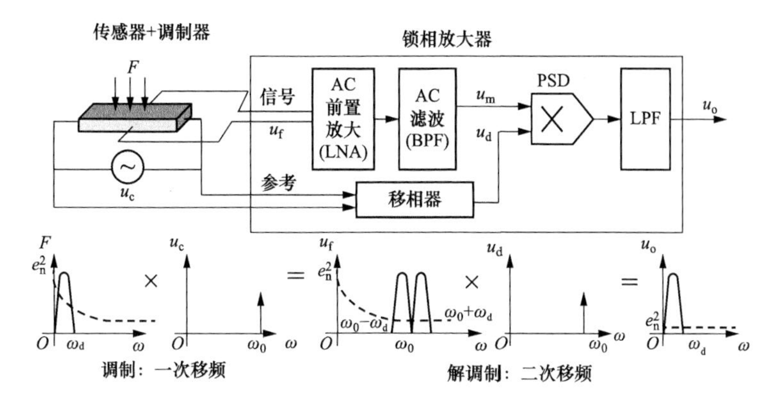

图 5-1　调制和锁相放大的两次移频原理

图 5-1 中，F 为被测低频环境量（上限频带为 ω_d），u_c为交流激励源（频率为 ω_0），u_f为调制输出信号，u_m为滤波降噪后的信号，u_d是与 u_c同步的解调制信号。由于传感器、前置 LNA 及 BPF 会使 u_m与 u_c之间产生相移，因此通过一个移相器调整调制信号 u_d的相位使其与 u_m信号中的载波同频同相，这样，解调后的 u_o将具有最大的幅值。另外，图 5-1 中 e_n^2 为放大器的等效噪声功率谱密度。图 5-2 给出了一个调制和锁相放大技术的电路实例。

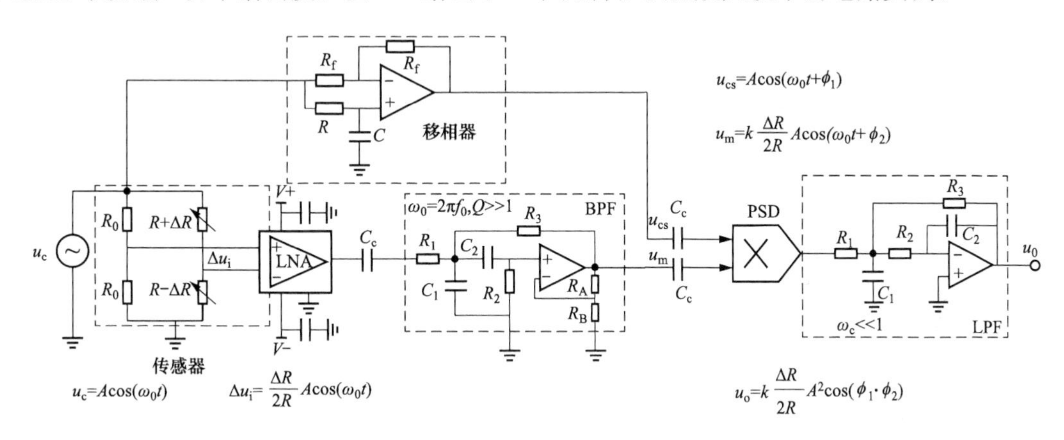

图 5-2　调制和锁相放大技术的电路实例

在以上给出的调制和锁相放大器中，解调信号来自激励源并经过移相器移相，成为与传感器输出的调制波中的载波同频同相的信号，但是，在有些测量中，解调信号却不能从激励源中提取。例如，在一个由异步电动机驱动的旋转加工工件的表面平整度测量系统中，传感器输出的周期信号为典型的调制波信号，其载波频率正比于异步电动机的转速，而其幅值变化则代表被加工工件平整度的变化。由于异步电动机的转速与其驱动电源的频率并不相等，且随加工工件力矩变化，转速还会产生变化，因此，无法直接从驱动电源来获得同频同相的解调信号，此时往往需要直接从调制信号中提取载波信号作为解调信号。

载波调制和解调制是通信系统的核心技术，其实被调制的声波或图像等通信信号在高噪声空间环境下的传输、接收和放大的过程本身就可以看作一个微弱信号的放大过程，因此通信技术中的很多思想完全可以应用于测量微弱信号。如上所述，在通信系统中直接从调制波中恢复和提取与调制端同频同相载波信号的载波同步技术就可以在上述测量系统中被应用。图 5-3 给出了通信系统中利用锁相环（Phase Locked Loop，PLL）实现载波同步技术的原理。一个 PLL 由鉴相器（Phase Detector，PD）、LPF 和压控振荡器（Voltage Controlled Oscillator，VCO）构成，通过负反馈原理产生与输入信号同频同相的输出（或者输入信号的倍频信号，取决于 PLL 的反馈系数）。PLL 本身相当于一个具有良好的跟踪和记忆性能的窄带滤波器，具有优良的克服噪声的能力，原理类似于图 5-1 中的锁相放大器。

图 5-3（a）给出了一般调幅波或具有正交导频的调幅波的载波提取原理。一般调幅波是指在被调制信号 $m(t)$ 中包含直流分量 m_0，而且 $m(t)$ 的幅值小于 m_0（这种调幅波可通过绝对值检波电路来解调制）。对于图 5-3（a）中 PLL，直流分量 m_0 可以为 VCO 提供恒定的输入电压 V，从而使 PLL 建立起稳定的载波输出，而高频载波及 $m(t)$ 中的波动分量会被 PLL 的 LPF 滤除。但是对于一般调幅波，VCO 的输入电压 V 会受到 $m(t)$ 信号中的低频波动或直流分量（$E[m(t)]$，E 为平均值算符）的影响，而这会对 PLL 带来扰动。为了克服这个问题，可在对被测信号进行调制时，在调制波 $m(t)\cos(\omega_0 t)$ 中预先添加正交导频分量 $m_0\sin(\omega_0 t)$，这样在 VCO 输入电压 V 中将只包含直流分量 m_0，被测信号 $m(t)$ 不会对 PLL 带来影响。不过，在这种情况下需要把 PLL 输出信号 $u_m(t)$ 移相 90°后才能得到原始载波信号 $u_c(t)$。

图 5-3（b）和（c）给出了被调制信号 $m(t)$ 中不包含直流分量时的调制波［双边带（Double Side Band，DSB）抑制载波信号］的两种载波提取方法。

其中，图 5-3（b）中给出了平方环方法，这种方案是让调制波 $s_{dsb}(t)$ 通过平方器件进行平方运算，这样在输出的信号 $u_c(t)$ 中将产生两倍频的载波 $m^2(t)\cos(2\omega_0 t)$ 项。由于 $m^2(t)$ 会产生直流分量，因此可以使得 PLL 建立稳定的两倍频的载波输出，进而通过 1/2 分频器获得期望的载波。不过由于采用平方运算，产生的载波可能与原始载波之间存在 180°的相位差，称为相位模糊。但是，在对调幅波进行解调制时，相位模糊只影响被解调信号的极性，而不影响其大小。

图 5-3（c）则给出了另外一种利用正交环提取载波的原理，相比平方环，基于这种方案的 PLL 不产生两倍频率的载波，因此适合较高频率的载波提取，同时也具有更好的抗噪性能。它的主要思想是把 PLL 输出的载波信号（假设与期望载波间存在 $\Delta\varphi$ 的相差）通过移相变成正交的两个载波，把它们分别与输入调制波 $s_{dsb}(t)$ 相乘，并滤掉输出信号中的高频分量。然后，把滤波器输出的两路低频信号相乘，将产生 $m^2(t)\sin(2\Delta\varphi)$ 项，其中包含直流分量且其大小近似与 $\Delta\varphi$ 成正比，利用反馈和环滤波器（内部包含积分器）的控制作用修改 VCO 产生的载波频率并逐步消除相差，最终使 $\Delta\varphi=0$。当 PLL 稳定时，可得到一对正交的载波用于锁相放大器进行解调制。

对于图 5-1 中的锁相放大器，采用 PSD 进行解调制，其参考信号可以是正弦波，也可以是与载波同频同相的方波信号。利用方波信号可驱动开关电路进行解调制，称为开关相敏检波器，它可以取代模拟乘法器。由于模拟乘法器存在一定的非线性特性（除了乘积项还包括平方等高次项），这种平方项可以使输入噪声被平方，结果产生噪声功率信号，它包含较强的直流，可能使检波输出产生较大的误差，同时，基于模拟乘法器的相敏检波器还要求参考信号的幅值必须比较稳定和准确。相比之下，开关相敏检波器不仅电路结构比较简单，而且可以克服上述问题，因此在实际当中被更广泛的应用于锁相放大器中。图 5-4 给出了开关相敏检波器的原理。如图所示，输入调制波 $s_{dsb}(t)$ 信号通过变压器或运算放大器被分成两路相反的信号 $s_1(t)$ 和 $s_2(t)$，基波为载波频率的方波信号 $u_c(t)$ 驱动开关电路交替选择 $s_1(t)$ 和 $s_2(t)$，这等效为 $s_{dsb}(t)\times u_c(t)$，最后通过低通滤波器滤掉高频载波分量而得到被调制信号 $u_o(t)=m(t)$。

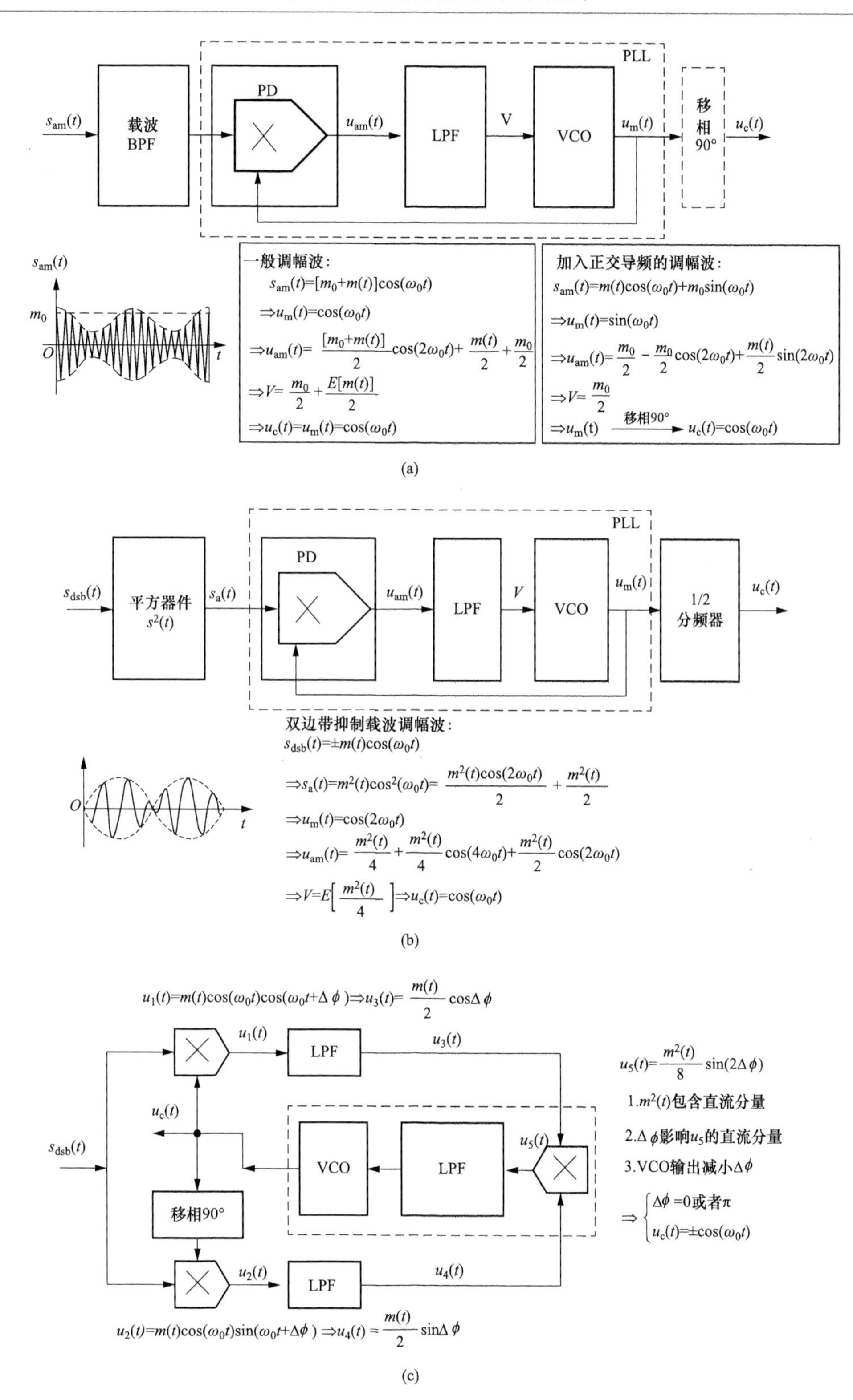

图 5-3　载波同步技术原理

（a）一般调幅波和具有正交导频的调幅波的载波提取原理；
（b）DSB 信号的平方环载波提取；（c）DSB 信号的同相正交环载波提取

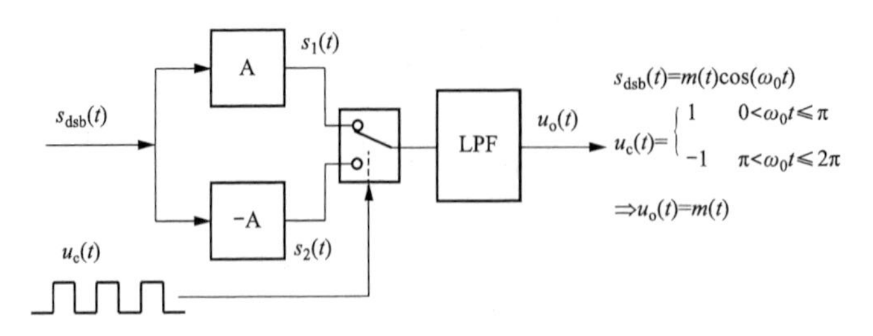

图 5-4 开关相敏检波电路

5.2 取样积分技术

调制和锁相放大技术通过对传感器的转换元件或转换电路施加具有特定频率的连续的交流电压或电流激励源将输出调制到该频率上，然后通过窄带放大和解调制来对微弱信号进行测量。有些传感器本身不能施加连续交流激励源进行调制，如对发光物质受激后的荧光波形测量只能施加脉冲激励源。又如，在对半导体器件的压降或沟道电阻等参量进行精密测量时，施加连续激励电流会使器件产生功耗和温度的变化，从而引起被测参数发生变化。为了减小这种影响，可以对被测元件施加短时脉冲激励电流。另外，脉冲或方波调制可以通过将直流恒压或恒流源利用开关斩波的方式施加到传感器上，在实现上比较容易。基于这种调制方式，传感器将输出周期性脉冲信号，而微弱的有效信号则包含在这些被噪声淹没的周期性脉冲信号中。由于脉冲信号包含丰富的高频谐波分量，导致锁相放大器无法对其进行测量，而取样积分技术则是一种有效的测量方式。另外，周期性的脉冲信号在生命科学领域也很常见，如血流、脑电或心电信号等，对这些信号的测量也适合采用取样积分技术。

图 5-5（a）给出了一个典型的基于脉冲调制和取样积分器的精密测量系统的原理。图 5-5（a）中，脉冲激励源施加给传感器并将被测环境量调制到脉冲输出信号中。被测信号通过前置低噪声放大器放大到足够的幅值（LNA 输出为 u_{in}），然后通过取样积分电路得到消噪后的信号输出 u_o。取样积分器的原理是在每个被测脉冲信号输出期间，通过开关把信号切入积分器中对信号进行积分，积分时间由脉宽调节电路来决定。积分器的输出 u_o 被反馈并与输入 u_{in} 求差，因此被积分的信号实际上是 u_{in} 与其期望平均值的残差信号（噪声信号）。假设噪声为均值为零的随机信号（如零均值高斯分布噪声），那么经过 N 个积分周期后，积分器将输出信号的平均值，而噪声功率（噪声方差）会下降到原来的 $1/N$（噪声有效值下降到原来的 $1/\sqrt{N}$）。

图 5-5（b）给出了被调制信号为直流信号（或相对于取样周期变化缓慢的信号）时的取样积分电路的扫描时序。施加到传感器的脉冲激励源同时通过一个触发电路产生与激励源同步的触发信号 u_{trig}，它通过一个延时电路后得到开关的门控信号 u_{s1}，用来控制积分器进行工作。每个脉冲周期只产生一次门控信号，这样经过若干个周期后，积分器的输出将逐渐逼近信号的平均值，而随机噪声的影响则被抑制。如果被调制的信号是变化的（在一个取样周期内信号会产生变化），那么取样积分器要从噪声中恢复其波形，需要对一个脉冲的不同时刻进行取样和积分。在图 5-5（a）中，通过一个与被测脉冲信号周期相同的锯齿波时基 T_B 与一个慢扫描的低频时基 T_s 进行比较可获得延时时间可变的门控信号 u_{s2}，从而实现对波形不同时刻的采样。图 5-5（c）给出了这种情况的扫描时序。在这种扫描模式下，尽管从噪声中

恢复了信号的波形，但是被恢复信号的宽度与原始信号（周期为 T_B）相比被延长了，变成了慢扫描时基的周期 T_s。

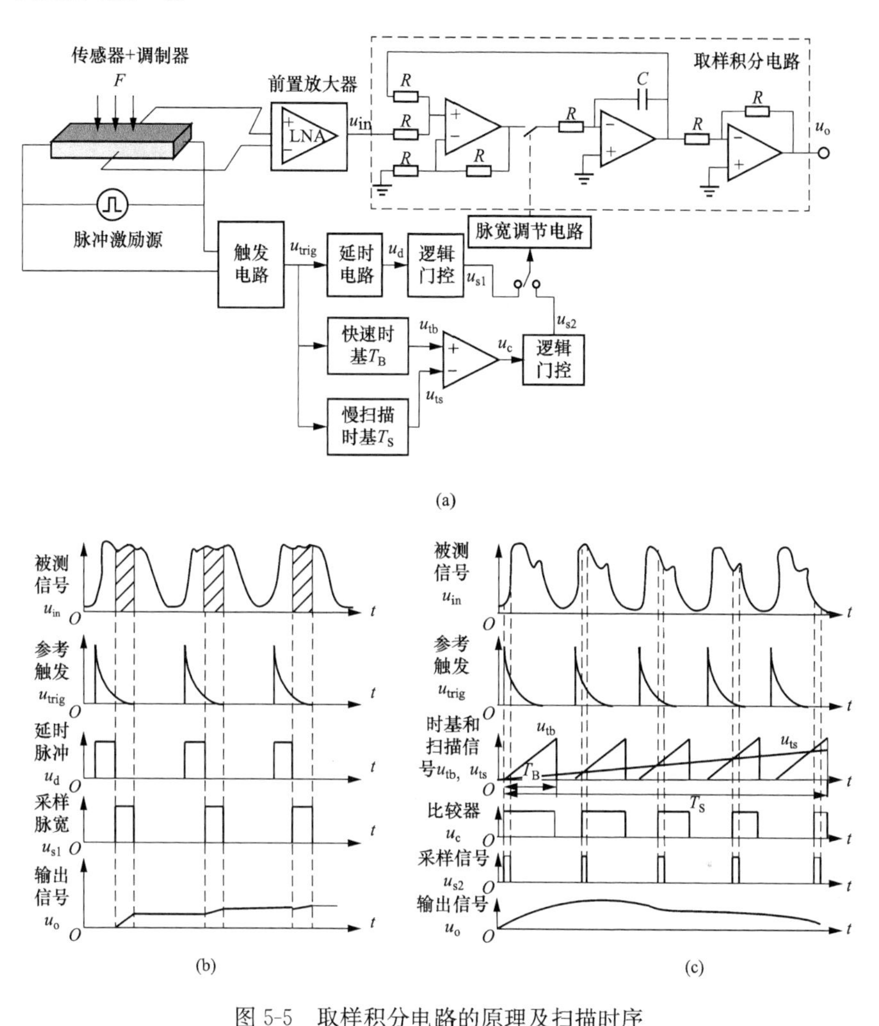

图 5-5　取样积分电路的原理及扫描时序

（a）原理示意图；（b）对直流信号或缓变信号的扫描时序；（c）对变化信号的扫描时序

利用数字的方法可以更方便地实现扫描积分器的功能，图 5-6 给出了一个采用多通道 ADC 和 DAC 器件构成的数字化扫描积分器的原理（图 5-6 中 AMUX 为模拟信号多路转换器，而 DMUX 则为数字信号多路转换器）。图 5-6 中，输入信号 u_{in}通过一个由同步时序电路控制的开关阵列，使其不同时刻的值被不同的通道采样并通过 ADC 转换为数字量，之后每个周期相同时刻的数字量经过数字平均器进行消噪处理（包含存储、累加和平均值计算等操作）后通过 DAC 输出，还原为消噪后的脉冲信号 u_o。数字化取样积分器不会使输出脉冲信号的周期被延长，当然这要求 ADC 的转换速度应该足够快，在相邻的采样间隔内必须完成一次转换。不过对于数字积分器，ADC 的量化误差会带来附加噪声的影响，因此必须选择高分辨率的 ADC。另外，如果被测脉冲宽度比较窄，那么每个采样间隔的时间将很短，导致对 ADC 速度的要求大大提高，此时可以采用 n 个并行的低速 ADC 来组建采样系统，每个独立的 ADC 完成一个脉冲周期内信号在不同时刻的数据采样。

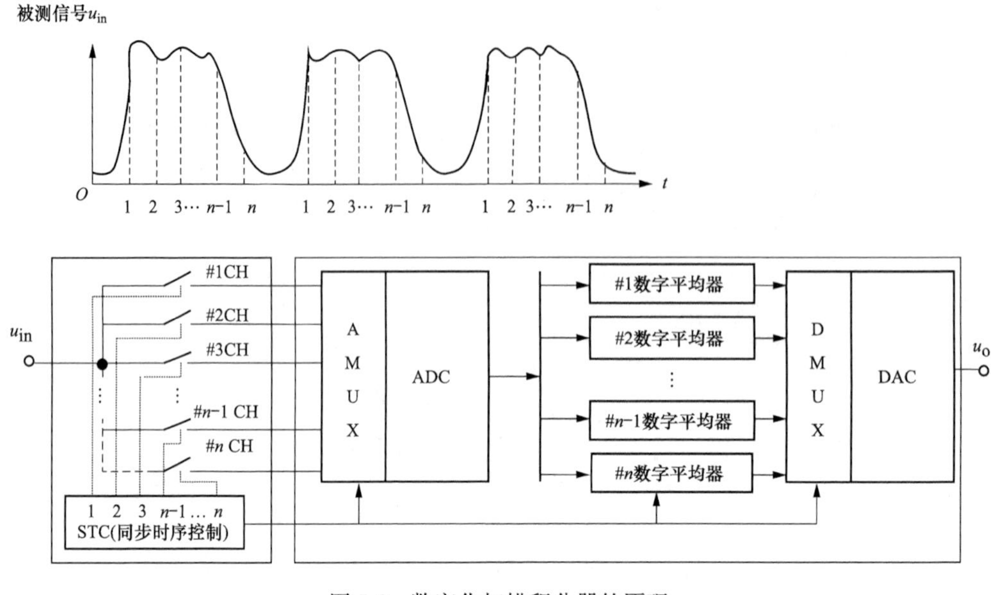

图 5-6 数字化扫描积分器的原理

5.3 数值滤波和消噪技术

5.3.1 相关测量技术

微小信号被淹没在噪声信号中，噪声信号通常是随机且不相关的，因此随着时间的积分其值将趋向其直流均值（该均值经常等于零），而微小信号则是相关且会重复出现的，这是进行微弱信号放大和处理的基础。这里的相关性是指微小信号的波形在不同时间段上存在相似性（有规律地重复发生），或者微小信号本身与另外一个已知信号之间存在相似性。对信号的相关性进行分析主要依靠相关计算，这种方法也被称为相关测量技术。式（5-1）给出了信号的自相关函数 $R_{xx}(\tau)$ 的定义及其在有限时间 T 内的估计值 $\widehat{R}_{xx}(\tau)$。

$$R_{xx}(\tau)=\lim_{T\to\infty}\frac{1}{T}\int_0^T x(t)x(t-\tau)\mathrm{d}t,\quad \widehat{R}_{xx}(\tau)=\frac{1}{T}\int_0^T x(t)x(t-\tau)\mathrm{d}t \tag{5-1}$$

自相关函数表示信号 $x(t)$ 与它在时间上的平移信号 $x(t-\tau)$ 乘积的平均值，是平移量 τ 的函数。它用来描述信号在某个时刻的取值与另一时刻取值的依赖关系。我们已经知道自相关函数的一些特性，如它是一个偶函数，相对纵轴对称，即 $R_{xx}(\tau)=R_{xx}(-\tau)$，意味着无论时延方向向后或向前（无论 τ 为正值还是负值），其自相关函数拥有同样的函数值。另外，$\tau=0$ 时，自相关函数 $R_{xx}(0)$ 取得最大值，且等于信号的均方值 $R_{xx}(0)=\sigma_x{}^2$。另外，如果 $x_n(t)$ 中不包含周期分量，那么当 τ 趋于无穷大时，自相关函数的值为信号平均值的平方，即$R_{xx}(\infty)=\mu_x^2$。这样可以定义一个相关系数 ρ_{xx}，用以表征在不同时刻信号取值的相关程度。若 $\rho_{xx}=1$（例如 $\tau=0$ 时），表示相关程度最大。若 $\rho_{xx}=0$（如 $\tau=\infty$时），则表示 $x_n(t)$ 与 $x_n(t-\tau)$ 之间不相关。

$$\rho_{xx}(\tau)=\frac{R_{xx}(\tau)-\mu_x^2}{\sigma_x^2} \tag{5-2}$$

如果信号中包含周期分量，那么相关函数也是同频率的周期信号。特别是如果该周期信号为正弦波或余弦波，那么其自相关函数为余弦函数，它保留了原信号的频率信息，幅值则等于原信号幅值的平方的一半，但是丢失了相位信息。

$$\begin{cases} x(t) = A\sin(\omega t + \varphi) \\ x(t) = A\cos(\omega t + \varphi) \end{cases} \Rightarrow R_{xx}(\tau) = \frac{A^2}{2}\cos\omega\tau$$

$$x(t) = A_1\sin(\omega_1 t + \varphi_1) + A_2\cos(\omega_2 t + \varphi_2) \Rightarrow R_{xx}(\tau) = \frac{A_1^2}{2}\cos\omega_1\tau + \frac{A_2^2}{2}\cos\omega_2\tau \quad (5\text{-}3)$$

自相关的这种特性可以把正弦周期信号从噪声中恢复出来，图 5-7（a）给出了一个采用 MATLAB 实现信号恢复的实例。首先，利用 Matlab 程序生成一个被淹没在正态分布噪声中的正弦信号 $x(t)$，然后通过无偏自相关运算得到 $R_{xx}(\tau)$。可见，除了在延时时间 τ 接近序列末端的区域外，其他延时区域正弦信号都被较好地复现了出来，频率和幅值信息均接近于理论值。

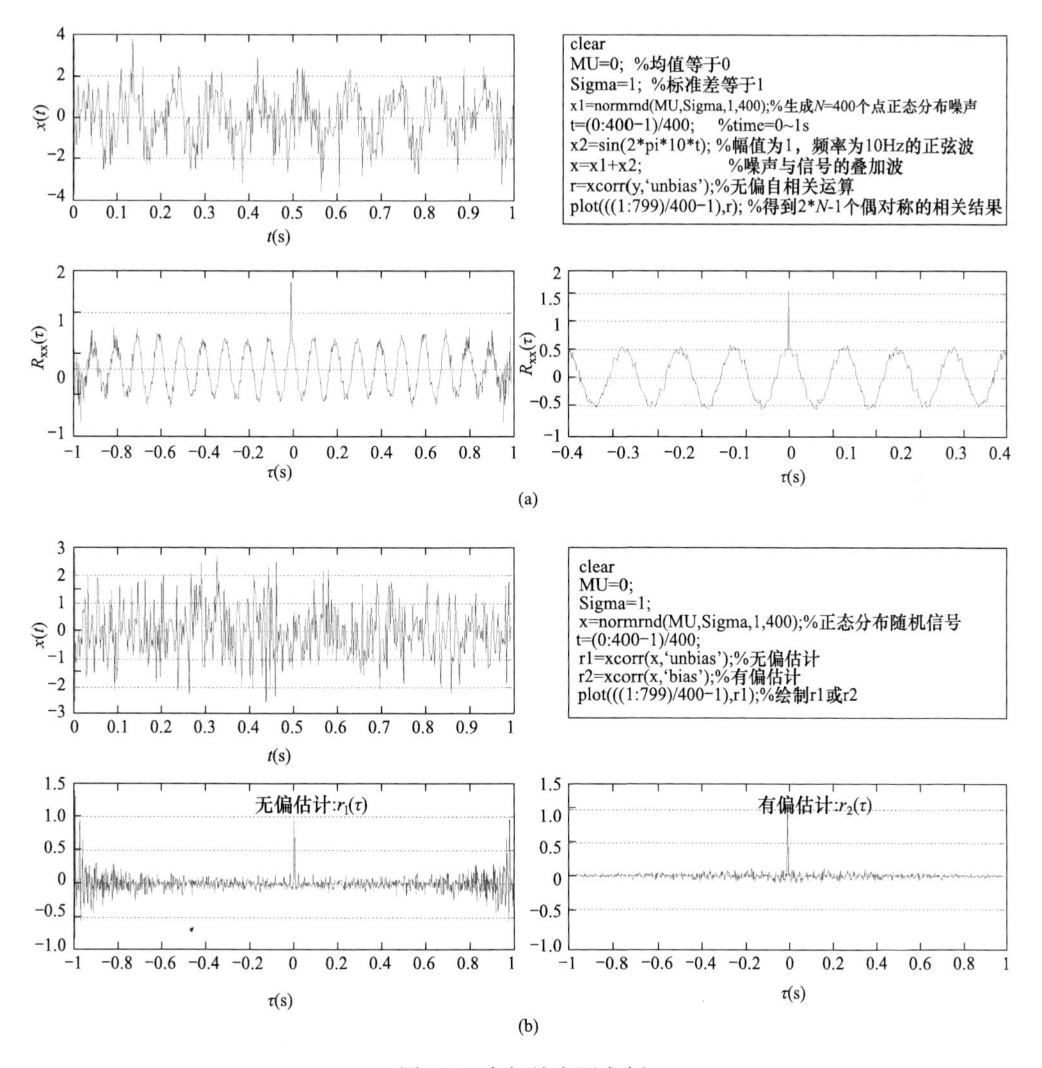

图 5-7　自相关应用实例

（a）自相关函数恢复正弦信号；（b）白噪声的自相关函数以及自相关的有偏和无偏估计的比较

有限长序列的自相关数值计算有两种方法：有偏估计和无偏估计。假设有一个长度为 N 的序列进行自相关运算，对于每个延时 m，实际上只有 $N-m$ 个可以利用的数据，故自相关函数的有偏估计为

$$\widehat{R}_{xx\_bias}(m)=\frac{1}{N}\widehat{R}_{xx}(m)=\frac{1}{N}\sum_{n=0}^{N-1}x(n)x(n+m)=\frac{1}{N}\sum_{n=0}^{N-1-|m|}x(n)x(n+m) \tag{5-4}$$

而无偏估计的计算公式为

$$\widehat{R}_{xx\_unbias}(m)=\frac{1}{N-|m|}\sum_{n=0}^{N-1-|m|}x(n)x(n+m) \tag{5-5}$$

随着延时 $|m|$ 从 0 向 $N-1$ 增大，有偏估计的自相关值是逐渐衰减到零的，而无偏估计虽不会产生衰减，却会导致自相关值随 $|m|$ 的增加而逐渐发散。图 5-7（b）给出了宽带白噪声的自相关函数的有偏和无偏估计的比较。由于没有重复和相关性，噪声的自相关函数（有偏估计）随着延时 τ 的增加迅速衰减为零。

自相关可被用于对延时、距离和速度等的测量。如，在利用超声或雷达进行测距时，超声或雷达探头发射探测波，而检测探头既会探测到发射波，也会在经过一段延时 τ_0 后收到被反射的回波。回波与输出探测波是相关信号，因此通过自相关运算，自相关函数在 τ_0 处会产生峰值。通过对 τ_0 进行测量，并结合超声或雷达波的传播速度，可以计算出被探测物体与测距雷达之间的距离。图 5-8 给出了利用 Matlab 和自相关运算从被白噪声淹没的雷达反射信号中获得雷达探测波与其反射回波之间的延时 τ_0 的自相关分析结果（有偏估计）。

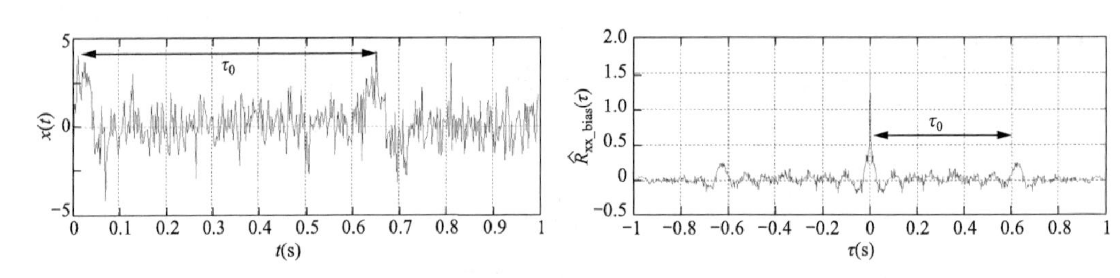

图 5-8 自相关函数对回波信号延时时间的测量

两路随机信号 $x(t)$ 和 $y(t)$ 可以进行互相关运算，互相关函数 $R_{xy}(\tau)$ 的定义及其在有限时间 T 内的估计值 $\widehat{R}_{xy}(\tau)$ 的定义如下：

$$R_{xy}(\tau)=\lim_{T\to\infty}\frac{1}{T}\int_0^T x(t)y(t-\tau)\mathrm{d}t,\quad \widehat{R}_{xy}(\tau)=\frac{1}{T}\int_0^T x(t)y(t-\tau)\mathrm{d}t \tag{5-6}$$

互相关函数的性质如下：

（1）$R_{xy}(\tau)$ 不是偶函数，因此也不相对于纵轴对称。但是，如果将两路信号 $x(t)$ 和 $y(t)$ 互换，则其互相关函数相对于纵轴对称，即 $R_{xy}(\tau)=R_{yx}(-\tau)$。如果两路信号之间是相关的，那么在其互相关函数中会出现峰值，且其峰值出现的位置（相对于零点的偏移量）表征了两路相关信号之间的时差。图 5-9 给出了两路相关随机信号 $x(t)$ 和 $y(t)$ 的波形及其有偏互相关计算结果 $[\widehat{R}_{xy}(\tau)$和$\widehat{R}_{yx}(\tau)]$，通过互相关分析可以得到两路信号的时差 τ_0。

（2）若 $x(t)$ 和 $y(t)$ 中没有同频率的周期信号，是两个完全独立的信号，则其互相关函数在 $\tau\to\infty$时等于各自信号的均值 μ_x和 μ_y的乘积：

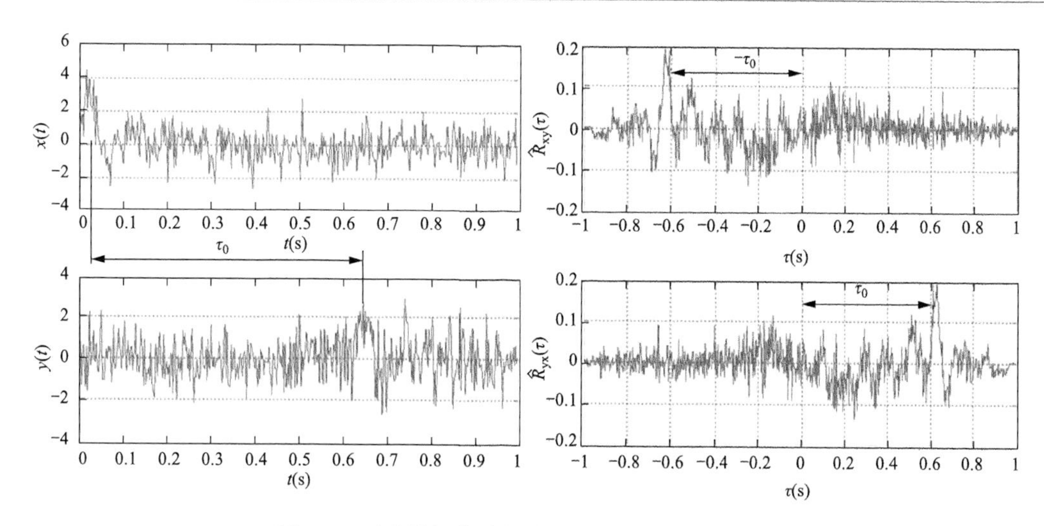

图 5-9　两路随机信号的波形及其有偏互相关波形

$$\lim_{\tau\to\infty}R_{xy}(\tau)=\mu_x\mu_y \tag{5-7}$$

互相关系数 ρ_{xy} 被用于判断两路信号的相关程度（σ_x 和 σ_y 为均方根值），其定义如下：

$$\rho_{xy}(\tau)=\frac{R_{xy}(\tau)-\mu_x\mu_y}{\sigma_x\sigma_y} \tag{5-8}$$

（3）如果 $x(t)$ 和 $y(t)$ 包含同频周期信号，则其互相关函数也是周期信号，且周期与原信号相同。假如 $x(t)$ 和 $y(t)$ 为同频正弦信号，则：

$$\begin{cases}x(t)=A\sin(\omega t+\varphi_x)\\y(t)=B\sin(\omega t+\varphi_y)\end{cases}\Rightarrow R_{xy}(\tau)=\frac{AB}{2}\cos[\omega\tau+(\varphi_x-\varphi_y)] \tag{5-9}$$

互相关的这些特性，使得它在检测技术中有广泛的应用。第一，如果对同一个被测量采用两个独立的传感器进行测量，虽然任何一个传感器的输出都具有较低的信噪比，但是有效信号的特征可以通过对两个传感器的输出信号进行互相关来得到。图 5-10（a）给出了这种测量思想的原理。

第二，互相关技术可以用于对信号的延时进行测量，进而被应用于距离测量或定位。例如图 5-10（b）给出的地震震源定位原理，通过在确定位置安装的地震波探测器来接收地震波信号，然后通过互相关分析可以得到地震波到达不同传感器的延时，进而根据波速来定位震源。

第三，互相关技术还可以用于对运动速度进行测量。如图 5-10（c）所示的对冷轧钢板的运动速度进行测量的原理。图 5-10（b）中，两个光源和光探测器被按照一定距离安装，每个探测器可以检测光源照射到钢板表面后的反射光，反射光的强度变化受到钢板表面性状（如粗糙度等）的影响，这样两个探测器接收到的光信号具有相关性，只是在信号间存在一个延时。利用互相关可以检测出这个延时 τ_0，进而折算出运动速度。

第四，互相关技术还可以被应用于解决一些难测量的管道流体的流量。管道流体的运动会产生一种“流动噪声”效应，即被测流体在管道中流动时，各种因素会导致某个位置的流体的物理特性发生变化，如密度、温度、浓度及对声波或光的吸收系数等，这些物理量随时间呈现随机变化。图 5-10（d）利用电容传感器来检测这种流动噪声，并通过调制电路把它们转换为电噪声信号。由于这种噪声中含有流体的流动噪声（电容介电常数的随机变化）效应，因此两个传感器检测到的电噪声信号具有相关性。通过相关运算可以获得流体的渡越时间 τ_0，进而可以计算出流体速度和流量。

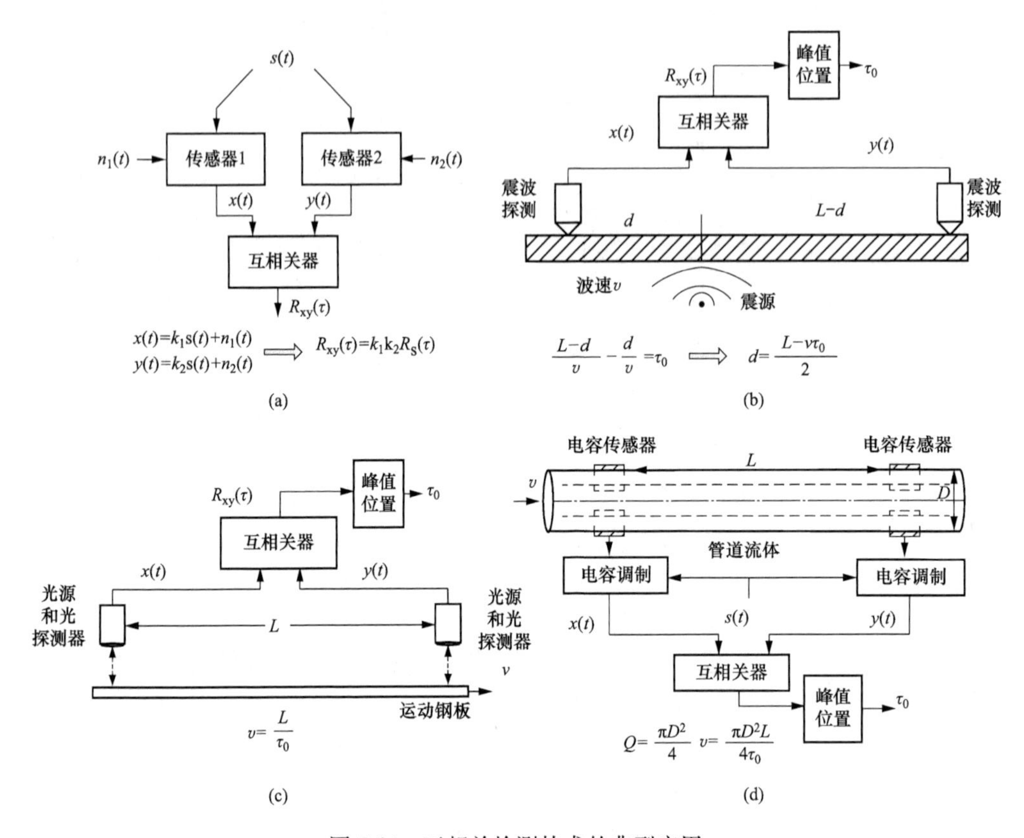

图 5-10 互相关检测技术的典型应用

(a) 多传感器相关分析；(b) 地震震源定位；(c) 速度测量；(d) 流速和流量的测量

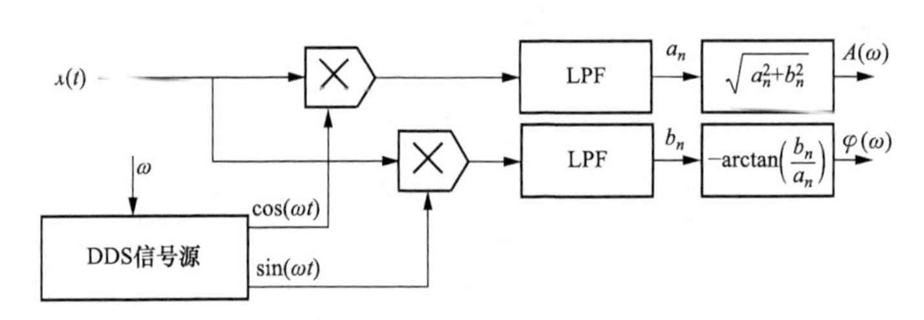

图 5-11 扫频傅里叶变换获得信号 $f(t)$ 频谱的原理

5.3.2 傅里叶变换

无论是锁相放大器还是互相关检测技术，其实都有一个共同的理论基础，即淹没典型信号的随机噪声是随时间不相关或彼此之间独立的。这样，如果采用一个已知特征的参考信号与被测信号相乘（实际上是计算信号的功率），然后对乘积进行时间积分，则噪声信号的功率将随时间被削弱，而与参考信号具有相关性的信号分量的功率不会衰减。这种乘法和积分运算的过程称为积分变换。不同变换的差别在于参考信号的选择，如锁相放大器利用载波对传感器进行调制，然后选择与载波同频同相的参考信号来进行积分变换。自相关运算的参考信号则为自身的延时信号。互相关运算选择另外一个随机信号作为参考信号进行积分变换，来测试两者之间的相关程度。根据这种思想，如果选择正弦参考信号进行积分变换，则构成另外一种著名的傅里叶变换。傅里叶变换选择两路正交的正弦参考信号进行积分变换，通过不断扫频来获得被测信号在某个频带的幅值和相位特性，从而在频域反映出被测物理量的特征。从相关的角度来考虑，傅里叶变换实际上是计算被测信号与不同频率或相位的正弦信号之间的相关程度。从某种角度而言，锁相放大技术实际上也是傅里叶变换的一个特例。根据傅里叶变换的定义：

$$\begin{cases} F(\omega)=\int_{-\infty}^{\infty} f(t)\mathrm{e}^{-\mathrm{j}\omega t}\mathrm{d}t=\int_{-\infty}^{\infty} f(t)[\cos(\omega t)-\mathrm{j}\sin(\omega t)]\mathrm{d}t \\ \quad =\int_{-\infty}^{\infty} f(t)\cos(\omega t)\mathrm{d}t-\mathrm{j}\int_{-\infty}^{\infty} f(t)\sin(\omega t)\mathrm{d}t=a_n-\mathrm{j}b_n \\ A(\omega)=|F(\omega)|=\sqrt{a_n^2+b_n^2},\quad \varphi(\omega)=-\arctan\left(\dfrac{b_n}{a_n}\right) \end{cases} \tag{5-10}$$

信号 $f(t)$ 中包含频率为 ω 的正弦分量，其幅值 A 和相位 φ 可以由两个正交参考正弦信号 $\cos\omega t$ 和 $\sin\omega t$ 与被测信号 $f(t)$ 的积分变换得到。图 5-11 给出了通过扫频傅里叶变换获得信号 $f(t)$ 频谱的原理。如图 5-11 所示，把频率给定 ω 输入一个直接数字合成（Direct Digital Synthesizer，DDS）信号源，该信号源输出两组正交正弦波，然后它们分别与输入信号$x(t)$ 相乘并通过 LPF，得到其傅里叶变换的实部 a_n和虚部 b_n（直流分量），进而换算成幅值 A 和相位 φ。

一旦得到信号的频谱，就可以利用噪声信号和有效信号频谱的差异把两者分离。一般情况下有效信号的功率主要集中在一个较小的频带上，而噪声功率则分布在较宽的频带上（如高斯白噪声），因此在频域内把那些不属于有效信号频带范围的分量剔除，然后利用傅里叶反变换进行信号的重构，则可提取有效信号而抑制噪声。式（5-11）给出了进行信号重构的傅里叶逆变换的表达式，其中 $\hat{F}(\omega)$ 为剔除噪声分量后的信号的频谱，由于 $\hat{F}(\omega)$ 是偶函数，因此 $\hat{F}(\omega)\cos\omega t$ 也为偶函数，而 $\hat{F}(\omega)\sin\omega t$ 则为奇函数，因此积分公式可消去负频率。

$$\begin{aligned} f(t) &= \frac{1}{2\pi}\int_{-\infty}^{\infty}\hat{F}(\omega)\mathrm{e}^{\mathrm{j}\omega t}\mathrm{d}\omega=\frac{1}{2\pi}\int_{-\infty}^{\infty}A(\omega)\mathrm{e}^{\mathrm{j}\varphi(\omega)}\mathrm{e}^{\mathrm{j}\omega t}\mathrm{d}\omega=\frac{1}{2\pi}\int_{-\infty}^{\infty}A(\omega)\mathrm{e}^{\mathrm{j}[\omega t+\varphi(\omega)]}\mathrm{d}\omega \\ &= \frac{1}{2\pi}\int_{-\infty}^{\infty}A(\omega)\cos[\omega t+\varphi(\omega)]\mathrm{d}\omega+\frac{\mathrm{j}}{2\pi}\int_{-\infty}^{\infty}A(\omega)\sin[\omega t+\varphi(\omega)]\mathrm{d}\omega \\ &= \frac{1}{\pi}\int_{0}^{\infty}A(\omega)\cos[\omega t+\varphi(\omega)]\mathrm{d}\omega \end{aligned} \tag{5-11}$$

傅里叶变换和逆变换可以通过把信号进行采样和离散化后通过计算机来进行运算，即采用离散傅里叶变换（Discrete Fourier Transform，DFT）和逆变换（Inverse Discrete Fourier Transform，IDFT）算法。利用信号和噪声的频谱不同进行信号的提取和噪声的抑制实际上并不特别，因为所有的滤波器都是基于这种原理，如果有效信号集中在某个频带内，那么可以采用 BPF 进行信号的提取。不过为了更好地抑制噪声的影响，要求 BPF 必须实现很窄的带宽，即具有很高的 Q 值，而这往往会引起滤波器的振荡。FIR 数字滤波器虽然没有稳定性的问题，但是要实现高 Q 值的滤波特性需要采样较长的数字序列，结果涉及很大的运算量。即使如此，也不可能得到理想的窄带性能，因为理想的滤波器是不存在的。相比之下，傅里叶变换的优势在于它可以实现极窄的带宽，因为对于周期信号，傅里叶变换的频谱图是离散的谱线，它们可以很好地与噪声相区别。

DFT 算法需要截取至少一个基波周期的数据进行分析，由于数据的截取相当于给信号加了一个矩形时间窗函数（矩形窗函数的频谱为 sinc 函数），这会引起变换得到的频谱出现频谱泄露的问题（信号在时域相乘，在频域等于其频谱的卷积）。因此，只有在同步采样的情况下（时间窗宽度等于信号基波周期的整数倍），DFT 才可以得到理想的离散频谱。但是，如果时间窗宽度不等于基波周期的整数倍，则频谱中会产生 sinc 函数的主瓣和振荡的旁瓣。DFT 算法的另外一个问题是频谱的栅栏效应。由于 DFT 得到的频谱也是离散序列，其频率分辨率为截取信号的矩形时间窗宽度的倒数，在非同步采样的情况下，真实的信号谱线可能位于两条离散序列之间而不能获得，这称为栅栏效应。增加采样序列的长度（时间窗宽度），可以提高频率分辨率，从而减小栅栏效应的影响，同时采用频域插值的方法也可以估计真实谱线的位置和大小。图 5-12 给出了对一个 49Hz/1V 正弦信号叠加白噪声后通过傅里叶变换进行频谱变换，并利用主谱线重构信号来消噪的实例。由于时间窗选择了 0.1s，因此 DFT 频率分辨率为 10Hz。从图 5-12 中可以看到，在时域内有效信号完全淹没于噪声信号内，而噪声功率则分布在整个频带，利用主谱线进行信号的重构可以获得信号的近似逼近结果。但是由于栅栏效应，重构信号的频率是 50Hz 的，存在一定的误差。另外，重复进行采样和 DFT 运算，每次重构出的信号幅值和相位与原始信号相比均有随机误差，这主要是由 50Hz 处的噪声引起的。

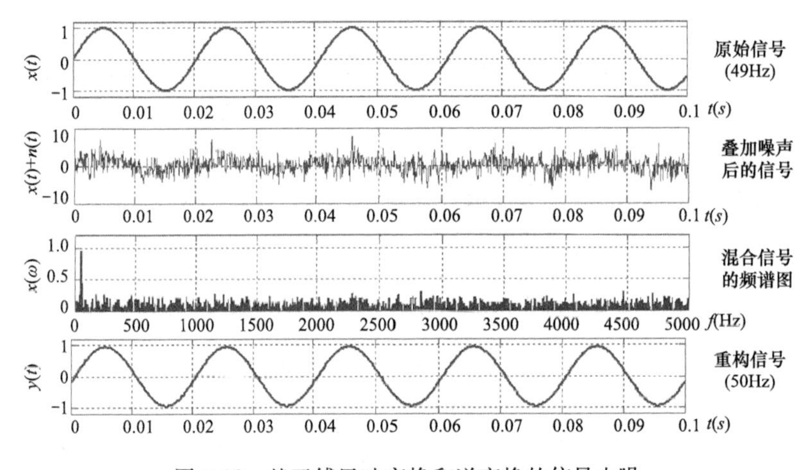

图 5-12 基于傅里叶变换和逆变换的信号去噪

傅里叶变换在实际中的应用非常普遍，但它也存在一些缺点：首先，傅里叶变换针对周期稳态信号具有较好的去噪和滤波效果，但是对于动态时变信号则表现不佳。其次，傅里叶变换不能处理和识别信号的局部突变。造成这些问题的主要原因是信号在时域和频域存在一对基本矛盾，即时域上平滑性好的信号（例如正弦基波与有限次数谐波的合成信号），其在频域内却有较好的局部性（其频谱为离散谱线）。然而，对于时间上局部性明显的信号，其频域局部性却很差（其频谱散布在较宽的频带上）。显然有效信号的频带越宽，则与噪声频谱的混叠就越严重，结果无法对二者进行区分，去噪或滤波效果就不理想。

图 5-13（a）给出了频率和幅值时变的正弦波，一旦傅里叶变换把信号变换到频域，那么其时域信息就会完全丢失。但是如果能够把时间尺度引入，图 5-13（a）中的信号在不同的时间尺度上可以近似看作是稳态正弦波，那么就可以得到一系列的局部性很好的窄谱线，这种方法称为短时傅里叶变换（Short-Time Fourier Transform，STFT），其变换方程如下：

$$S(\omega)=\int_{-\infty}^{\infty}f(t)m(t-\tau)\mathrm{e}^{-\mathrm{j}\omega t}\,\mathrm{d}t \tag{5-12}$$

STFT 的思想是给信号加时间窗，将加窗后的信号进行傅里叶变换，得到在时间 τ 附近的局部谱，窗函数可以根据 τ 的位置在整个时间轴上平移，从而得到一系列的局部谱，根据局部谱反映信号在不同时刻的频谱特征。STFT 是一种时-频联合分析技术，对信号进行时域加窗也意味着在频域对信号的频谱加窗，而时域和频域窗宽的乘积等于常数，这意味着不能在时域和频域两个空间都以任意精度逼近被测信号，若时域窗越窄，则频域窗就越宽（被称为测不准定理）。STFT 的时间窗是固定的，意味着它的频域窗也是固定的，不能针对信号的变化而动态调整，对于像图 5-13（b）这样的具有时间局部性的信号，如果要分辨高频突变，则需要较窄的时间窗；而要分析低频正弦，则要较宽的时间窗，STFT 对此无法兼顾。

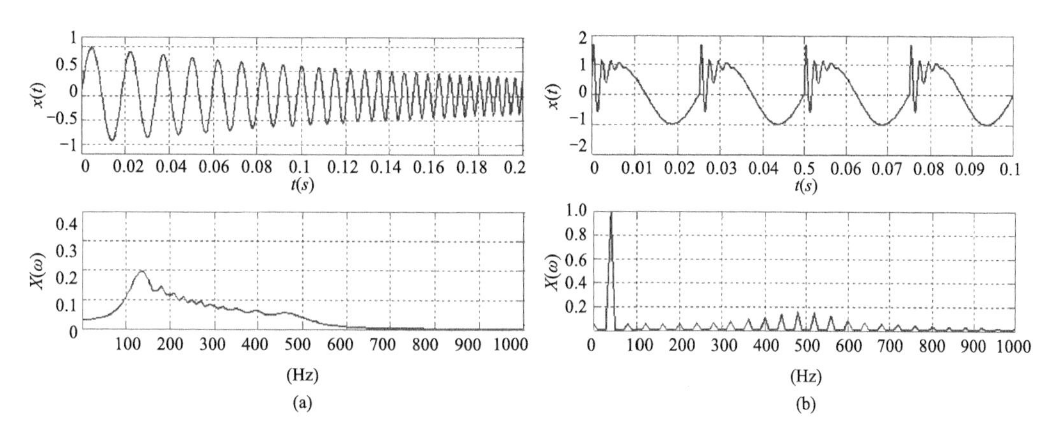

图 5-13　两种信号的傅里叶频谱

（a）时变动态信号的频谱；（b）局部突变信号及其频谱

5.3.3　小波变换

小波变换是一种类似于 STFT 分析的信号时-频联合积分变换技术，可用于对非平稳信号和具有突变特征的信号进行分析。小波变换可以把信号分解为不同频率和时间尺度上的小波基函数的线性组合。与傅里叶变换采用平稳正弦波作为基函数的情况不同，小波变换采用的是一种在较短时间上有振荡的波（故被称为小波）。小波可以用数学函数来表示，称为小波母函数 $\psi(t)$，它具有频率尺度因子 a（伸缩因子）和时间平移因子 b 两个参数。通过选择不同的 a 和 b 可以得到一个小波函数族 $\{\psi_{a,b}(t)\}$，它们被称为小波基。式（5-13）给出了小波基函数的定义及其容许性条件。

$$\begin{cases}\psi_{a,b}(t)=\dfrac{1}{\sqrt{a}}\psi\left(\dfrac{t-b}{a}\right) & a,b\in\mathbf{R}\mid a>0\\[2ex] \displaystyle\int_{-\infty}^{+\infty}\psi(t)\,\mathrm{d}t=0, & C_{\psi}=\displaystyle\int_{0}^{\infty}\frac{|\Psi(\omega)|^{2}}{\omega}\mathrm{d}\omega<+\infty\end{cases} \tag{5-13}$$

式中，$\mathbf{R}$ 为实数集，小波母函数 $\psi(t)$ 为具有速降性（或称为短支撑）的波形函数，$\Psi(\omega)$ 为小波母函数 $\psi(t)$ 的傅里叶频谱。

满足容许性条件的小波可用于对信号进行变换和重构。类似于傅里叶变换，任意信号 $f(t)$ 的连续小波变换可以被定义为 $f(t)$ 与小波基函数 $\psi_{a,b}(t)$ 的内积，即

$$W_{\mathrm{f}}(a,b)=<f(t),\psi_{a,b}(t)>=\frac{1}{\sqrt{a}}\int_{-\infty}^{+\infty}f(t)\psi\left(\frac{t-b}{a}\right)\mathrm{d}t \tag{5-14}$$

这也是一种积分变换，它将时域信号 $f(t)$ 变换为时间-频率平面上的二元函数 $W_{\mathrm{f}}(a,\ b)$。同样，小波变换前后的能量是恒等的，即

$$\int_{0}^{+\infty}\int_{-\infty}^{+\infty}\frac{1}{a^2}\ |W_{\mathrm{f}}(a,b)|^2\mathrm{d}b\mathrm{d}a=C_{\phi}\int_{-\infty}^{+\infty}\ |f(t)|^2\mathrm{d}t \tag{5-15}$$

信号 $f(t)$ 也可由小波变换系数 $W_{\mathrm{f}}(a,\ b)$ 重构而来，即

$$f(t)=\frac{1}{C_{\phi}}\int_{0}^{+\infty}\int_{-\infty}^{+\infty}\frac{1}{a^2}W_{\mathrm{f}}(a,b)\psi_{a,b}(t)\mathrm{d}b\mathrm{d}a \tag{5-16}$$

式（5-14）和式（5-16）说明了小波变换的物理意义，即能量有限的信号 $f(t)$ 可以通过一系列小波基函数 $\psi_{a,b}(t)$ 来重构，而这些基函数实际上是从一个母小波函数通过对其伸缩和平移得到的。减小尺度因子 a 意味着对小波进行压缩，实际上也意味着小波函数的频率被增大。反之，增大 a 则会对小波进行伸长，从而降低小波函数的频率。选择不同的平移因子 b 意味着把小波沿着时间轴来平移。因此，每当确定一个 a 后，就类似于选择了具有某种放大倍率的放大镜，然后用它沿着时间轴平移去观察信号 $f(t)$，看看在不同时刻 $f(t)$ 与被选择的小波函数之间的相关系数（相似性），而修改 a 则意味着对放大镜进行变焦后再去观察信号。连续小波变换仅具有重要的理论意义，因为 a 和 b 都是连续变量，意味着用于重构信号 $f(t)$ 所需要的两个相邻基函数 $\psi_{a,b}(t)$ 不能被分开，使得它们彼此之间不是线性无关的，这造成很多 $\psi_{a,b}(t)$ 基函数实际上是多余的。离散小波变换即把 a 和 b 离散化，只选择有限的线性无关的基函数族 $\{\psi_{a,b}(t)\}$ 来分解和重构 $f(t)$。

对小波基函数 $\psi_{a,b}(t)$ 的参数 a 和 b 进行离散化，取 $a=a_0^j$，$b=a_0^j k$，j，$k\in\mathbf{Z}$（整数集），得到离散小波基函数族 $\{\psi_{j,k}(t)\}$，其中 $\psi_{j,k}(t)=a_0^{-j/2}\psi(a_0^{-j}t-k)$。如果这些小波基函数彼此之间是线性无关且是规范正交的，则信号 $f(t)$ 的离散小波变换及其重构公式如下：

$$\begin{cases}W_{\mathrm{f}}(j,k)=d_{j,k}=<f(t),\quad \psi_{j,k}(t)>=\displaystyle\int_{-\infty}^{+\infty}f(t)\psi_{j,k}(t)\mathrm{d}t\\ f(t)=\displaystyle\sum_{j=-\infty}^{+\infty}\ \sum_{k=-\infty}^{+\infty}[d_{j,k}\psi_{j,k}(t)],\quad j,k\in\mathbf{Z}\end{cases} \tag{5-17}$$

线性无关和规范正交条件为

$$\begin{cases}\displaystyle\sum_{j,k\in\mathbf{Z}}c_{j,k}\psi_{j,k}(t)=0\Rightarrow c_{j,k}=0\\ <\psi_{j,k}(t),\psi_{j,k}(t)>=\displaystyle\int_{-\infty}^{+\infty}\psi_{j,k}^2(t)=1\\ <\psi_{j,k}(t),\psi_{m,n}(t)>=\displaystyle\int_{-\infty}^{+\infty}\psi_{j,k}(t)\psi_{m,n}(t)=0(j\neq m,k\neq n)\end{cases} \tag{5-18}$$

式（5-17）说明当离散小波基函数族 $\{\psi_{j,k}(t)\}$ 是正交系时，信号 $f(t)$ 可以在这些小波基下被分解成稀疏的系数 $d_{j,k}$，称为离散正交小波变换，而 $f(t)$ 可以通过 $d_{j,k}$ 和正交小波基构成的级数来重构，这被称为小波级数。这类似于傅里叶级数采用 $\{\sin(n\omega t),\ \cos(n\omega t)\}$，$n\in\mathbf{Z}$ 作为基函数，它们构成一个正交函数系，而任何周期信号均可以通过这些"稀疏"的正交函数被分解和重构。

对于离散小波变换，如果选择 $a_0=2$，则尺度因子 $a=2^j$，而平移因子 $b=2^j k$，j，$k\in\mathbf{Z}$，即尺度因子按照二进制离散化，就构成了应用非常广泛的二进小波，此时离散小

波基函数 $\psi_{j,k}(t)$ 可通过对小波母函数 $\psi(t)$ 进行二进制的伸缩及通过时域平移来获得，即 $\psi_{j,k}(t)=2^{-j/2}\psi(2^{-j}t-k)$。下面的问题是如何构造用于将函数进行分解和重构的正交小波基函数$\{\psi_{j,k}(t)\}$，多分辨率分析（Multi-Resolution Analysis，MRA）在其中发挥了重要的作用。

Mallat 和 Meyer 等人在 1989 年提出了 MRA 分析（或称为多尺度分析）的方法。这种方法的主要思想是把函数空间以 $1/2^j(j=0, 1, \cdots, +\infty)$ 的频率分辨率（或称为尺度分辨率）分解为一系列嵌套的子空间 $\{V_j\}$。每个子空间 V_j 都有一个与之正交的子空间 W_j（类似于一个正交坐标系中的两个垂直坐标轴）。如果在空间 V_0 中存在一个函数 $\varphi(t)$，它在时间轴上进行平移后得到的函数 $\varphi(t-k)$ 也属于 V_0 空间，且通过时间平移建立的基函数族 $\{\varphi(t-k)\}_{k\in Z}$ 构成规范正交集。同时，当把函数 $\varphi(t)$ 进行伸缩后，$\varphi(t/2^1)$ 将属于空间 V_1，而 $\varphi(t/2^2)$ 将属于空间 V_2，依次类推，$\varphi(t/2^j)\in V_j$，那么称 $\varphi(t)$ 为尺度函数或者小波父函数。根据这个定义，在每个子空间 V_j 中都可以构造出一个正交函数族 $\{\varphi_{j,k}(t)\}$，它们是由 $\varphi(t)$ 经过伸缩和平移得到的，即 $\varphi_{j,k}(t)=2^{-j/2}\varphi(2^{-j}t-k)$。这样，函数 $f(t)$ 可被投影到每个子空间 V_j 中，得到它的近似逼近函数（或称为“模糊像”）$f_j(t)$，其中：

$$\begin{cases} f_j(t)=\sum\limits_{k=1}^{+\infty}c_{j,k}\varphi_{j,k}(t)\in V_j, c_{j,k}=<f(t)\varphi_{j,k}(t)>=\int_{-\infty}^{+\infty}f(t)\varphi_{j,k}(t)\mathrm{d}t \\ f_0(t)=f(t)\in V_0 \end{cases} \tag{5-19}$$

由于 $\{V_j\}$ 是嵌套子空间，即 $V_0\supset V_1\supset V_2\cdots\supset V_j\supset V_{j+1}\cdots$，设 $\{W_j\}$ 是与 $\{V_j\}$ 对应的正交补空间，而$\oplus$表示正交和（类似于正交坐标系的矢量合成），则：

$$V_j=V_{j+1}\oplus W_{j+1}\Rightarrow V_0=V_1\oplus W_1=V_2\oplus W_2\oplus W_1=\cdots=V_J\oplus W_J\oplus W_{J-1}\cdots\oplus W_1 \tag{5-20}$$

式（5-20）说明，第 j 个子空间 V_j 可以由它的下一个嵌套子空间 V_{j+1} 及其正交补空间 W_{j+1} 合成，这意味着属于子空间 V_j 的函数可以由空间 V_{j+1} 及 W_{j+1} 中的函数来合成。经过 J 次分解，整个空间 V_0 可由子空间 V_J 及与它嵌套的所有子空间的正交补空间 $W_1\sim W_J$ 合成。对于 V_j 中的正交基函数族 $\{\varphi_{j,k}(t)\}$，其在正交补空间 W_j 内也存在相对应的正交基函数族 $\{\psi_{j,k}(t)\}$，且 $\varphi_{j,k}(t)$ 和 $\psi_{j,k}(t)$ 也是规范正交的。V_j 被称为尺度空间，而 W_j 称为小波空间。类似于正交坐标系的矢量求和原理，V_0 空间的函数 $f(t)$ 可以由其在子空间 V_J 内的投影函数 $f_J(t)$ 及其在正交小波空间 W_J 内的投影函数 $g_J(t)$ 来合成，那么根据式（5-19）和式（5-20）可得到：

$$\begin{aligned} f(t)&=f_0(t)=f_1(t)+g_1(t)=f_2(t)+g_2(t)+g_1(t) \\ &=\cdots=f_J(t)+\sum_{m=1}^{J}g_m(t),\quad J\geqslant 1 \end{aligned} \tag{5-21}$$

代入尺度函数基 $\{\varphi_{j,k}(t)\}$ 和小波函数基 $\{\psi_{j,k}(t)\}$，得到：

$$\begin{cases} f(t)=\sum\limits_{k=-\infty}^{+\infty}c_{0,k}\varphi_{0,k}(t)=\sum\limits_{k=-\infty}^{+\infty}c_{J,k}\varphi_{J,k}(t)+\sum\limits_{m=1}^{J}\sum\limits_{k=-\infty}^{+\infty}d_{J,k}\psi_{J,k}(t), J\geqslant 1 \\ c_{J,k}=<f(t)\varphi_{J,k}(t)>,\quad d_{J,k}=<f(t)\psi_{J,k}(t)> \end{cases} \tag{5-22}$$

式（5-21）和式（5-22）实际上就是离散小波变换的另一种形式，同时它也说明了 MRA 分析的目的：把信号 $f(t)$ 投影到不同的频率尺度上得到其低频概貌 $f_J(t)$ 及高频细节 $g_m(t)$。假设 V_0 的频率范围为［0，1］，则 V_1 的频率范围是其一半，即［0，1/2］，且是 V_0

的低频部分。W_1 的频率范围则为 V_1 与 V_0 之间的部分，即 $[1/2, 1]$，是一个有限频带，通常称为 V_0 的高频部分或“细节”。经过 J 次小波分解，V_J 的频率范围为 $[0, 1/2^J]$，而 W_J 的频率范围为 $[1/2^J, 1/2^{J-1}]$，而 W_{J-1} 的频率范围则为 $[1/2^{J-1}, 1/2^{J-2}]$，…，W_1 的频率范围 $[1/2, 1]$。$W_1 \sim W_J$ 的频率范围互不重叠，$f(t)$ 在 $W_1 \sim W_J$ 空间的投影反映出信号在不同高频范围中的“细节”。

下面的问题是怎么确定尺度函数 $\varphi(t)$ 及对应的小波函数 $\psi(t)$。根据嵌套空间 V_j 的定义和尺度函数 $\varphi(t)$ 的性质，若 $\varphi(t) \in V_0$，$\varphi(t-k) \in V_0$，$k \in \mathbf{Z}$，则 $\varphi\left(\frac{t}{2}\right) \in V_1$，$\psi\left(\frac{t}{2}\right) \in W_1$，且 $V_1 \oplus W_1$，因此可以得到下面的双尺度方程：

$$\begin{cases} \dfrac{1}{\sqrt{2}}\varphi\left(\dfrac{t}{2}\right) = \sum\limits_{k=-\infty}^{+\infty} h_k \varphi(t-k), \quad h_k = <\dfrac{1}{\sqrt{2}}\varphi\left(\dfrac{t}{2}\right)\varphi(t-k)>, \quad k \in \mathbf{Z} \\ \dfrac{1}{\sqrt{2}}\psi\left(\dfrac{t}{2}\right) = \sum\limits_{k=-\infty}^{+\infty} g_k \varphi(t-k), \quad g_k = <\dfrac{1}{\sqrt{2}}\psi\left(\dfrac{t}{2}\right)\varphi(t-k)>, \quad k \in \mathbf{Z} \end{cases} \tag{5-23}$$

式（5-23）说明，属于尺度空间 V_1 的尺度函数 $\varphi(t/2)$ 及对应小波空间 W_1 的小波函数 $\psi(t/2)$ 都可以由 V_0 空间的尺度函数经过平移后得到的基函数族 $\varphi(t-k)$ 的线性组合来构造。对式（5-23）的两端进行傅里叶变换，得到：

$$\begin{cases} \sqrt{2}\Phi(2\omega) = \sum\limits_{k=0}^{+\infty} h_k \cdot [\Phi(\omega)\mathrm{e}^{-\mathrm{j}\omega k}] = \left(\sum\limits_{k=0}^{+\infty} h_k \mathrm{e}^{-\mathrm{j}\omega k}\right)\Phi(\omega) \\ \sqrt{2}\Psi(2\omega) = \sum\limits_{k=0}^{+\infty} g_k \cdot [\Phi(\omega)\mathrm{e}^{-\mathrm{j}\omega k}] = \left(\sum\limits_{k=0}^{+\infty} g_k \mathrm{e}^{-\mathrm{j}\omega k}\right)\Phi(\omega) \end{cases} \Rightarrow \begin{cases} \Phi(2\omega) = H(\omega)\Phi(\omega) \\ \Psi(2\omega) = G(\omega)\Phi(\omega) \end{cases} \tag{5-24}$$

式中，$H(\omega) = \dfrac{1}{\sqrt{2}} \sum\limits_{k=0}^{+\infty} h_k \mathrm{e}^{-\mathrm{j}\omega k}$ 和 $G(\omega) = \dfrac{1}{\sqrt{2}} \sum\limits_{k=0}^{+\infty} g_k \mathrm{e}^{-\mathrm{j}\omega k}$ 分别是序列 $\{h_k\}$ 和 $\{g_k\}_{(k \in \mathbf{Z})}$ 的离散傅里叶变换。

$H(\omega)$ 和 $G(\omega)$ 构成一对共轭镜像数字滤波器组（或称为共轭正交滤波器），而序列 $\{h_h\}$ 和 $\{g_k\}$ 则是其对应的时域冲击响应，其中 $H(\omega)$ 为低通滤波器，而 $G(\omega)$ 则为高通滤波器。共轭镜像数字滤波器常常被应用于声音或图像处理领域的子带编码技术。

子带编码是指在声音和图像压缩技术中采用的一种技术，把信号频带分割为若干个子频带，把原始信号通过带通滤波器组（分解滤波器）分成各子带上的信号并对子带信号进行下抽样，然后把抽样得到的序列进行量化和编码，并合成一个总的码流传送给接收端。在接收端，首先把码流分成与原来的各子带信号相对应的子带码流，然后进行解码和上抽样，最后通过带通滤波器组（重构滤波器组）从各子带恢复信号并相加后得到重建的信号。子带编码技术可以利用人耳（或人眼）对不同频率信号的感知灵敏度不同的特性，在人的听觉（或视觉）不敏感的部位采用较粗糙的量化，在敏感部位采用较细的量化，以获得更好的主观听觉（视觉）效果。例如，语音的基音和共振峰主要集中在低频段，因此可分配较多的比特来表示其量值，而对出现摩擦音和类似摩擦噪声的高频段可以分配较少的比特，从而可以充分地压缩语音数据。另外，各子带的量化噪声都束缚在本子带内，这样就可以避免能量较小的频带内的信号被其他频段中的量化噪声所掩盖。

图 5-14 给出了对信号序列 $x[n]$ 进行子带分解—编码—传输—解码—重构的原理。

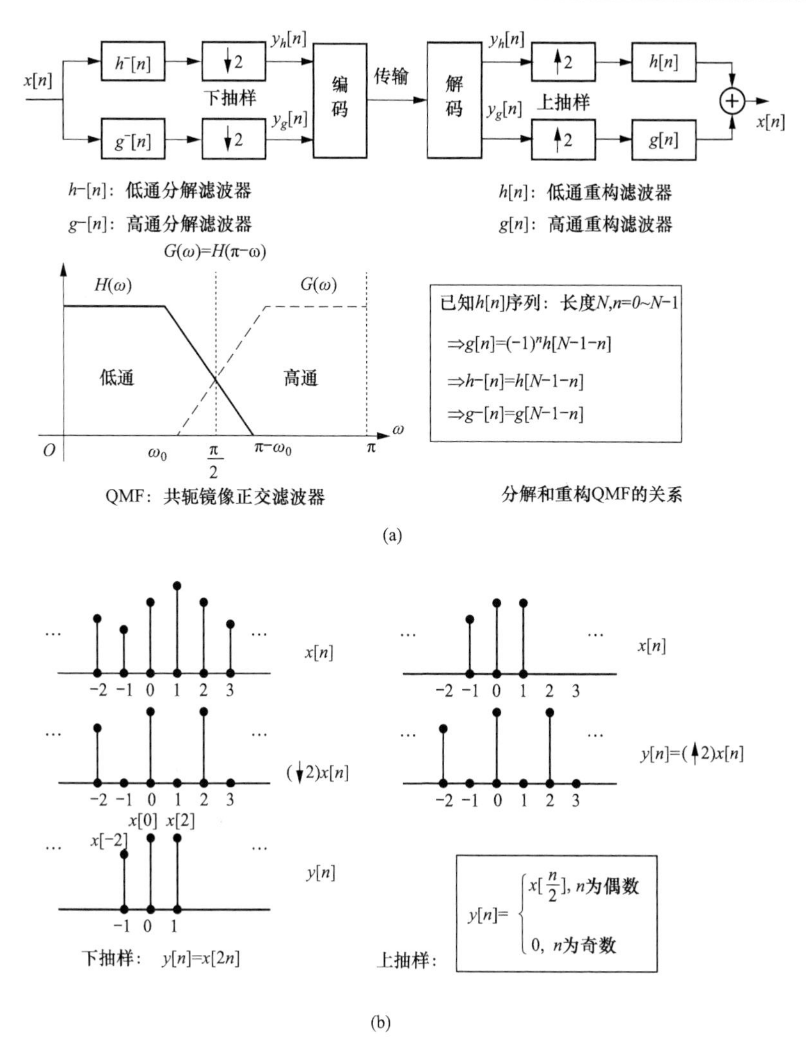

图 5-14　子带编码和重构原理

(a) 子带编码原理及共轭镜像正交重构/分解滤波器对序列；(b) 对序列 $x[n]$ 进行下抽样和上抽样的原理

图 5-14 中，共轭镜像滤波器（Quadrature Mirror Filter，QMF）被用于进行子带分解和重构。QMF 的低通和高通数字滤波器的频谱相对于 $\pi/2$ 对称，因此，如果已知低通滤波器的冲击响应 $h[n]$，则高通滤波器 $g[n]$ 可由 $h[n]$ 得到。另外，重构滤波器和分解滤波器之间互为逆序（图 5-14 中方框内给出了相应关系）。

根据式（5-23）给出的双尺度方程或式（5-24）给出的尺度方程的频域形式，如果已知滤波器 $H(\omega)$，那么尺度函数 $\varphi(t)$ 可以通过 $H(\omega)$ 得到。由滤波器 $H(\omega)$ 构造多分辨率分析的尺度函数 $\varphi(t)$，要求 $H(\omega)$ 必须满足 $|H(\omega)|^2+|H(\omega+\pi)|^2=1$，而当 $\omega\in[-\pi/2,\pi/2]$ 时，$H(0)=1$ 且 $H(\omega)\neq0$。这样，可以通过尺度方程迭代并求极限的方法得到：

$$\Phi(\omega)=\left[\prod_{j=1}^{\infty}H\left(\frac{\omega}{2^j}\right)\right]\Phi(0)=\prod_{j=1}^{\infty}H\left(\frac{\omega}{2^j}\right)\tag{5-25}$$

尺度函数 $\varphi(t)$ 可以通过对 $\Phi(\omega)$ 求反傅里叶变换得到。

另外一种方法则是根据滤波器的脉冲响应 $\{h_k\}$，并选取初始尺度函数 $\varphi_0(t)$：

$$\varphi_0(t)=\begin{cases}1, & -\dfrac{1}{2}\leqslant t\leqslant\dfrac{1}{2}\\ 0, & 其他\end{cases} \tag{5-26}$$

然后利用双尺度方程进行迭代，最后得到一个尺度函数 $\varphi(t)$。迭代公式如下：

$$\varphi_{n+1}(t)=\sqrt{2}\sum_k h_k\varphi_n(2t-k),\quad n=0,1,2,\cdots \tag{5-27}$$

但是这样得到的 $\varphi(t)$ 的平移函数族 $\{\varphi(t-k)\}_{k\in\mathbf{Z}}$ 一般不是正交函数系。此时，可以采用下列公式得到正交化的 $\varphi(t)$：

$$\hat{\Phi}(\omega)=\frac{\Phi(\omega)}{\left[\sum\limits_k|\Phi(\omega+2\pi k)|^2\right]^{1/2}},\varphi(t)=F^{-1}\{\hat{\Phi}(\omega)\}=\frac{1}{2\pi}\int\hat{\Phi}(\omega)\mathrm{e}^{\mathrm{j}\omega t}\mathrm{d}\omega \tag{5-28}$$

当然，初始尺度函数 $\varphi_0(t)$ 也可以选择其他函数，这样可以通过迭代和正交化运算得到不同的尺度函数。在一个 MRA 中，如何理解尺度函数的物理含义呢？这可以通过前面所讲的子带编码原理来进行解释。图 5-15 给出了一个对信号利用理想滤波器进行子带分解和还原的示意图。假设原始信号的频带为 BW，它处于顶层，然后建立两个滤波器（低通滤波器和高通滤波器，如前文所述，这两个滤波器是共轭对称的），将频带对称分为两个子带。在第二层，保留高通部分，然后继续对低通部分进行二进子带分解，即再对称分成两个子带。以此类推，利用低通和高通两个滤波器不断对低通部分进行子带迭代分解，当分割到某个频率 j 时，不再继续分割，剩下的所有低频部分由一个低通滤波器来表示，这就可以实现对信号频谱的完整分割。这个剩余低通滤波器就是尺度函数。事实上，很容易看出，尺度函数无非就是 MRA 中某一层级的低通滤波器，即图中最下面一级的低通滤波器。这也是式（5-25）的物理含义。总之，尺度函数实际上就是低通滤波器，而小波函数则是对应的高通滤波器。换言之，如果能够确定一对共轭的正交滤波器，那么也就确定了尺度函数及小波函数，这样就可以利用式（5-22）对信号进行离散小波变换。

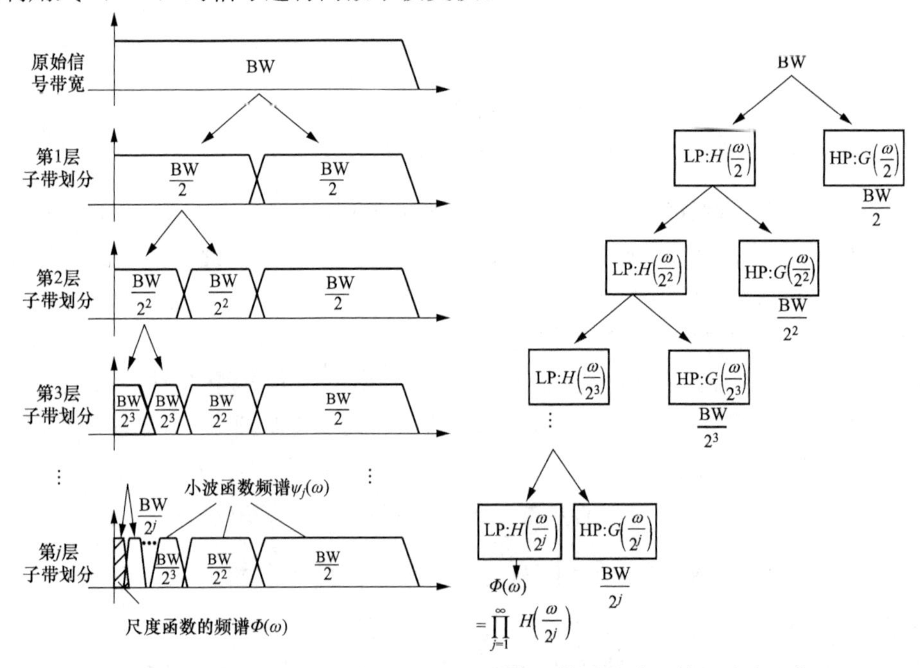

图 5-15　多分辨分析中子带划分原理及尺度函数和小波函数的滤波器作用

再来观察式（5-22）给出的离散小波变换，如果已知第 J 级尺度函数的系数 $c_{J,k}$，则下一级尺度函数系数 $c_{J+1,k}$ 和小波函数系数 $d_{J+1,k}$ 可以通过双尺度方程式（5-23）并利用滤波器 $\{h_k\}$ 和 $\{g_k\}$ 来计算（推导过程省略）：

$$\begin{cases} c_{J+1,k} = c_{J+1}[k] = \sum_n c_J[n]h^-[2k-n] = c_J[2k] * h^-[2k] \\ d_{J+1,k} = d_{J+1}[k] = \sum_n d_J[n]g^-[2k-n] = d_J[2k] * g^-[2k] \end{cases}, \quad k \in Z \tag{5-29}$$

类似地可以得到系数的重构公式：

$$\begin{aligned} c_{J,k} = c_J[k] &= \sum_n c_{J+1}[n]h[k-2n] + \sum_n d_{J+1}[n]g[k-2n] \\ &= c'_{J+1}[k] * h[k] + d'_{J+1}[k] * g[k], \quad k \in Z \end{aligned} \tag{5-30}$$

这两个方程可以通过图 5-16 给出的流程图来计算。

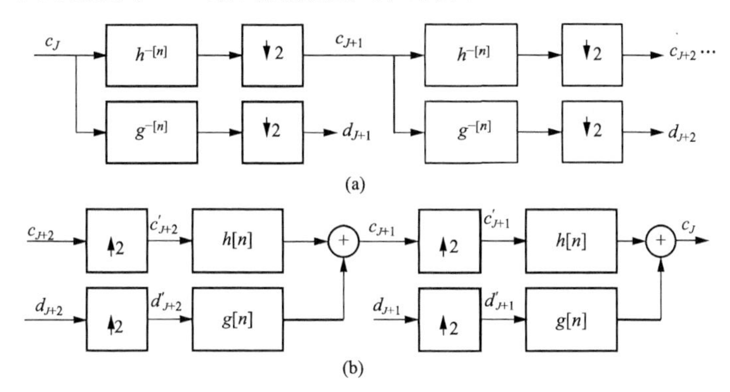

图 5-16　尺度系数和小波系数的分解与重构原理

（a）尺度系数和小波系数的逐层分解计算示意图；（b）尺度系数和小波系数的逐层重构计算示意图

可见，如果构造出两个正交共轭滤波器 $\{h_k\}$ 和 $\{g_k\}$（及其逆序 $\{h^{-k}\}$ 和 $\{g^{-k}\}$），那么对于离散小波变换，只要给出一组初始尺度系数 $c_{0,k}$，就可以获得一个多分辨率分析在其他尺度（频率分辨率）上的尺度系数 $c_{J,k}$ 和小波系数 $d_{J,k}$。这个过程实际上是对系数 $c_{0,k}$ 进行一系列的低通和高通滤波，这就是 Mallat 算法的意义。另外，Mallat 算法只需要滤波器 $\{h_k\}$ 和 $\{g_k\}$ 即可计算离散小波变换的系数，并不需要计算出尺度函数和小波函数，这也是它得到广泛应用的一个重要原因。根据图 5-14 给出的 QMF 的原理，$\{h_k\}$ 可以用来构造其他滤波器，同时进一步可以构造出尺度函数和小波函数，因此 $\{h_k\}$ 也称为尺度向量。如果要利用 Mallat 算法对函数 $f(t)$ 进行离散小波变换，首先要对其进行采样。假设采样间隔为 $T=1/N$，这样就得到采样序列 $f(kT)$，那么 $f(t)$ 可以通过序列 $f(kT)$ 和冲击函数 $\delta(t)$ 表示为

$$\delta(t) = \begin{cases} 1 & 0 \leqslant t < T \\ 0 & \text{其他} \end{cases} \Rightarrow f(t) \approx \sum_k f(kT)\delta(t-kT)$$

当采样间隔足够小时，尺度函数 $\varphi(t)$ 与冲击函数 $\delta(t)$ 具有相似的性质，因此上式可以改写为

$$f(t) \approx \sum_k f(kT)\varphi(t-kT) \Rightarrow c_{0,k} = f(kT), \quad k = 0 \sim N-1 \tag{5-31}$$

即初始尺度系数可选择信号的采样值来充当（采样间隔要足够小）。其他频率分辨率下的尺度系数和小波系数可以利用图 5-16 给出的 Malltat 分解和重构原理，通过滤波器 $\{h_k\}$ 和 $\{g_k\}$（及它们的逆序 $\{h^{-k}\}$ 和 $\{g^{-k}\}$）和卷积运算得到。

离散小波变换的尺度系数 $c_{J,k}$ 反映了信号的低频特征，而小波系数 $d_{J,k}$ 则反映了其高频特征。需要注意的是，这种低频特征和高频特征并不是把信号直接进行低通滤波和高通滤波后得到的信号的频率分量，而是通过把原始信号与尺度函数 $\varphi(t)$ 及其时间平移系 $\{\varphi(t-k)\}$，以及小波函数 $\psi(t)$ 及其平移系 $\{\psi(t-k)\}$ 相比较来判断的。如果两者相似度高，则对应的尺度和小波系数就比较大，反之，则比较小。这正是小波变换尺度系数和小波系数的物理含义，这一点与傅里叶级数的系数在原理上是一致的（这也是一般积分变换系数的特点）。如果选择恰当的尺度函数和小波函数，使得信号的低频分量和高频分量与所选择的函数波形比较相似，则会得到某些幅值比较大的特征系数，且它们的数量也会比较少（稀疏系数）。这类似于对周期信号进行傅里叶变换，基波和各主要次数谐波的能量集中在某些频率上，使得频谱图上显示出离散的幅值谱线。如果所选择的尺度函数和小波函数与信号的波形相差较大，那么尺度系数和小波系数随时间平移量会呈现出连续但比较接近的幅值（特征不突出）。这类似于非周期信号的傅里叶变换呈现出连续的频谱。

当利用小波变换进行联合时-频分析时，往往希望尺度函数 $\varphi(t)$ 及基于它所构造的小波函数 $\psi(t)$ 是紧支集的。紧支集函数是指在时间域内函数只在有限的时间段上是取非零值，其他时刻的函数值都为零。既然尺度函数 $\varphi(t)$ 可以通过 $\{h_k\}$ 得到，那么如果 $\varphi(t)$ 为紧支集的，那么 $\{h_k\}$ 也将只有有限几项是非零的。这样，由式（5-29）和式(5-30) 给出的 Mallat 算法中的求和项也将不再有无穷多项，从而避免了截断误差的产生。图 5-17 给出了几种著名的紧支集小波的尺度函数和小波函数。

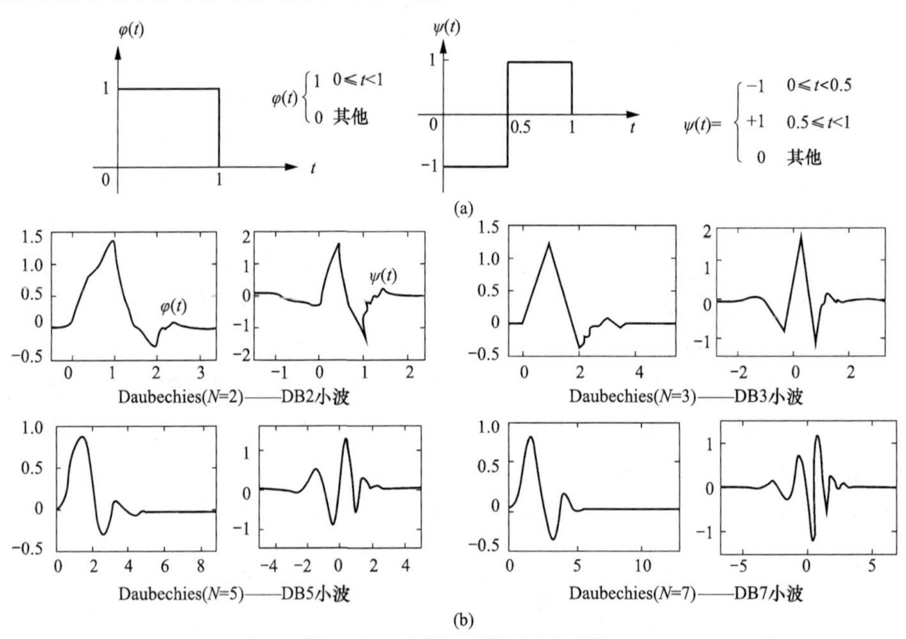

图 5-17 几种不同的小波函数

（a）Haar 尺度函数和小波函数（db1 小波）；（b）Daubechies 尺度函数和小波函数

小波分析可以用于对一般宽带白噪声进行滤波。下面给出一个利用 MATLAB 提供的函数实现对电功耗测量数据进行小波分解和重构来抑制噪声的实例。

【例 5-1】 利用 MATLAB 函数对其工具箱中提供的电功耗数据（leleccum）进行小波分解和重构，并抑制原始波形中的噪声。

(1) 加载、截取并添加噪声信号 [待消噪的信号波形如图 5-18 (a) 所示]

```
clear               %清除 Matlab 工作区变量
loadleleccum        %装载 Matlab 工具箱中提供的 3 天真实电功耗数据
s0 = leleccum(1:3920); %截取长度 3920,组成分析序列
s = s0 + 40 * rand(1,3920); %在原始数据基础上,为了增强去噪效果,添加额外的白噪声信号
```

(2) 使用 db1 小波对信号执行 3 层小波分解，并抽取低频近似系数和高频细节系数 [第 3 层的低频分解系数及其他各层高频系数如图 5-18 (b) 所示]

```
[C,L] = wavedec(s,3,'db1');          %小波分解,C 向量中包含了各组分的系数,L 包含
                                       各组分的长度
cA3 = appcoef(C,L,'db1',3);           %从 C 中抽取第 3 层的低频系数
[cD1,cD2,cD3] = detcoef(C,L,[1,2,3]);  %从 C 中抽取第 1、2 和 3 层的高频系数
```

(3) 利用系数重建低频近似信号和高频细节分量 [重构的信号如图 5-18 (c) 所示]

```
A3 = wrcoef('a',C,L,'db1',3);     %从 C 中重建第 3 层的低频近似信号
D1 = wrcoef('d',C,L,'db1',1);     %从 C 中重建 1、2、3 层的高频细节分量
D2 = wrcoef('d',C,L,'db1',2);
D3 = wrcoef('d',C,L,'db1',3);
subplot(2,2,1); plot(A3);         %显示重建结果
title('Approximation A3')
subplot(2,2,2); plot(D1);
title('Detail D1')
subplot(2,2,3); plot(D2);
title('Detail D2')
subplot(2,2,4); plot(D3);
title('Detail D3')
```

使用小波变换从信号中移除噪声需要辨识哪个或哪些组分包含噪声，然后重建没有这些组分的信号。在这个实例中，应该注意到随着越来越多的高频信息从信号中滤除，噪声变得越来越少。3 层的低频近似信号与原始信号对比会发现变得很干净。当然，摒弃所有高频信息，会失去原始信号中的很多尖锐的特征。最佳的去噪需要通过一种更精细的阈值方法，它保留那些反映信号高频特征的系数，而以一定阈值将那些反映白噪声的不显著的高频系数丢弃。

(4) 通过阈值去除噪声 [不同去噪方法的结果比较如图 5-18 (d) 所示]。

```
[thr,sorh,keepapp] = ddencmp('den','wv',s);   %计算默认的阈值参数
clean = wdencmp('gbl',C,L,'db1',3,thr,sorh,keepapp);   %利用指定阈值执行去噪过程
subplot(4,1,1);plot(s);title('原始信号'); %显示结果
subplot(4,1,2);plot(A3);title('低频近似信号');
subplot(4,1,3);plot(clean);title('阈值消噪信号');
subplot(4,1,4);plot(A3-clean);title('两种去噪方法的误差比较');
```

通常情况下，被噪声淹没的信号可看作纯净信号与噪声的线性叠加。假设噪声是高斯白噪声，那么由于有效信号在时间域具有一定的连续性，因此进行小波变换后，有效信号所产生的小波系数的幅值往往较大。高斯白噪声在时间域是没有连续性的，因此噪声经过小波变

换后，在小波域仍然表现为很强的随机性，且满足高斯分布。那么就得到这样一个结论：在小波域，有效信号对应的系数很大，而噪声对应的系数很小，且噪声在小波域对应的系数仍满足高斯分布。这样可以对小波分解后得到的高频细节选择一个剔除阈值（该阈值的选取与噪声的方差紧密相关），把高于该阈值的部分（由有效信号贡献）保留，而将低于该阈值的系数置零（认为是高斯噪声贡献）。这样可以最大程度地抑制噪声，同时只是稍微损伤有效信号。最后，把经过阈值处理后的小波系数重构，就可以得到去噪后的信号。这种方法称为硬阈值，但是这种“一刀切”的方法势必会使系数产生间断，即小波域产生突变，导致去噪后的结果产生局部抖动。为此，可采用软阈值的方法，如把模值小于阈值的系数清零，但是大于阈值的系数则统一减去阈值，这样可以保持系数的连续，防止重构信号的振荡。目前，关于软阈值法的研究有很多文献，感兴趣的读者可以去查阅。本实例通过使用 ddencmp 函数来计算默认的阈值参数，然后用 wdencmp 函数来执行实际的去噪过程。从图 5-18（d）可以看到采用阈值法在去除噪声的情况下仍保持原有的尖锐细节，这也是小波分析强大的地方，不过在本例中利用低频系数重建的信号与阈值法消噪的结果非常接近。

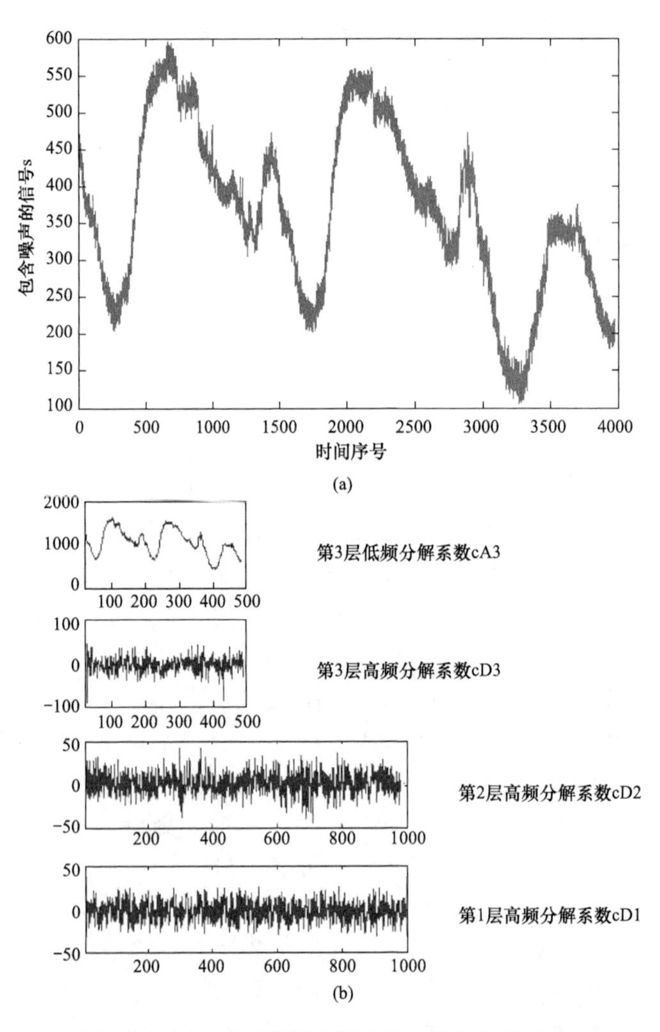

图 5-18　对电功耗数据进行小波去噪的实例（一）

（a）原始包含噪声的信号；（b）3 层小波分解的低频系数和高频系数

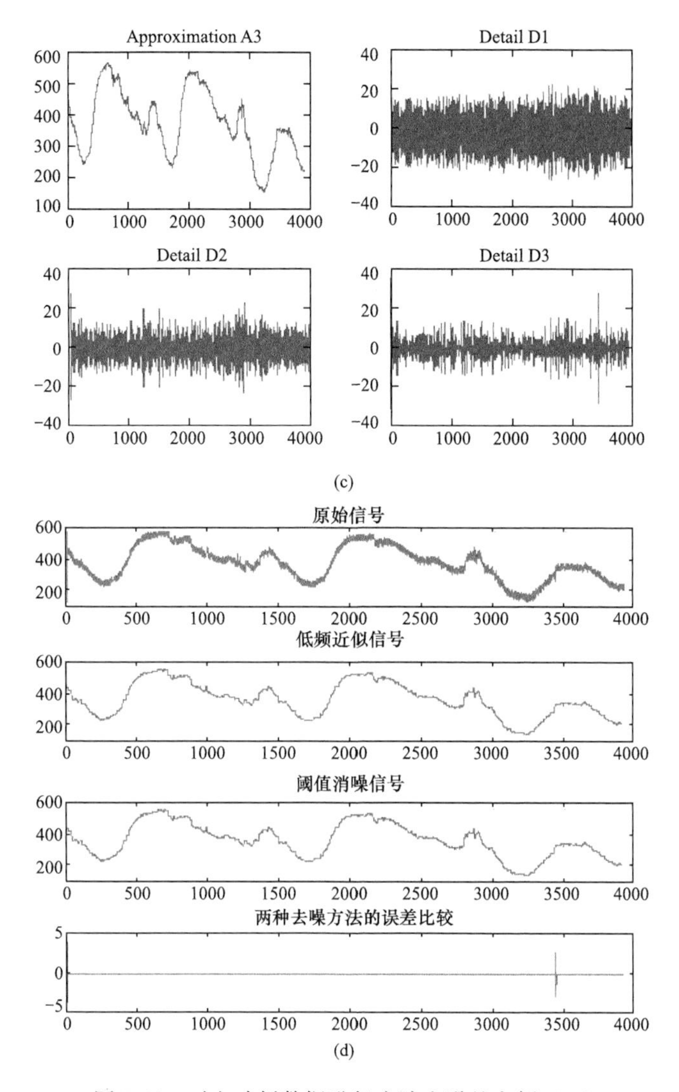

图 5-18　对电功耗数据进行小波去噪的实例（二）

（c）重构的信号低频波形与高频细节；（d）原始信号、低频近似信号及阈值法消噪信号的比较

5.3.4　卡尔曼滤波器

利用数值方法消去信号的噪声还可以采用数字滤波器来实现，但是常规的基于频率特性设计的数字滤波器对于宽带白噪声往往不能实现良好的去噪效果，因为抑制噪声要求设计窄带的滤波器，但是窄带滤波器又会使具有一定频宽的信号产生失真，因此保证信号的不失真与降低噪声的要求是矛盾的。当有效信号为非正弦的动态信号时，其频谱表现为宽带的频谱，为了保持信号的不失真，则滤波器将具有相当宽的等效噪声功率带宽，从而使信噪比不能得到有效提升。卡尔曼滤波（Kalman Filtering）是一种利用线性系统状态方程，通过系统输入/输出观测数据，对系统状态进行最优估计的算法。由于观测数据中包括系统固有噪声和干扰噪声的影响，因此最优估计也可看作噪声滤波过程。

卡尔曼滤波是以方差最小为最优准则建立起来的一套递推估计算法（本质上等同于动态系统的递推最小二乘法参数估计），其基本思想是：采用信号与噪声的状态空间模型，利用前一时刻的估计值和系统参数计算当前时刻的状态量的估计值，并利用当前时刻实际观测值与估计值的方差来对估计值进行修正。随着不断的递推，估计值将逐渐逼近状态的真值。卡尔曼滤波的实质是通过测量值重构系统的状态向量，它以“预测—实测—修正”的顺序递推，根据系统的测量值来消除随机干扰，再现系统的状态，或根据系统的测量值从被污染的系统中恢复系统的本来面目。由于便于计算机编程实现，并能够对现场采集的数据进行实时的更新和处理，卡尔曼滤波得到了广泛的应用，如在通信、导航、制导与控制等多个领域取得了巨大的成功。本节将在 2.6.4 节讨论过的动态系统参数估计的递推最小二乘法基础上推导简单卡尔曼滤波器的主要公式，最后给出一个典型的应用实例。

递推最小二乘法参数估计实际上是一种参数的在线辨识方法，这种方法从一个初值（$\hat{\boldsymbol{\theta}}_0$ 和 $\boldsymbol{P}_0$）出发，根据每次新获得测量值 $\boldsymbol{y}_{N+1}$ 利用式（2-24）递推地获得新的参数估计值 $\hat{\boldsymbol{\theta}}_N$。随着时间的推移，参数的估计值将逐渐向它的真值 $\boldsymbol{\theta}$ 逼近。卡尔曼滤波器同样利用递推最小二乘法的思想，但是它不是对系统的参数进行辨识，而是在系统模型（用状态方程来描述）已知的情况下对受到噪声干扰的状态变量进行滤波。简单来说，对一个系统而言，卡尔曼滤波与系统的参数辨识互为逆问题，前者是在模型参数已知的情况下讨论状态的估计问题，后者是在状态可测的情况下讨论模型参数的估计问题。

假设一个多输入/多输出系统可以通过下列离散状态方程来描述：

$$\begin{cases}\boldsymbol{x}(k+1)=\boldsymbol{A}\boldsymbol{x}(k)+\boldsymbol{B}\,\boldsymbol{u}(k)+\boldsymbol{\Gamma}\,\boldsymbol{w}(k)\\ \boldsymbol{y}(k)=\boldsymbol{C}\boldsymbol{x}(k)+\boldsymbol{v}(k)\end{cases} \tag{5-32}$$

式中，$\boldsymbol{x}(k)$ 为控制系统在当前时刻 k 的状态变量（假设为 n 维列向量），它是不能直接被检测的；$\boldsymbol{u}(k)$ 为控制输入（假设为 m 维列向量），它是已知的；$\boldsymbol{y}(k)$ 为状态变量的观测值（假设为 p 维列向量），由于 $\boldsymbol{x}(k)$ 不可直接检测，因此必须通过 $\boldsymbol{y}(k)$ 所描述的观测方程来进行间接测量；$\boldsymbol{w}(k)$ 和 $\boldsymbol{v}(k)$ 为当前时刻系统控制环节和观测环节所包含的噪声信号。为了不失去一般性，控制噪声 $\boldsymbol{w}(k)$ 被假定为一个 q 维列向量（即意味着包含 q 个噪声源 $w_1, w_2, \cdots, w_q$），这些噪声源通过常数矩阵 $\boldsymbol{\Gamma}$ 线性组合后对状态量 $\boldsymbol{x}(k)$ 产生干扰。式中 $\boldsymbol{A}$、$\boldsymbol{B}$、$\boldsymbol{C}$ 和 $\boldsymbol{\Gamma}$ 分别为 $n\times n$、$n\times m$、$p\times n$ 和 $n\times q$ 的矩阵。

卡尔曼滤波器的主要作用就是利用递推最小二乘法思想，根据受到噪声影响的状态变量的观测值 $\boldsymbol{y}(k)$ 来对最优 $\boldsymbol{x}(k)$ 进行估计。当 $\boldsymbol{w}(k)$ 和 $\boldsymbol{v}(k)$ 均为零均值白噪声，且它们彼此之间互不相关时，整个估计是最小方差无偏估计。噪声 $\boldsymbol{w}(k)$ 和 $\boldsymbol{v}(k)$ 向量满足下列关系：

$$\begin{cases}E[\,\boldsymbol{w}(k)]=0, E[\,\boldsymbol{v}(k)]=0\\ \mathrm{cov}[\,\boldsymbol{w}(k),\,\boldsymbol{w}(j)]=E[\,\boldsymbol{w}(k)\cdot\boldsymbol{w}(j)^T]=\boldsymbol{Q}\delta_{kj}\\ \mathrm{cov}[\,\boldsymbol{v}(k),\,\boldsymbol{v}(j)]=E[\,\boldsymbol{v}(k)\cdot\boldsymbol{v}(j)^T]=\boldsymbol{R}\delta_{kj}\\ \mathrm{cov}[\,\boldsymbol{w}(k),\,\boldsymbol{v}(j)]=E[\,\boldsymbol{w}(k)\cdot\boldsymbol{v}(k)^T]=0\end{cases}\qquad \delta_{kj}=\begin{cases}1 & k=j\\ 0 & k\neq j\end{cases}$$

另外，假设状态变量 $\boldsymbol{x}(k)$ 的初值 $\boldsymbol{x}(0)$ 也满足某种随机分布，它的均值和方差已知，且与噪声 $\boldsymbol{w}(k)$ 和 $\boldsymbol{v}(k)$ 不相关，即：

$$\begin{cases}E[\boldsymbol{x}(0)]=\boldsymbol{\mu}_0, \mathrm{Var}[\,\boldsymbol{x}(0)]=\boldsymbol{L}_0\\ \mathrm{cov}[\boldsymbol{x}(0),\,\boldsymbol{w}(k)]=0; \mathrm{cov}[\,\boldsymbol{x}(0),\,\boldsymbol{v}(k)]=0\end{cases}$$

图 5-29 给出了卡尔曼滤波器的一步预测—校正的递推结构。如图 5-29 所示，卡尔曼滤波器是一个自回归滤波器。它首先根据系统模型和前一时刻 $k-1$ 的状态估计值 $\hat{\boldsymbol{x}}(k-1\mid$

$k-1$）来推算出 k 时刻的状态值 $\hat{\boldsymbol{x}}(k \mid k-1)$，这就是一步预测。该预测值是否准确，需要将它与实际的观测结果相比较，进而对结果进行修正。将状态估计值 $\hat{\boldsymbol{x}}(k \mid k-1)$ 代入观测方程获得输出预测量 $\hat{\boldsymbol{y}}(k \mid k-1)$，然后将它与实际测量值 $\boldsymbol{y}(k)$ 进行比较从而获得“新息” $\boldsymbol{\alpha}(k)$（预测误差）。利用新息和卡尔曼增益矩阵 $\boldsymbol{G}(k)$ 产生对状态量估计值 $\hat{\boldsymbol{x}}(k-1 \mid k)$ 的修正量，然后进行修正，获得最终 k 时刻的状态估计量 $\hat{\boldsymbol{x}}(k \mid k)$。如果新息已经足够小，那么就表明状态量的估计值已经非常接近观测值。

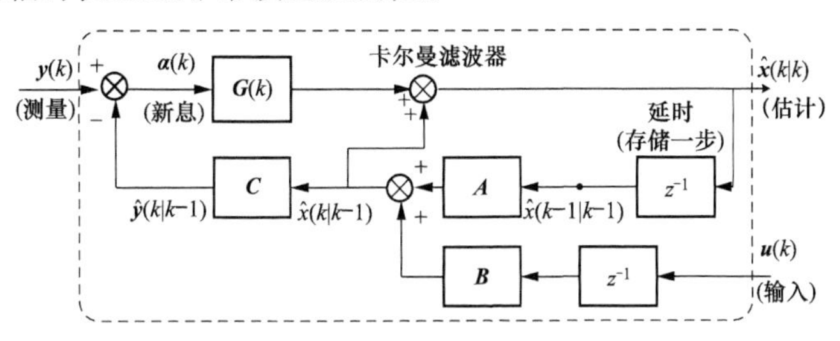

图 5-19　卡尔曼滤波器的结构原理图

这里 $\hat{\boldsymbol{x}}(k \mid k-1)$ 称为状态量的先验估计值，即利用 $k-1$ 时刻的状态量预估 k 时刻的状态量，这种估计是根据系统模型这种先验性认识来进行的。实际上，这种估计已经利用了从 0 时刻开始到 $k-1$ 时刻的所有的状态估计值（通过不断递推得到）。$\hat{\boldsymbol{x}}(k \mid k)$ 则称为后验估计值，即利用 k 时刻实际的观测值对先验估计值进行验证及修正后的状态估计值。根据定义可以得到先验估计值的表达式：

$$\hat{\boldsymbol{x}}(k \mid k-1)=\boldsymbol{A}\hat{\boldsymbol{x}}(k-1 \mid k-1)+\boldsymbol{B}\boldsymbol{u}(k-1)$$

先验估计误差为

$$e(k \mid k-1)=\boldsymbol{x}(k)-\hat{\boldsymbol{x}}(k \mid k-1)$$

式中，$\boldsymbol{x}(k)$ 为状态量的真值。

该估计误差的存在是因为控制噪声 $\boldsymbol{w}(k)$ 的影响，因此可以计算这种误差的协方差矩阵：

$$\begin{aligned}\boldsymbol{P}(k \mid k-1)&=\mathrm{Var}[e(k \mid k-1)]\\&=\mathrm{Var}\{\boldsymbol{A}\boldsymbol{x}(k-1)+\boldsymbol{B}\boldsymbol{u}(k-1)+\boldsymbol{\Gamma}\boldsymbol{w}(k-1)-\boldsymbol{A}\hat{x}(k-1 \mid k-1)-\boldsymbol{B}\boldsymbol{u}(k-1)\}\\&=\boldsymbol{A}\cdot\mathrm{Var}[\boldsymbol{x}(k-1)-\hat{\boldsymbol{x}}(k-1 \mid k-1)]\cdot\boldsymbol{A}^{\mathrm{T}}+\mathrm{Var}[\boldsymbol{\Gamma}\boldsymbol{w}(k-1)]\\&=\boldsymbol{A}\cdot\mathrm{Var}[e(k-1 \mid k-1)]\boldsymbol{A}^{\mathrm{T}}+\boldsymbol{\Gamma}\cdot\boldsymbol{Q}\cdot\boldsymbol{\Gamma}^{\mathrm{T}}\\&=\boldsymbol{A}\cdot\boldsymbol{P}(k-1 \mid k-1)\cdot\boldsymbol{A}^{\mathrm{T}}+\boldsymbol{\Gamma}\cdot\boldsymbol{Q}\cdot\boldsymbol{\Gamma}^{\mathrm{T}}\end{aligned}$$

可见，先验估计误差的方差矩阵也是一个递推矩阵，即最新的估计误差与前一时刻的估计误差之间存在累加关系，估计误差会向后传递。下面，给出观测量的估计值与实测值之间的误差（“新息”）的矩阵表达式：

$$\boldsymbol{\alpha}(k)=\boldsymbol{y}(k)-\boldsymbol{C}\hat{\boldsymbol{x}}(k \mid k-1)$$

其方差矩阵为

$$\begin{aligned}\boldsymbol{S}(k)&=\mathrm{Var}[\boldsymbol{\alpha}(k)]=\mathrm{Var}[\boldsymbol{y}(k)-\boldsymbol{C}\hat{\boldsymbol{x}}(k \mid k-1)]\\&=\mathrm{Var}[\boldsymbol{C}\boldsymbol{x}(k)+\boldsymbol{v}(k)-\boldsymbol{C}\hat{\boldsymbol{x}}(k \mid k-1)]\\&=\boldsymbol{C}\cdot\mathrm{Var}[\boldsymbol{x}(k)-\hat{\boldsymbol{x}}(k \mid k-1)]\cdot\boldsymbol{C}^{\mathrm{T}}+\mathrm{Var}[\boldsymbol{v}(k)]\\&=\boldsymbol{C}\cdot\boldsymbol{P}(k \mid k-1)\cdot\boldsymbol{C}^{\mathrm{T}}+\boldsymbol{R}\end{aligned}$$

可见，新息由状态量的先验估计误差 $\boldsymbol{P}(k \mid k-1)$ 和观测噪声的方差来决定。根据图 5-19 卡尔曼滤波器的结构，当知道了新息后，可以对先验估计值 $\hat{\boldsymbol{x}}(k \mid k-1)$ 进行修正，从而获得状态量的后验估计值 $\hat{\boldsymbol{x}}(k \mid k)$。修正公式如下

$$\hat{\boldsymbol{x}}(k \mid k) = \hat{\boldsymbol{x}}(k \mid k-1) + \boldsymbol{G}(k)\boldsymbol{\alpha}(k)$$

式中，$\boldsymbol{G}(k)$ 被称为卡尔曼增益矩阵。

如果要得到 $\hat{\boldsymbol{x}}(k \mid k)$ 的最优估计值，那么就应确定最优的增益矩阵 $\boldsymbol{G}(k)$，这需要评价 $\hat{\boldsymbol{x}}(k \mid k)$ 与状态真值 $\boldsymbol{x}(k)$ 之间的误差的方差，即后验方差矩阵：

$$\begin{aligned}\boldsymbol{P}(k \mid k) &= \mathrm{Var}([\boldsymbol{x}(k) - \hat{\boldsymbol{x}}(k \mid k)] = \mathrm{Var}\{[\boldsymbol{x}(k) - \hat{\boldsymbol{x}}(k \mid k-1) - \boldsymbol{G}(k)\boldsymbol{\alpha}(k)]\} \\ &= E\{[\boldsymbol{x}(k) - \hat{\boldsymbol{x}}(k \mid k-1) - \boldsymbol{G}(k)\boldsymbol{\alpha}(k)] \cdot [\boldsymbol{x}(k) - \hat{\boldsymbol{x}}(k \mid k-1) - \boldsymbol{G}(k)\boldsymbol{\alpha}(k)]^{\mathrm{T}}\} \\ &= [\boldsymbol{I} - \boldsymbol{G}(k)\boldsymbol{C}] \cdot \boldsymbol{P}(k \mid k-1) \cdot [\boldsymbol{I} - \boldsymbol{G}(k)\boldsymbol{C}]^{\mathrm{T}} - \boldsymbol{G}(k) \cdot \boldsymbol{R} \cdot \boldsymbol{G}^{\mathrm{T}}(k)\end{aligned}$$

根据最小二乘法原理，可根据上述方差矩阵的迹 J 最小的规则来获得最优增益 $\boldsymbol{G}(k)$。

$$\begin{aligned}J = \mathrm{tr}[\boldsymbol{P}(k \mid k)] = \mathrm{tr}\{&\boldsymbol{P}(k \mid k-1) - \boldsymbol{G}(k)\boldsymbol{CP}(k \mid k-1) \\ &- \boldsymbol{P}(k \mid k-1)\boldsymbol{C}^{\mathrm{T}}\boldsymbol{G}(k) + \boldsymbol{G}(k)\boldsymbol{S}(k)\boldsymbol{G}(k)^{\mathrm{T}}\}\end{aligned}$$

根据极值定理和矩阵迹的偏导计算公式，可得到：

$$\frac{\partial J}{\partial[\boldsymbol{G}(k)]} = \frac{\partial\{\mathrm{tr}[\boldsymbol{P}(k \mid k)]\}}{\partial[\boldsymbol{G}(k)]} = -2[\boldsymbol{CP}(k \mid k-1)]^{\mathrm{T}} + 2\boldsymbol{G}(k)\boldsymbol{S}(k) = 0$$

最后得到卡尔曼滤波器最优增益表达式：

$$\boldsymbol{G}(k) = \boldsymbol{P}(k \mid k-1)\boldsymbol{C}^{\mathrm{T}}\boldsymbol{S}(k)^{-1} = \boldsymbol{P}(k \mid k-1)\boldsymbol{C}^{\mathrm{T}}[\boldsymbol{C} \cdot \boldsymbol{P}(k \mid k-1) \cdot \boldsymbol{C}^{\mathrm{T}} + \boldsymbol{R}]^{-1}$$

将上式代入式 $\boldsymbol{P}(k \mid k)$ 的表达式，得到在最优卡尔曼增益下的后验方差矩阵：

$$\boldsymbol{P}(k \mid k) = [\boldsymbol{I} - \boldsymbol{G}(k)\boldsymbol{C}] \cdot \boldsymbol{P}(k \mid k-1)$$

最后，联合上面得到的所有结果，得到由式（5-33）给出的状态方程描述的线性随机系统的卡尔曼滤波过程：

$$\begin{cases}\hat{\boldsymbol{x}}(0 \mid 0) = E[\boldsymbol{x}(0)] = \boldsymbol{\mu}_0 \\ \boldsymbol{P}(0 \mid 0) = \mathrm{Var}[\boldsymbol{x}(0)] = \boldsymbol{L}_0 \\ \hat{\boldsymbol{x}}(k \mid k-1) = \boldsymbol{A}\hat{\boldsymbol{x}}(k-1 \mid k-1) + \boldsymbol{Bu}(k-1) \\ \boldsymbol{P}(k \mid k-1) = \boldsymbol{A} \cdot \boldsymbol{P}(k-1 \mid k-1) \cdot \boldsymbol{A}^{\mathrm{T}} + \boldsymbol{\Gamma} \cdot \boldsymbol{Q} \cdot \boldsymbol{\Gamma}^{\mathrm{T}} \qquad k = 1,2,\cdots \\ \boldsymbol{G}(k) = \boldsymbol{P}(k \mid k-1)\boldsymbol{C}^{\mathrm{T}}[\boldsymbol{C} \cdot \boldsymbol{P}(k \mid k-1)\boldsymbol{C}^{\mathrm{T}} + \boldsymbol{R}] - 1 \\ \hat{\boldsymbol{x}}(k \mid k) = \hat{\boldsymbol{x}}(k \mid k-1) + \boldsymbol{G}(k)[\boldsymbol{y}(k) - \boldsymbol{C}\hat{\boldsymbol{x}}(k \mid k-1)] \\ \boldsymbol{P}(k \mid k) = [\boldsymbol{I} - \boldsymbol{G}(k)\boldsymbol{C}] \cdot \boldsymbol{P}(k \mid k-1)\end{cases} \tag{5-33}$$

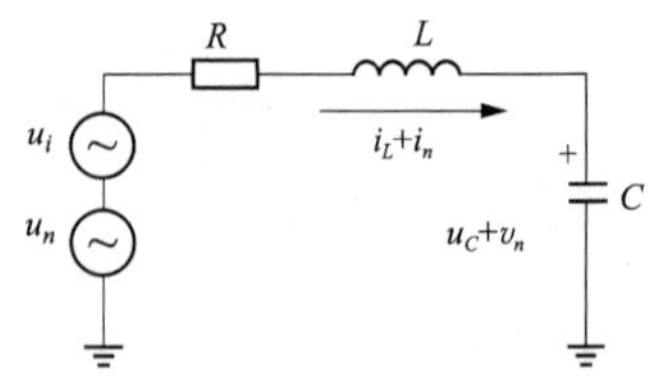

图 5-20　二阶系统的电路等效模型

【例 5-2】 图 5-20 给出了一个线性系统的电路等效模型，它可以采用二阶 R-L-C 电路来等效，其中 $R=2\Omega$，$L=0.5\mathrm{H}$，$C=0.02\mathrm{F}$。假设该系统输入激励源 $u(t)$ 为单位阶跃信号，但是其中包含噪声信号 $u_n(t)$。系统的电感电流 $i_L(t)$ 和电容电压 $u_C(t)$ 构成了被观测的对象，但是测量系统包含噪声，$i_L(t)$ 的测量电路包含噪声 $i_n(t)$，而 $u_C(t)$ 的测量电路包含噪声 $V_n(t)$。已知输入噪声 $u_n(t)$ 为零均值的白噪声，且其方差 $Q=0.01(\mathrm{V}^2)$。电压观测噪声 $v_n(t)$ 的方差 $\sigma_1{}^2=0.01(\mathrm{V}^2)$。电流观测噪声 $i_n(t)$ 的方差 $\sigma_2{}^2=0.001(\mathrm{A}^2)$。利用卡尔曼滤波器对被噪声淹没的系统的状态变量进行估计。

首先，根据图 5-20 给出的电路，可以得到系统的状态方程为

$$\frac{\mathrm{d}}{\mathrm{d}t}\begin{bmatrix}u_C(t)\\ i_L(t)\end{bmatrix}=\begin{bmatrix}0 & \dfrac{1}{C}\\ -\dfrac{1}{L} & -\dfrac{L}{R}\end{bmatrix}\cdot\begin{bmatrix}u_C(t)\\ i_L(t)\end{bmatrix}+\begin{bmatrix}0\\ \dfrac{1}{L}\end{bmatrix}[u_i(t)+u_n(t)]$$

为了应用卡尔曼滤波器，需要对该方程进行精确离散化，这需要先求出系统的状态转移矩阵 $\boldsymbol{\Phi}(t)$ 和输入矩阵 $\boldsymbol{H}(t)$：

$$\boldsymbol{A}_C=\begin{bmatrix}0 & \dfrac{1}{C}\\ -\dfrac{1}{L} & -\dfrac{L}{R}\end{bmatrix}\Rightarrow\boldsymbol{\Phi}(t)=L^{-1}[(s\cdot\boldsymbol{I}-\boldsymbol{A}_C)^{-1}]=L^{-1}\begin{bmatrix}\dfrac{LCs+RC}{LCs^2+RCs+1} & \dfrac{L}{LCs^2+RCs+1}\\ -\dfrac{C}{LCs^2+RCs+1} & \dfrac{LCs}{LCs^2+RCs+1}\end{bmatrix}$$

$$\boldsymbol{B}_C=\begin{bmatrix}0\\ \dfrac{1}{L}\end{bmatrix}\Rightarrow\boldsymbol{H}(t)=\int_0^T\boldsymbol{\Phi}(t)\mathrm{d}t\cdot\boldsymbol{B}_C=\int_0^T\begin{bmatrix}\dfrac{LCt+RC}{LCt^2+RCt+1} & \dfrac{L}{LCt^2+RCt+1}\\ -\dfrac{C}{LCt^2+RCt+1} & \dfrac{LCt}{LCt^2+RCt+1}\end{bmatrix}\mathrm{d}t\cdot\begin{bmatrix}0\\ \dfrac{1}{L}\end{bmatrix}$$

假设按照采样周期 $T=0.001\mathrm{s}$ 对系统采样，并载入 R、L 和 C 的具体数值，可以得到状态转移矩阵 $\boldsymbol{\Phi}(T)=\begin{bmatrix}1 & 0.0499\\ -0.002 & 0.996\end{bmatrix}$，输入矩阵 $\boldsymbol{H}(T)=\begin{bmatrix}0\\ 0.002\end{bmatrix}$。这样，图 5-20 中的系统的精确离散化状态方程为

$$\begin{cases}\boldsymbol{X}(k)=\boldsymbol{\Phi}(T)\cdot\boldsymbol{X}(k-1)+\boldsymbol{H}(T)\cdot u_{\mathrm{i}}(k-1)+\boldsymbol{H}(T)\cdot u_n(k-1)\\ \boldsymbol{X}(k)=[u_C(k)\quad i_L(k)]^{\mathrm{T}}\end{cases}\tag{5-34}$$

比较式（5-34）和式（5-32）给出的状态方程，可以得到与式（5-33）卡尔曼滤波器的递推公式中对应的矩阵关系：

$$\boldsymbol{A}=\boldsymbol{\Phi}(T)=\begin{bmatrix}1 & 0.0499\\ -0.002 & 0.996\end{bmatrix},\quad\boldsymbol{B}=\boldsymbol{H}(T)=\begin{bmatrix}0\\ 0.002\end{bmatrix},\quad\boldsymbol{\Gamma}=\boldsymbol{H}(T)=\begin{bmatrix}0\\ 0.002\end{bmatrix}$$

$$\boldsymbol{C}=\begin{bmatrix}1\\ 1\end{bmatrix},\quad\boldsymbol{R}=\mathrm{Var}\begin{bmatrix}v_n(k)\\ i_L(k)\end{bmatrix}=\begin{bmatrix}\sigma_1 & 2\\ \sigma_2 & 2\end{bmatrix}=\begin{bmatrix}0.01\\ 0.001\end{bmatrix},\quad\boldsymbol{Q}=0.01$$

选择状态初值估计值 $\hat{\boldsymbol{X}}(0\mid0)=\begin{bmatrix}0\\ 0\end{bmatrix}$，初值协方差矩阵 $\boldsymbol{P}(0\mid0)=\begin{bmatrix}\sigma_1^2 & 0\\ 0 & \sigma_2^2\end{bmatrix}=\begin{bmatrix}0.01 & 0\\ 0 & 0.001\end{bmatrix}$，则根据式（5-33）可以递推得到每个采样时刻的状态估计值，它们在图 5-21 中被绘制成曲线。其中，图 5-21（a）给出了受到控制输入噪声和观测噪声影响的电压 $u_C(t)$ 的实际测量波形及经过卡尔曼滤波后的波形。图 5-21（b）给出了电流 $i_L(t)$ 的实测和滤波后的波形，可以看到卡尔曼滤波器对噪声具有显著的抑制作用，被估计的状态变量随着递推次数与期望值逐渐逼近，而它们之间的误差（用方差表示）曲线在图 5-21（c）和（d）中被给出。

简单卡尔曼滤波器是建立在线性系统基础上的，当然对于非线性系统，可以采用扩展卡尔曼滤波器。这种方法的思想是在得到先验状态估计值时，对系统的方程进行泰勒级数展开，进行线性化近似。在预测步骤中，对观测方程在相应的预测位置也进行线性泰勒级数近似。另外，卡尔曼滤波器也可以应用于参数随时间变化的线性时变系统中。只要在利用式（5-33）进行递推时，每一步都更新参数矩阵 $\boldsymbol{A}$、$\boldsymbol{B}$ 和 $\boldsymbol{C}$ 即可。卡尔曼滤波器的缺点主要

是需要建立准确的系统模型，在模型参数不准确的情况下，估计值将严重偏离真值，甚至导致整个计算过程发散。

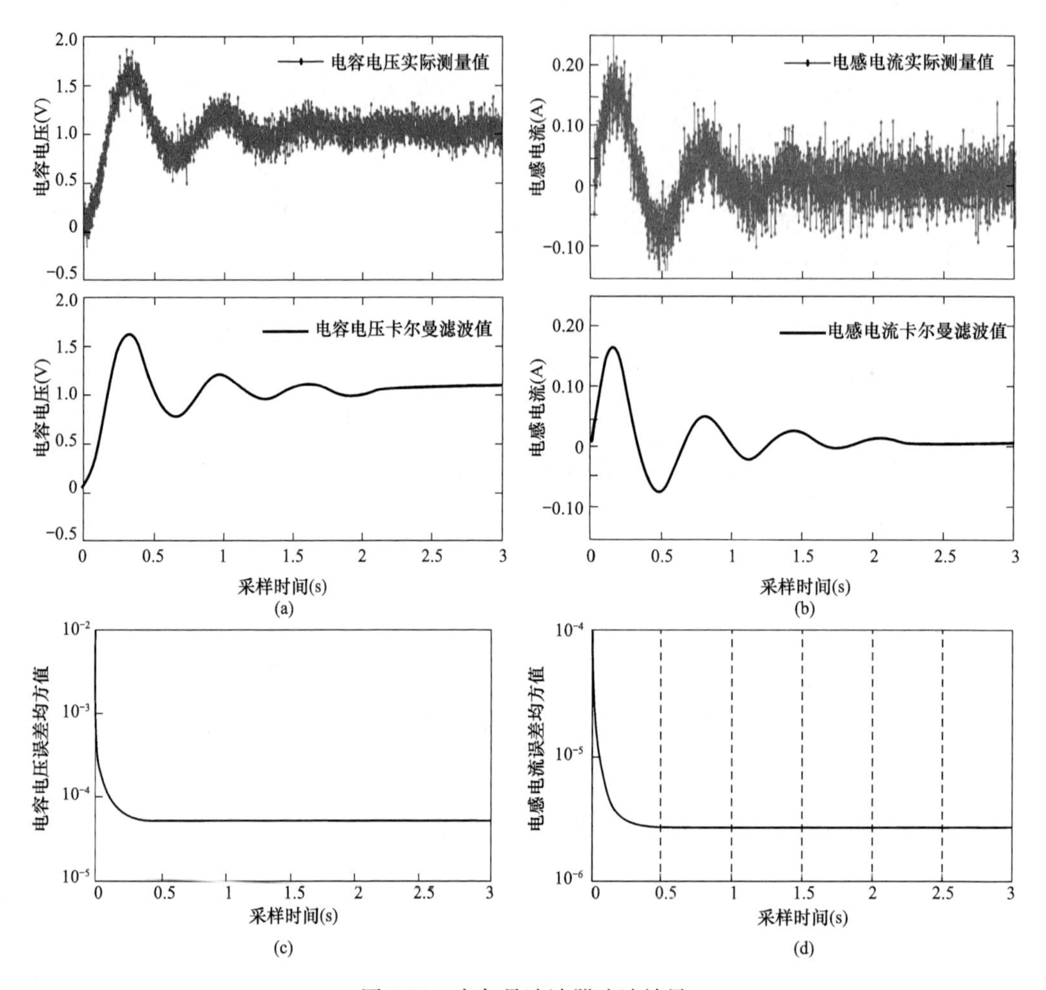

图 5-21　卡尔曼滤波器滤波效果

(a) 电容电压比较；(b) 电感电流比较；(c) 电容电压估计误差；(d) 电感电流估计误差

第 6 章　DAC 和 ADC 的原理

智能仪器前向通道的最后一个环节是 ADC，它对输入的模拟信号进行采样和量化，转换为二进制的数字量，数字量则能够被通用或专用微处理器进行读取、计算、变换、存储和传输。DAC 是 ADC 的逆过程，其作用是将二进制的数字量转换为模拟电压输出，DAC 还是构成多种 ADC 的基础。本章首先简单介绍信号采样及离散系统的理论基础，然后对各种不同结构的 DAC 和 ADC 的构成原理及特点进行讨论，最后对其理想和非理想传输特性进行阐述。

6.1　信号的采样和量化的基本理论

6.1.1　离散系统的特征

模拟系统是一个连续的系统，通过采样装置进行等间隔采样可得到由离散的采样点构成的序列。当满足奈奎斯特采样定理时，该离散序列可以反映模拟系统的特征。奈奎斯特采样定理要求被采样的模拟信号的最高频率分量必须低于采样频率的一半，否则会产生频谱混叠。设具有有限能量的连续信号 $x(t)$ 的傅里叶频谱为 $X(\omega)$，则：

$$X(\omega)=\int_{-\infty}^{\infty}x(t)\mathrm{e}^{-\mathrm{j}\omega t}\mathrm{d}t \tag{6-1}$$

上述频谱计算公式称为信号的连续时间傅里叶变换（Continuous Tirne Fourier Transform，CTFT）。采样周期为 T_{s}的理想采样器可以用狄拉克函数 $\delta(t)$ 来建模，它是一个抽样脉冲的时间序列，可表示为

$$\delta_{\mathrm{n}}(t)=\sum_{n=-\infty}^{\infty}\delta(t-nT_{\mathrm{s}}) \tag{6-2}$$

$\delta_{\mathrm{n}}(t)$ 是时间离散的周期信号，因此无法对其进行傅里叶变换，但是可以采用傅里叶级数来获得其频谱［也称离散傅里叶级数（Discrete, Fourier, Series，DFS)］：

$$F(\omega)=\frac{2\pi}{T_{\mathrm{s}}}\sum_{n=-\infty}^{\infty}\delta(\omega-n\omega_{\mathrm{s}}),\quad \omega_{\mathrm{s}}=\frac{2\pi}{T_{\mathrm{s}}} \tag{6-3}$$

可见，$F(\omega)$ 也是一个周期函数，且是由狄拉克函数组合成的离散冲击序列，其频谱的重复周期为 ω_{s}。当利用 $\delta_{\mathrm{n}}(t)$ 对信号 $x(t)$ 进行采样时，可得到采样信号：

$$x_{\mathrm{n}}(t)=x(t)\delta_{\mathrm{n}}(t)=\sum_{n=-\infty}^{\infty}x(nT_{\mathrm{s}})\delta(t-nT_{\mathrm{s}}) \tag{6-4}$$

若对它进行傅里叶变换，由于时域信号相乘等于其频谱的卷积，因此可得到其频谱：

$$X_{\mathrm{n}}(\omega)=\frac{1}{2\pi}[X(\omega)*F(\omega)]=\frac{1}{T_{\mathrm{s}}}X(\omega)*\sum_{n=-\infty}^{\infty}\delta(\omega-n\omega_{\mathrm{s}})=\frac{1}{T_{\mathrm{s}}}X(\omega-n\omega_{\mathrm{s}}) \tag{6-5}$$

$x_{\mathrm{n}}(t)$ 是一个时间上离散的非周期信号，因此该傅里叶变换称为离散时间傅里叶变换（Discrete Time Fourier Transform，DTFT)。$x_{\mathrm{n}}(t)$ 可以写成一个一般离散序列 $x[n]$，由式

(6-1) 和式 (6-5) 可推导出 $x[n]$ 的 DTFT 计算公式:

$$X_n(\omega)=\sum_{n=-\infty}^{\infty}x[n]\mathrm{e}^{-\mathrm{j}\omega n} \tag{6-6}$$

而反变换 (Inverse Discrete Time Fourier Transform, IDTFT) 为

$$x[n]=\frac{1}{2\pi}\int_{0}^{2\pi}X_n(\omega)\mathrm{e}^{\mathrm{j}\omega n} \tag{6-7}$$

图 6-1 给出了采样信号 $x_n(t)$ 的 DTFT 的原理。对一个有限带宽为 B 的信号 $x(t)$ 进行采样，在频域内等于把 $x(t)$ 的频谱 $X(\omega)$ (通过 CTFT 得到的结果) 平移到理想采样器的离散冲击频谱的每条谱线上，形成一个具有周期重复性 (重复周期为采样频率 ω_s) 的频谱图，这意味着信号 $x(t)$ 被调制到了采样频率及其整数倍的高次谐波上。奈奎斯特采样定理的物理意义能够从该周期频谱图上被说明，如图 6-1 所示，如果信号的带宽 B 超过奈奎斯特频率 ($\omega_s/2$) 就会产生频谱的交叠，这就是频谱混叠的原理。当发生频谱混叠时，信号的高频分量会反射到低频区域，造成原始信号$x(t)$的信息丢失，无法被恢复。在时域中，频谱混叠现象可以通过眼睛观察一个转动的车轮来得到直观解释。在车速比较低时，我们看到的车轮是正常向前旋转的；但是，当速度达到和眼睛的反应速度相等时，会发现车轮是静止不动的；然而，当车速更高时，观察到的车轮会发生倒转。从信号的采样角度也很容易解释发生频谱混叠时为什么会有高频分量变成低频信号。对于一个周期为 T_s的理想正弦信号，如果采样周期也是 T_s，那么采样得到的序列是一个直流序列。为了保证不发生频谱混叠，需要对输入信号的带宽 B 进行限制，使其满足奈奎斯特采样定理。因此在进入采样器之前需要连接一个模拟低通滤波器，该滤波器称为抗混叠滤波器。

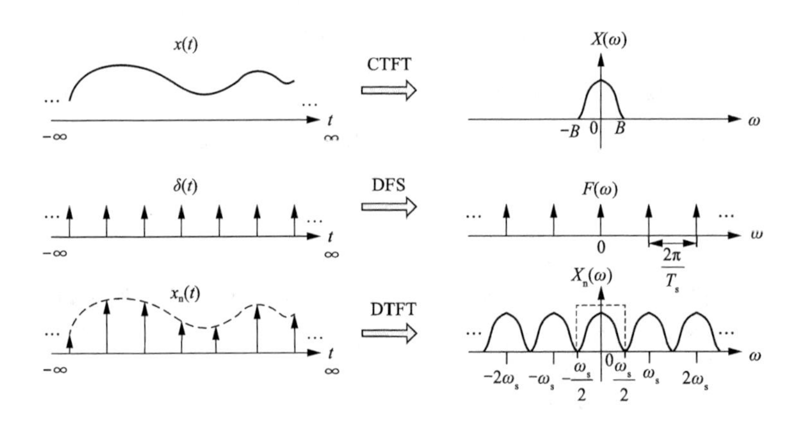

图 6-1 采样信号的 DTFT 原理

图 6-1 表明一个被采样的离散信号 $x_n(t)$ 的频谱是周期重复的，那么原始信号 $x(t)$ 的信息可以由频带处于$-\omega_s/2\sim\omega_s/2$ 的分量 (称为主带频率) 来携带，也可以从任何中心频率为采样频率及其整数倍频，宽度为 ω_s的分量 (称为旁带频率) 来携带。图 6-2 给出了一个原始信号经过采样后被主带低通滤波器和旁带带通滤波器过滤后的结果。图 6-2 (a) 给出了采样和滤波原理框图，图 6-2 (b) 给出了实例波形。从图 6-2 中可以看到，采样信号 u_s经过主带低通滤波器后可以恢复出原始信号，而经过带通滤波器处理后得到的是一个调幅波，它的包络线也反映了原始信号的特征，因此可以通过检波器被恢复出来。

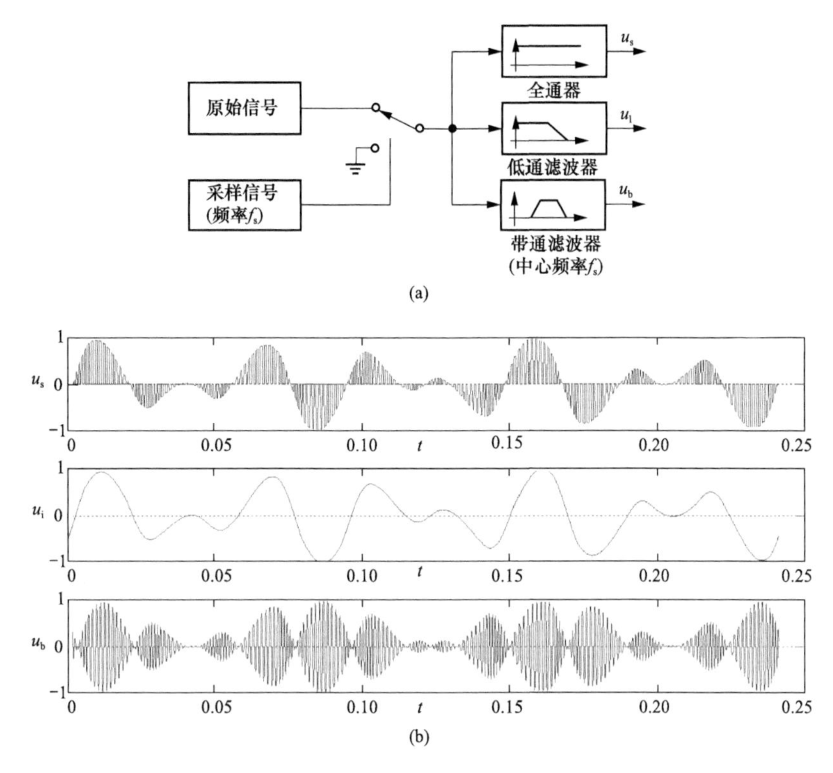

图 6-2　采样信号的主带滤波和旁带滤波

(a) 滤波原理；(b) 滤波结果

采样得到的信号进一步被 ADC 量化，得到的数字序列被微处理器读入并计算出其特征量，相关计算方法就是各种 DSP 算法，这些算法往往建立在离散系统的模型和相关特性上。与连续系统采用微分方程和传递函数来表示系统的输入/输出特性类似，离散系统通过差分方程和 z 变换来建模和描述。

对于一个连续系统，其时域冲击响应为 $h(t)$，通过拉氏变换可以得到其在复频域的传递函数 $H(s)$：

$$H(s)=\int_{-\infty}^{\infty}h(t)\mathrm{e}^{-st}\mathrm{d}t,\quad s=a+\mathrm{j}\omega \tag{6-8}$$

若对 $h(t)$ 进行采样，并对采样后的信号进行拉氏变换，其传递函数表达式为

$$H_n(s)=\int_{-\infty}^{\infty}h(nT_s)\delta(t-nT_s)\mathrm{e}^{-st}\mathrm{d}t=\sum_{n=-\infty}^{\infty}h(nT_s)\mathrm{e}^{-snT_s},\quad s=\sigma+\mathrm{j}\omega \tag{6-9}$$

令 $z=\mathrm{e}^{sT_s}$，得到 z 变换方程：

$$H(z)=\sum_{n=-\infty}^{\infty}h(n)z^{-n} \tag{6-10}$$

可见，离散系统的 z 变换与拉氏变换及傅里叶变换（DTFT）之间存在对应关系，其取决于两个复频域 s 平面与 z 平面之间的映射。若以极坐标形式表示 z 平面，那么可以得到：$z=\mathrm{e}^{sT_s}=\mathrm{e}^{\sigma T_s}\mathrm{e}^{\mathrm{j}\omega T_s}=r\mathrm{e}^{\mathrm{j}\theta}$，因此以幅值和相角表示的映射关系为

$$\begin{cases}r=\mathrm{e}^{\sigma T_s}\\ \theta=\omega T_s=2\pi\dfrac{\omega}{\omega_s}\end{cases} \tag{6-11}$$

图 6-3(a) 给出了 $H(s)$ 的一对左半平面的共轭极点在 z 平面的位置，它们被映射到 $H(z)$的单位圆内；图 6-3(b) 则给出了 s 平面不同区域与 z 平面的对应关系。对离散系统进行 z 变换的主要目的与连续系统的传递函数描述是类似的，对于一个输入序列 $x[n]$，当它通过一个脉冲响应为 $h(t)$ 的线性系统时，其输出响应为离散序列 $y[n]$，则可以得到下列信号传递公式：

$$\begin{cases} y[n] = x[n] * h[n] \\ Y(z) = X(z)H(z) \end{cases} \tag{6-12}$$

式中，$X(z)$、$Y(z)$ 和 $H(z)$ 分别为 $x[n]$、$y[n]$ 和 $h[n]$ 的 z 变换。

$H(z)$ 描述了线性系统的固有特性；如果其所有的极点都位于单位圆内，则系统是稳定的；如果位于单位圆上，则系统是等幅振荡的；如果位于单位圆外，则系统是发散的。

对于式（6-9）给出的拉氏变换，如果选择 $\sigma=0$，则等价于式（6-6）的 DTFT。这意味着如果对离散信号沿着 s 平面的虚轴进行积分变换，即对应沿着 z 平面的单位圆进行 z 变换，此过程即对离散信号进行 DTFT。另外，在 s 平面上如果以采样频率 ω_s 为间隔划分许多平行子区域（子带），其中 $-\omega_s/2 \leqslant \omega \leqslant \omega_s/2$ 称主带，其他区域称为旁带。由于 z 变换的相角 θ 每隔 ω_s 旋转一圈，因此 s 平面的主带映射为整个 z 平面，而其他旁带也都重叠映射到 z 平面上。特别是，当沿着 z 平面的单位圆对序列进行 z 变换时，其变换结果是周期性重复的。由前文可知，离散序列的 DTFT 频谱是以采样频率 ω_s 为重复周期的周期函数，因此两者是对应的。图 6-3（c）和图 6-3（d）则分别给出了 s 平面主瓣映射和旁瓣印射。

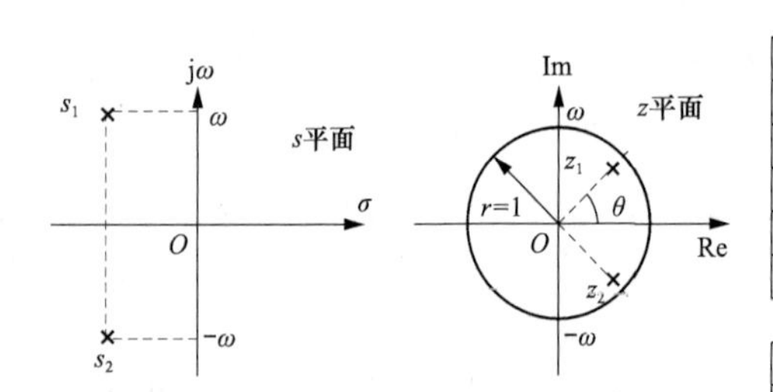

(a)

(1)幅值映射

s平面	s=σ+jω	z平面	z=r∠θ
σ=0	虚轴	r=1	单位圆
σ<0	左半平面	r<1	单位圆内
σ>0	右半平面	r>1	单位圆外
σ=−∞	左半平面无穷远处	r=0	圆心位置
σ=+∞	右半平面无穷远处	r=∞	单位圆外无穷远处

(2)相角映射

ω	−∞…	−2ωs	−ωs	−ωs/2	0	+ωs/2	+ωs	+2ωs	…−∞
θ	+∞…	−4π	−2π	−π	0	π	2π	4π	…+∞

(b)

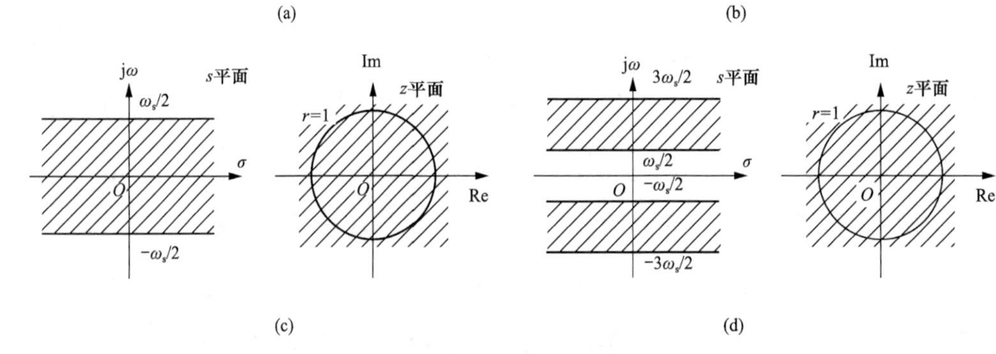

(c) (d)

图 6-3　s 平面与 z 平面的映射关系

（a）s 平面与 z 平面的极点关系；（b）s 平面与 z 平面的幅值和相角映射关系；（c）s 平面主带映射；（d）s 平面的旁带映射

图 6-4 给出了在 s 平面上的不同曲线在 z 平面上的映射实例。其中，在图 6-4（a）中，平行于虚轴且位于左半平面的曲线被映射为 z 平面的位于单位圆内的同心圆；而在

图 6-4（b）中，在 s 平面上的射线则被映射为 z 平面上的阻尼比线。

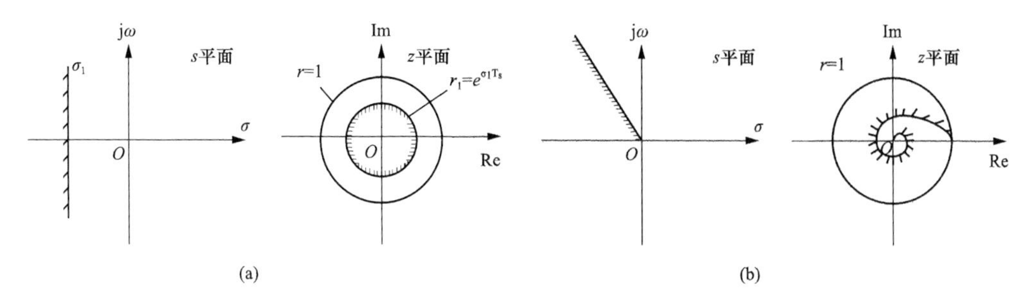

图 6-4　s 平面的曲线到 z 平面的映射实例
（a）曲线映射 1；（b）曲线映射 2

6.1.2　模拟信号的量化噪声

ADC 把连续的模拟信号转换为离散的数字量，即分别在时间和幅值上对连续的模拟输入信号进行量化。时间上的量化由采样保持电路（Sample Hold Devices，SHA）来实现，幅度上的量化则由比较器电路来完成，而比较器可等效为过零点产生（Zero Generate，ZG）和过零点检测（Zero Detect，ZD）两个过程，这样 ADC 的通用结构可用图 6-5 来表示。

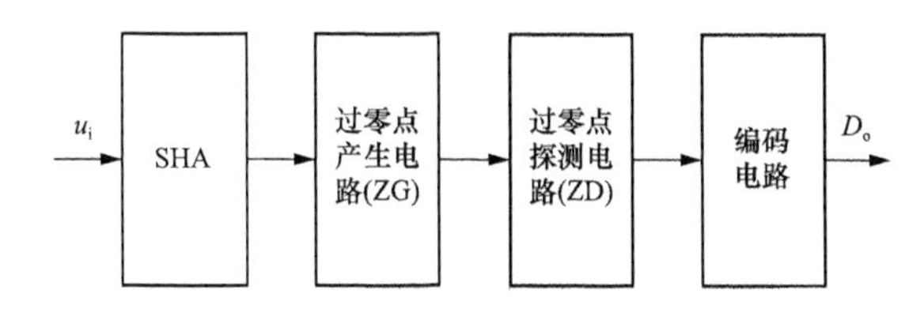

图 6-5　ADC 的通用结构

需要指出的是，实际应用中采样保持电路可以放置在任何需要的地方。SHA、ZG 和 ZD 的不同组合决定了 ADC 的不同结构。目前，在高速数字测量仪器、通信和雷达等领域都需要高速和高精度 ADC，因此如何尽可能提高 ADC 的速度和精度是当前的研究热点。

对模拟电压进行幅值量化是 ADC 的主要功能。图 6-6 给出了模拟电压 u_i 与量化值 D_o 之间的传递关系，包括两种量化方式：图 6-6（a）给出的是截断法，而图 6-6（b）给出的是舍入法。图 6-6 中数字量 D_o 的位数 $n=3$，n 称为 ADC 的分辨率。FSR（Full Scale Range，全量程电压）为数字量从 000～111 全范围变化时对应的 ADC 输入模拟电压范围。$Q=\mathrm{FSR}/2^n=1\mathrm{LSB}$ 为量化电平（或称为 1 个 LSB 电压），即最低有效位（Least Significant Bit，LSB）产生变化时所对应的模拟电压的变化。既然 ADC 的分辨率 n 总是有限的，因此即使在理想情况下，数字量所对应的模拟电压与真实电压之间也存在误差 e，该误差称为量化误差。

量化误差是一个随机量，并且在 $-Q$～0 的范围（截断法）或 $-Q/2$～$+Q/2$ 的范围（舍入法）内呈现均匀分布，它常被等效为电噪声，因此也称量化噪声。图 6-6 分别给出了两种量化模式下量化噪声的期望均值 $\bar{e}$ 和方差 σ_e^2。这表明，即使输入 ADC 的模拟信号是没有噪声的理想信号，但是经过量化后，也相当于在输入信号的频带范围内，即奈奎斯特频率

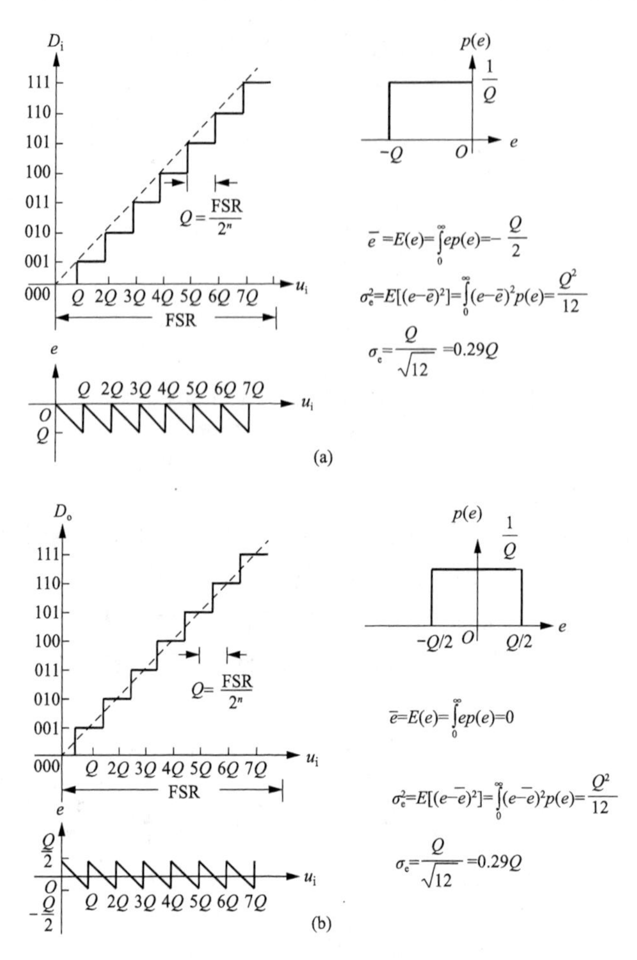

图 6-6 ADC 和 DAC 的量化误差和量化噪声

(a) 截断法；(b) 舍入法

$(f_s/2)$ 内添加了量化噪声。量化噪声的有效值等于 $\sigma_e = \text{FSR}/(2^n\sqrt{12})$，可见提高分辨率 n 的大小，或者降低 FSR 都能降低量化噪声的大小。令 ADC 的 FSR=1V，并假设 ADC 模拟输入电压为满幅的归一化正弦电压，即 $u_i = 1/2\sin(\omega t+\theta)$，那么可以计算模拟信号（有效值 $\sigma_x = 1/\sqrt{8}$）与量化噪声之间的信噪比：

$$\text{SNR}_{\text{dB}} = 10\lg\frac{\sigma_x^2}{\sigma_e^2} = 10\lg\frac{1/8}{1/(2^{2n}\cdot 12)} = 6.02n + 1.761 \tag{6-13}$$

6.2 DAC 的构成原理

DAC 由开关电路和运算放大器电路构成，用于实现二进制的数字量 D_i 到模拟量 u_o 的转换，其变换关系为 $u_o = \frac{D_i}{2^n}V_{\text{ref}}$，$D_i = 0 \sim 2^n - 1$，$n$ 为 DAC 的分辨率，其量化电平 $1\text{LSB} = V_{\text{ref}}/2^n$。式中，$V_{\text{ref}}$ 为一个电压参考，通常由一个准确度高、电压稳定且低噪声的直流电压源来提供，并且 DAC 的 $\text{FSR} = V_{\text{ref}}$。

6.2.1 基本型 DAC

基本型 DAC 包括加权电阻 DAC、加权电容 DAC 和开关电位测定型 DAC 3 种类型，它们是最基本的 DAC 构成方式。加权电阻 DAC 和加权电容的 DAC 的结构原理如图 6-7（a）和（b）所示（以 $n=3$ 位的 DAC 为例）。其中，图 6-7（a）加权电阻 DAC 为电流求和型 DAC，每个电阻支路的电阻值按照 2 的指数规律分布，而开关用于选择支路电流，运算放大器电路则进行电流求和。图 6-7（b）给出的加权电容 DAC 则是一种电压型 DAC。在初始状态下，把所有的开关都接地，对电容放电。在工作状态下，数字量 b_0-b_2 选择不同的开关导通或关断，这些开关会改变电容的连接结构，使得它们构成针对 V_{ref} 不同比例的动态分压电路［图 6-7（b）中给出了当 $b_2b_1b_0=001$ 时的电容分压结构］。需要注意的是，在该电路中，每当开关 $SW_0 \sim SW_2$ 从接地状态被切换到接通 V_{ref} 时，开关触点电位的变化会引起电容电荷的重新分配，从而实现动态分压。但如果保持开关长时间静止不变，那么电容的泄漏阻抗决定了电容电压。这两种 DAC 的实现方案非常直观，但是缺点是电阻和电容值随着分辨率 n 的升高呈指数规律变化，在 n 比较高时，参数的离散性太大，因此实用性不高。

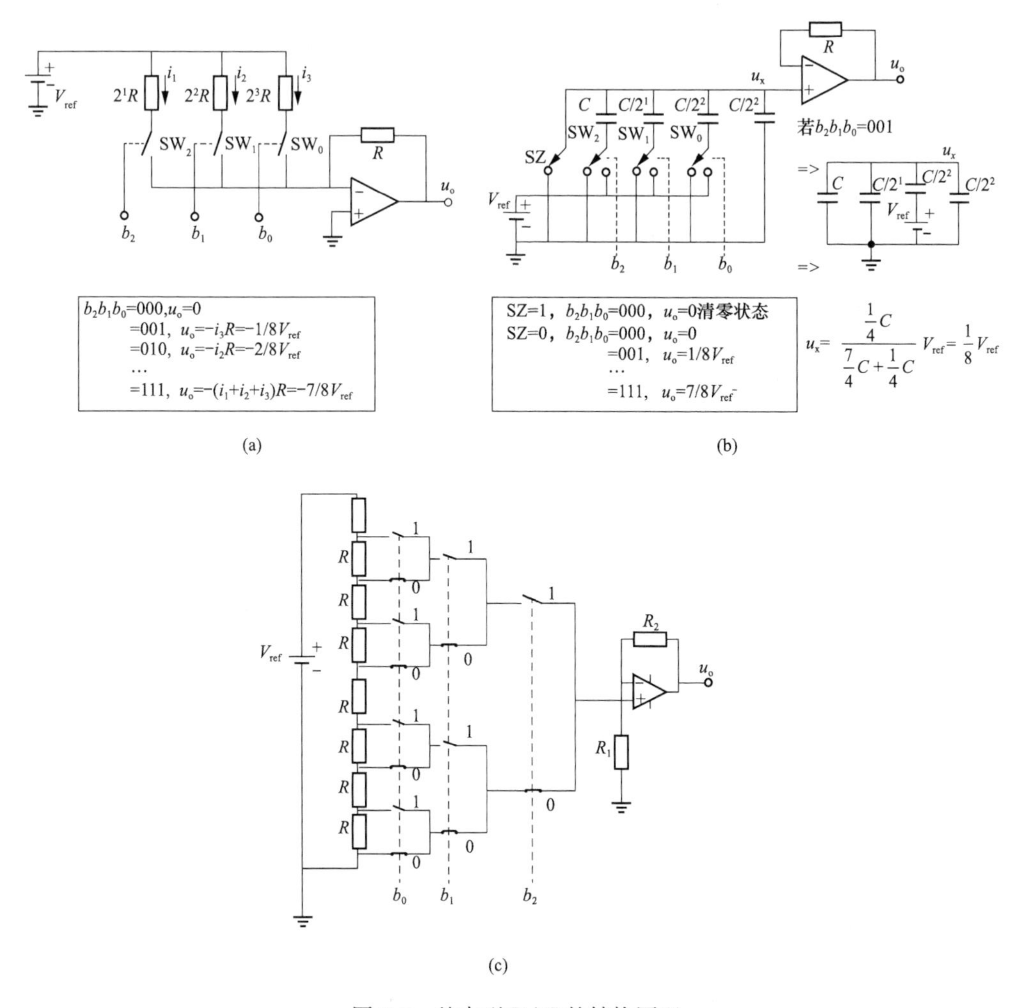

图 6-7 基本型 DAC 的结构原理

（a）加权电阻 DAC；（b）加权电容 DAC；（c）开关电位测定型 DAC

另外一种基本的 DAC——开关电位测定型 DAC 的结构原理如图 6-7（c）所示，同样以分辨率 $n=3$ 为例。基准电压 V_{ref} 通过 8 个相同阻值的电阻构成的分压器可以产生 0、$1/8V_{ref}$、…、$7/8V_{ref}$ 几个线性递增的参考电位，然后通过数字量 $b_2b_1b_0$ 来控制开关阵列（每个数字位都同时控制一对互补的开关）并选择与数字量相对应电位。这种 DAC 的原理非常直观，而且只采用相同的电阻，但是缺点是电阻数和开关数随着分辨率 n 的增加呈指数规律增加，高分辨率 DAC 需要庞大的电阻数和开关阵列。

6.2.2 R-2R 型 DAC

为了改善基本型 DAC 的缺点，一种基于梯形电阻网络的 DAC 被提出来，其原理如图 6-8（a）所示。该电路有几个非常独特的地方：

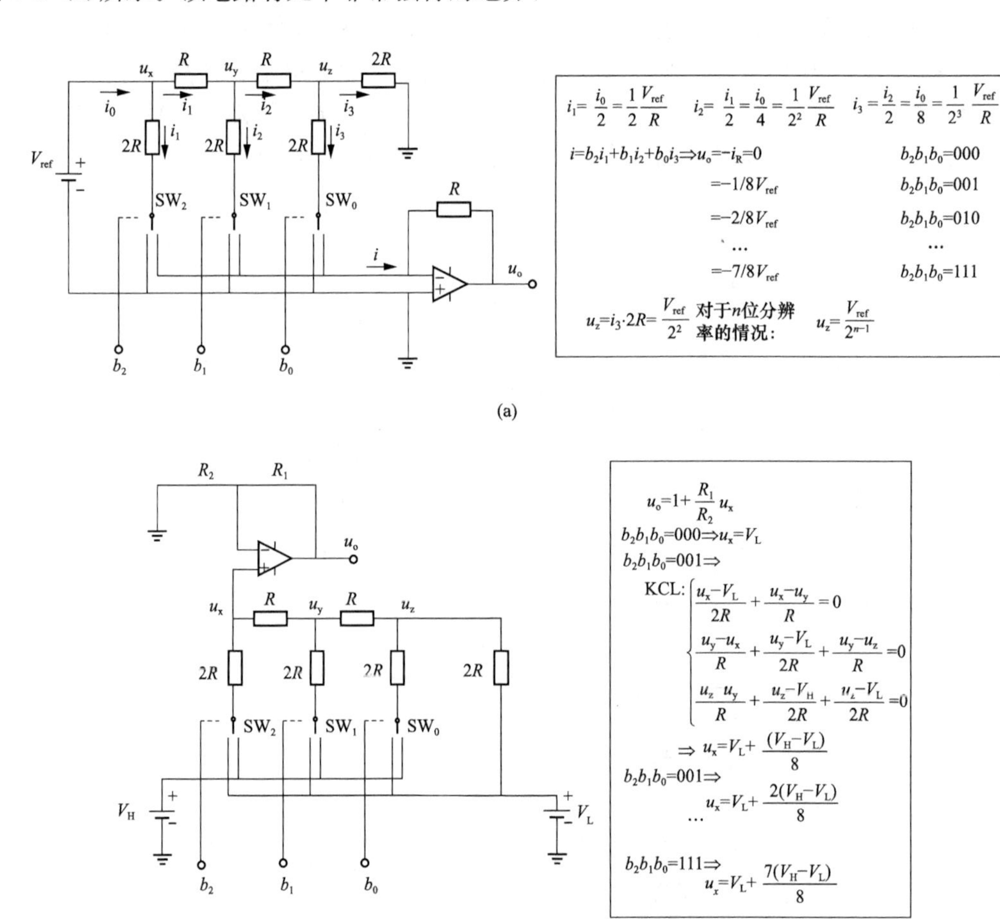

图 6-8 梯形电阻网络 DAC 的结构原理

（a）电流模式 DAC；（b）电压模式 DAC

（1）开关无论切向哪个方向，它的触点都是接地的（“实地”和“虚地”），因此没有寄生电容效应，这样开关动作不会引起电荷变化，也不会造成输出电压的跳变。

（2）整个电阻网络只采用阻值为 R 和 $2R$ 的两种电阻，非常易于制造。

（3）每个并联支路的等效电阻均为 $2R$，使得流过它们的电流被等分。

(4) 流过每个开关的电流按照 1/2 的整数幂形成加权系数，它们通过数字量 $b_2b_1b_0$ 进行选择并相加，通过反馈电阻 R 得到输出电压 u_o。

另外一种利用同相放大器和梯形电阻网络构成的电压型 DAC 结构原理如图 6-8（b）所示。这种 DAC 有两个基准电压 V_H 和 V_L，根据图中节点电压 u_x、u_y 和 u_z 列 KCL 方程（基尔霍夫电流方程），可以计算出 DAC 的输出等于基准 V_L 和一个由数字量 $b_2b_1b_0$ 决定的增量电压之和，该增量电压等于 $D_i \times (V_H - V_L)/2^n$，其中 D_i 为数字量 $b_2b_1b_0$ 代表的十进制数。梯形电阻网络 DAC 的结构简单，电阻参数离散性小，容易实现较高的分辨率，因此应用非常广泛，而限制这种 DAC 分辨率提高的重要因素之一是运算放大器的偏置电流 I_B 和失调电压 V_{OS}，另外则是所有电阻元件之间的匹配程度。

在图 6-8（a）中，节点电压 u_z 的大小随着分辨率 n 的提高指数下降，它对应于 DAC 的 2 倍 LSB 电压。当 u_z 的大小接近或低于运算放大器的失调电压 V_{OS} 后，会引起 DAC 输出不准确甚至不单调的情况，即数字量的增加可能引起输出电压反而降低的情况。对于具有极低偏置电流的 JFET 型运算放大器（如 AD549），其偏置电流仅仅只有 100fA，但是其失调电压 V_{OS} 高达 250μV。这样，当采用 5V 的电压基准时，为了保证单调性，基于 AD549 的 DAC 的分辨率 n 只能达到 15 位（$5\text{V}/2^{15-1}=305\mu\text{V}>250\mu\text{V}$）。对于精密 BJT 型运算放大器，其失调电压比较低，但是偏置电流的影响则会对 DAC 的单调性带来影响。例如，精密运算放大器 OP37A，其失调电压最大值仅 25μV，而偏置电流则达到 40nA（其中失调电流 35nA）。在图 6-8（a）中，基准源提供的电流 i_0 将被每个并联电阻支路分流，因此最后一级的电流 i_3 将下降为 $i_0/2^3$。对于一个 n 位的 DAC，最后一级的电流将等于 $i_0/2^n$。若运算放大器的偏置电流接近或超过该电流，则会引起单调性的问题。假设基准源能提供的电流为 10mA，当考虑偏置电流对单调性的影响时，基于 OP37A 的 DAC 的分辨率可以达到 17 位（$10\text{mA}/2^{17}=76\text{nA}>40\text{nA}$）；而同样考虑失调电压对单调性的影响时，其分辨率能达到 18 位（在 5V 基准下）。可见，此时失调电流的影响将成为主要因素。

6.2.3　复合型 DAC

如果想要获得更高分辨率（$n \geqslant 16$ 位）的 DAC，那么单调性的问题就必须面对，此时可以采用复合型 DAC，其原理如图 6-9 所示。这种 DAC 由两个 DAC 复合而成：一个是开关电位测定型 DAC（图 6-9 中分辨率为 2），另外一个则是 m 位的电压型梯形网络 DAC，两者之间由两个电压跟随器进行隔离。电压型梯形网络 DAC 根据工艺能力设计，选择 m 位的分辨率确保输出电压和数字量之间是单调变化的。开关电位测定型 DAC 的数字量构成整个复合 DAC 的高位，它们将基准电压进行了粗糙的等分，分为 4 个参考电压段；而梯形网络 DAC 的数字量构成 DAC 的低位，它们对每个参考段电压进行 2^m 级精细划分。最后的输出等于粗糙电压与精细电压增量之和，这样就构成一个 $n=m+2$ 位的 DAC。对于该 DAC，精细量化值总是建立在每个单调的参考电压段之上的，因此确保了整个 DAC 是单调的。图 6-9 中的开关 $SW_0 \sim SW_4$ 及 S_1 和 S_2 需要根据数字量的不同进行切换，由于 m 位电压型梯形网络 DAC 对 V_H 和 V_L 之间的电压差进行量化，因此可以减去每个跟随器的失调电压（假设两个运算放大器的失调电压是相同的）。

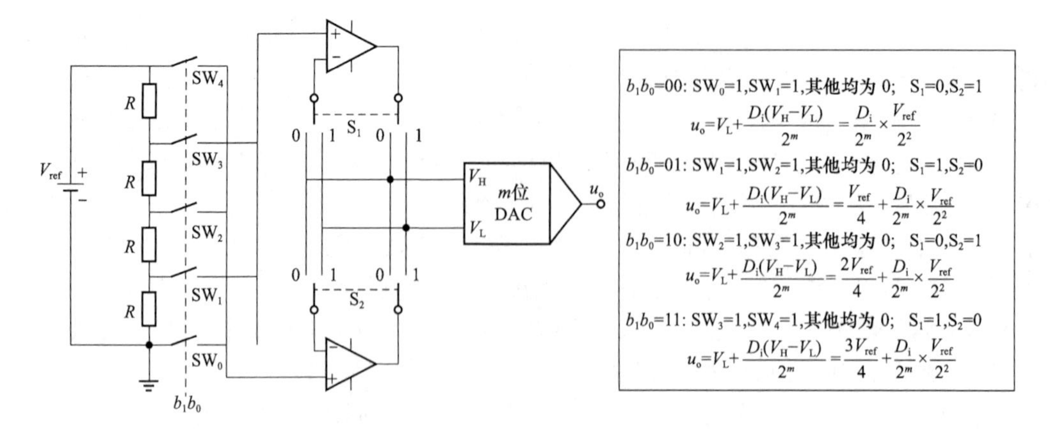

图 6-9 高分辨率复合型 DAC 的原理

6.3 ADC 的构成原理

ADC 是 DAC 的逆过程，但是其构成原理远比 DAC 复杂，很多 ADC 也以 DAC 为结构基础。ADC 对输入模拟量 u_i和参考电压 V_{ref}的比例系数进行二进制的量化，得到 n 位分辨率的数字量 D_o，其变换关系为 $D_o=\frac{u_i}{V_{ref}}2^n$，$D_o=0\sim2^n-1$。同样，其量化电平 1LSB$=V_{ref}/2^n$。ADC 的转换速度和分辨率是两个基本技术指标，根据这两个指标的要求不同，其构成原理也大不一样，本节将介绍几种非常经典的 ADC 的结构。

6.3.1 逐次逼近型 ADC

逐次逼近型 ADC 是一种应用最为广泛的 ADC，其原理如图 6-10 所示。它的核心是一个 n 位分辨率的 DAC、一个比较器（Comparator，CMP）及一个逐次逼近寄存器（Successive Approximation Register，SAR）。在时钟 CLK 的推动下，SAR 中初始数字量的最高位 b_{n-1}被置 1，其余位全部清零。该数字量通过 DAC 后输出电压为 $V_{ref}/2$，然后，输入电压 u_i与它进

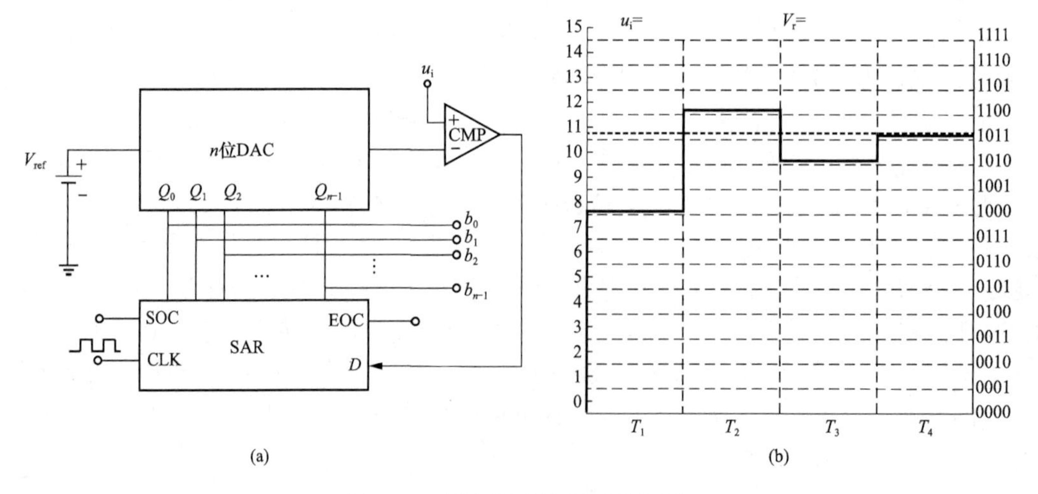

图 6-10 逐次逼近型 ADC 的原理

(a) 结构原理；(b) 4 位逐次逼近过程中 DAC 的输出

行比较。如果 u_i低于 $V_{ref}/2$，则说明最高数字位应该为 0，比较器将控制对该数字位的清零，反之，若 u_i高于 $V_{ref}/2$，说明最高位的 1 是合适的。在完成对最高位的测试后，进行次高位的测试，依此类推，直到所有的数字位都通过 DAC 和比较器来确定，ADC 转换过程结束。逐次逼近型 ADC 具有较快的转换速度，其分辨率 n 由 DAC 的分辨率来决定。

6.3.2　双积分型 ADC

双积分型 ADC 的结构原理如图 6-11（a）所示，它的核心是一个模拟积分器、计数器和一个比较器。ADC 的分辨率由计数器的位数来决定，它的工作时序如图 6-11（b）所示。

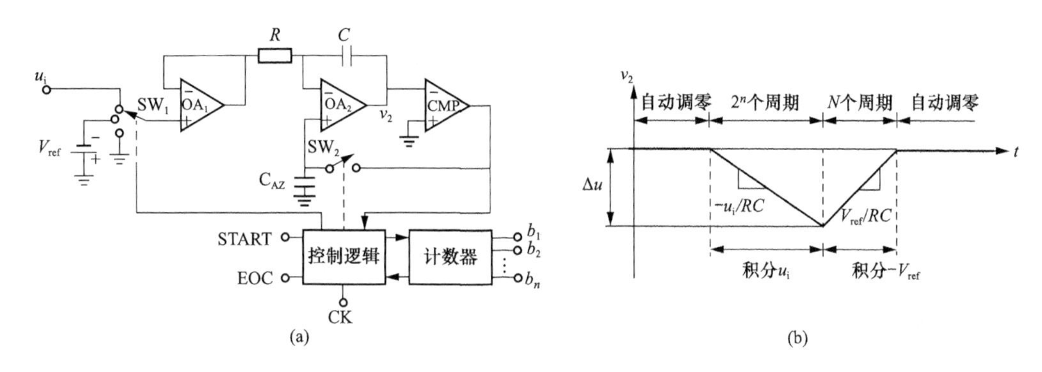

图 6-11　双积分型 ADC 的结构原理

（a）结构原理；（b）工作时序

在自动调零阶段，SW_1 开关与“地”接通，SW_2 开关闭合，积分器（OA2）、CMP 通过 SW_2 形成一个负反馈闭环。这样，积分器的输入被清零，而其输出则由于连接到 CMP 的反相端而被钳位到“地”电位（这是由于 CMP 在负反馈应用中等同于一个普通运算放大器，根据“虚短”特性，其反相端与同相端等电位，故为“地”电位）。既然积分器的输入和输出皆为零，因此积分电容 C 被放电到零。理想情况下，电容 C_{AZ}上的电压被清零，但是考虑到运算放大器和 CMP 都存在失调电压，实际上 C_{AZ}上将会累积电荷，它的电压等于所有失调电压之和，因此 C_{AZ}称为自动调零电容。第二个阶段，开关 SW_2 断开，而 SW_1 切向输入电压 u_i，积分器开始负向积分，同时计数器也开始计数。当计数器的值从零累加到向上溢出后（经过 2^n个时钟周期），积分电容的电压升高 Δu，ADC 进入第三个阶段。在第三个阶段，开关 SW_2 维持断开，开关 SW_1 则切向负基准 $-V_{ref}$，积分器开始正向积分，积分电容放电，积分器的输出电压下降，在此期间，计数器对此过程进行计数。当积分器的电压下降到零点时，比较器翻转，停止计数器，此时计数器记录了 N 个时钟周期。根据图 6-11（b）给出的几何关系，可以得到 $u_i=N/2^n\times V_{ref}$，即计数值 N 就是与 u_i相对应的数字量。

双积分型 ADC 的主要特点是时间分辨率决定了 ADC 的分辨率，因此精度很高。另外，由于积分作用对于噪声具有很好的抑制能力，因此这种 ADC 的抗噪性能很强。主要缺点是受到积分时间常数的影响，转换速率比较低，输入侧甚至去掉了采样保持器，因此适合对缓慢变化的信号进行转换。

6.3.3　过采样技术和∑-Δ 型 ADC

由于存在电路噪声，即使是平稳的直流信号输入 ADC，当 ADC 的分辨率 n 达到一定程度，使得量化电平（1 个 LSB 电压）低于噪声的幅值时，其输出的数字量也将会随噪声产生随机变化。在此情况下，继续提高 ADC 的分辨率似乎对于测量精度的提高已经没有太大的意义，这是一般对 ADC 的认识。但是，这实际上是一个误区。众所周知，在微弱信号测量或精密测量中，往往是通过对原始信号采集足够多的样本，尽管这些样本的每一个都包含随机噪声的影响，但是通过计算它们的平均值，可以降低噪声的影响，获得更为准确的测量值。过采样技术也是通过这种方法来提高 ADC 的等效分辨率的。在很多应用中，由于被转换的模拟信号的频率相对于 ADC 的最高转换速度并不高，因此可以通过提高采样频率来获得许多数字量样本，然后通过数字滤波器来削弱量化噪声的影响，进而得到更高的分辨率，这种方法称为过采样 ADC 技术。

图 6-12（a）给出了过采样 ADC 的结构框图，图中输入模拟信号 u_i被添加随机噪声 u_n后输入低分辨率的 ADC，然后经过 k 倍的过采样（采样频率 kf_s）和数字滤波，对滤波后的序列进行抽取，还原成采样频率为 f_s的序列。在经过数字滤波后，数字量的等效分辨率被提高了。这里需要指出的是，如果没有随机噪声 u_n，那么 ADC 输出的数字量是不变的，过采样技术并不会提高 ADC 的等效分辨率。图 6-12（b）给出了传统 ADC 和过采样 ADC 的量化噪声分布，可见由于量化噪声的总功率不变，过采样将噪声的频带扩大了 k 倍，因此其噪声功率谱密度 e_q下降了$\sqrt{k}$倍。如果选择过采样倍数 $k=2^m$（m 为正整数），则等效分辨率提高 $m/2$ 位，即过采样 4 倍可以将等效分辨率提高 1 位［图 6-12（c）］。

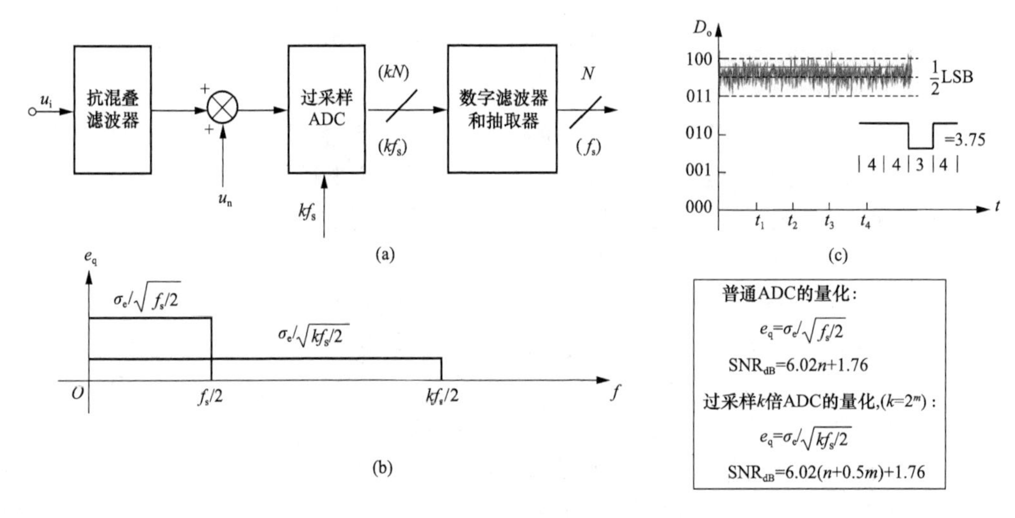

图 6-12　过采样 ADC 的原理

（a）结构框图；（b）噪声功率谱密度分布；（c）4 倍过采样提高分辨率实例

图 6-12 给出的是利用电路白噪声和过采样技术来提高分辨率的实例，这种方法需要较高的过采样倍率才能获得有限的分辨率的提高。如果能够采用某种噪声成形技术（或称为Σ-Δ调制器），那么可以在同样的过采样倍率下获得更高的等效分辨率，这种 ADC 称为Σ-Δ 型 ADC。最基本的 1 位Σ-Δ 型 ADC 的原理如图 6-13 所示，大小处于 0～V_{ref}的输入模拟信号 u_i与一个 1 位分辨率的 DAC 输出电压 u_d进行比较（1 位分辨率的 DAC，其量化输出电压 u_d仅有 0 和 V_{ref}两个值），其偏差即量化误差。量化误差通过积分器积分后，与一个过零比较器进行比较，比较器的输出逻辑电平经过一个固定频率采样时钟 CK 触发的 D 触发器保存后调整 DAC 的输出，使其在相邻的两个量化电平之间切换（0 和 V_{ref}之间）。若积分器当前输出大于零，则比较器输出为逻辑 1，DAC 输出将被切换为 V_{ref}，这会导致量化误差为负，积分器向

负方向积分，直到穿越零点，比较器输出变为逻辑 0；反之，若积分器当前输出小于零，则比较器输出为逻辑 0，DAC 输出将被切换为 0，积分器向正方向积分，同样会产生零点穿越。这样，如果 u_i 的大小比较接近 0V，那么比较器输出为低电平的时间比较长，而高电平的时间短。如果 u_i 的大小比较接近 V_{ref}，那么比较器输出高电平时间长，低电平时间短。对比较器输出的位流进行采样，并进行数字平均值滤波，那么得到的数字量（平均值）即为 u_i 对应的更准确的数字量。采用噪声成形的Σ-Δ 型 ADC 过采样 k 倍（$k=2^m$），分辨率可以提高 1.5m 位，即过采样 4 倍可以将等效分辨率提高 3 位。Σ-Δ 型 ADC 的主要特点是可以获得很高的分辨率（如实现 24 位的 ADC），但是受到过采样倍数的限制及数字滤波算法延时的影响，其转换速率不高。

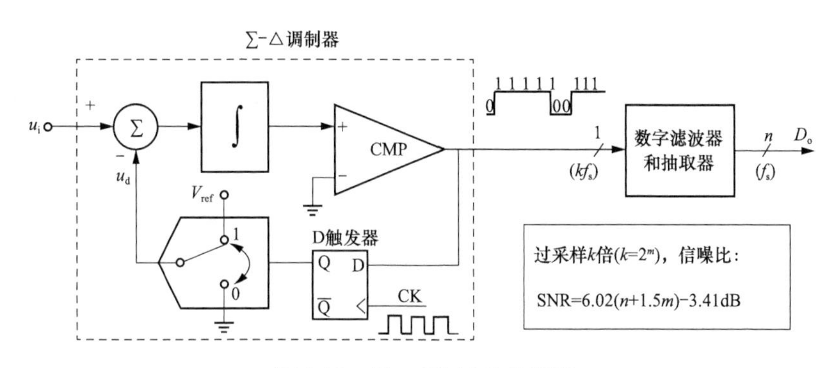

图 6-13　Σ-Δ 型 ADC 的原理

6.3.4　直接比较型高速 ADC

在很多应用中需要高转换速度的 ADC，如高速数字示波器、高频脉冲信号测量及图像处理等领域。现代高速 ADC 的采样频率可以达到 10GHz 以上，由于基本开关器件速度的限制，前面所提到的技术方案实现这种高速 ADC 是比较困难的。直接比较型（全并型）高速 ADC 是一种高速 ADC 结构，其原理如图 6-14 所示。

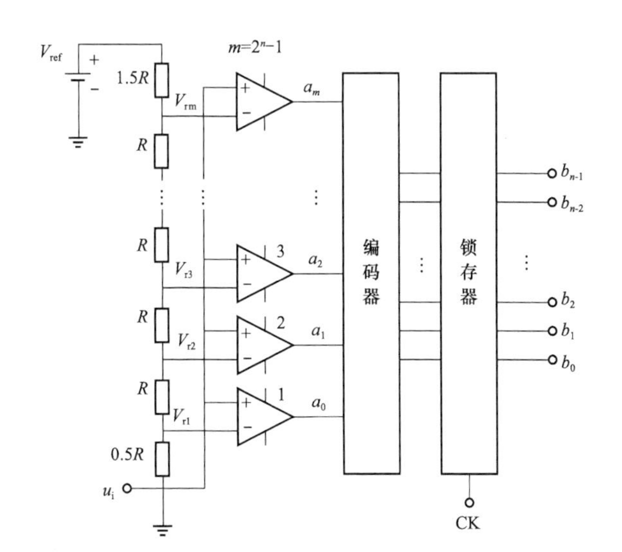

温度码

u_i的范围	a_0	a_1	a_2
u_i≤0.5LSB/2	0	0	0
0.5LSB≤u_i≤1.5LSB	1	0	0
1.5LSB≤u_i≤2.5LSB	1	1	0
2.5LSB≤u_i	1	1	1

二进制码

u_i的范围	b_0	b_1
u_i≤0.5LSB/2	0	0
0.5LSB≤u_i≤1.5LSB	1	0
1.5LSB≤u_i≤2.5LSB	0	1
2.5LSB≤u_i	1	1

图 6-14　直接比较型高速 ADC 的原理

这种 ADC（分辨率为 n）采用电阻分压器直接产生 n 个参考电压 $[0.5V_{ref}/2^n，1.5V_{ref}/2^n，\cdots(2^n-0.5)V_{ref}/2^n]$，将输入电压 u_i 直接与各参考电压进行比较，比较器的输出构成一个 $m=2^n-1$ 位的数字序列（称为温度码），它不满足二进制数值递增关系，因此需要一个编码器编码成标准的二进制数字量，最后通过同步时钟写入锁存器。直接比较型 ADC 的转换过程只有比较器和编码器的电路延时，因此可以达到非常高的速度。其缺点是其分辨率不能很高（一般小于 8 位），因为比较器的数量随分辨率增加呈指数规律增长，大量的比较器会占用较大的芯片面积、电路复杂度高及引起高功耗等；另外一个缺点是在信号输入侧，所有比较器的输入电容并联在一起，结果会造成较大的输入电容，大大降低了输入阻抗，从而对高速输入信号 u_i 产生不利影响。

6.3.5 两步式和流水线式高速 ADC

为了提高直接比较型高速 ADC 的分辨率，又不显著增加比较器的数目及输入电容，可以采用图 6-15 给出的两步式高速 ADC。这种 ADC 由两个低分辨率的直接比较型 ADC、一个低分辨率 DAC 和一个减法器和放大器构成（图 6-15 中给出了由两个 4 位直接比较型 ADC 构造一个 8 位高速 ADC 的实例）。整个 ADC 的工作流程分为两步：第一步（Φ_1 阶段），输入信号 u_i 经过采样保持器 SHA 被保持，然后输入第一个低分辨率的高速 ADC 进行转换，得到一个 4 位的粗糙量化值（$b_7 \sim b_4$）。这个粗糙量化值经过一个 4 位的 DAC 还原为模拟量，并通过减法器得到它与 u_i 之间的误差电压 u_{res}（实际上就是量化误差）。第二步（Φ_2 阶段），u_{res} 通过一个放大器被放大（4 位 ADC 的量化电平 $1LSB=V_{ref}/2^4$，因此放大器的放大倍率选择为 $2^4=16$ 倍），然后通过另一个 4 位的高速 ADC 进行转换，得到更精细的 4 位量化值（$b_3 \sim b_0$）。这样，整个 8 位量化值（$b_7 \sim b_0$）分两步得到，在此期间，SHA 保持输入信号不变。两步式 ADC 可大大降低比较器的数目及输入电容的大小，但是代价是牺牲了转换速度，另外还额外增加了一个 DAC 及精密的模拟减法器和放大器。

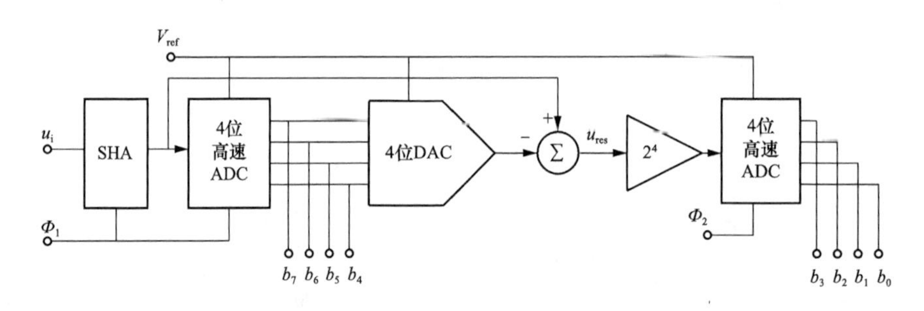

图 6-15 两步式高速 ADC 的原理

为了克服两步式高速 ADC 的缺点，可以把图 6-15 给出的结构作为一个基本单元进行级联，从而构成一个流水线式高速 ADC，其原理如图 6-16 所示。

流水线式高速 ADC 由一些低分辨率的子 ADC 级联而成。模拟信号由第一级子 ADC 输入，并被其转化成相应的低分辨率数字输出，然后该数字输出被 DAC 还原成模拟量并计算量化误差，量化误差经过放大后被传输到下一级子 ADC 进行更精细的转换，依此类推。对每一次被采样的模拟信号，它需要经过所有子级的转化才能得到最终的结果，每一级子 ADC 都输出整个转换结果的部分数字位，对这些低分辨率的数字位进行组合和适当的补偿，最终可得到高分辨率量化值。由于不同级的电路之间均插入了采样保持电路，因此它们能按照流水线模式工作，即当一个被采样的模拟量在第二级子 ADC 中进行量化时，第一个子 ADC 可以对新的模拟输入量进行采样保持并进行第一级粗糙的量化。这样当第一个模拟量经过 n 个子 ADC 的转换得到最终量化值后，在第 $n+1$ 个周期，新的模拟量的量化值也得到了，这样就实现了在每个高速采样周期都能得到一个高分辨率的量化值。

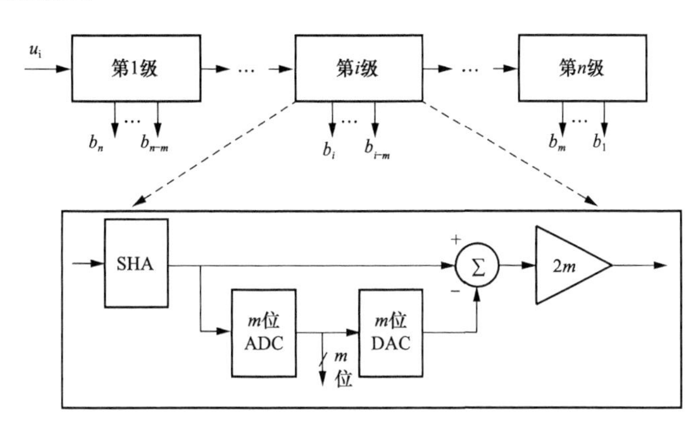

图 6-16　流水线式高速 ADC 的原理

流水线型 ADC 有很多优点：首先，它的转换速度很高，并且不受串联级数的影响，这样可以通过增加级数来降低对电路的精度及对子 ADC 分辨率的要求；其次，它消耗的硬件数目很少，最优时能做到与分辨率呈线性关系；最后，在该结构中容易采用数字校准和修正方法来提高转换精度。它的缺点也很明显：首先，对于特定的采样点，从采样开始到转换完成会产生时延，且时延与转换器的串联级数成正比，该时延特性限制了 ADC 在反馈系统中的应用；其次，它需要高精度、高速的级间放大器，这对设计提出了较高的要求；最后，流水线工作方式要求每个子级的结果都要被同步保存，需要严格的时序控制。

6.3.6　分区式 ADC

从图 6-14 给出的直接比较型高速 ADC 的结构可以看出，输入电压 u_i 与一系列的基准电压（$V_{r1} \sim V_{rm}$）进行比较。当考虑输入电压 u_i 的变化（假设从零向 V_{ref} 增加的过程中）时，每当 u_i 超过其中一个基准电压，只有一个比较器会发生翻转，而其他比较器的状态都维持不变，这实际上是一种资源的浪费。为了减少比较器的数目，可以采用另外一种分区式结构，其原理如图 6-17 所示（以分辨率 $n=4$ 的结构为例）。

在这种结构中，基准电压 V_{ref} 通过电阻串产生一系列的子基准电压，它们被分为 4 组，每组各 3 个（如图 6-17 中第一组的 3 个基准电压分别为 V_{r11}、V_{r12} 和 V_{r13}）。量化过程分为两个步骤：第一步，3 个比较器 A1、A2 和 A3 作为粗量化器，其输出通过编码器产生 ADC 的高位（MSB）编码 b_3b_2；第二步，MSB 编码输入模拟多路转换器（Analog MUX，AMUX），由粗量化值来决定合适的子基准电压输出，然后由比较器 B1、B2 和 B3 来进行精细量化，获得 ADC 的低位（LSB）编码 b_1b_0。如果采用传统全并行比较 ADC 结构，那么一个 4 位分辨率的 ADC 需要 $2^4-1=15$ 个比较器；而采用这种分区式 ADC 结构，则比较器的数目被减少至 6 个。可见，这可以大大降低 ADC 的面积、功耗和输入电容。然而，分区式 ADC 实际上也是一种两步法 ADC，是以牺牲转换速度为代价的。

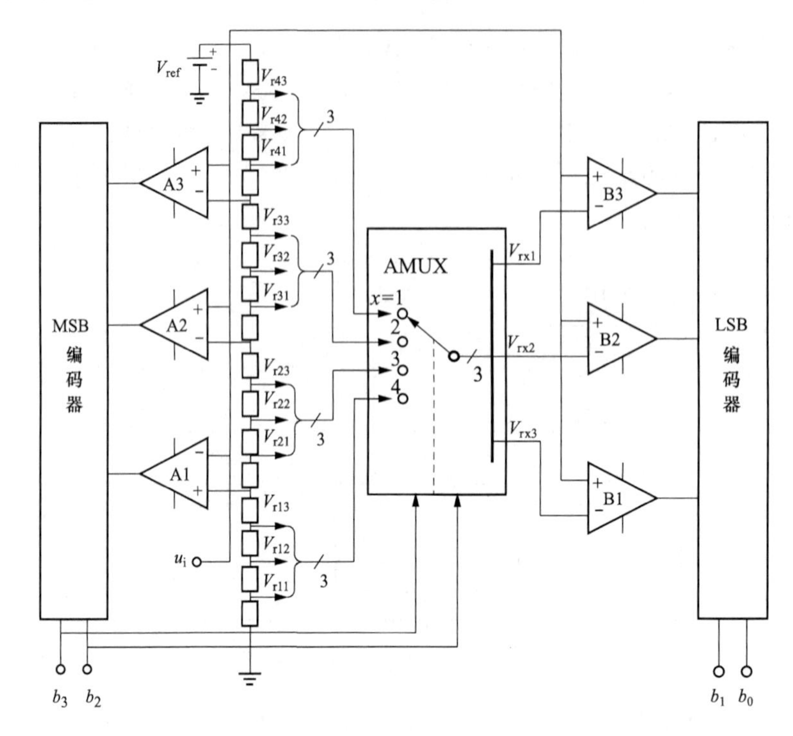

图 6-17 分区式 ADC 的原理

6.3.7 折叠式 ADC

为了保留分区式 ADC 的优点，又克服其速度低的缺点，另外一种著名的高速 ADC 结构被提出来，即折叠式 ADC。图 6-18（a）给出了折叠式 ADC 的原理框图，图 6-18（b）给出了模拟折叠电路的输入/输出特性。

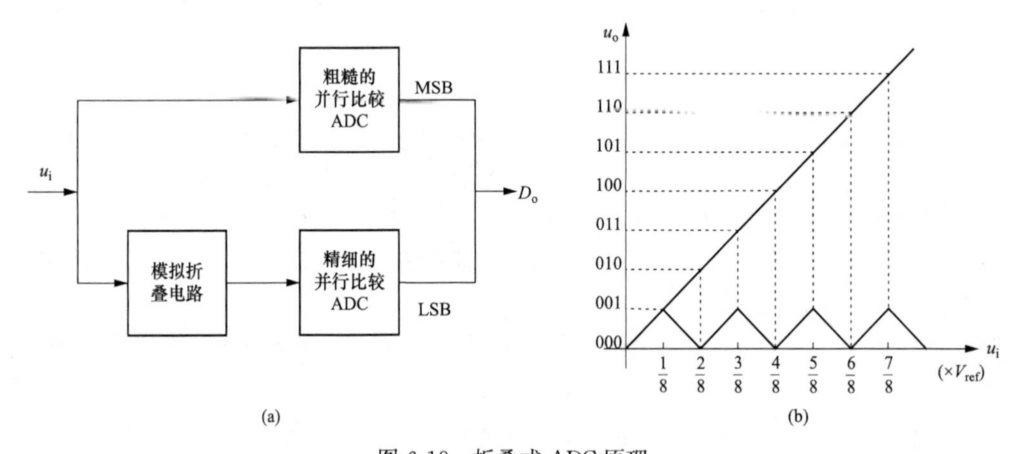

图 6-18 折叠式 ADC 原理

（a）原理框图；（b）模拟折叠电路的输入/输出特性

与分区式 ADC 结构类似，折叠式 ADC 也分别产生被转换信号的高位数字码（MSB）和低位数字码（LSB）。不同的是，在折叠式 ADC 中采用了一个称为“折叠器”的模拟信号预处理单元。该电路的输入/输出特性曲线是三角波，且输出动态范围被限制在一个很小的范围内，因此可以由一个小的全并行转换器处理得到低位数字码（精细量化值）。同时，输入信号通过另一个全并行转换器得到高位数字码（粗糙量化值）。由于 MSB 和 LSB 是同时转换得到的，因此其速度非常快。

图 6-19（a）给出了一个 4 位的折叠式 ADC 的折叠特性和比较器输出波形。该 ADC 由 3 个高侧粗糙并行比较器和 3 个低侧精细并行比较器构成。图 6-19（a）中，V_1、V_2 和 V_3 为粗糙并行比较器的参考电压，而 V_{r1}、V_{r2} 和 V_{r3} 则为精细并行比较器的参考电压，它们均由基准电压 V_{ref} 通过电阻分压器来提供。粗糙并行比较器通过把输入电压与 V_1、V_2 和 V_3 进行比较来得到高位温度码，而精细并行比较器则把折叠后的电压与 V_{r1}、V_{r2} 和 V_{r3} 进行比较得到低位对称分布温度码。从图 6-19（a）中可以看到，比较器的输出将整个输入电压 u_i 的范围划分为 16 个区段，每个区段温度码的组合是唯一的，因此可以进一步编码成 4 位的二进制码。

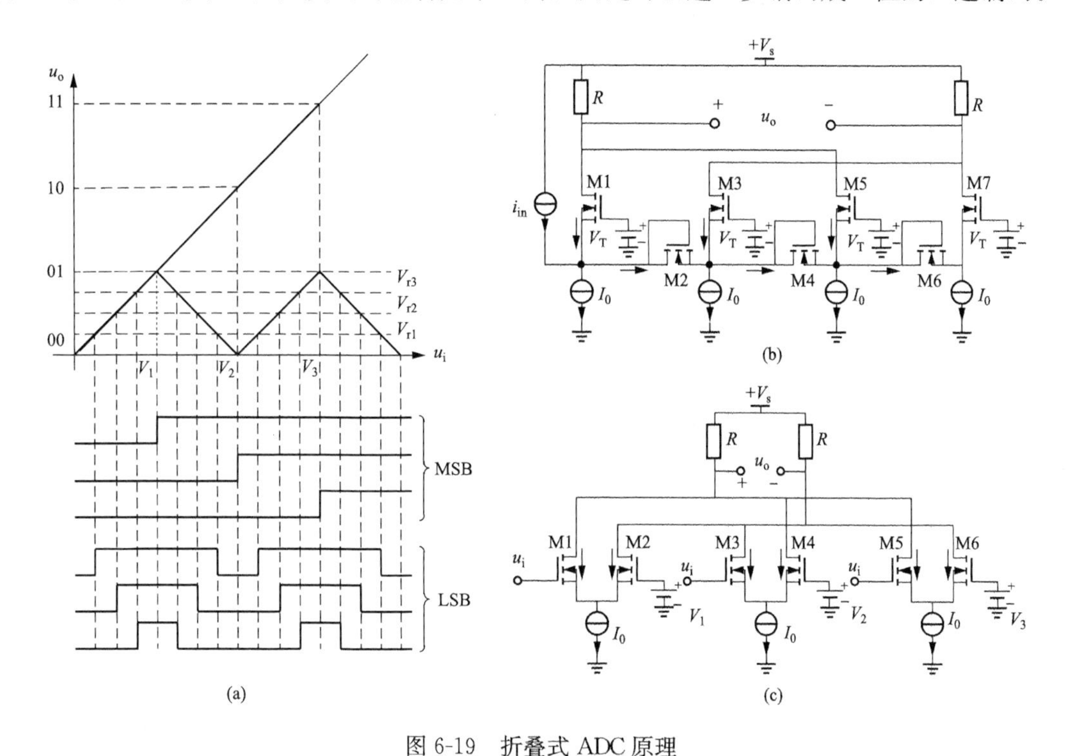

图 6-19　折叠式 ADC 原理

（a）折叠式 ADC 的折叠特性和比较器输出波形；（b）电流型折叠电路的原理；

（c）电压型折叠电路的原理

图 6-19（b）给出了电流型折叠电路的原理。在该电路中，场效应晶体管 M1、M3、M5 和 M7 构成恒流源 I_0 偏置的共栅极电流跟随器，其栅极偏置电压 V_T 等于 MOSFET 的阈值电压 V_{th}，即 $V_T=V_{th}$。它们形成级联结构，前面一级（如 M1 级）的过剩电流将注入后面一级（如 M3 级）。M2、M4 和 M6 构成有源二极管，只允许前面一级的过剩电流流入第二级，但是防止后级的电流流入前级。根据图 6-19（b）的连接方式，折叠器的输出差分电压 u_o 满足下列公式：

$$u_o=[-(i_{M1}+i_{M5})+(i_{M3}+i_{M7})]R \tag{6-14}$$

以第一级电路为例，流过 M1 的电流满足方程 $i_{in}+i_{M1}=I_0+i_{M2}$。当 $0\leqslant i_{in}\leqslant I_0$ 时，恒流源 I_0 上的电位恒为 $V_T-V_{th}=0$，i_{in} 与 i_{M1} 大小互补，随着 i_{in} 增大，i_{M1} 随之减小，而此时二极管 M2 的死区电压为 V_{th}，因此电流不能流过 M2，即 $i_{M2}=0$。当 $i_{in}\geqslant I_0$ 时，$i_{M1}=0$，M1

截止，此时恒流源 I_0 上的压降升高，它克服 M2 的死区压降 V_{th}，使 M2 导通，i_{M2} 开始随 i_{in} 的增加而增大。

表 6-1 给出了在 $i_{in}=0$、I_0、$2I_0$、$3I_0$ 和 $4I_0$ 时各晶体管电流及输出电压 u_o 的值。这些输入电流值及所对应的输出电压值构成了电流型折叠电路的各转折点，把它们进行线性连接就构成了类似于图 6-19（a）给出的折叠特性。这里定义一个折叠电路的特征参数——折叠率 F，它是折叠特性三角波数量的两倍，或者半个三角波的数量，它决定了 ADC 高位粗糙量化值的位数。对于图 6-19（a）给出的折叠特性，$F=4$，故 MSB 的分辨率 $n_H=\sqrt{F}=2$。对于图 6-19（b）给出的折叠电路，折叠率可以通过增加更多级联数来提高。

表 6-1 电流型折叠电路输入/输出曲线的转折点处各晶体管电流及输出电压值

输入电流 i_{in}	各晶体管电流（$i_{M1}\sim i_{M7}$）	流过电阻的电流	输出电压 u_o
$i_{in}=0$	$i_{M2}=i_{M4}=i_{M6}=0$，$i_{M1}=i_{M3}=i_{M5}=i_{M7}=I_0$	$i_{M1}+i_{M5}=2I_0$，$i_{M3}+i_{M7}=2I_0$	$u_o=0$
$i_{in}=I_0$	$i_{M2}=i_{M4}=i_{M6}=0$，$i_{M1}=0$，$i_{M3}=i_{M5}=i_{M7}=I_0$	$i_{M1}+i_{M5}=I_0$，$i_{M3}+i_{M7}=2I_0$	$u_o=I_0R$
$i_{in}=2I_0$	$i_{M2}=I_0$，$i_{M4}=i_{M6}=0$，$i_{M1}=i_{M3}=0$，$i_{M5}=i_{M7}=I_0$	$i_{M1}+i_{M5}=I_0$，$i_{M3}+i_{M7}=I_0$	$u_o=0$
$i_{in}=3I_0$	$i_{M2}=2I_0$，$i_{M4}=I_0$，$i_{M6}=0$，$i_{M1}=i_{M3}=i_{M5}=0$，$i_{M7}=I_0$	$i_{M1}+i_{M5}=0$，$i_{M3}+i_{M7}=I_0$	$u_o=I_0R$
$i_{in}=4I_0$	$i_{M2}=3I_0$，$i_{M4}=2I_0$，$i_{M6}=I_0$，$i_{M1}=i_{M3}=i_{M5}=i_{M7}=0$	$i_{M1}+i_{M5}=0$，$i_{M3}+i_{M7}=0$	$u_o=0$

图 6-19（c）给出了电压型折叠电路的原理，晶体管 M1 和 M2、M3 和 M4 及 M5 和 M6 构成 3 个差分对，输出电压：

$$u_o=[-(i_{M1}+i_{M4}+i_{M5})+(i_{M2}+i_{M3}+i_{M6})]R \tag{6-15}$$

当输入电压 u_{in} 分别等于参考电压 V_1、V_2 和 V_3 时（$V_1<V_2<V_3$），输出电压 u_o 均等于 0，因此它们构成了折叠特性的过零点。例如，而 $u_{in}=V_1$ 时，$i_{M1}=i_{M2}=I_0/2$，而 $i_{M3}=i_{M5}=0$，$i_{M4}=i_{M6}=I_0$，故根据式（6-15），得到 $u_o=0$。而 $u_{in}=V_2$ 时，$i_{M3}=i_{M4}=I_0/2$，而 $i_{M2}=i_{M5}=0$，$i_{M1}=i_{M6}=I_0$，故根据式（6-15），也得到 $u_o=0$；而在 u_{in} 从 V_1 到 V_2 变化的过程中，u_o 的值将先增大再减小，呈现出折叠特性。在理想情况下，当 u_{in} 分别等于 $(V_1+V_2)/2$ 和 $(V_2+V_3)/2$ 时，u_o 的值将构成折叠特性的峰值点。但是需要注意的是，实际中电压折叠电路很难实现理想的三角形折叠特性，只有当输入电压 u_{in} 在参考电压 V_1、V_2 和 V_3 附近小范围变化时，输出特性表现出良好的线性，而离开参考电压的位置，由于晶体管的饱和，其输入/输出特性曲线是平顶的。这种平顶的折叠特性可以应用于另外一种折叠 ADC 的结构，如图 6-20（a）所示。

在该结构中，输入信号 u_{in} 同时经过几路并联的折叠器，且每个折叠器所采用的基准电压大小不同，从而形成图中所示具有固定偏移的折叠曲线。随着输入电压 u_{in} 的增加，每个折叠器的输出电压会在不同位置产生过零点，而相邻过零点之间的电压偏差即 ADC 的量化电平（也是折叠器所采用的基准电压的差），因此通过对过零点进行检测并编码就可以获得 ADC 的低位量化值（LSB）。图 6-20（a）中每个折叠器的折叠率 $F=8$，因此可生成粗糙量化值——MSB 的分辨率 $n_H=3$，而 4 个折叠器在每半个折叠周期贡献 4 个过零点，因此可生成精细量化值——LSB 的分辨率 $n_L=2$）。为了提高分辨率，需要增加过零点的数目，那就需要更多的折叠器。但是，采用内插技术可以在不增加折叠器的数目的同时获得更多的过零点。内插电路包括电压内插、电流内插及有源内插等技术，图 6-20（b）给出了一个比较简单的利用串联电阻内插出更多过零点的电压内插电路的实例。

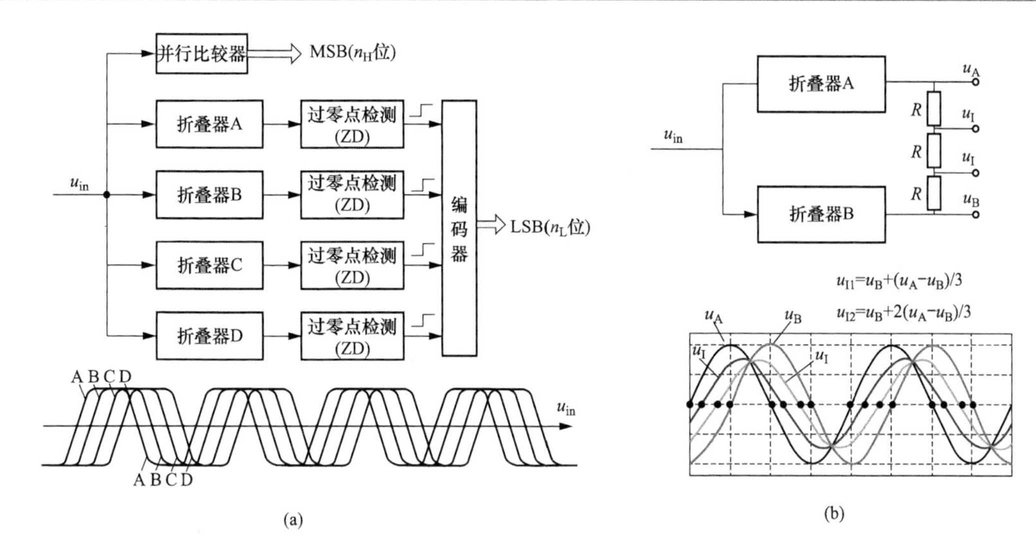

图 6-20 折叠内插 ADC 的原理

（a）并联折叠器原理；（b）内插技术原理

图 6-18 给出的折叠式 ADC 要求折叠器有很好的线性度和精确的增益，但是对于图 6-20 给出的并联折叠器 ADC，则只要求过零点附近的线性度，其折叠特性即使是平顶波也没关系，这大大降低了对折叠器性能的要求。但是，折叠式 ADC 的速度最终仍然受限于折叠电路，而且折叠器相当于一个受到输入信号 u_{in} 的幅值控制的倍频器，存在很多高频分量，当高速信号 u_{in} 输入时会引起折叠器产生过零点失调的问题，需要进行补偿。

6.3.8 时间交错式 ADC

高速 ADC 也可以通过使用多个低速的子 ADC 并行处理来实现。图 6-21 给出了一个采用 4 个子 ADC 的时间交错式 ADC 的原理。图 6-21 中，每个 ADC 的工作时钟 CK1～CK4 的周期均为 T_0，而 CK1～CK4 相互之间偏开 90° 固定相移（延时时间为 $T_0/4$）。这样，输入信号 u_{in} 被 4 个子 ADC 采样和量化，4 个量化值组成输出采样序列 D_o，该序列的采样频率为单个 ADC 的 4 倍。

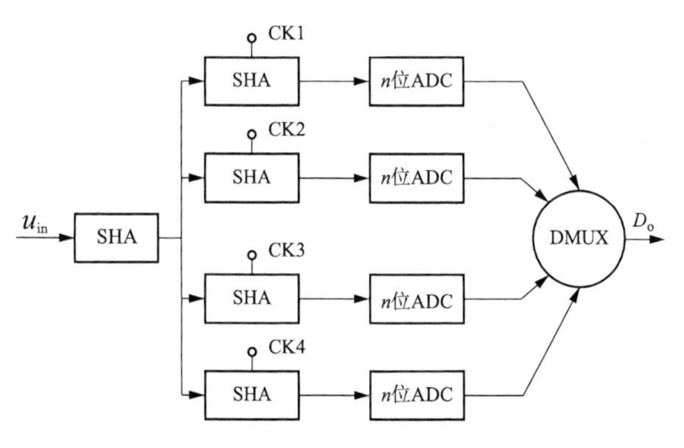

图 6-21 时间交错式 ADC 的原理

时间交错式 ADC 的最大优点就是可以比较方便地实现转换速度的成倍增长。它的缺点是各通道之间需要严格时间和精度匹配，通道之间任何的失配都会导致失真的增加，通道数目越多，问题越严重。特别是当输入信号的频率很高时，各通道采样保持电路的时延不相等是最难处理的失配误差。其另外一个缺点是 ADC 的功耗和面积相对而言比较大。

6.4 DAC 和 ADC 的非理想特性

通常，我们期望 DAC 和 ADC 的精度主要受到量化误差的限制，而通过提高分辨率，则可以降低量化误差的影响，然而实际中的 DAC 和 ADC 还存在不可避免的非线性误差。本节将主要介绍表征 DAC 和 ADC 性能的一些重要参数。

6.4.1 静态非理想参数

静态非理想参数表示的是 DAC 或 ADC 的实际输入/输出特性偏离理想特性的误差，包括线性误差和非线性误差，其中线性误差包括偏移误差（Offset）和增益误差（Gain Error），而非线性误差则包括积分非线性（Integral Nonlinearity，INL）误差和微分非线性（Differential Nonlinearity，DNL）误差。图 6-22（a）给出了偏移误差定义，当 DAC 或 ADC 的数字量为零时，对应的输出或输入模拟电压为非零值。增益误差的定义如图 6-22（b）所示，即 DAC 或 ADC 的最大数字量所对应的模拟电压未能达到理想的满量程值 FSR。如果 DAC 或 ADC 仅有线性误差，那么它们不会引起信号的失真，而零点偏移或增益误差则很容易利用补偿电路或者软件进行线性修正来消除。

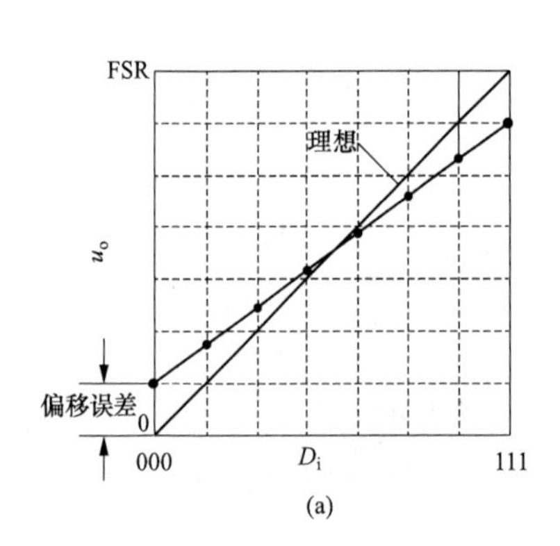

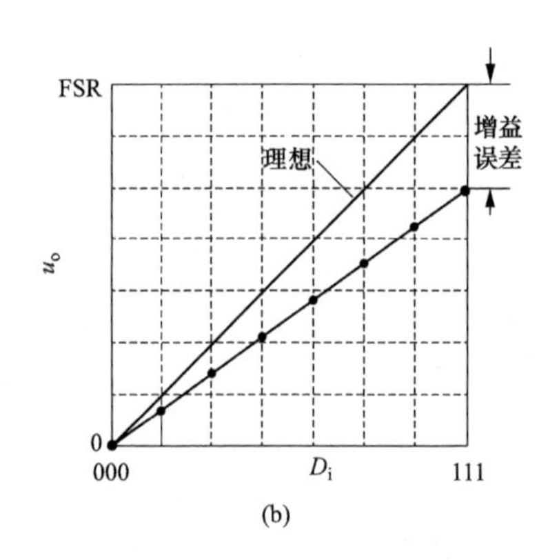

图 6-22 DAC 或 ADC 的线性误差

（a）偏移误差；（b）增益误差

图 6-23 ADC 或 DAC 的非线性误差

非线性误差是 DAC 和 ADC 比较严重的非理想问题。图 6-23 给出了 DNL 误差和 INL 的定义。

如图 6-23 所示，虚线为理想 DAC 或 ADC 的传输曲线，而实线则是实际特性曲线。DNL 是指实际 DAC 或 ADC 的每个量化电平宽度与理想宽度之间的误差，其中最大的误差被定义为整个 DAC 或 ADC 的 DNL。INL 是指把实际 DAC 或 ADC 传输特性的中点连接起来构成的传输特性曲线与理想直线之间的最大偏差电压，它相当于把每个量化值的 DNL 求和后的结果。DNL 和 INL 通常以 1LSB 电压作为误差度量单位，如 DNL＝1.5LSB 或 INL＝1LSB。当 DNL≥1LSB 时，则会出现丢码的现象，如图 6-23 中 4/8 输入电压的位置；INL 则会引起模拟信号与对应数字量之间产生波形失真问题。

6.4.2 ADC 的动态参数

动态参数反映了 ADC 对交流小信号模拟输入进行转换时的特性，表征包括噪声、非线性误差、转换速度限制等非理想因素引起的失真度和总体误差，对它们的测试必须通过输入不同频率和幅度的信号来进行，具体参数如下：

（1）SNR：SNR是指ADC输入信号的功率与背景噪声功率的比值，通常用dB表示，其中信号指基波分量的有效值，而背景噪声指奈奎斯特频率以下全部非谐波分量，但不包括直流分量的总有效值。ADC的SNR计算公式如下：

$$\mathrm{SNR}=10\lg\left(\frac{P_{\mathrm{s}}}{P_{\mathrm{n}}}\right) \tag{6-16}$$

式中，P_{s}为信号基波分量的功率；P_{n}为背景噪声功率。

（2）信号噪声失真比（Signal to Noise and Distortion Ratio，SNDR）：SNDR又称信纳比，表征了由于噪声、量化误差和谐波失真等引起的性能下降，定义为基频信号功率与谐波和噪声功率和之比。这里的谐波和噪声也指奈奎斯特频率以下的全部噪声和谐波分量（不包括直流分量）。实际上，SNDR和SNR的定义是相似的，SNDR只是为了强调音频领域中的谐波失真。

$$\mathrm{SNDR}=10\lg\left(\frac{P_{\mathrm{s}}}{P_{\mathrm{nd}}}\right) \tag{6-17}$$

式中，P_{s}为信号基波分量的功率，P_{nd}为噪声和谐波的功率和。

（3）有效分辨率（ENOB）：由于ADC在实际应用中存在噪声和失真，因此影响了其实际分辨率，等效为降低了ADC的位数，ENOB即ADC实际可达到的分辨率位数。ENOB是根据满量程正弦信号输入时测到的ADC的SNDR计算而来的，计算公式如下：

$$\mathrm{ENOB}=\frac{\mathrm{SNDR}-1.76}{6.02} \tag{6-18}$$

ENOB的测量与输入信号的频率和幅度有关。当信号幅度较小时，ADC的性能受噪声的限制，随着幅度的增大，失真将会起主要作用。

（4）总谐波失真（Total Harmonic Distortion，THD）：THD是指ADC输出信号（离散的数字序列）中包含的全部谐波分量的功率与基波功率之比。THD的数学表达式为

$$\mathrm{THD}=10\lg\frac{P_{\mathrm{d}}}{P_{\mathrm{s}}} \tag{6-19}$$

式中，P_{s}为信号基波分量的功率；P_{d}为谐波总功率。

THD通常采用傅里叶分析来进行计算，且通常要指定用来计算的最高谐波次数。

（5）无杂散动态范围（Spurious Free Dynamic Range，SFDR）：SFDR是信号功率与奈奎斯特频带内最大的谐波功率之比，数学表达式如下：

$$\mathrm{SFDR}=10\lg\frac{P_{\mathrm{s}}}{P_{\mathrm{md}}}=10\lg\frac{V_{\mathrm{s}}^{2}}{V_{\mathrm{md}}^{2}} \tag{6-20}$$

式中，P_{s}为信号的基波功率；P_{md}为最大的谐波功率；V_{s}为信号的基波均方根值；V_{md}为最大谐波的均方根值。

当输入信号为ADC满量程值FSR时，SFDR以FSR为单位，表示为

$$\mathrm{SFDR}_{\mathrm{FSR}}=10\lg\left[\left(\frac{\mathrm{FSR}}{2\sqrt{2}}\right)^{2}\Big/V_{\mathrm{md}}^{2}\right] \tag{6-21}$$

（6）动态范围（Dynamic Range，DR）：DR衡量ADC能有效分辨的最小输入信号幅度，可以定义为满量程的输入信号功率与可检测的最小输入信号功率之比，即

$$\mathrm{DR}=10\lg\frac{P_{\mathrm{smax}}}{P_{\mathrm{smin}}} \tag{6-22}$$

式中，P_{smax}为满量程输入信号的功率；P_{smin}为可检测的最小输入信号的功率。

6.5 带 隙 基 准

DAC 和 ADC 都需要一个基准电源，其精度和稳定性直接决定了整个系统的精度，因此选择低温度系数、高 PSRR 的基准源十分关键。在集成电路工艺发展早期，基准源主要采用齐纳基准源来实现，它利用了齐纳二极管被反向击穿时的稳压特性。但是齐纳二极管噪声严重且电压随温度变化。1971 年，Widlar 首次提出带隙基准结构——一种仅利用 BJT 来实现基准源的方案，其基本思想是将具有负温度系数的双极晶体管的基极-发射极电压 V_{BE}与具有正温度系数的热电势 V_{T}以不同权重相加，使两者的温度系数刚好抵消，从而得到一个与温度无关的基准电压。由于带隙电压基准源能够实现高电源抑制比和低温度系数，因此是目前各种基准电压源电路中性能最佳的。图 6-24 给出了一个 CMOS 带隙基准源基本电路。

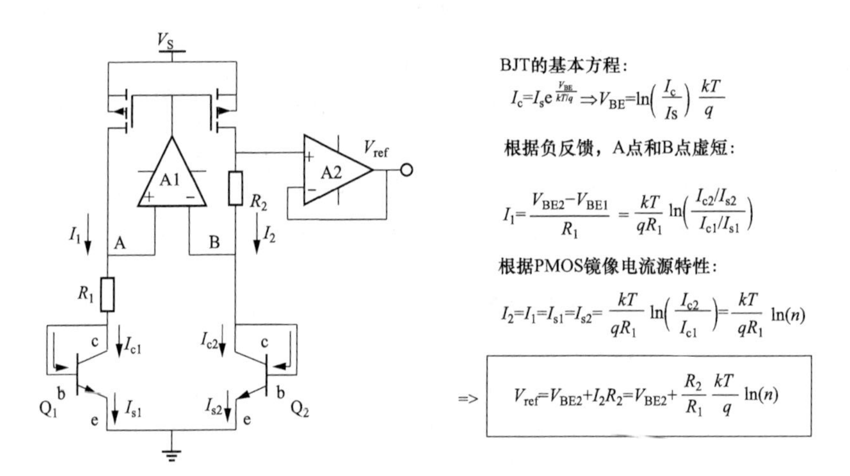

图 6-24 CMOS 带隙基准源的基本电路

图 6-24 中，Q_1 和 Q_2 为两个 BJT，n 为流过它们的电流密度之比，即 $n=I_{c2}/I_{c1}$，也等于它们的尺寸比（准确说是发射极的面积之比），可认为 Q_2 是由 n 个 Q_1 并联而成的。V_{ref}为输出的基准电压，V_{BE1} 和 V_{BE2} 分别为 Q_1 和 Q_2 的基极-发射极电压，两个电阻 R_1 和 R_2 分别连接到 Q_1 和 Q_2 的支路中。两个 PMOS 构成镜像电流源，其输出电流分别为 I_1 和 I_2，且 $I_1=I_2$。运算放大器 A1 测量 A 点和 B 点的电压差并通过 PMOS 的栅极构成负反馈，使得 A 点和 B 点电压相等。运算放大器 A2 构成一个电压跟随器，使得基准电源 V_{ref}具有带负载能力。

BJT 的基极-发射极电压为

$$V_{\mathrm{BE}}=\ln\left(\frac{I_{\mathrm{c}}}{I_{\mathrm{s}}}\right)\frac{kT}{q}=\ln\left(\frac{I_{\mathrm{c}}}{I_{\mathrm{s}}}\right)V_{\mathrm{T}} \tag{6-23}$$

式中，I_{c}为集电极电流；I_{s}为发射极电流；V_{T}为热电势，且 $V_{\mathrm{T}}=kT/q$；k 为玻尔兹曼常数；T 为绝对温度；q 为电子电量。

当温度 $T=300\mathrm{K}$ 时，$V_{\mathrm{T}}\approx26\mathrm{mV}$。发射极电流 I_{s}与少数载流子迁移率 μ、本征载流子浓

度 n_i 等相关，且是温度 T 的函数，可以推导得

$$I_s = bT^{4+m} e^{E_g/kT} \tag{6-24}$$

式中，b 和 m 均为常数；E_g 为硅的带隙能量，约等于 1.12eV。

将式（6-24）代入式（6-23）中，可进一步得到 V_{BE} 和温度 T 的关系，可以证明其温度系数（$\partial V_{BE}/\partial T$）为负值。在室温 T=300K，V_{BE}=750mV 时，$\partial V_{BE}/\partial T \approx -1.5$mV/K。而热电势 V_T 则与温度成正比，为正温度系数，其值为+0.087mV/K。根据图 6-24 中推导出的基准电压 V_{ref} 的表达式，通过合理设计尺寸比 n 及调整电阻 R_1 和 R_2 之比，可以使 V_T 得到一个恰当的加权系数，使其能够抵消 V_{BE2} 的负温度系数，从而使 V_{ref} 成为一个与温度无关的基准电源。

第 7 章　数字电路基础和通用数字电路的设计

微处理器系统是智能仪器的核心组成部分，当模拟信号被 ADC 转换为数字序列后，通过对微处理器的编程，可以实现许多复杂的逻辑判断、数学运算、信号处理及控制操作，也可以实现对数据的压缩、存储、变换和传输。这里提到的微处理器系统既包括通用微处理器，如单片机和 DSP 等，也包括 FPGA。本章将主要介绍基本的数字电路接口特征及规范的电路设计方法，在第 8 章将以 MCS-51 系列单片机为例介绍通用微处理器的接口技术。

7.1　数字电路基础

数字电路用晶体管开关来实现逻辑 0 和 1，而一个十进制的数据也被转换成以 0 和 1 表示的二进制数，并通过硬件加法器、减法器、乘法器和除法器来进行二进制的算术运算。另外，0 和 1 组成的序列也可以用来表示各种信息的编码，并利用触发器或存储器来保存及利用通信总线进行传输。

7.1.1　数字器件的电平标准和 I/O 特性

在数字电路中，逻辑 0 和 1 被各种不同等级的电压来表示，称为电平标准。数字电路有两种逻辑信号的传输形式，即单端逻辑电路和差分逻辑电路，它们都有各自不同的电平标准。图 7-1 给出了两种逻辑电路的传输原理，其中，单端逻辑电路的信号传输以电源地为公共参考，它应用广泛，涵盖了 TTL（Transistor Transistor Logic，双极性晶体管）工艺和 CMOS（互补 PMOS＋NMOS）工艺制造的各种数字集成电路，而且制定了各种不同等级的电平标准，这些电平标准与电路的供电电源电压 V_{CC} 相关。差分逻辑电路则以互补的两条输出信号线之间的差分电压大小规定了逻辑 1 和 0，它们主要被应用于高速数字电路，具有较好的抗共模干扰能力。

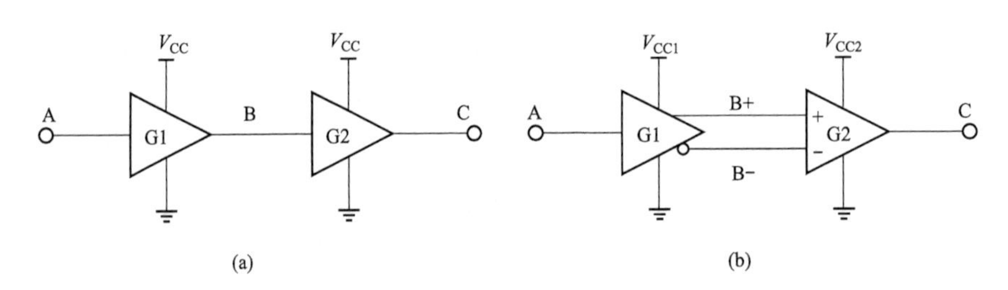

图 7-1　数字逻辑电路的不同传输形式

（a）单端逻辑电路；（b）差分逻辑电路

1. 单端逻辑电路

单端逻辑电路用两个基本的直流电压参数规定了电平标准，即高电平输入电压 V_{IH} 和低电平输入电压 V_{IL}。这两个参数的物理含义是：当输入电压 V 满足 $V_{IH}<V<V_{CC}$ 时，数字电

路会将其识别为逻辑1；当$0<V<V_{IL}$时，则会识别为逻辑0；若$V_{IL}\sim V_{IH}$时，则为逻辑不确定区，需要避免。TTL电平又分为5V电源等级的TTL电平标准及低压LVTTL标准，CMOS电平也有对应的5V CMOS电平标准及低压LVCMOS标准。表7-1给出了几种常用的TTL和CMOS电平标准（数据来自JEDEC标准）。

表7-1　普通单端TTL、LVTTL、CMOS和LVCMOS电平标准（输入规范）

电平标准	电源电压V_{DD}		V_{IL}（V）	V_{IH}（V）
	N：正常范围（V）	W：宽范围（V）		
TTL-5V	4.75～5.25	4.5～5.5	0.8	2.0
CMOS-5V	2～6	2～6	0.9(V_{DD}=4.5V)	3.15(V_{DD}=4.5V)
LVTTL/LVCMOS-3.3V	3.0～3.6	2.7～3.6	0.8	2.0
LVCMOS-2.5V	2.3～2.7	1.8～2.7	0.7(V_{DD}=N)	1.7(V_{DD}=N)
LVCMOS-1.8V	1.65～1.95	1.2～1.95	0.35V_{DD}	0.65V_{DD}
LVCMOS-1.5V	1.4～1.6	0.9～1.6	0.35V_{DD}(V_{DD}=N)	0.65V_{DD}(V_{DD}=N)

除了输入电平的标准，数字逻辑电路还规定了输出电压的指标，即高电平输出电压（V_{OH}）和低电平输出电压（V_{OL}）。但是需要指出的是，数字逻辑电路的输出电压与其负载相关。在图7-2（a）中给出了数字逻辑电路的负载能力测试电路，当逻辑电路输出高电平时，负载电流I_{OH}将从G1中流出（拉电流），迫使V_{OH}降低，而对于低电平输出，负载电流I_{OL}将灌入G1（灌电流），迫使其电压V_{OL}升高。图7-2（b）给出了对数字逻辑电路的输入电流I_{IL}和I_{IH}的测试电路。显然，当把G1和G2进行级联，那么G2的输入侧电流将成为G1的负载电流。

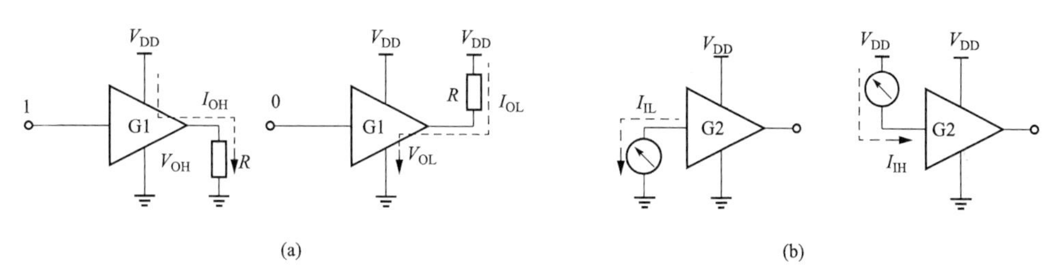

图7-2　数字逻辑电路的输出负载能力和输入电流测试电路
（a）输出负载能力测试电路；（b）输入电流测试电路

在数字逻辑芯片的直流特性指标中会给出图7-2中的测试参数，通过它们可以计算出芯片的输出驱动能力（内阻）及输入阻抗。显然，对于TTL和CMOS电路，这些指标是存在差别的。在CMOS电路中，信号从MOSFET的栅极输入，其I_{IH}和I_{IL}均为极小的泄漏电流，因此CMOS电路拥有极低的静态损耗。表7-2给出了几种JEDEC标准规定的TTL和CMOS器件的输出电平标准。

表7-2　普通单端TTL、LVTTL、CMOS和LVCMOS输出电平标准

电平标准	V_{DD}测试条件及温度T（V_{DD}=Min，T=25℃）	低电平输出要求		高电平输出要求	
		I_{OL}	V_{OL}(V)	I_{OH}	V_{OH}(V)
TTL-5V	4.75V或4.5V	8mA	<0.8	0.4mA	>2.4
CMOS-5V	4.5V	20μA	<0.1	20μA	>4.4
		4mA	<0.26	4mA	>3.98

续表

电平标准	V_{DD}测试条件及温度 T (V_{DD}=Min，T=25℃)	低电平输出要求		高电平输出要求	
		I_{OL}	V_{OL}(V)	I_{OH}	V_{OH}(V)
LVTTL-3.3V	3.0V	2mA	<0.4	2mA	>2.4
LVCMOS-3.3V	3.0V	100μA	<0.2	100μA	>2.8
LVCMOS-2.5V	2.3～2.7V	2mA	<0.7	2mA	>1.7
	1.8～2.7V	100μA	<0.2	100μA	>1.6
LVCMOS-1.8V	1.65～1.95V	2mA	<0.45	2mA	>V_{DD}−0.45
	1.2～1.95V	100μA	<0.2	100μA	>V_{DD}−0.2
LVCMOS-1.5V	1.4～1.6V	2mA	<0.25V_{DD}	2mA	>0.75V_{DD}
	0.9～1.6V	100μA	<0.2	100μA	> V_{DD}−0.2

在上述 TTL 和 CMOS 的电平标准内还规定了具有施密特触发特性的数字逻辑电路的规范。施密特触发特性即数字逻辑电路对于输入信号具有类似滞环比较器的功能。以 LVCMOS-3.3V 标准为例，其施密特标准规定了两个阈值电压 V_p和 V_n，其中规定 V_p的取值范围为0.9～2.1V，而 V_n为 0.7～1.9V。这样，由它们构成的滞环电压为 $V_h=V_p-V_n$，其值范围为 0.2～1.4V。对于这类数字逻辑电路，当输入电压 V 高于 V_p时会引起输出翻转，但是 V 需要降低到 V_n以下时才能反向翻转回来。施密特触发器具有一定的抗信号噪声和抖动的能力，可以用来对上升或下降边沿速度较慢的数字信号进行整形。

图 7-3 给出了单端数字逻辑电路的输入/输出模型。

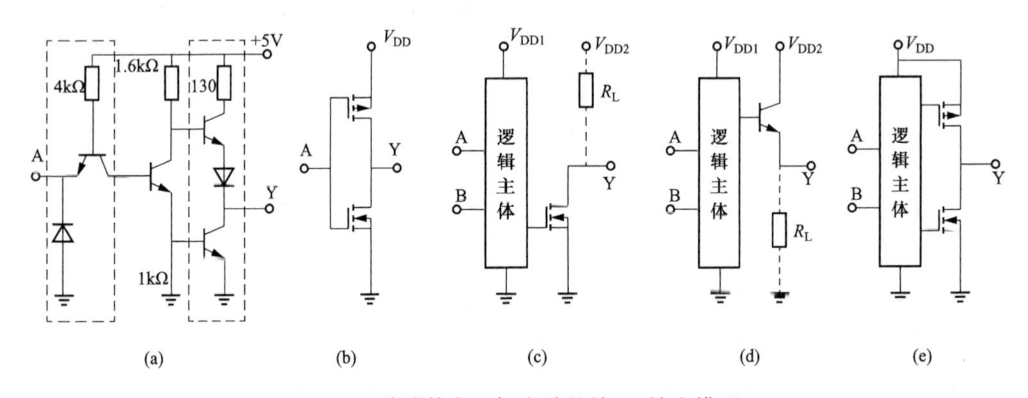

图 7-3 单端数字逻辑电路的输入/输出模型

(a) 图腾柱；(b) 推挽结构；(c) 漏极开路；(d) 发射极开路；(e) 三态

对于 TTL 电路［图 7-3 (a) 给出了 TTL 反相器的实例］，它从 BJT 的发射极输入，因此当输入引脚悬空时，代表“高电平”输入，而当低电平输入时会有 I_{IH}=1mA 左右的电流输出。另外，如果采用下拉电阻接地，那么该电阻的值不能超过 1kΩ。TTL 的输出电路为图腾柱（Totem Pole）结构，它由上下两个 NPN 晶体管、一个高侧限流电阻和一个偏置二极管构成，因此在高和低电平输出时具有不对称的负载能力，低电平灌电流能力大，而高电平拉电流能力很弱。

相对于 TTL 电路，CMOS 电路［图 7-3 (b) 给出了 CMOS 反相器的实例］从 MOSFET 的栅极输入，因此具有极高阻抗。但是其输入引脚不能悬空，因为高阻抗输入引脚会感应电荷造成逻辑的误动作，同时累积电荷会造成过电压而损坏器件。CMOS 电路的输出为推挽结构（Push-Pull），它由上下两个 PMOS 和 NMOS 构成，因此是一个对称结构，在高低电平输出时具有相同的负载能力。

图 7-3（c）给出了一种开路输出逻辑，它把 TTL 图腾柱输出中的高侧 NPN 晶体管或 CMOS 推挽结构中的 PMOS 去掉，构成集电极开路（Open-Collector，OC）或漏极开路（Open-Drain，OD）结构。这种结构需要在使用时连接上拉电阻。OC（或 OD）电路的主要作用是进行电平转换，如图 7-3（c）中 V_{DD1} 和 V_{DD2} 分别代表两种不同电平标准对应的电源电压。另外，多路 OC 输出可以并联在一起实现“线与”。OC（或 OD）输出的接地晶体管一般具有较大的负载电流能力，也可以承受较高的电压，因此可以驱动发光二极管（LED）或继电器。

图 7-3（d）给出了另外一种去掉接地 NPN 晶体管的发射极开路（Open-Emitter）逻辑，它需要连接下拉电阻来实现电平变换，但主要作用还是对线路或接地负载进行驱动。当输出晶体管导通时，电源 V_{DD2} 将被接通到输出线路，而断开时则线路或负载断电。在图 7-3（e）中，如果 CMOS 输出电路的两个 MOSFET 采用不同的控制信号，则这种结构可以实现三态输出（Tri-State），即逻辑 1、逻辑 0 和高阻 Z。三态门主要用于驱动总线，如微处理器或存储器的数据总线，当处于 Z 态时，可将设备从总线上断开。

除了上述静态参数外，数字逻辑电路还有一个动态参数，即传输延时，包括从逻辑 0 到 1 变化时的输入/输出延时 t_{PLH} 及从 1 到 0 变化时的延时 t_{PHL}。逻辑电路的传输延时能反映其速度，速度越快的器件传输延时越短。传输延时不仅与器件工艺及本身的特性有关，而且与输入源和输出负载特性相关。图 7-4 给出了两个 CMOS 数字器件级联时的动态开关模型。从图 7-4 中可以看到，前级 CMOS 器件的输出电阻 R_{on} 与后级的栅极结电容 C_{in} 构成一个一阶 RC 电路，其时间常数 $\tau=R_{on}C_{in}$，会对逻辑电路的速度带来重要的影响。同时，结电容 C_{in} 通过前级高侧 PMOS 从电源吸收能量，然后通过低侧 NMOS 释放（通过导通电阻 R_{on} 全部消耗）。因此在传输高速信号时，会带来不可忽视的功耗，可简单估计为 $P=f\cdot C_{in}(V_{DD})^2/2$，其中 f 为信号的频率。可见，提高数字电路的工作速度需要降低驱动器的工作电压，这也是目前各种低压 CMOS 逻辑电路和标准被广泛提出的主要原因。

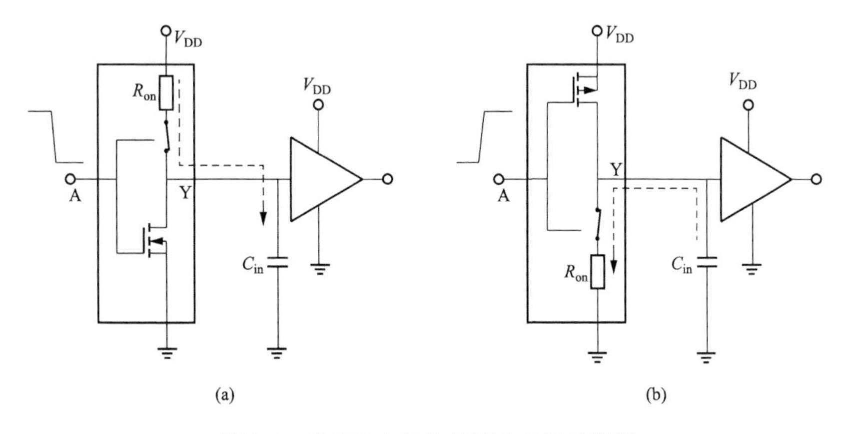

图 7-4　CMOS 电路的等效动态开关模型

（a）高侧 PMOS 导通；（b）低侧 NMOS 导通

还有一类低压单端数字逻辑器件的供电电压与 I/O 电路供电电压互相独立，且采用一个基准电压 V_{ref} 来定义电平标准，如高速收发器逻辑（High-speed Transducer Logic，HSTL）

和短截线串联端接逻辑（Stub Series Terminated Logic，SSTL），它们被应用于高速存储器（如 DDRAM）的读写总线。

高速数字信号在导线中传输会产生信号完整性问题（由于电磁波的传输和反射引起的信号畸变），在其上升沿或下降沿往往产生寄生振荡，这会导致逻辑电路的状态误变化，结果产生非预期的错误。为了最大程度地降低这种风险，一方面需要通过信号线的端接和阻抗匹配技术来抑制振荡的强度，另一方面则要提高输入电路的噪声容限。为此，满足 HSTL 或 SSTL 标准的逻辑电路其输入电平的参考不再是电源地，而是一个从外部接入的基准电源 V_{ref}。逻辑器件的输入接收器为比较器电路，输入信号将与 V_{ref}进行比较来判断逻辑 1 或 0。标准规定了两个低电平输入阈值电压：$V_{IL(dc)}$和 $V_{IL(ac)}$，以及两个高电平输入阈值电压 $V_{IH(dc)}$和 $V_{IH(ac)}$，它们都相对于 V_{ref}被定义。其中，直流阈值电压 $V_{IL(dc)}$和 $V_{IH(dc)}$类似于一般单端逻辑电路的 V_{IL}和 V_{IH}，规定了接收器识别逻辑 1 的最低允许电压及识别逻辑 0 的最高允许电压；而交流阈值电压 $V_{IL(ac)}$和 $V_{IH(ac)}$则规定了信号动态变化时所要求达到的阈值电压。当输入信号上升或下降超越交流阈值电压后接收器才会发生逻辑状态的切换，而此后只要寄生振荡的幅值不超过直流阈值电压，则电路就会维持在新状态而不切换回原状态。可见，接收器交流阈值和直流阈值之间的电压差提供了一个小滞环，可有效应付信号边沿处的寄生振荡。图 7-5（a）给出了具有寄生振荡的典型逻辑信号及不同电压阈值间的关系。

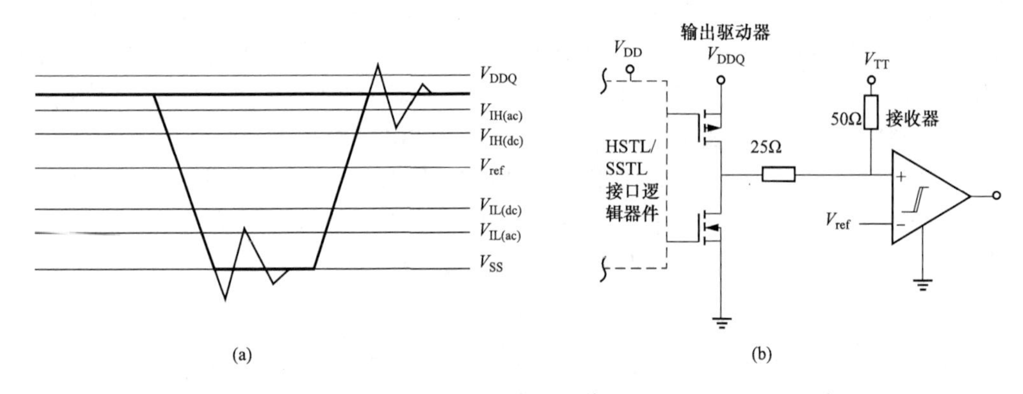

图 7-5　HSTL 和 SSTL 标准规定的阈值电压的关系和应用电路

（a）典型输入信号及各阈值电压的关系；（b）典型具有端接电阻的应用电路

HSTL 和 SSTL 标准允许数字逻辑器件的供电电源 V_{DD}与其输出驱动器的供电电源 V_{DDQ}之间电压不相等，但是 V_{DDQ}的电压不能高于 V_{DD}。另外，标准还给出了在采用端接技术时对输出驱动器的电流及端接电阻大小的规定。图 7-5（b）给出了一个典型的采用 25Ω 串联端接电阻和 50Ω 并联端接电阻的应用实例，在采用并联端接时还需要一个端接电源 V_{TT}，它的电压值一般等于 $V_{DDQ}/2$。不过，该电源在驱动器输出逻辑 0 时提供电流输出，而在驱动器输出逻辑 1 时要承受电流的流入。在数字信号高速切换时，该电源要求具有很高的提供双向电流的动态能力。表 7-3 给出了标准 SSTL _ 2（2.5V）规定的电源电压、基准电压和各阈值电压的范围。基准电压 V_{ref}对噪声容限具有重要的影响，因此表 7-3 中 SSTL 标准规定了基准电压 V_{ref}的噪声不能超过 2%，采用该电平标准和端接技术的总线其工作频率高达 180～200MHz，数字信号的边沿斜率（dv/dt）则超过 1V/ns。

表 7-3　　标准 SSTL _ 2（2.5V）的主要参数规定

符号	参数	最小值	正常值	最大值	单位
V_{DD}	器件电源电压	V_{DDQ}			V
V_{DDQ}	器件输出电路电源电压	2.3	2.5	2.7	V
V_{ref}	输入基准电压	1.13	1.25	1.38	V
V_{TT}	器件的端接电源电压	$V_{ref}-0.04$	V_{ref}	$V_{ref}-0.04$	V
$V_{IH(dc)}$	高电平直流输入电压	$V_{ref}+0.15$	—	$V_{DDQ}+0.3$	V
$V_{IL(dc)}$	低电平直流输入电压	−0.3	—	$V_{ref}-0.15$	V
$V_{IH(ac)}$	高电平交流输入电压	$V_{ref}+0.31$			V
$V_{IL(ac)}$	低电平交流输入电压			$V_{ref}-0.31$	V

2. 差分逻辑电路

差分逻辑电路的输入和输出为一对互补的逻辑信号，它们的电压差决定了逻辑 1 和逻辑 0，这使得它对公共的电源和参考地线上的干扰电压（共模电压）不敏感，因此可以有效克服地共模干扰。另外，由于两条互补信号线中的电流流向是相反的，因此当信号引线非常接近时，可以有效克服电感效应。正是由于这些优点，差分逻辑电路被广泛应用于高速数字信号的处理或者长线传输中。图 7-6 给出了几种著名的差分逻辑电路的输入/输出原理。

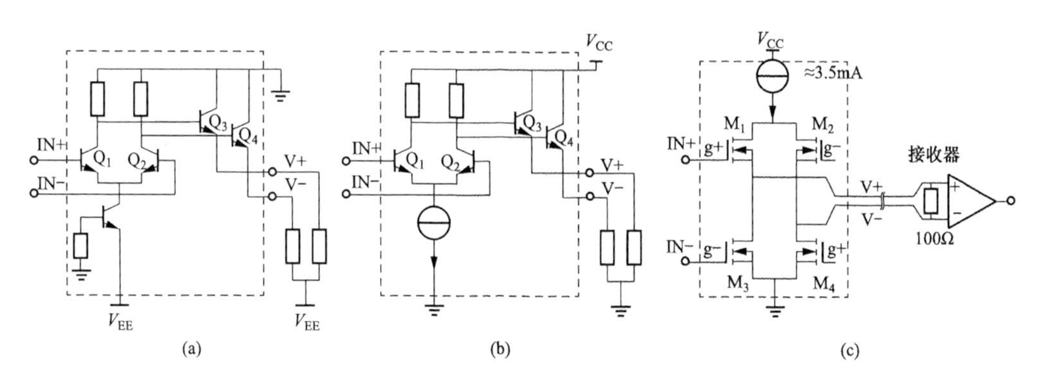

图 7-6　差分逻辑电路的输入/输出原理

(a) ECL；(b) PECL/LVPECL；(c) LVDS

ECL 电路［图 7-6（a）］全称为射极耦合逻辑（Emitter-Coupled Logic）电路，它采用 BJT 工艺且由一个负电源（$V_{EE}=-5.2$V）供电。ECL 的输入电路为一个电流源偏置的差分对（由 Q_1 和 Q_2 构成），输出则为一对射极跟随器（由 Q_3 和 Q_4 构成），所有的晶体管都不进入饱和状态，因此由于基区存储电荷的清除时间短，电路的转换速度很快；同时，ECL 电路跟随器的输出阻抗很低，故具有很强的驱动能力，可以快速为负载电容充电；第三，ECL 电路的 $V_{OH}=-0.9$V，$V_{OL}=-1.7$V，所以其逻辑摆幅较小（仅约 0.8V），故当电路从一种状态过渡到另一种状态时，对寄生电容的充放电时间将减少。这些因素使得 ECL 电路具有很高的速度，其平均延时时间仅几纳秒或皮秒，故速度能达到几百 MHz 到 10GHz。但是由于差分管 Q_1 和 Q_2 轮流导通，使得 ECL 整个电路没有“截止”状态，所以电路的功耗比较大。ECL 的输出包含直流偏置电压 V_B，其值大约等于−1.3V（差分输出的中心电压）。如果省掉 ECL 电路中的负电源，并采用正电源的系统（$V_{CC}=+5$V），这样的电路［图 7-6（b）］称为 PECL（Positive Emitter Coupled Logic）电路；如果采用 $V_{CC}=+3.3V$ 供电，则称为 LVPECL。PECL 驱动器输出 $V_{OH}=4.1V$，$V_{OL}=3.3V$，直流偏置 $V_B=V_{CC}-1.3V=3.7V$，而 LVPECL 的 $V_{OH}=2.4V$，$V_{OL}=1.6V$，$V_B=V_{CC}-1.3V=2V$。

另外一种低压差分逻辑电路（LVDS）原理如图 7-6（c）所示。它的输出级是 4 个 NMOS（M_1～M_4）构成的全桥电路，由互补输入信号控制，把一个 3.5mA 左右的恒流源与100Ω 的负载电阻接通，在接收器端产生大约 0.35V 的压降。当驱动器翻转时，流过电阻的电流将反向，从而产生逻辑 1 和 0。由于是恒流源输出，因此 LVDS 驱动器具有较宽的电源电压范围（从+5V 到+3.3V，甚至更低），而且在传输线发生短路时也不会造成器件损坏，同时其功耗也远比 ECL 电路低。另外，标准规定 LVDS 的驱动器应该输出 1.2V 左右的直流偏置电压，根据图 7-6（c）给出的电路，这相当于要求 MOSFET M_3 和 M_4 包含内部电阻 $R_{in}=(1.2-0.35/2)\ V/3.5mA\approx300\Omega$。LVDS 的接收器为高阻抗输入电路，标准规定阈值电压为±100mV，输入共模电压的范围为 0～2.4V。标准推荐 LVDS 的最高数据传输速率是 655Mbit/s，但其理论最高传输速率（在无损耗传输线上）可达 1.823Gbit/s。

ECL、PECL 和 LVPECL 的输出具有不同的直流偏置电压 V_B，且其输出摆幅也不相同，因此它们之间进行接口需要电平变换电路。典型变换电路如图 7-7 所示。

图 7-7（a）给出了几种电路的直流偏置和摆幅的比较。图 7-7（b）给出了利用电阻分压器把 PECL/LVPECL 输出变换为 LVDS 电平的电路。在该电路中，z 为信号传输线的特征阻抗，根据阻抗匹配的要求，每条信号线的等效电阻 $R_1//(R_2+R_3)$ 应该等于该特征阻抗值。考虑到 LVDS 的输入为高阻抗特性，若断开 PECL/LVPECL 驱动器，那么电阻分压器 R_1、R_2 和 R_3 的参数选择应该正好使电位 V_a对应于 PECL/LVPECL 驱动器输出的直流偏置 V_B，这样当驱动器接入后，理论上不会从驱动器中吸收直流偏置电流。另外，分压器的设计应该使电位 V_b等于 LVDS 的直流偏置电压，这样从 V_a到 V_b的电压比 $G=V_b/V_a=R_3/(R_2+R_3)$。该电压比不仅衰减了直流偏置，同时也对交流摆幅进行了衰减。

同理，可以得到图 7-7（c）从 LVDS 到 LVPECL 的变换电路。根据图 7-6（c）给出的 LVDS 输出电路原理，要求 LVPECL 实现大约 0.8V 的输入差分电压和 2V 共模电压的要求，那么可采用图 7-7（c）中的电阻分压器电路，同时根据右边的公式来计算其电阻值。根据给出的电阻分压器的参数，为了实现阻抗匹配，要求传输线的特征阻抗应该等于 150Ω。图 7-7（d）给出了采用 Pericom 公司的 LVDS 驱动器和交流耦合方式来驱动 PECL 逻辑的变换电路，图中给出的实际电阻参数来自 Pericom 公司的技术文档，考虑了其器件的输出特性[1]。交流耦合要求 LVDS 驱动器输出的数字信号应该满足交流耦合的条件，即电路的高电平或低电平维持时间不能超过一定的值。对于图 7-7（d）中给出的 0.1μF 隔直电容参数，这个维持时间是 500ns。可以通过对 LVDS 传输的位流进行特定编码（如施加填充位）使其成为交流信号。

最后，图 7-7（e）给出了把 5V CMOS 单端信号转换为 LVDS 差分输入的电路，图中通过直流分压器（带一个滤波电容）来提供 LVDS 要求的直流偏置电压。另外，在这个设计中考虑到 CMOS 电路的输出内阻 R_{out}，应该选择恰当的串联端接电阻 R_{tm}，当连接 50Ω 特征阻抗的传输线时，要求 $R_{out}+R_{tm}=50\Omega$。

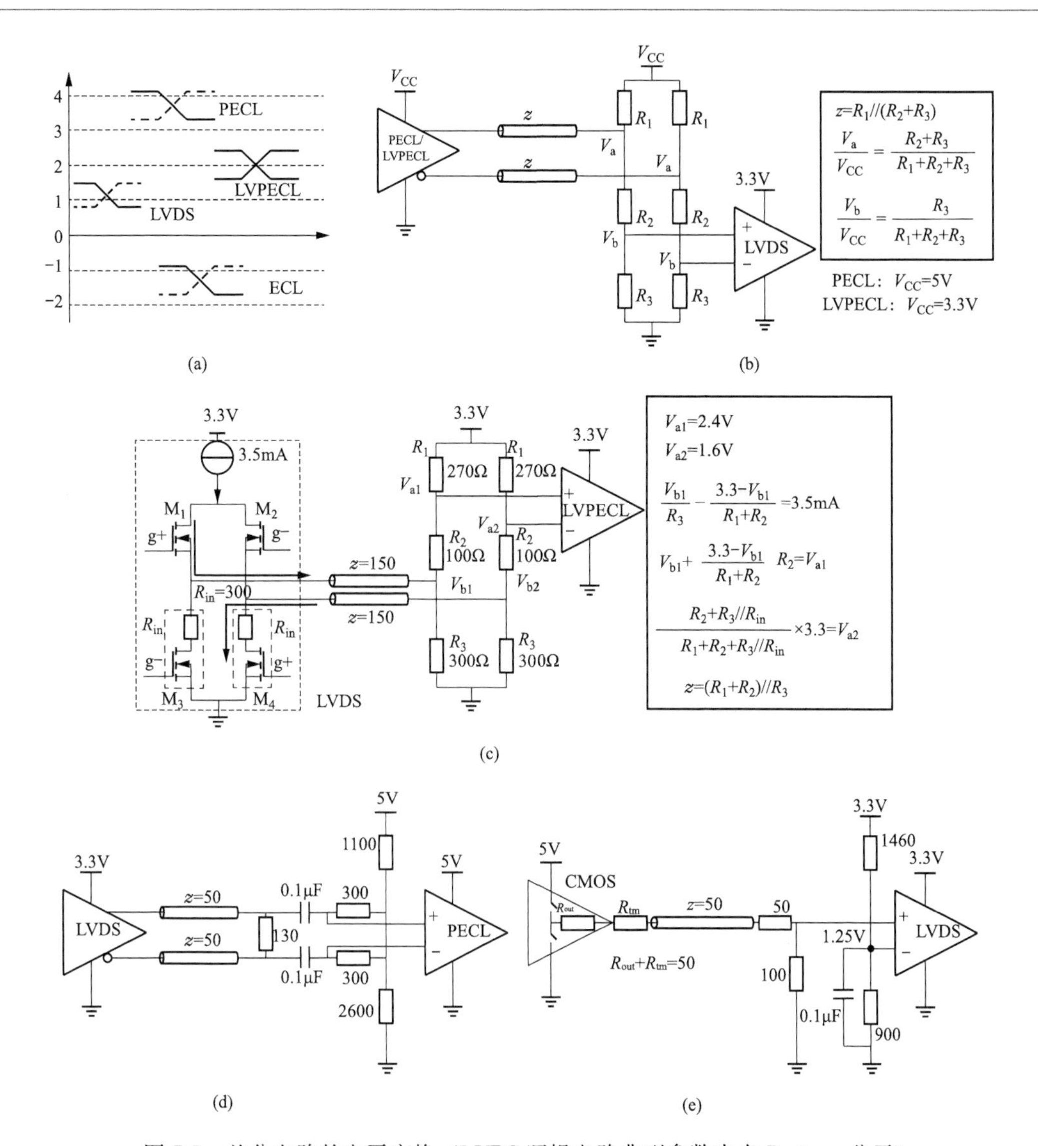

图 7-7　差分电路的电平变换（LVDS 逻辑电路典型参数来自 Pericom 公司）

（a）不同差分电路的直流偏置和摆幅；（b）PECL/LVPECL 输出到 LVDS 的变换电路；（c）LVDS 驱动器到 LVPECL 的变换电路（LVPECL 没有内部上拉电阻）；（d）LVDS 驱动器与 PECL 逻辑电路的交流耦合变换电路；（e）单端信号到 LVDS 接收器的变换电路

【例 7-1】 信号线特征阻抗 $z=50\Omega$，PECL 的直流偏置为 3.7V，LVDS 的直流偏置为 1.2V，根据图 7-7（b）所示电路设计从 PECL 到 LVDS 的电阻 R_1、R_2 和 R_3 参数。

7.1.2　基本的门电路和存储器

尽管数字电路是由晶体管来构造的，但是基本的门电路和锁存器是数字电路设计的基础。当前直接采用分立的门电路和锁存器来进行数字逻辑电路的设计已经比较少见，而采用 ASIC 和 FPGA 来进行高速和复杂数字逻辑电路设计是电子技术的一个重要领域，并且由于 FPGA 的重复可编程能力和通用性，其在工程中得到了广泛的应用。利用 ASIC 或 FPGA 进行逻辑电路的设计的主要方法是利用标准的硬件描述语言（Hardware Description Language，HDL）来描述器件的逻辑功能及其连接关系，然后通过强大的综合工具将语言的描述转换为基本的门电路和锁存器（对 ASIC 还进一步生成晶体管开关版图）。Verilog HDL 是一种与微处理器编程语言 C 很相似的硬件描述语言，本书将以此为例对基于基本门电路和锁存器的通用数字逻辑电路的设计进行介绍。图 7-8 给出了几种基本的门电路及其 Verilog HDL，详细的 Verilog HDL 的语法规则可参考相关文献［2］。

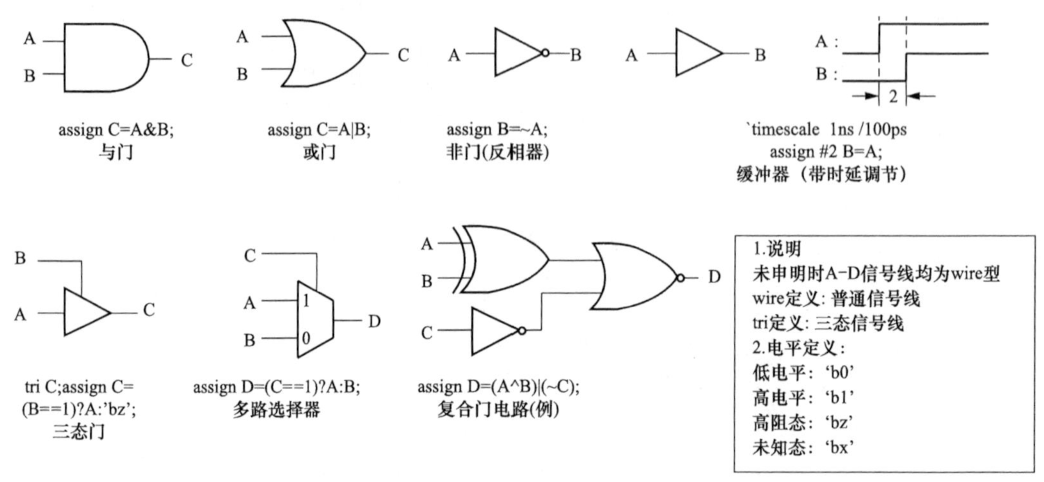

图 7-8 基本门电路及其 Verilog HDL 的描述

在 Verilog HDL 中，门电路的逻辑关系采用 assign 语句来描述，其输入和输出一般被定义为 wire 类型，但是三态门的输出类型为 tri 类型。除此以外，信号在电路中传输会有传输延时，包括线路延时和门电路延时，Verilog 能够对实验特性进行描述和规定。在图 7-8 中缓冲器的表达式中，assign 语句中的“＃2”表示 A 信号经过 2 个时间单位的延时后得到 B 信号。Verilog HDL 中所有的延时都必须用时间单位来描述，语句“’ timescale 1ns/100ps”是一条预编译命令，规定了时间单位为 1ns，而时间精度为 100ps，因此该缓冲器的延时时间为 2 个时间单位，即 2ns。除了基本的与、或和非门及三态门，多路选择器及其他复合门电路都可以通过基本的门电路来实现，但是在图 7-8 中给出的 Verilog HDL 采用了更为公式化或方程化的描述，称为行为级描述，这将在后文中进行进一步说明。

除了基本的门电路，构成数字逻辑电路的另外一个部分则是可以保持状态的逻辑单元，即触发器、锁存器和各种存储器。触发器是由基本的门电路通过输出到输入的反馈构成的电路，可以通过某种输入触发条件来修改或保持逻辑状态，包括 RS 触发器、D 触发器、T 触发器和 Jk 触发器等，并且有些保持-阻塞型触发器只能在一个输入时钟信号的上升或下降边沿来进行触发，也称边沿触发器。把多个触发器并联在一起构造出了锁存器，能存储数字位通常为 8 位（1 个字节）和 16 位（1 个字）等。在 FPGA 中，利用 Verilog HDL 可以定义一个寄存器型的变量（reg）来设计任意功能的触发器及任意位数的锁存器。图 7-9 给出了基本的 D 触发器和同步 RS 触发器的实例。

如果将很多锁存器进行集成并构成一个可以进行并行写入和读出控制的阵列，则构成了静态存储器（Static Random Access Memory，SRAM）。SRAM 的速度快，但缺点是存储容量比较小，通常只有几十 kB 到 1MB。而现代微处理器系统设计要求越来越大的存储容量（往往要求几百 MB，甚至几 GB），同时体积和功耗又要很低，这就要求发展以更小的芯片面积来获得更大存储容量的技术，即动态存储器（Dynamic Random Access Memory，DRAM）技术。

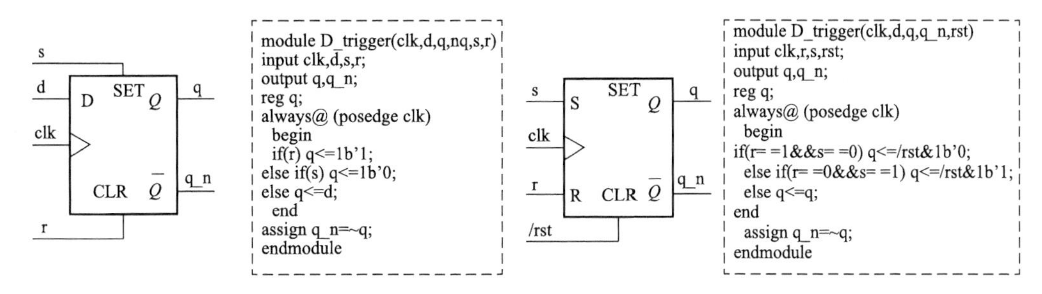

图 7-9　触发器的 Verilog 行为级描述

DRAM 用电容和开关代替触发器来保存基本的位信息，大大减少了 SRAM 所用的晶体管数量，从而有效提高了容量并降低了功耗。但是，对 DRAM 进行数据写入需要对电容进行充电或放电，导致其速度比较慢。同时，电容存储的电荷会随着泄漏电流而消失，因此需要对 DRAM 进行定时的刷新操作，这就是 DRAM 被称为动态存储器的原因。所有这些都导致了 DRAM 应用方式远比 SRAM 复杂。

图 7-10（a）给出了 SRAM 的基本存储结构，而图 7-10（b）则给出了 DRAM 的基本存储结构。SRAM 采用 6 个晶体管来构造基本的一位存储单元，其中 PMOS 和 NMOS 对 M1 和 M2 及 M3 和 M4 分别构成反相器，其输出与输入交叉相连完成一个 RS 触发器的功能。字线 WL 控制 M5 和 M6，负责把触发器与互补的数据线/D 与 D 接通或断开。读写控制信号 $R/\overline{W}$管理器件的输入和输出缓冲器（均为三态门）。相比之下，DRAM 的结构则简单很多，其核心位存储单元为一个 MOSFET M1 和一个电容 C，M1 由字线 WL 来控制通断，除了多了一个 RF 刷新控制线，其他控制与 SRAM 类似。RF 刷新控制先线读出放大器的输出，然后通过刷新缓冲器重新写入电容 C，使 C 被充电或放电。

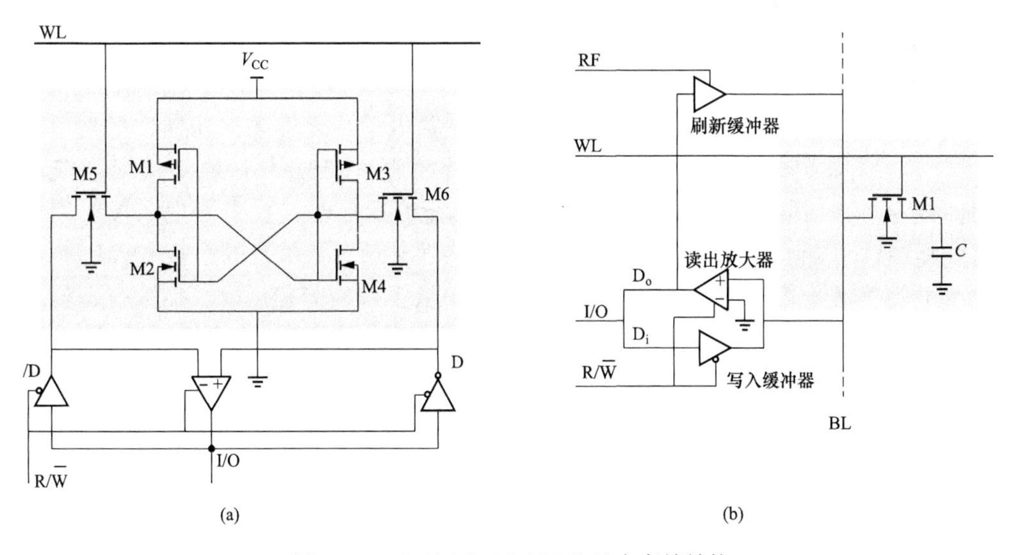

图 7-10　SRAM 和 DRAM 的基本存储结构

（a）SRAM；（b）DRAM

随机存储器（Random Access Memory，RAM）在掉电时其保存的信息会全部失去，而另外一类掉电不丢失的只读存储器（Read Only Memory，ROM）也被广泛应用，在现在的计算机主板、硬盘和各种移动存储器介质（USB盘、存储器卡等）中被广泛应用。

ROM存储器包括E^2PROM、Flash存储器及最新发展的铁电存储器（Ferromagnetic Random Access Memory，FRAM）等。E^2PROM的基本结构如图7-11（a）所示，其在传统MOSFET的漏、栅和源极基础上（D、G和S）增加了一个浮栅（FG），它与沟道之间通过一个SiO_2薄层来绝缘。若浮栅上没有电子（被擦除时），MOSFET的开通阈值电压为V_{T1}；而当电子进入并保持在浮栅上时（被编程时），MOSFET的开通阈值电压V_{T2}会升高，因此正常栅极电压V_T（检测电压）被设定在V_{T1}和V_{T2}之间，以MOSFET能否开通来判断浮栅是否被编程。E^2PROM每个浮栅MOS和一个普通MOS组合构成一个双管位存储单元，这种结构使得它可以单独对每个字节进行编程和擦除。早期的EPROM采用在控制栅和漏极上加高压，利用雪崩效应和热电子注入的方式来给浮栅充电，浮栅电子可以保持10年以上不消失（有些E^2PROM号称可保持100年），而擦除则需要通过紫外线照射来完成。E^2PROM则采用更薄的SiO_2绝缘（浮栅隧道氧化层），并利用隧道效应来给浮栅充电和擦除，大大降低了编程电压。隧道效应是指在两片金属间夹有极薄（厚度$<20nm$）的绝缘层，当两端施加势能形成势垒V时，导体中具有动能E的部分微粒在$E<V$的条件下，仍然可以从绝缘层一侧通过势垒V而达到另一侧的物理现象。E^2PROM的每次擦除和编程都会引起SiO_2薄层的损伤，因此其写入次数是有限的，平均寿命为100万次左右。

相比于E^2PROM，Flash存储器是一种容量更大和擦除速度更快的可编程ROM。它首先在工艺上进行了改进，如采用更低的隧道氧化物SiO_2层的厚度，并采用了EPROM的热电子注入和E^2PROM的隧道效应注入相结合的编程方法，这样进一步降低了编程电压并提高了编程速度。其次，Flash的位存储单元只由单个浮栅MOS构成，这比E^2PROM的双管结构更简单，从而可以大大提高容量。同时，Flash的浮栅MOS构成不同的存储阵列，从而可以实现对芯片的大块或整块擦除能力，“闪存”这个名词即来源于此。Flash存储器根据工艺和结构的不同分为两种类型：NOR Flash和NAND Flash。图7-11（b）给出了NOR Flash的结构原理。如图7-11（b）所示，NOR Flash的编程采用与EPROM类似的热电子注入方式，而擦除则采用隧道效应。虽然热电子注入会增加功耗，但是写入速度更快。同时，NOR Flash每条位线上同时并联很多浮栅MOS，从逻辑上构成了或非的关系，因此称为NOR Flash。对于NOR Flash，在执行读操作时，首先要把源极线接地，然后对字线施加检测电压V_T来探测浮栅MOS是否能够导通（被编程的浮栅MOS阈值较高，检测电压不能使之导通），浮栅MOS的状态将在位线上被检测和读取。在进行编程时，源极线也接地，然后在目标浮栅MOS对应的字线和位线上同时施加10V和5V的电压脉冲。8位、16位、32位或更多的位可以被并行地读取和编程，其取决于位线的数目。在进行擦除时，需要在源极线和字线上分别施加5V和$-8V$的电压脉冲，且一次可将一个整块内的浮栅MOS进行擦除。NOR Flash结构能够使用户通过字线的选择来实现对存储单元的随机读和编程，但是擦除是整块进行的。NOR Flash的随机读取方式使其可以用作微处理器的程序存储器，用于存储程序代码并运行。

图7-11（c）给出了NAND Flash的结构原理。NAND Flash的编程和擦除均通过隧道效应来进行，且其位存储阵列中每条位线上的浮栅MOS串联在一起，逻辑上形成与非关系，因此称为NAND Flash。同时，在每个浮栅MOS串上分别连接普通MOS作为位选择和接地选择开关。NAND Flash在进行读操作时，首先需要将源极线接地；然后对要进行

读操作的浮栅 MOS 的字线施加测试电压 V_T，而串联的其他浮栅 MOS 的字线上则被施加足够高的电压保证其均处于导通状态；最后，在位线上进行检测并获得被读取的 MOS 的状态信息。在对 NAND Flash 进行编程操作时，首先要关闭源极接地开关，同时将对应的串联浮栅 MOS 组的位选择开关打开，并在位线上施加 0 电位；然后在控制栅施加非常高的脉冲电压（15～20V），其他浮栅 MOS 则保持通态，且会流过被编程单元的电流。NAND Flash 的擦除通过控制栅施加 0 电平，并对 P 衬底施加非常高的电压（18～20V）来实现，因此它一次可以清除整个串联块。NAND Flash 进行随机读写需要一系列开关的配合，因此耗时很长，所以它不采用随机读写的方式，而是采用对整个串联块按次序读取的页读取方式，编程方法与此相同。因此，NAND Flash 往往用于大容量按块顺序存取的方式，如常用的 U 盘和存储卡都是用 NAND Flash，主要用来存储资料。相比 NOR Flash，NAND Flash 的成本更低，容量更大。NAND Flash 的擦除和编程寿命一般为 10 万次左右，存储时间为 10 年。

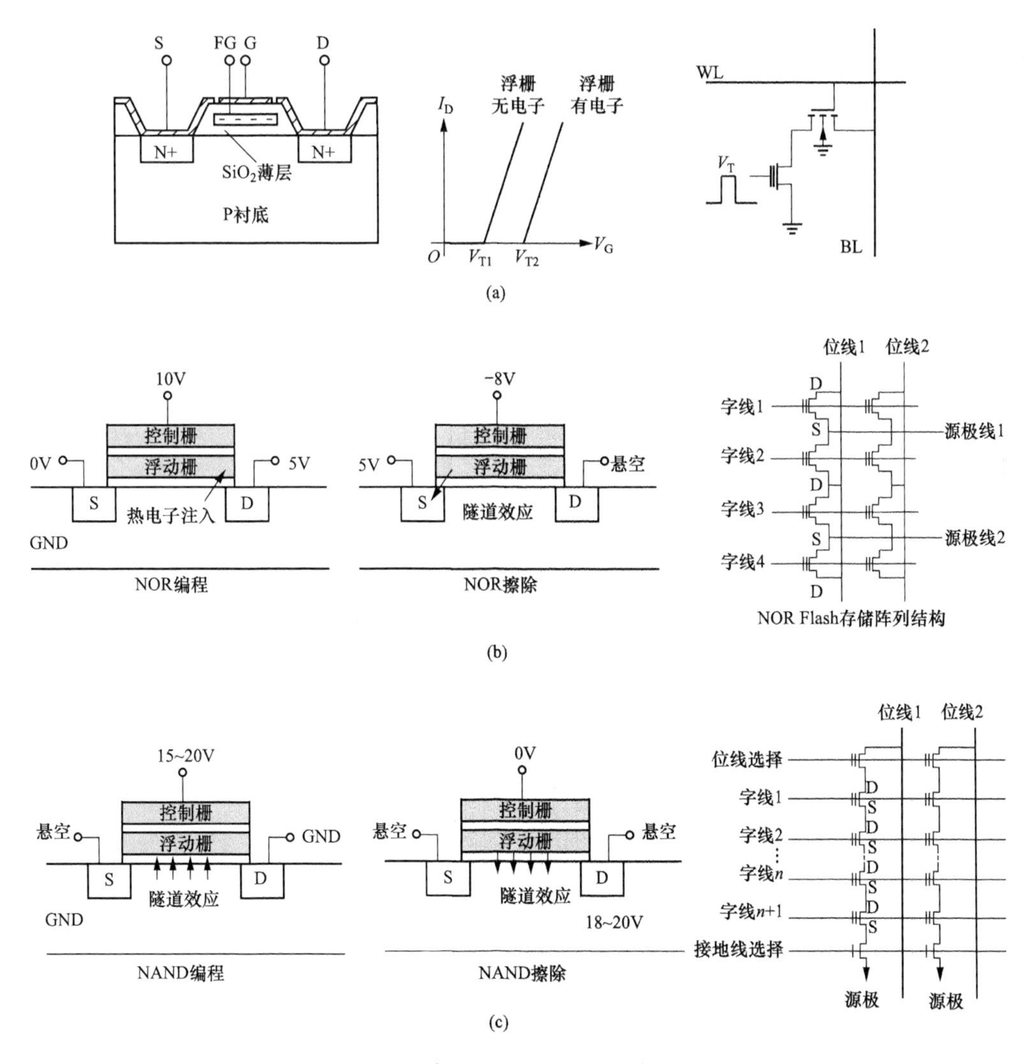

图 7-11　E^2PROM 和 Flash 的结构原理

（a）E^2PROM；（b）NOR Flash；（c）NAND Flash

FRAM是另外一种新型的非易失性存储器，它采用铁电晶体作为存储介质，利用铁电效应存储数字位1和0。铁电效应是指铁电晶体的一种自极化现象，当给铁电晶体施加一定的电场时，晶体中心原子顺着电场的方向在晶体里移动，并达到一种稳定状态。当电场从晶体移走后，由于晶体中间层是一个高能阶，中心原子在没有获得外部能量时不能越过高能阶到达另一稳定位置，因此会保持这种状态。图7-12（a）给出了一个铁电材料电容器的电滞回线，显示了铁电电容在施加不同极性的电场时表现出来的极化特性。由于该特性类似于铁磁材料的磁滞回线，因此被称为铁电特性。

FRAM通过外加电场来改变极化状态，而没有外加电场时，其极化特性有两种稳定的状态。图7-12（a）的电滞回线非常重要的两个参数是剩余电荷$\pm Q_r$和矫顽电压$\pm V_c$，前者用以表示0和1两个状态，而后者则表示对其极化所需要施加的外加电压的阈值。图7-12（b）分别给出了两种基本的铁电存储单元结构，铁电晶体（目前FRAM中主要使用两种材料：PZT——锆钛酸铅和SBT——钽酸锶铋）被制备成薄膜电容，与传统MOS组成双管双容（2T2C）及单管单容（1T1C）结构。2T2C采用两个相反的电容互为参考，因此可靠性较高，但是集成度低，占用面积大，而1T1C则提高了集成度，但是可靠性相对较低。

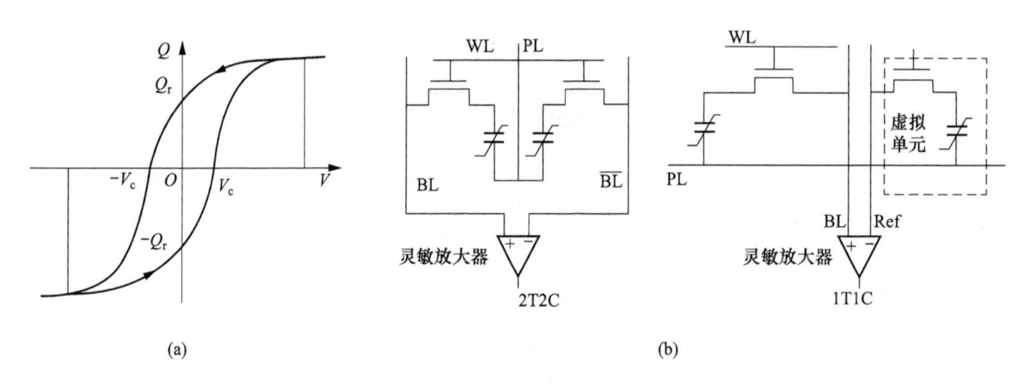

图7-12 FRAM的特性和存储单元结构

（a）铁电特性；（b）FRAM的两种基本存储单元

1993年美国Ramtron公司成功开发出第一个4KB的FRAM商用产品。FRAM的主要特点如下：首先，写入和读出速度非常快，几乎与普通SRAM的速度相当；其次，对FRAM的反复读写几乎不影响其寿命；第三，FRAM利用电场进行编程，因此具有超低功耗。这些都是FRAM远远优于Flash存储器的特点。但是FRAM的缺点是其工艺比较复杂，且与常规CMOS集成工艺不兼容，集成度远远低于Flash存储器，造成其容量比较小。表7-4给出了几种典型E^2PROM、NOR Flash、NAND Flash和FRAM的性能比较。

表7-4 典型非易失性存储器的性能比较

器件名	类型	读时间	容量、擦除和编程时间	寿命	保持时间（年）	电源功耗
AT28HC256	E^2PROM	70ns	32K×8，1～64字节页编程 页编程时间：3～10ms	1～10万次	10	5V/80mA

续表

器件名	类型	读时间	容量、擦除和编程时间	寿命	保持时间（年）	电源功耗
MX29GL256F	NOR Flash	90ns	32M×8，分为 256 个段 字编程：10μs； 段擦除：0.5s	10 万次	20	3.3V/10mA
HY27UF081G2A	NAND Flash	随机：25μs 顺序：30ns	128M×8，64 页×1024 块 页编程：200μs； 块擦除：2ms	10 万次	10	3.3V/10mA
FM3808	FRAM	70ns	32K×8，写时间：70ns 读写周期：130ns	1000 亿次	10	5V/10mA

7.1.3　存储器阵列结构及读写访问总线和时序

存储器（SRAM、DRAM、Flash 等）是由基本存储单元组成的存储阵列及外围控制电路构成的，控制电路为微处理器或其他 ASIC 提供了对存储阵列的读写操作的接口。图 7-13给出了典型的并行接口 SRAM（型号为 IS61LV256AL）的实例，其中图 7-13（a）给出了芯片的引脚分布和内部结构，图 7-13（b）和（c）分别给出了典型读访问和写访问时序。

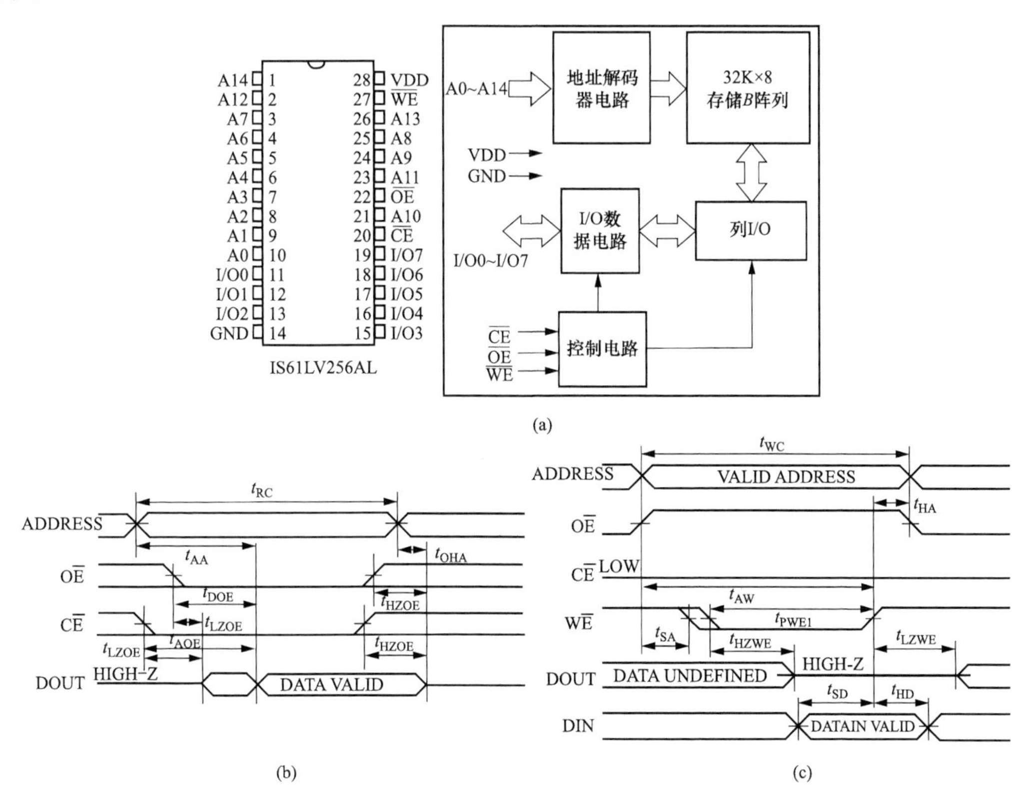

图 7-13　SRAM 的结构和读写访问时序

（a）引脚分布和内部结构；（b）读访问时序；（c）写访问时序

作为并行接口存储器，其引脚由三大总线构成：A0～A14 称为地址总线，它们的编码用于选择内部存储单元（即使能基本存储单元的字线 WL），地址总线总共有 15 条，因此其内

部存储单元共有 2^{15}＝32K 个，对应地址线的信号组合为十六进制的 0000H～7FFFH（称为地址编码）。I/O0～I/O7 为 8 位数据总线，对应于基本存储单元的数据线 D 或位线 BL，表示被保存在存储单元中的位信息 $\overline{CE}$、$\overline{OE}$和$\overline{WE}$为控制总线，其中$\overline{CE}$表示片选信号，当它使能时（低电平）芯片可以进行读写操作；$\overline{OE}$表示输出使能信号，当它有效时（低电平），被存储的位将通过数据总线输出；$\overline{WE}$表示写使能信号，当它有效时（低电平），数据总线上的位将被写入存储单元保存。微处理器对存储器的读写访问需要通过存储器给出的操作时序来进行，操作时序即存储器的地址、数据和控制总线上的逻辑信号组合及电平持续时间、最小或最大允许延时等指标。图 7-13 中 SRAM 给出的是一种异步并行访问时序，即不要求提供同步时钟。目前，SRAM、E^2PROM 和 Flash ROM 均普遍采用这种异步时序，当然不同器件的访问时序因器件类型不同会有差异。异步并行访问时序为绝大多数通用微处理器所支持，微处理器会自动产生或者在运行用户的指令时产生该时序。

DRAM 利用电容保存的信息一般只能保留几十毫秒，所以需要不断进行状态的刷新，这使得其内部设计了复杂的自动执行电路，而外部微处理器对 DRAM 进行读写访问也需要与内部自动刷新等功能进行协调以免冲突，这些因素促使 DRAM 的外部接口电路不同于 SRAM 和 Flash ROM 所采用的异步读写时序，而是采用同步时序，此类 DRAM 也称同步 DRAM（SDRAM）。同步时序是指对存储器的刷新和读写访问需要公共的时钟输入以实现同步。当 SDRAM 被应用于 PC 的内存槽时，同步时钟由主板上的系统时钟来提供，目前广泛采用双倍速率 SDRAM，即 DDR SDRAM，在时钟触发沿的上下沿都能进行数据的传输。DDR SDRAM 发展速度很快，已经从第 2 代 DDR2 SDRAM 发展到了第 4 代 DDR4 SDRAM。作为一个典型实例，图 7-14（a）给出了一个 128Mbit/s 的第 2 代 DDR2 SDRAM 的结构，图 7-14(b) 给出了芯片引脚的基本功能。

对 SDRAM 的读写访问和其他各种操作均需要差分同步时钟 CK 和/CK 的推动。SDRAM 的工作模式有很多，它们均采用命令的方式由微处理器通过芯片的引脚从外部输入，引脚/CS、/RAS、/CAS 和/WE 在时钟 CK 上升沿时的不同电平状态定义了命令形式，主要命令包括激活（ACT）、读（READ）、写（WRITE）、预充电（PRE）、自动刷新（REFA）和自刷新（REFS）等，而这些命令所对应的引脚电平状态如表 7-5 所示。

表 7-5　　DDR2 SDRAM 的不同操作命令与对应的引脚电平状态

引脚名 / 命令	/CS	/RAS	/CAS	/WE	CKE
ACT	L	L	H	H	X
READ	L	H	L	H	X
WRITE	L	H	L	L	X
PRE	L	L	H	L	X
REFA	L	L	L	H	H
REFS	L	L	L	H	L

SDRAM 芯片初始化完成后，要想对某存储块（Bank）中的存储阵列进行读写访问，首先要确定一个行，通过地址线 A0～A11 发出行地址，并通过 ACT 命令使之处于激活状态。ACT 命令中/RAS 为低电平，代表行选通信号。激活的行会始终保持活跃，然后 READ 或 WRITE 命令可被执行，/WE 信号用以区分两个命令。在对存储阵列进行读写访问时需要

A0～A11 给出被访问阵列的列地址（因为工作行已经被 ACT 命令激活了），此时信号/CAS为低电平，代表列选通信号。当对 SDRAM 的读写操作完成后，如果要对同一存储块的另一行进行读写，需要将原来激活的行关闭，重新发送行和列地址。SDRAM 关闭当前工作行，准备打开新行的操作称为预充电。预充电将对工作行中所有存储体进行数据重写，并对行地址进行复位，同时释放检测放大器以准备新行的动作。预充电可以通过命令控制，也可以通过设定让芯片在每次读写操作之后自动进行。预充电与 SDRAM 的刷新操作非常类似，都要对存储内容进行重写。但为什么有预充电操作还要进行刷新呢？因为预充电是对一个或所有存储块中的工作行进行的操作，并且是不定期的，而刷新操作则有固定的周期，且会依次对所有存储块中地址相同的行进行重写操作，以刷新那些很久没经历重写的存储体中的数据。同样，刷新操作可以通过命令控制，也可以通过设定让芯片在固定时间自动进行。那么要隔多长时间重复一次刷新呢？目前公认的标准是，存储体中电容的数据有效保存期上限是 64ms，即每一行刷新的循环周期是 64ms。

图 7-14（c）和（d）分别给出了对 DDR2 SDRAM 进行读和写的两个时序。图中，X_a表示被访问的第 a 行的行地址，而 X_b则表示第 b 行的行地址，Y 表示列地址。Q_{a0}～Q_{a7}为 SDRAM 在读操作中输出的存储数据，D_{a0}～D_{a7}则表示要写入的数据，它们都通过数据总线 D_{Q0}～D_{Q15}来传输。SDRAM 的操作命令和时序还有很多，可参考相关技术文献或芯片资料，在此不再赘述。总之，对 SDRAM 的访问需要一套特定的同步时序和操作次序，它远比异步 SRAM 的访问时序复杂。

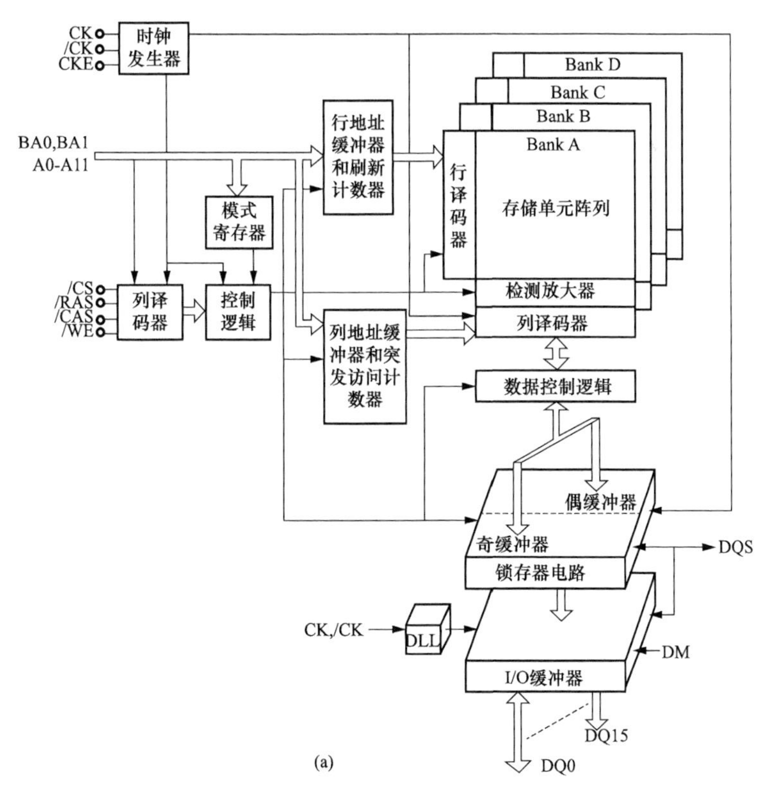

图 7-14　DDR2 SDRAM 的原理（一）

（a）DDR2 SDRAM 的结构

引脚	功能
CK,/CK	时钟信号。CK和/CK为差分时钟输入，所有的地址和控制信号在CK的上升沿和/CK的下降沿被采样，而输出数据则在CK和/CK的双边沿均能输出
CKE	时钟使能。高有效，使能或禁止内部时钟电路、输入缓冲器和输出驱动器
/CS	芯片选择
/RAS,/CAS,/WE	控制输入，与/CS一起定义了对芯片的控制命令输入
DM	对写入数据的屏蔽。在写操作时，若采用到此信号为高，则数据将不被写入芯片
BA0,BA1	BANK选择。其编码决定SDRAM中的哪一个BANK被选中(例子为4个BANK)
A0~A11	地址输入。决定了存储单元的行AO~A11和列地址A0~A8(例子共有4K×512个单元存储单元)
DQ0~DQ15	双向数据总线(每个存储单元为16个位)
DQS	数据选通信号。读操作时为输出信号，与输出数据边沿对齐；写操作时为输入信号，与输入数据中心对齐

(b)

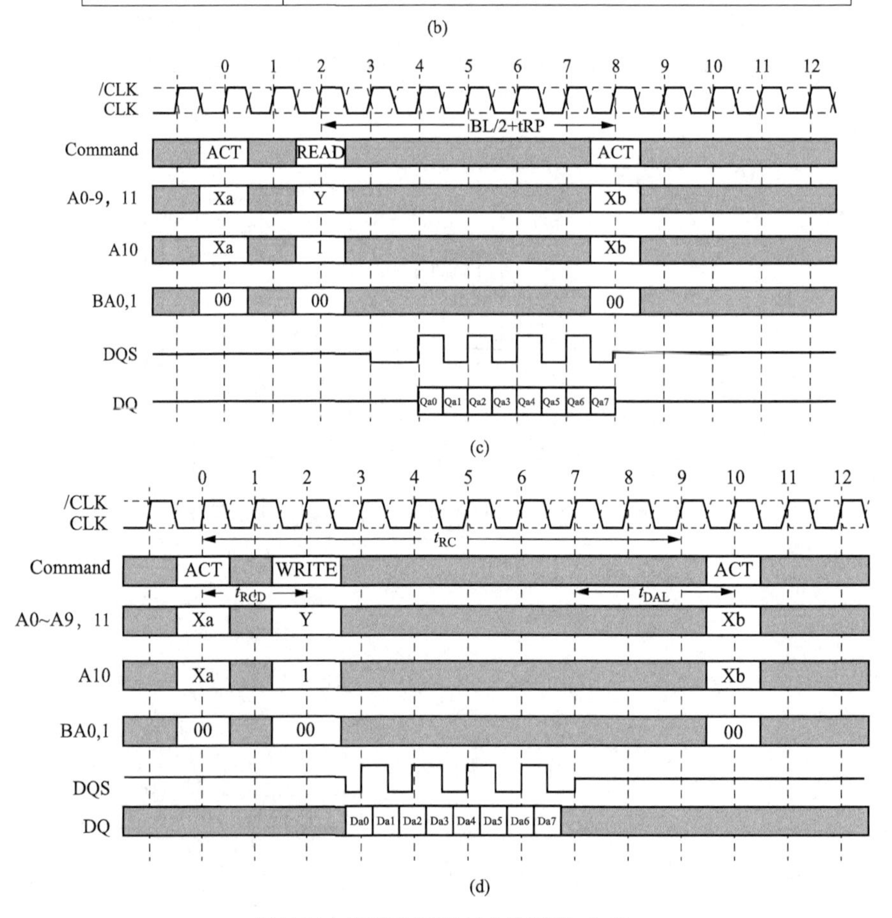

图 7-14　DDR2 SDRAM 的原理（二）

（b）引脚功能；（c）读访问时序；（d）写访问时序

7.2　通用数字电路的设计

7.2.1　离散控制系统状态方程和数字电路的状态方程描述

一个离散控制系统的输入和输出关系可以通过式（7-1）所示的状态方程来建模和描述。离散状态方程表明一个离散系统的输出 y_n是由当前状态变量 Q_n的状态来决定的，而 Q_n的状态则可以通过输入 x_n来进行控制。

$$\begin{cases} Q_{n+1} = AQ_n + Bx_n \\ y_n = CQ_n \end{cases} \tag{7-1}$$

式中，x_n和 y_n分别为系统在当前采样时刻 n 的输入和输出；Q_n为系统在当前采样时刻 n 的状态变量的取值；Q_{n+1}为下一个时刻 $n+1$ 的状态变量的取值。

在一个连续控制系统中，可以选择作为状态变量的物理量往往是那些具有能量存储能力的元件的状态量，如一个电路中的电感电流和电容电压，这种特性决定了当施加外部激励时，状态变量具有保持原来状态的能力而不会发生突变（突变意味着需要无穷大的控制量）。同理，在离散系统中，状态变量的最基本特征是能够保存系统的状态。数字逻辑电路是典型的离散系统，能够保存状态的电路元器件是 7.1 节所提到的各种类型的触发器和存储器。也就是说，一个数字逻辑电路可以依据式（7-1）并围绕触发器或存储器来进行设计。数字逻辑电路一般分为组合逻辑电路和时序逻辑电路，这可以通过式（7-1）来进行区分和说明。组合逻辑电路由基本的门电路经过逻辑组合构成，输出信号直接由输入信号决定，在这种电路中没有任何状态保存单元，即不包含任何触发器或存储器。而时序逻辑电路包含触发器或存储器，此时电路的输出由当前触发器或存储器的状态决定，输入信号则用于控制触发器或存储器下一个时刻的状态。

7.2.2　组合逻辑电路的设计

组合逻辑电路可以用去掉状态存储单元 Q_n的方程来描述，即 $y_n=Ax_n$，即电路的输出由输入信号直接决定。这只是一个概念化的方程，真实的反映输入和输出信号逻辑关系的方程可以通过一个基本的数字逻辑电路——译码器来说明。图 7-15（a）给出了一个二-四译码器的真值表及对应的输出与输入信号的关系。该译码器有 2 个输入信号 x_1 和 x_2 及 4 个输出信号 y_1、y_2、y_3 和 y_4。译码器的方程中每一个输出仅包含一个基本的输入信号（及其反相信号）的乘积项（也称最小乘积项），因此它是最简单的组合逻辑电路。任何一个复杂的组合逻辑电路都可以通过对这些基本乘积项进行求和来得到。顾名思义，组合逻辑电路是输入信号的最小乘积项的逻辑组合。可见，译码器可以通过一个矩阵表示的方程来描述，但是其输入向量 $\hat{\boldsymbol{X}}$ 不是由单一的输入信号组成，而是由输入信号的最小乘积项构成，而方程的关系矩阵 $\boldsymbol{A}$ 正好是真值表中输出的逻辑状态值。

矩阵方程为

$$\boldsymbol{Y}=\boldsymbol{A}^{\mathrm{T}}\hat{\boldsymbol{X}} \tag{7-2}$$

输出向量为

$$\boldsymbol{Y}=[y_1 \quad y_2 \quad y_3 \quad y_4]^{\mathrm{T}}$$

输入向量为

$$\hat{\boldsymbol{X}}=[\bar{x}_1\bar{x}_2 \quad \bar{x}_1x_2 \quad x_1\bar{x}_2 \quad x_1x_2]^{\mathrm{T}}$$

关系矩阵为

$$\boldsymbol{A}^{\mathrm{T}}=\begin{bmatrix}1&0&0&0\\0&1&0&0\\0&0&1&0\\0&0&0&1\end{bmatrix}=\boldsymbol{I}_{4\times4}$$

图 7-15（b）给出了基本的异或门和同或门的设计实例。同理，该电路的矩阵形式方程可写为$\boldsymbol{Y}=\boldsymbol{A}^{\mathrm{T}}\hat{\boldsymbol{X}}$，输出和输入向量为$\boldsymbol{Y}=[y_1 \quad y_2]$，$\hat{\boldsymbol{X}}=[\bar{x}_1\bar{x}_2 \quad \bar{x}_1x_2 \quad x_1\bar{x}_2 \quad x_1x_2]^{\mathrm{T}}$，而方程的关系矩阵为$\boldsymbol{A}^{\mathrm{T}}=\begin{bmatrix}0&1&1&0\\1&0&0&1\end{bmatrix}$。

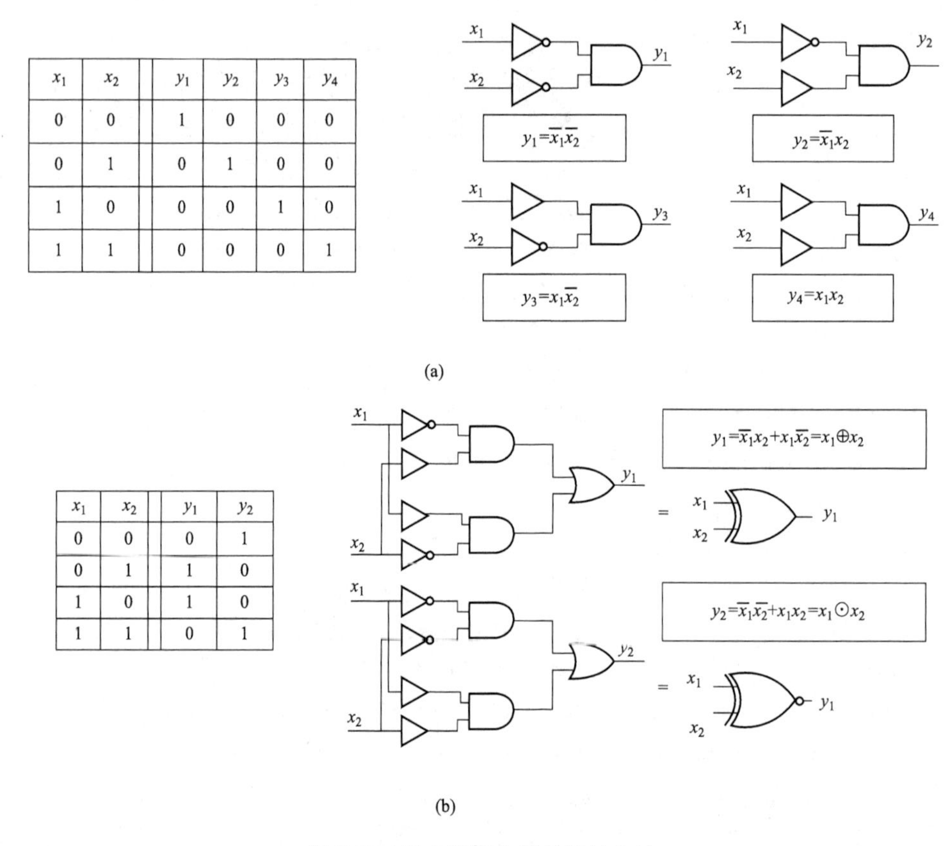

x_1	x_2	y_1	y_2	y_3	y_4
0	0	1	0	0	0
0	1	0	1	0	0
1	0	0	0	1	0
1	1	0	0	0	1

x_1	x_2	y_1	y_2
0	0	0	1
0	1	1	0
1	0	1	0
1	1	0	1

图 7-15 组合逻辑电路的设计方法

（a）最简单的组合逻辑电路——译码器；（b）异或门和同或门设计实例

利用最小乘积项组合得到的逻辑电路的方程并不是最简的，它可以通过数学的因式提取和逻辑合并来进行化简，化简后的电路可以减少与门和或门的数量，从而节省资源。下面给出一个化简的实例。

【例 7-2】 一个组合逻辑电路输入/输出方程为$y=x_1x_2x_3+\bar{x}_1x_2x_3+x_1x_2\bar{x}_3$，对该方程进行化简。

$$\begin{aligned}y&=x_1x_2x_3+\bar{x}_1x_2x_3+x_1x_2\bar{x}_3=x_1x_2x_3+\bar{x}_1x_2x_3+x_1x_2x_3+x_1x_2\bar{x}_3\\&=(x_1+\bar{x}_1)\ x_2x_3+x_1x_2\ (x_3+\bar{x}_3)\ =x_2x_3+x_1x_2\end{aligned}$$

上述化简过程有时借助卡诺图会更直观实现，图 7-16（a）给出了例 7-2 的两种卡诺图，卡诺图把输入信号的最小乘积项拆分成列和行两个组合，且相邻的组合项之间只有一个输入变量发生状态的变化。这样，两个相邻的组合项的逻辑输出为 1，意味着这个相邻项可以被化简，即把发生状态变化的输入变量消去。两个卡诺图虽然绘制方法不同，但是其化简结果是相同的。有关组合逻辑电路设计的另外一个问题是无关项的问题，如图 7-16（b）给出的自动水位控制器实例。一个储水塔有 2 个传感器 S1 和 S2 来标识水位的高低，同时 3 个指示灯来对当前水位状态进行显示：当水位在 S1 之下时，显示缺水，L1 点亮；当水位在 S1 和 S2 之间时，显示正常，L2 点亮；当水位高于 S2 时，显示水位过高，L3 点亮。根据这些要求，可通过设计组合逻辑电路来设计相应的灯光控制电路。从图 7-16（b）给出的真值表可以看出，传感器输出组合 S1＝0，S2＝1 在实际运行中是不会发生的（不考虑故障情况），因此这种状态所导致的电路输出被视为无关项 x。无关项 x 的值可以任意选取，以有利于电路的化简。如图 7-16（b）所示，当指定 L1 和 L3 为逻辑 1 时，可以把整个电路进行简化。当然，这种任意指定状态的情况有一个前提条件，即无关项所对应的输入状态在实际当中不能发生，否则被化简的电路会产生混乱或错误的逻辑输出。

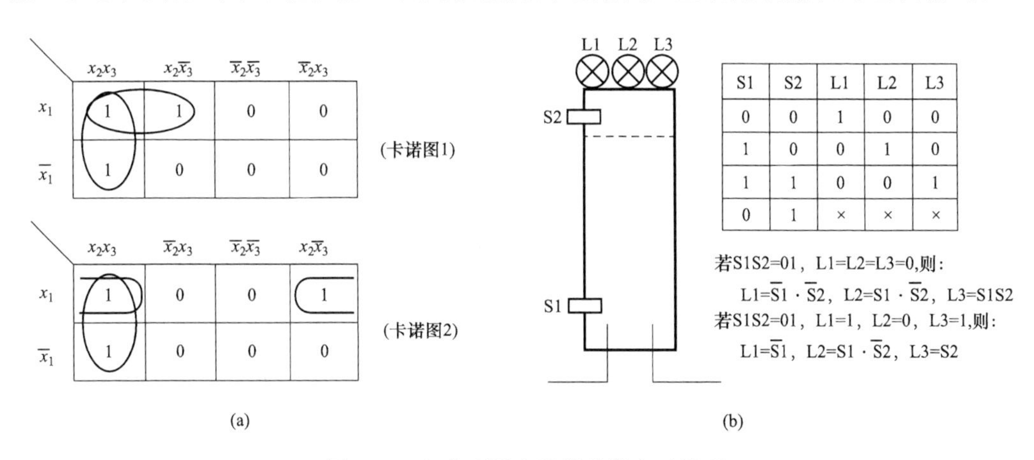

S1	S2	L1	L2	L3
0	0	1	0	0
1	0	0	1	0
1	1	0	0	1
0	1	×	×	×

图 7-16　组合逻辑电路的化简和无关项

（a）卡诺图化简的实例；（b）自动水位控制器实例

当得到了一个组合逻辑电路的输入/输出驱动方程后，可以通过基本门电路或电气开关来进行电路的实现。图 7-17 给出了一个房间中安装的照明灯的双控开关设计实例，其中图 7-17（a）给出了要实现的逻辑功能和真值表及对应的驱动方程。显然，双控开关电路是一个异或逻辑电路。图 7-17（b）给出了采用电气开关的设计电路。在该电路中，开关 S1 和 S2 均选择具有两个接通状态（或称为双接点）的开关，两个接点分别代表逻辑状态 1 和 0。两个开关的串联表示逻辑“与”，而并联表示逻辑“或”，因此通过接点的串并联组合可实现异或逻辑。图 7-17（c）给出了通过数字电路驱动继电器来实现的技术方案，虽然在本例中这不是一个经济的做法，但是充分说明了以弱电控制强电的基本思想，当面对开关数量众多、逻辑复杂的电路设计时，后者会更简单。

直接采用电气开关（包括开关、按键和继电器等）来实现逻辑电路的最典型的应用场合是电力系统的继电保护领域，但是当前随着智能仪器和微处理器技术的发展，继电保护技术已经逐渐被微机保护系统取代。

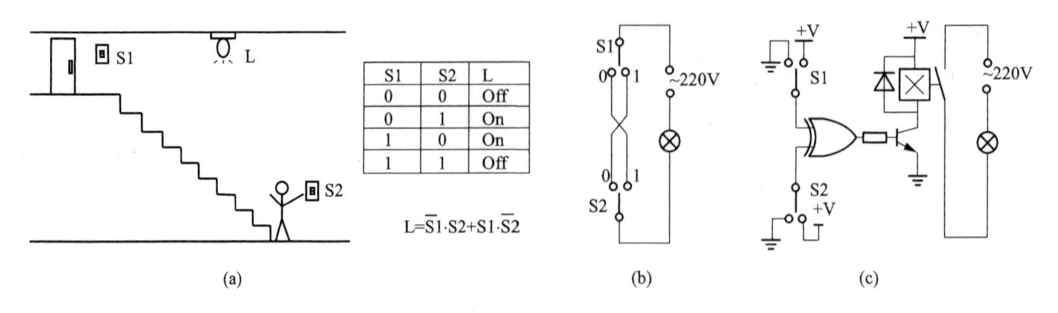

S1	S2	L
0	0	Off
0	1	On
1	0	On
1	1	Off

图 7-17　双控开关设计实例

（a）双控开关实例；（b）基于开关元件的电路实现；（c）基于数字电路和继电器的电路实现

7.2.3　基于宏单元模型的同步时序逻辑电路的设计

与组合逻辑电路不同，时序逻辑电路包含状态存储单元，由它的驱动方程可以通过式（7-3）来表述。

$$\begin{cases} \boldsymbol{Q}_{n+1}=\boldsymbol{A}^{\mathrm{T}}\hat{\boldsymbol{V}}_n \\ \boldsymbol{Y}_n=\boldsymbol{C}^{\mathrm{T}}\hat{\boldsymbol{Q}}_n \end{cases} \tag{7-3}$$

式中，$\hat{\boldsymbol{V}}_n$ 为由当前被存储的状态变量 $\boldsymbol{Q}_n$ 与输入变量 $\boldsymbol{X}_n$ 的最小乘积项所构成的矢量；$\hat{\boldsymbol{Q}}_n$ 为当前状态变量 $\boldsymbol{Q}_n$ 的最小乘积项矢量，它们可以通过译码器来获得；$\boldsymbol{Q}_{n+1}$ 为存储单元下一个时刻的状态量；$\boldsymbol{Y}_n$ 为电路的输出；$\boldsymbol{A}^{\mathrm{T}}$ 和 $\boldsymbol{C}^{\mathrm{T}}$ 为对应的关系矩阵（逻辑真值表）。

如果选择触发器来保存状态变量，那么围绕触发器可以构建能够完全实现式（7-3）的时序逻辑电路。当选择 D 触发器时，可进行同步时序逻辑电路的设计。同步时序逻辑电路采用一个时钟信号来控制触发器的翻转，因此可以有效避免异步电路中由于信号的时延所造成的竞争和冒险的问题。同时，时钟信号的引入也可以使电路产生精确的定时。另外，复杂的同步时序逻辑电路包含大量不同的触发器，如果它们的状态切换在同一个时钟控制下进行，则可以有效地安排子电路之间的工作顺序及相互之间的协调。因此，同步时序逻辑电路是高速数字电路设计的主要方式，应用非常广泛。图 7-18 给出了基于 D 触发器实现式（7-3）的同步时序电路通用结构。由于该结构在 CPLD 中被采用，且被称为宏单元结构，因此在本节中称该通用结构为同步时序电路的宏单元模型。

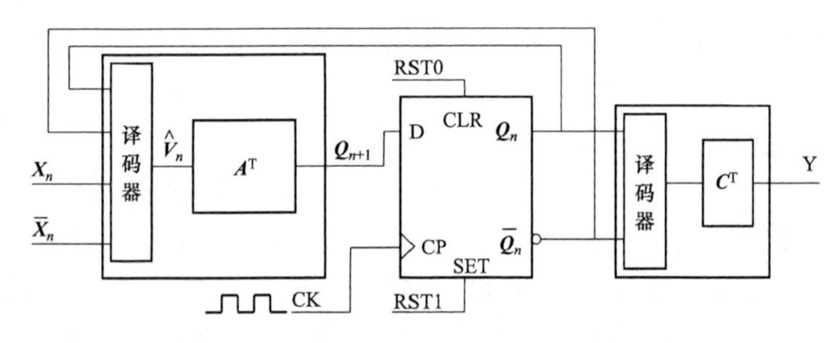

图 7-18　同步时序逻辑电路的宏单元模型

宏单元模型表明一个同步时序逻辑电路是一个围绕 D 触发器的状态量反馈结构，其电路的功能由触发器输入前和输出后的两个组合逻辑电路来确定，即只要确定了真值表 $\boldsymbol{A}^{\mathrm{T}}$ 和 $\boldsymbol{C}^{\mathrm{T}}$，要求的同步时序逻辑电路就可以被确定。下面通过一个实例来说明如何利用宏单元模型进行同步时序逻辑电路的设计。

【例 7-3】 图 7-19 给出了一个霓虹灯的控制时序，根据该时序设计对应的同步时序电路。

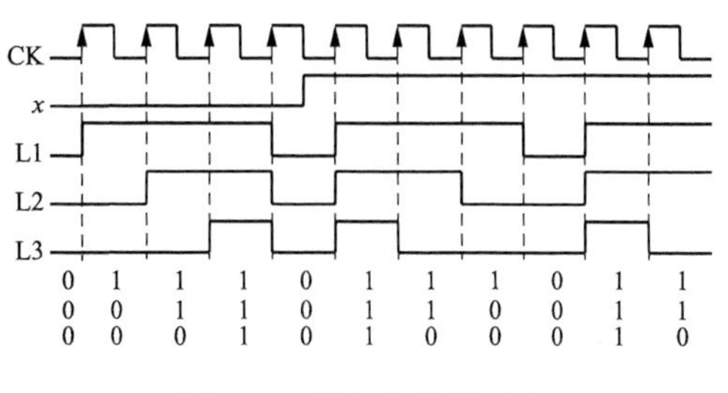

图 7-19　霓虹灯控制时序

首先，设计输出组合逻辑电路，即决定 $\boldsymbol{C}^{\mathrm{T}}$ 矩阵。该矩阵定义了由触发器保存的状态机的每种状态所代表的输出信号的组合。对于图 7-19给出的时序，3 个输出变量 L1、L2 和 L3 共有 4 种信号组合：000、100、110 和 111。因此，为了表示这 4 个状态，要求状态机的维数（触发器的个数）为 2，因为 2 维状态机可以表示的状态为 $2^2=4$ 个。可见，状态机的维数只由输出信号的状态组合决定，而与输出信号的个数无关。假如一个数字电路控制 10 盏灯，但是这些灯的所有状态组合只有两种，即要么全点亮，要么全熄灭，那么只需要 1 维状态机（一个触发器）来保存其状态就够了，而不需要 10 个触发器。因此，输出组合逻辑电路的作用是用数量最少的触发器来表示输出信号的所有状态组合。图 7-20（a）给出了本例中输出组合逻辑电路的真值表和驱动方程。该电路的输入为 2 个触发器的状态 Q_{1n} 和 Q_{2n}，而输出信号为 L1、L2 和 L3。

Q_{1n}	Q_{2n}		L1	L2	L3
0	0		0	0	0
0	1		1	0	0
1	0		1	1	0
1	1		1	1	1

$L1=\overline{\overline{Q}_{1n}\overline{Q}_{2n}}$

$L2=Q_{1n}\overline{Q}_{2n}+Q_{1n}Q_{2n}=Q_{1n}$

$L3=Q_{1n}Q_{2n}$

(a)

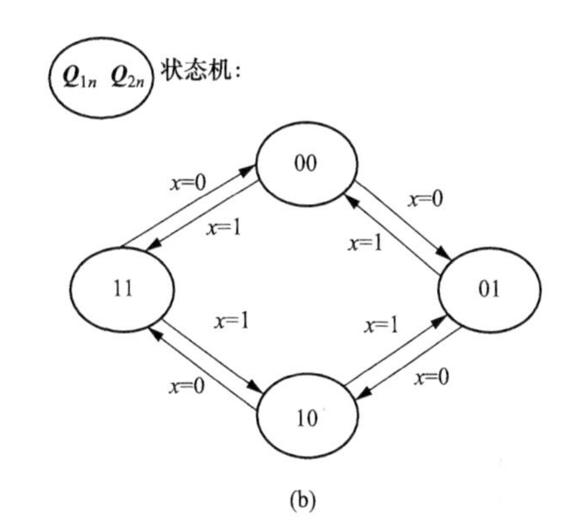

(b)

CK	x	Q_{1n}	Q_{2n}		Q_{1n+1}	Q_{2n+1}
↑	0	0	0		0	1
↑	0	0	1		1	0
↑	0	1	0		1	1
↑	0	1	1		0	0
↑	1	0	0		1	1
↑	1	1	1		1	0
↑	1	1	0		0	1
↑	1	0	1		0	0

$Q_{1n+1}=\overline{x}(\overline{Q}_{1n}Q_{2n}+Q_{1n}\overline{Q}_{2n})+x(\overline{Q}_{1n}\overline{Q}_{2n}+Q_{1n}Q_{2n})$

$=\overline{x}Q_{1n}\oplus Q_{2n}+xQ_{1n}\odot Q_{2n}$

$Q_{2n+1}=\overline{x}\overline{Q}_{2n}+x\overline{Q}_{2n}=\overline{Q}_{2n}$

(c)

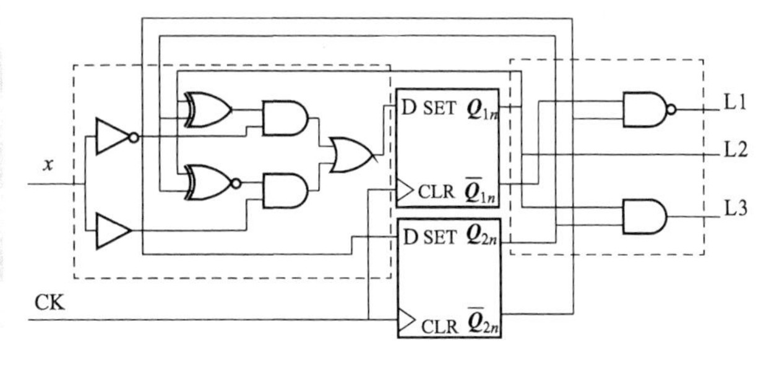

(d)

图 7-20　霓虹灯设计实例

（a）真值表与驱动方程；（b）状态转换图；（c）真值表与驱动方程；（d）电路实现

一旦状态机的状态量被确定，那么便可以根据图 7-19 给出的时序画出状态转换图，如图 7-20（b)所示。状态转换图中触发器的所有状态被表示在各圆圈中，箭头表示状态切换的方向，而箭头上给出了状态切换需要的输入条件。根据状态转换图，输入组合逻辑电路（$\boldsymbol{A}^{\mathrm{T}}$ 矩阵）可以被设计，图 7-20（c）给出了真值表和驱动方程。该真值表的输入为信号 x 及触发器的当前状态 $\boldsymbol{Q}_{1n}$ 和 $\boldsymbol{Q}_{2n}$，而输出则为下一个时刻触发器要保存的状态 $\boldsymbol{Q}_{1n+1}$ 和 $\boldsymbol{Q}_{2n+1}$。最后，在图 7-20（d）中给出了根据宏单元模型得到的电路设计结果。

在该设计实例中，每个时钟周期输出信号都会发生状态的改变，但是有些时序电路输出状态可能在若干个时钟周期内都保持不变，对于这种电路仍然可以通过宏单元模型来设计，不过状态机的状态将不仅仅由输出信号的状态组合来确定，还与时钟相关。下面通过一个交通灯的实例来进行说明。

【例 7-4】 一个交通灯电路包括红灯 R、绿灯 G 和黄灯 Y3 个输出，它们被周期为 1s 的时钟推动循环点亮。其中红灯亮 3s，进而绿灯亮 3s，最后黄灯亮 1s。图 7-21 给出了交通灯的工作时序。设计一个同步时序逻辑电路来实现该交通灯的功能。

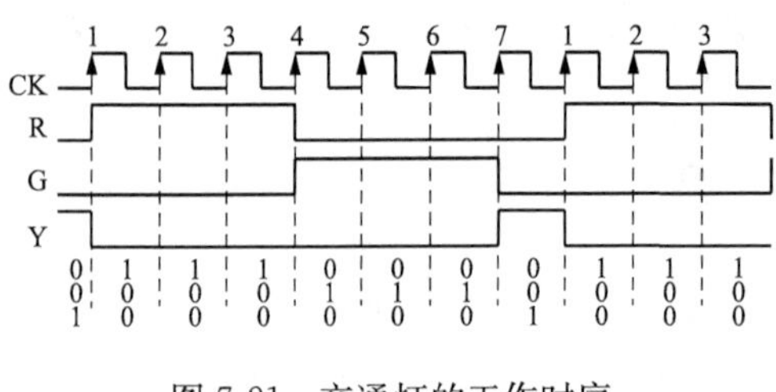

图 7-21 交通灯的工作时序

根据图 7-21 给出的时序，输出信号的组合状态总共只有 3 种：100、010 和 001，但是每种状态都有一个持续的时间，即在几个时钟周期内保持状态不变，这一点与图 7-19 给出的时序是不同的。图 7-21 给出了每个时钟周期的序号，如 100 状态占据了时钟的第 1～3 号周期，010 占据了第 4～6 号周期，而 001 则占据了第 7 号周期。在设计中，处于不同时钟周期的同一种输出状态应该被视为不同的状态，因此该电路要求触发器必须保存的状态为 7 个，即状态机的维数应该为 3 维。这样，根据宏单元模型，其输出组合逻辑电路的真值表（矩阵 $\boldsymbol{C}^{\mathrm{T}}$）和驱动方程如图 7-22（a）中所示。

当确定了状态机的所有状态后，图 7-21 给出的时序可以被绘制成图 7-22（b）所示的状态转换图，进而写出图 7-22（c）所示的触发器前输入组合逻辑电路的真值表（矩阵 $\boldsymbol{A}^{\mathrm{T}}$）和驱动方程。3 维状态机共有 8 个组合状态，但是在状态转换图中只有 7 个有效状态，即 $\boldsymbol{Q}_{1n}\boldsymbol{Q}_{2n}\boldsymbol{Q}_{3n}=000$～110，而 $\boldsymbol{Q}_{1n}\boldsymbol{Q}_{2n}\boldsymbol{Q}_{3n}=111$ 这个状态没有用，因此在触发器前输入组合逻辑真值表中可以被用作无关项来对电路进行化简。但是，根据无关项使用的条件，$\boldsymbol{Q}_{1n}\boldsymbol{Q}_{2n}\boldsymbol{Q}_{3n}=111$ 这一状态不应该在触发器中出现，显然在上电时这种状态是有可能产生的。为了解决这个问题，一般会利用触发器的异步清零功能，通过上电时从外部对触发器施加一个复位脉冲来对其进行清零。对于图 7-18 的宏单元模型，需要在上电时从外部产生短时脉冲信号 RST0＝1 和 RST1＝0，而在正常工作时则始终保持 RST0＝0 和 RST1＝0。

比较图 7-20（b）和图 7-22（b）两个状态转换图，我们可以发现它们实际上都是二进制计数器的状态转换图。实际上在对输出状态进行逻辑编码时，我们是根据时序中各输出状态的时间次序对它们进行二进制顺序编码的。可见，此时基于宏单元模型设计的时序逻辑电路，其触发器及输入逻辑电路实际上可以用二进制计数器来代替。图 7-23 给出了以二进制计数器为核心实现的同步时序逻辑电路宏单元模型。图 7-23 中，计数器由加法器与 n 位位同步 D 触发器来构造，n 为状态机的维数，而实际的状态数 $N\leqslant 2^n-1$。计数器的计数时钟为 CK，而输入信号 X_n 则决定了计数器的计数方向（图中的 Dir 信号）。数字多路转换器 MUX1 根据

Dir 决定加法器的加数是 11（图中的 n 位二进制数 b00⋯01）还是−1（图中的 n 位二进制补码 b11⋯11），即选择加计数或减计数。MUX2 用于在每个计数周期选择计数初值，当加计数时，一旦计数值超过 N，则计数器会被清零；而减计数时，一旦计数值小于 0，则计数器会重装载初值 N。CMP 实现计数值的大小判断。

CK	Q_{1n}	Q_{2n}	Q_{3n}	R	G	Y
1	0	0	0	1	0	0
2	0	0	1	1	0	0
3	0	1	0	1	0	0
4	0	1	1	0	1	0
5	1	0	0	0	1	0
6	1	0	1	0	1	0
7	1	1	0	0	0	1

$R=\bar{Q}_{1n}\bar{Q}_{2n}+\bar{Q}_{1n}\bar{Q}_{3n}$

$G=(Q_{1n}\oplus Q_{2n})Q_{3n}+Q_{1n}\bar{Q}_{2n}$

$Y=Q_{1n}Q_{2n}\bar{Q}_{3n}$

(a)

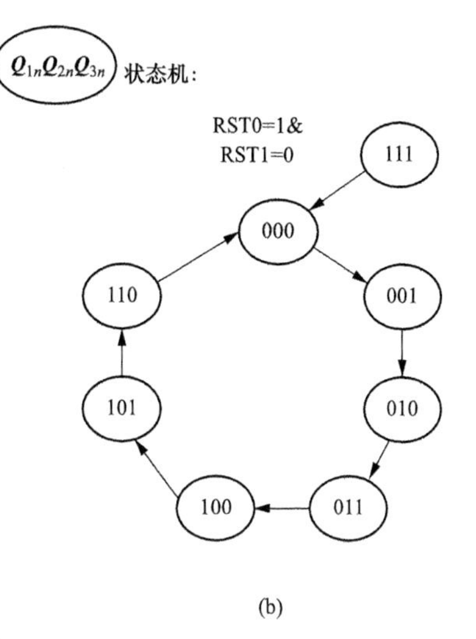

(b)

CK	Q_{1n}	Q_{2n}	Q_{3n}	Q_{1n+1}	Q_{2n+1}	Q_{3n+1}
↑	0	0	0	0	0	1
↑	0	0	1	0	1	0
↑	0	1	0	0	1	1
↑	0	1	1	1	0	0
↑	1	0	0	1	0	1
↑	1	0	1	1	1	0
↑	1	1	0	0	0	0
↑	1	1	1	x	x	x

使用无关项：

$Q_{1n+1}=Q_{2n}Q_{3n}+Q_{1n}\bar{Q}_{2n}$

$Q_{2n+1}=\bar{Q}_{1n}(Q_{2n}\oplus Q_{3n})+Q_{1n}Q_{3n}$

不使用无关项：

$Q_{3n+1}=\bar{Q}_{1n}\bar{Q}_{3n}+Q_{1n}\bar{Q}_{2n}\bar{Q}_{3n}$

(c)

图 7-22　交通灯设计实例

（a）真值表与驱动方程；（b）状态转换图；（c）真值表与驱动方程

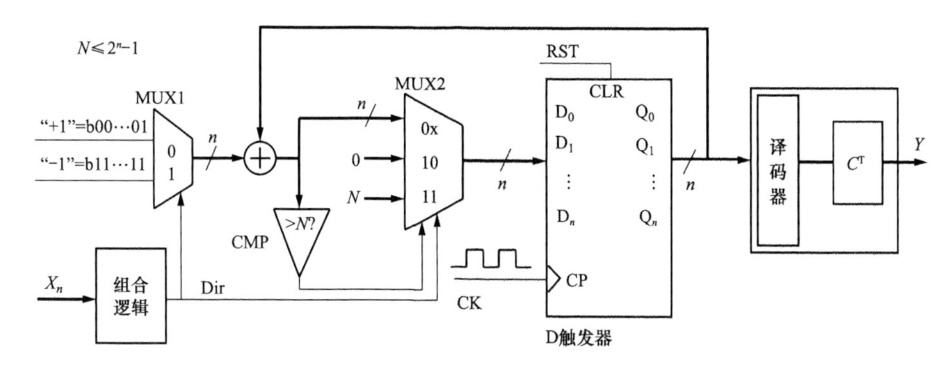

图 7-23　基于二进制计数器的同步时序逻辑电路宏单元模型

7.2.4 基于查找表模型的同步时序逻辑电路的设计

除了利用触发器保存状态变量外，存储器也可以实现同样的目的。具有图 7-13 结构的 SRAM 与 Flash 存储器包含大量的存储单元，其地址总线通过译码器逻辑来对基本的存储单元进行选择，读使能信号可以使被选中的存储单元所保存的内容通过数据总线输出，写使能信号则控制把总线上的数据写入被选中的存储单元。式（7-3）表明一个时序逻辑电路的设计实际上是计算出输入变量 $\boldsymbol{X}_n$ 与当前状态变量 $\boldsymbol{Q}_n$ 的最小乘积项 $\boldsymbol{V}_n$ 并根据状态转换图来确定下一个要输出的状态变量 $\boldsymbol{Q}_{n+1}$。最小乘积项可以通过译码器电路来计算，而存储器的内部包含的地址译码器刚好可以实现该目的，因此可以将 $\boldsymbol{X}_n$ 和 $\boldsymbol{Q}_n$ 作为存储器的地址信号来对其内部的存储单元进行选择。如果下一个状态变量 $\boldsymbol{Q}_{n+1}$ 的值已经事先保存在被 $\boldsymbol{X}_n$ 和 $\boldsymbol{Q}_n$ 所选中的存储单元中，那么便可以直接通过数据总线输出。根据这个思想可以设计出图 7-24 所示的同步时序逻辑电路的查找表模型，这种结构是构成 FPGA 的主要技术基础。

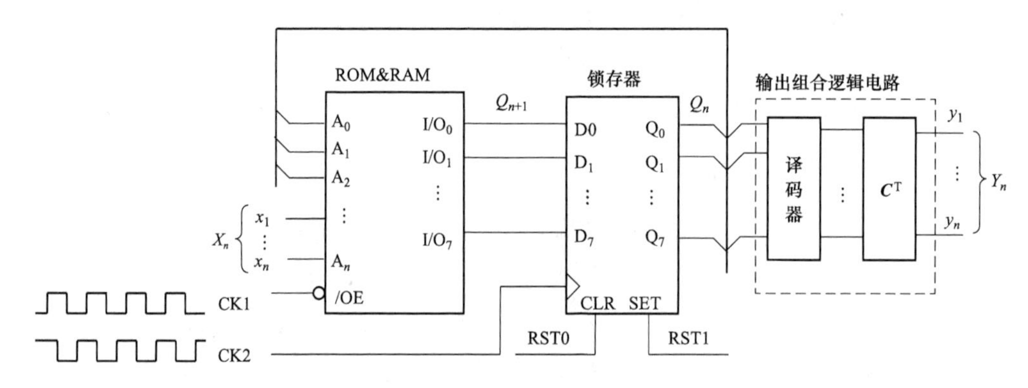

图 7-24 同步时序逻辑电路的查找表模型

如图 7-24 所示，时钟信号 CK1 被施加到一个 RAM 或 ROM 的输出使能端/OE，当它为低电平时，保存于存储器内部的状态信息会通过数据总线 $I/O_0 \sim I/O_7$ 输出，在此期间与 CK1 正交同步的时钟信号 CK2 将把输出状态保存于一个中间锁存器中。由于普通 RAM（或 ROM）的数据总线是三态的，在/OE 为高电平时会导致高阻输出，因此需要引入该锁存器来保证输出状态能够持续存在。锁存器的当前状态 $\boldsymbol{Q}_n$ 一方面经过输出组合逻辑电路 C^{T} 得到输出信号 $\boldsymbol{Y}_n$，另一方面被反馈到存储器，与输入信号 $\boldsymbol{X}_n$ 一起作为存储器的地址信号来查找存储器保存的下一个状态量 $\boldsymbol{Q}_{n+1}$。下面给出利用查找表模型进行同步时序逻辑电路设计的实例。

【例 7-5】 对图 7-19 给出的霓虹灯时序通过查找表模型进行设计。

在查找表模型中，存储器的数据总线的宽度（内部存储单元的位宽）代表状态机的维数。由于一般的存储器数据总线至少 8 位宽，最多可代表 256 种输出信号的状态组合，因此，对于图 7-19 所给出的 3 个输出信号 L1、L2 和 L3，可不用设计输出译码器电路来减少状态机的维数，而直接把当前状态 $\boldsymbol{Q}_{2n}$、$\boldsymbol{Q}_{1n}$ 和 $\boldsymbol{Q}_{0n}$ 输出作为 L1、L2 和 L3 信号，图 7-25（a）给出了基于 8 位 SRAM（容量为 64K×8 位）和 8 位锁存器实现的查找表电路原理，图 7-25（b）给出了根据时序写出的状态转换真值表，图 7-25（c）则给出了存储器内预先保存的状态值。

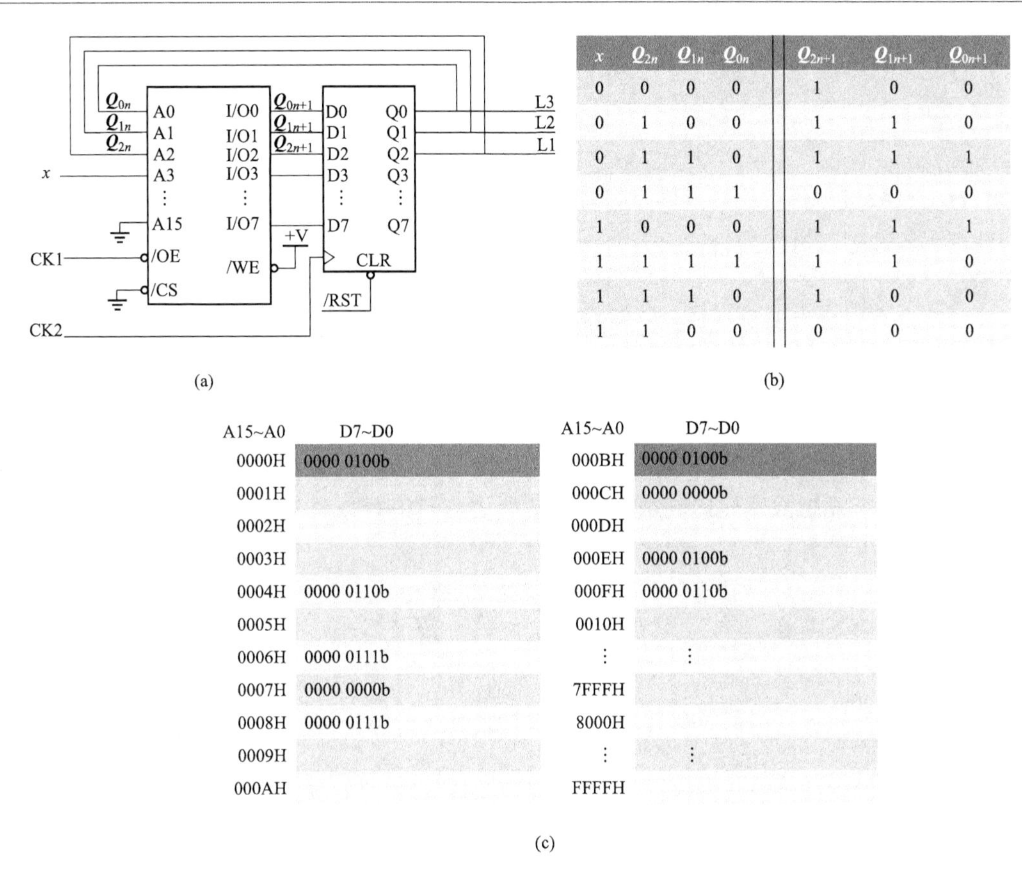

x	Q_{2n}	Q_{1n}	Q_{0n}	Q_{2n+1}	Q_{1n+1}	Q_{0n+1}
0	0	0	0	1	0	0
0	1	0	0	1	1	0
0	1	1	0	1	1	1
0	1	1	1	0	0	0
1	0	0	0	1	1	1
1	1	1	1	1	1	0
1	1	1	0	1	0	0
1	1	0	0	0	0	0

(b)

A15~A0	D7~D0	A15~A0	D7~D0
0000H	0000 0100b	000BH	0000 0100b
0001H		000CH	0000 0000b
0002H		000DH	
0003H		000EH	0000 0100b
0004H	0000 0110b	000FH	0000 0110b
0005H		0010H	
0006H	0000 0111b	⋮	⋮
0007H	0000 0000b	7FFFH	
0008H	0000 0111b	8000H	
0009H		⋮	⋮
000AH		FFFFH	

(c)

图 7-25　利用查找表设计同步时序电路实例

（a）电路原理；（b）状态转换真值表；（c）存储器预存的状态值

7.2.5　基于 HDL 的同步时序逻辑电路的设计

ASIC 或 FPGA 内的数字电路设计通常采用硬件描述语言（如 Verilog）来实现。利用语言可以代替原理图对已经设计完成的硬件电路进行描述，这种方法称为电路级描述。但是，现代 ASIC 或 FPGA 的开发工具都具备功能强大的综合工具，它们可以把更为抽象的电路设计转换为可实现的硬件电路，这种抽象电路的设计称为行为级描述。本节将通过具体的实例来对这两种设计方法进行介绍。

【例 7-6】 分别采用电路级和行为级 Verilog 语言描述的方法设计同步时序电路，以实现图 7-19 给出的霓虹灯控制时序。

在图 7-20（d）中已经根据宏单元模型设计出了一个同步时序逻辑电路的原理图，因此对应的电路级描述只要利用 Verilog 语言对该原理图进行描述即可，下面给出源代码。

```
/////////////////////////////Verilog 电路级描述源代码示例 ////////////////////////////////////////////////////////////////
    module Light (CK,x,L1,L2,L3)       //模块名和输入/输出信号定义
    input CK, x;
    output L1,L2,L3;
    regq1,q2;                          //状态锁存器的定义
    initial begin                      //寄存器初值设置
          q1 = 0;
```

```
        q2 = 0;
end
assign L1 = ~( (~q1)&(~q2));      //宏单元模型输出组合逻辑电路的描述
assign L2 = q1;
assign L3 = q1&q2;
always@(posedge, CK)              //状态反馈和输入的组合逻辑电路设计及状态机的更新
begin
        q1< = (~x)&(q1^q2)|x&(q1^~q2);    //符号^为异或计算,^~为同或计算
        q2< = ~q2;
end
endmodule
```

而行为级描述更能充分降低设计阶段的复杂度（综合工具会自动生成对应的时序电路），其设计过程类似于采用微处理器高级语言（如C语言）进行软件编程。上述实例采用行为级描述的源代码如下：

```
////////////////////////////////Verilog 行为级描述源代码示例 ////////////////////////////////////////////////////////////////////
module Light (CK,x,L1,L2,L3)       //模块名和输入/输出信号定义
input CK, x;
output L1,L2,L3;
reg[1:0]state_counter;             //状态计数器的定义
reg [2:0]singal;
initial begin                      //寄存器初值设置
        state_counter = 3'b000;
        signal = 2'b00;
end
always@(posedge CK)                //在输入信号作用下状态机的切换及更新
begin
        if(x == 0&&state_counter != 3)state_counter< = state_counter + 1;
        else if(x == 0&&state_counter == 3)state_counter< = 0;
        else if(x == 1&&state_counter != 0)state_counter< = state_counter-1;
        else  state_counter< = 3;

        case (state_counter)           //当前状态所对应的输出信号状态赋值
            2'b00: signal< = 3'b000;
            2'b01: signal< = 3'b100;
            2'b10: signal< = 3'b110;
            2'b11: signal< = 3'b111;
        endcase
end
assign L1 = signal[2];      //输出信号
assign L2 = signal[1];
assign L3 = signal[0];
endmodule
```

比较两种电路描述，显然行为级描述更通用和直观，能使阅读代码者更容易了解电路设

计的思想。行为级描述在设计类似图 7-21 给出的把输出状态保持若干个时钟周期不变的时序逻辑电路时也更简单。

【例 7-7】 基于 Verilog 语言的行为级描述方法实现图 7-21 给出的交通灯时序。

```
////////////////////////////////Verilog 行为级描述源代码示例 ////////////////////////////////
    module Light (CK,RST0,RST1,R,G,Y)       //模块名和输入/输出信号定义
    input CK, RST0,RST1;
    output    R,G,Y;
    reg[2:0]state_counter;              //状态计数器的定义
    reg [2:0]singal;
    initial begin                       //输入信号默认值
          RST0 = 1;
          RST1 = 1;
    end
    always @(posedge CK)                //在输入信号作用下状态机的复位、切换及更新
    begin
          if(RST0 = = 1 & RST1 = = 0 | state_counter = = 7) state_counter< = 0;
          else   state_counter<= state_counter + 1;
    end
    always @(posedge CK)               //当前状态所对应的输出信号状态赋值
    begin
          if(state_counter< =3) signal<= 3'b100;
          else if(state_counter<= 6) signal<= 3'b010;
          else signal<= 3'b001;
    end
    assign  R = signal[2];               //输出信号
    assign  G = signal[1];
    assign  Y = signal[0];
endmodule
```

从上述实例可以看到利用 HDL 来设计同步时序逻辑电路的一般思想：把所有的输出状态按照时间次序用计数器的计数值（实例中的 state _ counter）来代表，对计数器进行计数则可以实现对状态机的更新，进而实现对输出状态的控制。每个时钟周期计数值都会变化，这意味着每个时钟周期同步时序逻辑电路都会对输出状态进行一次更新。对于图 7-21 这种相同的输出信号在若干个时钟周期都不变的情况，根据上述原则应该认为每个时钟周期状态机都处于不同的状态，只是这些状态所对应的输出是相同的。利用条件判断语句，可以实现把输出信号保持任意长度的时间（以同步时钟周期为最小单位）。

7.3　FPGA 的结构原理及基于 IP 核的数字逻辑电路设计

利用 Verilog 语言描述并经过综合后生成的电路可以进行版图设计，然后制作 ASIC 芯片，也可以利用 FPGA 来实现设计。FPGA 具有通用的可编程结构，以查找表（LUT）为电路设计的基本单元。但是现代 FPGA 除了基本的 LUT 结构外，还增加了其他许多可利用

的资源，从而使之可以实现更为复杂的电路，在有些高速应用场合甚至取代通用微处理器作为核心处理器使用。另外，在数字集成电路设计领域，在生成 ASIC 之前，也往往先利用 FPGA 对电路的设计进行验证。因此，FPGA 是目前在数字电路领域应用非常广泛的一种通用可编程器件。美国的 Xilinx、Altera 和 Lattice 公司是在 FPGA 制造领域非常著名的 3 个公司，它们推出了丰富的产品系列来满足高端和低端的需求。本节将通过 Xilinx 的 Spartan-6 系列 FPGA 来介绍现代 FPGA 的结构并给出一个基于 IP 核技术设计的 DDS 实例。

7.3.1 FPGA 的结构原理

Spartan-6 系列 FPGA 的内部结构和资源包括下列几个主要部分。

1. 可配置逻辑模块

每个 CLB 包含若干个逻辑片（Slice），而每个 Slice 由可配置的查找表（LUT）和触发器构成，用来实现各种时序逻辑电路，也可以被配置为移位寄存器或分布式的 RAM。这是 FPGA 的核心结构，可配置逻辑模块（Configurable Logic Block，CLB）的多少决定了其内部可利用的资源量。

2. 布线资源

如图 7-26（a）所示，在 FPGA 内，所有的 CLB 都被排列成一个阵列，而它们每一个都通过各自的开关矩阵（Switch Matrix）连接布线资源（Interconnection），通过开关矩阵的行和列来选择不同的导电路径与其他 CLB 相连接。同样，类似的开关矩阵还用于 CLB 与其他资源，如块 RAM（Block RAM）及数字信号处理片（DSP Slice）的连接路径的选择。布线资源的长度不同，其传输速度不同。如果两个 CLB 之间相距较远，那么应该选择长线直接连接，这样其速度比较快；如果选择短线连接，就需要把一系列不同的短线进行级联，同时还要通过开关矩阵的接通来进行选择，这样会带来电路延时，使其速度变慢。

3. 时钟资源

在 FPGA 内部有专门的时钟管理器（Clock Management Tile，CMT），为电路设计提供高性能和高频的时钟。例如，在每个 Spartan-6 FPGA 内都具备多达 6 路的 CMT，每个 CMT 都由一个 PLL 和两个数字时钟管理（Digital Clock Manager，DCM）模块构成，它们既可以单独使用，也可以级联使用。

PLL 的结构如图 7-26（b）所示，它能够用作各种频率的时钟发生器，并能与 DCM 配合使用作为输入时钟的抗抖动滤波器。PLL 的核心是一个频率介于 400～1080MHz 的 VCO。每个 PLL 都有一个前置的可编程计数器 D，用于降低输入时钟的频率。鉴频鉴相器（Phase Frequency Detector，PFD）用以对输入时钟信号和反馈时钟信号之间的相位进行比较并产生与其成正比的信号，该信号将驱动电荷泵（Charge Pump，CP）和 LPF 产生参考电压施加给 VCO。闭环调节的结果是使得输入时钟和反馈时钟同频同相。反馈调节计数器 M 则用以对 PLL 的输出频率进行调节。每个 PLL 可以输出 6 路固定相移的时钟信号（O0～O5，相移分别为 0°、45°、90°、135°、180°、225°、270°和 315°），并且每路输出信号都带有可配置的分频器。

DCM 在 FPGA 的全局时钟分布网络中集成了一些高级定时能力，解决了在高频和高性能应用场合中的一些公共时钟问题，其主要结构如图 7-26（c）所示。首先，DCM 可以消除外部输入时钟信号 CLKIN 或内部传输时钟信号的偏斜，改善时钟的波形质量，或者对输入时钟进行调理，产生干净的且具有 50％占空比的时钟信号。其次，DCM 可以输出与 CLKIN 信号相比具有一定相移的时钟信号，如图 7-26（c）中的具有 0°、90°、180°和 270° 4 种固定相移的时钟信号［图 7-26（c）中的 CLK0、CLK90、CLK180 和 CLK270］。除了固定相移，DCM 可以通过数字接口（PSINCDEC、PSEN 和 PSCLK）动态改变相移。第三，DCM 可以产生 CLKIN 的 2 倍频率的时钟信号及其反相信号［图 7-26（c）中的 CLK2X 和 CLK2X180］。DCM 还可以产生与 CLK0 相位对准的分频信号 CLKDV，分频比例为 $1/n$，其中 n 可选择2～16的任意整数，以及分数 1.5、2.5、3.5、…、7.5。第四，DCM 可以通过一个数字频率合成器（Digital Frequency Synthesizer，DFS，通过对移相信号进行逻辑组合的原理）产生 CLKIN 的倍频和分频信号。它们通过 CLKFX 及其反相信号 CLKFX180 输出，输出信号的频率等于 CLKIN×M/D，其中 M 为 2～32 的整数，D 为 1～32 的整数。最后，对于 DCM 模块，当把 CLK0 信号反馈连接到 CLKFB 端时，可以构成一个 DLL（Delay Lock Loop，延时锁相环），所有 9 组时钟输出（CLK0、CLK90、CLK180、CLK270、CLK2X、CLK2X180、CLKDV、CLKFX 及 CLKFX180）均会产生相同数量的延时，该延时为固定延时的任意整数倍，可以通过编程进行配置。另外，通过 DLL 的延时调节，还可以补偿时钟分配网络产生的延时，实现零延时的时钟输出。

DLL 与 PLL 在工作原理上是有差别的，PLL 的核心是 VCO，而 DLL 的核心则是延时线，数/模混合 DLL 和纯数字 DLL 的结构如图 7-26（d）所示。对于模拟 DLL，输入时钟和参考时钟的相位差通过 CP 及 LPF 后施加给一个压控延时线（Voltage-Controlled Delay Line，VCDL，由一系列延时可变的延时单元串联组成），促使输出信号产生延时调节，最终使得输出信号和参考信号之间的相差为零。纯数字的 DLL 用双向计数器替代了 CP，用相位选择器和延时线组成了新的延时结构。其中，延迟线由一系列延迟时间固定的延迟单元构成，延迟时间为 mt_d。此处，m 为参与工作的延迟单元的个数；n 为延迟线中总的延迟单元个数；$m \leqslant n$；t_d为每个延迟单元的延迟时间，其值为固定值，仅仅取决于工艺。图 7-26（d）给出的数字 DLL 延时线由级联的多路转换器 MUX_1～MUX_n构成，每个 MUX 提供固定延迟 t_d，通过相位选择器（Phase Selector，PS）决定参与延时的 MUX 链条的长短，即选择延迟单元数 m。PFD 将监测到的输入和输出时钟的相位差送入计数器，计数器在此基础上加一或减一，进而使延迟线中参与工作的延迟单元个数 m 加一或减一，以此控制延迟时间 mt_d的增加或减少。这个过程将被重复执行，直到输入和输出的相差为零。DLL 常用来生成稳定的具有特定延迟或相位的时钟信号。

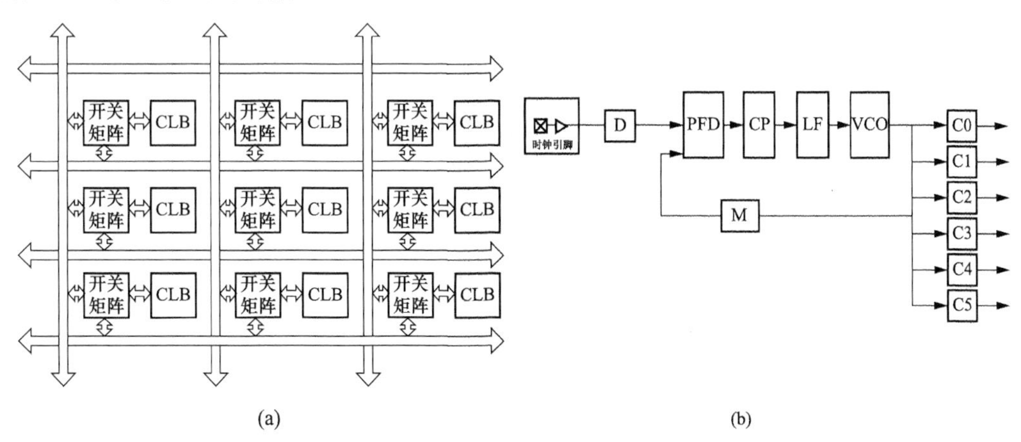

图 7-26　FPGA 内部资源（一）

（a）CLB 和布线资源；（b）PLL 的结构

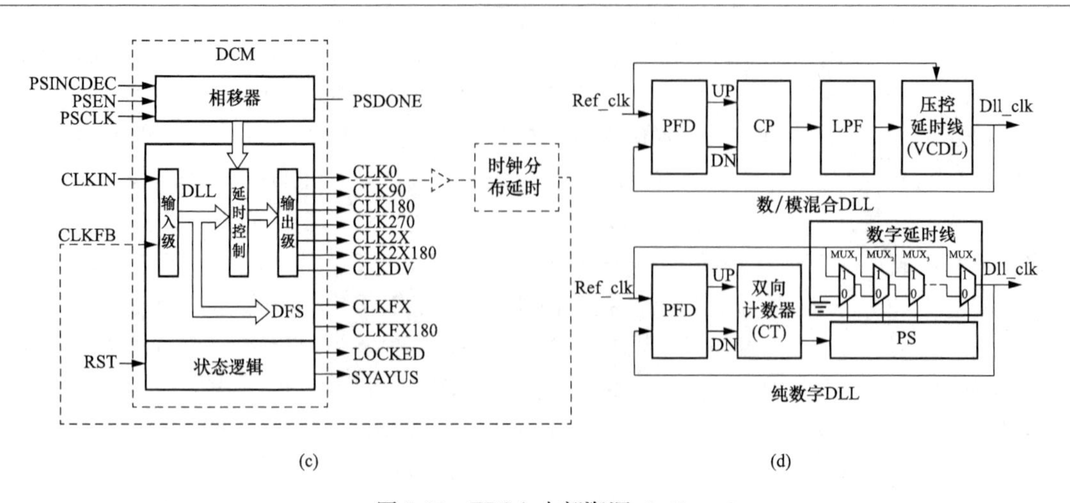

图 7-26 FPGA 内部资源（二）
(c) DCM 的结构；(d) DLL 的两种构成方式

图 7-27 给出了模拟 DLL 的 PFD、CP 及 VCDL 的典型电路实例[3]。其中，图 7-27（a）给出了 PFD+CP 复合电路的原理与工作时序。参考时钟 A 和反馈时钟 B 分别从图 7-27（a）中 D 触发器的时钟端（CP）输入，其输出 Q_A和 Q_B经过逻辑与后控制触发器的清零（CLR），只有当 Q_A和 Q_B均为高电平时两个触发器才会被清零，否则保持当前状态不变。这样 Q_A和 Q_B的输出脉冲宽度反映了 A 和 B 之间的相差及方向（A 超前或滞后 B）。CP 电路由两个电流源 I_1 和 I_2、开关 S_1 和 S_2 及负载电容 C_L构成。PFD 的输出 Q_A和 Q_B分别控制 S1 和 S2，使电流源对 C_L进行充放电。这样 A 和 B 之间若存在相差，那么将引起 C_L上的电压持续升高或下降。图 7-27（a）中给出了 A 与 B 有相差，且 A 超前 B 时的工作时序，可见 V_{out}持续升高。

图 7-27（b）给出了典型的基于电流源原理的 VCDL 电路。对于该电路，M1、M2 和 M3，M5 和 M6 分别构成电流镜电路，而参考电流则由 M4 提供。M4 为共源极电路，其电流由电压 V_c 来控制。M7 和 M8 构成 CMOS 反相器的推挽开关输出。当改变 V_c 电压时，M3 和 M6 中的电流将发生变化，这样它们对负载电容 C_L的充放电时间也将被改变，最终实现数字输入 In 和输出 Out 之间的延时时间被 V_c 控制。

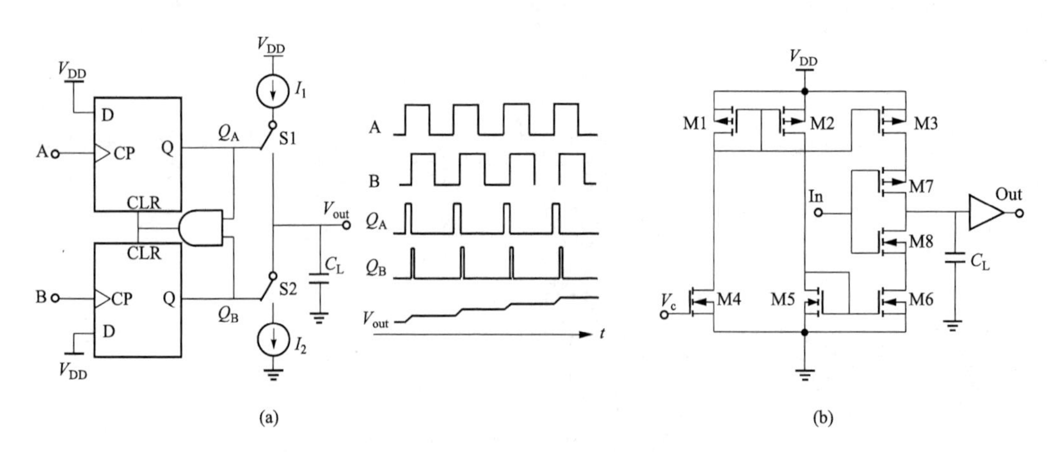

图 7-27 模拟 DLL 的 PFD、CP 及 VCDL 的典型电路实例
(a) PFD+CP；(b) 电流源型 VCDL 电路

FPGA 通过 CMT 管理全局时钟，每个 Spartan-6 FPGA 都提供了 16 条全局时钟线路，不仅具有最大的扇出能力，而且能够到达每一个触发器的时钟输入端。全局时钟线由全局时钟缓冲器驱动，后者还可以执行无干扰的时钟多路复用及时钟使能功能。基于 CMT 的 PLL 和 DLL 功能，FPGA 能够产生不同频率和相位的全局时钟，并且能够彻底消除时钟的分布延迟。

4. Block RAM

尽管 FPGA 的查找表可以被设计成分布式的 RAM，但是会消耗大量的逻辑资源，从而影响其他电路的设计，而存储器在数据处理中是必不可少的部件，因此现在 FPGA 内部都集成了独立的 RAM，称为 Block RAM。每个 Spartan-6 FPGA 都具有 12～268 个双端口 Block RAM，每一个的存储容量为 18Kbit。每个 Block RAM 都具备两个完全独立的访问接口，但是也可以被配置为单口 RAM。Block RAM 为同步 RAM，每次访问存储器时，不管是读取还是写入，都由时钟加以控制。所有输入、数据、地址、时钟使能及写使能信号都由时钟同步。

5. 数字信号处理片

FPGA 内集成了专门的 DSP 片，这里的 DSP 并非通用微处理器 DSP 核，而是由硬件乘法器和加法器构成的可配置的资源，这使得 FPGA 可以直接利用这些硬件资源实现数字信号处理算法，而避免消耗其他一般逻辑资源。Spartan-6 FPGA 包含若干个 DSP48A1 单元片，每个单元片包含一个 18 位前加法器，可执行 18 位的二进制补码加法运算。在前加法器后面是一个两输入 18×18 位二进制补码乘法器，产生 36 位的乘积，该乘积可直接输出给 FPGA 的逻辑电路，也可以通过一个多路转换器的选择并进行符号扩展后输出给一个 48 位的后加/减法器，最终输出 48 位的二进制补码求和结果。DSP48A1 可以配置成很多独立的功能：乘法器、乘法器＋加/减法器、乘法器＋累加器、前加器＋乘法累加器、宽位数的多路转换器、数字比较器或者宽位数计数器等。图 7-28（a）给出了每个 DSP48A1 单元片的结构原型和引脚功能，图 7-28（b）则给出了其结构原理。

在图 7-28（b）中，阴影部分表示的多路转换器可通过 HDL 或者在用户约束文件（User Constraints File，UCF）中被静态配置（在 FPGA 上电配置的时间内被编程），而其他多路转换器则由 OPMODE 控制引脚上的状态来进行动态选择。X 和 Z 多路转换器均为 48 位设计，任何 36 位的输入（来自乘法器）被它们进行符号扩展，均生成 48 位的输出。利用图 7-28（b）中给出的符号，在不同配置下，后加/减法器的输出 P 可以实现下列运算：$P=Z\pm(X+CIN)$，$P=C\pm(A\times B+CIN)$ 和 $P=C\pm[A\times(D\pm B)+CIN]$。P 口的输出被反馈到 X 和 Z 多路转换器，因此通过配置可使得后加/减法器实现累加器功能或者乘法器＋累加器的功能。DSP48A1 单元片在 FPGA 内部被组织成一个垂直的列，其输入/输出能够方便地与 FPGA 的其他逻辑和布线资源相连接；同时在垂直列内，每个 DSP48A1 单元片可以与其相邻的单元片级联起来实现各种数字信号处理算法，如设计数字滤波器、函数发生器及其他复杂算法。这种级联结构还可提供流水线能力和其他丰富的扩展功能，而且在不占用 FPGA 其他资源的情况下为众多应用提升速度与效率。每个 DSP48A1 单元片的输入/输出口及中间计算节点都包含数据寄存器，而它们都拥有独立的复位信号和时钟使能信号，这使得级联的 DSP48A1 单元片之间及单元片与其他逻辑电路之间实现高性能的时钟同步。

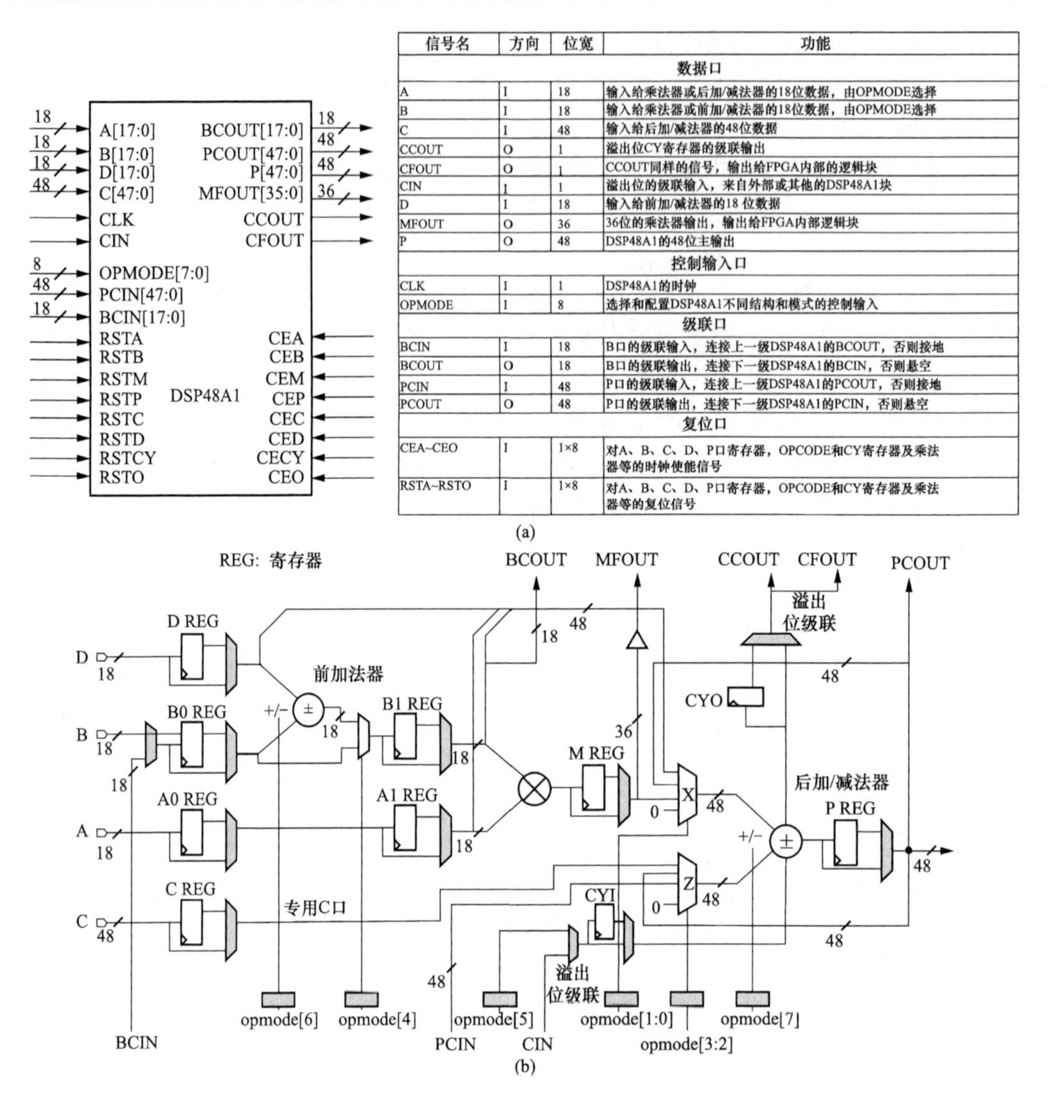

信号名	方向	位宽	功能
数据口			
A	I	18	输入给乘法器或后加/减法器的18位数据，由OPMODE选择
B	I	18	输入给乘法器或前加/减法器的18位数据，由OPMODE选择
C	I	48	输入给后加/减法器的48位数据
CCOUT	O	1	溢出位CY寄存器的级联输出
CFOUT	O	1	CCOUT同样的信号，输出给FPGA内部的逻辑块
CIN	I	1	溢出位的级联输入，来自外部或其他的DSP48A1块
D	I	18	输入给前加/减法器的18 位数据
MFOUT	O	36	36位的乘法器输出，输出给FPGA内部逻辑块
P	O	48	DSP48A1的48位主输出
控制输入口			
CLK	I	1	DSP48A1的时钟
OPMODE	I	8	选择和配置DSP48A1不同结构和模式的控制输入
级联口			
BCIN	I	18	B口的级联输入，连接上一级DSP48A1的BCOUT，否则接地
BCOUT	O	18	B口的级联输出，连接下一级DSP48A1的BCIN，否则悬空
PCIN	I	48	P口的级联输入，连接上一级DSP48A1的PCOUT，否则接地
PCOUT	O	48	P口的级联输出，连接下一级DSP48A1的PCIN，否则悬空
复位口			
CEA~CEO	I	1×8	对A、B、C、D、P口寄存器，OPCODE和CY寄存器及乘法器等的时钟使能信号
RSTA~RSTO	I	1×8	对A、B、C、D、P口寄存器，OPCODE和CY寄存器及乘法器等的复位信号

图 7-28 Spartan-6 FPGA 的 DSP48A1 单元片结构

(a) 结构原型和引脚功能；(b) 结构原理

6. 可配置的 I/O 引脚

根据器件与封装的大小，FPGA I/O 引脚的数量一般从 102 个到 576 个不等。每个 I/O 引脚都可被编程配置，并符合多种不同的单端电平标准（LVCMOS、LVTTL、HSTL、SSTL 和 PCI），采用最高 3.3V 电压；也有些 I/O 口可作为差分信号的输入/输出口，满足差分标准（LVDS、RSDS、TMDS、差分 HSTL 和 SSTL）。除了供电引脚和少数专用配置引脚外，所有其他引脚都具有相同的 I/O 功能，均可设置为输出、输入和三态。所有 I/O 引脚均被分组（Bank）管理，每个 Bank 都有多个通用 V_{CCO} 供电电压引脚，为输出和特定输入缓冲器供电。一些单端输入缓冲器需要在外部施加参考电压（V_{REF}），差分引脚及与 V_{REF} 相关的引脚通过 V_{CCAUX} 来供电。在高速信号的输入/输出标准中，需要进行端接来保证信号的完整性，端接电阻要求贴近引脚安装。Spartan-6 的 I/O 口设计了内置的端接电阻，可以不用外接电阻。

7. 其他资源

大多数 Spartan-6 器件包含了专用的存储器控制模块（Memorg Control Block，MCB），用于和 SDRAM 进行接口（如 DDR2 和 DDR3 等），并且支持高达 800Mbit/s 的存取速率。MCB 可以与 4 位、8 位或 16 位外部 SDRAM 相连，能够方便地实现与不同 SDRAM 的高速接口。

在集成电路之间跨背板长度或以超长距离进行高速数据传输时，信号的完整性问题非常突出，Spartan-6 LXT 器件提供了专用的片上电路和差分 I/O 来应对这个问题。Spartan-6 LXT 器件集成了 2～8kM 的高速收发器（GTP）电路。每个 GTP 都同时结合了发射器和接收器的功能，能够以高达 3.2Gbit/s 的数据速率运行。发射器与接收器的电路彼此独立，使用各自的 PLL 将参考输入时钟倍频 2～25 倍（可编程选择）作为串行数据时钟。每个 GTP 都拥有大量用户可定义的特性和参数。GTP 的发射器从根本上来说是一个并串转换器，包括 8、10、16 或 20 几种位宽。发射器的输出使用单通道差分电流模式逻辑输出信号来驱动 PCB。GTP 的接收器是串并转换器，可将输入的串行差分位流转换为宽度为 8、10、16 或者 20 位的并行数据流。

Spartan-6 LXT 器件还包含一个支持 PCI Express 总线的集成端点模块，符合 PCI Express 基本规范 1.1。PCI Express 标准是基于数据包的点对点串行接口标准，基于差分信号传输，可更好地解决传统高速并行总线的时钟与数据信号的完整性问题。PCI Express 基本规范 1.1 定义了每个信道发送和接收串行数据的速率为 2.5Gbit/s。在使用 8B/10B 编码时，支持每信道 2.0Gbit/s 的数据传输速率。Spartan-6 LXT 的集成端点模块与 GTP 相连，能实现对高速数据流的串行化/去串行化功能，而且它还可连接到 FPGA 内部的 Block RAM 资源，以实现对数据的缓存。把这些资源结合在一起，可共同实现 PCI Express 协议的物理层、数据链路层及事务处理层。

7.3.2 基于 IP 核的数字逻辑电路设计

FPGA 的 IP 内核是 Xilinx 及其合作公司提供的逻辑功能块，它针对其 FPGA 芯片进行了优化设计和预先配置，用户可以直接在设计中使用，如 FIR 滤波器及 FFT 算法模块等。IP 核有两种：与工艺无关的 VHDL 程序称为软核，具有特定电路功能的集成电路版图称为硬核。用户无需关心 IP 核的内部实现，只需直接利用 IP 核的接口来配置参数，施加输入信号，即可获得其输出。通过调用 IP 核来实现某些成熟的电路模块，可以使工程师专注于系统级的电路开发，加速开发进程，降低成本。Xilinx 公司在其 FPGA 开发工具 ISE 中提供了 IP 核的生成工具 Core Generator，它可用于创建针对 Xilinx FPGA 优化的预定义 IP 软核，然后编写 HDL 文件或原理图，在其中定义 IP 核的实体模块，最后将之应用到用户的电路设计中。下面介绍一个利用 Xilinx 公司的 DDS IP 核来实现频率和相位任意可调的正弦信号源的开发实例。

DDS 正弦信号源的核心是一个预先存储了正弦波波形数据的查找表（相邻数据之间的间隔代表了正弦波的最小相位增量或步进量），利用一个参考时钟且按一定的相位步进量（等于最小相位增量的整数倍）顺序从查找表中读取波形数据，然后通过 DAC 转换成模拟量，最后经过 LPF 即可获得连续的信号输出。若保持参考时钟不变，当改变查表的相位步进量时，输出的正弦波频率将发生变化，得到的信号频率等于选择最小相位增量时输出信号频率的整数倍。同时，若改变查找表的起始位置（或相位），则可以输出不同初相的正弦信号。DDS的原理框图如图7-29（a）所示，而各部分输出的波形如图7-29（b）所示。当然，通过修改查找表中的波形数据，也可以输出其他周期信号，如方波、三角波和锯齿波等。

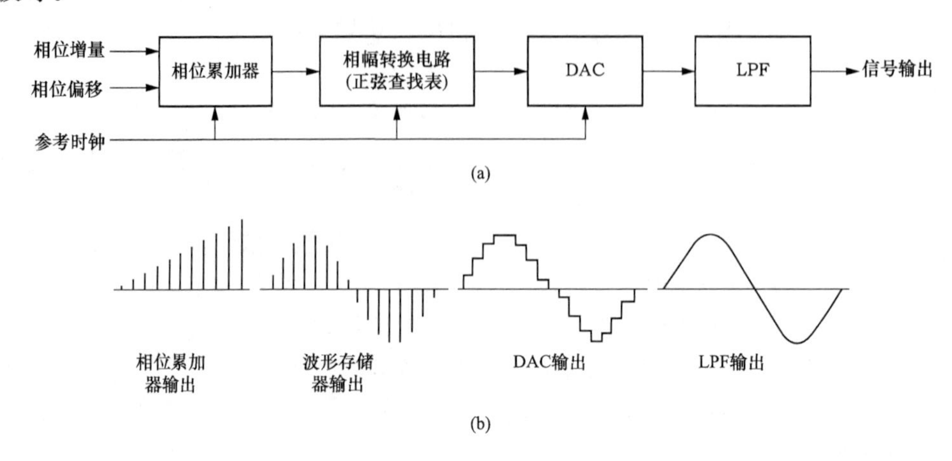

图7-29　DDS的原理

（a）原理框图；（b）各部分的波形示意图

在图7-29（a）中，DDS的参考时钟通常由一个高稳定度的晶体振荡器来产生，用来作为整个系统的同步时钟。相位增量和相位偏移为DDS的两个控制参数，它们被输入一个相位累加器。相位累加器由一个加法器和一个相位寄存器（相位偏移量是其初值）构成。在参考时钟的推动下，加法器将相位增量与相位寄存器中的数据相加，这样就实现了相位的线性累加。当相位累加器达到上限值时，会产生溢出，完成一个周期性的动作，这个周期就是合成信号的周期。用相位累加器输出的相位数据作为查找表的位置信息，在正弦查找表中对正弦的振幅数据进行查找，从而将累加器的相位信息映射成数字振幅信息。最后将振幅数据经过DAC得到相应的阶梯波，经过LPF对阶梯波进行平滑处理，即可得到连续变化的输出波形。

Xilinx FPGA的DDS IP核的原理如图7-30所示。图7-30中的相位累加器由加法器A1和相位寄存器D1构成，T1是正/余弦（SIN/COS）查找表，可单独使用或组合使用。Q1是一个量化器，用以将相位累加器计算出来的高精度相位$\theta(n)$值量化为正/余弦查找表T1的有限的地址编码$\theta(n)$，从而实现从相位空间到时间的映射。DDS IP核输出的仅仅是正弦和余弦两路数字量，为了得到模拟输出，用户需要自行设计DAC和LPF等模拟电路。为了节省FPGA的内部存储资源，对于正弦和余弦这种对称的波形，在查找表中只需要保存1/4周期的数据即可，但是此时需要修改相位累积的方法。

图7-30（b）给出了DDS IP核的原理图符号，用户在使用过程中只需要在工程中创建该IP核的实体模块，并对相关的接口进行配置。在本例中将模块中未使用的信号标注为灰色。图7-30（c）给出了DDS IP核接口信号说明，所有信号均为高电平有效。

下面简单介绍Core Generator的IP核配置过程：首先，在开发工具ISE的工程中直接新建IP类型文件，在弹出的窗口中选择DDS IP软核，进入配置界面，按步骤依次配置DDS IP核的输出功能、系统时钟频率、相位累加器宽度和输出正余弦数据位宽。本例中设置系统时钟频率为100MHz，相位累加器的宽度为16位，输出数据宽度为10位。其次，选择相位增量和相位偏移初始值，本例中初始值均默认为 0；并选择输出信号为 SINE。最后，选择本例中要用的控制信号，如 RDY、CE 和 SCLR 等。配置完成之后，可以在 ISE 的综合工具的页面中看到此 DDS IP 核的相关信息。

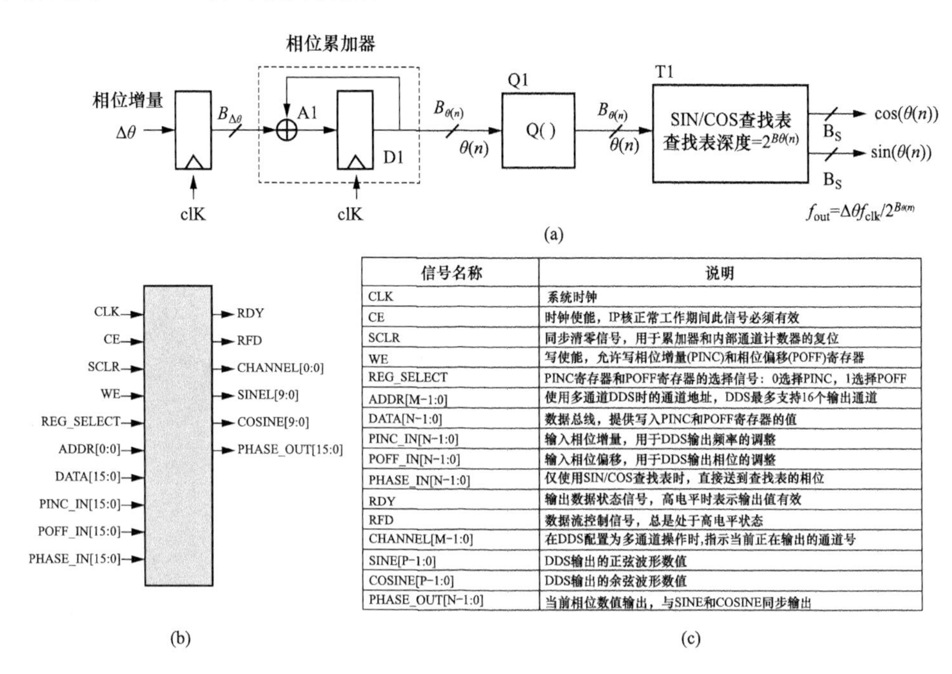

信号名称	说明
CLK	系统时钟
CE	时钟使能，IP核正常工作期间此信号必须有效
SCLR	同步清零信号，用于累加器和内部通道计数器的复位
WE	写使能，允许写相位增量(PINC)和相位偏移(POFF)寄存器
REG_SELECT	PINC寄存器和POFF寄存器的选择信号：0选择PINC，1选择POFF
ADDR[M-1:0]	使用多通道DDS时的通道地址，DDS最多支持16个输出通道
DATA[N-1:0]	数据总线，提供写入PINC和POFF寄存器的值
PINC_IN[N-1:0]	输入相位增量，用于DDS输出频率的调整
POFF_IN[N-1:0]	输入相位偏移，用于DDS输出相位的调整
PHASE_IN[N-1:0]	仅使用SIN/COS查找表时，直接送到查找表的相位
RDY	输出数据状态信号，高电平时表示输出值有效
RFD	数据流控制信号，总是处于高电平状态
CHANNEL[M-1:0]	在DDS配置为多通道操作时,指示当前正在输出的通道号
SINE[P-1:0]	DDS输出的正弦波形数值
COSINE[P-1:0]	DDS输出的余弦波形数值
PHASE_OUT[N-1:0]	当前相位数值输出，与SINE和COSINE同步输出

图 7-30　DDS IP 核的原理

(a) 简化结构；(b) 原理图符号；(c) 接口信号说明

配置完成之后，DDS IP 核便可以在工程中使用了，只需要在主程序中将 IP 核实体化，并输入相应的接口控制时序，就能在输出端口得到频率和相位任意可调的正弦波形数据。该实例的 Verilog 源代码如下所示：

```
//////////////////////////////////Verilog DDS IP 核实体化和使用示例//////////////////////////////////////////////////////////////////////////////////
module main_top(clk_100M,rst_n,Phase_Increment,Phase_Offset,T_control,SINE_ready,SINE_out);
    parameter  PHASE_WIDTH = 16;          //相位累加寄存器位宽参数(16 位)
    parameter  SINE_WIDTH = 10;           //波形输出信号位宽参数(10 位)

    input clk_100M,rst_n,T_control;       //系统时钟、复位、DDS IP 核的启动信号
    input  [PHASE_WIDTH-1:0]Phase_Increment;      //相位增量输入
    input  [PHASE_WIDTH-1:0]Phase_Offset;         //相位偏移输入
    output SINE_ready;                            //输出状态指示
    output  [SINE_WIDTH-1:0] SINE_out;              //正弦数据输出
    reg SINE_ready;
    reg  [SINE_WIDTH-1:0]SINE_out;
    reg  [2:0]dds_timer;              //定义 DDS 的控制计数器
    reg dds_ce,dds_sclr,dds_we,dds_reg_select; //DDS IP 核的控制信号
    reg  [PHASE_WIDTH-1:0]dds_data;
    wire SINE_ready1;  wire  [SINE_WIDTH-1:0]SINE_out1;
```

```
    wire  [PHASE_WIDTH-1:0]dds_phase_out;

    always @(posedge clk_100M or negedge rst_n)   //对 DDS 控制计数器的操作
    begin
      if(! rst_n || T_control) //由复位和写启动信号对计数器清零
        begin
          dds_timer <= 3'b0;
        end
      else
        begin
          if (dds_timer == 3'd7) dds_timer <= dds_timer; //计数器连续计数到最大值，停止计数并保持
          else dds_timer <= dds_timer +1'b1;
        end
    end

    always @(posedge clk_100M or negedge rst_n) //DDS IP 核模块的控制时序的产生
    begin
      if(! rst_n )
        begin
          dds_we<=1'b0;dds_reg_select<=1'b0;dds_data<=16'b0;dds_sclr<=1'b0;dds_ce<=1'b0;
        end
    else
      begin
          case(dds_timer)
            3'd2: begin dds_data<=Phase_Increment;dds_we<=1'b1; end
            3'd4: begin  dds_data<=Phase_Offset;dds_we<=1'b1;dds_reg_select<=1'b1; end
            3'd6:  begin  dds_sclr<=1'b1;dds_ce<=1'b1; end
          default:  begin
                      dds_we<=1'b0;dds_reg_select<=1'b0;dds_data<=16'b0;
                      dds_sclr<=1'b0;dds_ce<=dds_ce;
                    end
          endcase
      end
end
  DDS_IPMY_SINE_out(                  //DDS_IP 模块的实体化和 IP 核的调用
    .clk(clk_100M), .ce (dds_ce), .sclr(dds_sclr), .we(dds_we), .reg_select(dds_reg_select),
    .data(dds_data), .rdy(SINE_ready1), .sine(SINE_out1), .phase_out(dds_phase_out) );

    always @(posedge clk_100M or negedge rst_n) //将 DDS 模块结果进行输出
    begin
        if(! rst_n ) begin  SINE_ready <= 1'b0; SINE_out <= 10'b0;  end
        else begin  SINE_ready <= SINE_ready1; SINE_out <= SINE_out1;  end
    end
```

```
endmodule
```

为了对 DDS 的功能进行仿真测试，需要编写一个测试文件，其源代码如下：

```
//////////////////////////////////Verilog 测试文件 //////////////////////////////////////////////////////////////////////////////////

`timescale 1ns / 1ps
module DDS_TEST;
    reg clk_100M,rst_n, T_control; //输入/输出信号的定义
    reg [15:0]Phase_Increment, Phase_Offset;
    wire SINE_ready;wire [9:0] SINE_out;

    main_top uut (      //创建一个被测试电路的实体
         .clk_100M(clk_100M), .rst_n(rst_n), .Phase_Increment(Phase_Increment),
         .Phase_Offset(Phase_Offset), .T_control(T_control),
         .SINE_ready(SINE_ready), .SINE_out(SINE_out) );

parameter CYCLE    = 10;                    //100MHz 时钟周期计数值
parameter RST_TIME = 6;                  //复位周期

initial begin  //时钟信号
    clk_100M = 0;
forever
    #(CYCLE/2)
    clk_100M = ~clk_100M;
end
initial begin   //复位信号
    rst_n = 1;   #2;
    rst_n = 0;   #(CYCLE * RST_TIME);
    rst_n = 1;
end
initial begin  //相位增量和相位偏移值的输入
    #(CYCLE * 6);
    T_control = 0; #2;
    T_control = 1; #(CYCLE); T_control = 0; //写启动信号,用于清零 DDS 控制计数器
    Phase_Increment = 16'd65; //相位增量 65,正弦信号频率为 100M×65/2^16 = 100(kHz)
    Phase_Offset = 16'd0; #(CYCLE * 2000); //相位偏移为 0°,延时 20 μs
    T_control = 0; #2;
    T_control = 1; #(CYCLE); T_control = 0;//写启动信号,用于清零 DDS 控制计数器
    Phase_Increment = 16'd131; //相位增量 131,正弦信号频率为 100M×131/2^16 = 200(kHz)
    Phase_Offset = 16'd16384; //相位偏移为 360°×16384/2^16 = 90°
    end
endmodule
```

图 7-31 给出了对 DDS IP 核的测试和仿真结果，其中图 7-31（a）给出了对 DDS IP 核的 PINC 和 POFF 寄存器分别写入相位增量和相位偏移量的操作时序，以及 DDS IP 核的状态

信号 RDY、相位输出 phase out 和正弦数据输出 sin 的响应。本实例采用单通道 DDS 模式，图 7-31（a）中，在时序开始阶段，通过给 IP 核的 ce、reg select 及数据端口 data 输入正确的控制信号，将 PINC 寄存器的值配置为 131，而 POFF 的值配置为 16384。然后，利用 SCLR 对 DDS 的相位累加器复位。在经过大概 30ns 的延时后，rdy 信号有效，指示 DDS 开始输出修改后的相位数据和正弦数据，从 phase out 的输出看，相位数据按照 131 的增量被累加，而 sin 也产生了对应的输出，证明了用户对 DDS IP 核的控制是有效的。图 7-31（b）则给出了在 DDS IP 核的相位增量（PINC 寄存器）和相位偏移量（POFF 寄存器）分别在初值 65 和 0 及修改后的值 131 和 16384 时，测试程序仿真得到的 DDS 的输出。从图 7-31（b）中可以看到，SINE _ out 输出了不同频率和相位初值的正弦波，它们与设计的期望情况是一致的。

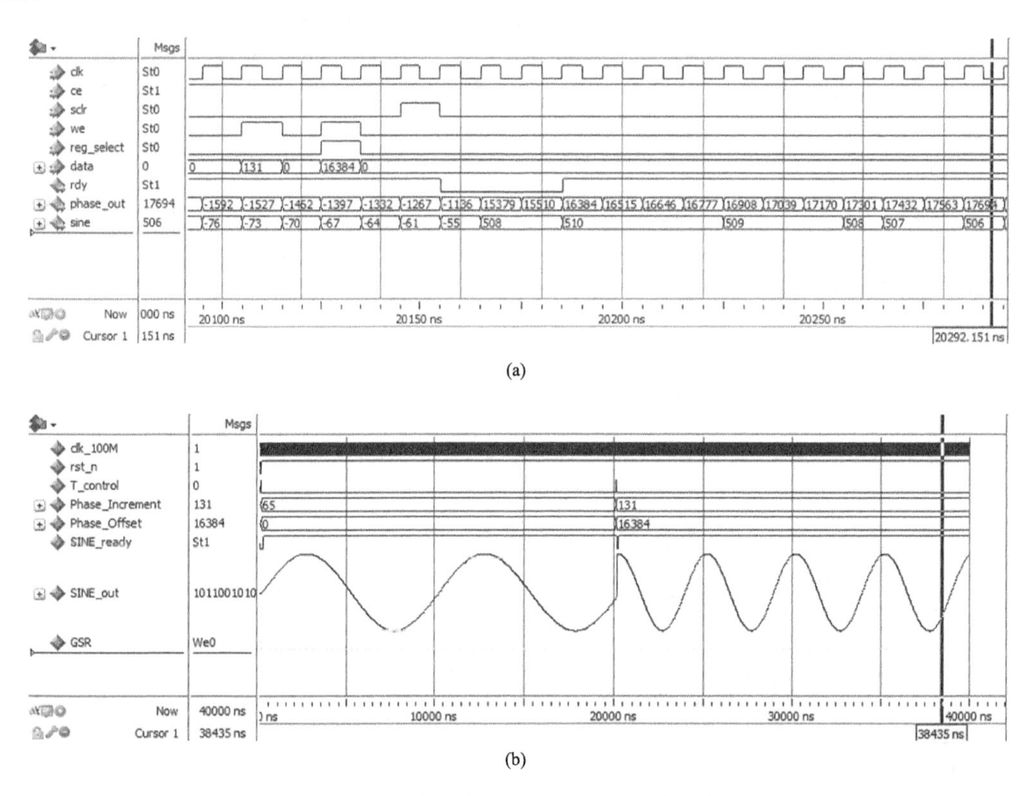

图 7-31　单通道 DDS 的测试和仿真时序

（a）对 IP 核的控制时序；（b）DDS 的仿真输出

参考文献

[1] Pericom Semiconductor Corp. Interfacing LVDS to PECL，LVPECL，CML，RS-422 and single-ended devices. Application Note 47，2002.

[2] BHASKER J. Verilong HDL 入门 [M]. 夏宇闻，甘伟，译. 北京：北京航空航天大学出版社，2008.

[3] 陈星. 用于时钟产生电路的延迟锁相环的研究与设计 [D]. 成都：西南交通大学，2004.

第 8 章　微处理器的系统设计与外部设备接口技术

智能仪器是以微处理器为核心的仪器，其性能与微处理器技术的发展密切相关。微处理器系统包括通用微处理器系统和专用微处理器系统。通用微处理器系统是一个由 CPU、存储器和 I/O 外部设备组成的计算机系统，早期的这种系统由分立的中规模集成电路在 PCB 上安装而构成，称为单板机。后来，随着单片集成技术的发展，大多数现代微处理器系统均为超大规模集成电路，将 CPU、存储器和部分外部设备资源集成在一个芯片上，从而大大缩小了体积，并降低了对外接口的技术难度。这类微处理器如各种型号的单片机（MCU）。同时，随着集成工艺的进步，微处理器的 CPU 运行速度越来越快，且引入了如多总线和流水线等设计技术，从而极大地提高了性能，同时其内部存储器容量和外部设备资源也大大提高。这种新型的微处理器如 DSP。更新的微处理器系统则采用多 CPU 和并行运算技术，即当前的各种多 CPU 核的微处理器。专用微处理器系统是各种被专门设计的嵌入各种功能芯片内部的微处理器，其功能往往是被定制好的，如很多射频通信的基带处理芯片、数字传感器芯片等。当然，专用微处理器系统也可以由用户自己设计和开发，通过 FPGA 来实现。本章主要介绍通用微处理器应用方法及其并行和串行接口技术。

8.1　微处理器系统的设计和并行接口技术

8.1.1　通用微处理器系统的基本结构

通用微处理器有两种设计架构：哈佛架构和冯·诺依曼架构。绝大多数单片机被设计成哈佛架构，而高性能的微处理器往往被设计为冯·诺依曼架构，或者在物理上是冯·诺依曼架构，但是在逻辑使用上则为哈佛架构。这两种架构的主要差别是：哈佛架构有独立的程序存储器和数据存储器，CPU 自动从程序存储器读取指令并执行，而数据存储器由用户通过编写指令来访问。冯·诺依曼架构的微处理器不分程序和数据存储器，即由用户在使用时划定一片存储器区域来保存程序，另外的区域则存放数据。对于哈佛架构，用户程序被编写好后，需要一个编程器写入程序存储器（通常为 E^2PROM），上电后可直接运行；而对于冯·诺依曼架构，用户程序被保存在一个外部的 ROM 中（或硬盘和 CD-ROM 等存储介质中），上电后需要一个在 ROM 中固化的引导程序把它从外部存储器中读取（通过 DMA 控制器或磁盘驱动器）并写入内存中，然后才可以运行。哈佛架构的微处理器，用户一般不能修改程序存储器的内容，由 CPU 自动读取其中的程序，结构简单，适合在工业控制或嵌入式仪器中应用，这种结构的典型产品如 MCS-51 系列单片机。冯·诺依曼架构的微处理器通用性更好，因为其硬件架构可以灵活扩展，同时可随需要更新或加载用户程序，或根据需求使用存储器。由于使用非常灵活，冯·诺依曼架构的微处理器往往安装一个软件操作系统来对处理器的资源进行管理，实现对用户程序的引导、多任务或多线程运行、对存储器进行管理，采用这种方式的最典型应用实例就是PC。还有一类处理器在物理结构上属于冯·诺依曼架构，但是在使用上像一般的哈佛架构，典型的产品如TI公司的DSP芯片TMS320 F2812。这种处理器可以直接从Flash运行程序，也可以通过并行接口或者通信接口从外部引导程序。图8-1给出了两种架构微处理器的结构特点。

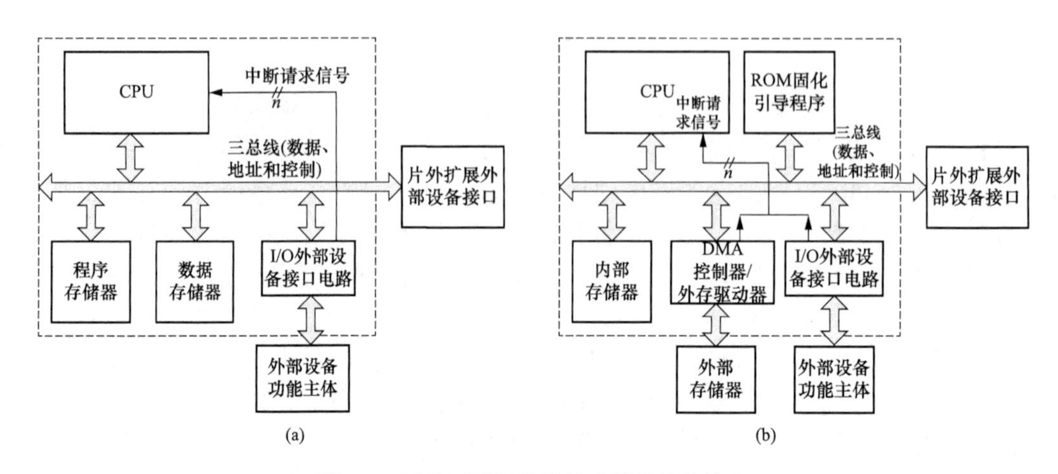

图8-1 两种不同架构微处理器的结构特点

(a) 哈佛架构的微处理器；(b) 冯·诺依曼架构的微处理器

8.1.2 微处理器的最小应用系统设计

现代微处理器是一个单片集成电路，它的运行需要一些基本的电路条件。能够使微处理器运行的最基本的电路称为微处理器的最小应用系统。下面以ADuC831单片机（MCS-51兼容单片机）和DSP芯片TMS320F2812（简称DSP F2812）为例来说明最小应用系统的设计原则，包括5个方面：①供电电源；②晶振电路；③上电复位；④调试接口；⑤特殊输入引脚的配置。

ADuC831单片机通常采用5V或3.3V单一电源供电，CPU核和片上外部设备采用同样的供电电源。DSP F2812的供电相对复杂，它的CPU核采用1.8V电源，而外部设备或I/O口采用3.3V电源；并且由于片上资源众多，引脚排列紧密，因此在芯片的四周分布不同的电源和接地引脚。使用中，所有的电源和接地端子都需要进行供电，漏接可能导致供电不足；并且需要在电源引脚附近并联去耦合电容，为内部开关电路动作时提供高频电流通路，抑制电源供电长线上的寄生电感引起压降和寄生振荡。另外，多种电源供电的微处理器一般要求一定的上电次序，如DSP F2812就要求3.3V电源要略微提前1.8V的核心电源上电，因此通常采用专用电源管理芯片（如TI公司的电源管理芯片TPS73HD318）为其供电。

微处理器实际上是一个复杂的时序逻辑电路，在一个外部时钟推动下自动读取存储器中保存的指令，并对指令进行译码（获得时序逻辑电路的外部输入）和执行（控制状态机进行状态切换）。因此，外部时钟源是微处理器必需的工作条件。目前，外部时钟源一般采用两种方式来提供，一种是采用无源晶振，它与微处理器内部的振荡电路一起构成一个反馈系统以产生时钟。另外一种就是把晶振和振荡电路单独集成在一起，构成一个有源器件，为微处理器提供时钟，不需要微处理器内部的振荡电路参与。晶振是从一块石英晶体上按一定方位角切下的薄片，具有压电效应，在外施交变电场作用下能够产生机械振动，同时，在晶片上施加机械振动会产生交变电场。一般机械振动的幅度比较小，但是当外加电场的频率等于晶体的固有振荡频率时，会产生谐振，此时机械振动幅度会急剧增大。晶振与外部振荡电路相结合，可以产生固有频率下的谐振，输出频率非常稳定的交流电压。图 8-2 给出了晶振的等效电路、阻抗特性以及广泛应用的皮尔斯振荡电路。

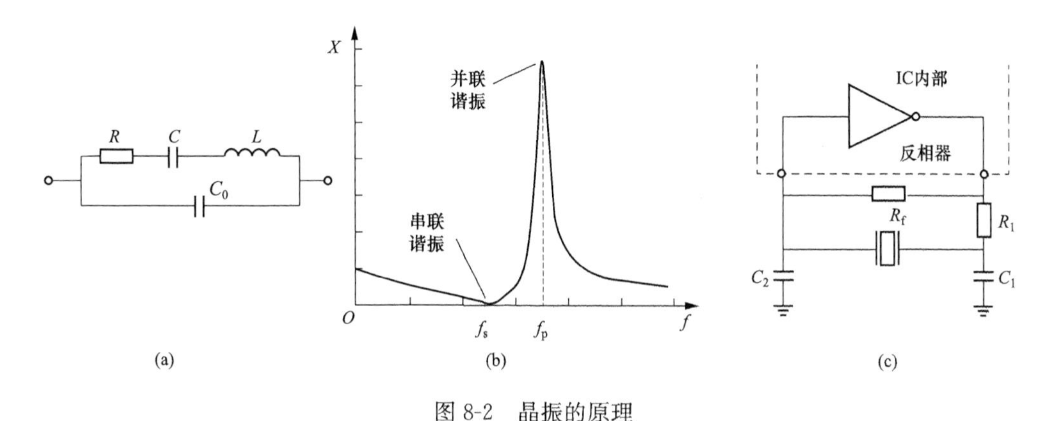

图 8-2 晶振的原理

(a) 晶振的等效电路；(b) 晶振的阻抗特性；(c) 皮尔斯振荡电路

图 8-2 (a) 给出了晶振的等效电路。晶体不振动时可被视为一个平板电容，图中 C_0 为这种情况下的等效电容，一般为几到几十 pF；L 和 C 为等效串联电感和电容；R 为等效串联电阻。从该等效电路可知，晶体有两个谐振频率：①L、C 和 R 支路发生串联谐振，串联谐振频率为 $f_s=1/(2\pi\sqrt{LC})$；②当频率高于 f_s时，L、C 和 R 支路呈感性，可与电容 C_0 发生并联谐振，并联谐振频率为 $f_p=1/[2\pi\sqrt{LCC_0/(C_0+C)}]$。根据石英晶体自身的特性，$C \ll C_0$，因此 f_p与 f_s非常接近。晶振的阻抗特性如图 8-2 (b) 所示，在两个非常接近的谐振频率 f_s和 f_p之间，晶振等效为一个高 Q 值的电感（接近纯电感）。图 8-2 (c) 给出了石英晶体皮尔斯振荡电路，该电路所需元器件很少：一个反相器、一个反馈电阻 R_f、一个阻尼电阻 R_1、一个石英晶体和两个小电容 C_1 和 C_2。反相器的输出通过 R_f被反馈到输入侧，假设反相器为理想反相器，具有高输入阻抗和零输出阻抗，则输出和输入电压相等，从而构成一个单位增益负反馈电路。这使得反相器内部的输出晶体管运行在线性放大区，阻止其进入截止区和饱和区。石英晶体与两个电容 C_1、C_2 构成 π 型网络形式的带通滤波器，在晶体的谐振频率附近产生 180°相位差，这样整个反馈电路将处于临界稳定状态，从而产生等幅振荡。额外加入的电阻 R_1 与 C_1 构成一个 LPF，用以抑制更为高频的混叠振荡，同时，也用于降低石英晶体的驱动电压，防止电压过高造成晶体损坏。从石英晶体看出去，电路的总电容量称为晶体的负载电容（与等效电路中的 C_0 并联的电容），该电容对电路的振荡频率有一些影响，因此在石英晶体的规格书中会给出推荐的负载电容的大小，晶振的标称频率是符合该电容的数值。在电路设计中，实际负载电容的大小要与该电容一致，以此为原则选择 C_1 和 C_2 的大小，同时必须考虑杂散电容（PCB 铜箔间电容及芯片引脚电容等）的影响。

微处理器最小应用系统的第 3 个组成部分是上电复位电路。上电复位主要是通过一个外部施加的异步复位信号对微处理器的 CPU 及外部设备的寄存器或状态机的初始状态进行配置，使微处理器从一个确定的状态开始运行。微处理器的上电往往要求一定的时序配合，因此上电复位信号也需要在上电过程中来施加，而微处理器加电后的其他形式的复位不能代替上电复位。微处理器的复位经常采用简单的阻容电路来实现，也可以通过专用芯片来实现。例如，ADuC831 的上电复位电路通常采用阻容电路（在上电时产生高电平复位脉冲），而 DSP F2812 则采用电源管理芯片产生的复位信号（低电平复位脉冲）。

现在的微处理器大多数是表贴封装的集成芯片，因此它们必须具备在线编程能力，通过 PC 和编程器将调试好的用户程序下载或烧写到微处理器的程序存储器中。在设计微处理器的最小应用系统时，必须设计对应的编程接口。ADuC831 通过其片上的通用异步串口（Universal Asynchronous Receiver/Transmitter，UART）外部设备与 PC 进行通信，使 PC 可以对单片机片上的程序存储器进行编程和在线调试。由于 ADuC831 的串口为 TTL-5V 的电平标准，而 PC 的串口满足 RS-232 电平标准，因此两者之间需要进行电平变换。另外，芯片的/PSEN 在上电复位时的状态决定了是否选择下载模式，通常用一个下拉电阻和跳线进行选择。DSP F2812 则通过一个标准的 JTAG 接口（一种国际标准测试协议，主要用于芯片内部测试及对系统进行仿真和调试）与仿真器和 PC 相连接，实现程序的下载及在线调试。

最小应用系统的最后一个设计问题是一些关键输入引脚的配置。对于 ADuC831，其引脚/EA 的状态决定了单片机上电后是从其内部的 Flash 程序存储器还是从外部连接的程序存储器运行程序，因此该引脚的状态至关重要，需要进行配置。对于 DSP F2812，具有相似作用的引脚是 MP/$\overline{\text{MC}}$。另外，作为物理上的冯·诺依曼架构微处理器，DSP F2812 提供了不同的加载或运行用户程序的方式，其片内固化的引导程序会在 DSP 上电时通过检测几个 I/O 引脚的输入状态来决定采用哪种方式，因此在设计最小应用系统时，需要通过上拉电阻或下拉电阻给这些引脚一个确定的状态输入。

图 8-3（a）给出了 ADuC831 的最小应用系统简图，图 8-3（b）给出了 DSP F2812 的最小应用系统简图。ADuC831 采用简单的阻容电路作为上电复位电路，并且用无源晶振作为时钟输入。另外，通过芯片 MAX202 把单片机的 UART 转换为 RS-232 电平，使其能够与 PC 的串口进行连接。DSP F2812 则采用 TPS73HD318 来为其提供 3.3V 和 1.8V 电源及上电复位脉冲，并且采用有源振荡器作为时钟输入，并通过 JTAG 接口连接仿真器。

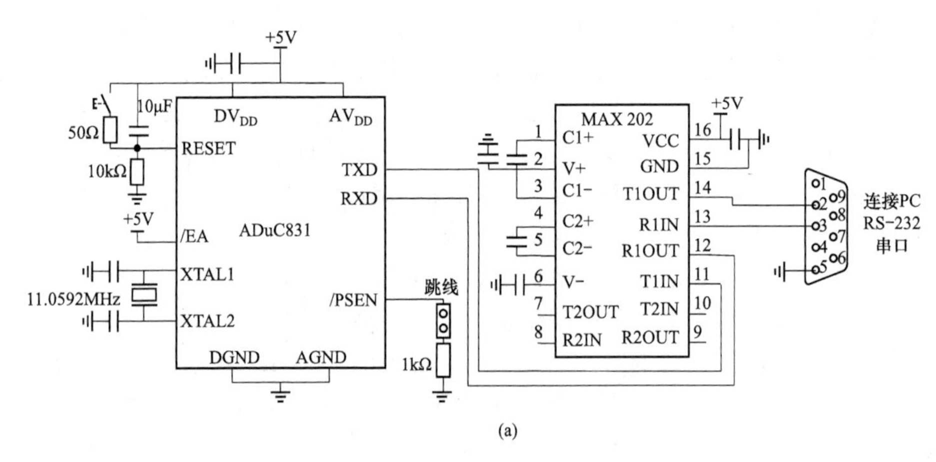

图 8-3 微处理器最小应用系统实例（一）

（a）ADuC831 的最小应用系统简图

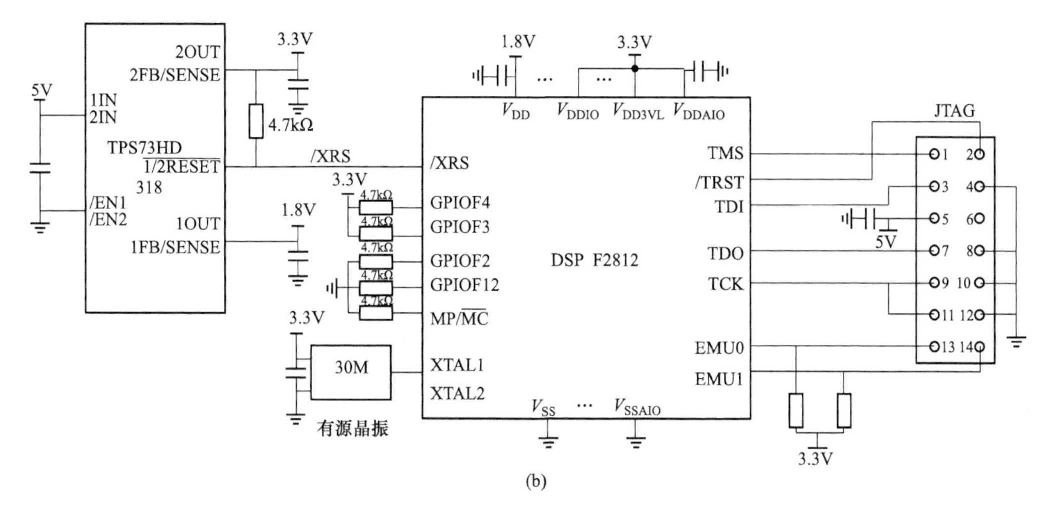

图 8-3 微处理器最小应用系统实例（二）

（b）DSP F2812 的最小应用系统简图

8.1.3 微处理器系统的并行接口技术

在微处理器应用系统的设计中，当微处理器片上存储器或外部设备资源不够时，需要进行外部扩展，称为微处理器的接口技术。对于图 8-1（a）给出的哈佛架构的微处理器，CPU 只能通过三总线（地址、数据和控制总线）来访问程序存储器、数据存储器和外部设备。访问即 CPU 向存储器或设备输出或读入数据。外部设备不能主动向 CPU 传输数据，但是可以通过中断请求信号来向 CPU 申请中断，从而告知 CPU 某种外部设备事件的发生。根据同样的原理，微处理器可以通过三总线来扩展外部存储器或设备，称为微处理器的直接并行接口技术。当然，微处理器的 CPU 还可以通过通用数字 I/O 口（GPIO）设备来实现对其他设备的并行接口，称为间接并行接口技术。

基于三总线的直接并行接口技术是根据微处理器的并行访问时序来实现的，下面将以 ADuC831 为例来进行说明。哈佛架构的微处理器 ADuC831 有两种不同的并行访问时序：一种是对程序存储器的读访问时序，另外一种是对数据存储器的读/写访问时序。前者是由 CPU 在每个指令周期自动发出的，用以读取程序存储器内保存的用户指令。对于哈佛结构的处理器，程序存储器的内容是通过第三方编程器写入的，因此在上电工作期间，ADuC831 对程序存储器只有读时序。图 8-4（a）给出了 ADuC831 对外部程序存储器的读访问时序。该时序涉及的引脚包括：地址总线低 8 位、数据总线分时复用的 8 条信号线（P0 口的 P0.0～P0.7）及地址锁存信号 ALE，地址总线高 8 位（P2 口的 P2.0～P2.7），低电平有效的程序存储器使能信号/PSEN。该时序的主要特点：首先，一个指令读时序占用 6 个晶振时钟周期。其次，在时序的开始阶段，ALE 信号有效，CPU 把指令计数器 PC（一个 16 位的 CPU 寄存器，存放下一条要执行的指令的地址）的高 8 位（PCH）通过 P2 口送出，而把低 8 位（PCL）通过 P0 口送出。在此期间，ALE 会产生一个下降沿，从而结束该阶段。第三，ALE 信号无效后，/PSEN 信号变低，P0 口将从地址输出口转换为高阻态的数据总线，用以接收指令编码。第四，/PSEN 信号变高，时序结束。时序中还给出了各个阶段的一些关键时间，如 ALE 的持续时间 t_{LHLL}；ALE 变低后，P0 口输出的地址信号被继续保持的时间 t_{LLAX}；/PSEN 的持续时间 t_{PLPH} 等。对于被访问的程序存储器，要求它必须能够在这些有限的保持时间内把内部存储单元的内容准备好，输出到数据总线上。

图 8-4（b）给出了 ADuC831 与一个 32K×8 位的 E^2PROM AT28HC256 接口的电路原理。图 8-4（b）中，ADuC831 的地址/数据复用线（P0 口）被连接到了一个下降沿触发的 8 位 D 触发器上，并用 ALE 信号作为触发信号。这样，单片机送出的低位地址 A0～A7 将被保存到该锁存器中。锁存器的输出也因此构成了地址总线的低 8 位，解除了复用，而地址总线的高 8 位则仍由 P2 口输出。这样，A0～A15 构成了单片机的 16 位地址总线，总的寻址空间为 64Kbit。AD0～AD7 则构成了单片机的 8 位数据总线，按序号一致的顺序连接到 E^2PROM 的数据输入/输出端（I/O0～I/O7）。单片机与程序存储器的地址线连接原则是：单片机的低端地址线（本例中的 A0～A14）与存储器的片上地址线按序号一一对应连接，而单片机的高端地址总线（剩下未连的 A15）则通过译码器产生片选信号，连接存储器的片选使能端。根据图 8-4（b）中的连接，A15 经过译码将会产生两个片选信号/CS0 和/CS1，其中/CS0 当 A15 为 0 时有效。因此，在单片机所有输出的物理地址编码（A15～A0 地址线从高位到低位的二进制编码）中，A15 为 0 的地址范围是 0000H～7FFFH（以十六进制表示）；同理，/CS1 当 A15 为 1 时有效，因此其地址范围是 8000H～0FFFFH。本例中，/CS0 被连接到存储器的片选使能端，因此存储器将占据单片机的低 32Kbit 存储器空间（物理地址范围为 0000H～7FFFH）。同时，单片机的/EA 端接地，意味着不使用其片内的 Flash 存储器，CPU 只从外部程序存储器中读取指令。当然，对于该设计实例，还可以扩展一片 AT28HC256，只要将其片选连接到/CS1，则两片存储器将占满整个单片机的 64Kbit 地址空间。最后，存储器的输出使能端（/OE）被连接到单片机的/PSEN 信号上，而这个关键连接使得存储器 AT28HC256 成为单片机的程序存储器。这里需要强调，程序存储器与存储器的物理属性无关，即不管是 RAM 还是 E^2PROM，都可以作为程序存储器，关键是其输出使能/OE 是否由/PSEN 信号来控制。

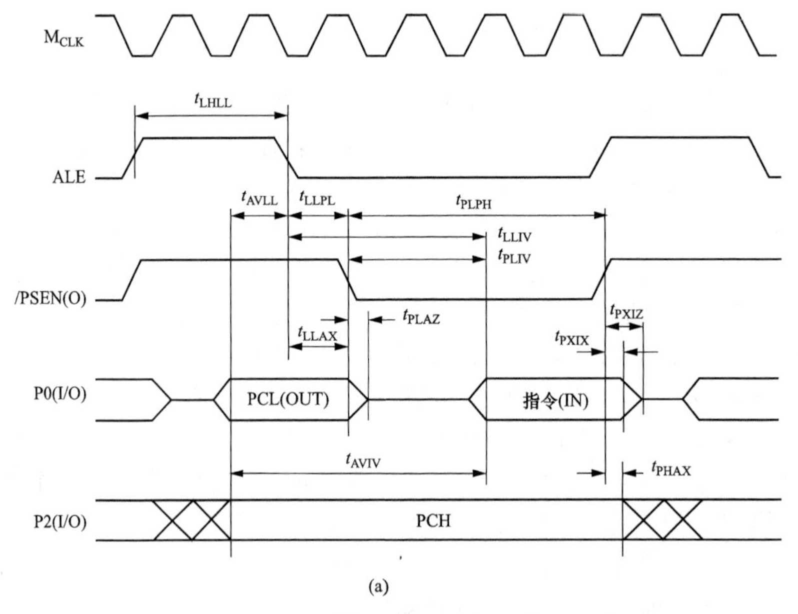

图 8-4 ADuC831 与程序与存储器的并行接口实例（一）

（a）ADuC831 对外部程序存储器的读访问时序

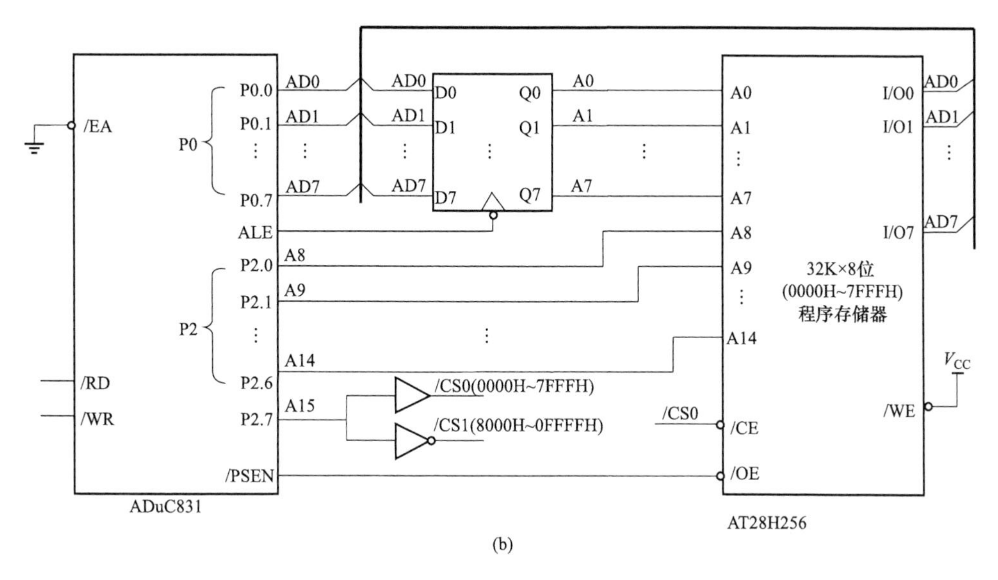

图 8-4　ADuC831 与程序与存储器的并行接口实例（二）

（b）ADuC831 与程序存储器的并行接口实例

单片机 ADuC831 对外部数据存储器的访问是通过执行两条指令来完成的：MOVX A，@DPTR和 MOVX @DPTR，A。前一条指令用于单片机对数据存储器的读操作，即从数据存储器中读取物理地址由 DPTR 寄存器指定的存储单元的内容，结果存放在 ACC 寄存器中；后一条指令刚好相反，用于对数据存储器进行写操作，即把 ACC 的内容写入数据存储器中由DPTR 指定地址的存储单元中。为了能够使这两条指令产生正确的操作结果，需要单片机通过三总线与数据存储器进行正确的接口，而这必须依据两条指令的操作时序来实现。图 8-5（a)和图 8-5（b）分别给出了读操作时序和写操作时序。

这两个操作时序与图 8-4（a）给出的对程序存储器的访问时序比较相似，但是也存在重要的区别：首先，外部数据存储器的读写时序是执行 MOVX 指令的结果，不是由单片机自动发出的，即如果用户的程序中不使用 MOVX 指令，那么就不会产生这两个时序。其次，外部数据存储器的读写访问时序需要 12 个时钟周期才能完成。第三，在外部数据存储器的读时序中，/RD 信号有效；而在写时序中，/WR 信号有效。因此，/RD 和/WR 信号是数据存储器的读写控制信号，当它们被连接到一个存储器（无论是 SRAM 还是 E^2PROM 存储器）对应的输出使能端和写使能端时，该存储器就会成为单片机的数据存储器。第四，DPTR 寄存器的内容代表要访问的存储单元的物理地址，在读写访问时序中，它们将会通过 P2 和 P0 口输出。

图 8-5（c）给出了 ADuC831 通过三总线与一个 32K × 8 位的 SRAM（型号为IS61LV256）接口的原理，该电路与图 8-4（b）给出的程序存储器的接口电路非常相似，只不过在这个设计中 SRAM 的输出使能信号/OE 连接了单片机的/RD 信号，写使能信号/WE信号则连接了单片机的/WR 信号。作为哈佛架构的处理器，ADuC831 拥有 64Kbit 的程序存储空间和 64Kbit 的数据存储空间，这两个空间在物理上是独立的，其原因就是程序存储器接口使用的是/PSEN 信号，而数据存储器使用的是/RD 信号，它们是不会同时使能的。因此，程序存储器和数据存储器可以拥有相同的物理地址而不会产生冲突。在图 8-5（c）中，SRAM 的输出使能端/OE 上连接了一个或门和一个选择开关 K，或门的其中一端连接单片机

的/RD 信号，而另一端则由 K 来选择。若 K 接+3.3V，那么该 SRAM 为前面所述的数据存储器。然而，若 K 选择/PSEN 信号，那么 SRAM 的/OE 端将为/PSEN 和/RD 信号的逻辑与，此时该 SRAM 既能作为程序存储器，被单片机自动读取其中的内容作为指令；又可以作为数据存储器，通过指令 MOVX 来读取其中的内容。在这种情况下，单片机的程序空间和数据空间将合二为一，事实上使得单片机从一个哈佛架构的处理器变成了冯·诺依曼架构的处理器。最后，作为数据存储器，由于对其进行读和写操作的都是同一个单片机，因此在进行电路连接时，单片机地址总线的信号序号（A0、A1 或 A2 等）可以与 SRAM 芯片上的序号不一致。当然，数据总线的信号 AD0～AD7 也可以不与 SRAM 的数据输出 I/O0～I/O7 一一对应，这并不影响使用。这一点与程序存储器的情况完全不同，因为程序存储器的写入操作是通过第三方的编程器进行的，而读出操作则是通过单片机进行的，因此，若序号不对应，单片机就不会按照正确的次序读取正确的存储结果，从而造成单片机的死机。在图 8-5（c）中，还有一个细节需要指出，SRAM IS61LV256 是一个 3.3V 供电的芯片，它不能直接与 5V 的单片机接口，必须进行电平变换。不过，考虑到 ADuC831 也有 3.3V 供电的产品型号，因此为了简单起见，图 8-5（c）中的 ADuC831 改为 3.3V 供电，从而避免了电平变换电路。

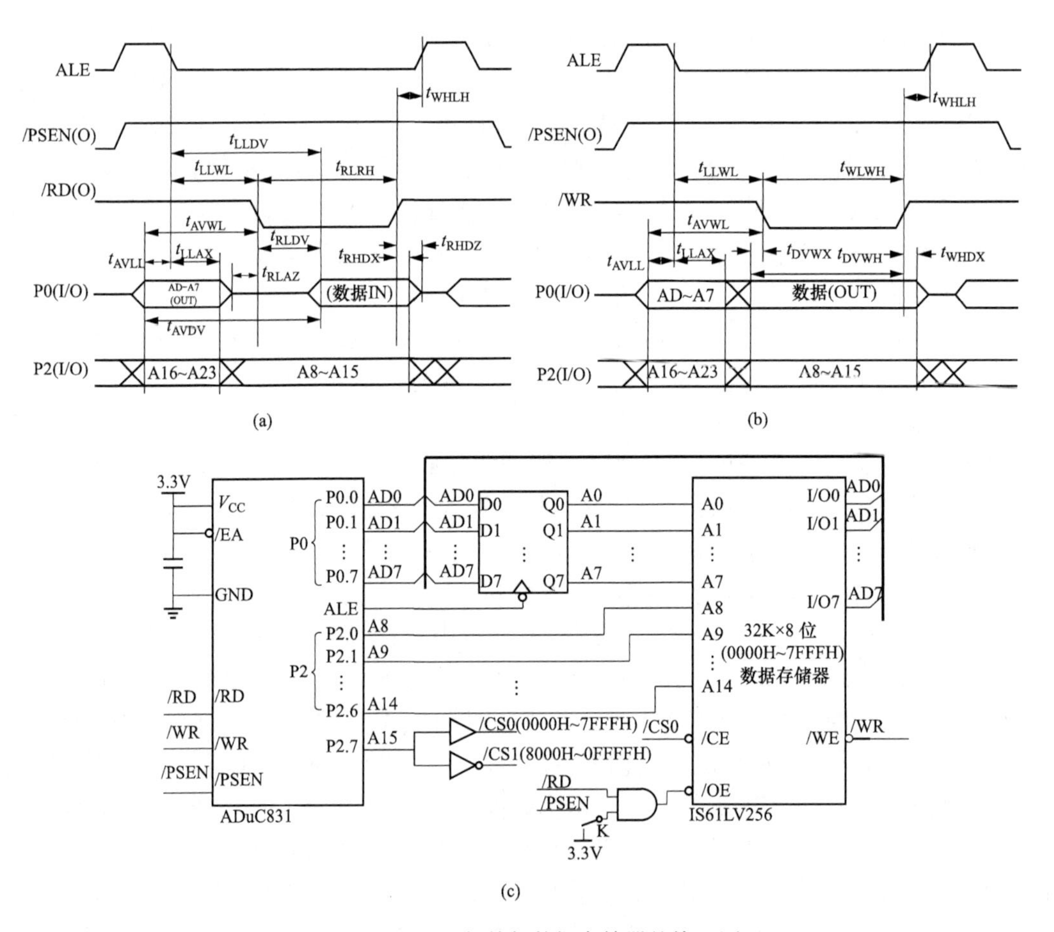

图 8-5 ADuC831 与外部数据存储器的接口原理

（a）MOVX A，@DPTR 操作时序；（b）MOVX @DPTR，A 操作时序；（c）与 SRAM 的并行接口电路实例

当微处理器的片上 I/O 外部设备资源不满足应用要求时，也需要进行片外的扩展。ADuC831 可以通过三总线与一个 I/O 外部设备进行并行接口，利用地址和读写访问控制来对外部设备的寄存器进行配置或者读取数据。由于 ADuC831 没有独立的 I/O 外部设备地址空间（只有/PSEN 控制使能的程序存储器地址空间和/WR 与/RD 控制使能的数据存储器地址空间），因此在利用三总线的并行接口中，必须占用数据存储器的地址空间。这意味着外部数据存储器和扩展的 I/O 外部设备要被给予不同的物理地址，以防止冲突的发生。一个可以与微处理器三总线进行并行接口的 I/O 外部设备可以采用图 8-6（a）给出的结构模型来描述，该模型由基于锁存器（Latch，D 触发器）和缓冲器（Buffer，三态门）的 I/O接口电路及外部设备功能主体两部分构成，这里称其为外部设备的 Latch-Buffer 模型。锁存器的作用是对微处理器输出的数据进行锁存，它们被用于对外部设备的功能主体进行配置、操作和控制。缓冲器的作用是当微处理器对外部设备进行访问时，使能该缓冲器把外部设备的数据或状态输出到总线上。在利用三总线进行外部设备的接口时，任何连接到数据总线上的设备都必须具备高阻能力，当微处理器在访问其他存储器或外部设备时保持从总线上断开。根据外部设备的功能不同，其 I/O 接口电路也有不同的形式，有些既包含锁存器，也包含缓冲器，这种外部设备具有可读和可写的性质；然而，另外一些外部设备可能只包含锁存器而没有缓冲器，这种外部设备就只具有可写的属性；反之，只包含缓冲器的外部设备则只具有可读属性。

图 8-6（b）给出了基于 Latch-Buffer 模型构建的一个 3×3 的动态扫描键盘外部设备的原理电路，其中外部设备接口电路为一个 8 位的上升沿触发的锁存器（被用作键盘的行锁存器）和一个 8 位的三态缓冲器（被用作键码读取的列缓冲器），两者的 8 位数据线并联构成 8 位的数据总线。锁存器的触发时钟 CP 构成写控制端，而缓冲器的/OE 构成读使能端。外部设备功能主体是 3×3 的键盘矩阵（K1～K9）。图 8-6（c）给出了 ADuC831 与键盘外部设备的接口电路。在这个设计中，键盘外部设备的数据总线与单片机的数据总线 AD0～AD7 相连，用以传输行扫描码并读取列值。单片机的 A15 和 A14 两条高端地址线通过译码电路产生不同的片选信号，从而对数据存储器和设备进行区分，防止产生访问冲突。其中，当 A15＝0 时，片选信号/CS0 有效，它被用以选择 32KB 的片外数据存储器[图 8-5（c）中的存储器]；当 A15＝1 且 A14＝0 时，产生/KEY _ CS 片选信号，它用来使能键盘外部设备（范围在 8000H～0BFFFH 中的任意地址均可使能/KEY _ CS)；而当 A15＝1 且 A14＝1 时，片选信号/RESV 使能，它为一个保留信号，可用于使能其他外部设备。键盘行锁存器的 CP 控制端在/KEY _ CS 有效时通过单片机的/WR 信号来进行控制，这样单片机可以通过执行 MOVX @DPTR，A 指令把行扫描码写入行锁存器中。根据图 8-5（b）给出的 MOVX 写时序，当/WR 从低有效信号变成高电平后，数据总线上的输出还将维持 t_{WHQX}时间。可见，/WR 信号是在数据总线信号稳定期间产生的一个上升沿信号，可以作为边沿触发锁存器的控制信号。需要注意的是，不能采用地址线或片选线来代替/WR 信号，因为根据 MOVX 写时序，当地址信号产生边沿时，数据总线上的数据也将产生变化，因此锁存器可能被锁存错误的值。同理，缓冲器的/OE 使能端在/KEY _ CS 有效时通过单片机的/RD 信号来控制，这样单片机通过执行 MOVX A，@DPTR 指令可以把键码读入 CPU 的 ACC 寄存器中。

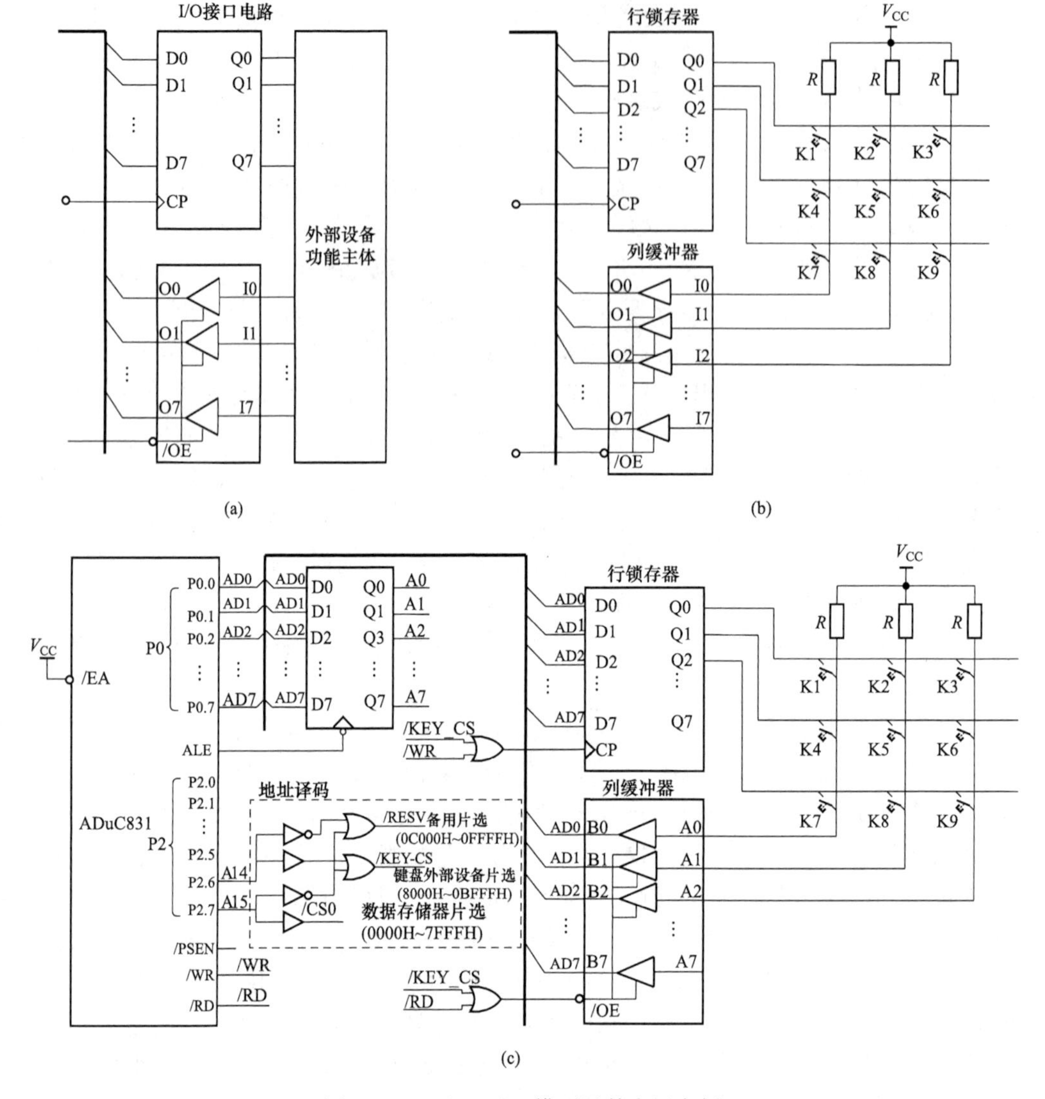

图 8-6 Latch-Buffer 模型及其应用实例

（a）外部设备的 Latch-Buffer 结构模型；（b）基于 Latch-Buffer 模型的动态扫描键盘外部设备原理电路；

（c）ADuC831 与键盘外部设备的接口电路

矩阵键盘的动态扫描电路可以有效减少接口信号的数量，在按键很多的场合中可以有效节省资源，但是这需要以时间的消耗为代价。为了对所有的按键状态进行检测，需要逐行进行扫描，同时通过读取列状态来判断被扫描的行所有按键的状态。根据图 8-6（c）给出的电路，键盘的每条行线（锁存器的 Q0、Q1 和 Q2 输出引脚）应该分别送出低电平进行扫描，同时键盘的列线（缓冲器的 A0、A1 和 A2 输入引脚）的低电平表示被扫描行对应列的按键被按下。根据该原理，下面给出一段汇编语言程序代码，用以说明如何利用单片机来实现动态键盘扫描。

【例 8-1】 给出图 8-6（c）所示 ADuC831 对动态 3×3 键盘的行扫描控制和键码读取程序，如下：

```
;**********************************************************************************************
;检测按键 KEY1～KEY9 的状态,并编写对应的键码为 1～9
KEY_ROW1   EQU   20H   ;第 1 行键状态存储地址
KEY_ROW2   EQU   21H   ;第 2 行键状态存储地址
KEY_ROW3   EQU   22H   ;第 3 行键状态存储地址
KEY_CODE   EQU   23H   ;生成的键码的存放地址
;++++++++++++++++++++++++++++++++++
MAIN:
    ...
KEY:                         ;键处理循环程序
    MOV   DPTR,#8000H        ;键设备地址
    MOV   A,#00000110B       ;第 1 行扫描码
    MOVX  @DPTR,A            ;写行扫描寄存器
    MOVX  A,@DPTR            ;读列缓冲器
    MOV   KEY_ROW1,A         ;获得第 1 行的按键状态
;
    MOV   DPTR,#8000H
    MOV   A,#00000101B;第 2 行扫描码
    MOVX  @DPTR,A
    MOVX  A,@DPTR
    MOV   KEY_ROW2,A;获得第 2 行的按键状态
;
    MOV   DPTR,#8000H
    MOV   A,#00000011B;第 3 行扫描码
    MOVX  @DPTR,A
    MOVX  A,@DPTR
    MOV   KEY_ROW3,A;获得第 3 行的按键状态
;
    LCALL   KEY_HANDLE;调用键处理程序
;
    SJMP   KEY
;++++++++++++++++++++++++++++++++++
    KEY_HANDLE:              ;键处理子程序
    MOV   A,KEY_ROW1         ;取第 1 行键状态
    ANL   A,#00000001B       ;屏蔽无关位
    JNZ   NO_KEY1            ;KEY1 没有按下跳转
    MOV KEY_CODE,#1          ;KEY1 键按下键码为 1
    SJMP   COM
NO_KEY1:
    MOV   A,#KEY_ROW1
    ANL   A,#00000010B
    JNZ   NO_KEY2
    MOV   KEY_CODE,#2 ;KEY1 键按下键码为 2
    SJMP   COM
NO_KEY2:
    MOV   A,#KEY_ROW1
    ANL   #00000100B
    JNZ   NO_KEY3
    MOV   KEY_CODE,#3 ;KEY3 键按下键码为 3
    SJMP   COM
NO_KEY3:   ;省略对第 2 行和第 3 行键码编写程序
    . . .
COM:
    RET
;*************************************END*************************************************
```

利用 Latch-Buffer 模型还可以创建 LED 外部设备并实现与 ADuC831 的并行接口，图 8-7 给出了一个对应的实例。

如图 8-7 所示，4 个 8 段共阴极 LED 数码管构成一个动态刷新的数字显示器，该显示器由一个段码锁存器和一个位选锁存器来进行控制，这两个锁存器也满足 Latch-Buffer 结构模型，充当显示器外部设备与单片机的接口电路。4 个 LED 数码管的段码控制线（标号为 a～h 的引线）并联，并由段码锁存器的输出来进行控制；而位选锁存器的输出控制 4 个 LED 数码管的位选控制线。当一个 LED 数码管的位选控制线为低电平，并且某些段控制线为高电平时，其内部对应的 LED 发光二极管会通电点亮，显示特定的数字（或字符）。电阻的作用是当段控制线为高电平时，限制流过 LED 的电流。段码锁存器和位选锁存器为两个写属性的外部设备寄存器，因此需要不同的地址来进行选择，这与图 8-6 键盘控制器的情况不同。

在图 8-7 的设计中，地址译码电路延续图 8-5（c）和图 8-6（c）的设计，当 A15=1 且 A14=1 时，选中 LED 设备（地址范围为 0C000H～0FFFFH），使对它的访问与对数据存储

器和动态扫描键盘外部设备的访问不会产生冲突。为了对显示器的段码锁存器和位选锁存器进行区分，按照数据存储器片上地址译码的思想，选择低端地址线 A0 来进行译码。当 A0＝0 时片选/LED _ CS1 有效，使能段码锁存器（如采用地址 0C000H 来访问)。而当 A0＝1 时片选/LED _ CS2 有效，使能位选锁存器（如采用地址 0C001H 来访问)。两个锁存器均由单片机的/WR 信号进行触发控制。该 LED 通过两个锁存器来实现对 4 个数码管的控制，因此需要进行动态显示刷新，每次只有一个显示器被点亮。当刷新频率比较高时，利用人的视觉暂留作用呈现出稳定的显示。可见，动态刷新显示器不仅可以减少与微处理器的接口元器件，同时也能节省功率。下面给出一段汇编语言程序代码，用以说明如何利用单片机来实现动态 LED 的控制。

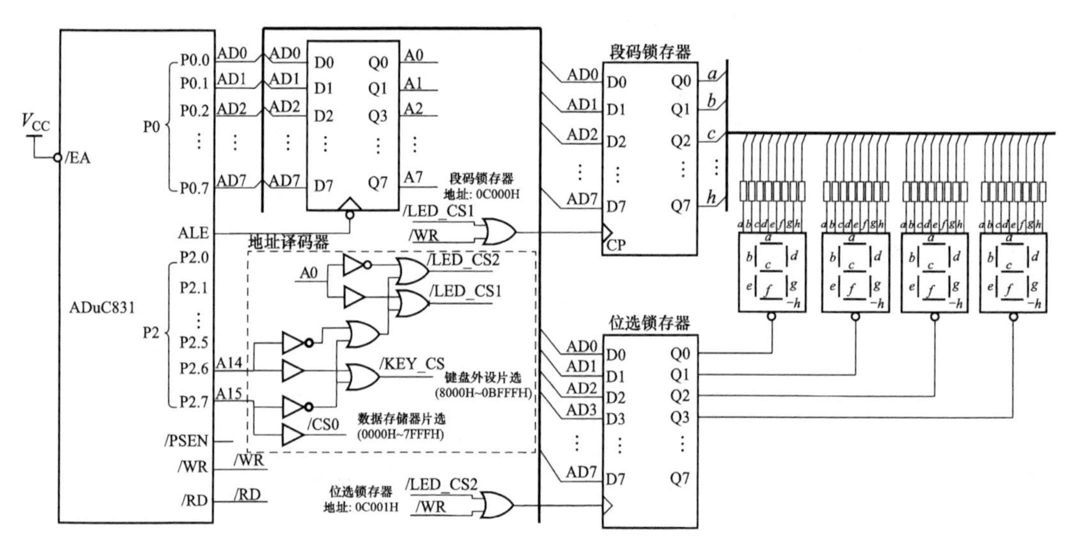

图 8-7 ADuC831 与一个 4 位 8 段 LED 显示器外设的接口电路

【例 8-2】 给出图 8-7 所示的 ADuC831 对 LED 的动态刷新程序，使显示器显示数字 1234。

```
;*****************************************************************************
;在 4 个 LED 数码管上同时显示数字 1234
MAIN:
     …
DISP:
     LCALL  DIS_OFF  ;关闭显示器
;
     MOV  R0,#1      ;显示内容 1
     MOV  R1,#1      ;显示位——第 1 数码管
     LCALL  DIS_CTL  ;进行显示控制
     LCALL  DIS_OFF  ;显示后关闭显示器
;
     MOV  R0,#2      ;显示内容 2
     MOV  R1,#2      ;显示位——第 2 数码管
     LCALL  DIS_CTL
     LCALL  DIS_OFF
;
     MOV  R0,#3      ;显示内容 3
     MOV  R1,#3      ;显示位——第 3 数码管
     LCALL  DIS_CTL
     LCALL  DIS_OFF
;
     MOV  R0,#4      ;显示内容 4
     MOV  R1,#4      ;显示位——第 4 数码管
     LCALL  DIS_CTL
     LCALL  DIS_OFF
;
     SJMP  DISP
;++++++++++++++++++++++++++++++++++++++
;显示子程序,R0——要显示的数字,R1——要显示
```

```
的位置
DIS_CTL:
    MOV  A,R0
    MOV  DPTR,#TABLE  ;装载段码表首地址
    MOVC  A,@DPTR+A  ;查表得到显示段码
    MOV  DPTR, #0C000H
    MOVX  @DPTR,A  ;把段码写入段码锁存器
    MOV  A,R1
    CJNE  A,#1,NEXT1
    MOV  A,#11111110B ;第 1 数码管的位控制码
    SJMP COM
NEXT1:
    CJNE  A,#2,NEXT2
    MOV  A,#11111101B;第 2 数码管的位控制码
    SJMP COM
NEXT2:
    CJNE  A,#3,NEXT2
    MOV  A,#11111011B;第 3 数码管的位控制码
    SJMP COM
NEXT3:
    CJNE  A,#4,COM
    MOV  A,#11111101B;第 4 数码管的位控制码
COM:
    MOV  DPTR,#0C001H
    MOVX  @DPTR,A;把位控码写入位选锁存器
    LCALL  DELAY  ;延时
    RET
;++++++++++++++++++++++++++++++++++
DIS_OFF: ;通过位控制关闭所有的数码管的显示
    MOV  DPTR,#0C001H
    MOV  A,#0FFH  ;位控制码为全部不使能
    MOVX  @DPTR,A
    LCALL  DELAY  ;延时
    RET
;++++++++++++++++++++++++++++++++++
DELAY:  ;毫秒级延时程序,用于显示内容的保持
    MOV R2,#20
LP1:MOV R3,#0FFH
LP2:NOP
    DJNZ R3,LP2
    DJNZ R2,LP1
    RET
;++++++++++++++++++++++++++++++++++
;数字"0,1,2,3,4"的段码表
TABLE: DB 7BH,12H,3DH,6DH,4EH
;******************************************  END******************************************
```

能够与单片机进行并行接口的存储器和外部设备都具有并行的数据输入/输出引线，在上述利用单片机的三总线进行直接并行接口的技术中，存储器和设备的并行数据线直接与单片机的数据总线连接，并在单片机的读/写控制时序作用下实现对数据的输出和输入操作。除了这种方式，单片机还可以利用片上 GPIO 外部设备来实现间接并行接口。在这种方式下，GPIO 的并行输入/输出引线可以作为数据总线与存储器或设备相连接，地址和控制信号也通过 GPIO 的引线来产生，而访问时序则通过对 GPIO 编程来实现。在这种接口方式下，由于 CPU 不能直接从设备读取或向设备写入数据，而是要通过 GPIO 的外部设备寄存器，因此把这种接口方式称为间接并行接口技术。图 8-8（a）给出了利用 ADuC831 的 P1 和 P2 口（配置成第一功能——GPIO）来与一个 ADC AD7864 进行接口的原理，图 8-8（b）给出了 AD7864 的读访问时序。

根据图 8-8（a），AD7864 选择内部时钟和内部基准，并通过 SL1～SL4 选择了所有 4 路模拟通道（sig1～sig4）被采样和转换。/CONVST 为控制输入，用于启动 ADC。/CS 和/RD 为读访问控制输入。BUSY 为输出指示信号，它在 ADC 转换期间为高电平。/EOC 为输出指示信号，在每个通道转换完成后有效。FRSTDATA 也是输出指示信号，在进行结果读取时，第一个通道转换结果输出时有效。在并行接口中，/EOC 和 FRSTDATA 没有被使用。根据图 8-8（b）给出的时序，单片机可以通过对数字 I/O 编程来模拟该时序，从而实现对 AD7864 的启动控制和结果读取，举例说明如下。

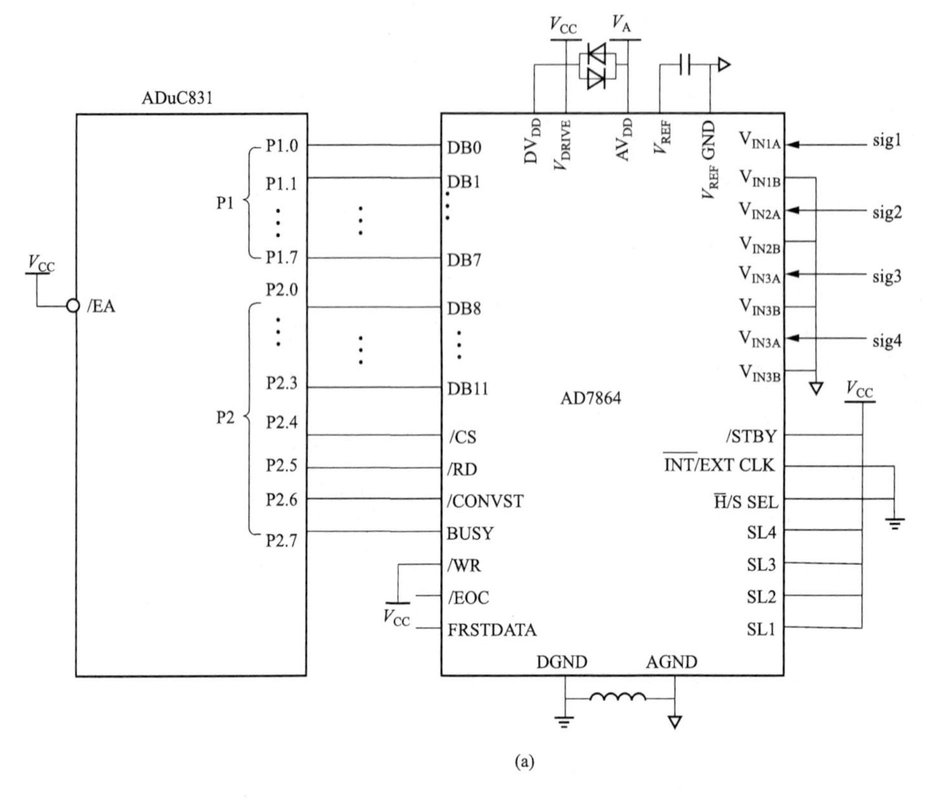

(a)

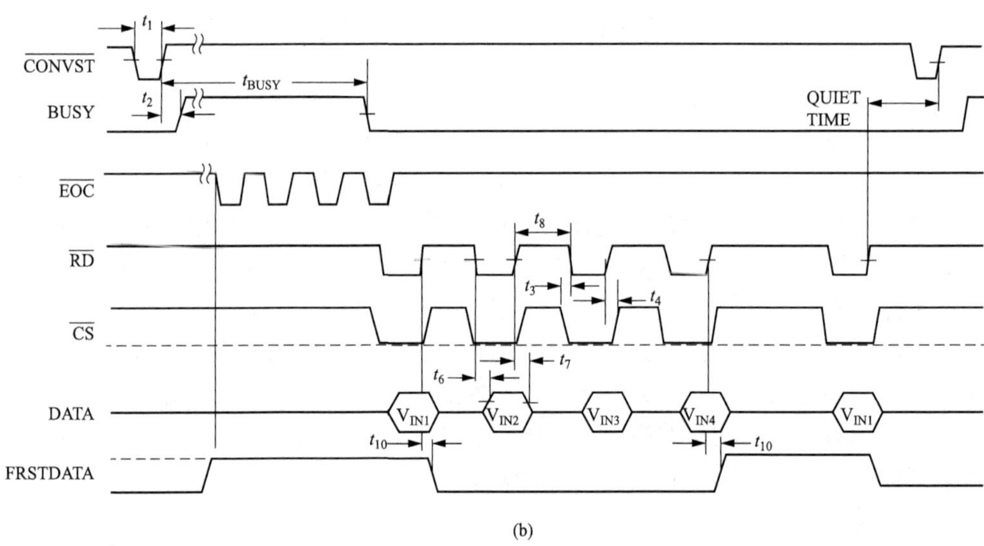

(b)

图 8-8 ADuC831 通过 GPIO 外部设备与 ADC 的并行接口

（a）接口电路；（b）AD7864 的并行读访问时序

【例 8-3】 根据图 8-8 给出的 ADuC831 与 AD7864 接口电路及时序，写出单片机对 ADC 的转换控制及读取转换结果的汇编语言程序。

```
;*********************************************************************************************
;ADuC831 启动 ADC 并等待转换完成读取 4 个转换结果
```

```
NCS        EQU  P2.4
NRD        EQU  P2.5
NCONVST    EQU  P2.6
BUSY       EQU  P2.7
DATAL      EQU  P1
DATAH      EQU  P2
ARRAY      EQU  20H ;存放采样值的数组的首地址
MAIN:
    MOV  P1,#0FFH ;数字 I/O 的初始化
    MOV  P2,#0FFH
    ...
; <第 1 页完>
SAMPLE:
    CLR  NCONVST
    SETB  NCONVST ;上升沿启动 ADC 转换
    NOP ;启动后延时等待 BUSY 信号变高
WAIT: JB  BUSY, WAIT ;等待 BUSY 信号变低
    MOV  R0,#ARRAY ;转换结束,读取结果
    MOV  R1,#4 ;连续读取 4 次结果
LOOP:
    CLR  NCS  ;片选信号/CS 使能
    CLR  NRD  ;读控制/RD 信号使能
    NOP  ;加延时以配合时序
    ; <第 2 页完>
    MOV  A,DATAL ;读取结果的低字节
    MOV  @R0,A ;存储低字节
    INC  R0
    MOV  A,DATAH ;读取结果高 4 位
    ANL  A,#0FH ;屏蔽无关位
    MOV  @R0,A ;存储高 4 位
    INC  R0
    SETB  NRD  ;结束/RD 信号
    SETB  NCS  ;结束/CS 信号
    NOP
    DJNZ  R1,LOOP  ;继续读剩余的结果
    ; <第 3 页完>
    ;
    LCALL  HANDLE  ;对采样值进行处理
    . . .
    LJMP  SAMPLE 重新采样,进行处理
;++++++++++++++++++++++++++++++++++
;采样值的处理子程序(省略)
HANDLE:
    . . .
    RET
; <第 4 页完>
;*****************************************END*****************************************
```

利用微处理器的 GPIO 外部设备可以实现任意复杂的电路时序，因此它也是数字逻辑电路设计的一种重要方法。微处理器本质上就是一个复杂的状态逻辑顺序控制器，因此可以编写程序产生任意的时序信号，从而取代复杂的电路设计。修改程序，也意味着修改了电路的结构设计。微处理器是数字逻辑电路设计的高级形式，它在大多数的应用中替代了传统数字电路的设计方法。但是，微处理器替代传统数字逻辑电路设计也存在问题：首先，微处理器是一个顺序执行的机器，它无法并行处理各种逻辑。其次，受到指令运行速度的影响，它能够实现的时序是比较慢的，且只能以机器周期作为基本的时钟周期。因此，在高速数字电路设计中，仍然需要利用传统的基于触发器和门阵列的数字逻辑电路设计方法。当然，在当前技术条件下，利用 FPGA 和行为级描述的数字电路设计方法已经大大简化了设计难度。目前，基于微处理器的电路设计和基于 FPGA 的电路设计方法或者两者相结合的方法已经成为工业上普遍采用的方式。

8.2　基于 FPGA 的微处理器接口电路设计

对于功能复杂的外部设备，可以直接通过 FPGA 来设计外部设备控制器，然后将它通过并行 Latch-Buffer 模型与微处理器进行并行接口。这样可以大量节省微处理器的资源，使其从对外部设备的控制中解脱出来，只执行那些核心的测量和控制任务。外部设备控制器的典

型设计方法是采用“状态机控制器＋资源”的结构。

图 8-9（a）给出了一个动态扫描键盘控制器的结构框图，它的右侧连接了一个 3×3 的矩阵键盘。左侧则是一个由三态门缓冲器构成的与微处理器连接的 8 位并行接口，包括数据总线 D7～D0、输出使能信号/OE，以及外部设备的中断请求信号/INT。另外，/RST 为控制器的复位信号，CLK 则是使控制器运行所需要的同步时钟。该控制器的核心包括两个主要部分：一是各种锁存器和多路选择器（MUX）等资源，二是时序状态机控制器。时序状态机控制器的核心是一个在 CLK 时钟推动下的计数器，根据它的计数值及输入信号 FB 产生各种使能信号 C，对锁存器的状态进行保持或更新［见图 8-9（a）中的锁存器控制模型］及对 MUX 的输出进行选择。

在图 8-9（a）中，行扫描码锁存器保存对矩阵键盘的行扫描码，根据时序状态机的控制不断更新扫描码，实现对键盘的逐行扫描。在对某行进行扫描时，键盘的列状态将被读取并锁存到两个临时的列码锁存器中，这两个临时列码锁存器的主要作用是对按键的弹跳进行抑制，即每个列码都被读取两次，两次读取之间有 10ms 的延时。只有两次读取的列码相等时才被视为有效列码，然后被锁存到后续列码锁存器中，否则将被丢弃。对于每个被扫描的行都有两个专门的列码锁存器来保存列码，即图 8-9（a）中的当前列码锁存器和前次列码锁存器。它们分别保存两次扫描获得的列码值，通过对这两个列码锁存器的内容进行比较可以判断按键是否被按下、持续按下或者已经弹起。当扫描并判断出有键按下时，对应的列码将通过一个组合逻辑电路——键值编码器编码成数字键值 1～9 并保存到对应的键值锁存器中。在此期间，控制器同时发出有效的/INT 信号，保持 1ms 时间等待微处理器读取。当然，对于持续按下的按键将只发出一次/INT 信号。之后，键值锁存器的内容会被自动清除，/INT 信号也将无效，新的键盘扫描过程开始。

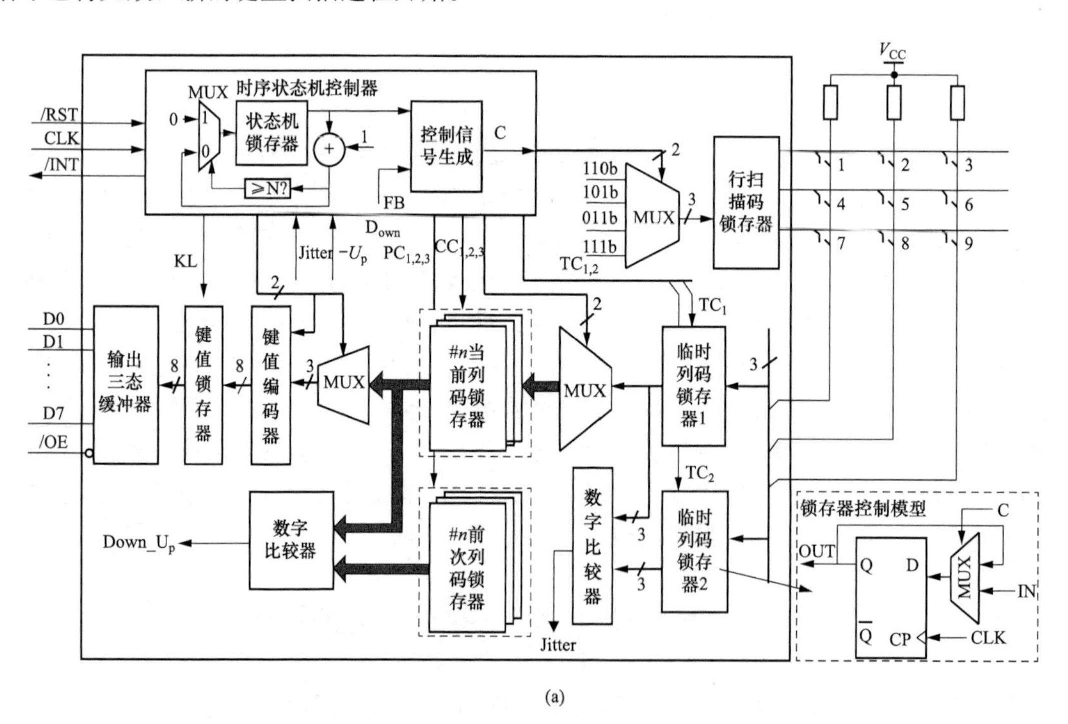

(a)

图 8-9 动态扫描键盘控制器原理（一）

（a）内部结构框图

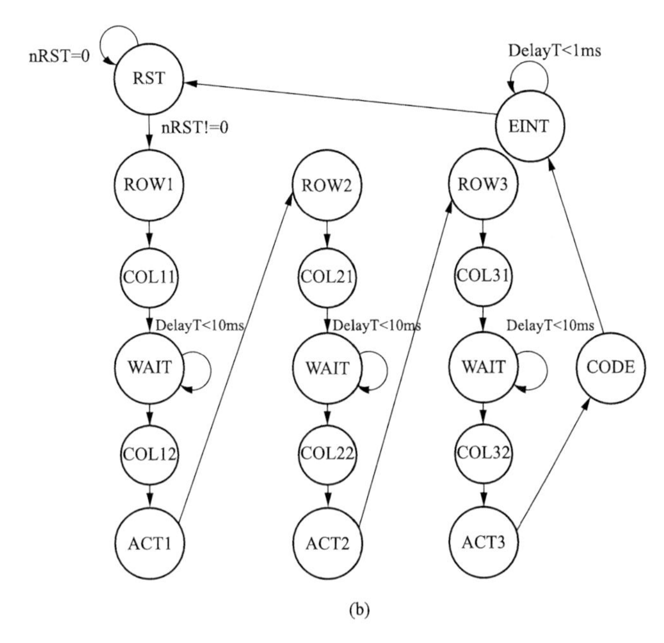

图 8-9　动态扫描键盘控制器原理（二）
（b）状态转换图

图 8-9（b）则给出了时序状态机控制器的状态转换图。RST 状态为控制器的上电复位状态，在此阶段键值锁存器、列码锁存器、临时列码锁存器等触发器的内容将被清零，而行扫描码锁存器被锁存 111b 的扫描码，使行扫描关闭。ROW_n阶段（$n=1$，2 和 3）的作用相同，分别发出对应行的有效行扫描码。COL_{n1}和 COL_{n2} 两个阶段分别把被扫描行的列码写入两个临时列码锁存器，并进行数字比较，发出有效的 Jitter 信号，来判断是否按键弹跳。WAIT 状态保持各种锁存器的状态 10ms 不变，实现延时功能。在 ACT_n状态根据 Jitter 信号状态把消除弹跳后的有效按键列码存入当前列码锁存器，并更新前次列码锁存器。CODE 状态下，判断3 个当前列码锁存器的内容并对其进行键值编码，得到的键值被存入键值锁存器。在 EINT 状态下，对当前列码和前次列码锁存器的内容进行比较，判断按键是被按下或者已经弹起，据此产生 Down _ Up 信号，时序状态机控制器根据该信号控制发出有效的中断请求信号/INT。

上述设计的 Verilog 代码实例如下：

```
////////////////////键盘动态扫描控制器的实例 ////////////////////////////////////////////////////////////////////
module KeyController (CLK, nRST,nINT,Dbus,nOE,RowLatch,Col)
input CLK,nRST; input [2:0]COL;
output nINT; output [2:0]RowLatch;
output [7:0]Dbus;
reg [2:0]RowLatch; //行扫描码锁存器的定义
reg[2:0]TempColLatch1; reg [2:0]TempColLatch2;    //临时列码锁存器 1 和 2 的定义
reg [2:0]CurrColCode1; reg [2:0]PrevColCode1;   //1 号当前列码锁存器和前次列码锁存器的定义
reg [2:0]CurrColCode2; reg [2:0]PrevColCode2;   //2 号当前列码锁存器和前次列码锁存器的定义
reg [2:0]CurrColCode3; reg [2:0]PrevColCode3;   //3 号当前列码锁存器和前次列码锁存器的定义
reg [8:0]KeyValue; reg [5:0]state_machine; //键值锁存器和状态计数器(状态机)的定义
```

```
reg Down_Up; reg nINT; //Down/Up 信号和/INT 信号的定义

assign Dbus = (nOE = = 0)? KeyValue:8'bz;   //异步逻辑,当/OE 信号为低时,键值输出到数据总线,否则高阻
always@( posedge CLK)
begin
    if(nRST = = 0) //复位
        begin
            state_machine< = 0; RowLatch< = 3'b111;
            CurrColCode1< = 3'b111; PrevColCode1< = 3'b111;
            CurrColCode2< = 3'b111; PrevColCode2< = 3'b111;
            CurrColCode3< = 3'b111; PrevColCode3< = 3'b111;
        end
else if(state_machine> = 45) state_machine< = 0; //对状态机的计数控制,顺序控制流程
else state_machine< = state_machine + 1;

if(state_machine = = 0) //RST 状态
    begin
        RowLatch< = 3'b111;
        KeyValue< = 0;
        nINT< = 1;
    end
else if(state_machine = = 1) RowLatch< = 3'b110; //ROW1 状态,扫描第一行
else if(state_machine = = 2) TempColLatch1< = COL; //COL11 状态,读列码
else if(state_machine>2 && state_machine< = 12) ; //WAIT1 状态,延时等待 10ms
else if(state_machine = 13) TempColLatch2< = COL; //COL12 状态,读列码
else if(state_machine = 14) //ACT1 状态,比较两次列码值,去抖动
    begin
        if(TempColLatch1 = = TempColLatch2) //数字比较产生 Jitter 信号
            begin
                PrevColCode1< = CurrColCode1;
                CurrColCode1< = TempColLatch1;
            end
    end
    else if(state_machine> = 15 && state_machine< = 42)
        ...  //对第二行和第三行的扫描代码在此处省略
else if(state_machine>42) //CODE 状态,编码得到键值,同时判断按键的按下和弹起
    begin
        if(PrevColCode1 = = 3'b111 && CurrColCode1! = 3'b111)
            begin
                Down_Up< = 1; //按键被按下
                case(CurrColCode1)
                    3'b110: KeyValue< = 8'd1;
                    3'b101: KeyValue< = 8'd2;
```

```
                3'b011: KeyValue<=8'd3;
            endcase
        end
    else if(PrevColCode2==3'b111 && CurrColCode2!=3'b111)
        begin
            Down_Up<=1;
            case (CurrColCode2)
                3'b110: KeyValue<=8'd4;
                3'b101: KeyValue<=8'd5;
                3'b011: KeyValue<=8'd6;
            endcase
        end
    else if(PrevColCode3==3'b111 && CurrColCode2!=3'b111)
        begin
            Down_Up<=1;
            case(CurrColCode3)
                3'b110: KeyValue<=8'd7;
                3'b101: KeyValue<=8'd8;
                3'b011: KeyValue<=8'd9;
            endcase
        end
    else if (CurrColCode1==3'b111 && CurrColCode2=3'b111 && CurrColCode3=3'b111)
        begin
            Down_Up<=0; //按键弹起
            KeyValue<=8'd0;
        end
    end
  else//EINT状态,发出有效的/INT信号
    begin
        if(Down_Up==1) nINT<=0;
        elsenINT<=1;
    end
end
endmodule
//////////////////////////////////////////////////////////////////////////END//////////////////////////////////////////////////////////////////////////
```

8.3　微处理器系统的串行接口技术——串行外部设备总线

微处理器利用并行接口可以一次完成一个字节或一个字的数据读写，具有很高速的数据吞吐能力，如 ADuC831 采用一条 MOVX 指令即可把一个字节读出或写入具有并行接口的存储器或外部设备。但是，并行总线会占用大量的芯片引脚，这使得其封装比较大，消耗 PCB 的布线面积。另外，在长距离的信号传输中，并行总线由于引线数量比较多，传输成本很

高。因此，在不需要大量数据传输或者需要节省引脚的应用场合，采用串行接口更为普遍。串行接口即微处理器把并行的数据通过移位寄存器转换为串行位流发送给存储器或外部设备（并转串），或者按照特定的时钟去采样输入引线，把引线上的串行位通过移位寄存器转换为并行数据。串行接口外部设备的发展是非常迅速的，它们被大量应用于手持式或便携式仪表中，传感器、ADC 或 DAC、E^2PROM 或移动存储器、LCD、键盘控制器以及各种各样的通信总线，都属于串行接口的应用实例。

微处理器的串行接口总线分为两种：串行设备总线及串行通信总线。串行设备总线是指微处理器用于访问外部设备的串行总线，它是主从（Mater-Slave）结构，微处理器为主（Mater），设备为从（Slave）。任何读写访问都由主控制器发起，设备不能向主控制器主动发送数据，只能等待主控制器的操作。典型的串行设备总线包括简单总线（如 SPI和 I^2C 总线）及复杂总线（如 USB）。串行通信总线的数据发送方和接收方是地位平等的两方，它们之间可以相互交换数据（全双工或半双工），只要总线空闲，双方都可以向对方主动发送数据。通信总线包括点对点通信和网络通信两种方式，而根据物理介质的不同又分为电缆、光纤和无线传输总线等。典型的点对点串行通信总线如 RS-232 和 RS-485 总线，而典型的网络通信总线如 CAN 总线和以太网总线（Ethernet，其物理介质可以采用电缆和光纤两种方式），而典型的无线通信网络包括 ZigBee 和 Bluetooth（蓝牙）网络等。

串行总线特别是通信和网络总线的发展速度非常快，目前有大量不同的串行总线被应用于电子设备中，而且很多高速总线具有复杂的时序、调制方式及通信协议。本节将选择几种比较简单或者应用广泛的总线进行介绍，希望读者能够从中了解串行数据传输或串行通信技术的一些基本原理。

8.3.1 简单串行外部设备总线——SPI 和 I^2C

1. SPI 总线

SPI 总线是一种著名的串行设备总线，具有 SPI 总线的设备种类非常丰富，包括智能传感器、E^2PROM、ADC 和 DAC、LCD 及各种通信协议芯片等。图 8-10 给出了一个具有 SPI 接口的 FRAM 的实例，其型号为 FM25040A。图 8-10（a）给出了芯片的引脚功能，图 8-10（b）给出了芯片的内部结构框图。

SPI 总线由 4 条信号线构成：CLK、MOSI、MISO 和/CS，其中前 3 条为总线的核心。CLK 是同步时钟，由主控制器（Master）发出；MOSI 为主控制器的输出或者从设备（Slave）的输入数据线；MISO 则是主控制器的输入或者从设备的输出数据线；/CS 为从设备的片选使能信号。作为存储器（从设备），FM25040A 的 SPI 总线引脚被标注为 SCK、SI 和 SO。SPI 总线的主控制器利用 CLK 时钟的上升沿（或下降沿）来把并行数据转为串行位流并通过数据线 MOSI 发送到设备或者通过 MISO 从设备中移入数据。SPI 总线的收发器为移位寄存器模型，其传输速率取决于能够选择的最高 CLK 时钟，对于 FM25040A，其总线速度可达到 20MHz。作为 FRAM，FM25040A 的核心是内部的存储阵列，结构与其他 FRAM 相同，也需要通过地址线来选择行和列，并在内部读/写控制信号的作用下，把存储的数据读取到专门的数据寄存器或者从数据寄存器写入存储阵列。

FM25040A 内部设置了专门的指令寄存器和译码器、地址寄存器和译码器、数据寄存器和状态寄存器，并且规定了一些专门的操作指令。利用这些指令，微处理器可以访问和操作 FM25040A 的这些内部寄存器。这些指令包括：①写使能命令（WREN），用于设置

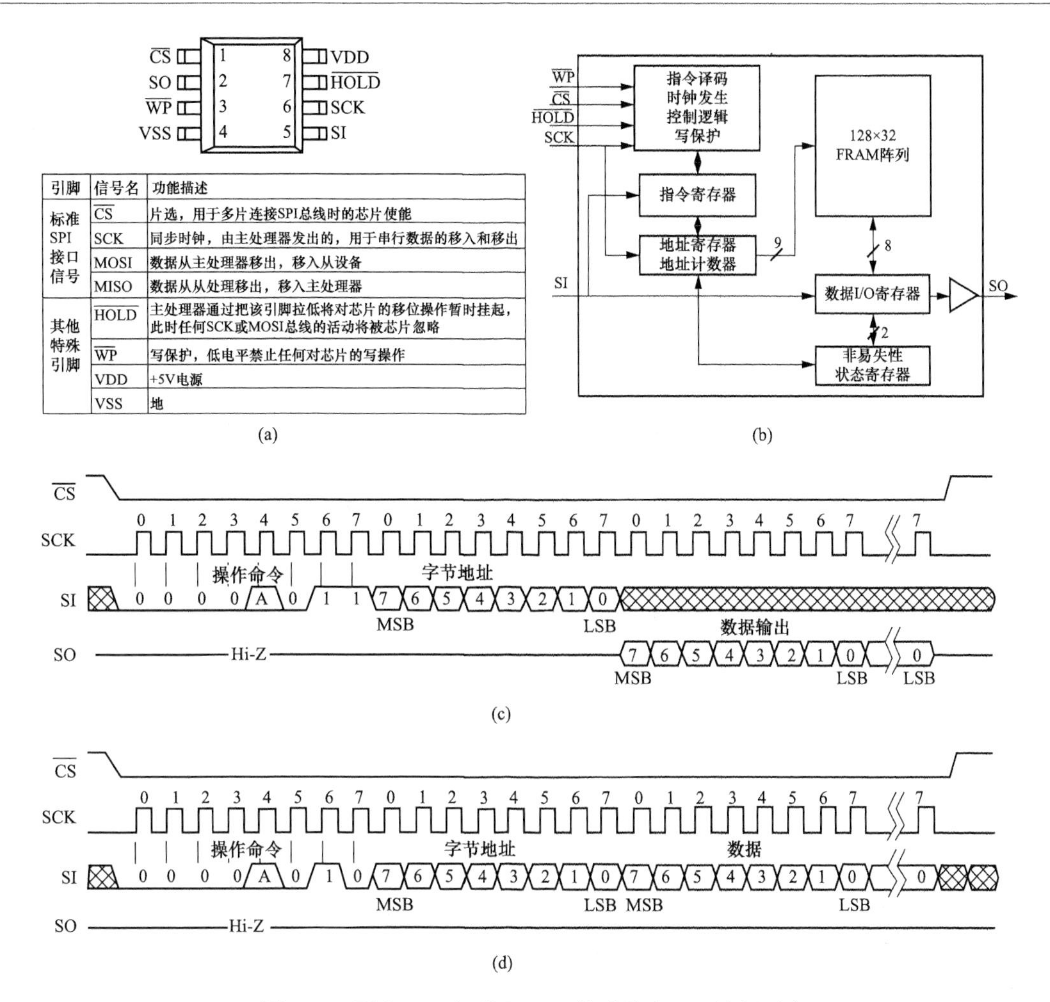

引脚	信号名	功能描述
标准SPI接口信号	$\overline{CS}$	片选，用于多片连接SPI总线时的芯片使能
	SCK	同步时钟，由主处理器发出的，用于串行数据的移入和移出
	MOSI	数据从主处理器移出，移入从设备
	MISO	数据从从处理移出，移入主处理器
其他特殊引脚	$\overline{HOLD}$	主处理器通过把该引脚拉低将对芯片的移位操作暂时挂起，此时任何SCK或MOSI总线的活动将被芯片忽略
	$\overline{WP}$	写保护，低电平禁止任何对芯片的写操作
	VDD	+5V电源
	VSS	地

图 8-10　FM25040A 型 FRAM 的功能和 SPI 访问时序

(a) 引脚功能；(b) 内部结构框图；(c) 读访问时序；(d) 写访问时序

FM25040A 内部的写使能锁存器，指令代码是 0000 0110b。微处理器必须先执行该指令，然后才能进行后续的写操作（包括写地址和数据）；②写关闭命令（WRDI），该命令清除 FM25040A 内部的写使能锁存器，指令代码是 0000 0100b。在完成所有的写操作后，必须采用该命令来关闭写操作，然后才可以对 FM25040A 进行读操作或其他操作；③读状态寄存器（RDSR，代码 0000 0101b）和写状态寄存器（WRSR，代码 0000 0001b），状态寄存器保存了当前存储器的写保护状态。④读内存命令（READ，代码 0000 A011b）和写内存命令（WRITE，代码 0000 A010b），用于对存储器进行读/写操作来访问被存储的数据或者写入要存储的数据。FM25040A 是一个容量为 512B 的存储器，它需要 9 位地址（A0～A8）才能访问所有的字节，地址的最高位 A8 在 READ 和 WRITE 命令代码的 A 位置给出。在进行 READ 和 WRITE 操作时，紧随命令代码要给出地址的低 8 位（A0～A7）。如果是 READ 操作，则主控制器继续发出 8 个时钟 CLK 来获得数据；如果是 WRITE 操作，则控制器在地址发送后紧接着发出 8 位数据。对 FM25040A 的内存操作可以通过图 8-10（c）和（d）给出的操作时序来进行。

ADuC831 具有片上 SPI 控制器外部设备，因此可以利用它直接与 FM25040A 接口，同时 CPU

可以直接对 SPI 控制器的外部设备寄存器（包括控制寄存器 SPICON 和数据寄存器 SPIDAT）进行操作来间接实现对存储器的读写访问。图 8-11 给出了 ADuC831 利用片上 SPI 控制器外部设备与 FM25040A 接口的电路原理、SPI 控制寄存器的位定义及对应的接口程序实例。ADuC831 片上 SPI 外部设备既可以作为主控制器，也可以作为从设备被使用，在本例中，它作为主控制器来访问 FRAM。同时，它可以灵活地设置同步时钟的速率、极性和相位，从而可以满足不同设备对时钟的要求。另外，它的数据发送是最高位（MSB）先发，这与 FM25040A 要求的位顺序是一致的。最后，虽然 ADuC831 的 SPI 接口本身具有一个片选信号/SS，但是该信号为输入信号，仅在它被配置为从设备使用时才有效，而当用作主控制器时是不起作用的。因此，图 8-11 中 ADuC831 对 FRAM 的片选是通过数字 I/O 口 P1.0 来完成的。对于 FM25040A，其内部有地址计数器，在被输入首地址后，只要片选信号继续使能，重复的读写操作可以连续对下一个地址单元进行读/写操作。图 8-11 给出的程序实例采用查询方式对 FM25040A 进行读/写操作。ADuC831 可以同时连接多路的 SPI 从设备，在这种情况下，CLK、MOSI 和 MISO 为公用总线，但是不同的从设备需要通过其片选/CS 信号来进行区分。一般将设备的/CS 连接到 ADuC831 不同的数字 I/O 口上，通过程序来进行设备的选择。对于那些没有片上 SPI 控制器的微处理器，如标准 8051 单片机，可以利用数字 I/O 口来模拟 SPI 总线时序，这类似于前文提到的并行接口的实例，在此不再赘述。

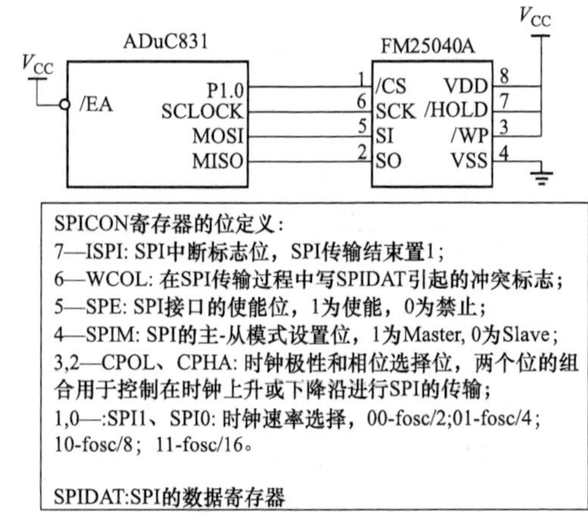


```
;**********************************************
SPICON  EQU 0F8H    ; SPI的控制寄存器地址定义
SPIDAT  EQU 0F7H    ; SPI的数据寄存器地址定义
ISPI BIT  SPICON.7  ; SPI的中断标志位定义
MAIN:. . .
;初始化SPI控制器：设置SPI为Master模式，时钟速度
;为fosc/2，时钟上升沿移入/移出数据，并使能SPI接口
        MOV  SPICON,#00110000B
        . . .
LOOP:   . . .
        MOV  R1,#00H ; 给出字节地址，读FRAM
        MOV  R0,#20H
        LCALL READ_SPI
        . . .
        MOV  R1,#00H ;给出字节地址和数据，写FRAM
        MOV  R0,#20H
        MOV  A,#01H
        LCALL WRITE_SPI
        . . .
        LJMP  LOOP
;       <第1页完>
```

```
;++++++++++++++++++++++++++++++++++++++++
;读FM25040A指定字节地址处存放的数据
;参数：R0-地址低8位；R1-地址第9位；A-读取的数据
READ_SPI: ; 读FRAM子程序
        CLR  ISPI
        CLR  P1.0 ; 片选使能FRAM
        MOV A,R1
        JNZ  A8
        MOV  SPIDAT,#00000011B ; 发送READ指令和地址A8
        SJMP WAIT1
A8:MOV  SPIDAT,#00001011B
WAIT1:JNB  ISPI,WAIT1
        CLR  ISPI
        MOV  SPIDAT,R0 ; 发送低8位地址
WAIT2:JNB  ISPI,WAIT2
        CLR  ISPI
        MOV  SPIDAT,#00H ;发送空字符以续发8个时钟脉冲
WAIT3:JNB  ISPI,WAIT3
        MOV  A,SPIDAT; 读取FRAM输出的数据
        SETB  P1.0; 结束操作，关闭FRAM
        RET
++++++++++++++++++++++++++++++++++++++++;
; 向FM25040A指定字节地址处写入数据
; 参数：R0-地址低8位；R1-地址第9位；A-要写入的数据
WRITE_SPI:
        CLR  ISPI
        CLR  P1.0; 片选使能FRAM
        MOV A,R1
        JNZ  A8
        MOV  SPIDAT,#00000011B; 发送WRITE指令和地址A8
        SJMP WAIT1
A8:MOV  SPIDAT,#00001011B
WAIT4:JNB  ISPI,WAIT4
        CLR  ISPI
        MOV  SPIDAT,R0; 发送低8位地址
WAIT5:JNB  ISPI,WAIT5
        CLR  ISPI
        MOV  SPIDAT,A; 发送欲写入FRAM的数据
WAIT6:JNB  ISPI,WAIT6
        SETB  P1.0; 结束操作，关闭FRAM
        RET
;       <第2页完>
```

图 8-11　ADuC831 与 FM25040A 的 SPI 接口电路原理、位定义和接口程序实例

2. I^2C 总线

与 SPI 四线式的总线相比，I^2C 总线只有两条串行总线：同步时钟 SCK 和双向数据线 SDA。I^2C 总线仍然是主从式的设备总线，与 SPI 总线相比，它把 SPI 总线独立的输入和输出两条信号线合成为一条线，同时也不再需要片选信号来对芯片进行使能。为此，I^2C 总线设备设计了更为复杂的访问时序，本节将通过一个 I^2C 总线的 E^2PROM AT24C01 来介绍这种总线的特点和接口方法。AT24C01 是一个内部包含 128B 存储单元的 E^2PROM，同系列的还包括更大容量的 AT24C02（256B）、AT24C04（512B）、AT24C08（1024B）和 AT24C16（2048B）。如图 8-12（a）所示，AT24C01 的引脚非常简单，其中 SCL 和 SDA 为串行总线，A0、A1 和 A2 为 3 条硬件地址线，通过将它们与电源和地连接可以赋予芯片一个硬件地址，而主控制器向芯片发出的访问信息中包含了被访问的芯片的硬件地址，当两个地址一致时，芯片将接受来自控制器的信息并执行相应的操作。WP 为写保护信号。由于 I^2C 总线的硬件连线非常少，因此它采用比较复杂的时序来实现主控制器对设备的访问。首先，I^2C 总线的每次总线访问都需要从一个启动时序开始，而通过一个停止时序来结束。图 8-12（b）给出了启动和停止时序，可见在 SCL 为高电平期间，SDA 上的一个上升沿和下降沿分别表示启动（START）和停止（STOP）信号。正常的数据传输时序如图 8-12（c）所示，该时序要求在 SCL 高电平期间，SDA 上的数据必须是稳定的。

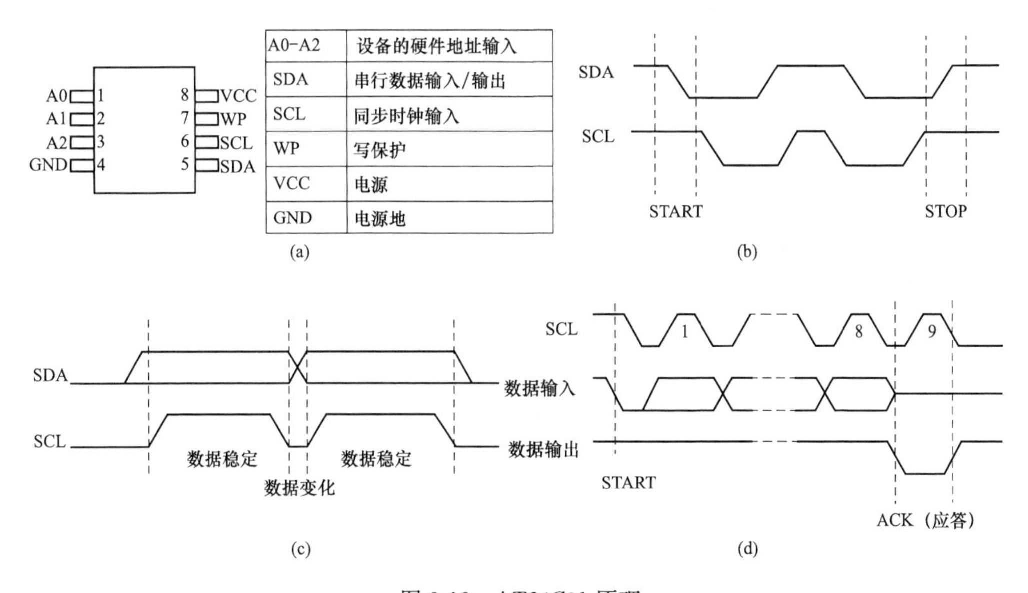

图 8-12　AT24C01 原理

（a）AT24C01 引脚功能；（b）SRART 和 STOP 信号；（c）正常的数据传输时序；（d）应答时序

对于 I^2C 总线，要求每当主控制器向设备发送一个字节的信息后，设备要向主控制器做出应答。图 8-12（d）给出了应答时序，主控制器向设备发出 8 个 SCL 脉冲，并同时在 SDA 上发出 8 位的数据，然后主控制器将向设备继续发出第 9 个 SCL 脉冲，同时把 SDA 总线置为高阻输入。在此期间，设备需要把 SDA 总线置为低电平做出应答，主控制器只有被成功应答后才能进行下一步的访问。AT24C01 提供了多种不同的读和写操作方式，包括随机读操作、顺序读操作、当前地址读操作、字节写操作和页写操作。图 8-13（a）和（b）给出了随机读操作和字节写两种操作时序。以随机读操作时序为例，该时序要求主控制器在 START 信号后向设备发出器件地址和写操作命令，在获得正确应答后，继续向设备传输要访问的字节地址；再次获得正确应答后，重新发出 START 信号和器件地址及读操作命令。在被应答后，SDA 变换方向，在主控制器发出的 SCL 的推动下，设备将向主控制器传输存储的数据，主控制器接收后不需应答，最后以 STOP 信号结束。

ADuC831 具有片上的 I^2C 总线控制器，但是它与 SPI 总线控制器复用引脚。对于没有 I^2C 总线的微处理器，可以通过 GPIO 外部设备来进行接口并模拟产生 I^2C 总线时序。图 8-13（c）给出了利用 ADuC831 的 P1.0 和 P1.1 两条数字 I/O 线作为 I^2C 总线，并实现对多片 AT24C01 进行接口的电路原理。图 8-13（c）中，两片 AT24C01 都并联在 I^2C 总线上，但是其硬件地址不同（A2、A1 和 A0 的状态不同，#1 地址为 000，#2 为 001）。I^2C 总线设备的 SCL 和 SDA 两条信号线均被设计成集电极开路或漏极开路逻辑（OC 或 OD），当 P1.0 和 P1.1 为输入时，I^2C 总线将处于高阻态，因此需要两个上拉电阻来驱动总线。利用数字 I/O 来模拟 I^2C 总线时序可以参考前文 GPIO 对并行总线时序模拟的实例，在此不给出程序代码实例。

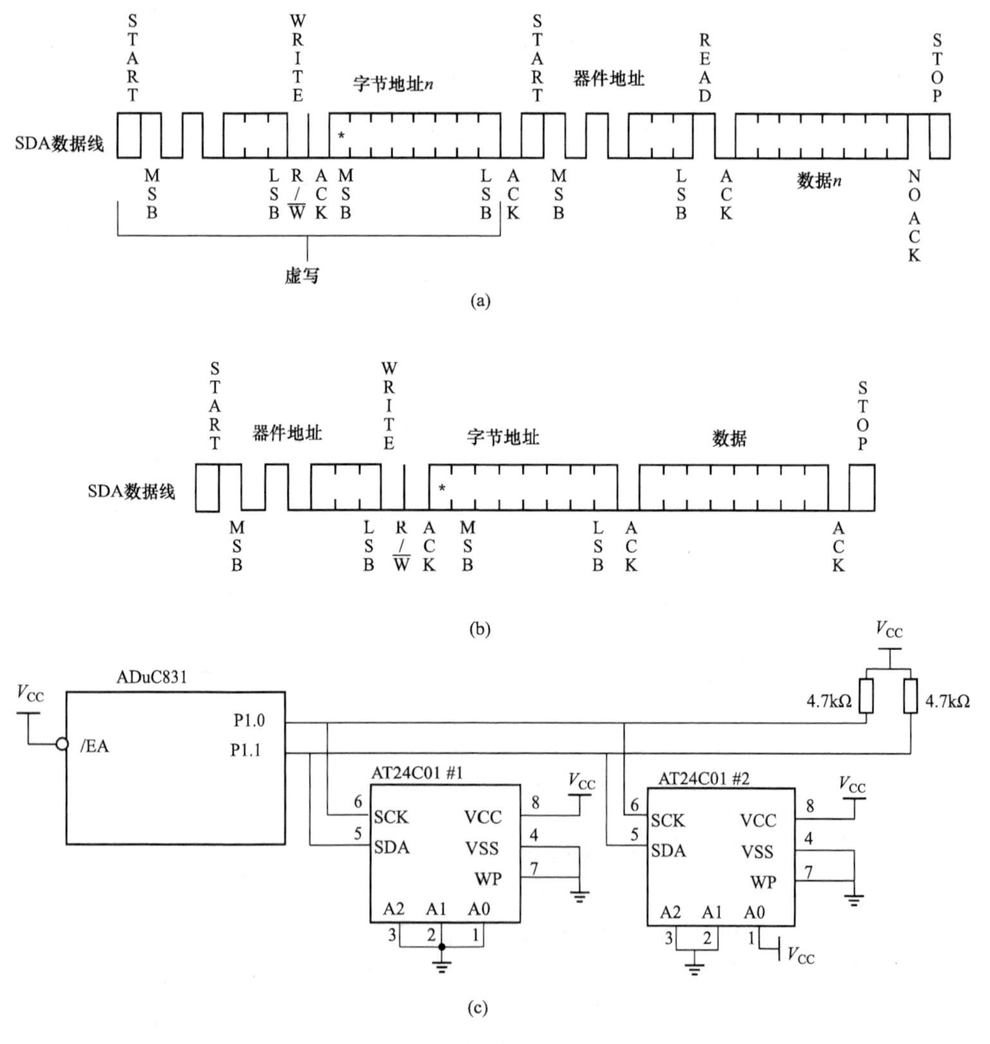

图 8-13 AT24C01 的操作时序及与 ADuC831 的接口原理

（a）随机读操作时序；（b）字节写操作时序；（c）与 ADuC831 的接口原理

8.3.2　复杂串行外部设备总线——USB

1. USB 的特点

USB（Universal Serial Bus，通用串行总线）是一个外部设备总线标准，用于规范计算机与外部设备的连接和通信。USB 具有很多优点，如即插即用、传输速度快、可扩展性强、标准统一、价格便宜等。通过不断发展，USB 已经能胜任更高速率的数据传输，因此适用范围也扩大到了如外置大容量存储器、数码相机、视频系统等需要大量传输数据的外部设备中。USB 2.0 的传输速率可以达到 480Mbit/s（60MB/s），而 USB 3.0 的最大传输速率高达 5.0Gbit/s（600MB/s），可以支持实时高分辨率视频传输。

2. USB 的主机、设备和总线拓扑结构

USB 协议是一种主从模式的总线协议，通信的主体为主机（Host）和设备（Device），所有的访问都是由主机发出的，而设备只是根据主机的要求提供数据或者被动接收来自主机的数据。因此，它与 SPI 总线和 I^2C 总线相同，是一种串行设备总线。USB 主机（通常是 PC）负责添加或移除 USB 设备，管理主机和 USB 设备之间的控制流及数据流，收集设备的状态，为接入的设备提供电源等。在任何 USB 系统中，只能有 1 个 USB 主机。主机中用于控制 USB 的控制器称为主机控制器（Host Controller），它是硬件、固件（Firmware，主机控制器芯片内固化的程序）和软件（在主机上安装的设备驱动程序及应用程序）的组合体。在主机控制器内部集成了 1 个根集线器（Root Hub），对外提供 1 个或多个连接 USB 设备的接口。USB 设备有两种：①总线集线器（Hub），用于提供一个或者多个连接其他 USB 设备的接口；②功能设备（Function），指具有特定功能的设备，如键盘、鼠标、数码相机和打印机等。USB 设备通过 USB 与 USB 主机相连，USB 的物理连接是分层的星型拓扑结构，如图 8-14（a)所示。USB 主机位于拓扑的中心，它每一级之间都是点对点连接，物理连接最多不能超过 7 层（包括根层）。

3. USB 的通信流、端点和管道

USB 为 USB 主机上的应用程序与 USB 设备之间提供通信服务，即在两者之间传递信息，称为通信流（Communication Flow）。根据应用的不同，通信流又分为数据流和控制流。数据流如移动存储器向主机传输的数据，而控制流如键盘和鼠标这些输入设备向主机传递的控制信息。USB 允许在同一个物理总线上传输不同的通信流，但是在逻辑上，这些不同的通信流分别在各自的管道中传输，彼此之间是分离的。这些逻辑管道的一端是 USB 主机侧应用程序的内存缓冲区，而另外一端则是 USB 设备上的端点（Endpoint）。因此，USB 接口在逻辑上指的就是主机内存缓冲区和设备端点及两者之间形成的传输通信流的一簇管道（Pipe），如图 8-14b 所示。

设备的端点定义了每个通信流的属性。每个 USB 设备都拥有至少一个端点，应用程序从 USB 主机一侧所看到的 USB 设备，其实就是这些设备端点的集合。可见，USB 主机应用程序访问一个设备，就是访问设备的各个端点。设备的端点是有方向性的，而且每个设备端点都只有一个单一的通信流方向（端点 0 除外），或者是输入端点（数据从设备发送到主机），或者是输出端点（数据从主机发送到设备）。设备的每个端点拥有不同的端点标识符，称为端点号（Endpoint Number）。主机通过向 USB 上的设备发送带有设备地址和端点号的报文来访问设备的端点，并且从被访问设备的输入端点获取数据，或者向输出端点发送数据，从而建立起通信流传输的管道。

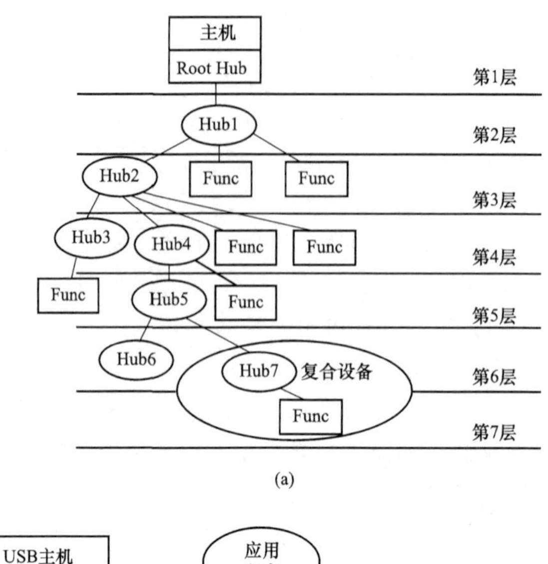

(a)

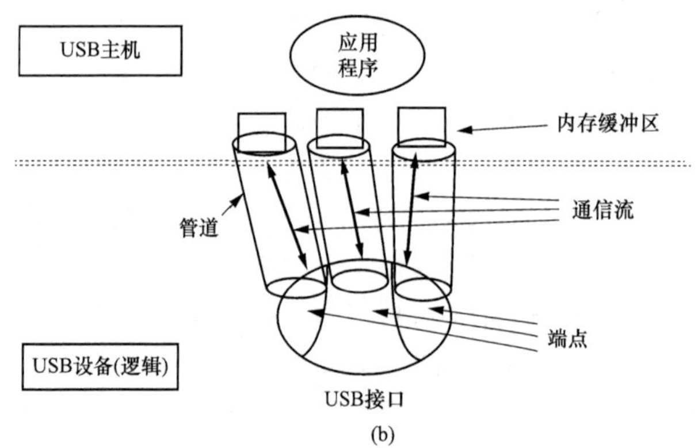

(b)

图 8-14　USB 的物理拓扑和逻辑结构

(a) 物理拓扑；(b) 逻辑结构

4. 端点的通信流传输类型

当建立起 USB 主机和设备之间的通信流管道之后，就可以在两者之间进行数据的传输。尽管 USB 不限定在管道中传递的通信流的内容和意义（这些由用户来规定），但是在 USB 协议中根据应用的不同定义了 4 种传输类型：①控制传输；②同步传输；③中断传输；④批量传输。对于不同的传输类型，数据量的大小、发送-应答方式及错误处理机制都是不同的。理论上，用户可以采用这 4 种传输类型中的任何一种来进行数据的传输，但是它们在数据的传输效率及可靠性方面存在较大差别。这就要求用户根据自身的应用需求选择恰当的数据传输类型。传输类型的配置是属于 USB 设备端点的属性，USB 设备制造商规定了不同端点所支持的传输类型及数据传输能力，这些需要由设备在 USB 枚举阶段通过向主机发送各种具有特定格式的描述符来报告给主机。

5. USB 设备的控制端点 0

所有的 USB 设备都被要求必须实现一个默认的端点，该端点的端点号为 0，它既可以作为输入端点，也可以作为输出端点，而且支持控制传输类型。USB 主机使用这个控制端点及默认的控制管道来初始化或者操作 USB 设备（如对 USB 设备的地址进行配置等）。端点 0 在 USB 设备被连接到主机上，或者在上电复位后总是可以被 USB 主机访问，因此是所有 USB

设备中最重要的一个端点，对建立主机与USB设备之间的通信连接至关重要。

6. USB的物理层

USB采用专用的电缆和机械接口。USB电缆中有4根不同颜色的导线：一对互相绞缠的标准规格线，用于传输差分信号D+和D；另外一对是电源线VBUS和GND，用于给设备提供+5V电源［图8-15（a)]。USB电缆具有屏蔽层，以防止外界干扰。根据标准，USB提供的+5V电源能够输出500mA左右的电流，带负载能力比较强，可以直接给许多USB设备供电。

USB的物理接口具有比较多的形式，图8-15（b）给出了信号定义及几种典型的接口形式：A型、B型和MINI型。在主机上主要采用的是A型接口，而B型和MINI型接口则主要应用在USB设备上，如打印机、数码相机及某些U盘等。

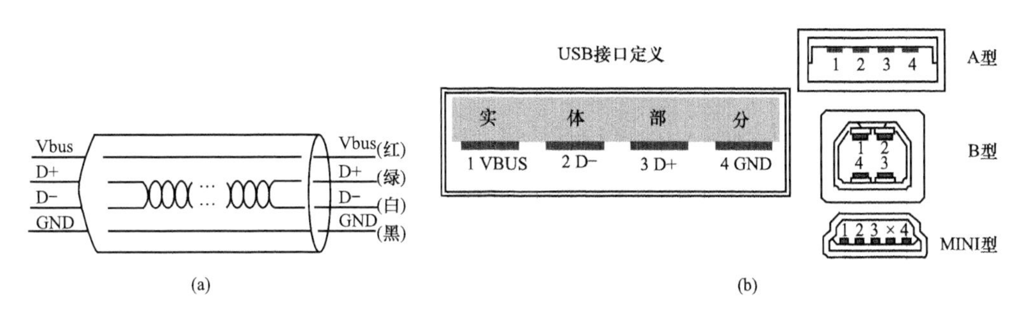

图8-15　USB电缆和接口

(a) USB电缆；(b) USB接口

7. USB的链路层协议

USB的链路层规定了基本的信息报文（Packet）格式。信息报文是最基本的通信流，也是构成一个USB传输事务的基本组成部分。报文的种类有令牌包（Token Packet)、数据包（Data Packet)、握手包（Handshake Packet）和专用包，前三种是重要的包简介如下：①令牌包。只能由主机发出，用于配置设备及建立主机与设备之间的传输事务。令牌包有4种不同的类型：设置包（SETUP)、输入包（IN)、输出包（OUT）和帧开始包（Start of Frame，SOF)，其中SETUP包用于主机向设备发送配置信息和控制命令等，IN包用于主机向设备端点请求数据，OUT包用于主机向设备端点发送数据。②数据包。当主机向设备的端点发送令牌包来请求数据或者希望发送数据时，接下来的数据包将用于携带这些数据。③握手包。用来报告数据处理的状态，通过返回握手包可以确定数据是否被成功接收，命令是否被接收或拒绝，还可以用于流量控制等。

8. 传输层协议

USB协议支持4种传输事务来适应不同的外围设备类型与应用需求，分别是控制传输（Control)、同步传输（Isochronous)、中断传输（Interrupt）和批量传输（Bulk)，其中需要注意的是慢速设备仅支持控制传输与中断传输。

（1）控制传输：是一种可靠的双向传输，数据量通常较小。其主要功能有两个，一是发出USB协议定义的几种标准的主机请求，设备应该对这些请求做出应答，使主机了解设备的功能和端点配置；另一个功能是发出设备厂商自定义的主机请求。控制传输通过控制管道在主机应用程序与设备的控制端点之间进行。

（2）中断传输：主要用于定时查询设备是否有中断数据要传输的场合。这里中断传输实际上是主机定时对设备进行查询，而非设备主动向主机发出中断请求，因为USB协议不允许设备主动向主机传递数据。如果传送失败，设备端点可以在主机下一次查询设备期间重传。

（3）批量传输：主要应用在大量数据需要传输，同时又没有带宽和间隔时间限制的场合。批量传输是单方向的传输，所有的事务必须全部是输入事务，或全部是输出事务。

（4）同步传输：用于在特定的带宽和等待时间（Latency Time）进行数据传送的场合，如语音信息或视频信息传送，可以容忍数据偶尔有错误，因为同步传输的数据是不需要应答的。

9．USB枚举

USB主机在检测到USB设备接入后，要对设备进行枚举。枚举就是从设备读取一些信息，知道设备是什么样的设备，如何进行通信，这样主机就可以根据这些信息来加载合适的驱动程序。

一般使用USB的用户主要是开发USB设备。对于这种复杂的总线，需要用户把微处理器与一个专门的USB控制器（也称USB引擎）进行接口，如具有并行总线的USB 2.0控制器芯片CY7C68001。USB控制器是一个ASIC芯片，它在硬件层面上实现了USB协议的物理层和链路层的主要功能（有些芯片甚至实现了传输层的部分协议），而微处理器则实现更高层的传输协议及应用程序。还有一类USB芯片把微处理器和USB控制器集成在一起，构成一个专用单片机，比较著名的如CYPRESS 68013A。当完成USB设备的软件开发后，还需要在USB主机中为设备开发相应的驱动程序，因此USB设备的开发在技术上是比较复杂的。

8.4 微处理器系统的串行接口技术——点对点串行通信总线

微处理器的点对点通信总线是技术最简单的通信总线，因此在工业界被广泛应用。现在大多数的微处理器在片上都集成了一个异步的点对点串行通信接口，简称UART或SCI（Serial Communication Interface，串行通信接口）。要了解该接口，需要首先了解RS-232总线标准。

8.4.1 RS-232总线

RS-232C标准是一个很老的串行通信协议标准，由美国EIA（Electronic Industries Association，电子工业联合会）与BELL等公司一起开发并于1969年公布，它的全称为EIA RS-232-C标准。RS-232C标准规定的机械接口是一个25针的插座（DB-25），它同时支持同步和异步两种通信方式，但是现在大多数采用RS-232C标准的PC上已经很少看到DB-25了，而是采用一个9针的插座（DB-9），而且仅支持异步通信方式。

RS-232C的通信信号均为单端信号，在DB-9插座上除了一条参考地线（GND）外，其他均为通信信号线。但是在大多数应用中只有TXD（发送数据线）和RXD（接收数据线）两条通信线被采用，其他的握手信号及连接调制解调器的信号都已经不再使用。因此，它是一个非常简单的三线式全双工异步通信总线（由TXD、RXD和GND组成）。由于其简单和低成本的优势，RS-232C标准成为PC上的标准通信接口之一，用以连接各种计算机外部设备，如鼠标和键盘等。另外，RS-232C 标准也被移植到各种微处理器上，作为标准的串行通信接口，即 UART（或 SCI）。不过，RS-232C 标准对信号逻辑电平的规定如下：逻辑 1（标准称为 MARK）的电压为－15～－3V，逻辑 0（标准称为 SPACE）为 3～15V。在各种微处理器上集成的串行通信接口采用的是 5V 或 3.3V 的 TTL 电平，因此，当它们要与一个满足 RS-232C 电平标准的设备（如 PC）进行连接时，需要进行电平变换，把 TTL 电平变换为 RS-232C 电平。相关电路实例可参见图 8-3（a）中 ADuC831 最小应用系统的编程接口电路。

RS-232C 标准最主要的特点是采用简单的 UART 异步通信协议，它不发送同步时钟，而只是在发送方和接收方之间约定相同的位传送速率——波特率（Baud Rate），通过双方的收发器自身的时钟系统来产生约定的波特率，同时通过一定的帧格式来实现双方的通信。RS-232C 的数据帧由起始位、数据位、奇偶校验位及停止位和空闲位几个部分组成。

（1）起始位：宽度 1 位，电平为逻辑 0，表示一个帧的开始。

（2）数据位：宽度 4～8 位，在起始位后发送，通常发送 7 位 ASCII 码（从低位开始传送）或者一个 8 位的字节。

（3）奇偶校验位：宽度 1 位，紧随在数据位后发送。当采用偶校验方式时，如果数据位中逻辑 1 的个数为偶数，则奇偶校验位设置为 1。当采用奇校验方式时，如果数据位中逻辑 1 的个数为奇数，则奇偶校验位设置为 1。奇偶校验是对被传送的数据进行正确性检查的一种简单方法，在 UART 协议中奇偶校验功能是可选的。

（4）停止位：宽度 1、1.5 和 2 位可选，在帧的最后发送，表示一个帧的结束。

（5）空闲位：在不进行任何数据传输时，RS-232C 的总线应该处于空闲状态，即处于逻辑 1 电平，直到一个逻辑 0 被检测到（起始位），则一个新的帧开始被传送。图 8-16（a）给出了利用 RS-232C 标准发送一个 ASCII 字符 A 的典型帧信号时序。字符 A 的 ASCII 编码为 1000001B。图 8-16（a）中的帧包含奇偶校验位，并采用了 2 位停止位。图 8-16（b）给出了接收器通过本地时钟 CK 来采样 RXD 总线并获得数据 01001001 的时序。

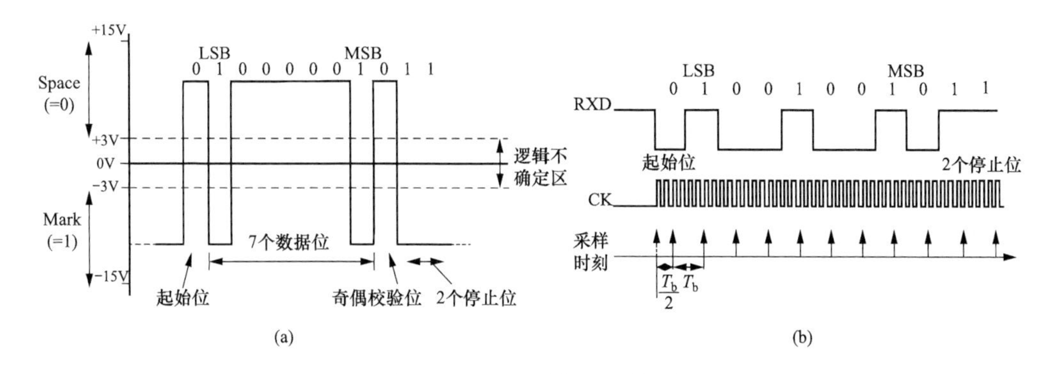

图 8-16　UART 异步通信协议

（a）发送 ASCII 字符 A 的帧信号时序；（b）接收器采样 RXD 总线获得帧信号的时序

如图 8-16（b）所示，在 RXD 总线的起始位（从 1 到 0 的跳变）被检测到后，接收器的内部采样计数器将被触发启动并对 CK 时钟进行计数，当经过 1.5 个位周期（位周期即波特率的倒数）后对 RXD 进行采样，得到第一个数据位（LSB 位 1）；其后，每经过一个位周期便采样 RXD 一次，并获得一个数据位，直到协议规定的 8 位数据被采样完成，然后连续的 2 个停止位将使计数器停止计数。异步通信的双方采用不同的内部时钟，它们各自按照约定的波特率来发送和接收，而接收器则通过起始位来决定采样时刻。由于发送器和接收器的时钟不一致，虽然名义上位周期相等，但是实际上是有误差的，这是这种通信方式被称为异步通信的原因。异步通信不能采用过高的波特率及不能传输长帧，否则由于位周期误差的累积可能导致采样时刻偏移一个位周期，结果产生误码。

现在大多数单片机或 DSP 集成了满足 UART 协议的异步串口外部设备，因此对该外部设备的使用方法也见之于各种微处理器的应用文档中，在此不再举例说明。RS-232C 是一个速度比较低的串行通信标准，适合于数据传输速率在 0～20000bit/s 范围内的通信。同时，RS-232C 标准也不能传输太长的距离。这是因为 RS-232 标准采用单端电压信号传输方式，而地线是所有电压信号回路的公共返回线。由于通信电缆的信号线与地线之间存在寄生电容效应，因此当单端信号沿着通信电缆传输时，会在信号回路中产生噪声电流，该电流从信号源一侧流出，并通过公共地线返回。特别是当信号的斜率（Slew Rate）比较高时，信号回路中的电流噪声也就越严重。电流噪声在信号回路中的压降会对电缆末端接收到的信号幅值和波形产生重要的影响，传输距离越长，则信号的失真也会越严重。这使得 RS-232 单端信号不能传输太长的距离，同时信号的速率也不能过高。另外，采用单端信号传输方式，多信号线（发送、接收和握手信号）之间的串扰（Cross Talk）是另外一个限制传输距离和速率的重要因素。由于所有的信号线均采用公共地线为返回线，因此地线的阻抗对于所有信号回路是一个公共阻抗，会产生公共阻抗耦合干扰，即某个回路电流在地线阻抗上的压降会对其他信号回路的电压信号传输造成干扰。除此以外，单端信号传输中相邻两条信号回路之间存在强感性耦合，信号线之间的距离越近，这种感性耦合也越严重，因此其中一个回路中的电流噪声将对邻近回路造成串扰。为了有效解决 RS-232 的这些问题，可采用平衡的差分信号的传输模式，于是国际上提出了 RS-422/485 的通信标准。

8.4.2 RS-422/485 总线

为了弥补 RS-232 总线通信速率低、传输距离短的缺陷，EIA 制订了 TIA/EIA-422-A 标准，即平衡电压数字接口的电气特性，通常称为 RS-422 标准。在 RS-422 标准中只是规定了一种简单的实现多点通信的机制，只有一个发送器和最多 10 个接收器能被连接到一个差分通信总线上。1983 年，在 RS-422 标准的基础上，EIA 又制定了 TIA/EIA-485 标准，其名称为应用于多点平衡数字系统中的发送器和接收器的电气特性，简称 RS-485 标准。RS-485 标准可以实现一条差分总线上最多 32 个收发器之间的真正的多点双向通信机制，它向下兼容 RS-422 协议。RS-422 标准和 RS-485 标准只是规定了接口的电气特性，不涉及任何接插件、电缆及协议等方面的内容，这些都是由用户自己来定义的。

1. RS-422 标准的特点及其应用

图 8-17 给出了 RS-422 标准的原理。RS-422 标准采用一对平衡的差分信号线 A 和 B 来传输逻辑 1 或 0，即接收器只根据 A 线和 B 线之间的电压差（差分电压）来决定被传送的数字量。当 A 线的电位比 B 线电位高 200mV 时（差分电压 $U_{AB}>200mV$），表示数字逻辑 1。当 A 线电位比 B 线电位低 200mV 时（差分电压 $U_{AB}<-200mV$），则表示数字逻辑 0。A 线对地电压 U_{OA} 及 B 线对地电压 U_{OB} 通常是互补的。除了有效的数字逻辑 1 和 0 以外，RS-422 标准还有一个第三逻辑态 Z，在这种状态下，总线上的发送器处于关闭状态，呈现出高阻状态。与单端信号相比，采用差分电路进行信号传输可以有效降低公共地线上的噪声电压（共模电压）的影响，从而能够在较长的距离下进行信号的传输。

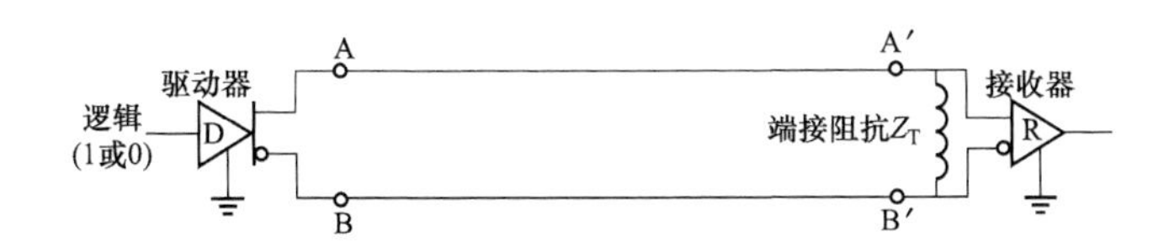

图 8-17　RS-422 标准的原理

RS-422 标准规定的最大传输距离为 4000ft（约 1219m），最大传输速度为 10Mbits/s，但是速度越快，传送距离越近。根据经验，传送距离（单位为 m）与数据传送速率（单位为 bits/s）之间的乘积不能超过 10^8。举例来说，如果要传送 500m 的距离，则数据发送速率不能超过 200kbits/s（$10^8/500$）。图 8-17 实际上给出了一个采用 RS-422 标准实现的单工点对点模式通信方案。根据 RS-422 标准，还可采用四线制来实现全双工点对点通信，即采用两对差分线进行数据传输，一对差分线用于发送，另外一对差分线用于接收。当采用四线制 RS-422 标准实现点对点通信时，通信双方没有主从的区别，可以实现完全的全双工通信；但是，当通过 RS-422 标准来实现多点通信时，只能采用一点对多点的半双工主从方式，即一个主发送器通过差分总线向多个从接收器发送数据。根据 RS-422 标准的规定，从接收器的最大数量为 10 个。在这种模式下，主设备可以向从设备发送数据，但是从设备之间无法进行通信。

2. RS-485 标准的特点及其应用

RS-485 标准建立在 RS-422 标准之上，其主要在下列几个方面进行了改进：

（1）提高了收发器的共模电压承受范围。RS-422 标准的发送器能够承受的共模电压的范围为－250mV～＋6V，接收器能够承受的范围为－7～＋7V。RS-485 标准的发送器和接收器能够承受的共模电压范围为－7～＋12V，这种共模电压承受能力的提高源于对驱动器的输出结构的改进。由于共模承受能力的提高，RS-485 标准收发器能够承受更高的地线上的压降。

（2）在进行多点通信时，RS-485 标准解决了 RS-422 标准只能采用一个发送器的主从通信模式的缺点，实现了真正的多点之间数据双向传输机制。支持 RS-485 标准的收发器可以通过一条差分总线实现互连，任意两个点之间都可以通过差分总线进行数据的互传。当然，在任意时刻所有连接到 RS-485 总线上的收发器中只能有一个允许向总线发送数据，其他发送器必须保持高阻 Z 状态。但是，如果发生了错误导致总线上两个发送器都处于有效状态，那么支持 RS-485 标准的收发器内部也会进行短路电流的保护。在通信双方的地电位差异不是很大的情况下，一般不会出现收发器损坏的情况。

（3）根据标准的规定，RS-485 标准发送器的驱动能力相比 RS-422 标准有很大的提高，一个 RS-485 标准发送器能够驱动的接收器数目从 RS-422 标准的 10 个增加到了 32 个。需要指出的是，由于只采用一条差分总线，RS-485 标准实际上只能处于半双工模式，即点与点之间不能同时进行数据的收发。

表 8-1 给出了 RS-422 标准和 RS-485 标准协议的主要特点比较。另外，除了图 8-18 中的连接方式外，RS-422/485 总线连接不能采用环形或星形结构。

表 8-1　RS-422 标准与 RS-485 标准电气规范的总结和比较

参数	RS-422 标准	RS-485 标准	单位
收发器数目	1 个驱动器/10 个接收器	32 个收发器	
理论最长电缆距离	1200	1200	m

续表

参数	RS-422 标准	RS-485 标准	单位
最大传输速率	10	>10	Mbit/s
最大共模电压	±7	−7～+12	V
驱动器差分输出电平	$2\leqslant \vert V_{OD}\vert \leqslant 10$	$1.5\leqslant \vert V_{OD}\vert \leqslant 5$	V
驱动器的负载能力	≥100	≥60	Ω
驱动器输出电流限制	150（短路到 GND）	250（短路到−7V 或 12V）	mA
高阻状态，电源关闭	60	12	kΩ
接收器输入阻抗	4	12	kΩ
接收器灵敏度	±200	±200	mV

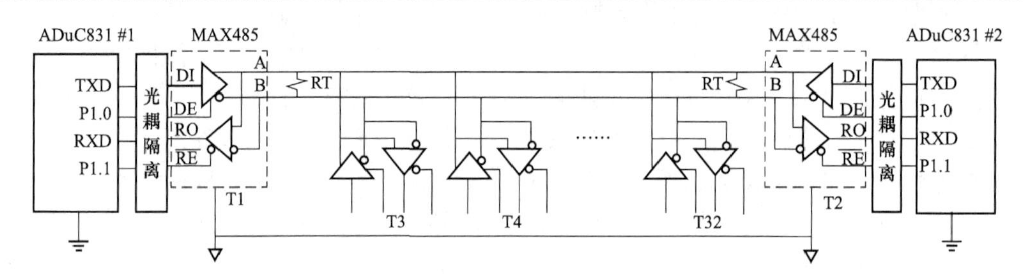

图 8-18　多点 RS-485 总线的连接形式及基于 ADuC831 异步串口实现 RS-485 通信的接口设计

图 8-18 中还给出了两个 ADuC831 单片机通过异步串口和 RS-485 总线进行通信的原理。图 8-18 中，单片机的异步串口的两条信号线 TXD 和 RXD 经过光耦隔离后被电平变换芯片 MAX485 转换为 RS-485 信号进行长线传输，通过 UART 协议进行相互通信。由于 RS-485 标准是半双工通信，其收发器（MAX485）有两个方向引脚来控制数据的传输方向（$\overline{RE}$和 DE），在图 8-18 中它们由单片机的 I/O 口 P1.0 和 P1.1 来控制，能够使总线处于逻辑 1、0 或 Z 3 种状态。通信的双方可自定义应用协议来进行相互之间的握手并决定下一次传输的方向。

8.5　微处理器的串行网络通信总线——CAN 总线

RS-485 总线虽然可以将很多收发器组合在一起，进行任意两点之间的通信，但是它仅仅是一个物理连接标准，不具备更高层的帧协议及网络传输协议。因此，为了实现多个通信主体之间的联网和数据传输，需要建立更高级的网络通信标准。在各种通信网络中，CAN 是一种相对比较简单，具有较高可靠性而且应用广泛的网络总线。

CAN（Controller Area Network，控制器局域网）总线是一种在工业现场应用广泛的网络通信协议或工业现场总线。CAN 总线最初是由德国 Bosch 公司专门为汽车内安装的电子控制系统开发的一种总线，这种总线把汽车发动机控制单元、智能传感器、防制动系统及车窗控制器等众多电子设备通过简单的物理总线连接在一起，并为之开发了上层网络通信协议，从而实现了设备之间控制和监测数据的交换和传递。CAN 总线传输速率较快，性能可靠，成本也不高，因此很快在工业界获得了广泛应用。1991 年 Philips 公司制定并发布了 CAN 总线技术规范：CAN 2.0 A/B。1993 年，国际标准化组织（International Orgnization for Standardization，ISO）正式颁布 CAN 总线国际标准 ISO 11898。

许多网络协议都可以用图 8-19（a）所示的标准 7 层开放系统互连模型（Open System Interconnection，OSI）来描述，CAN 协议规定了其中的数据链路层（Data Link）和物理层功能，其他更高层协议由用户自己定义。图 8-19（b）给出了一个具有多个节点的 CAN 总线的典型连接。如图 8-19（b）所示，CAN 总线是一条差分总线，每个节点都可以利用这条总线与其他节点实现数据的通信。它支持多主的通信方式（组网方式），这不同于 RS-485 总线那种一主多从（实际上是点对点）的方式，因此 CAN 协议相比 RS-485 总线要复杂得多。每个 CAN 节点的典型结构均由总线收发器（实现对 CAN 总线的驱动及差分信号的接收）、CAN 控制器（实现部分物理层功能及全部数据链路层功能）及 MCU（实现用户自定义的上层通信协议）3 部分构成。本节将对 CAN 2.0 的物理层和数据链路层的功能和原理进行介绍。

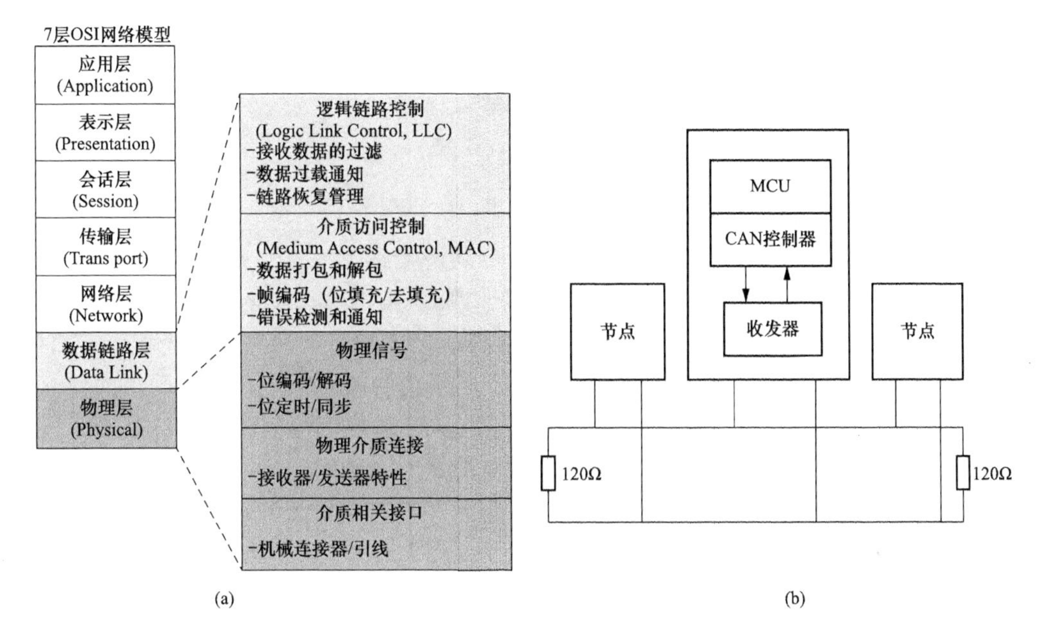

图 8-19 CAN 总线原理

（a）7 层 OSI 网络模型；（b）CAN 总线的典型连接

8.5.1 CAN 2.0 的物理层协议

与 RS-485 总线相似，CAN 总线是两线的差分总线（由 CANL 和 CANH 两条信号线组成），但是在 CAN 2.0 协议中并没有规定具体的总线连接器的形式及所要采用的通信线缆的类型。CAN 总线可以采用双绞线或同轴电缆来构成，但是 CAN 协议要求必须对 CAN 总线的两端采用 120Ω 的电阻端接，同时连接器和通信电缆也应该满足 CAN 协议规定的电气规范。

1. 总线电平

CAN 协议规定了两种逻辑状态：隐性（Recessive，即逻辑 1）和显性（Dominant，即逻辑 0），它们由 CANH 和 CANL 两条信号线之间的差分电压来表示。

如图 8-20（a）所示，在“隐性”状态下，CANH 和 CANL 上输出的电压相等，相对于驱动器的电源地的电压均为 2.5V 左右，差分电压为 0。在“显性”状态下，CANH 的电压升高到 3.5V，而 CANL 则下降为 1.5V，其差分电压为 2V 左右。图 8-20（b）给出了协议规定的 CAN 总线收发器需要满足的电压范围和输入阻抗规范。CAN 总线上的节点总是通过在 CAN 总线上发送隐性位和显性位序列来传送数字信息。

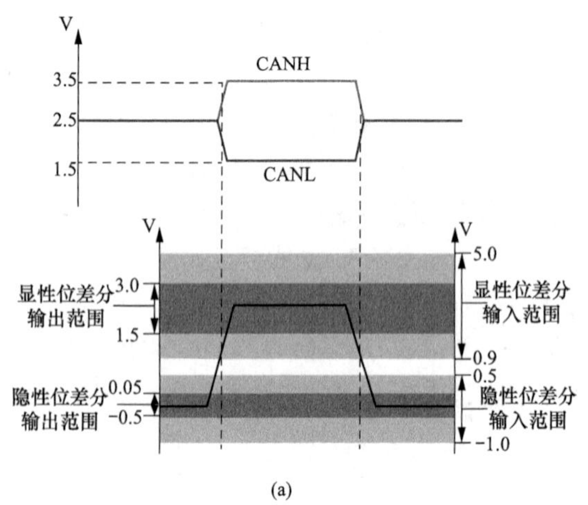

参数	ISO-11898-4	
	min	max
CANH和CANL上的DC电压(V)	-3	+32
CANH和CANL上的瞬时电压(V)	-150	+100
共模总线电压(V)	-2.0	+7.0
隐性位输出总线电压(V)	+2.0	+3.0
隐性位差分输出电压(mV)	-500	+50
差分内阻(Ω)	10	100
共模输入阻抗(Ω)	5.0	50
显性位差分输出电压(V)	+1.5	+3.0
显性位输出电压(CANH)(V)	+2.75	+4.50
显性位输出电压(CANL)(V)	+0.50	+2.25
常设显性位探测功能(驱动器)	不要求	
上电复位及低电压监测	不要求	

(b)

图 8-20 CAN 总线的电平规范

(a) 显性和隐性位定义；(b) 详细电气规范

2. CAN 总线的速度、传输距离及节点容量

CAN 总线的两个节点之间的最大传输距离与其传输速度有关，从 40m 到 10km 不等。在 40m 以内 CAN 总线的传输速率可以达到最高 1Mbit/s，但是超过这个距离，则需要降低速度运行。CAN 总线并没有规定一定要采用什么样的速率和传输距离，这些都与应用相关，但是当建立一个基于 CAN 总线的网络时，在这个网络内的所有节点都必须采用同样的位传输速率。CAN 总线的最大传输距离主要受到差分信号在总线上传输的延时的限制，该延时包括收发器的延时及传输线延时。当一个数据位被传送时，延时超过一定的值会造成接收器不能正确采样到该位，就会造成传输失败。

3. CAN 总线的位定时和同步原理

在 CAN 总线上，一个节点发出的位流将被所有的节点接收，这些节点通过对总线上的位流进行采样来获得正确的位数据。这就需要接收节点能够与发送节点进行位速率的匹配及位起始时刻的同步。考虑到位信号从发送节点到达某个接收节点时总是存在硬件时延；同时，尽管总线上每个节点的额定位速率是相同的，但是由于各个节点均采用各自独立的时钟源，这些时钟源之间不可避免总是存在一定的频率误差，这些因素都会对接收节点的位采样时刻造成影响，严重时会造成位采样的错误。CAN 总线通过一种特殊的可编程位定时（Bit Timing）及同步/重同步技术来克服这些问题。

CAN 节点的同步机制包括两种形式：硬同步和重同步，同步是由接收节点自身来完成的。硬同步即在一个帧的开始，CAN 总线从“隐性”态转入“显性”态时，其边沿会强迫总线上所有接收节点的位定时器重启，从而使得该边沿处于每个节点的位定时的同步段内。重同步即当一个帧的位流被传送期间，每当发生“隐性”位到“显性”位的跳变时，该跳变沿会引起重同步动作。重同步的主要方式是接收器通过检测总线上的跳变沿与位同步段之间的时间误差来动态调整相位缓冲段的时间份额，从而克服由于时钟源的误差所造成的采样点的偏离，确保位检测的准确性。硬同步在一个帧发送期间只能进行一次，但是重同步会多次发生。图 8-21（a）给出了在一个帧的位流传送期间硬同步和重同步发生的时刻，图 8-21（b）给出了进行硬同步和重同步时接收器所采取的动作。

如图 8-21（b）所示，CAN 总线上的每个数据位会被所有节点的接收器采样，采样时刻由接收器内部位定时时钟来决定。采样器的内部时钟把 CAN 总线的每个位划分为若干个时间片段（或称为时间份额），包括同步段（SY）、传播时间段（PR）、相位缓冲段 1（PS1）和相位缓冲段 2（PS2）。在一个帧的开始 t_1 时刻，CAN 总线从“隐性”位向“显性”位跳变，该跳变沿会引起接收器的位定时器重启计数，使得紧随着该跳变沿到来的下一个位定时时钟边沿作为同步段的结束时刻，这样就使得跳变沿总是处于位定时的同步段内，这是硬同步的机制。由于 CAN 节点都是采用同样的位速率来发送和接收数据位的，因此在理想情况

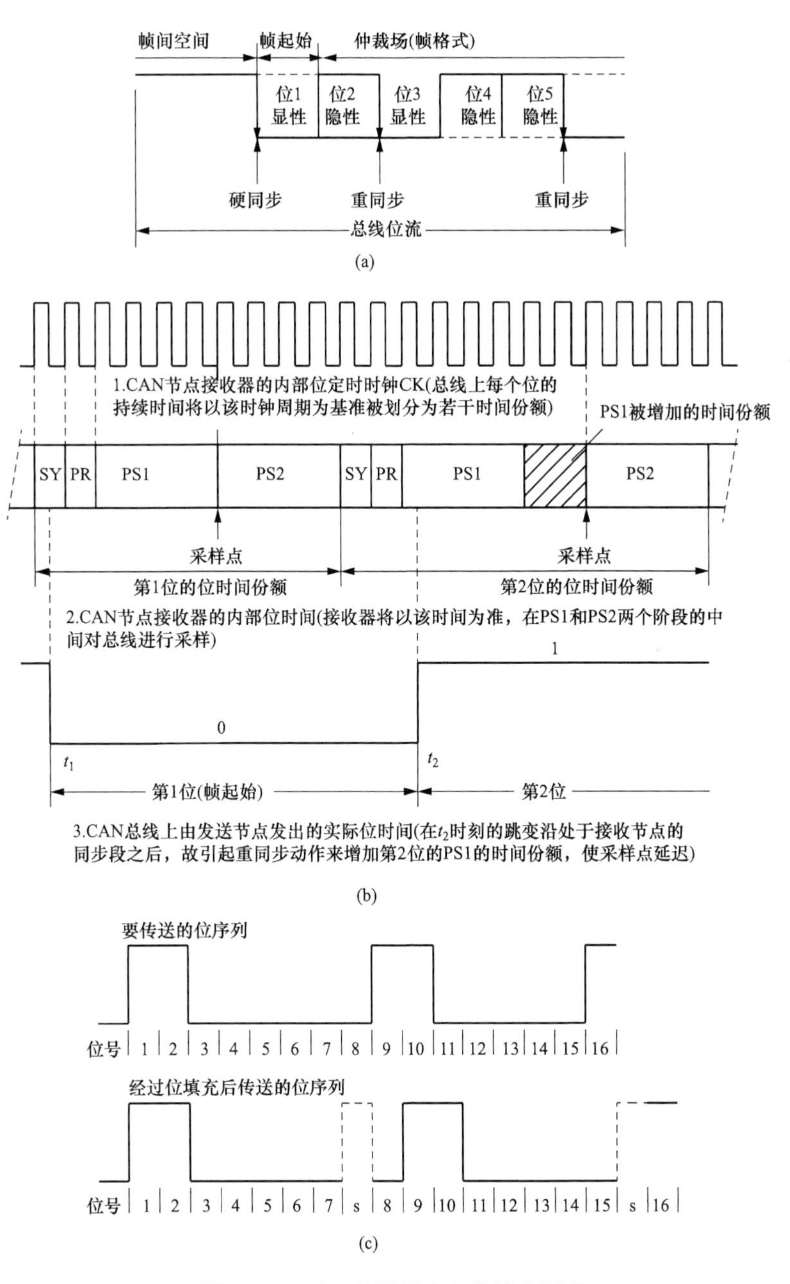

图 8-21　CAN 总线同步和位填充原理

（a）硬同步和重同步发生时刻；（b）重同步动作图解（$e>0$）；（c）位填充原理

下，第二个位的边沿（t_2 时刻）也应当处于第二个位定时的同步段内。但是实际当中，由于不同节点的发送器和接收器所采用的时钟源之间存在频率误差，因此当累计误差超过一个位定时周期后，有可能使跳变沿偏离第二个位定时的同步段，此时将会启动重同步。重同步过程首先会检测 t_2 时刻发生的位跳变沿偏离第二个位同步段的时间误差 e（用时间份额来度量），会出现 3 种情况：① $e=0$，即没有误差，跳变沿处于同步段内，此时不进行重同步动作；② $e>0$，即跳变沿出现在第二个位定时同步段之后和采样点之前，这说明接收器的位定时速度偏快，此时为了保证采样点位置的准确，控制器将对第二个位定时相位缓冲段 1（PS1）的时间份额进行延长，延长的量由一个称为重同步跳转宽度的参数来决定［在图 8-21（b）中，由于 $e>0$，因此第二个位定时 PS1 段被延长了两个时间份额］；③ $e<0$，即跳变沿出现在第二个位同步段之前和前一个位定时的采样点之后，这说明接收器的位定时速度偏慢，此时为了保证采样点位置的准确，控制器将对第二个位定时相位缓冲段 2（PS2）的时间份额进行缩减，同样缩减的量由重同步跳转宽度参数来决定。需要注意的是，这种时间份额的缩减或增加仅针对当前重同步过程有效，在接下来的位定时时间内没有重同步发生，那么各时间段将恢复编程预设值。

最后，位重同步仅仅会由“隐性”位到“显性”位的跳变引发，当连续“隐性”位或“显性”位被发送时，重同步是无法进行的，这样有可能会造成误差累计引起失步的问题。针对这种情况，CAN 总线规定了位填充技术，即当 CAN 节点的发送器发送连续 5 个“显性”位或“隐性”位后，会在其后填充一个相反的位用于接收器的重同步。当然，接收器将会判断出这种位填充情况的发生，在接收时对填充位进行过滤。图 8-21（c）给出了位填充原理。

从上述描述可以看出，CAN 总线的发送节点并不传输同步时钟给接收节点，而是通过约定的通信速率进行数据的收发，并通过起始位来通知接收器以自身的时钟采样总线并获得数据，因此它与 UART 一样属于异步通信方式。但是，所不同的是，CAN 总线对 UART 方式进行了改进，引入了位同步方式，这种方式可以通过对相位缓冲段的延时调整来修正异步通信误差，从而可以使 CAN 总线比 UART 的位速率更快，且一次传输的数据量更大。

8.5.2 CAN 2.0 的数据链路层协议

CAN 2.0 的数据链路层协议主要包括两个子层：MAC 子层和 LLC 子层。MAC 子层是整个 CAN 协议的核心，它负责将来自 LLC 子层的报文（Message）组成帧，或者把从物理层接收到的帧解析成报文发送给 LLC 子层。同时，MAC 子层还实现仲裁、应答和错误检测等。LLC 子层则实现报文的过滤、过载通知及恢复链路管理等流量控制功能。

1. 帧格式

CAN 2.0A 规定了具有 11 位标识符（Identifier）的帧格式，而 CAN 2.0B 则规定了两种帧格式，一种为标准帧（Standard Frame），具有 11 位标识符；另外一种为扩展帧（Extended Frame），具有 29 位标识符。CAN 2.0 的帧分为 4 种类型：数据帧（Data Frame）、远程帧（Remote Frame）、错误帧（Error Frame）及过载帧（Overload Frame）。数据帧包含了发送节点向接收节点传输的数据。远程帧被用于总线上的一个节点向其他节点请求数据。错误帧用于传递节点检测到的总线错误。过载帧用于在顺序发送的数据帧或远程帧之间提供一个额外延时。

数据帧由 7 个不同的位场（Bit Field）来构成，它们是帧起始（SOF）、仲裁场（Arbitration Field）、控制场（Control Field）、数据场（Data Field）、CRC 场（CRC Field）、应答场（ACK Field）和帧结束（EOF），如图 8-22 所示。帧起始由一个“显性”位构成，它标志着一个帧的开始。CAN 总线上的节点被要求只有当总线处于空闲状态时（在帧与帧之间至少要有连续的 3 个“隐性”位）才能发送数据，因此一个帧的开始总是会出现从“隐性”位向“显性”位的跳变，该跳变沿将启动总线上所有接收节点的硬同步过程。仲裁场由 ID 标识符和远程发送请求位（RTR）组成。在 CAN 2.0A 协议中，报文标识符为 11 位，发送次序从最高位 ID-10 到最低位 ID-0，其中高 7 位 ID-10～ID-4 不能全部都是“隐性”位，因为标识符将被用于总线冲突时的仲裁。RTR 位在数据帧中为“显性”位，而在远程帧中则为“隐性”位。控制场由 6 位组成，它包括两位保留位及 4 位数据长度代码（Data Length Cod，DLC）。数据场中的字节数由 DLC 来给出。数据场中包含了要发送的数据，一个数据帧最多可发送 8 字节，它由控制场中的 DLC 来规定。每个字节在数据场中的排列次序为最高位（MSB）在前，也表示 MSB 将最先被发送或接收到。CRC 场全称为循环冗余码校验场，它包含一个 15 位的 CRC 序列（CRC Sequence）及一个 CRC 界符（CRC Delimiter，由 1 个“隐性”位构成），关于 CRC 校验的原理见本节后面内容。ACK 场中包含两个位，一个为应答间隙（ACK Slot），另外一个为应答界符（ACK Delimiter）。在 ACK 场里，发送器会发送两个“隐性”位，而接收器在接收到报文并且进行 CRC 校验无误后，将在应答间隙发出“显性”位进行应答。当 CAN 总线处于“隐性”状态时，实际上发送器处于关闭状态，即不驱动总线，此时接收器发出的“显性”应答位会成为有效的总线状态，即“显性”位会覆盖“隐性”位。应答界符是应答场的第二个位，它必须是一个“隐性”位。这样，应答间隙就处于两个“隐性”界符（CRC 界符和应答界符）的包围之中。帧结束为连续的 7 个“隐性”位，它把两个连续的数据帧进行了区隔。

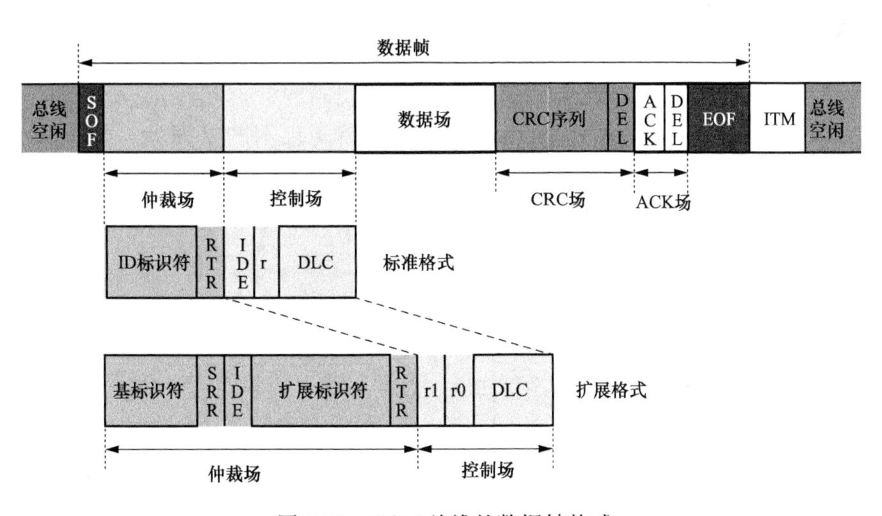

图 8-22　CAN 总线的数据帧格式

远程帧由帧起始、仲裁场、控制场、CRC 场、应答场和帧结束几个位场构成。与数据帧相比，远程帧没有数据场，且其仲裁场中的 RTR 位为“隐性”位，而数据帧中则为“显性”位，除此之外其他都是相同的，所以 RTR 位成为数据帧和远程帧的区分标志。远程帧被一个CAN节点用于向另外一个节点请求数据。当一个节点需要接收数据时，它可以向CAN总线发送一个远程帧，通过标识符来寻址数据源。当其他节点接收到这个远程帧后，会把其标识符与自身的相比较，若标识符相同，则该接收节点将发出一个具有同样标识符的数据帧返回给请求节点。

错误帧由两个位场构成：一个错误标志（Error Flag）场，另外一个则是错误界符（Error Delimiter）。CAN总线规定了两种类型的错误标志：主动错误标志（6个连续的“显性”位）和被动错误标志（6个连续的“隐性”位，除非它被来自其他节点的“显性”位修改）。只有那些处于“错误主动（Error Active）”状态的节点在检测到错误条件后才能够发送主动错误标志，而处于“错误被动（Error Passive）”状态的节点在检测到错误条件后将发送被动错误标志，有关节点的“错误被动”和“错误主动”状态将在本节后面介绍。当主动错误标志被发送到CAN总线上后，由于它的形式是6个连续的“显性”位，因此它会破坏CAN总线的位填充规则（位填充发生在数据帧或远程帧中从帧起始到CRC界符之间的所有位场）。主动错误标志也会破坏数据帧或远程帧中具有特定格式的ACK场和帧结束场。这会造成CAN总线上所有其他节点都会检测到这些错误，进而也发送错误标志，故错误帧中的错误标志实际上是总线上所有节点发出的错误标志的叠加。错误界符由8个“隐性”位构成。错误界符的发送是这样的：当总线上的节点发送完错误标志后，将会先发送一个“隐性”位，然后监测总线，直到确认收到一个“隐性”位之后再连续发送7个“隐性”位。

过载帧用于在顺序发送的数据帧或远程帧之间提供一个额外的延时。

2. CAN总线的冲突仲裁机制

CAN总线是一种多主机模式的总线，即总线上的每个节点都可以在任何时候向其他节点主动发送数据，但是这就会存在一个问题，即如果同时有两个节点发送数据就会产生冲突，因此冲突解决机制是CAN总线的一个重要特点。CAN总线采用一种带优先级的非破坏性逐位仲裁机制（Non-destructive Bit-wise Arbitration Mechanism）。非破坏性是指当采用这种冲突仲裁机制时，那些正在被发送的或者优先级比较高的数据帧或远程帧在冲突时会继续完成发送而不会被中断，其传输的信息及发送需要的时间都不产生损失。总线冲突的情况分两种：一是当某个CAN节点想要发送数据时，当前CAN总线上有其他节点正在发送数据，二是有两个或多个CAN节点同时向总线发送数据。前一种情况的冲突处理比较简单，CAN总线采用常规载波侦听技术，即一个CAN节点发送的数据会被所有CAN节点来接收（包括发送节点本身）。这样，当某个想要发送数据的节点侦听到总线上有数据正在发送时，它就会等待直到总线空闲，然后才开始发送数据。对于后一种冲突情况，CAN总线采用逐位仲裁机制来解决。CAN协议在数据帧和远程帧中的仲裁场内给出了每个帧的标识符（ID号），根据ID号的大小，这些帧将具有不同的优先级，ID号低的优先级高。另外，具有相同ID号的数据帧优先级高于远程帧。当两个节点同时发送数据时，具有高优先权的节点将占有总线并且把数据发送完成，而优先权低的节点检测到冲突会退出发送，等待总线空闲再发送。在这个过程中，每个发送节点均在侦听自己发出的ID号。如果接收与发送一致，该节点将继续进行其余位的发送；若接收与发送不一致，那么就关闭发送器，停止发送。由于高优先级节点的ID号小于低优先级节点的ID号，因此高优先级节点会率先在总线上发出“显性”位，这样它就会修改低优先级节点发出的“隐性”位，造成低优先级节点监测到错误而退出，自身却不受影响，这就是非破坏性仲裁机制。图 8-23（a）给出了一个实例，图中节点 A 和 B 的 ID10、ID9 及 ID8 几个位都是相同的，但是节点 B 发送的 ID7 为隐性位（“1”），而高优先级节点 A 发送的为显性位（“0”），因此节点 B 侦听到错误的 ID 号，退出发送。

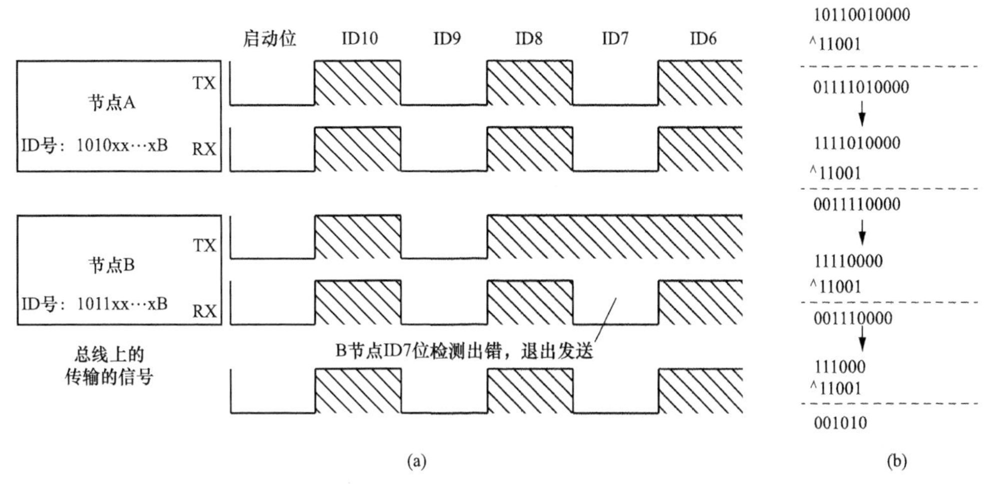

图 8-23　CAN 总线的仲裁和校验原理

（a）CAN 总线非破坏仲裁的实例；（b）CRC 校验码的生成实例

3. 总线的查错和纠错机制

CAN 总线共有 5 种类型的错误：位错误（Bit Error）、填充错误（Stuff Error）、CRC 错误（CRC Error）、格式错误（Form Error）及应答错误（Acknowledge Error）。

（1）位错误：一个 CAN 节点在发送数据的同时也在监测总线，当接收到的数据与发送的数据不同时，就会检测出位错误。

（2）填充错误：在报文传送过程中，连续收到 6 个相同的位会填充一个相反的位用于重同步，当探测到这种情况没有发生时，就会产生填充错误。

（3）CRC 错误：当接收器收到报文后进行 CRC 校验，如果存在校验错误，则会发出 CRC 错误。

（4）格式错误：当帧在发送过程中，被探测到具有固定格式的位场中包含了一个或多个非法位后，会产生格式错误。

（5）应答错误：应答错误由发送方检测，当它在应答间隙没有探测到“显性”应答位时，会认为发生了应答错误。

CRC 即循环冗余校验（Cyclic Redundancy Check），是数据通信领域中最常用的一种差错校验方法，其特征是信息字段和校验字段的长度可以任意选定。CRC 的基本原理是：在 K 位信息码后再拼接 R 位的校验码，整个编码长度为 N 位，因此，这种编码也称（N，K）码。对于一个给定的（N，K）码，可以证明存在一个最高次幂为 $N-K=R$ 的多项式 $G(x)$。根据 $G(x)$ 可以生成 K 位校验码，而 $G(x)$ 称为这个 CRC 码的生成多项式。校验码的具体生成过程为：假设要发送的信息用多项式 $C(x)$ 表示，将 $C(x)$ 左移 R 位，即 $C(x)\times 2^R$，这样 $C(x)$ 的右边就会空出 R 位，这就是校验码的位置。用 $C(x)\times 2^R$ 除以生成多项式 $G(x)$ 得到的余数就是校验码（这里的除法是指计算机的模二除法，即将最高位对齐后进行按位异或操作）。这里引入多项式来表示一个二进制编码是为了直观，多项式的系数就是编码中的每个二进制位。下面给出一个 CRC 校验的实例：

假设要发送的信息码为 1011001，采用多项式表示为 $C(x)=x^6+x^4+x^3+1$；假设生成多项式为 $G(x)=x^4+x^3+1$，即生成码为 11001。

由于生成多项式的最高次幂为 $R=4$，因此采用该生成多项式进行 CRC 校验，可以得到 4 位的校验码。采用二进制模二除法取余数，由 $C(x)\times 2^R=10110010000$，将之除以生成多项式 $G(x)$ 对应的生成码 11001，得到余数为 1010，此即为 CRC 校验码，计算图解如图 8-23 (b) 所示。7 位的信息码（$K=7$）和 4 位的 CRC 校验码（$R=4$）将拼接成一个 $N=11$ 位的编码：1011001 1010，发送器将该编码通过 CAN 总线来发送。当接收器接收到这个编码后，将采用同样的生成多项式对该编码进行 CRC 校验。如果该编码在传送过程中没有发生位错误，那么 CRC 校验后得到的余数为 0；如果余数不为 0，则意味着编码在传输过程中发生了位错误。数据在传送中位错误发生的位置不同，CRC 校验得到的余数值也不相同。可见，CRC 校验不仅可以检验是否有位错误的发生，同时还能检测出位错误产生的位置。

在 CAN 协议的数据帧中，CRC 校验场中包含一个 15 位的 CRC 序列，它是对数据帧中的帧起始、仲裁场、控制场和数据场进行 CRC 校验后得到的校验码。在 CRC 校验中采用的生成多项式为 $G(x)=x^{15}+x^{14}+x^{10}+x^8+x^7+x^4+x^3+1$，即对应的生成码为 110001011001101。

4. CAN 总线探测到错误后的处理

总线上的节点一旦探测到有错误条件，就会发出错误帧。当一个节点探测到位错误、填充错误、格式错误或应答错误时，在出错位的下一个位会立刻发出错误标志。但是如果是 CRC 校验错误被探测到，则节点会在 ACK 场中应答界符之后的那个位发出错误标志，除非过程中又检测到了其他错误。

总线上的节点存在 3 种状态：“错误主动”“错误被动”“总线关闭”。处于“错误主动”状态的节点，当检测到错误后将发出主动错误标志；处于“错误被动”状态的节点，则发出被动错误标志，而处于“总线关闭”状态的节点，将关闭其发送器，对总线状态没有影响。节点处于哪种状态取决于其内部两个错误计数器的计数值，它们分别是发送错误计数器和接收错误计数器，这些计数器的计数值按照一定的规则增加和减少。如果发送和接收方探测到错误并发出错误标志，则相应的发送和接收错误计数器会增加。但是，对于一个发送器，当它把报文发出后收到了正确的应答，则发送错误计数器计数值会减 1，直到减小为 0 并保持在 0；而对于一个接收器，当它成功接收到数据并做出应答后，接收错误计数器会被减 1，直到减小为 0 并保持在 0。当一个节点的发送错误计数器和接收错误计数器的计数值小于 127 时，此节点处于“错误主动”状态，但是如果发送错误计数器或接收错误计数器的计数值其中之一不小于 128 时，此节点将进入“错误被动”状态；另外，当发送错误计数器的值超过 256 时，此节点将进入“总线关闭”状态。把节点分为这 3 种状态是为了保证总线在错误中能够尽快恢复。例如，一个节点由于硬件或干扰的原因发送和接收误码率很高，这种情况下，其发送错误计数器或接收错误计数器的计数值会不断增加，直到使整个节点从“错误主动”状态进入“错误被动”状态，这种状态的改变使得该节点从原本能够向总线发送主动错误标志（6 个连续的“显性”位）转变为只能向总线发送被动错误标志（6 个连续的“隐性”位）。由于主动错误标志的连续“显性”位会阻塞总线，而被动错误标志的连续“隐性”

位不会阻塞总线，因此有利于总线从错误中恢复。

8.5.3　CAN 2.0 的接口电路实例

与其他通信接口类似，在实际应用中 CAN 总线协议通过一个控制器来实现，微处理器通过与 CAN 控制器接口来实现一个应用系统。图 8-24（a）给出了一个 CAN 总线控制器 SJA1000 的内部结构框图，SJA1000 能完成 CAN 通信协议所要求的物理层和数据链路层的所有功能，其结构包括：

（1）接口管理逻辑：该逻辑电路对来自微处理器的命令进行译码，完成对内部 CAN 寄存器的寻址，提供中断和状态信息。由于 SJA1000 的并行接口与 8051 系列单片机的三总线接口在引脚和时序上完全兼容，包括 8 位的地址和数据复用线 AD7～AD0、地址锁存信号 ALE、读写访问控制信号$\overline{WR}$和$\overline{RD}$及片选信号/CS 等，作为外部设备控制器还包括中断请求信号 INT，因此它可以和 8051 系列单片机实现无缝接口。

（2）发送和接收缓冲器：微处理器把要发送的消息填入发送缓冲器，则位流处理器会把它们组成 CAN 的帧格式并将之通过位时序逻辑发送到 CAN 总线上。从 CAN 总线上接收到的消息将被存储到接收缓冲器中，微处理器可通过并行接口读取该缓冲区中的数据。

（3）位流处理器：是 SJA1000 的核心硬件，把发送缓冲器的消息转换为串行位流，或者把 CAN 总线的串行位流接收到缓冲区，并完成 CAN 总线协议要求的错误检测、冲突冲裁和位填充等机制。

（4）位定时逻辑：该逻辑完成 CAN 总线协议规定的位定时、硬同步和重同步功能。

（5）错误管理逻辑：根据 CAN 协议规定，对位流处理器检测到的各种错误进行处理。

SJA1000 的输出 TX 和 RX 为单端信号，并不是 CAN 协议要求的差分电平，因此需要通过一个 CAN 总线收发器进行变换，如图 8-24（b）给出的 PCA82C251。另外，作为长距离的通信总线，为了安全和抗干扰，往往需要把它与微处理器系统进行隔离，如，在 SJA1000 与 PCA82C251 之间通过高速光耦［如图 8-24（b）中的 TLP113］进行隔离。图 8-24（b）给出了单片机 ADuC831 通过 SJA1000 及 PCA82C250 收发器实现一个 CAN 总线节点的接口电路。

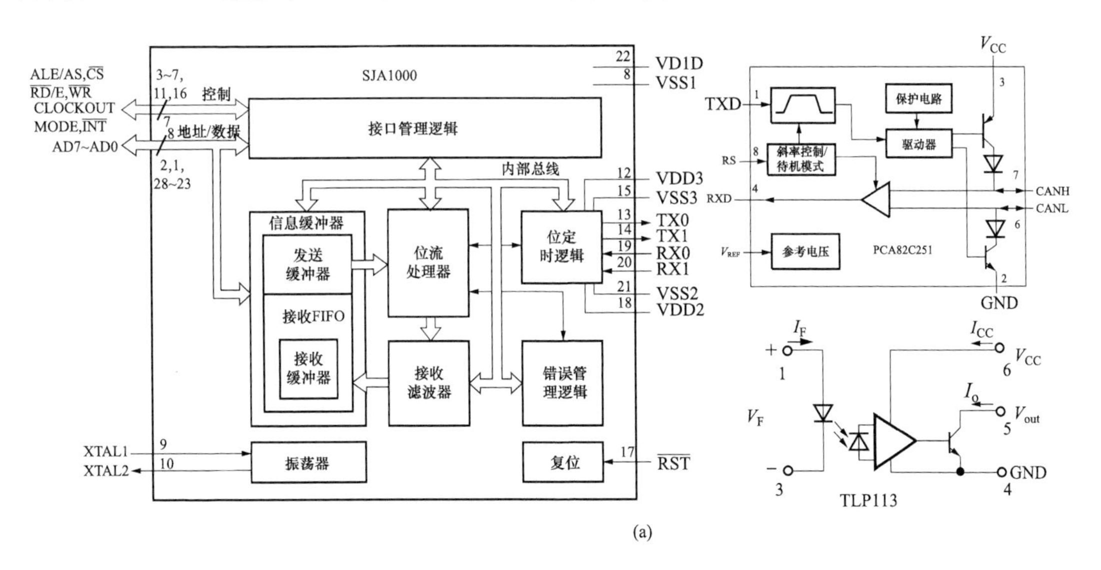

图 8-24　ADuC831 与 CAN 控制器的接口实例（一）

（a）接口器件内部结构框图

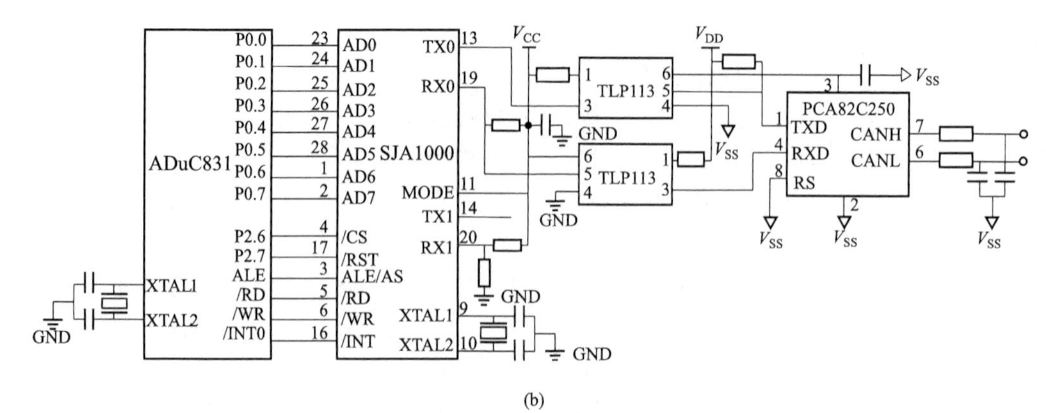

(b)

图 8-24 ADuC831 与 CAN 控制器的接口实例（二）

（b）接口电路

8.6 其他网络总线和无线通信网络

前面给出的点对点和网络总线都是比较简单和低成本的方案，它们可以仅由一个单片机或一个单片机扩展一个控制器来实现，但是通信数据量小，速率低。对于要求更高速度及更大容量的数据通信，则可以借助以太网总线来实现。

8.6.1 以太网 IEEE 802.3（CSMA/CS）协议

以太网技术的发展经历了标准以太网（10Mbit/s）、快速以太网（100Mbit/s）和千兆以太网（1GMbit/s）3 个阶段，并向万兆以太网（10Gbit/s）方向发展。IEEE 802.3 以太网协议实际上仅规定了 OSI 网络模型的物理层和数据链路层的内容，但是与 CAN 协议不同的是，以太网详细规定了信号传输介质（铜缆和光纤）的类型及机械接口方式。

10Mbit/s 以太网物理层信号的传输使用曼彻斯特编码方法，即逻辑 0 通过一个由“＋”到“－”的跳变沿表示，而逻辑 1 则由“－”到“＋”的跳变沿表示。由于逻辑 0 和 1 都采用跳变沿来表示，因此信号中没有直流，这可以有效降低对接收器传输带宽的要求，另外还能通过隔离变压器被隔离，因此非常有利于抗干扰设计，实现电磁兼容和保证安全。另外，曼彻斯特编码是将同步时钟与数据通过异或逻辑合成，故接收器可从生成的数据流中提取同步时钟，这样接收器可利用该时钟实现对信号的接收。因此，以太网不同于 UART 和 CAN 总线，它属于同步通信总线。100Mbit/s 的快速以太网采用 MLT-3（三电平跳变编码）的信号编码方法，这里的“三电平”是指被传输的信号电平通常分成 3 种状态，分别为“正电位”“负电位”“零电位”。1000Mbit/s 以太网的物理层使用 5 电平 4D-PAM5 编码，即二进制信息由 5 个电平来表示：－2，－1，0，＋1，＋2。每个电平代表 2 位比特信息，其中－2 表示二进制 00，－1 表示二进制 10，＋1 表示二进制 10，而＋2 表示二进制 11，还有一个电平 0 表示前向纠错码。1000Mbit/s 以太网采用了 5 类网线中全部 4 对双绞线并行地进行数据的发送或接收。这样，要实现 1000Mbit/s 的传输速率，每对线中的传输速率要求就下降到 1/4，即 250Mbit/s。由于又采用了 4D-PAM5 编码方式，每个电平表示 2 位比特信息，因此每对双绞线实际上只需要实现 125Mbit/s 的传输速率。但 4D-PAM5 多电平编码和解码需要采用多个 DAC 或 ADC 来完成，而且要求更高的传输信噪比和接收均衡性能。图 8-25 给出了几种不同的以太网的位编码方式。

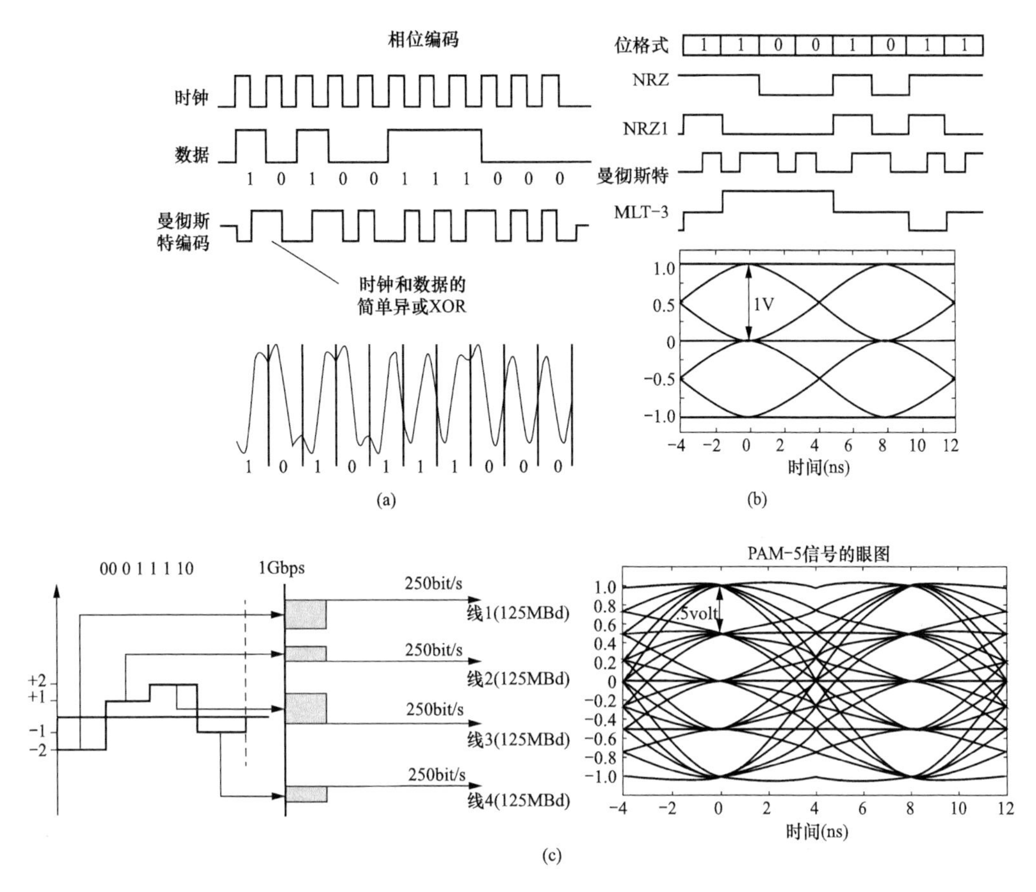

图 8-25　不同速率的以太网编码方式

(a) 10Mbit/s 的编码；(b) 100Mbit/s 的编码；(c) 1Gbit/s 的编码

CSMA/CD（Carrier Sense Multiple Access/collision Detected，载波侦听多路访问/冲突检测）是以太网使用的 MAC 层介质访问控制协议，主要目的是使不同设备或网络上的节点可以在多点的网络上平等地使用总线进行数据通信。“载波侦听”是指网络上各个节点在发送数据前都要侦听总线上有没有数据传输，若有数据传输（称总线为忙），则不发送数据。若无数据传输（称总线为空），则立即发送准备好的数据。“多路访问”是指网络上所有节点收发数据共同使用同一条总线，且发送数据是广播式的。“冲突检测”是指若网上有两个或两个以上节点同时发送数据，则在总线上会产生信号的混合，这将使得所有的节点都辨别不出真正的数据是什么。在一个节点发送数据的过程中，它要不断地检测自己发送的数据，看其是否在传输过程中与其他节点的数据发生冲突。若在发送过程中侦听到其他的发送，则马上停止当前发送，随机延时一段时间后，再重新争用介质尝试发送。如果尝试发送的失败次数太多，则放弃发送。CSMA/CD 控制方式的优点是原理比较简单，技术上易实现并且可靠，网络中各个节点处于平等地位，可以分布式实现，不需集中控制，也不提供优先级控制；缺点是在网络负载增大时，发送时间增长，发送效率急剧下降。以太网采用的帧结构主要由前导码和帧开始符、MAC 目标地址、MAC 源地址、有效数据的字节长度和最多 1500B 的有效数据、CRC 校验码及帧间距构成。

IEEE 802.3 以太网协议建立了局域网上的不同节点之间的一种双向通信规范，包括机械接口标准、物理信号规范及帧格式等，但是这仅仅是一个完整的网络协议的底层部分。为了实现更完善的网络控制及实现与用户程序的良好接口，需要规定更高层的协议标准。TCP/IP 就是这样一种建立在 IEEE 802.3 之上的高层网络协议，它的提出不仅可以实现局域网内的计算机之间的通信，也可以实现处于不同局域网内的两台计算机的通信，不同的局域网甚至可以采用不同的物理层和数据链路层协议，如其中一个局域网是 IEEE 802.3 以太网，而另外一个可能是 IEEE 802.5 令牌环网。安装有 TCP/IP 的计算机网络可以实现互连互通，这样就构成了一个 Internet，所以 TCP/IP 实际上是一套把 Internet 中的各种系统互连起来的协议栈。

在实际应用中，以太网也有专门的网络控制器，它主要实现以太网 MAC 层和 LLC 层的协议，但是不涉及更高层的 TCP/IP。从原理上来说，用户可以把微处理器与网络控制器相接口，然后编写更高层的 TCP/IP 和应用层协议。不过，由于 TCP/IP 的广泛性和通用性，目前大多数微处理器的操作系统软件都包含了完整的协议栈。操作系统是针对冯·诺依曼架构的处理器开发的系统软件，它可以帮助用户管理内存和外部存储器、CPU 的多任务和多线程管理、管理系统的硬件外部设备（如安装与删除驱动程序）及运行用户的应用程序。操作系统还为用户提供了丰富的应用程序接口函数（API），从而可以使用户大大简化其应用程序设计的难度。因此，为了使用 TCP/IP，用户往往需要采用一套能够安装和运行操作系统的微处理器系统，并利用 API 函数调用 TCP/IP 协议栈实现其应用目的。最典型的系统便是 PC 和 Windows 操作系统。当然，现在也有很多单片机可以运行简单的实时操作系统。例如，ARM 系列单片机，它们甚至在片上集成了以太网控制器，极大地简化了硬件设计，从而使得软件开发成为这类微处理器系统开发的主要方式。

8.6.2　ZigBee 无线网络

微处理器系统的通信接口除了采用上述有线介质外，还可以采用无线方式。借助无线网络，不仅可以实现设备之间的互连和通信，还可以进一步被接入互联网。最为著名的无线通信网络是日常人们所用的手机所采用的第 3 或 4 代（及即将应用的第 5 代）移动通信网络，这种网络覆盖范围广，通信速率快，但是组建成本高昂，使用中还会产生资费的影响。随着通信技术的迅速发展，人们提出了在用户自身附近几米范围之内通信的需求，这样就出现了个人区域网络（Personal Area Nework，PAN）和无线个人区域网络（Wireless Personal Area Network，WPAN）的概念。

WPAN 为近距离范围内的设备建立无线连接，把几米范围内的多个设备通过无线方式连接在一起，使它们可以相互通信甚至接入 LAN 或 Internet。IEEE 802.15 工作组成立于 2002 年，该工作组致力于 WPAN 网络的物理层和 MAC 的标准化工作，目标是为在个人操作空间内相互通信的无线通信设备提供通信标准。在 IEEE 802.15 工作组内有 4 个任务组，分别制定适合不同应用的标准。其中，任务组 1 制定 IEEE 802.15.1 标准，又称蓝牙无线个人区域网络标准。这是一个中等速率、近距离的 WPAN 标准，通常用于手机、PDA 等设备的短距离通信。任务组 2 制定 IEEE 802.15.2 标准，研究 IEEE 802.15.1 与 IEEE 802.11（无线局域网标准，WLAN）的共同问题。任务组 3 制定 IEEE 802.15.3 标准，研究高传输速率无线个人区域网络标准。该标准主要考虑无线个人区域网络在多媒体方面的应用，追求更高的传输速率与服务品质。最后，任务组 4 制定 IEEE 802.15.4 标准，针对低速无线个人区域网络制定标准。该标准把低能量消耗、低速率传输、低成本作为重点目标，旨在为个人或者家庭范围内不同设备之间的低速互连提供统一标准。

Zigbee 是建立在 IEEE 802.15.4 之上的通信协议，IEEE 802.15.4 处理低级 MAC 层和物理层协议，而 Zigbee 协议则对网络层和 API 进行了标准化。Zigbee 网络由协调器（Coordinator）、路由器（Rounter）和终端设备（End Device）构成，它支持星形网络结构或点对点网络结构（包括树形拓扑或网状结构）。星形拓扑是最简单的一种拓扑形式，它包含一个协调器节点和一系列的终端设备节点。每一个终端设备节点只能和协调器进行通信。如果需要在两个设备节点之间进行通信，必须通过协调器进行信息的转发。图 8-26（a）给出了这种网络的拓扑结构。

在点对点网络结构中，任意两个设备只要能够彼此收到对方的无线信号，就可以进行直接通信，不需要其他设备的转发。但点对点网络中仍然需要一个网络协调器，不过该协调器的功能不再是为其他设备转发数据，而是完成设备注册和访问控制等基本的网络管理功能。图 8-26（b）和（c）给出了点对点网络的树形拓扑结构及网状拓扑结构。

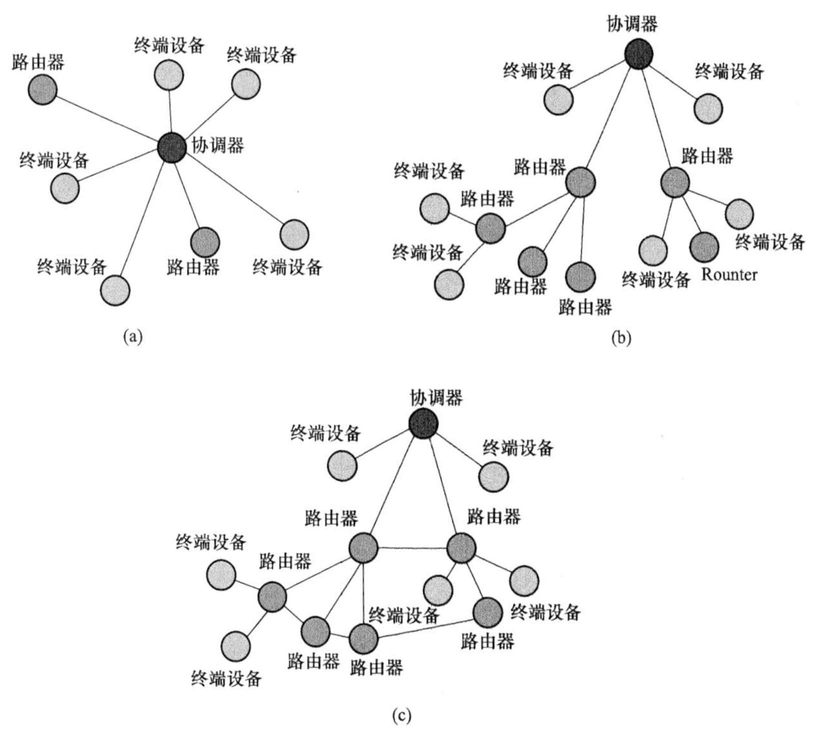

图 8-26　ZigBee 网络的不同拓扑结构

（a）星形拓扑结构；（b）树形拓扑结构；（c）网状拓扑结构

树形拓扑结构包括一个协调器及一系列的路由器和终端设备节点。协调器连接一系列的路由器和终端设备，它的子节点的路由器也可以连接一系列的路由器和终端设备，这样可以重复多个层级。每一个节点都只能与它的父节点和其他子节点进行通信。如果需要从一个节点向另一个节点发送数据，那么信息将沿着树的路径向上传递到最近的祖先节点，然后向下传递到目标节点。网状拓扑结构具有更加灵活的信息路由规则，在可能的情况下，路由节点之间可以直接通信。这种路由机制使得信息的通信变得更有效率，而且意味着一旦一个路由路径出现了问题，信息可以自动地沿着其他路由路径进行传输。网状拓扑结构的网络具有强大的功能，网络可以通过“多级跳”的方式来通信。该拓扑结构还可以组成极为复杂的网络，且具备自组织和自愈功能。

在上述网络拓扑结构中，ZigBee的一个主节点（协调器和路由器）管理若干子节点（子路由器和终端设备），最多一个主节点可管理254个子节点，同时主节点还可由上一层网络节点管理，最多可组成65000个节点的大网，具有很高的容量。

Zigbee的主要技术特点如下：

(1) 通信频率处于免执照频段，即使用工业科学医疗（Industrial，Scientific and Medical，ISM）868MHz（欧洲）频段，该频段的ZigBee只拥有1个信道；915MHz频段（美国）和拥有10个信道，信道宽为2MHz；2.4GHz（全球）。

(2) 传输速率低。ZigBee工作在20～250kbit/s的速率下，分别提供250kbit/s（2.4GHz）、40kbit/s（915MHz）和20kbit/s（868MHz）的原始数据吞吐率，满足低速率传输数据的应用需求。需要注意，尽管在2.4GHz的频段传输速率为250kbit/s，但这只是链路上的速率，除掉信道竞争应答和重传等消耗，真正能被利用的速率可能不足100kbit/s，并且余下的速率可能要被邻近多个节点和同一个节点的多个应用所瓜分，因此不适合做视频传输之类的事情。ZigBee主要适合应用于智能传感器和自动控制等领域，可以嵌入各种设备。

(3) 传输距离短。ZigBee传输距离一般在10～100m，但是在增加发射功率后，也可增加到1～3km。这里的传输距离指的是相邻节点间的距离，如果通过路由和节点间通信的接力，传输距离将可以更远。

(4) 可靠性和安全性高。在可靠性方面，ZigBee有很多方面的保证：首先，物理层采用了扩频技术，能够在一定程度上抵抗干扰；其次，MAC层有应答重传功能；第三，MAC层的CSMA机制使节点发送前先监听信道，可以起到避开干扰的作用，因此当ZigBee网络受到外界干扰，无法正常工作时，整个网络可以动态地切换到另一个工作信道上。在安全性方面，ZigBee提供了三级安全模式，包括无安全设定、使用访问控制清单（Access Control List，ACL）来防止非法获取数据及采用高级加密标准（AES 128）的对称密码，以灵活确定其安全属性。

(5) 低功耗。在不需要通信时，节点可以进入很低功耗的休眠状态，此时能耗可能只有正常工作状态下的1/1000。由于一般情况下，休眠时间占总运行时间的大部分，有时正常工作的时间还不到1/1000，因此达到很高的节能效果。在低耗电待机模式下，2节5号干电池可支持ZigBee的1个节点工作6～24个月，甚至更长。这是ZigBee的突出优势。与此相比较，蓝牙能工作数周，而WiFi仅可工作数小时。

(6) 短时延。ZigBee的响应速度较快，一般从睡眠转入工作状态只需15ms，节点连接进入网络只需30ms，进一步节省了电能。与此相比较，蓝牙需要3～10s、WiFi需要3s。不过由于ZigBee采用随机接入MAC层，且不支持时分复用的信道接入方式，因此不能很好地支持一些实时的业务。

(7) 低成本。ZigBee通过大幅简化协议（不到蓝牙的1/10），降低了对通信控制器的要求，而且ZigBee免协议专利费，因此控制器芯片的价格比较低。

在智能仪器的设计中，各种分布的微小的传感器之间可以通过ZigBee来相互协调实现通信。这些传感器只需要很少的能量，以接力的方式通过无线电波将数据从一个网络节点传到另一个节点，或者传输到主控制器上，不需要布设电缆，大大扩展了仪器的功能并降低了成本。ZigBee 的开发基于商用的控制器芯片，通常有两种方案：① MCU＋ZigBee 射频收发器。这种方案中 ZigBee 射频收发器是一个符合物理层标准的芯片，它只负责调制解调无线通信信号，单片机完成 ZigBee 协议及应用层的用户程序。② ZigBee 控制器单芯片解决方案。在这种方案下，一个 ZigBee 单芯片把射频部分和单片机集成在了一起，不需要额外的一个单片机，它的好处是节约成本，简化设计电路。比较典型的芯片如美国 TI 公司的 CC2530 芯片。该 ZigBee 控制器包含 8051 单片机内核，并具有 I/O 口、USB 控制器、UART 异步串口、ADC 和 SPI 等外部设备，因此可以利用它设计一个简单的智能仪器并组建 ZigBee 无线网络。TI 公司还提供了源码开放的 ZigBee 协议栈，如 Z-Stack 协议栈（部分源码开放），并且提供了若干易于理解的应用程序的实例，用户可以修改该实例程序来创建自身的顶层应用，并实现 ZigBee 通信网络。如果用户只是简单使用 CC2530 的无线模块来进行数据的收发，也可以采用 SimpliciTI 网络协议，利用该协议可直接利用 MAC 层协议来进行数据收发，不具有 ZigBee 的上层组网协议内容。最后，大多数使用红外技术进行远程控制的消费型电子设备，也可以基于 CC2530 模块的射频方式实现。用于消费型电子的 ZigBee 射频（RF4CE），其优点是可以达到超视距和双向射频通信。Remo-TI 是 TI 公司完全实现 RF4CE 的网络协议，提供了完整的协议和简单的应用实例。

第 9 章　高速数字电路信号完整性分析

智能仪器的微处理器系统是一个高速数字电路系统，其芯片和器件间的接口和引线互连不能仅考虑电路原理及逻辑功能的正确性，还要考虑在实际布局和布线中的信号完整性问题。高速数字信号为瞬变电磁场，它们将以电磁波的形式在 PCB 上传输，这必然会遭遇到延时、波的反射和串扰等一系列问题，这些问题都会扭曲数字信号的波形，使其发生错误。而对于一个复杂的微处理器系统，一个微小的位错误就可能导致整个系统死机，因此高速数字信号完整性（Signal Integrity，SI）分析和设计也是微处理器系统设计的核心问题之一。本章将对信号完整性的基本原理及在电路设计中需要注意的一些原则与思想进行介绍。

9.1　信号完整性问题的产生和特征

随着数字电路工作频率的不断提高，其信号的边沿越来越陡。同时随着集成电路的规模不断扩大，I/O 数越来越多，也导致在 PCB 上集成电路之间的互连导线密度越来越高。以上种种，导致高速电路中的信号完整性问题变得越来越突出。信号完整性问题是指高速信号在传输中的反射、串扰、传输延时、地线层/电源层噪声等对信号质量及数字电路的功能带来的不利影响包括信号质量的完整性、时序的完整性及电源完整性 3 个方面。信号完整性设计的目的是确保信号回路能够正确传输和接收信号，确保信号之间不会由于相互干扰而导致信号质量严重下降，确保信号不会损坏任何电器元件，确保信号不会产生严重的电磁频谱污染。

图 9-1（a）给出了不同的信号完整性设计造成的信号波形质量的差别，图 9-1（b）则给出了信号波形质量完整性问题的主要特征。如图 9-1（b）所示，信号波形完整性问题包括信号电压上产生的过冲、振铃、回冲及不单调等。过大的过冲可能造成器件损坏，而过大的波形回冲和振铃则会造成数字器件出现误翻转，结果引起逻辑错误。不单调的问题也是如此，特别是对于同步时钟信号，上升和下降边沿不单调容易造成同步逻辑电路的误动作。信号的波形质量完整性问题一般都是由电磁波的反射或者串扰引起的。

除了上述问题，信号完整性问题还包括时序完整性，即边沿抖动（Jitter）、建立和保持时间及偏移等。造成边沿抖动的因素很多，可以由电磁波反射或串扰引起，但随机抖动则主要是由电路噪声引起的。不好的信号完整性设计将引起信号电平的建立和保持时间不能满足逻辑器件的要求，此时也会造成电路功能产生错误。偏移是指一组同步的数字信号沿着导线传输，考虑到电磁波有限的传输速度，其到达接收端会存在延时（该延时也称飞行时间），不同的延时会导致信号到达时刻产生偏差，从而可能引起同步电路的功能产生紊乱。

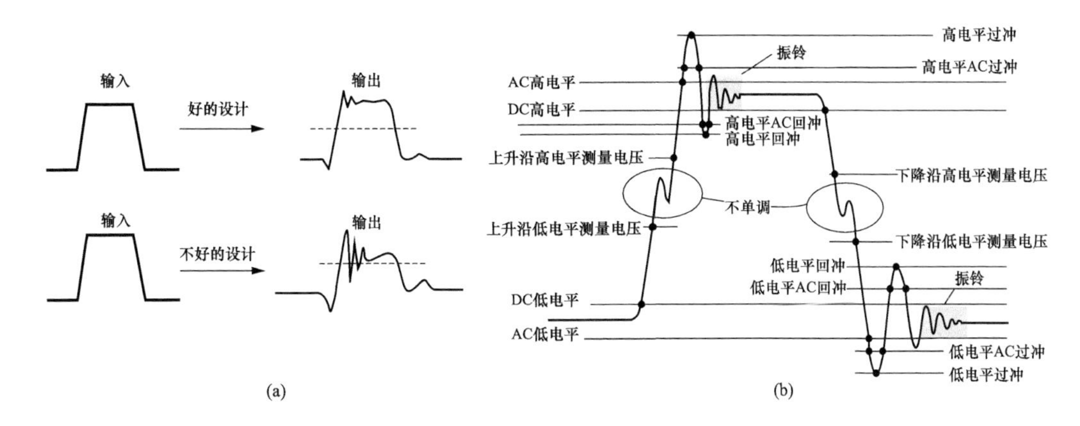

图 9-1　信号波形质量完整性

(a) 好的设计与不好的设计；(b) 波形完整性问题的主要特征

电源完整性的问题主要是同步开关噪声（Simultaneous Switch Noise，SSN），其主要现象是电源线和地线上的电感在数字电路开关瞬态电流 $\mathrm{d}i/\mathrm{d}t$ 的作用下产生的电压噪声，包括地弹噪声（芯片的地电位与系统地电位不相等）和轨道塌陷（电源和地线上寄生电感的压降造成芯片的供电电压下降）。

信号完整性的问题主要由电磁波的反射及串扰引起，因此认识信号完整性问题必须首先了解电磁波在导线中的传输原理。图 9-2 给出了电磁波沿着传输线传输的原理及等效分布式电路模型。如图 9-2 所示，一个直流电压 V 被施加给半无限长的传输线，传输线上将形成一个电压波沿着传输线以波速 v 向远方传播。由于传输线的电容效应，在电压波的波前位置（图 9-2 中小人处）的电压建立的过程中，需要一个电流 I 给电容充电，该电流由电源正极流出，沿着信号线到达波前位置，穿过传输线后沿着返回路径流回电源负极。因此，从站在波前位置的小人来观察，它所看到的波前位置处存在一个阻抗 $Z_0=V/I$，该阻抗被称为传输线的特征阻抗。在小人的前方，传输线仍然是静止的，其电压保持为零。在小人的后方，电容充电结束，其电压达到了稳态值；只有在小人所处的波前位置，电流 I 才对传输线进行充电。随着波前位置向右运动，充电位置也向后移动。如果该传输线是无限长的，那么电压波将一直向后传输，此时充电电流 I 将一直持续从电源输出，等效为电源连接了一个阻值为 Z_0 的电阻负载。传输线可以通过一个 L-C 梯形网络电路来等效，其中的 R、G、L_0 和 C_0 均为

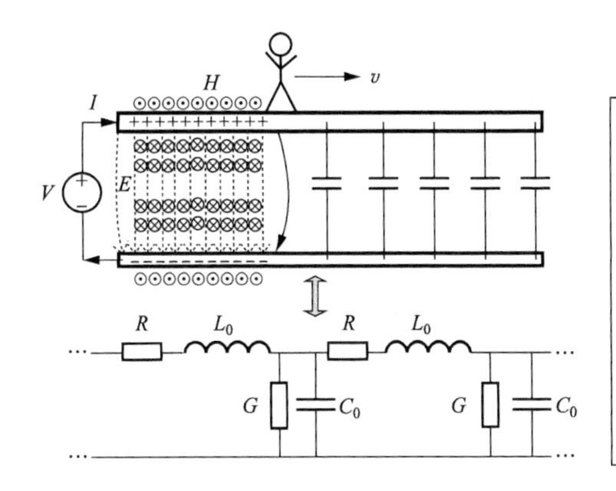

对于无损传输线(R=0，G=0)；波速：

$$v=\frac{1}{\sqrt{L_0C_0}}=\frac{1}{\sqrt{\varepsilon\mu}}=\frac{c_0}{\sqrt{\varepsilon_r\mu_r}}$$

特征阻抗：

$$Z_0=\frac{V}{I}=\sqrt{\frac{L_0}{C_0}}$$

式中，L_0、C_0为传输线单位长度电感（H/m）和电容（F/m）；ε、μ为传输线周围介质的介电常数和磁导率；ε_r、μ_r为相对介电常数和相对磁导率；c_0为真空光速。

图 9-2　电磁波在传输线上的传播及传输线的分布式电路模型

分布参数，分别为传输线单位长度的串联电阻、并联电导、分布电感和电容。R 为导线的高频电阻，由于存在趋肤效应和临近效应，其高频电阻是频率的函数，且比低频电阻更大。G 则是由传输线的泄露电阻或者高频下的介质损耗引起的。R 和 G 会对电磁波的传输带来能量损耗，当它们为零时，这种性质的传输线称为无损传输线。对于无损传输线，电磁波传输速度只取决于周围介质的性质，这是因为电磁波的电场 E 和磁场 H 分量均分布于传输线周围的介质中，正如图 9-2 中给出的那样。另外，传输线的特征阻抗值由其分布电感和电容来决定。

电信号的边沿变化速率（上升和下降时间，而不是方波信号的频率）决定了信号在传输线上的行为特征，也是造成信号完整性问题的主要因素。如图 9-3（a）和（b）所示，上升时间 t_r 越快的电信号包含的高频谐波分量越多，脉冲信号的带宽（BW）可通过图 9-3（b）中给出的公式来估算。当上升时间为 t_r 的电压波在导线中以波速 v 进行传输时，将形成图 9-3（c）所示的电压分布，瞬时值为 10%～90%的电压波沿着导线的展开宽度为 l。上升时间 t_r 越快，l 越短。因此，如果导线的长度大于 4 倍的展开宽度时，必须按照高速信号和传输线理论来对其行为进行分析。

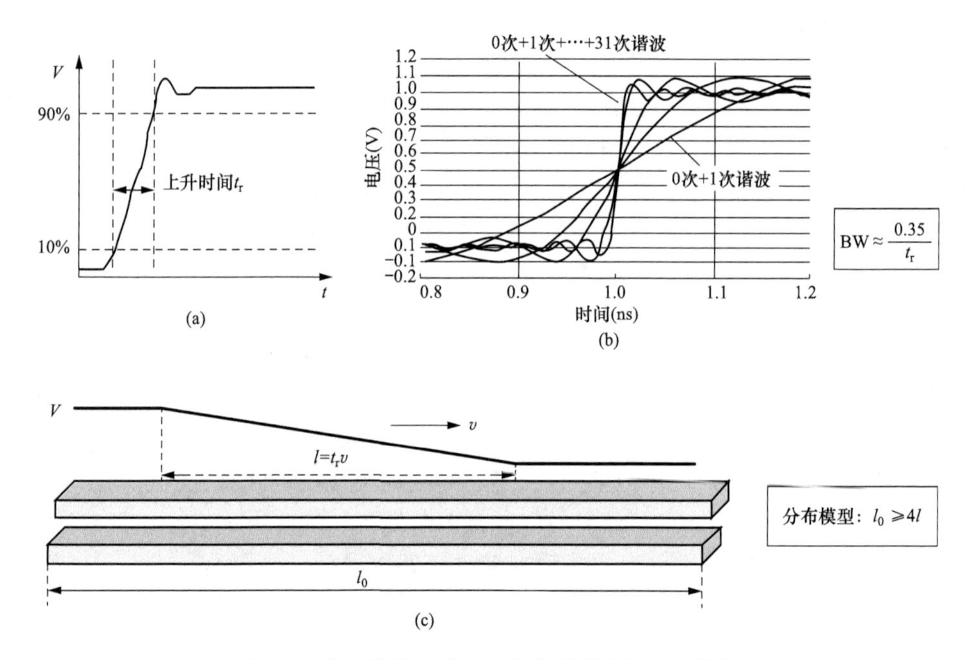

图 9-3 脉冲信号的带宽及分布式模型的建立条件

（a）上升时间定义；（b）谐波分量；（c）分布模型条件

高速信号在导线上的传输可以通过分布式传输线模型进行建模和分析，实践中可以通过把导线划分成很多短小的段，每段采用 L-C 集中参数模型来等效，从而构造出一个梯形电路网络。利用该集中参数模型可以近似地对传输线的行为进行分析。

【例 9-1】 一个 800MHz/1V 的正弦电压信号，它沿着长度为 5cm 的无损传输线进行传输，传输线的单位长度电感 $L_0=0.25\mu H/m$，电容 $C_0=100pF/m$。在传输线的末端连接了一个 50Ω 的负载电阻。当传输线上的电压波达到稳态时，通过集中参数模型分析其在 0、2.5cm 及 5cm 位置处的幅值和相位。

首先计算传输线的特征阻抗，为

$$Z_0=\sqrt{L_0/C_0}=50\ (\Omega)$$

因此，在 50Ω 负载电阻端接条件下不会发生电磁波的反射，且在无损传输条件下，传输线上各处的电压均为等幅正弦波，不过随着位置的不同存在相位差。在不同位置 x 处的正弦电压波的表达式为

$$u(t,x)=V\cos(\omega t-\beta x+\varphi)$$

式中，V 为电压幅值；φ 为电源的初相；$\omega=2\pi f$，为信号的角频率（rad/s），表示单位时间内的相位变化；β 为相位常数（rad/m），表示沿 x 方向在单位长度内的相移大小，可解释成一个空间角频率 β 的定义如下：

$$\beta=\frac{\omega}{v} \tag{9-1}$$

式中，v 为电磁波在传输线中的波速。

随着 x 的增大，电磁波的相位滞后为 βx。在此例中 $v=2\times10^8$m/s，$\beta=25.1$rad/m。

另外，电磁波的波长 λ 和频率 f 的关系为

$$\lambda=\frac{2\pi}{\beta}=\frac{v}{f} \tag{9-2}$$

在此例中，波长 $\lambda=25$cm。对于总长度为 5cm 的传输线，其最大相位滞后为 $\beta x=1.255\text{rad}\approx72°$。可见，相移是非常明显的，因此必须考虑传输线效应。如果采用分段式 L-C 集中参数模型来近似描述传输线，那么分段越精细，则近似程度越高。图 9-4 给出了分别采用 4 段（每段 1.25cm）和 2 段（每段 2.5cm）的仿真结果比较。原则上，为了获得较好的精度，传输线每个 L-C 集中参数段的长度应该不大于电磁波半波长 $\lambda/2$ 的 1/10。

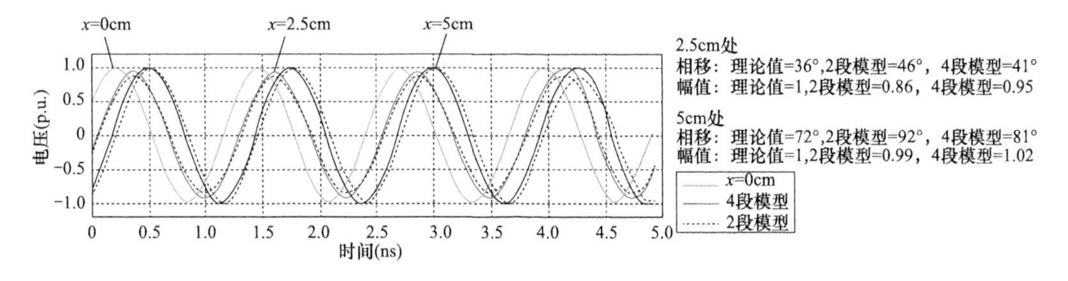

图 9-4　不同分段数模型的仿真结果

电磁波沿传输线进行传输，当遇到特征阻抗发生变化（导线宽度、间距突变、出现分叉支路及介质特性变化等）或者负载阻抗与特征阻抗不匹配时，就会发生反射。反射波与入射波叠加会造成，信号完整性的问题。图 9-5（a）给出了一个实例，脉冲信号源 V_s 发出一个快速上升的电压信号，沿着长度为 l_0、特征阻抗为 Z_0 的传输线传输，传输线的末端（接收端）连接了一个负载阻抗 Z_L，而发送端信号源的内阻为 Z_s。对于无损传输线，Z_L 和 Z_s 均为可选择电阻。假设电磁波在传输线上的波速为 v，则电压信号从发送端到接收端产生的延时（飞行时间）为 $\Delta t=l_0/v$。当负载阻抗 Z_L 与特征阻抗 Z_0 不匹配时，将会发生反射，电磁波的部分能量输出给 Z_L，另外的部分能量则反射回传输线。反射电压 V^- 与入射电压 V^+ 的比值被定义为反射系数 ρ，其数值范围为 $-1\sim+1$，反映了反射电压的大小和极性。

当信号源内阻 Z_s 不等于特征阻抗时，将会在发射端和接收端均发生电磁波反射，图 9-5（b)给出了反射的路径及在位置 x 处的电压 V_x 的波形（图中给出了 $Z_s>Z_0$ 和 $Z_s<Z_0$ 两种情形）。

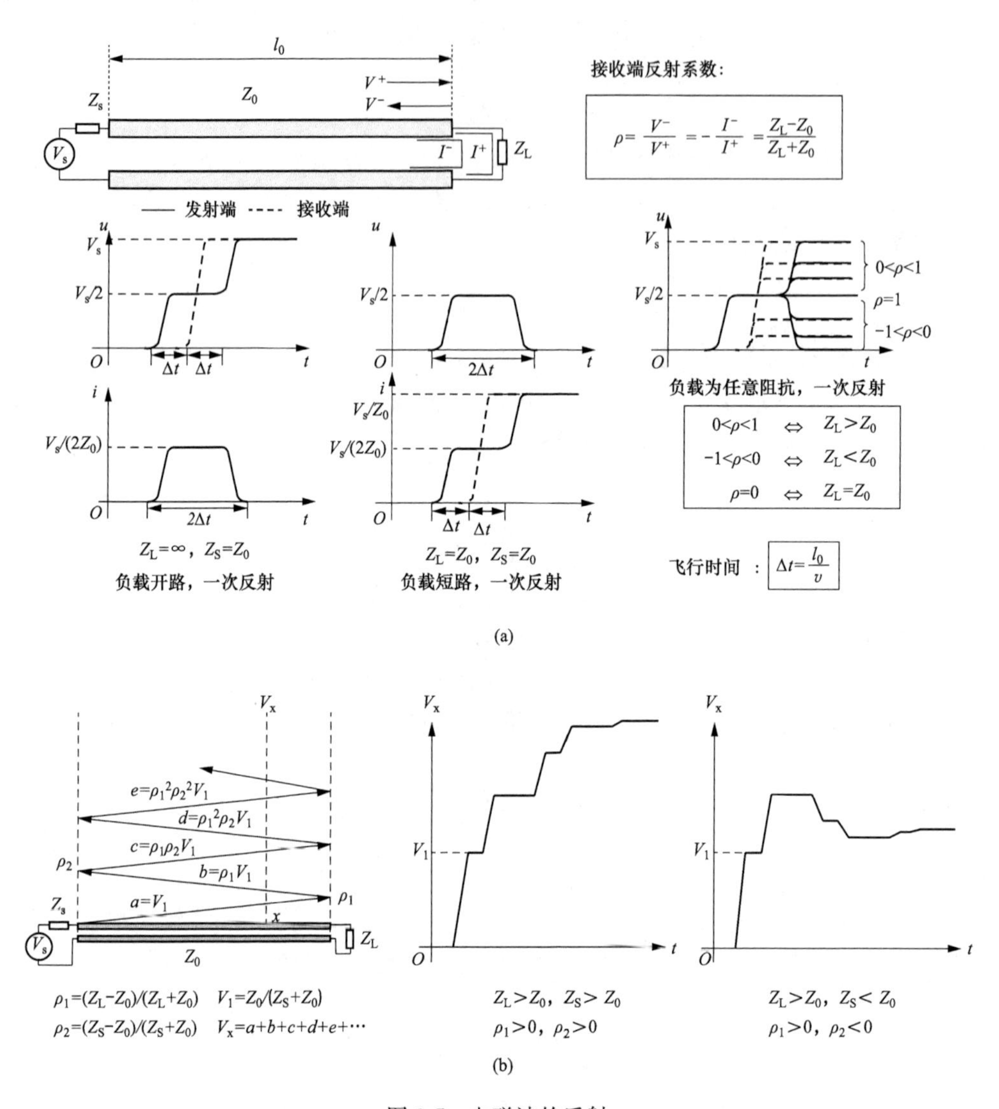

图 9-5 电磁波的反射

（a）负载侧一次反射的电压和电流波形；（b）源侧和负载侧发生多次反射的电压波形

【例 9-2】 时域反射计（Time Domain Reflectometry，TDS）是一种利用传输线效应来检测负载阻抗特性的仪器，它的基本原理是发出一个快速变化的边沿信号，然后利用高速示波器记录反射电压波的波形，从而获得负载端阻抗的特征。图 9-6 给出了利用 HyperLynx 软件仿真的一个快速边沿被不同性质负载阻抗反射后的电压波形。图 9-6 中，传输线特征阻抗 Z_0 为 50Ω，传输延时为 10ns，脉冲源的边沿上升时间为 470ps。从仿真波形可以看出，在不同性质的负载阻抗下，示波器测量到的反射波的波形存在差别，因此可以作为测量阻抗的依据。

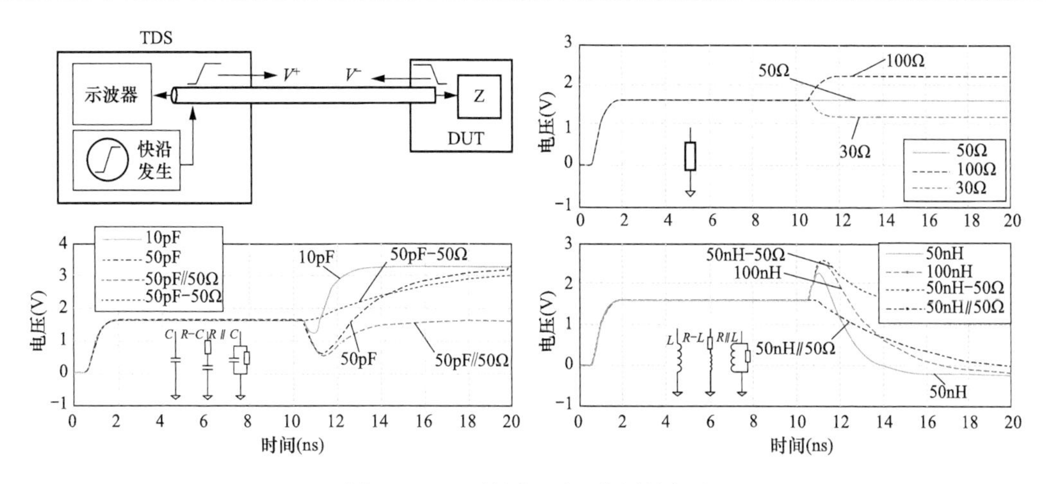

图 9-6　TDS 的原理及阻抗测量方法

为了表征电磁波在传输线上的输入波、输出波和反射波的强度关系，在信号完整性分析领域中引入了频域 S 参数。所谓 S 参数，是将单条传输线等效为一个线性二端口网络来定义的，如图 9-7 所示。图 9-7 中，每个信号都以地平面为参考，当 a_1 为端口 1 的入射电压波时，b_2 表示对应输出波的大小，而 b_1 则为反射波的大小。同样，当 a_2 为端口 2 的入射电压波时，b_1 表示对应输出波的大小，而 b_2 则为反射波的大小。该二端口可用 S 参数的矩阵形式表示，图 9-7 中对角线元素 S_{11} 和 S_{22} 表示反射系数的大小，它们的模值越大，表示传输线的反射波越大。非对角元素 S_{12} 和 S_{21} 是输出波与输入波的比值，它们反映了传输线对输入波的插入损耗或衰减，因此其模值越大，表示传输线对输入波的衰减越小。

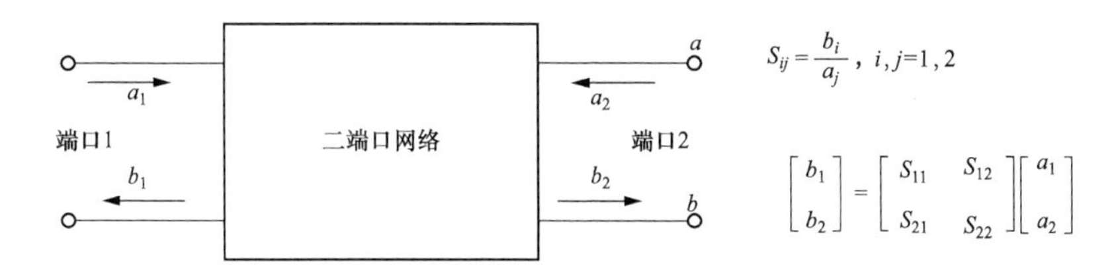

图 9-7　传输线的 S 参数定义

9.2　传输线的阻抗匹配

为了防止电磁波反射造成信号完整性问题，对传输线进行端接是一种基本的措施。图 9-8 给出了 4 种主要的端接方式。

其中，图 9-8（a）为源侧串联端接，要求驱动器的内阻和串联电阻的总阻值等于传输线的特征阻抗，且串联电阻要紧贴驱动器安装。它对于接收器的反射不起作用，但是可以防止反射波在驱动器侧发生二次反射，因此可有效阻止阻尼振荡的发生。这种端接方式不会增加驱动器的直流功耗，但是会减缓信号的上升沿并增加延时（端接电阻 R_s 与线路的等效电容 C_0 及负载电容构成 R-C 电路），故会对高频信号的传输带来影响。另外，由于驱动器的内阻在不同输出电平下可能不同，因此串联电阻值不易选择。

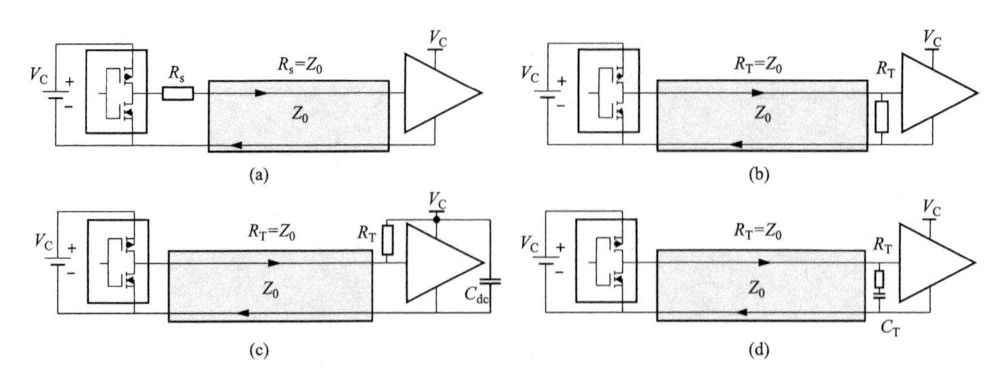

图 9-8 传输线的端接方式

(a) 源侧串联端接；(b) 接收器侧并联端接（下拉）；

(c) 接收器侧并联端接（上拉）；(d) 交流端接

图 9-8（b）和（c）为两种接收器侧的并联端接方式——下拉和上拉，在这种端接方式下，并联电阻比较容易选择，但是存在直流功耗。另外，并联电阻与驱动器的内阻一起构成了一个分压器，会降低接收器输入信号电压的幅值。上拉电阻模式，电流波会穿过低内阻的直流电源返回驱动器侧（实际上是通过贴近接收器安装的电源去耦合电容 C_{dc} 返回）。为了克服并联端接的问题，图 9-8（d）给出了交流端接方式，利用电容 C_T来隔离信号的直流分量，从而消除直流功耗，该电路要求端接电阻 R_T与 C_T构成的时间常数 $\tau=R_TC_T$ 应该大于线路的两倍以上延时。但是，这种端接方式增大了驱动器的容性负载，因此会延长信号的上升和下降时间，并造成信号的延时。同时，这种端接方式更适合用于时钟信号这种周期性的信号的传输，而不推荐用于数据信号的传输。

高速数字信号的传输线主要在硅片上或多层 PCB 上进行设计，因为它们构成典型的两种传输线结构——微带线（Microstrip）和带状线（Stripline），如图 9-9（a）和（b）所示。微带线是一根带状导线，处于一个导电平面的上方，中间由电介质隔离开。带状线则是置于两层导电平面之间的带状导线。当改变带线的厚度、宽度、介质的介电常数或者与导电平面之间的距离时，它们的特性阻抗可以被设计。由于导电平面为高速信号提供了低阻抗的电流返回路径，因此微带线和带状线在信号完整性方面的性能明显优于双层 PCB 上的信号线设计。另外，带状线具有两个电流返回平面，它们还对电磁场具有屏蔽作用，因此性能优于微带线。一般高速信号传输应该尽量采用标准微带线或带状线，但是在很多情况下，由于某些限制，在 PCB 上布线时会遇到阻抗不连续的情况，如图 9-9（c）给出的几种典型情况。在这些传输线阻抗发生变化的界面上会产生电磁波的反射，因此会对信号完整性带来影响。其中，直角拐弯和宽度突变均会引入强不连续性，造成特征阻抗的剧烈变化，对于频率为 1GHz 以上的高速信号具有明显的影响。为了减缓阻抗突变，可采用图 9-9（d）给出的几种布线方法。过孔对高速信号完整性的影响随着频率的提高（2GHz 以上）越来越严重，但是通过比较发现，过孔的焊盘直径 D 或者孔径 d 越小，反焊盘的直径 d_r越大，则这种影响就越小。因此，在高速信号布线时应该尽量不用过孔，如果必须要使用，也应该使用尽量小的过孔。

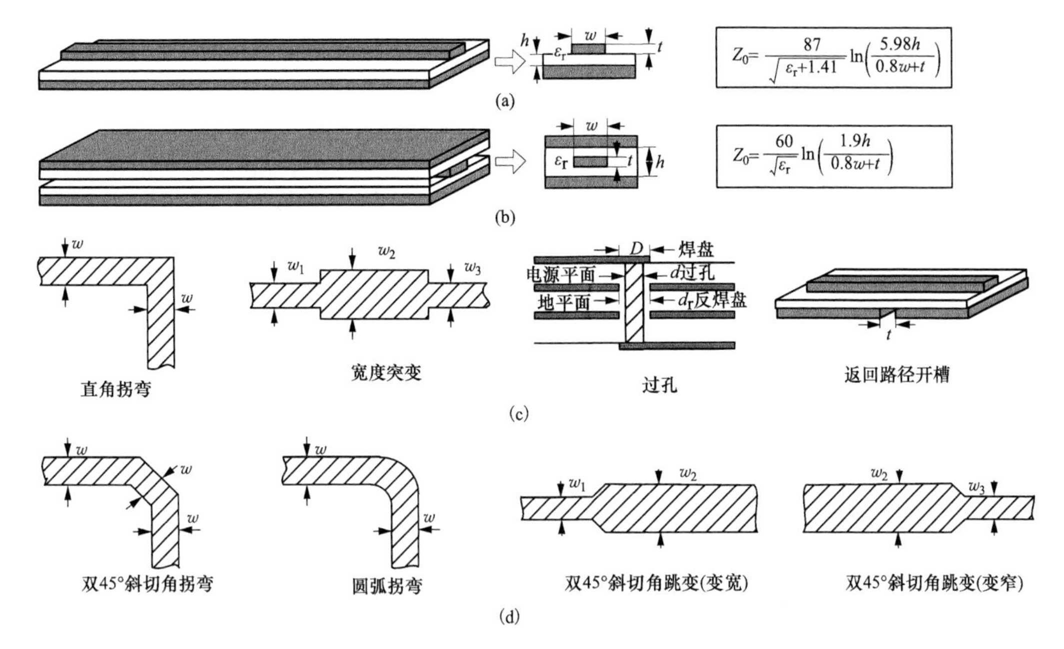

图 9-9　PCB 上的传输线设计

(a) 微带线；(b) 带状线；(c) PCB 上传输线不连续的几种典型情况；
(d) PCB 上推荐的布线方法

从图 9-2 给出的电磁波沿着传输线传输的示意图可知，随着电压波的移动，电流波将沿着传输线流动并在波前位置穿越信号线与返回线之间的介质（穿过等效电容），然后沿着返回线流回电源。这种传输方式意味着任何与信号线邻近的导线（存在电容效应）均可以作为电流波的返回线，即使该导线与信号回路并无连接关系。但是，在沿着返回线流回激励源时，电流总是会选择阻抗最小的路径返回。因此，一个与信号线紧密耦合并且与信号激励源之间具有低阻抗的返回路径对于电磁波沿传输线的传输而言至关重要。图 9-10（a）和（b）给出了高频电流在微带线和带状线中的分布。可见，对于微带线而言，高频电流沿着参考平面返回时，总是集中在信号线的下方，返回路径就像是信号线在参考平面中的一个镜像；而对于带状线而言，高频电流将沿着它的两个参考平面返回，且也集中在信号线的正上方和正下方。需要注意的是，微带线或带状线的参考平面并不要求是接地平面，也可以是电源平面，甚至是具有其他电位的平面。但是，它们应该与信号源之间具有低阻抗的连接，否则在高阻抗位置将导致电磁波被反射及向空间辐射，造成信号完整性及 EMI 问题。

图 9-10（c）和（d）分别给出了以地平面作为返回路径的微带线与同时以电源平面和地平面为返回路径的带状线上电磁波传输的示意图。对于微带线，全部电流波从波前位置穿越介质并从地平面返回并流入电源，同时在接收器侧并联了一个端接电阻以防止反射。对于带状线，随着电压波的传输，在波前位置信号线与地平面之间的电容被充电，电压升起；同时，电源平面与信号线之间的电容则放电，电压塌落。这造成了电流波将分别沿着电源平面和地平面返回，各占一半，同时电源也只流过一半的电流。在这种情况下，为了保证传输线阻抗的匹配，可以按照图 9-10（d）中所示，在接收侧同时采用两个端接电阻。

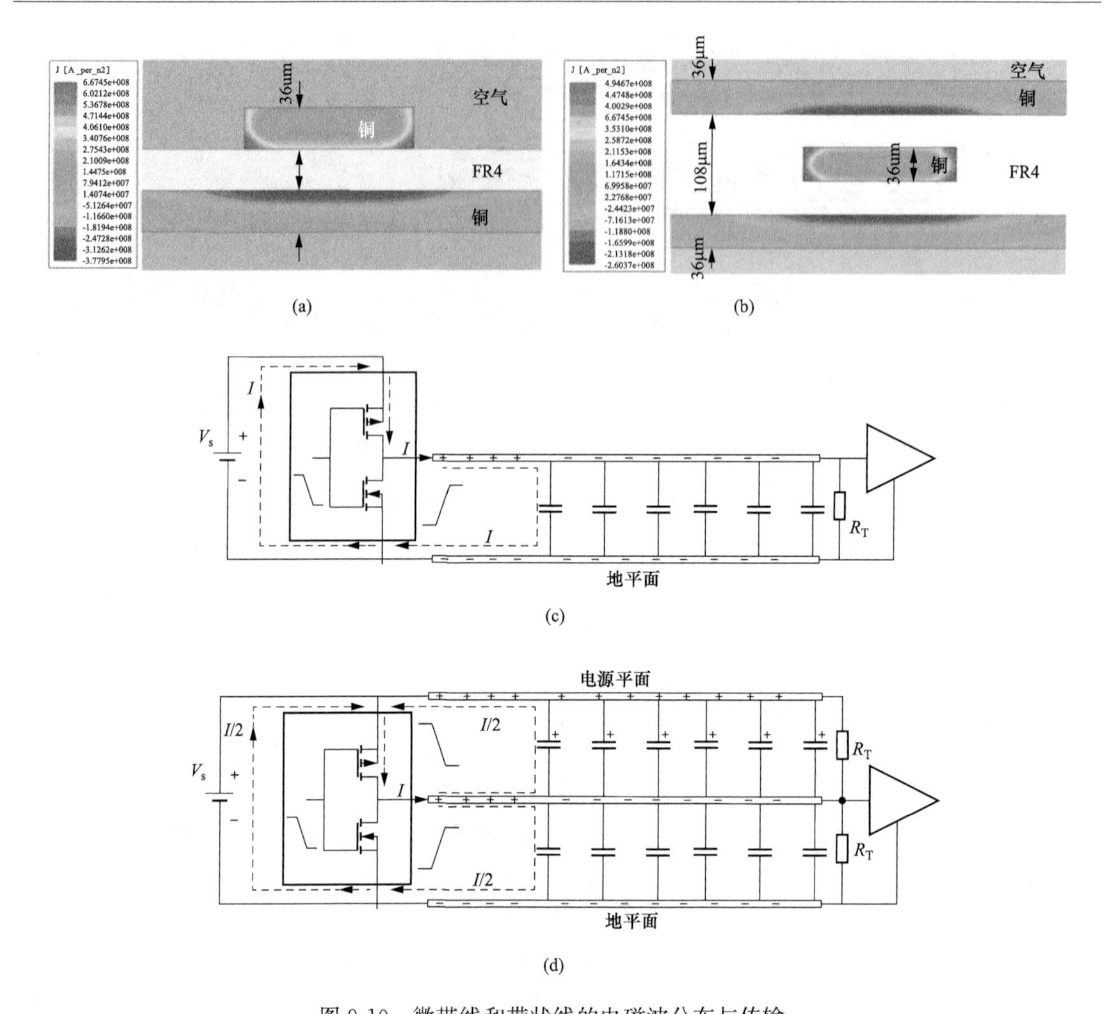

(a) (b) (c) (d)

图 9-10　微带线和带状线的电磁波分布与传输

（a）微带线高频电流分布；（b）带状线高频电流分布；（c）微带线电磁波传输；（d）带状线电磁波传输

在设计 PCB 时，有时电路的不同部分可能采用不同的电源来供电，这时两部分电路会采用不同的参考地平面。同时，为了防止数字电路对模拟电路的干扰，也常常会把参考地平面分割成模拟地和数字地两部分。这些措施使得整个地平面不再完整，而是开了槽缝。如果此时在两个被槽缝分割的地平面上有一条高频信号线穿越，那么电磁波沿着信号线和地平面传输时会产生反射并造成信号完整性问题。为了直观地观察这个现象，图 9-11（a）给出了一个电磁波穿越狭窄槽缝时的 3D 仿真波形。当电磁波传输遇到槽缝时，一部分电磁波发生反射，另外一部分则穿过槽缝继续传播，同时还有部分电磁波将沿着槽缝向两边扩散。槽缝就像一个电容，两个参考平面充当了其极板。在槽缝中的电磁波主要为交变电场分量，它们产生位移电流流过两个参考平面，即电流波利用槽缝电容返回。但是槽缝电容是分布电容，故高频电磁波会沿着它向两边扩散。为了降低槽缝的影响，如图 9-11（b）所示，在信号线下方的槽缝之间跨接一个电容器，则反射的电磁波及沿着槽缝扩散的电磁波幅值会大大降低。

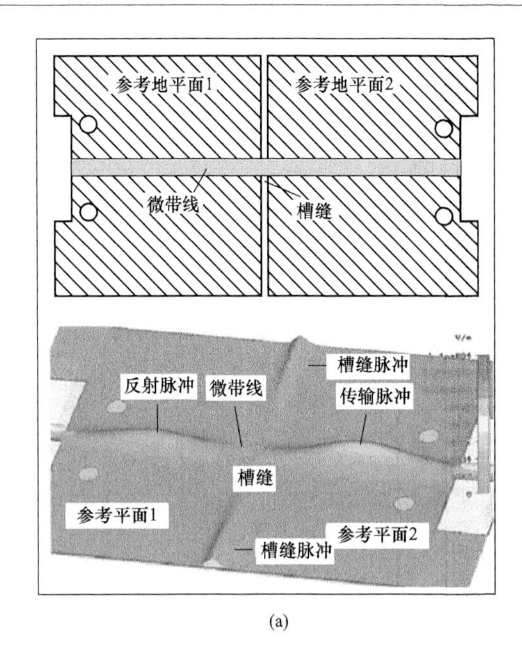

(a)

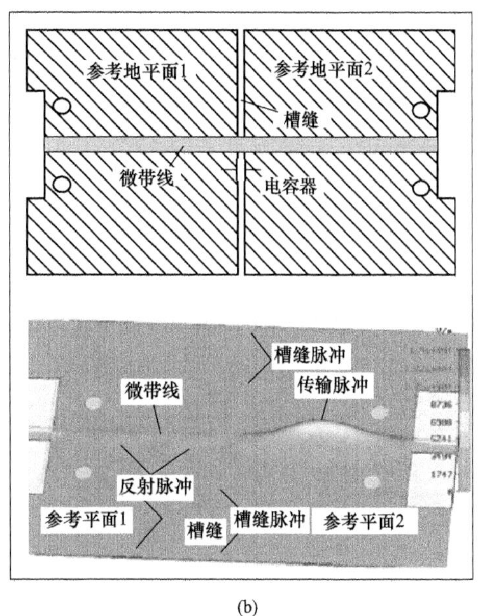

(b)

图 9-11　槽缝对电磁波的影响

(a) 电磁波经过槽缝后传输仿真波形；(b) 槽缝上连接电容后的仿真波形[1]

9.3 传输线的串扰

造成串扰的主要原因是两条相邻的并行信号线之间的分布电容效应和互感效应，这会导致一条导线上的电磁波被耦合到相邻的导线上造成干扰。不过另外一个因素也不可忽视，即传输线的阻抗突变会造成电磁波的泄漏，进而波及其他导线，其具体参考图 9-11 给出的参考平面具有槽缝的情况，由于地平面的不完整导致了电磁波沿着槽缝扩散，结果会波及经过此区域的其他传输线。须知，若电磁波在一条传输线的传播中遇到了高的特征阻抗，而相邻导线正好提供了相对低的阻抗，那么电磁波将通过低阻抗的相邻导线传播或返回。

图 9-12（a）和（b）分别给出了两条相邻的微带线之间产生串扰的物理模型及等效电路。当高频电磁波在有源线上传输时（设传输线长度为 L，波速为 v），变化的电压（$\mathrm{d}u/\mathrm{d}t$）和电流（$\mathrm{d}i/\mathrm{d}t$）会通过线路间的耦合电容 C_m 及互感 L_m 对静止线产生干扰。显然，C_m 和 L_m 的值越大（信号线之间的距离越近），以及电压和电流信号的上升或下降时间越短，则耦合干扰的强度就越高。当一个方波电压沿着有源线向前传输时，对静态线的耦合干扰只发生在波前位置，其他电压和电流稳定不变的区域不会产生耦合。如图 9-12（b）所示，在电压波的波前位置处，$\mathrm{d}u/\mathrm{d}t$ 通过 C_m 产生串扰电流 $i_{\mathrm{a}C}$ 流入静态线的回路，然后它会分成两个相等的电流波 $i_{\mathrm{q}C}$ 分别向前（远端方向）和向后（近端方向）传输。与此同时，在波前位置，有源线上变化的电流波 $i_{\mathrm{a}L}$ 也将通过互感 L_m 在静态线上产生感应电势，进而在其中激励出干扰电流波 $i_{\mathrm{q}L}$。$i_{\mathrm{q}L}$ 也会沿着静态线分别向前和向后传播，它将与 $i_{\mathrm{q}C}$ 复合后构成前向传播电流 i_F 及后向传播电流 i_B。为了更清楚地对这个过程进行说明，图 9-12（c）给出了两条传输线的简化示意图。

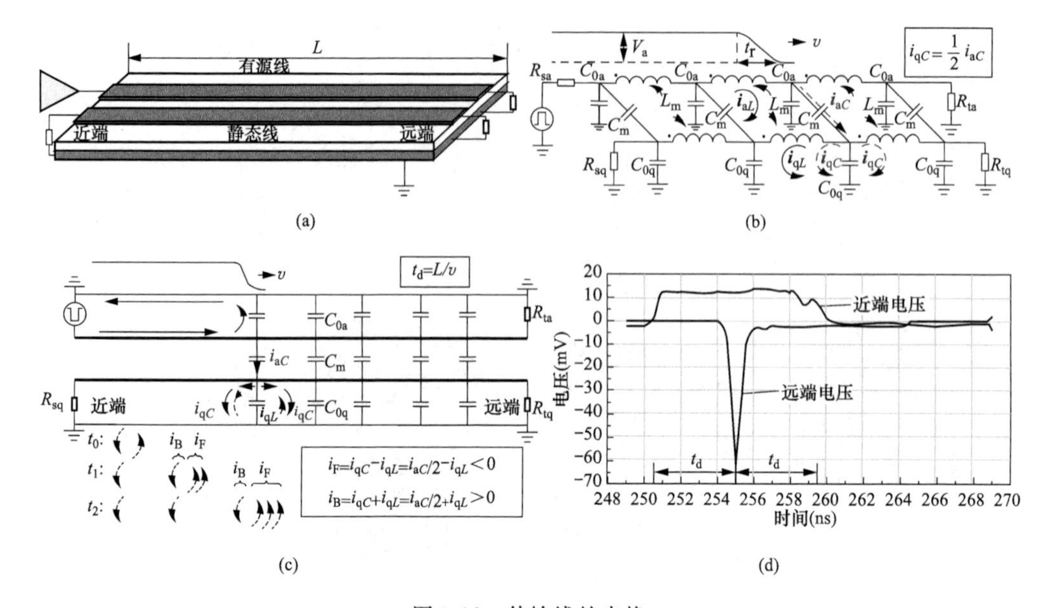

图 9-12　传输线的串扰

(a) 串扰的物理模型；(b) 串扰的等效电路；(c) 串扰电磁波传输；(d) 近端和远端电压波形

从图 9-12（c）中的电流极性可知，前向传输的电流波 i_{qC}和 i_{qL}的方向是相反的，故其合成电流波 i_F等于二者之差，而后向电流波则方向相同，故合成波 i_B是二者之和。考虑到一般情况下，互感耦合电流 i_{qL}要大于电容耦合电流 i_{qC}，因此可以得到 $i_F<0$ 而 $i_B>0$。图 9-12（c）中还给出了当电压波从左侧的信号源开始向后传输，在 t_0、t_1 和 t_2 3 个时刻，电压波的波前分别处于传输线的不同位置时，静态线上前向电流波 i_F和后向电流波 i_B的变化情况。

在 t_0 时刻激励出来的 i_F向后传输的过程中，由于有源线上电压波的波前会在静态线上激励出新的前向电流与之相加，即 i_F在传输过程中不断有新的电流波汇入，因此其幅值如滚雪球一样越来越大。与此不同，t_0 时刻激励出来的后向电流 i_B将在近端电阻 R_{sq}上产生正电压，随着电压波的波前不断向后推进，新的 i_B将源源不断地被激励出来并且向近端传播。由于在波前经过后，有源线上的电压是稳定的，因此 i_B向后传输的过程中不会有新的耦合电流产生叠加，因此其大小将保持不变。而近端电阻 R_{sq}则由于不断迎来幅值相等的 i_B波，因此其两端的电压将保持不变。当经过延时时间 $t_d=L/v$ 后，有源线上电压波的波前将到达传输线的末端，此时静态线上的前向电流 i_F也将到达远端电阻 R_{tq}并在其上产生一个负电压，其维持时间等于电压波的上升时间。随后，随着电压达到稳定（假设有源线的终端电阻 R_{ta}与其特征阻抗匹配，电压波不会发生反射），静态线 R_{tq}上的负电压将消失。可见，串扰在远端电阻上产生的电压是一个负脉冲。在此过程中，在静态线上原先产生的后向电流波 i_B会继续向近端电阻 R_{sq}传输。在此期间，R_{sq}上的电压幅值始终维持不变，直到在远端位置由波前激励出来的最后一个后向电流波经过延时时间 t_d后到达近端电阻 R_{sq}，R_{sq}上的电压开始下降，最终下降为零。整个过程可以通过图 9-12（d）给出的电压仿真波形来反映，可见，近端电阻上的串扰电压持续时间为 $2t_d$，而远端电阻则是一个短时负脉冲，持续时间等于有源线上电压的上升时间。

近端电阻上的串扰电压幅值 V_{sq}与耦合电容 C_m、互感 L_m及有源线上的电压幅值 V_a有关，

它可以通过下式来估算[2]

$$k_{sq}=\frac{V_{sq}}{V_a}=\frac{1}{4}\left(\frac{C_m}{C_{0q}}+\frac{L_m}{L_{0q}}\right) \tag{9-3}$$

远端电阻上的电压幅值 V_{tq} 不仅取决于 C_m 和 L_m，还取决于电压波的边沿变化速率（上升时间 t_r）及传输线的耦合长度 L。它可以通过下式来估算[2]：

$$k_{tq}=\frac{V_{tq}}{V_a}=\frac{L}{t_r}\times\frac{1}{2v}\times\left(\frac{C_m}{C_{0q}}-\frac{L_m}{L_{0q}}\right) \tag{9-4}$$

上述电压系数计算公式是在传输线长度 L 大于电压波上升阶段在传输线上展开的长度 $l=t_r\times v$ 时成立，如果 $L<l$，则串扰的电压大小都将小于上述值。为了降低串扰的影响，首先在源头上要减小信号的 du/dt 和 di/dt，在数字信号本身的频率不高，且电压脉冲的宽度比较大的情况下，可减缓信号边沿的上升和下降时间。不过，这种做法对于窄脉冲和高速时钟信号的传输是不允许的。其次，就是降低 L_m 和 C_m，主要措施是增加信号线之间的距离。另外，在两条信号线之间布设屏蔽地线可有效降低 C_m 的影响，如图 9-13（a）所示（图中使用过孔使屏蔽线被良好接地）。第三，采用尽量短的传输线长度也能有效降低远端串扰的影响。最后，图 9-12 给出的串扰分析都是在传输线是阻抗匹配的，电磁波不发生反射的情况下建立的。如果存在阻抗不匹配，那么串扰的情况也会更加复杂。因此，防止串扰还要求传输线本身实现阻抗匹配，特别是不能出现有源线开路或返回路径开槽的问题，这会对邻近线造成非常严重的串扰并产生 EMI 辐射。

图 9-13（b）和（c）给出了在 PCB 设计中，当信号线更换布线层时，减少串扰的措施。图 9-13（b）在过孔附近同时布置接地过孔，以为信号线提供最近的返回路径。图 9-13（c）针对信号线更换不同参考平面的情况（从地面切换为电源平面），要在边界上或过孔附近（在电源 POWER 和地 GND 之间）安装电容器来提供信号的返回路径。这些措施都会有效降低串扰的影响。

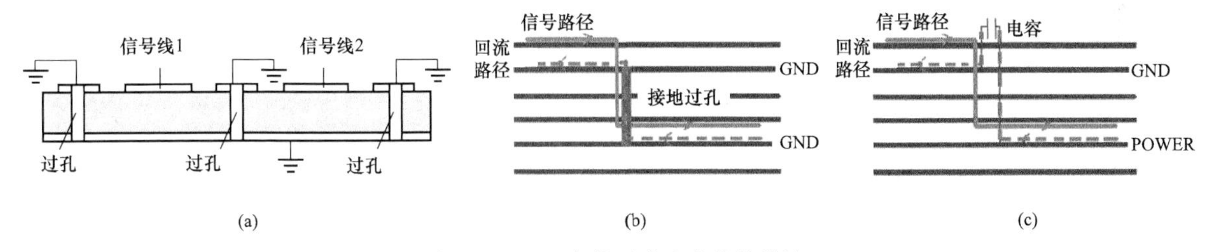

图 9-13　PCB 布线时防止串扰的措施

（a）信号线间屏蔽；（b）层间接地过孔；（c）返回路径连接电容

9.4　电源的同步噪声

除了串扰，另外一个影响信号完整性的重要因素是电源同步噪声。数字电路的输出电压受到电源的影响，集成芯片电源引脚上的电压波动将直接从信号端输出，同时电源的大幅度的电压波动也会引起芯片功能异常，甚至发生损坏的情况。

图 9-14（a）给出了电源同步噪声产生的原理。如图 9-14（a）所示，一个数字驱动器的高侧输出开关导通时，会从电源上吸收一个冲击电流来给负载电容 C_L（接收器的输入电容）充电，然后建立起高电平输出电压。同理，当低侧开关导通时，负载电容 C_L 会放电，冲击

电流通过地线返回。由于电源线和地线上存在寄生电感，冲击电流会在其上产生压降，因此芯片上的电源电压出现跌落（电源塌陷），或引起地电位变化（地线弹跳）。由于所有在电源上并联的驱动器都会在线路电感上引起这种压降，它们的共同作用便形成了电源同步噪声。

为了抑制这种噪声，就需要消除高频开关电流在电源和地线上的电感压降。一方面，需要通过布线设计来减小寄生电感。另一方面，可以在每个芯片附近安装去耦合电容 C_d，为高频开关电流就近提供一个返回回路，而不再从电源线上吸收。图 9-14（a）中的虚线连接给出了去耦合电容及它所提供的高频电流路径。去耦合电容 C_d 提供了负载电容 C_L 需要的高频冲击电流，因此其电容量要远大于 C_L（对于具有多个驱动器的芯片，C_d 要为所有的负载电容提供电流，故 C_L 应该等于所有负载电容之和）。C_d 的典型值选择 1～10nF，虽然更大的电容量可以获得更稳定的电源电压，但是大容量电容具有较高的等效串联电感（Equivalent Series Inductance，ESL）和等效串联电阻（Equivalent Series Resistance，ESR），它们会对高频电流产生压降，从而削弱去耦合的效果。C_d 的 ESL 与其电容 C 构成一个二阶串联谐振电路，其谐振频率 f_r 用来表征其高频性能。当高频电流的频率高于 f_r 时，C_d 的阻抗为感性，去耦合效果会随频率的增加而下降。

为了在低频和高频下均获得低阻抗，可将大电容和小电容进行并联来去耦合，大电容具有较低的谐振频率，但是可以存储较大的电量来稳定电压，而小电容谐振频率较高，可以提供高频电流路径。另外，把具有较高谐振频率的去耦合电容进行并联也可以获得更低的阻抗，从而带来更好的去耦合效果。图 9-14（b）给出了这两种情况下的阻抗-频率曲线范例。

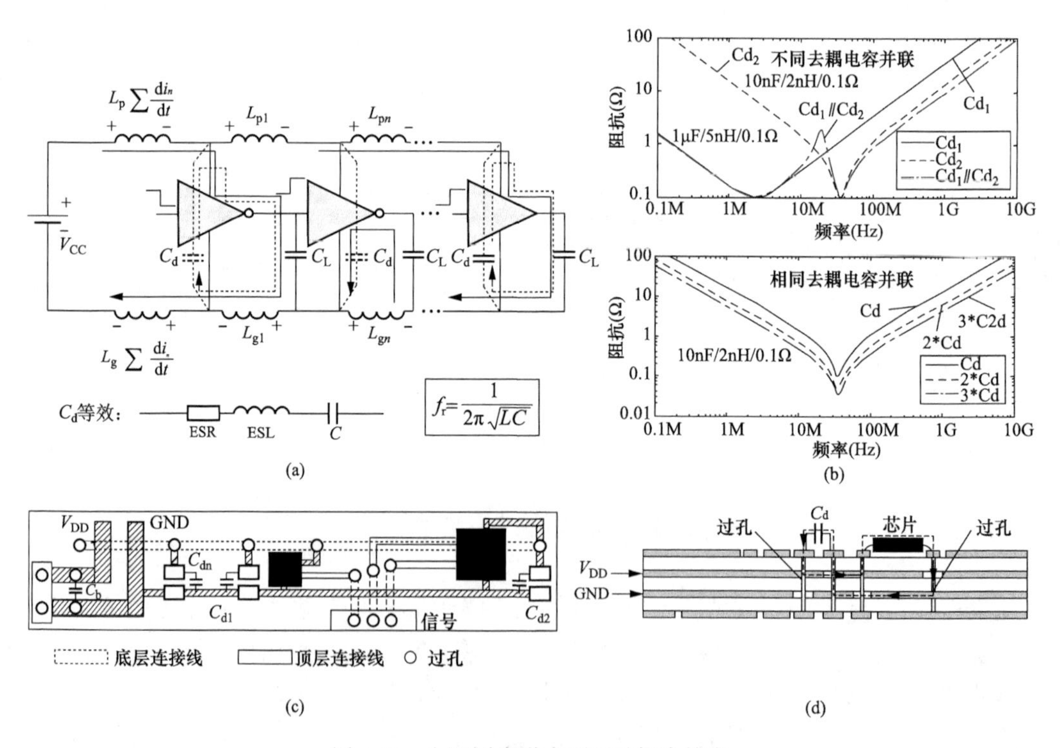

图 9-14 电源同步噪声原理及耦合技术

（a）电源同步噪声产生原理；（b）去耦合电容串并联特性；（c）双层 PCB 的布线和去耦合；

（d）具有电源和地平面的多层 PCB 布线和去耦合

对于单层或双层 PCB 的设计，如图 9-14（c）所示，电源、地线和信号线都在同样的布线层上分布，因此芯片的供电需要较长的引线，从而会引入显著的电感，其去耦合原理可以用图 9-14（a）的简化模型来说明。从图 9-14（a）中可以看到，贴近芯片安装的去耦合电容具有最小的高频电流回路，可以有效克服电源线寄生电感的影响。但是，对于处于高频回路内的信号返回线的电感［图 9-14（a）中的 L_{g1} 和 L_{gn}］，仍然会造成地线的电压噪声，去耦合电容对此没有作用。为了有效降低电源同步噪声，首先要尽量缩短引线的长度，尽可能采用较宽的电源和地线，并采用敷铜技术用地平面来填充信号线间的空间，从而有效降低信号回路面积和电感。其次，除了在芯片附近安装去耦合电容外，还要在电源输入插座附近安装大容量的储能电容 C_b，用以把整个 PCB 上的数字电路产生的总高频电流与外部电源线的电感进行去耦合。另外，在 PCB 的电源和地线的传输路径上还要分散地布置一些去耦合电容 C_{dn}，来降低线路的高频阻抗。最后，当设计芯片和插座时，在芯片和插座上还要合理地布置电源和地线的数量，确保有足够多的电源和地线引脚。

对于多层 PCB，它拥有完整的大面积电源和地平面，故其电感非常低，但是却有显著的层间电容 C_{BD}。同时，芯片和去耦合电容利用过孔连接到电源和地平面，故其拥有最短距离的高频电流回路，如图 9-14（d）所示。在这种结构中，过孔长度是引起高频回路电感的重要因素，过孔的电感将等效为去耦合电容的 ESL。多层 PCB 的供电模型可以采用图 9-15（a）给出的电路来等效。图 9-15（a）中，VRM 是芯片的供电电源模块；C_b是在 PCB 上安装的低频大容量去耦合电容，它具有较高的 ESL，故谐振频率较低；VRM 与 C_b之间一般会有比较显著的引线电感 L_b。C_{dn}则是在 PCB 上分布安装的高频陶瓷去耦合电容。C_{BD}为 PCB 上电源和地平面之间的层间电容，其他的寄生电感和电容为芯片的引脚及封装引起的寄生参数。当芯片产生开关动作时，其生成的高频开关电流用一个电流源来等效。可见，C_b、C_{dn}及 C_{BD}会提供高频开关电流的流通路径，从而产生去耦合作用。然而在不同的频率下，这些去耦合电容呈现出不同的阻抗特性，导致高频电流的路径也不相同。芯片引脚及封装引起的寄生参数在频率大于 200MHz 以上时才会产生影响。C_b具有较低的谐振频率，因此主要对 10MHz 以下的开关电流产生去耦合作用。当频率在 10～200MHz 时，并联的高频陶瓷去耦合电容 C_{dn}与层间电容 C_{BD}产生了主要的去耦合作用。与单层 PCB 不同，多层 PCB 中所有的并联去耦合电容都会对芯片提供高频开关电流路径，由于电源和地平面等效电感很小，因此其 ESL（包含过孔的等效电感）对去耦合效果的影响比电容不同安装位置带来的影响更大。图 9-15（b）给出了简化的并联陶瓷去耦合电容（假设其参数完全相同）与 PCB 层间电容 C_{BD}之间的等效电路。这个二阶电路有两个谐振点，一个是 L_{dn}和 C_{dn}形成的串联谐振点 f_s，呈现出低阻抗；而另外一个则是并联谐振点 f_p，形成一个高阻抗点。在 f_p以下的频率范围，C_{dn}的阻抗低于 C_{BD}的阻抗，因此它们对于去耦合起主要作用，并联的电容数越多，阻抗越低，去耦合效果也越好；但是在 f_p以上，由于 L_{dn}的存在，C_{dn}的阻抗开始高于 C_{BD}的阻抗，它们的去耦合作用越来越不显著。可见，降低 L_{dn}是取得良好的去耦合效果的关键，除了选择谐振电感更小的电容，以及采用更多的并联电容数以外，减小过孔的电感（如采用大的过孔）也会给去耦合带来较好的效果。图 9-15（c）给出了采用不同数量的陶瓷电容并联后 PCB 上电源线的阻抗-频率特性仿真结果[3]。可见若开关电流的频率在并联谐振点（虚线框包围）之前，那么增加 C_{dn}的数量，电源等效阻抗会显著下降，但是对于并联谐振点之后的更高的电流频率，层间电容 C_{BD}的阻抗更低，增

加 C_{dn}的数量几乎没有什么作用。对于超过 1GHz 的高速数字电路，封装的寄生电感贡献了主要的电源同步噪声，层间电容 C_{BD}起主要的去耦合作用，此时增加 C_{BD}可显著降低高频电源阻抗。在芯片的封装中，采用一个嵌入式的平板电容器，通过设计很小的层间距，而中间介质采用较大的介电常数，则层间电容会大大增加，从而有效降低电源同步噪声。嵌入式平板电容器的原理如图 9-15（d）所示[4]。

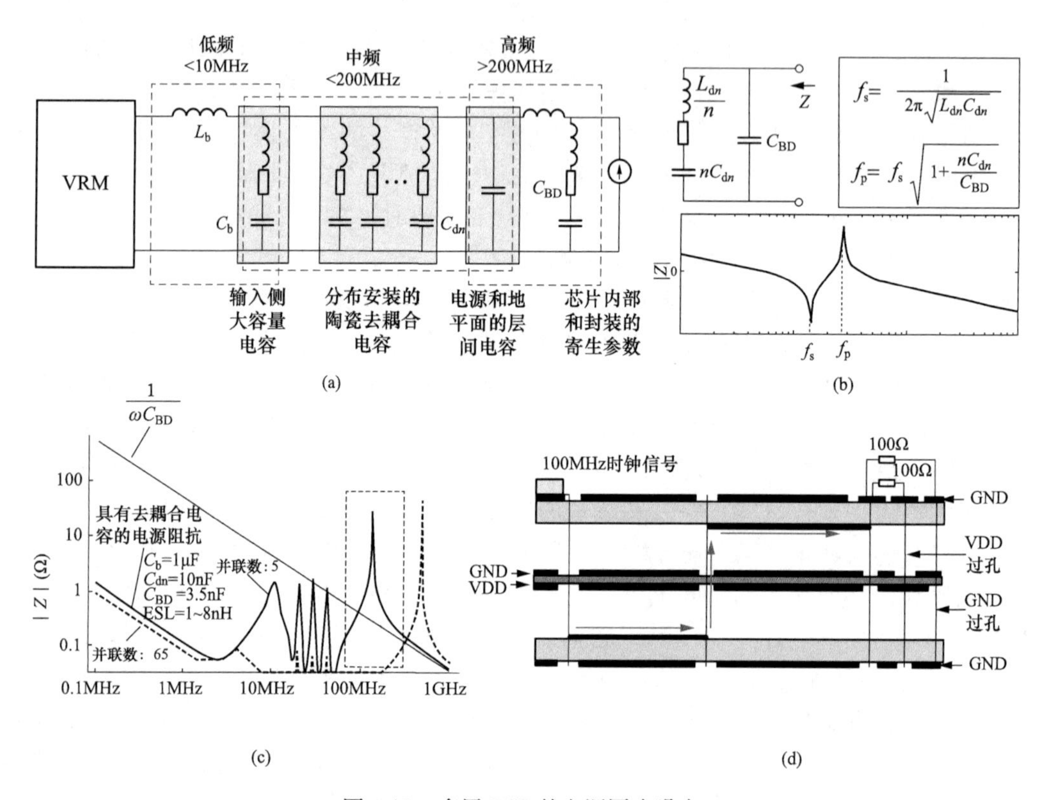

图 9-15 多层 PCB 的电源同步噪声

（a）多层 PCB 的电源寄生参数简化模型；（b）去耦合电容 C_{dn}的简化等效电路；
（c）不同数量耦合电容的阻抗-频率特性；（d）采用嵌入式平板电容器的高速封装去耦合技术

以上分析都把电源和地平面看作一个纯电容，用集总参数来表征，对于去耦合电容与芯片之间的高频回路而言，由于其长度远远小于高频电流波的波长，因此这个模型是成立的。但是，对于整个 PCB 的电源和地平面，高频电流波的波长则会接近甚至小于其长或宽的尺寸，那么就会出现传输线效应。这就是说，对于一个芯片，当其 I/O 线高速开通或关断时，它都会向电源和地层注入一个高频的电流波，该电流波将沿着电源和地层构成的传输平面向四周传输，在其特征阻抗上引起电压的波动，从而造成电源同步噪声。为了减轻电源同步噪声，必须限制局部电流波向其他方向传播。图 9-16（a）给出了一个平板电容器（类似于 PCB 电源和地层构成的电容）的高频阻抗特性。可见，随着频率的不同，其阻抗呈现不同的谐振特性。实际上，平板电容器对于高频电磁波而言是一个波导，电磁波被压缩在其两个极板之间，沿着长度和宽度方向传播。假设长度 l 方向和宽度 w 方向可容纳的半个电磁波波长数分别为 m 和 n 个（称为电磁波的传输模态），那么谐振频率可采用图 9-16（a）中给出的矩形波导公式来计算。当然，减小极板间的距离 h 及增加介电常数都会降低整个电容器的高频阻抗，如图 9-16（b）所示。

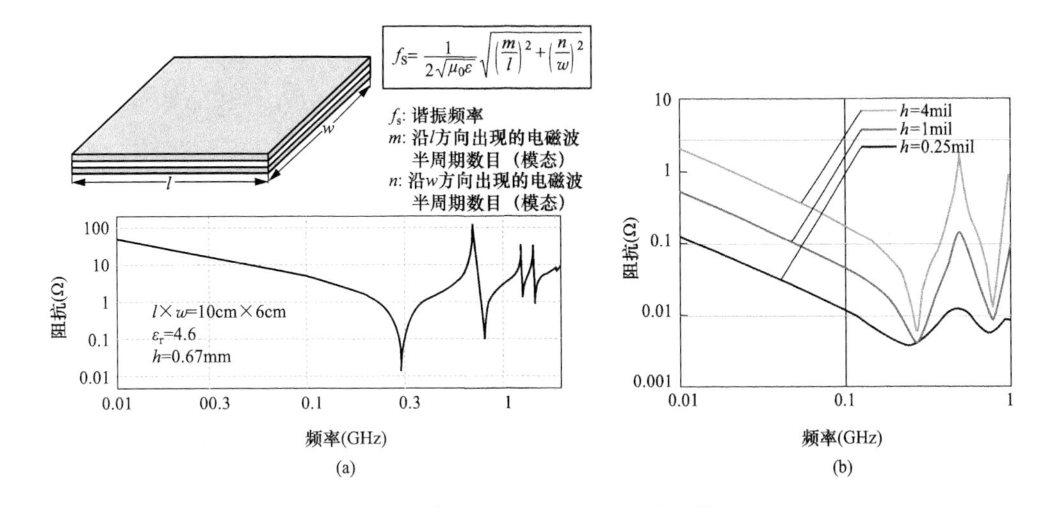

图 9-16　多层 PCB 的电源和地平面模型

（a）多层 PCB 电源和地平面的平板电容器模型及其阻抗特性；（b）不同间距下的阻抗特性

为了阻止电磁波沿着电源和地平面向四周传播，可采用电磁带隙（Electromagnetic Band Gap，EBG）技术，典型的蘑菇型结构如图 9-17（a）～（c）所示[5]。

图 9-17 中，在 PCB 的电源和底层之间设计了许多矩形金属片阵列，它们利用过孔与地层相连，它们对于某种频率的电磁波构成了一个高阻抗的平面，如图 9-17（d）所示，两个蘑菇型金属片可等效为一个 L-C 并联电路，C 为两个金属片之间的等效电容，它们对于某种频率的电磁波会产生并联谐振，因此就像一个谐振腔，电磁波在其中发生谐振，却不向四周传播。图 9-18 给出了在 PCB 实现上的一个 EBG 结构的尺寸及其 S 参数的仿真结果[5]。可见，该结构对于 5GHz 左右的电磁波会产生很高的阻抗，从而可以阻止该频率电磁波的传

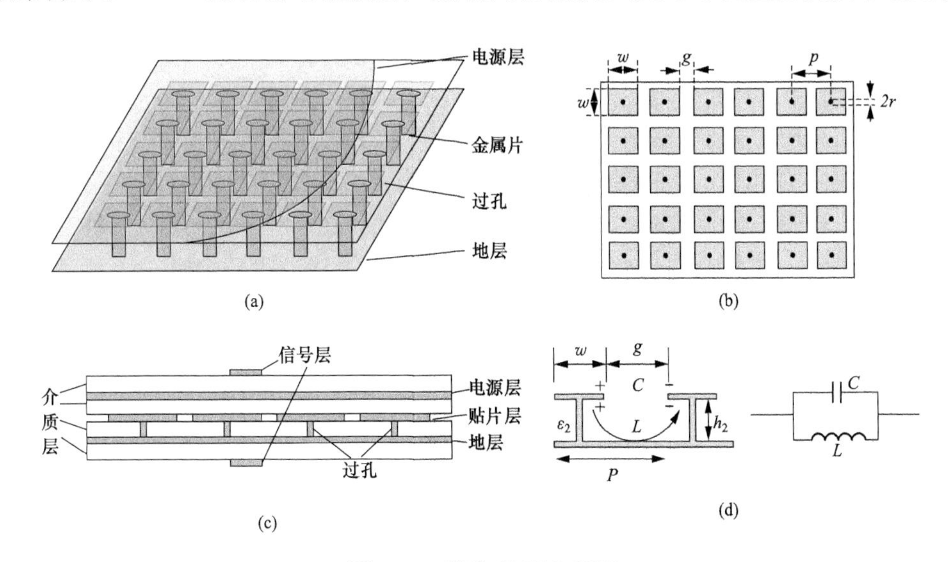

图 9-17　蘑菇型 EBG 原理

（a）蘑菇型 EBG 结构立体图；（b）结构俯视图；（c）结构侧视图；（d）高阻抗平面结构和 LC 准静态模型

输。通过金属片的尺寸、过孔的数量及位置的设计，以及选择不同的介质等方法都可以对EGB的高阻抗频率特性进行设计，使其能够对特定频率电磁波的传输产生阻碍。EGB技术与前文所述通过降低电源和地平面的阻抗来减小同步噪声的做法是不矛盾的，因为对于去耦合电容与芯片间的高频电流回路这个局部来看，电源和地平面之间表现为一个层间电容，其阻抗随频率不断下降。但是对于整个PCB的电源和地平面，电磁波的传输却遇到了高阻抗特性，结果也削弱了电源同步噪声的影响。

PCB模型叠层参数

参数	材料	厚度(mm)
信号顶层	Copper	0.035
介质层3	FR4	0.1
电源V_{DD}层	Copper	0.035
介质层2	FR4	0.2
贴片层	Copper	0.035
介质层1	FR4	0.2
参考地GND层	Copper	0.035
介质层0	FR4	0.1
信号底层	Copper	0.035

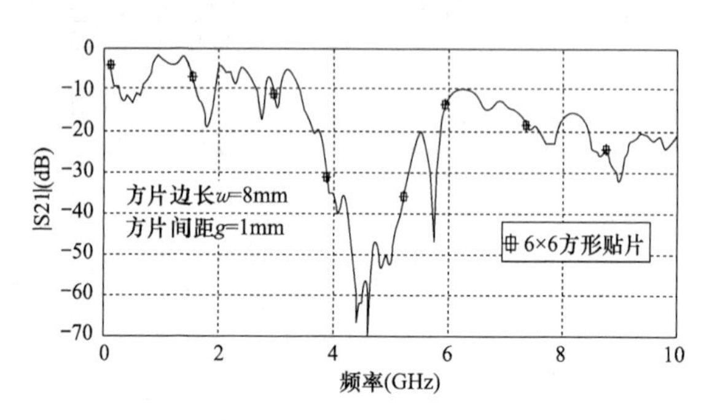

图 9-18　EBG结构的参数及其 S 参数的仿真结果[5]

9.5 差分传输线

改善高速信号传输完整性问题的另外一个重要的举措是采用差分传输线。差分传输线是指一个信号通过两个驱动器驱动两条信号线来进行传输，一条传输信号，而另外一条传输其互补的信号。接收器将对两条信号线之间的差分信号进行检测，从而抑制来自地平面（或电源平面）的共模噪声的影响。图 9-19（a）给出了几种典型的差分传输线的结构，它们均由两条信号线及一个或两个公共的地平面构成（屏蔽双绞线的屏蔽层为公共地平面）。作为高频信号传输线，差分传输线也存在特征阻抗及阻抗匹配的问题，但是与单端信号的传输有所不同，在差分传输线上同时存在高频差模信号和共模信号的传输。对于差模信号的传输，每条信号线表现出的阻抗称为奇阻抗，而对于共模信号，则称为偶阻抗。由于两条信号线之间存在电磁耦合，因此每条信号线的奇阻抗和偶阻抗与前文所述的微带线和带状线的特征阻抗不相等。图 9-19（b）给出了在无损条件下，差分线的奇阻抗和偶阻抗的测量原理及计算方法。可见，在差模信号传输时，两条信号线流过相反的电流，故一条信号线会受到相邻信号线的耦合影响，使其电感减小而电容增加。差分信号线的等效电感等于其自感 L_s 与另外一条信号线对其的耦合互感 L_m 之差，而等效电容则等于其自容 C_s（在其他导线全部接地时，信号线的对地等效电容，$C_s=C_{11}+C_{12}$）与两条导线之间的互容 C_m 之和。在共模信号传输时，两条信号线流过同相电流，且它们的电位相等，因此信号线的电感增加而电容减小。这样，在两种传输模式下，信号线的特征阻抗可通过图 9-19（b）中给出的公式进行计算。

在得到奇阻抗 Z_{odd} 和偶阻抗 Z_{even} 后，差分传输线对差模信号线的总阻抗等于 Z_{odd} 的两倍，而共模阻抗则等于 Z_{even} 的一半，如图 9-19（c）所示。图 9-19（d）给出了差分传输线的两种端接方法，按照图中给出的电阻参数可实现传输线的差分阻抗与共模阻抗与端接电阻的匹配，从而同时防止差模和共模信号的反射。

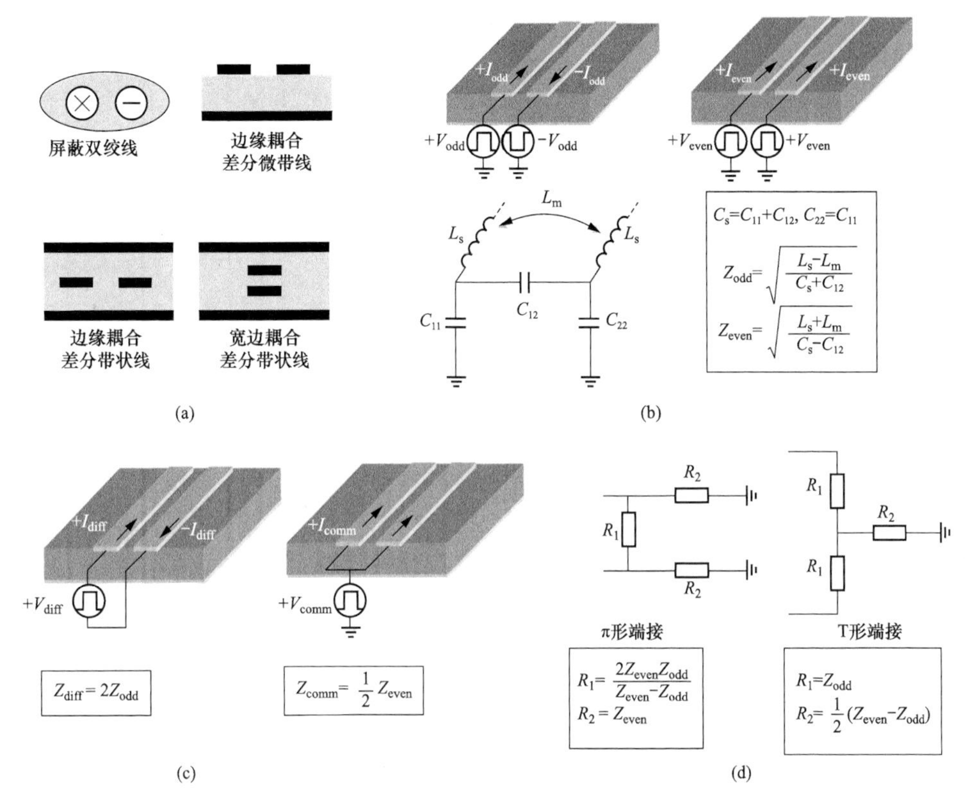

图 9-19　差分传输线

(a) 典型差分传输线；(b) 差分线的奇阻抗和偶阻抗；(c) 差分阻抗和共模阻抗；(d) 差分传输线的端接

差分传输线在传输差模信号时，每条信号线上的电流通过地平面返回，由于电流方向相反，当线间距离非常近时会被抵消为零，结果使其对公共地平面的阻抗不敏感。另外，两条紧密耦合的信号线对于邻近导线的信号串扰也彼此抵消，从而降低了耦合干扰的影响。如图 9-20 所示，差模信号传输时，电场主要集中在导线之间，对地电场几乎为零。相反，传输共模信号时，其电场主要分布在信号线与地平面之间。差分信号表现出了更为封闭的电场分布，使得其对外辐射和串扰大大降低，而共模信号的电场分布则更加发散，使得它们会对外产生严重的辐射和串扰。相比微带线，带状线的电场分布更加对称和均匀，其差模信号的电场分布非常集中和封闭，而共模电场则沿着两个接地平面向两侧扩散。总之，差分信号可以有效克服信号完整性的问题，若信号线之间的距离越近，耦合越好，则传输的信号质量越高，这对高频信号的传输非常有利。

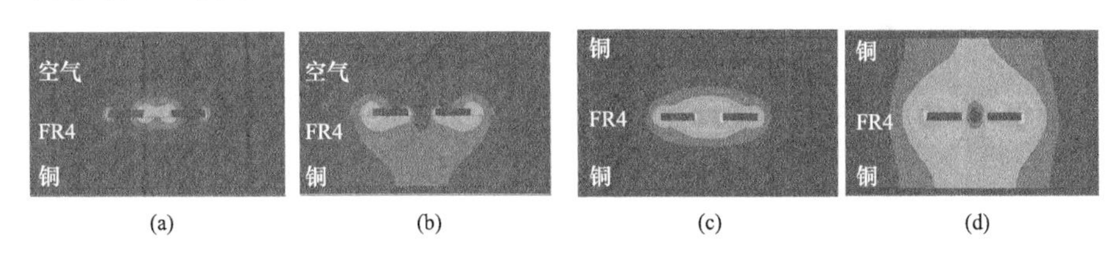

图 9-20　差分传输线上传输共模与差模信号时的电场分布

(a) 微带线差模；(b) 微带线共模；(c) 带状线差模；(d) 带状线共模

9.6 有损传输线

如前文所述，对于无损均匀传输线，不同频率的高频信号在它上面以相同的波速传输，而且信号在传输过程中也不会产生衰减，因此信号不会产生失真。但是，实际当中传输线是有损耗的，在考虑损耗的情况下，传输线的特征阻抗 Z_0、电磁波的波速 v_p 等都是与频率相关的，这会造成信号的衰减和失真。式（9-5）所示了根据图 9-2 所示的传输线模型，在考虑损耗 R 和 G 的情况下，传输线的特征阻抗表达式。可见，有损传输线的特征阻抗是频变的。

$$Z_0=\sqrt{\frac{R+j\omega L_0}{G+j\omega C_0}} \tag{9-5}$$

当正弦稳态电压波在有损线上传输时，其波形的瞬时表达式

$$u(x,t)=V_0^+ e^{-\alpha x}\cos(\omega t-\beta x)+V_0^- e^{\alpha x}\cos(\omega t+\beta x) \tag{9-6}$$

式中，电压波由沿 x 正方向传播的波 $V_0{}^+$ 和沿 x 负方向传播的波 $V_0{}^-$ 组成。沿着正方向传播的波，其幅值按照 $e^{-\alpha x}$ 的规律随着传输距离 x 的增加而衰减；而负方向的波则按照 $e^{\alpha x}$ 的规律衰减。α 为衰减系数，其单位为 Np/m(奈培/米)。相位常数 β 则与频率 ω 一起决定了波速 v_p 和波长 λ，其定义如下

$$\beta=2\pi/\lambda=\omega/v_p \tag{9-7}$$

对于 R 和 G 比较小的低损传输线（$R\ll\omega L_0$，$G\ll\omega C_0$），α 和 β 的近似表达式如下：

$$\alpha=\frac{1}{2}\left(R\sqrt{\frac{C_0}{L_0}}+G\sqrt{\frac{L_0}{C_0}}\right),\quad \beta=\omega\sqrt{L_0C_0}\left[1+\frac{1}{8}\left(\frac{G}{\omega C_0}-\frac{R}{\omega L_0}\right)^2\right] \tag{9-8}$$

可见，不同频率的电磁波在有损传输线上的传输速度与频率有关，频率越高的信号其相位常数 β 越小，而其波速越快。因此，对于一个脉冲电压波，由于其边沿中富含不同频率的高频谐波，它们在传输线上具有不同的传输速率，这会造成接收侧得到的电压波的边沿上升或下降时间产生变化（称为色散或边沿退化），同时随着距离的增加还伴随着电压幅值的衰减。这个现象可用图 9-21 给出的眼图来说明（眼图为示波器记录的历史波形的叠加显示）。从图 9-21 中可见，在高损耗条件下，传输线上脉冲电压波的上升和下降边沿被大大拉缓，相比低损耗情况的“睁眼”状态，高损耗的情况下眼图更加闭合了。

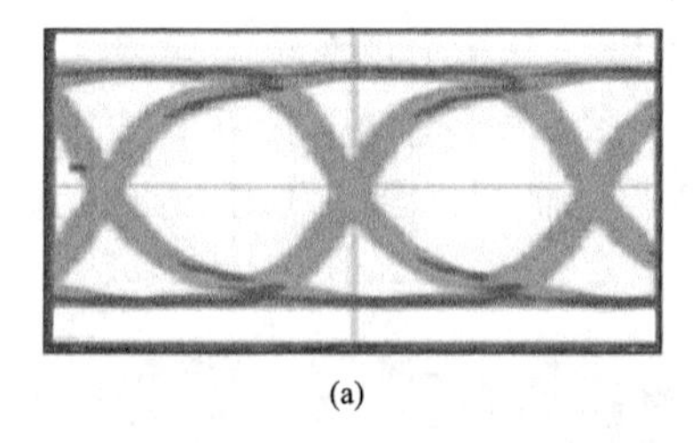
(a)

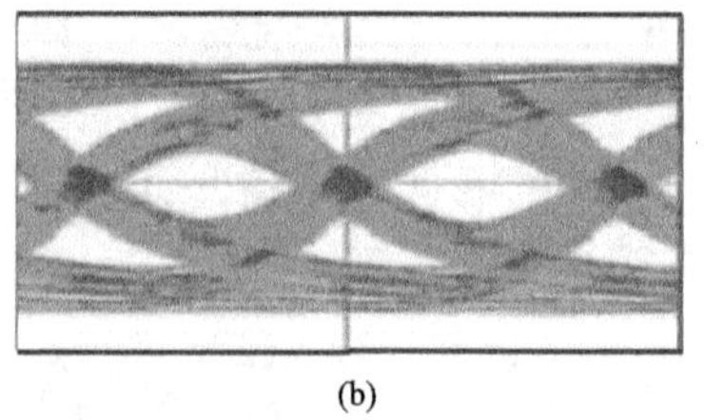
(b)

图 9-21 有损传输线的信号传输眼图
(a) 低损耗；(b) 高损耗

另外，从式（9-8）可知，在低损耗情况下，如果满足条件 $G/C_0=R/L_0$，则相位常数 β 将与无损情况下的值相同，此时不同频率的电磁波的波速正好相等。同时，特征阻抗 Z_0 也

等于无损耗时的值，这种条件称为无畸变条件。此时，电磁波在传输线上传输时幅值会产生衰减，但是不会发生色散的问题，因此电磁波波形将不会产生畸变，此时把传输线称为无畸变传输线。但是，考虑到 R、G、L_0 和 C_0 往往均与频率有关，因此无畸变条件只在一定的有限频率范围内出现。

9.7　信号完整性仿真工具

信号完整性的问题涉及信号的边沿速率、传输线的分布参数和负载特性，以及电源和地平面的阻抗（包括去耦合电容的高频参数）等。在 PCB 上，导线的宽度、长度、间距及过孔、拐弯、介质的特性和芯片的封装形式等都会对信号完整性造成影响。现在的高速 PCB 设计会利用板级 EDA 设计工具对信号完整性进行事前检查和评估，从而确保一个良好的设计。

在信号完整性的仿真中，需要知道器件的输入/输出特性。目前主要有两种仿真模型：一种是 SPICE 模型，另外一种是 IBIS（I/O Buffer Information Specification，输入/输出缓冲器信息说明）模型。SPICE 模型从晶体管级的角度描述构成缓冲器的电路结构，记录晶体管的各种参数，供 SPICE 仿真器调用。由于其精确性和多功能性，其已经成为电子电路模拟的标准语言。利用 SPICE 模型，可以精确地进行电路器件级的仿真，以此研究系统的工作特性，验证系统的逻辑功能，因此在集成电路设计中得到了广泛的应用。因为 SPCIE 模型能够精确计算出系统的静态和动态各种工作特性，所以也可以用来进行系统级的信号完整性分析。SPICE 模型分为 HSPICE 和 PSPICE 模型两种，HSPICE 模型主要应用于集成电路设计，而 PSPICE 模型主要应用于板级和系统级的设计。SPICE 模型一般由 IC 的制造商提供，由于 SPICE 模型包含电路和工艺参数方面的详细信息，IC 设计商往往不愿提供 SPICE 模型，从而限制了 SPICE 模型的广泛应用。

IBIS 最先由 Intel 公司于 1990 年提出，现在由 IBIS 开放论坛维护，成为 ANSI/EIA-656 和 IEC 62014-1 标准。IBIS 模型是一种利用电流/电压曲线（I-V）和电压/时间曲线（V-t）数据描述一个器件的输入和输出端电气特征的行为级模型。由于只是器件在特定负载、特定封装下的输入/输出行为，而不需要了解器件内部驱动或者接收电路的构成，不需给出电路和工艺方面的晶体管级信息，因此受到 IC 供应商的青睐。绝大多数的 EDA 信号完整性仿真软件支持 IBIS 模型，且大多数器件的 IBIS 模型可从互联网上或者 IC 供应商那里免费获得。

目前比较流行的可以进行信号完整性设计的 EDA 软件如表 9-1 所示。这些软件均可以运用器件模型和仿真工具，在 PCB 布局和布线阶段之前或者之后对关键的高速数字信号进行反射、串扰、同步开关噪声、EMI 等信号完整性问题进行仿真分析，根据仿真结果制定约束规则，来指导关键信号的布局和布线过程，并通过后仿真来检查板级设计效果，进一步完善 PCB 设计，保证信号质量。但是，由于每种仿真工具在功能和性能上都具有一定的局限性，要全面进行信号完整性分析时，往往需要综合运用多个仿真工具。

表 9-1 目前 EDA 领域主要的 SI 仿真工具及其功能[6]

公司	工具	功能
Ansoft	SIwave	PCB 全波整板级信号完整性、电源完整性及电磁兼容、电磁干扰仿真设计和参数抽取
	HFSS	高频几何结构的 *S* 参数提取和辐射仿真
	Q3D	3D 静态电磁仿真，进行电阻、电感、电容参数提取
	Turbo Package Analyzer	提取封装的 RLGC 参数
Cadence	Allegro PCB SI	反射与串扰仿真
Agilent	ADS	TDR 的时域反射仿真
Hyperlynx	Hypersuite	单端/耦合的传输线仿真
Mentor Graphics	IS-Analyer	延迟与串扰仿真
Synopsis	HSPICE	SPICE 模型的混合仿真
Zuken	SI-WORKBENTCH	有损耦合传输线分析
Sigrity	SPEED2000	有损耦合传输线的电源与地的仿真

参考文献

[1] 张华. 高速互连系统的信号完整性研究 [D]. 南京：东南大学，2005.

[2] BOGATIN E. 信号完整性分析 [M]. 李玉山，等，译. 北京：电子工业出版社，2005：96-101.

[3] TODD H. HUBING，JAMES L DREWNIAK，THOMAS P van DOREN，et al Hockanson，power bus decoupling on multilayer printed circuit boards [J]. IEEE Transactions on Electromagnetic Compatibility，1995，37 (2)：155-166.

[4] PRATHAP MUTHANA，KRISHNA SRINIVASAN，EGE ENGIN，et al. I/O decoupling in high speed packages using embedded planar capacitors [C]. Proceedings-Electronic Components and Technology Conference，2007.

[5] 王海鹏. EGB 结构在高速 PCB 电源分布网络中的应用研究 [D]. 西安：西安电子科技大学，2012.

[6] 李小荣. 高速数模混合电路信号完整性分析与 PCB 设计 [D]. 杭州：杭州电子科技大学，2010.

第 10 章　智能仪器的后向通道和抗干扰与保护技术

在控制领域应用的智能仪器，微处理器往往会通过 DAC 输出模拟控制量并对之进行功率放大，然后施加给执行器，推动执行器进行过程变量的控制（如通过加热器来进行温湿度控制）或者运动控制（如通过改变直流电压来进行直流电动机的调速）等，这构成了智能仪器的后向通道。本章将对后向通道中信号的经典功率放大电路进行介绍。另外，智能仪器的传感器、前向通道电路及微处理器系统都需要供电电源，这种供电系统是分布式的。由于供电电源与信号功率放大技术的本质原理是一样的，本章将之纳入智能仪器的后向通道一并进行介绍。在智能仪器设计的最后，还需要考虑实际运行环境，对仪器进行保护和抗干扰设计。本章将借助一些应用实例，对智能仪器典型干扰问题的来源、干扰模型及干扰抑制的主要方法和措施进行阐述，最后介绍对智能仪器的电磁防护技术。

10.1　信号的功率放大技术

功率放大电路是将微小电信号转换为能够输出功率的电路，即在一定的电压输出情况下电路具有较大的电流输出能力，或者在一定的电流输出条件下可以产生较高的电压输出。功率放大电路是有源电路，输出功率实际上来自其供电电源，因此从本质上来说，功率放大电路是根据输入信号的形式对电源输出的功率进行调制的电路。功率放大电路分为两类：线性功率放大电路和开关功率放大电路。线性功率放大电路通过对工作于线性放大区的功率晶体管的管压降进行控制，来使输出负载获得给定波形的电压或电流，它分为 A 类和 B 类。

A 类功率放大电路利用施加了直流偏置的单个功率晶体管来对信号进行功率放大，其原理电路如图 10-1（a）所示。图 10-1（a）中给出的 A 类功率放大电路实际上就是 MOS-FET 晶体管的共漏极电路（源极跟随器），但是常规的信号晶体管被替换为功率 MOS-FET。A 类功率放大电路的特点是，整个信号的全动态范围都偏置到晶体管的恒流饱和区，因此晶体管是常导通的，没有截止或产生交越失真的问题，线性度很好。但是，这种功率放大电路不仅输入需要直流偏置，其输出也包含直流电压。如果是交流高频信号的功率放大（如声音信号），那么可以通过隔直电容［图 10-1（a）中的 C_{d1} 和 C_{d2}］实现交流耦合；如果是低频信号的功率放大，则可以通过双管差分电路去掉输出直流偏置，如图 10-1（b）所示。

A 类功率放大电路的缺点是晶体管始终导通，功耗比较大。B 类功率放大电路可以采用双晶体管推挽电路来构造，这种功率放大电路采用双电源供电，两个晶体管轮流导通，分别承担信号的正负半周的功率放大，因此单个功率管的功耗可下降一半，但是缺点是输出存在过零点交越失真问题。图 10-1（c）给出了利用 BJT 实现的 B 型功率放大电路的原理电路及交越失真的示意图。交越失真是当输入信号电压低于 BJT 的基极-发射极势垒电压后会使晶体管处于截止区而造成短时电压输出缺失的现象。当然，通过一定的偏置技术可以降低两个晶体管的截止区电压损失，这类功率放大电路称为 AB 型。直接利用晶体管的器件特性来实现信号的功率放大会受到器件的非线性和工作点漂移等因素的影响，高性能功率放大电路主要利用负反馈技术来克服基本功率放大电路存在的上述问题。

基本功率放大电路可以被设计为恒流源、恒压源或者恒功率源。恒流源电路主要针对阻抗较小的负载来设计，它反馈负载电流构成电流闭环；恒压源电路应用比较普遍，它把负载电压进行反馈，从而构成电压闭环，以适应各种不同的负载条件（包括非线性负载）。恒流源和恒压源在负载阻抗变化时其功率输出也不同，在有些场合需要恒功率输出，此时可通过电压和电流的测量值进行功率计算并进行反馈。

图 10-1（d）给出了一个基于 B 类功率放大电路的多闭环负反馈系统，其中内环（实线）构成电流源，外环（虚线）则反馈负载电压和功率构成电压源或功率源。图 10-1（d）中，Q_1 和 Q_2 为 BJT，而 Q_{d1} 和 Q_{d2} 则是功率晶体管的驱动（考虑到电流越大的功率 BJT 本身需要的基极控制电流也越大，有时运算放大电路未必能够提供此电流输出，故需要一个驱动）。运算放大器 A1 构成了电流反馈控制环的误差比较器和比例调节器，由于增益很高，运算放大器

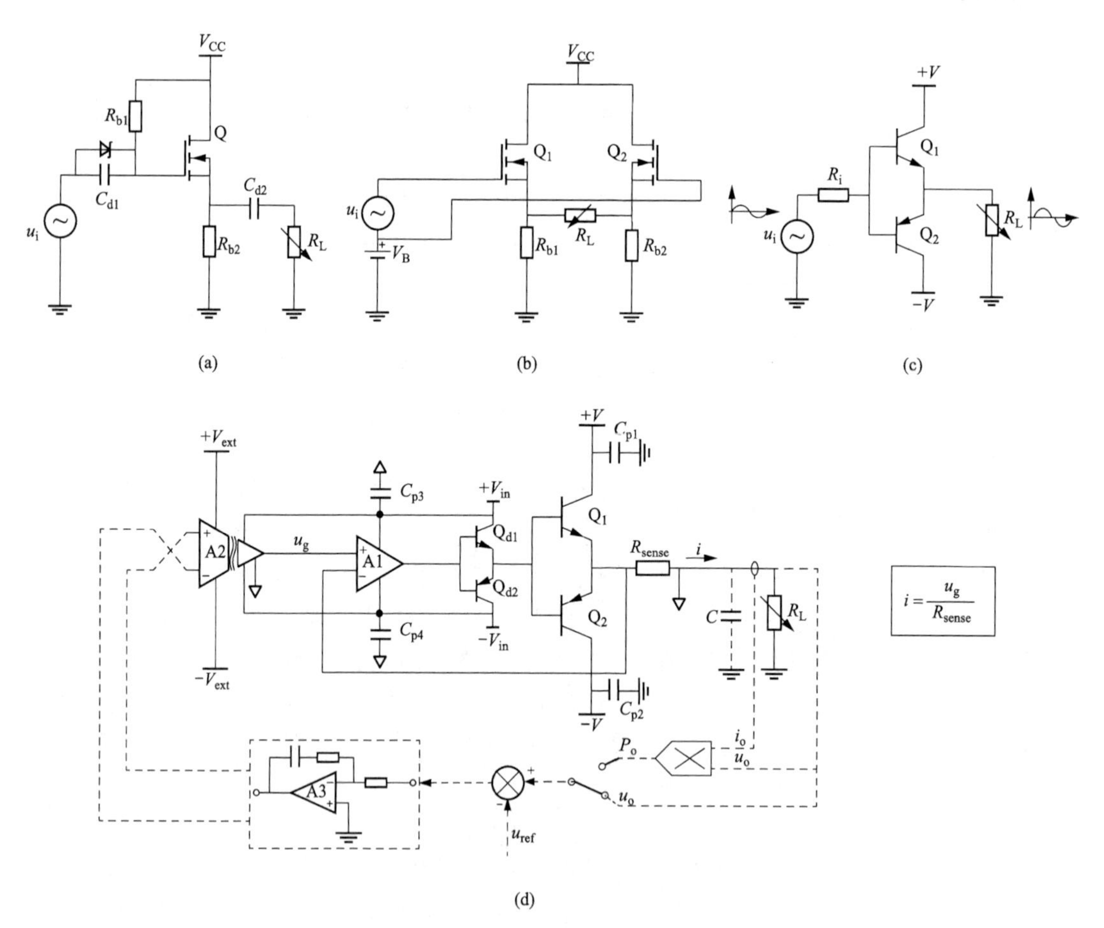

图 10-1 线性功率放大电路

（a）A 型；（b）差分输出 A 型；（c）B 型；（d）多闭环负反馈控制的线性功率放大电路

呈现“虚短”特性，这样功率放大电路的输出电流 i 仅由给定信号 u_g和电流检测电阻 R_{sense}决定，功率 BJT 的非线性特性及交越失真等问题都被克服了。电流源控制电路要求运算放大器 A1 必须采用独立的控制电源（$+V_{in}$和$-V_{in}$），且它们必须与主电路电源（$+V$ 和$-V$）相互隔离。至于电压或功率外环，它们的信号检测和处理电路与主电路可以共地。如图 10-1（d）所示，给定电压和反馈电压（或功率）的偏差信号经过图中的 PI 调节器电路（运算放大器 A3）得到控制量，作为电流源的给定输入 u_g，但是由于内环电流源电路与外环电路不能共地，因此必须通过线性光耦或隔离运算放大器来传递，即图中的运算放大器 A2。最后，为了维持电压输出的稳定性，一个电容 C 可以被并联到负载电阻 R_L 上，它会在控制系统的传递函数中增加一个极点，限制了电压外环的带宽。

利用晶体管的压降进行电压调节的线性功率放大电路的动态响应速度快，往往被用于高频信号的放大，但是其自身损耗大，效率低。在大功率和低频的应用场合，常常使用开关功率放大电路，也称 D 型功率放大电路。开关功率放大电路利用功率半导体开关器件的高频斩波及脉宽调制技术（Pulse Wide Modulation，PWM）对小信号进行功率放大。图 10-2 给出了一个基于 H 桥开关电路的功率放大电路原理。图 10-2 中 4 个功率半导体开关 Q_1～Q_4 构成一个单相全桥（H 桥）主电路，它们由调制器输出的信号经过隔离电路和驱动电路来控制通断。调制器的主要作用是把输入模拟控制信号 u_c与一个高频三角载波通过比较器后得到 PWM 控制信号。主电路输出的高频 PWM 波经过 L-C 低通滤波器后得到被放大的电压或电流，它们具有与 u_c相同的波形。与线性功率放大电路相似，开关功率放大电路的电感电流和输出电压可以被检测和反馈，构成闭环结构。若只有电流闭环，则输出为恒流源。若内环为电流环，而外环为电压环，则输出为电压源。开关功率放大电路的输出电压受限于直流母线电压 V_{dc}，输出电压动态范围为 0～$\pm V_{dc}$；而最大功率输出能力受限于其自身的损耗（主要是开关器件的通态损耗和开关损耗及滤波电抗器的损耗）。

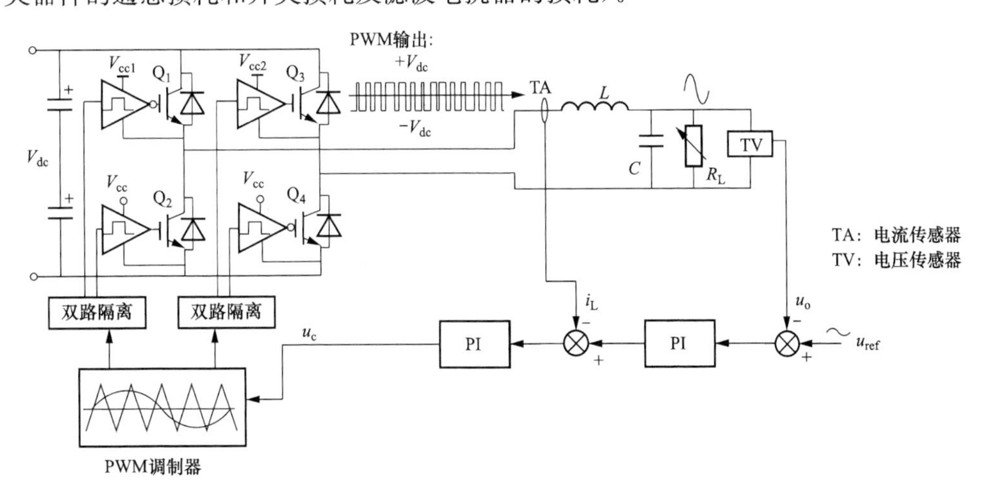

图 10-2　多闭环负反馈控制的开关功率放大电路原理

10.2　智能仪器的分布式供电技术

一个智能仪器内部的很多部件需要直流电源供电，如＋24V 的传感器或变送器电源，前向通道±(5～15)V 的运算放大器电源，＋5V、＋3.3V、＋2.5V 及＋1.8V 等数字芯片、微处理器或 FPGA 的核心电源或 I/O 电源，后向通道功率放大电路的驱动电路供电电源等，它们构成了一个分布式的电源系统。这些电源有些必须要被隔离，如图 10-2 中给出的开关功率放大电路的 4 个开关管 $Q_1 \sim Q_4$，它们的驱动电路需要 3 组隔离的供电电源（图 10-2 中 3 个驱动电源 V_{cc1}、V_{cc2} 和 V_{cc}）。而有些则只需进行电压等级的变换，而不需要进行隔离。图 10-3 给出了一个典型的智能仪器的分布式电源系统结构图。

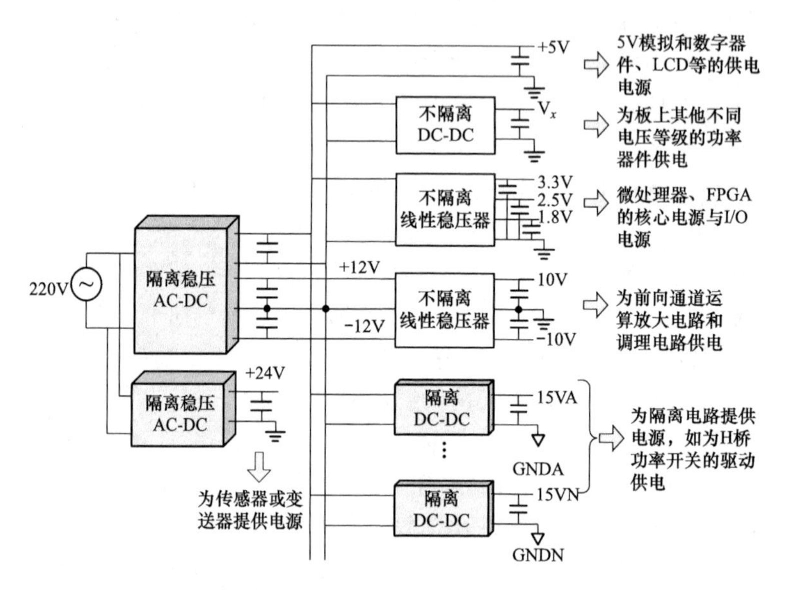

图 10-3　典型的智能仪器的分布式电源系统结构

整个分布式电源系统分为前端 AC-DC 变换器和众多二次电压调整器。前端 AC-DC 变换器作为整个分布式供电系统的总电源，承受了所有二次电压调整器及负载所需的总功率，且输入 220V 公共电网交流电压，由于其输入电压等级高，功率输出大，因此一般采用开关模式的电源。前端 AC-DC 变换器输出一个公共的直流电压，并构成电源母线，其他二次电压调整器从该母线吸收功率，并将电压变换为其他等级，而仪器的有些器件或部件也可以直接由母线来供电。直流母线的电压等级的选择应该确保整个系统的二次电压调整器的需求最少，变换级数最少，因为每一次的变换均会带来效率的损失。当然，也要考虑供电质量问题或电磁干扰的影响。例如，微处理器和 FPGA 等大规模集成电路的供电电源允许的电压容差有些仅为 0.3V 以下，更易受到电源上电压跌落或尖刺的影响而造成死机，因此它们一般不由公共电源母线直接供电，而是采用二次电压调整器（通常为线性稳压器）来提供更稳定和干净的电源。另外，高精度模拟电路和运算放大器的供电电源通常也采用线性稳压器。这是因为如果采用开关模式电源供电，那么电源的输出纹波或电磁干扰会通过这些电路有限的电源抑制比（PSRR）对输出造成影响，降低信噪比，使仪器的测量精密度下降。

图 10-3 中的前端 AC-DC 电源把 220V 交流电压变换为隔离的＋5V、＋/－12V 及＋24V 直流输出。作为一个具有多路隔离输出的开关模式电源，一般情况下如果其内部只有一个功率开关器件能够被反馈控制，那么它只能实现一路输出被稳压，因此图 10-3 中的＋24V 电源选择一个独立的 AC-DC 变换器来提供，它专门为传感器和变送器供电。非稳压的＋/－12V 电源经过线性稳压器后变换为稳定的＋/－10V 电源，它们为运算放大器等调理电路提供电源。＋5V 输出构成了其他二次电压调整器的公共电源母线，同时也为仪器主板上的低精度

5V 芯片及 LCD 等外部设备供电。微处理器、FPGA 及其他低压数字芯片的供电电源则利用二次线性稳压器从 5V 变换得到，包括+3.3V、2.5V 及 1.8V 等电压等级。由于传感器和变送器、调理电路、微处理器系统等都是共地的，它们之间的信号传输无需进行隔离，因此可选择不隔离的电压调整器进行电源变换。但是功率放大电路等具有高电压或大电流的电路需要和检测与控制电路进行隔离，如图 10-2 中 H 桥开关功率放大电路的功率开关管 Q_1～Q_4 的驱动电路供电电源，就需采用隔离的 DC-DC 变换器从+5V 母线来提供。

开关模式的前端 AC-DC 变换器输入为 220V 交流电压，输入电压通过二极管整流桥和滤波电容后得到一个接近 300V 的直流电压，然后利用功率开关和高频变压器变换为低压直流输出，在进行电压变换的同时也实现了输入和输出的隔离。这种 AC-DC 变换器根据功率要求的大小具有不同的拓扑结构，如果是中小功率电源，为了节约成本，一般采用单功率开关的拓扑结构，如单管反激和单管正激电路。更大的功率则采用双管结构，如推挽电路或者半桥电路。图 10-4 给出了几种拓扑的主电路原理及稳态开关工作时序。

图 10-4（a）给出了单管反激电路的拓扑结构，它的输入为一个直流电压 E。在 AC-DC 变换器中，直流电压 E 由 220V 的交流输入电压通过二极管整流桥和平波电容后得到，该电压将随输入交流电压的变化而变化。反激电路的核心是开关管 Q 和高频变压器 T。当开关管 Q 导通时，电压 E 被施加到变压器的一次侧，根据图 10-4（a）中给出的变压器的同名端指示，输出整流二极管 D2 将反偏截止，此时变压器二次侧开路，而一次侧激磁电抗 L_{pm} 在 E 的作用下产生激磁电流，对电抗进行储能。在 Q 关断后，激磁电抗的储能通过二次侧二极管 D2 向负载释放。当负载吸收的功率及损耗之和等于激磁电抗从 E 吸收的电能时，输出电压将维持稳定。输入电压 E 及负载的变化均可以通过对 Q 的占空比控制来克服，从而使电路维持稳定的负载电压 U。反激电路所用的半导体器件最少，电路比较简单，因此应用广泛。其主要缺点是由于将高频变压器的激磁电抗作为储能电抗，为了防止铁芯饱和，往往需要对铁芯施加气隙，这样将带来较大的漏抗储能，造成 Q 关断时会产生幅值很高的尖刺电压，可能损坏开关管 Q。为了进行保护，需要对尖刺电压进行吸收，但吸收电路［图 10-4（a）中 D1 和瞬态抑制二极管 Z］会引起显著的损耗和效率损失。反激电路开关管 Q 关断时承受的电压为 $E+nU+\Delta U$，nU 为输出电压通过变压器电压比反射到一次侧的电压，ΔU 则为尖刺电压幅值。

图 10-4（b）给出了单管正激电路的拓扑结构。与反激电路不同，在开关管 Q 导通时，E 被施加到变压器一次侧，此时二次侧 D2 将导通并向负载提供功率。而当 Q 截止时，电源功率的传输被停止。此时，二次侧滤波电抗 L 的电流通过二极管 D3 续流，而变压器一次侧的激磁电流将通过去磁绕组 N_{p2} 和二极管 D1 向电源回馈（图中 i_{p2}），使变压器铁芯磁复位。Q 关断时承受的电压为 $E(1+N_{p1}/N_{p2})$。正激式开关电源的变压器采用闭合磁路设计，缺点是需要专门的去磁绕组使铁芯磁复位。同时，二次侧需要滤波电感，所用磁部件较多。

单管电路的变压器铁芯只是单边磁化，因此铁芯利用率不高。在更大功率场合，采用双开关管电路可以有效利用变压器铁芯。图 10-4（c）给出了推挽电路的拓扑结构。在这个电路中，两个开关管 Q_1 和 Q_2 交替导通，二次侧半波整流电路的两个二极管 D1 和 D2 也轮流导通来向负载传递功率。在 Q_1 和 Q_2 轮流导通时，变压器的铁芯承受双向交流电压，因此其铁芯利用率高；在 Q_1 和 Q_2 均关断时，D1 和 D2 同时导通续流，变压器的二次侧被短路，一次侧也被短路，这样电源功率的传输将被中断。通过对 Q_1 和 Q_2 的占空比控制，可以调节向负载传输的功率，从而使得负载电压能够维持稳定。推挽电路的每个开关管承受的关断

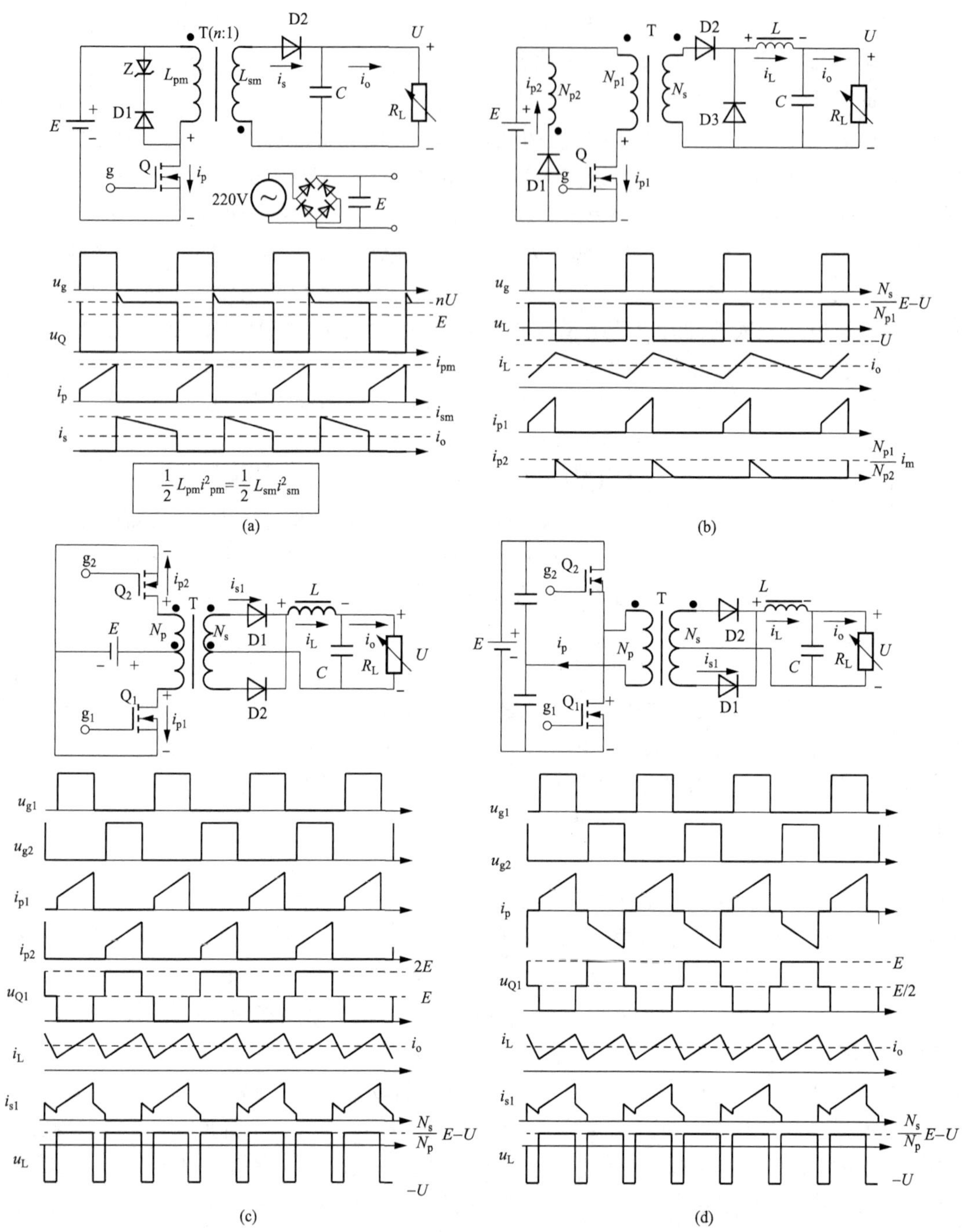

$$\frac{1}{2}L_{pm}i^2_{pm}=\frac{1}{2}L_{sm}i^2_{sm}$$

图 10-4 前端 AC-DC 电源主要采用的开关拓扑及工作时序

(a) 单管反激电路；(b) 单管正激电路；(c) 推挽电路；(d) 半桥电路

电压均为 $2E$。另外，如果两个开关管的开关时序不对称，会造成直流电压分量施加到变压器一次侧，从而使其产生直流偏磁的问题（严重时会造成变压器的饱和短路），需要进行额外控制来消除。推挽电路的这些缺点可以通过图 10-4（d）给出的半桥电路来克服。在该电路中，变压器一次侧的一端连接开关桥臂，另一端则连接到两个直流电容的中点。因此，Q_1 和 Q_2 不对称造成的直流偏置电压会被电容隔离，变压器不会产生直流偏磁的问题。另外，

半桥电路 Q_1 和 Q_2 关断时承受的最大电压为 E。半桥电路的主要缺点是 Q_1 和 Q_2 一个为高侧开关，而另一个为低侧开关，因此对其的驱动电路比较复杂；而推挽电路的两个开关均为接地开关，因此驱动电路简单。

图 10-3 给出的分布式电源系统中还用到了很多线性稳压器，它们不同于开关模式的 DC-DC 变换器，需要通过调整功率管的管压降来维持输出稳压，其原理与图 10-1 给出的线性功率放大电路相似，区别在于线性稳压器输出的是稳定的直流电压。图 10-5（a）给出了一个低压差线性稳压器（Low Drop Output，LDO）LM1117 的内部电路原理简图。

图 10-5（a）中，Q_1 和 Q_2 构成一个达林顿结构的复合功率晶体管，Q_3 为其驱动电路。当 Q_3 基极电压下降时，将导致 Q_2 和 Q_1 的集电极电流下降，而管压降升高。Q_4、Q_5、Q_6 和 Q_7 均为发射极恒流源偏置的射极跟随器，因此当 Q_7 基极电压下降时，通过跟随作用最终会引起 Q_3 基极电压的下降及 Q_1 管压降升高。Q_{10} 的两个晶体管对 V_{out} 和 ADJ 之间的差分电压进行检测，Q_8 和 Q_9 构成镜像电流源作为 Q_{10} 的有源负载，其输出连接到 Q_7 的基极，构成负反馈。若 V_{out} 与 ADJ 之间的电压升高，则 Q_7 的基极电压下降，导致 Q_1 管压降升高，电流下降，从而使 V_{out} 与 ADJ 之间的电压被控下降。可见，这个反馈结构的控制结果是 V_{out} 与 ADJ 之间的电压始终被控制在一个恒定值，在此用 $V_{out(IC)}$ 来表示。对于 LM1117，$V_{out(IC)}=1.25V$。另外，Q_5 与运算放大器构成电流检测和反馈放大器，对输出电流进行限制。最后，该线性稳压器内部还有温度传感器及保护电路来限制最高温升。线性稳压器的输入电压要高于输出电压一定值，才能实现输出稳压。

作为 LDO 线性稳压器，LM1117 的输入与输出之间最低电压允许值（输出 800mA 时）为 1.2V。线性稳压器连续直接调整晶体管的压降来实现稳压或限流，因此它具有很好的控制带宽和纹波抑制能力，这一点优于大多数开关模式的 DC-DC 变换器。图 10-5（b）给出了在不同频率下 LM1117 的纹波抑制能力及瞬态响应，由图可知 LM1117 能够对 100kHz 的输入纹波产生 40dB 的衰减能力，另外高频段衰减倍数的下降速率大约为－20dB/10 倍频程。大多数由硅基 MOSFET 制造的小功率开关模式 DC-DC 变换器，其开关频率大小一般在 100～500kHz，而按照图 10-5（b）中给出的衰减倍数，在 500kHz 时 LM1117 仍然具有 20dB 以上的衰减。可见，LM1117 能够对开关模式 DC-DC 变换器的开关纹波产生很好的吸收作用。图 10-5（b）还给出了 LM1117 在阶跃输入时的动态输出响应波形，可见其响应时间小于 10μs，这也要比开关模式的 DC-DC 变换器快。例如，以 500kHz 工作的 DC-DC 变换器，其闭环带宽最高在 50kHz 左右，故阶跃响应的上升时间要高于 50μs。

图 10-5（c）给出了 LDO 的典型应用电路，该电路的输出电压由 R_1 和 R_2 的比值来决定。根据 LDO 的稳压原理，其输出端 V_{out} 与调整端 ADJ 之间的电压是始终恒定的，等于 $V_{out(IC)}$。这样，很容易推导得到图 10-5（c）中的输出电压公式。式中，I_B 为 ADJ 端流出的偏置电流，这个电流一般很小，对于 LM1117，其典型值为 60μA。如果希望输出电压精确地由 R_1 和 R_2 之比来决定，避免 I_B 的影响，那么可以在分压器与 ADJ 之间连接一个运算放大器跟随器。

图 10-5（d）给出了 LDO 实现一个恒流源的应用电路，由于 $V_{out(IC)}$ 恒定，因此负载电流将由 $V_{out(IC)}/R_1$ 来决定。同样地，为了消除 I_B 的影响，可以通过运算放大器跟随器把 ADJ 与电阻中点之间进行阻抗隔离。线性稳压器的主要缺点是效率低，自身消耗的功率很大，且损耗大小取决于管压降和负载电流的乘积，为了提高效率，要尽可能降低自身的管压降。因此，它主要被用于低功率或者供电质量要求较高的场合。

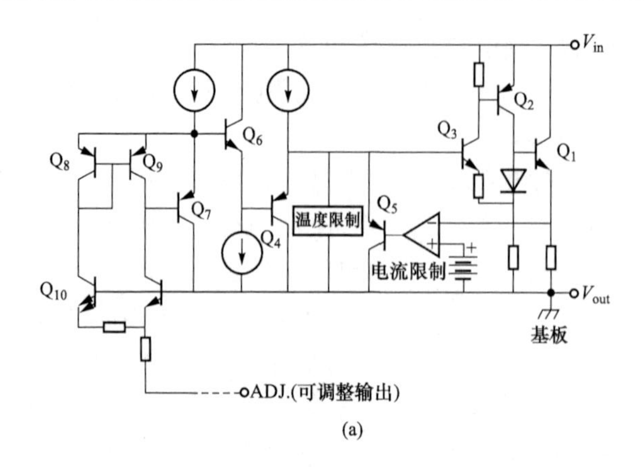

(a)

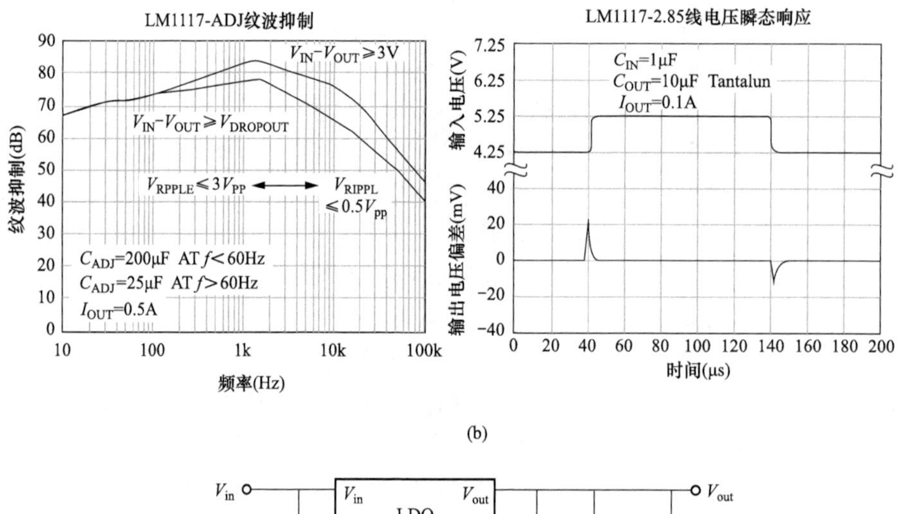

(b)

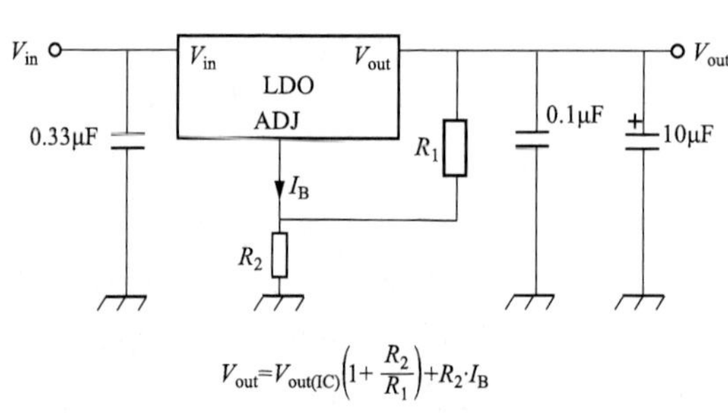

$$V_{out}=V_{out(IC)}\left(1+\frac{R_2}{R_1}\right)+R_2 \cdot I_B$$

(c)

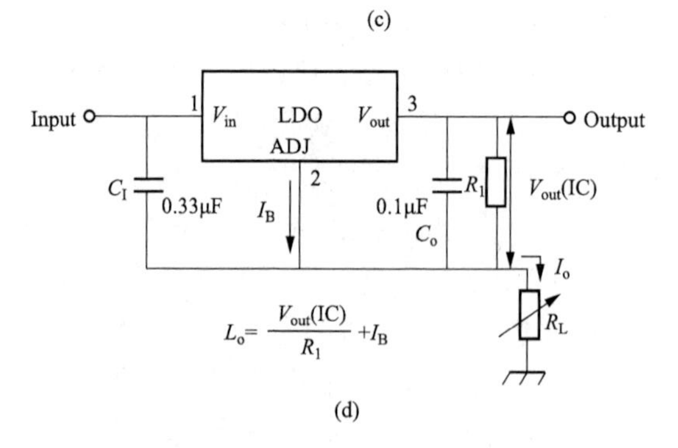

$$L_o=\frac{V_{out}(IC)}{R_1}+I_B$$

(d)

图 10-5 LM1117 的特性及应用

(a) 内部电路原理；(b) 纹波抑制能力及瞬态响应；(c) 线性稳压器；(d) 恒流源

与线性稳压器相比，非隔离开关模式DC-DC变换器可以实现远比线性稳压器更大的功率，并且可以实现很高的变换效率（90%以上）。图10-6（a）和（b）分别给出了两种基本的DC-DC变换器拓扑——升压斩波（Boost）电路和降压斩波（Buck）电路。需要指出的是，把这两种拓扑进行组合可以得到半桥和全桥拓扑，而且当它们与高频变压器结合时，可构成图10-4中给出的几种开关拓扑。因此，这两种拓扑是高频开关电路分析的基础。

如图10-6（a）所示，标准的降压斩波电路由功率开关Q、续流二极管D及L-C低通滤波器构成，开关Q处于电源E的高侧（非接地侧）。在该电路中，当Q导通时，电感L的压降为$E-U$，电感电流上升；当Q关断时，D导通续流，电感上承受$-U$的压降，电流下降。如果在一个开关周期内电感电流不下降为零（称为电流连续模式），则输出平均电压$U=dE$，$d=t_{on}/T_s$，为开关Q的导通占空比（t_{on}为导通时间，T_s为开关周期）。但是，在轻载情况下，一个开关周期内电感L的电流会下降为零（称为电流断续模式），此时输出电压U不满足上述占空比的公式，电路呈现出非线性。

无论连续或断续方式，降压斩波电路一般采用开关电流峰值控制方式，这种控制方案的原理在图10-6（a）中也被给出，它由电压外环和峰值电流内环两个闭环构成。输出电压U通过电阻分压器R_1和R_2被检测和反馈，然后与一个参考电压V_{ref}进行误差比较［图10-6（a）中的误差放大器EA为跨导型放大器，输出为电流信号］。误差信号通过PI调节器［图10-6（a）中的校正单元］后构成电流内环的给定信号。开关电流i_{sw}通过一个检测电阻R_{sense}及差分放大器AMP被检测和反馈，将其与来自电压外环的给定信号直接进行幅值比较。当i_{sw}的峰值达到电流给定值时，比较器CMP翻转，输出低电平清零R-S触发器，关闭Q。在每个开关周期的开始，开关频率振荡器OSC输出脉冲信号置位R-S触发器，使Q导通。OSC输出的开关频率脉冲及峰值电流比较器CMP的输出使得R-S触发器输出PWM信号。如果输出电压U跌落，则通过反馈作用会使得允许的峰值电流被提高，占空比增大，从而补偿U的跌落。需要注意的是，在电感电流连续模式下，如果输入电压E不变而负载变化时，由于$U=dE$关系的约束，Q的占空比d不会产生明显的变化；然而在电流断续模式下，占空比d则会大幅度变化。

降压斩波电路的Q处于高侧，因此它需要一个高侧的驱动器，同时开关峰值电流也需要差分放大器从高侧来进行检测。小功率DC-DC变换器，二极管D的管压降对于效率的损失是很大的。例如，如果采用普通的快恢复二极管，其管压降在1～2V；而如果采用肖特基二极管，则管压降在0.4～0.5V。无论哪种类型的二极管，当它流过1A的负载电流时，其功耗损失都会达到0.4～2W，这是相当严重的。相比之下，低压（100V以下）MOSFET的沟道电阻只有10～30mΩ，1A电流造成的通态损耗仅为10～30mW。因此，为了提高DC-DC的变换效率，在很多应用中采用MOSFET来替换二极管D［图10-6（a）中虚线连接的Q_s］，这种电路称为同步整流Buck变换器。之所以称其为同步变换器，是因为Q_s需要在Q关断时被同步触发导通。

与降压斩波电路相比，图10-6（b）给出的升压斩波电路，其功率开关Q连接在低压侧（接地侧）。Q导通时会给电感L储能，关断时电感储能向负载释放。在电流连续模式下，输出电压$U=E/(1-d)$。可见，升压斩波电路的输出电压U要比输入E高；而且通过控制Q的占空比d，也可以对电感电流或输出电压U进行控制。同样地，升压斩波电路也可采用峰值电流控制模式，但是其开关电流的检测电路及对Q的驱动电路都在接地侧，电路相对简单。另外，采用MOSFET Q_s取代二极管D时，构成同步整流Boost变换器，可大大降低D的压降对变换器效率造成的损失。

图 10-6（c）给出了一个把 Buck 和 Boost 变换器组合起来的变换器结构，称为升降压型 DC-DC 变换器。如图 10-6（c）所示，MOSFET Q_1 和 Q_2 构成同步 Buck 电路，实现降压斩波（在此过程中，Q_3 常通，Q_4 常关）。MOSFET Q_4 和 Q_3 构成同步 Boost 电路，实现升压斩波（在此过程中，Q_1 常通，Q_2 常关）。图 10-6（c）中，电感电流 i_L 被检测和反馈，可以实现峰值电流控制；另外，负载电流 i_o 被检测和反馈，可以实现平均电流控制，即把 DC-DC 控制成一个恒流源输出；最后，输出电压被检测和反馈，可以实现限压或恒压控制。限压控制常被用于电池充电器，在电池电量不足时，DC-DC 工作于恒流源模式，给电池恒流充电；当电池电量充足时，DC-DC 转入恒压模式，即将其输出保持在一个恒定电压下。

DC-DC 的 MOSFET 开关有些处于接地侧，其驱动电路称为低侧驱动；而那些处于直流电源侧的称为高侧驱动。高侧驱动电路的设计远比低侧驱动电路复杂，其主要原因是高侧驱动器的供电电源在实现上比较困难。以降压斩波电路为例，要保持其 MOSFET 导通，其驱动电源的电位比直流输入电压 V_{in} 还要高 5～15V。另外，高侧 MOSFET 的驱动信号是浮地的，即其源极电位随 MOSFET 的开关状态在电源和地之间变化，因此控制信号需要通过电平移位来变换成驱动信号。

高侧驱动可以采用隔离的 DC-DC 变换器作为电源，而控制信号可以通过隔离光耦来变换为浮地的驱动信号。这种电路方案在大功率电源中应用广泛，但是在小型化非隔离的 DC-DC中很少应用，因为其不仅体积大，而且其也会造成很高的效率损失，因此更为常用的是采用电荷泵自举电路及高压电平移位电路。图 10-6（d）给出了典型的电路原理。图 10-6（d)中二极管 D_{bs} 和电容 C_{bs} 构成自举电路，当主电路的低侧 MOSFET［如图 10-6（c）中的 Q_2 或 Q_4］导通时，辅助电源 V_c 通过 D_{bs} 给 C_{bs} 充电；在低侧 MOSFET 关闭后，C_{bs} 将保持该电压作为高侧 MOSFET 的驱动电源，此时 D_{bs} 反向截止，C_{bs} 实际上是被自举到直流电源上的。图 10-6（d）中还给出了一个简单的高压电平移位电路的实例，控制信号 d_1 或 d_3 反相驱动 Q_x 和 Q_y 两个 MOSFET，这会导致两个电阻分压器的 a 点和 b 点电位产生小幅变化，其电压差被比较器检测并输出给高侧驱动器。比较器的供电电源由自举电容 C_{bs} 来提供，因此它会随着主电路 MOSFET 的状态在 $V_{in}+V_c$ 和 V_c 之间浮动。通过分压电阻的设计，可以保证 a 点和 b 点电压的共模分量满足比较器的共模输入范围。电荷泵电路的主要缺点是主电路的低侧 MOSFET 不能长期处于关断状态，否则自举电容上不能得到电荷补充，驱动电路将不能正常工作。

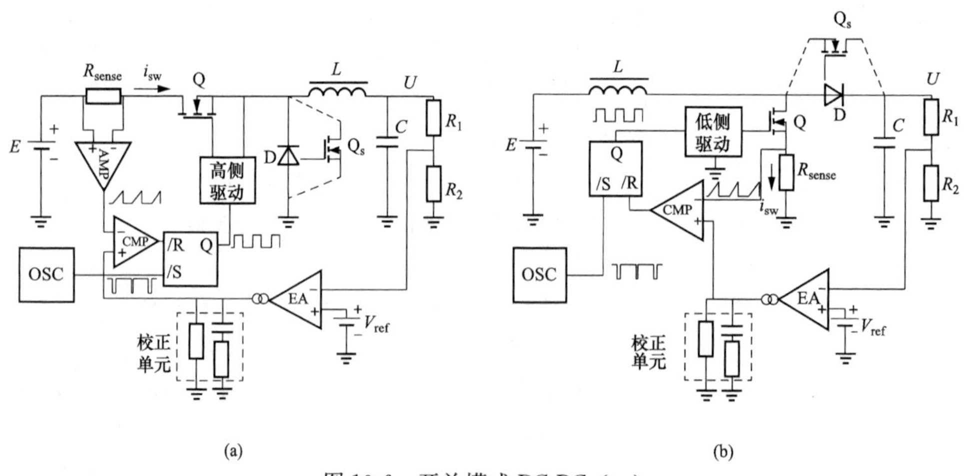

图 10-6　开关模式 DC-DC（一）

（a）降压斩波；（b）升压斩波

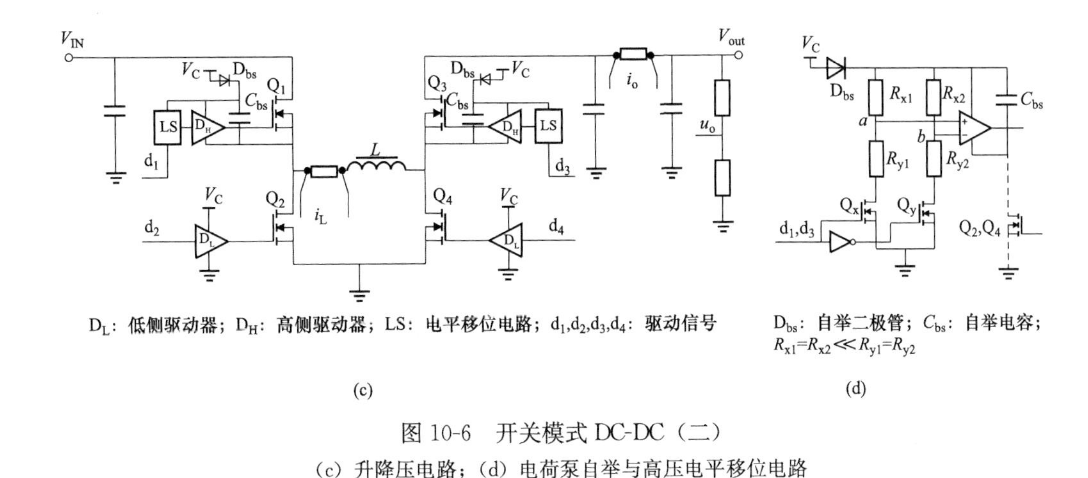

图 10-6　开关模式 DC-DC（二）

（c）升降压电路；（d）电荷泵自举与高压电平移位电路

10.3　智能仪器的抗干扰技术

抗干扰设计是智能仪器的重要设计内容之一，来自仪器内部或外部的干扰会导致测量结果的不准确，可能引起仪器的功能不正常甚至造成损坏。对智能仪器的测量造成干扰的因素是广泛的，本节主要讨论电磁干扰对智能仪器的影响及其防护问题。

电磁干扰的主要源头是瞬态变化的电压（电场）和电流（磁场），它们会对仪器的测量电路或者功能电路造成耦合或传导干扰。但是有时静态的电场和磁场也可能会造成干扰。例如，在精密测量电路中，一个高灵敏度的电压放大器可能会受到导线连接点的接触热电势、线路的直流压降等因素的影响，造成测量的不准确。另外，磁灵敏的传感器会受到外界静态磁场的影响而产生不准确的输出。电磁干扰的另外一个主要来源是电磁波的辐射，对于高频电子仪器而言，这种影响不容忽视。可见，对于智能仪器而言，其电磁干扰的防护是复杂的问题，不同功能的仪器所面对的防护对象和防护要求也不同。

满足测量和控制要求并且能够对安装环境中的电磁干扰进行有效防护的仪器设备被称为是电磁兼容（Electromagnetic Compatibility，EMC）的。由于应用领域及安装现场的情况不同，仪器设备遭受的电磁干扰的情况也不同。为了实现仪器设备的电磁兼容性，不同领域和行业都规定了所使用的各种功能仪器和设备的电磁兼容防护标准，合格的仪器在出厂前需要通过专门的电磁兼容性试验考核，这种试验考核能够使得仪器适合大多数安装现场的要求。当然也存在某些特殊场合，即使通过电磁兼容考核试验的仪器仍然会被干扰而出现异常，为此需要对现场的情况进行考察和分析，来解决电磁兼容的问题。可见，电磁兼容设计理念应该贯穿于仪器的设计、制造、安装和运行的各个阶段，应该根据现场情况仔细考虑可能遇到的电磁干扰问题并采取必要的应对措施。

10.3.1　公共阻抗耦合

公共阻抗耦合是最常见的电磁干扰的来源，它们往往是由不完善的电路设计或者是被忽略的一些现场因素引起的。图 10-7（a）给出了公共阻抗耦合的原理，两个电流回路 i_1 和 i_2 由于共用了一段导线（虚线框内的部分，该导线具有一个阻抗 r_s），则 i_1 和 i_2 会在该公共阻抗上产生压降，结果对两个回路产生干扰电压的影响。图 10-7（b）给出了一个典型的公共阻抗耦合的实例，即数/模混合电路的设计。在该设计中，模拟电路［图 10-7（b）中的运算放大器电路和 ADC］与高频数字电路采用公共的地线，当数字电路的高频电流流过地线时，会在地阻抗上产生压降，从而对模拟电路造成电压耦合干扰。

图 10-7（c）给出了另外一个常见的产生公共阻抗耦合的情况。连接到公共电网的仪器设备，它们由电网的差分电压 u_{dm} 供电，并从电网吸收电流或注入电流［图 10-7（c）中箭头表示的差分电流 i_{dm1} 和 i_{dm2}］，它们将在电网的阻抗上造成压降，从而在电源电压上产生耦合干扰。另外，根据电气规范，用电设备的金属机壳应该与公共电网的保护地相连接，保护地一般会通过深埋到土壤中的金属电极与大地连接。在很多厂矿企业内，保护地由整个金属地网和设备的金属外壳构成，然后将它们与大地连接。大地被认为具有零电位，因此供电电源与大地间的电位差构成了共模电压源，如图 10-7（c）中的 u_{cm}。共模电源会通过设备的对地阻抗产生共模电流 i_{cm1} 和 i_{cm2}［图 10-7（c）中的虚线指示了共模电流的路径］，它们通过供电线路进入设备，并从接地线返回。如果供电线路（L 和 N）的对地阻抗不相等，则共模电流将转换为差分电压，从而对设备造成干扰。图 10-7（d）给出了共模电流转化为差模干扰的原理，图中 Z_A 和 Z_B 代表供电线路的对地阻抗。

图 10-7（e）给出了另外一种由公共阻抗引起电磁干扰的实例。如图 10-7（e）所示，有两个不隔离的接地的电路系统，一个通过直流电源 E_1 供电，另外一个通过 E_2 供电。两个系统分别在 A 点和 B 点与公共地线相连接。在厂矿内的公共地线往往会遭受到短路、雷击或者绝缘击穿等事件，产生浪涌电流并从地线上流过。当图 10-7（e）中的两个电路系统之间有信号线的连接时，A 点和 B 点之间的阻抗 Z_g 会使地线上流动的浪涌电流通过两个电路系统来分流［图 10-7（e）中的箭头线所示］，结果对两个系统造成电磁干扰。浪涌电流的幅值和变化斜率决定了 A 和 B 两个点之间的瞬时电位差的大小，也决定了两个系统受到干扰的严重程度。

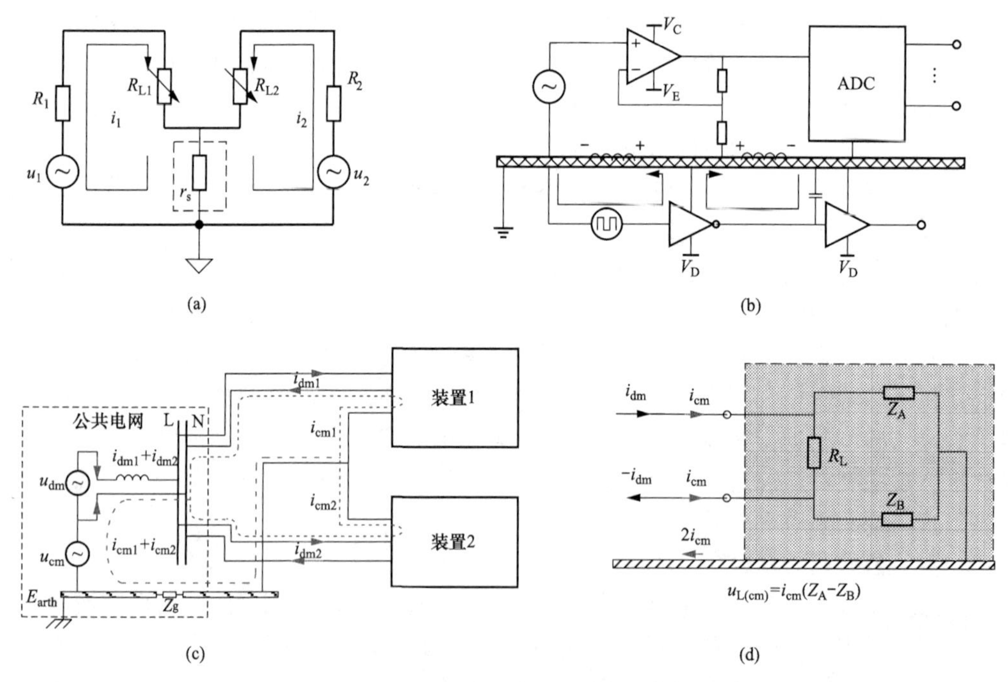

图 10-7　公共阻抗耦合的基本原理及实例（一）

（a）公共阻抗耦合原理；（b）数/模混合电路共地引起的耦合；（c）公共电网的阻抗耦合；（d）共模与差模干扰及相互转化

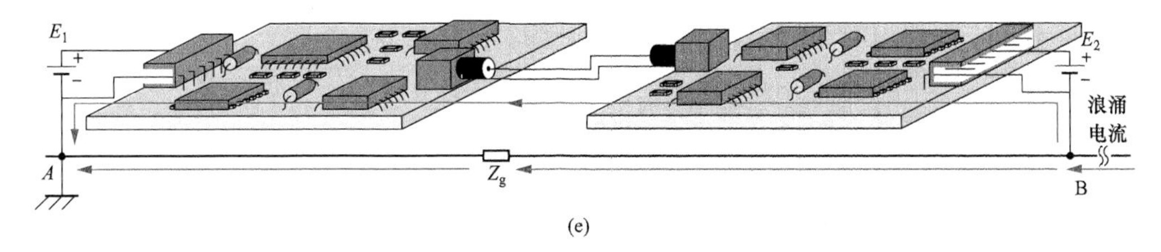

图 10-7　公共阻抗耦合的基本原理及实例（二）

（e）不隔离的接地系统之间的耦合干扰

10.3.2　电场感应和磁场感应

具有公共阻抗的两个电路系统是不隔离的，因此造成的电磁干扰问题可以通过隔离的方法来解决，这将在 10.3.4 节进行讨论。但是，对于没有直接连接关系的电路，它们之间也会通过导线间的寄生电容及互感产生耦合干扰。图 10-8（a）给出了多导体之间的电场感应（电容耦合）模型及多回路之间的磁场感应（互感耦合）模型。可见，任何不等电位的导体之间电压的变化会产生位移电流流过两个导体，并在各自的回路中产生耦合干扰。同样，任何一个回路中电流的变化将在另外一个回路中产生感应电压，从而对该回路产生耦合干扰。

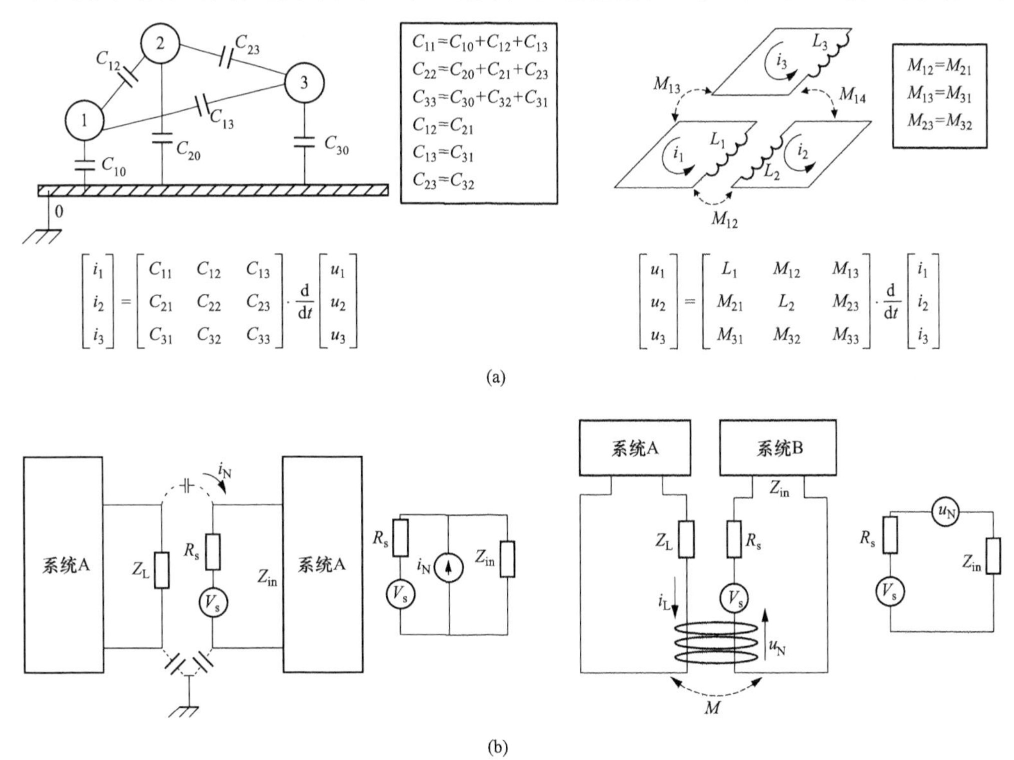

图 10-8　电场和磁场干扰原理

（a）多导体电场感应和多回路磁场感应原理；（b）系统间电场和磁场感应干扰的等效电路模型

根据电容耦合模型，电场干扰的大小取决于导体之间电压的变化率 $\mathrm{d}v/\mathrm{d}t$ 及导体间电容的大小；同时，这种干扰以位移电流的形式传输，因此被干扰回路受影响的程度还取决于该回路阻抗的大小。如图 10-8（b）所示，当被干扰的一个测量电路其等效阻抗 $Z=Z_{\mathrm{in}}/\!/R_{\mathrm{s}}$ 比较低时（Z_{in}为测量电路的等效输入阻抗，R_{s}为信号源内阻），那么位移电流 i_{N}流过该回路产生的影响也越小，所以电场感应干扰主要对高阻抗回路产生影响。与此不同，磁场感应干扰大小取决于源回路电流的变化率 di/dt 及回路间互感的大小，但是这种干扰以感应电压的形式传递，因此与被干扰回路的阻抗 $Z=Z_{in}+R_s$ 无关。

常见的电场和磁场干扰的频带在 150kHz～30MHz 范围内，表现为近场传导干扰。在这种情况下，电场和磁场干扰可以被分开考虑。磁场耦合在被干扰回路中往往表现为差模干扰的形式，而电场耦合则比较复杂，它既可能表现为差模干扰，也可能表现为共模干扰，更多的时候则是两种形态同时存在。共模干扰受环境的影响比较大，如仪表的外壳形状、器件的布局和安装方法及接地方式等。图 10-9 给出了 3 种由电场耦合产生共模干扰的典型实例。

在图 10-9（a）中，一个数/模混合电路 PCB 通过一个开关电源来供电，开关电源的功率 MOSFET 通过导热绝缘垫安装在散热器上，它们之间形成一个显著的电容 C_{mos}。另外，高频变压器的一次侧和二次侧之间存在层间电容 C_{trans}，散热器与机壳相连并连接到保护地（大地）。交流电源如果电网电压，那么它是一个接地电源，与机壳之间通过地阻抗 Z_g 相连；如果交流电源是浮地电源，则它与机壳之间具有等效 C_g。同样，PCB 如果是浮地的，那么它与机壳之间具有一个等效电容 C_{pcb}。根据图 10-9（b）中的电路，当 MOSFET 开通和关断的瞬态，其漏极 d 和源极 s 两侧对机壳的电位会产生剧烈变化，形成高 dv/dt。这样整个电路会通过寄生电容产生共模电流并从机壳返回电源侧。特别是通过 C_{trans} 和 C_{pcb} 流动的共模电流，由于流经 PCB，会对数/模混合电路造成干扰。

图 10-9（b）给出了另外一个反映电场耦合干扰的实例，图中给出了一个三电极球隙开关控制器原理。三电极球隙开关是一种用于接通高压回路的开关器件，如图 10-9（b）所示，由 Q_1、Q_2 和升压变压器 T1 构成的高频推挽电路把一个直流电压逆变成一个几千伏的交流中压，进而通过 D1、D2、C_1 和 C_2 构成的倍压整流电路得到上万伏的高压直流，施加到球隙开关的 A 和 B 电极之间。当一个控制脉冲经过变压器 T2 施加到在 B 上埋设的控制电极时，球隙将被击穿，高压直流被输出到控制器的外部负载上用于绝缘测试。在这个装置中，高压回路及控制回路的参考地均被连接到机壳上。在球隙被击穿前，B 电极通过下拉电阻接地，因此其电位为零，但是在高压放电的瞬间，其电位会迅速上升至几万伏，从而形成一个很高的 dv/dt。这会导致隔离变压器的一次侧和二次侧间的电容 C_{t1}、C_{t2} 及小球电极 A 和 B 对机壳间的电容 C_{p1} 和 C_{p2} 流过显著的位移电流，该位移电流经过机壳到达控制板，结果对控制电路造成了干扰。

以上两种电场耦合干扰的实例中，装置的机壳增大了寄生电容的大小，并且充当了共模电流的返回回路，因此可增大干扰的强度。在实际应用中常常会发现，当把这类装置的机壳去掉后，整个电场耦合干扰的强度会降低。有时，即使没有机壳，电场耦合也会造成共模干扰，如图 10-9（c）给出的实例。图 10-9（c）中，一个背靠背的 H 桥开关电路用于把发电机的功率传递给电网。在发电机侧和电网侧都安装了隔离的电流传感器，中间直流母线电压则通过一个电压传感器来检测，这些测量信号被反馈到一个数/模混合的控制 PCB 中。在开关电路的工作过程中，P 点和 A 点之间及 P 点和 B 点之间的电压为开关 PWM 电压，因此具有很高的 dv/dt，它们将在传感器一次侧和二次侧之间的寄生电容 C_{i1}、C_{i2} 及 C_v 上产生位移电流并流经控制 PCB，从而造成干扰。在这个实例中，控制 PCB 充当了共模电流通过的公共路径。

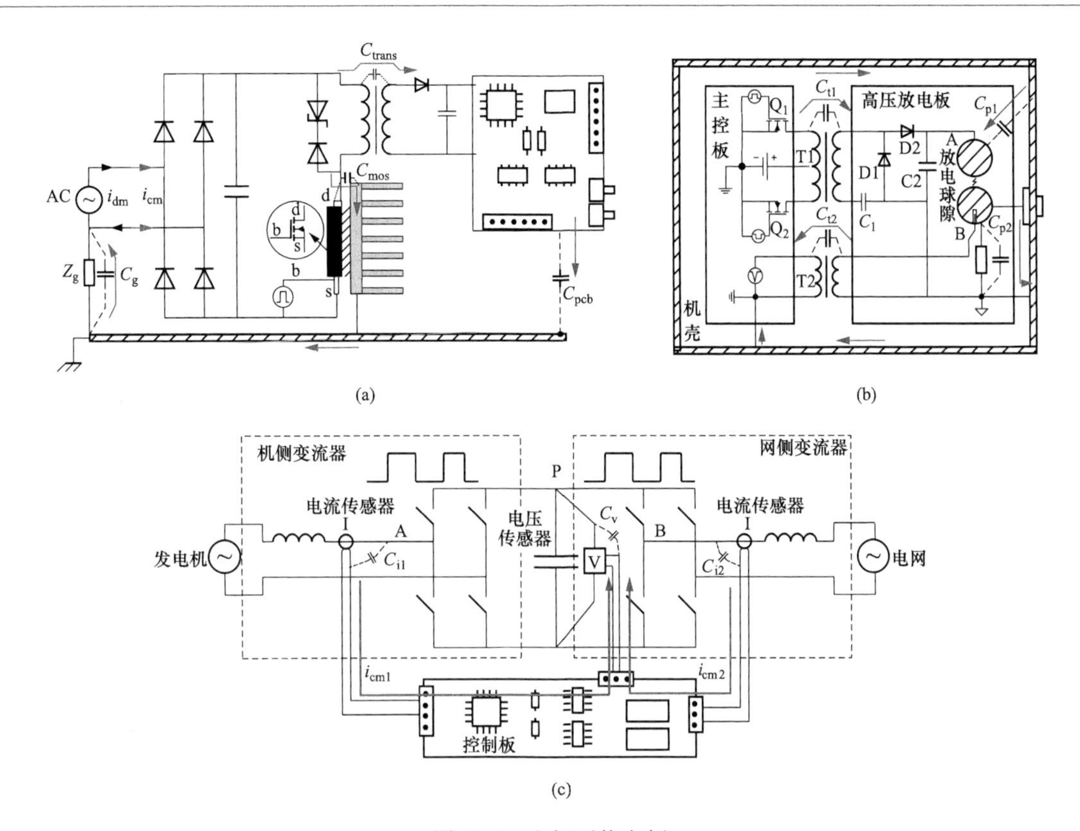

图 10-9　电场干扰实例

（a）开关电源供电电路的电场耦合干扰；（b）球隙开关放电控制装置的电场耦合干扰；

（c）背靠背电力电子变换器的检测和控制环节中典型的电场耦合干扰

上述实例中，电场耦合干扰或者是源自功率电路中电力电子开关的动作，或者是源自高压球隙的击穿，它们都会造成很高的电压变化率，因此也很容易产生干扰。当然，在 9.3 节所述高频信号的完整性分析中，关于电场和磁场耦合的问题与本节内容的本质原理是一样的，但有所区别的一点是高频信号的耦合问题中讨论了分布参数模型，存在远端和近端干扰。除了干扰源，电场耦合干扰的强度还取决于耦合电容的大小，而耦合电容又受到空间导体的数量、导体形状、距离和绝缘介质等众多因素的影响，且会形成复杂的干扰路径。对这种干扰的防治，需要在经验基础上假设一个简化的干扰模型，对干扰路径上的关键寄生电容参数进行估计，并且基于模型提出抑制干扰的方案措施，最终通过实验检验所施加的抗干扰措施是否奏效来验证干扰模型的正确性。

10.3.3　隔离技术

为了解决两个电路之间公共阻抗耦合问题，可以采用电气隔离技术。电气隔离包括对模拟信号的隔离及对数字信号的隔离，通常利用磁场耦合或者光电耦合原理来实现。对于模拟信号的隔离，利用磁场耦合原理的电压/电流互感器及变送器是主要的隔离部件，如基于磁平衡原理的电压/电流互感器及霍尔/磁阻式电流互感器等。图 10-10（a）和（b）分别给出了磁平衡电流互感器及磁阻式电流互感器的原理。

磁平衡电流互感器的一次侧和二次侧电流按照匝数比满足线性关系（严格说只在二次侧短路的条件下成立），此时铁芯内部是零磁通的，但是这种互感器遵从法拉第电磁感应定律，它只能对交流电流进行隔离。对于交流电压，可采用电压互感器（变压器）进行隔离。磁阻式电流互感器与霍尔电流互感器的原理类似，区别在于前者利用磁阻作为磁场测量元件，当磁场变化引起电阻产生变化时，通过直流电桥检测该变化并推动放大器产生信号电流，该电流被注入给具有较多匝数的二次侧绕组形成负反馈来抵消一次侧电流产生的磁场，最终使得铁芯中的净磁场为零，实现磁平衡。此时，二次侧电流与一次侧电流之间的比例等于匝数比。霍尔或磁阻式传感器既能隔离交流，也能隔离直流。这类传感器在隔离电压信号时，需要先把电压转换为电流（如在一次侧串联电阻）。

除了磁平衡的互感器，利用光耦合也可以实现电压信号的隔离，如图 10-10（c）给出的光耦隔离放大器。光电耦合器件在一次侧施加正向电流 I_F 时会使内部 LED 发光，其二次侧的光敏晶体管（也可以是光敏二极管）在施加偏置电压后近似为光控恒流源。光耦的主要技术参数为一次侧和二次侧电流传输比（Current Transfer Ratio，CTR），它是一个非线性参数，受到温度及器件饱和程度的影响。仅利用光耦 CTR 特性来设计的隔离电路具有很强的非线性，而且传输特性存在温漂。为了克服这种影响，可采用两个特性完全一致的光耦（通常集成在一个芯片中）构造图 10-10（c）给出的具有反馈回路的隔离放大器。其中，下方的反馈光耦 Q_2 被包含在一次侧运算放大器的闭环中，其输出电流仅由输入电压 u_{in} 和电阻 R 决定，因此有效克服了非线性和温漂的影响。上方的隔离光耦 Q_1 因为与反馈光耦特性完全一致，因此其输出电流总是与 Q_2 相等。线性光耦隔离放大器的成本很低，体积也很小，但其缺点是对光耦的特性一致性要求很高，因此如果外部电路条件不同，如由于电源和负载不同引起 Q_1 与 Q_2 光敏晶体管的压降存在差异，那么其输出电流就不能完全相同。

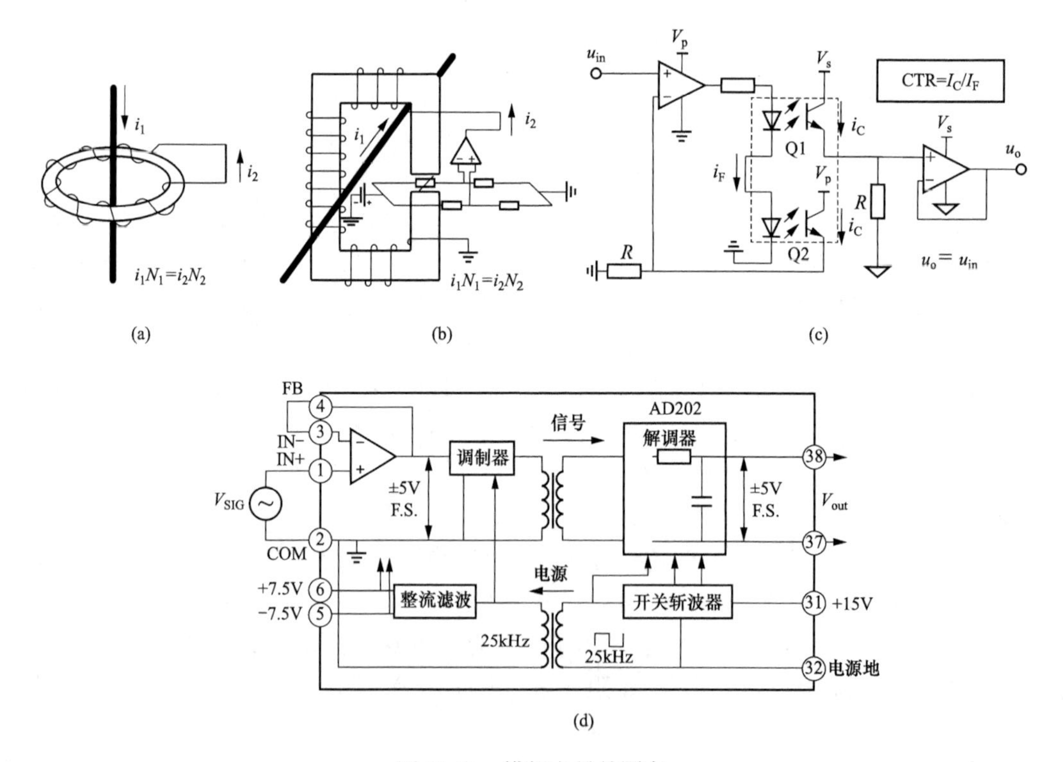

图 10-10 模拟电量的隔离

（a）磁平衡电流互感器；（b）磁阻式电流互感器；（c）光耦隔离放大器；（d）变压器隔离放大器

图 10-10（d）给出了另外一种基于变压器的隔离放大器的原理。这种隔离放大器利用调制解调原理把输入信号（直流或低频）调制成高频信号，然后通过变压器隔离，在二次侧解调制获得原始信号。由于采用变压器来隔离，这类隔离放大器具有很好的线性度（高于线性光耦）；缺点是采用了调制技术，受到载波频率的限制其带宽比较低，同时成本较高，体积大。

模拟信号的隔离和传输要求隔离部件要具有良好的线性、低噪声和低温漂，否则会引起仪器测量的准确度下降，因此这对隔离部件的设计和制造提出了很高的要求，往往成本比较高。在有些高精度的测量电路中，往往不对模拟信号进行隔离，而是将其转换为数字量后再隔离。开关量的输入和输出也采用数字隔离的方式。数字信号隔离比模拟信号隔离简单，其隔离方式主要采用光电隔离的方法。对于时钟信号或者窄脉冲信号也可以采用脉冲变压器进行隔离。

目前数字信号光电隔离的方法主要包括两种：一种是利用光电耦合器隔离，另一种是采用光纤来隔离。图 10-11（a）给出了普通光耦隔离数字信号的两种结构。在该结构中，R_1 配置输入 LED 的发光电流，R_2 则配置输出晶体管的工作点，使其能够处于饱和状态。由于输出晶体管会进入饱和区，而退出该状态需要较长的时间，因此普通光耦的传输速度比较低，对于方波信号的传输延时在 10μs 左右，不能应用于 100kHz 以上的信号传输。

对于高频信号的隔离和传输，需要采用高速光耦，其原理如图 10-11（b）所示。这种光耦的输出侧由光敏二极管和信号放大器构成，一次侧输入电流的变化使二次侧光敏二极管的电流发生变化，而放大器则对此变化进行放大，其输出经过整形电路后转换为数字信号，驱动输出晶体管导通或截止（该晶体管通常被设计成集电极开路结构）。高速光耦的放大器工作于小信号线性区，因此其速度很高，可传输方波的频率往往高达 10MHz 以上。

光耦隔离的绝缘耐压水平一般为 2500～3000V，对于电力领域的高压场合，隔离电压往往需要达到几万伏，此时可以采用光纤进行隔离。另外，利用光纤实现电路隔离的同时还可以实现数字信号的长距离传输，使其不会受到电磁干扰的影响，因此光纤隔离是目前通信领域和工业控制领域常用的隔离方式。图 10-11（c）给出了多模光纤收发器 HFBR-14xxZ 和 HFBR-24×2Z 系列的典型应用电路。由图 10-11（c）可知，光纤收发器的原理与高速光耦相似，差别在于传输光纤的引入大大延长了两个被隔离电路之间的距离，不仅提高了电路之间的绝缘等级，同时也避免了两个电路之间的各种电磁耦合，因此具有更高的抗干扰能力。

相比于光电隔离，脉冲变压器隔离的成本和体积都要更大，而且只能对窄脉冲进行隔离，但是它的主要优点是在隔离的同时可以提供功率，因此对于某些数字电路，它可以充当驱动器。图 10-12 给出了基于脉冲变压器的几种典型数字信号隔离电路。

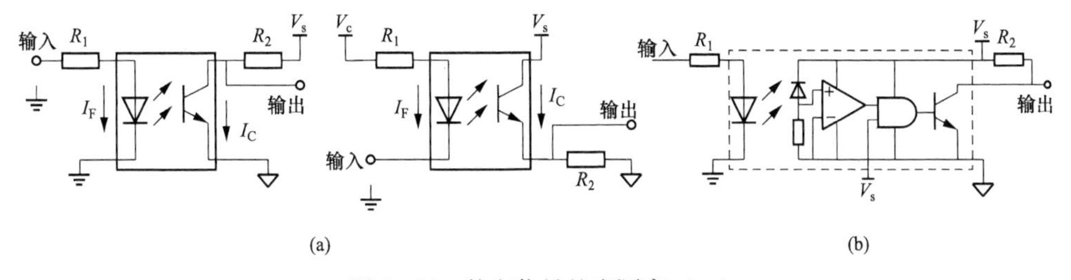

图 10-11　数字信号的光隔离（一）

（a）数字信号光耦隔离；（b）高速光耦隔离

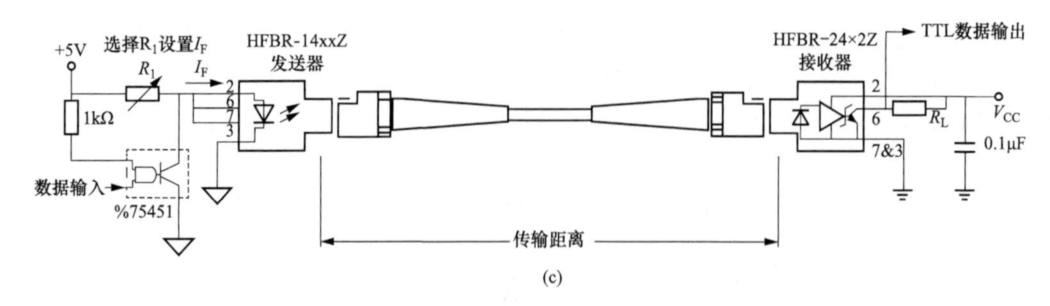

图 10-11　数字信号的光隔离（二）
（c）光纤隔离

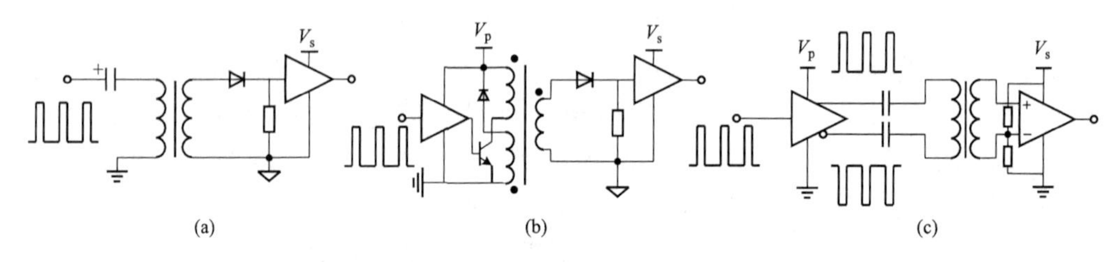

图 10-12　基于脉冲变压器的数字信号隔离电路
（a）具有输入隔直电容；（b）正激磁复位式；（c）差分信号隔离

对于脉冲变压器，要求施加到其一次侧绕组上的正负电压的伏秒积相等，这样可以使铁芯不产生偏磁导致的饱和短路。在图 10-12（a）中，输入脉冲信号通过隔直电容消去了直流分量，这样便消除了偏磁问题，而输出则经过整流二极管去掉了负电压；图 10-12（b）中采用了具有磁复位绕组的正激拓扑；图 10-12（c）给出了基于脉冲变压器的差分信号隔离电路，图中输入差分信号经过隔直电容后被变压器隔离，而变压器的输出信号则通过一个差分转单端的器件来进行变换。需要注意，图 10-12（c）中两个分压电阻决定了一个直流电压，用于对差分转单端器件的共模电压进行配置，使其位于 0～V_s。

对电路进行隔离的主要作用包括：①消除公共阻抗耦合；②在信号的测量和传输中，通过隔离可以获得或产生浮动的差模信号，该信号可被接入另外一个电路的任意电位点。图 10-13（a）给出了一个利用继电器实现对单片机输出的开关控制量进行隔离的电路实例。在该电路中，单片机的输出 I/O 口（P1.0）通过晶体管 Q 来控制继电器 K 的线圈通电，进而利用电磁力控制机械接点闭合，最终控制功率电路被接通。图 10-13（a）中 D 为续流二极管，用于 Q 关断后为电感线圈的励磁电流提供续流回路。该电路利用电磁力实现了控制电路与功率电路的隔离，两个电路之间不存在公共阻抗的耦合。

对于图 10-7（e）给出的两个接地 PCB 之间由于地线上流过浪涌电流而导致干扰的实例，可通过隔离技术来解决，其方案如图 10-13（b）所示。图 10-13（b）中两个 PCB 的信号接口之间实现了隔离，则浪涌电流只能从地线上流过，防止了干扰的发生。浪涌电流造成的公共阻抗 Z_g上的瞬时压降将由隔离器件的绝缘来承受。

利用隔离电路产生浮动信号的实例很多，如利用互感器来检测功率电路的电压或电流，其输出的二次侧信号是电气隔离的。除此之外，图 10-13（c）和（d）给出了另外的实例——功率电路高侧开关的隔离驱动电路。如图 10-13（c）和（d）所示，一个降压斩波电路中 Q 为高侧电力开关（可为功率 MOSFET 或 IGBT 等），它需要一个高于阈值的差分电压施加到其栅极和源极之间来控制导通或关断。由于寄生电容 C_{cg} 和 C_{ge} 的存在，Q 在开通或关断时要求一个冲击电流来给寄生电容充电和放电，进而使 Q 的栅极电压能够快速上升或下降，这就要求驱动电路必须输出一定的功率。在图 10-13（c）中，采用变压器作为隔离器件，它的二次侧产生的差分电压可以直接驱动 Q 的栅极和源极，且它能够从位于一次侧的驱动器中吸收电流供给 Q 的栅极寄生电容。利用变压器隔离，变压器的绝缘需要承受功率电路与控制电路之间的最大压差，对于图 10-13（c）中的电路，这个压差即功率电源的电压 E。在图 10-13（d）中，采用光耦作为隔离器件。光耦隔离只能传输信号，其二次侧需要辅助电源 V_D，驱动电流将由 V_D 来提供。为了生成辅助电源 V_D，图 10-13（d）中采用了一个隔离的 DC-DC（内置隔离变压器）。可见，光耦隔离不能传输功率，驱动电路所需的功率实际上仍然是由变压器传递的。

图 10-13（e）给出了另外一个利用光隔离产生差分电压的实例。在高压试验中用到了球隙开关点火控制器，它通过地面的一个触发控制箱来传输点火触发信号。由于当球隙开关击穿后，点火控制器的电位将升高到高压 HV 值，因此需要通过隔离产生浮地的差分控制信号，同时隔离器件还要承受高压 HV。在本例中采用光纤来实现这个绝缘承受能力，与光耦一样，光纤只能传输信号，其二次侧需要浮地的辅助电源且必须由该电源来提供触发功率，图 10-13（e）中高压侧浮地电源采用电池来供电。

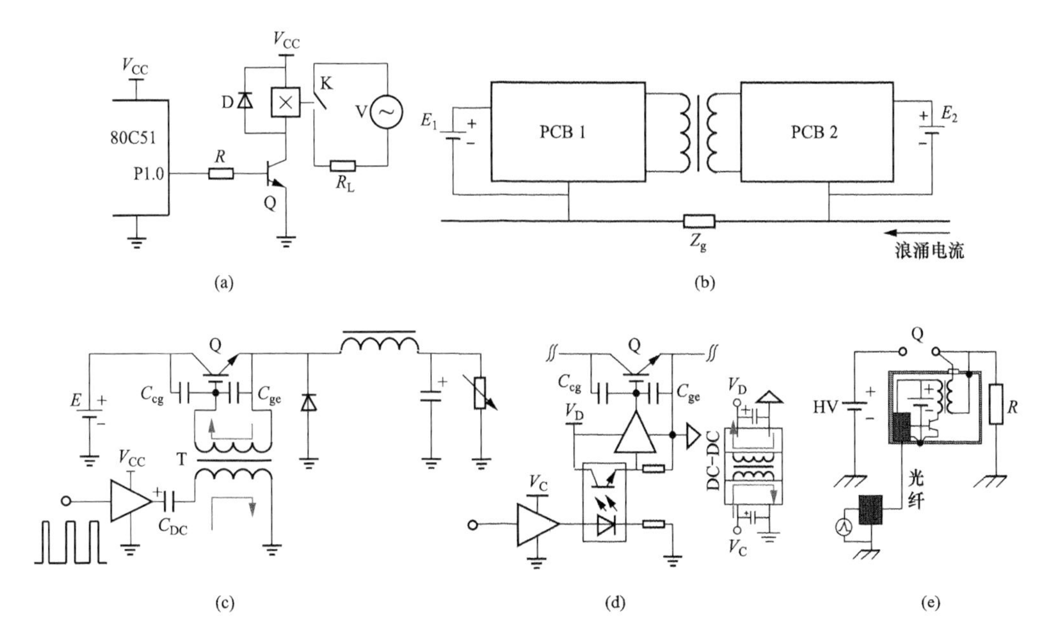

图 10-13　各种隔离电路的作用

（a）继电器隔离；（b）隔离消除共地的 PCB 之间浪涌电流回路；（c）高侧电力开关的变压器隔离和驱动；（d）利用光耦隔离的驱动电路；（e）光纤在高压试验中的应用

隔离产生了浮动的差模信号，而隔离器件的一次侧和二次侧之间则承受着共模电压。共模电压的大小与隔离二次侧的差模信号被接入的位置有关。在图 10-13（c）～（e）中，隔离器件的一次侧和二次侧电路都是共地的，因此该共模电压确定为电源电压 E 或高压 HV（开关导通或球隙击穿后）。但是，若两个电路之间不共地，而是完全独立的，那么共模电压的大小则是不确定的，这在某些情况下会发生危险，对此问题将在10.3.4节中举例进行分析。隔离器件的绝缘必须能够承受最大共模电压的冲击，这在隔离电路设计中是非常重要的安全规范，但是往往也是设计者容易忽略的问题。

被隔离的两个电路之间存在电容效应，当隔离器件经受高 dv/dt 的共模电压冲击时，会导致共模电流通过电容产生耦合的问题，这在10.3.2节中已经进行了阐述。隔离电容的来源包括两个部分：一个是隔离器件自身一次侧和二次侧之间的寄生电容；另外一个则是被隔离的两个电路由于相互之间的距离比较近，双方的器件和导线之间产生的寄生电容。

不同类型的隔离器件，其一次侧和二次侧固有电容的大小相差很大。对于光耦器件而言，其电容比较小，如普通光耦TLP521的隔离电阻约为 $10^{11}\Omega$，而电容仅为0.8pF；高速光耦6N137的隔离电阻为 $10^{12}\Omega$，而电容也仅为0.6pF。与此不同，隔离变压器的一次侧和二次侧则具有比较显著的电容，这主要与变压器的制作工艺有关，大多数变压器的一次侧和二次侧采用叠层绕线结构，叠层之间用绝缘纸或树脂带隔离。这种结构是典型的电容器结构，对其层间电容可利用平行板电容器公式来进行估计。例如，在一个直径为 $D=1\text{cm}$ 的圆柱骨架上绕制长度为 $L=3\text{cm}$ 的叠层绕组，中间采用 $d=0.1\text{mm}$ 的聚亚酰胺膜作为绝缘介质（介电常数 $\varepsilon_r=4$），绕组之间的电容量 $C=\varepsilon_0\varepsilon_r A/d=\varepsilon_0\varepsilon_r \pi DL/d\approx 333\text{pF}$。可见，这是一个非常显著的值，在高共模电压 dv/dt 作用下有可能引起严重的干扰。为了降低这个电容值，可以增大绝缘间距（提高绝缘介质的厚度），该措施同时也能提高绝缘阻抗及击穿电压的幅值。至于两个被隔离的电路由于小的绝缘间距而造成的寄生电容效应，可以通过修改布局、布线或者利用光纤隔离来延长绝缘距离，减少该电容的影响。

10.3.4 接地技术

接地是电路的电磁兼容性设计的一个重要内容，它往往与隔离和屏蔽等措施一起应用来取得良好的防护效果，接地主要涉及对共模电压的处理。恰当地接地会减少公共阻抗耦合干扰、降低电场感应干扰、减轻共模电压对电气绝缘的危害及对操作人员人身安全的危害等。但是，不正确的接地方式可能加重上述电磁干扰和危害。一般来说，在电气技术领域中的“地”包括3种：①逻辑地，即一个电路的公共参考，一般连接到供电电源的负端或正端，在PCB上经常通过大面积敷铜来充当参考地平面，作为信号的公共返回路径，信号电流将沿着该地线返回电源。②大地。在电磁场中，大地被视为一个等电位体，且被当作零电位点；而在电力系统中，大地被视为一个良导体，电力设备的金属外壳及配电侧三相电源的中性点等都通过特殊形状的金属电极深埋到大地中来实现良好的接地。在直流输电领域，大地还作为直流电流的返回路径。③保护地。有人操作的仪器设备的外壳及所处的金属舱室或者在地面专门铺设金属板和机架，它们使得操作员与设备处于同等电位。在设备的EMC测试中，往往采用金属测试平台或者在平台上专门铺设金属平板作为保护地，它们与测试仪器和被试设备上的“保护地”端相连接。此外，在市电220V的配线中，除了中性线和相线外，还有一条专门的保护地线（在三足插座上可见对应的端子）。保护地一般就近与大地相连接（合格的做法是与深埋于大地中的金属电极相连接），但是在飞机等设备中，保护地则是悬浮的。大地本是天然的保护地，但是电气设备的接地好坏与埋地深度、土壤条件及埋地电极的状态等都有关系，因此在工厂或者实验室往往采用金属保护地来代替大地更为可靠。另外，有些金属保护地还具有其他功能，如电力机车的铁轨从电气规范上可以作为保护地，而从机械规范上它还是行车轨道。保护地采用金属连接的主要目的是能够确保所连接的电气设备之间是等电位的。未连接保护地的设备一旦发生绝缘破损后，其机壳会带电，从而危及站在保护地上的操作人员的生命安全。

高频和低频信号共用逻辑地，在地阻抗上会产生耦合干扰，如图 10-7（b）给出的数/模混合电路的情况。这时可以将模拟地和数字地进行区隔，最后将两个地在一个点上进行连接，这样可以防止高频电流借道模拟地返回。图 10-14 给出了一个数/模混合电路 PCB 的分块布局和逻辑地连接示意图。如图 10-14 所示，整个电路由模拟电路、MCU 数字电路及功率电路（如继电器或 LED 的驱动）构成，它们采用不同的电源来供电。其中模拟电源 $\pm V_E$ 一般采用线性稳压器来提供，数字电源 V_C 可以由低纹波的开关电源来供电，而功率电路的电源 V_P 则要求根据负载的功率需求来设置。3 块电路彼此之间是不隔离的，其逻辑地被连接在一起。在 PCB 设计时，3 种电路的元件分区布置，逻辑地各自独立，其中模拟电路的所有元件连接到独立的模拟地（AGND），数字电路的地则连接到数字地（DGND），而功率电路输出采用独立的功率地（PGND）。AGND 和 PGND 分别在接口器件 ADC 和驱动芯片处与 DGND 一点相连。一点接地可以有效防止数字电路的高频电流经过模拟地，同时也可阻碍功率电路的电流进入数字地。有时 AGND 与 DGND 之间也采用铁氧体磁珠来进行连接，磁珠等效为一个小电感，对于高频电流呈现出高阻抗。在图 10-14 中，运算放大器和驱动器可以采用独立的供电电源，但是对于 ADC 芯片，它既包含模拟电源 V_A，也包含数字电源 V_C，且两者之间的电压差不允许超过 0.5V。对于这种情况，一般不采用两个独立的电源为 ADC 供电，而是把数字电源 V_C 经过一个低通滤波电路后作为模拟电源 V_A。

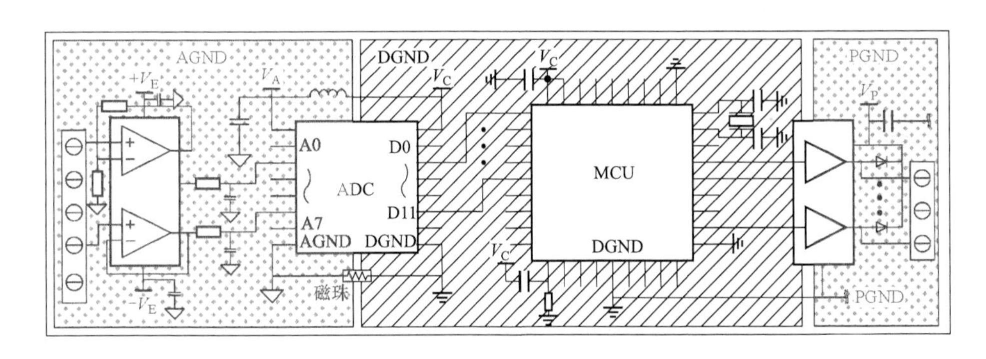

图 10-14　数模混合电路 PCB 的分块布局和逻辑地连接示意图

以逻辑地为参考的信号回路传输差模信号，而差模信号是各种不同功能的电路所处理的主要对象，同时信号回路与仪表的金属机箱或机壳（保护地）之间也存在共模电压。

差模信号回路与保护地之间电气绝缘的系统称为浮地系统，浮地系统存在下列不安全因素：①浮地系统在干燥环境中可能带有静电电压，当人或接地设备与之接触或进行连接时会引起静电泄放电流，结果可能导致器件的损坏或人身伤害；②浮地系统易受交流高压的感应而带电，其电压高低取决于系统与高压源之间的阻抗及对地阻抗的大小。过高的感应电压会造成电路与机箱和机壳之间的绝缘安全问题，同时，对于有人操作的按钮和接插件等部件，均需要足够的电气绝缘强度，防止对人身造成伤害。浮地系统的主要优点是当发生绝缘能力下降甚至绝缘破损而造成接地时，系统不会发生短路，仍然能够正常工作；

对于那些户外无人值守的仪器设备，这个性能非常重要。图 10-15 给出了一个浮地系统可能发生的典型问题。

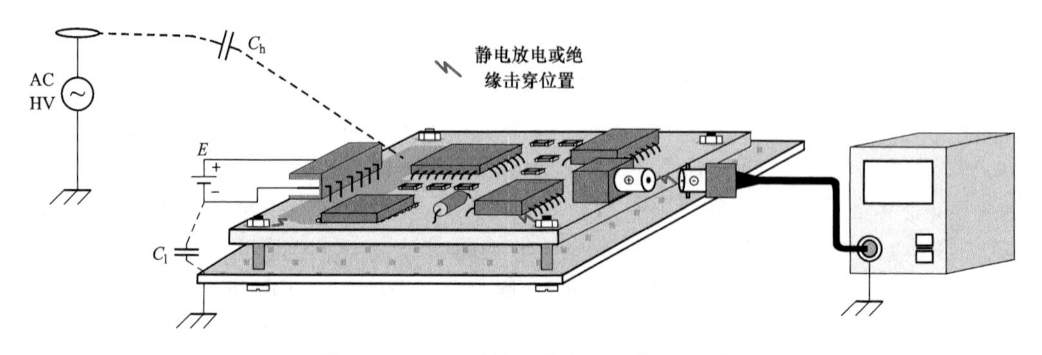

图 10-15　浮地系统可能发生的典型问题

首先，由于差模电路与保护地电气绝缘，因此电路板可能带有静电，当一个接地的仪表与之连接时，在接口处会发生静电放电；其次，电路板会遭受到附近的高压电源的感应而带电，电压高低取决于 C_h 和 C_l 两个阻抗的分压关系。当高压源的电压足够高时，电路板与保护地之间薄弱环节的电气绝缘会被击穿而产生放电（如图 10-15 中电气元件或导线与安装螺栓之间的放电）。目前，常规变压器或光耦等隔离器件的绝缘等级一般在 2500～3000V，这也是一个浮地系统所能承受的共模电压范围，超过此范围的低压侧仪表必须设计成接地系统，防止感应高压引起危险。

与浮地系统相比，接地仪表的内部电路与保护地之间的共模电压在直流和低频情况下为零，这将有效克服上述浮地系统的安全问题，降低对绝缘的要求。图 10-16 给出了接地仪表的典型应用实例。在高压耐压试验中，常常需要对被试设备的击穿电压进行检测，此时会用到工频峰值表，用于记录击穿前施加到被试品上的高压峰值。如图 10-16 所示，Z_L 是被试设备，自耦调压器 TA 和升压变压器 THV 用于对被试品施加高压，其大小用 C_h 和 C_l 构成的分压器来检测。高压设备的低压侧电极和外壳均被连接到保护地，同时它们也通过接地电极与大地连接。220V 的工频电源在配电变压器位置与大地连接，因此与试验场相比，可认为是在远端接大地。工频峰值表内部测量电路的逻辑地在信号输入接口（如同轴连接器）处与机壳一点连接。当分压器输出信号通过同轴电缆与峰值表相连时，峰值表内部电路将自动被连接到保护地，成为接地系统。

在正常升压期间，峰值表内部电路、机壳及输入 220V 电源均接地，因此其共模电压为零，不会受到高压感应而引起绝缘安全风险。但是，该试验系统的主要挑战发生在被试设备的绝缘被击穿的瞬间，工频峰值表会遭受到严峻的冲击和共模干扰。如图 10-16 所示，当绝缘击穿发生时，瞬时短路电流被注入大地，由于地阻抗的存在会引发地电位的剧烈抬升。距离短路点越近，电位就越高，而 220V 工频电源由于是在远端接大地，因此其电位不发生变化。由于工频峰值表为近端一点接地系统，虽然其内部测量电路连同机壳的电位被整体抬高，但是与 220V 电源线之间仍然存在巨大的跨步电压，为此需要专门设计高绝缘能力的隔离变压器 T 来承受该电压。同时，也可以采用图示防雷保护器件（压敏电阻或瞬态电压抑制器 TVS）来限制过高的跨步电压，对变压器 T 及 220V 输入线与机壳之间的电气绝缘进行保护。只要 T 能够承受跨步电压不被击穿，那么浪涌电流就不会流过测量电路（防雷器件的击穿电流通过机壳被旁路），故可极大程度上减轻共模干扰的危害。

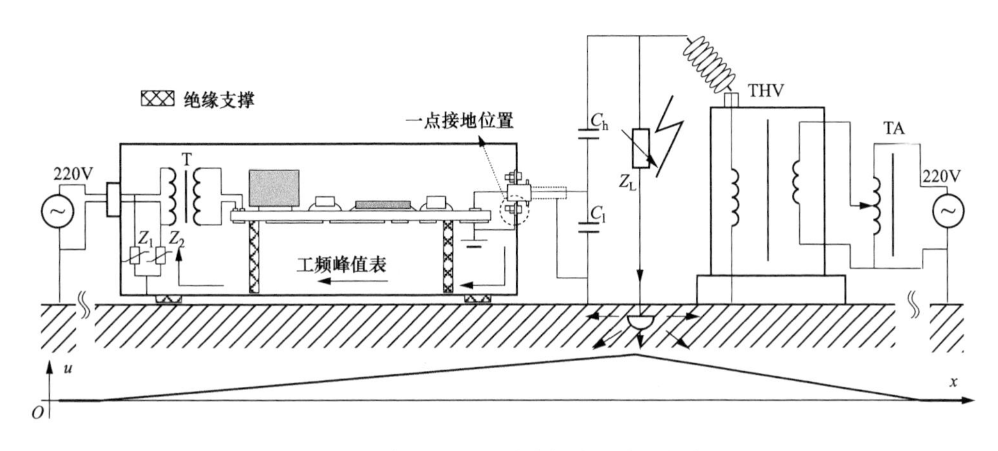

图 10-16　高压耐压试验中仪表的接地与保护

10.3.5　电磁屏蔽技术

智能仪器内部复杂的信号电路和微处理器，可能遭受到来自外部供电电源及通过输入/输出引线传输的传导干扰，还会受到通过空间耦合的外部电磁场的干扰。此时，可以把它们置于一个金属壳子中通过屏蔽技术来进行防护。屏蔽的形式是多样化的，包括仪器的金属外壳（或塑料外壳的金属涂层）、传输电缆中包裹信号线的金属层（屏蔽双绞线或同轴电缆等）、变压器绕组施加的环形开口屏蔽层及信号接插件所采用的金属外壳等。屏蔽层的屏蔽效能与被防护的电磁场的性质和频率密切相关，同时也取决于屏蔽层的材料、形状、厚度和接地方式等。

对于低频电磁场或者在较近的区域内（远小于 1/4 波长），电磁屏蔽的原理基于近场模型，此时电场和磁场的屏蔽可被分别进行考虑；对于外部的静电场（或直流电场），置于一个金属壳内的电路不会受到外场的影响，这是因为金属壳的外壁在外电场的作用下会产生异号感应电荷，它们产生的电场抵消了外电场的作用，造成壳体内合成场强为零的效果。在外部交变电场的作用下，虽然内部电路与屏蔽壳之间存在电容效应，但是金属屏蔽壳是一个等电位体，因此外电场引起的位移电流将在屏蔽壳外层流过，而不会通过寄生电容流入内部电路。可见，金属屏蔽壳对于电场的屏蔽效果是非常理想的。

图 10-17（a）给出了屏蔽壳对外部交流电场的屏蔽模型，在交变电场的作用下，通过电容效应产生的位移电流将通过屏蔽壳流动，内部电路不会受到影响。另外，根据静电屏蔽原理，在金属机壳内安装的电路所产生的电场会在机壳内壁产生异号感应电荷，而外壁则会产生相反的电荷（金属内部的电场为零），因此整个屏蔽体对外部电路会产生电场的影响。不过，当外壳被接地时，这种影响将会消失。这就是说，置于金属屏蔽壳内的电路对外产生的电场，在屏蔽壳接地的情况下，将会被完全屏蔽。图 10-17（b）给出了屏蔽壳对内部电场的屏蔽模型。在该模型中，屏蔽球壳上被开了一个缝隙，从场分析可知，这种屏蔽壳的缝隙会泄漏内部电场。

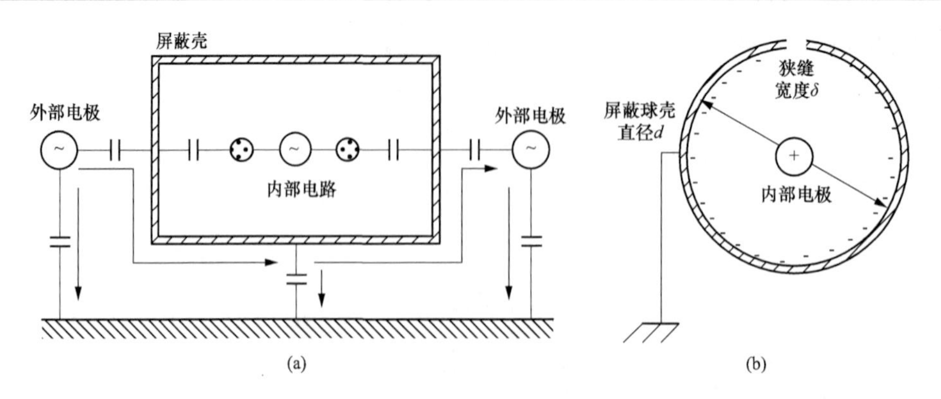

图 10-17 电场屏蔽模型

(a) 对外部电场的屏蔽模型；(b) 对内部电场的屏蔽模型

图 10-18（a）和（b）对比了图 10-17（a）模型中屏蔽壳对外部电场分布的影响，从图中可以看出，屏蔽壳使其内部完全成为一个零电场的区域。图 10-18（c）和（d）则对比了图 10-17（b）模型中屏蔽球壳不接地和接地两种情况下内部导体的电场分布，从图中可以看出，屏蔽壳对其内部导体的电场屏蔽能力取决于屏蔽壳是否接地，当接地时，外部电场大大下降。另外，屏蔽壳的狭缝对内部导体的电场具有明显的泄露作用，且使得其内部电场分布极不均匀，而狭缝处也是电场强度最大的区域。屏蔽壳接地将大大降低这种泄漏作用，并改善内部电场的分布。

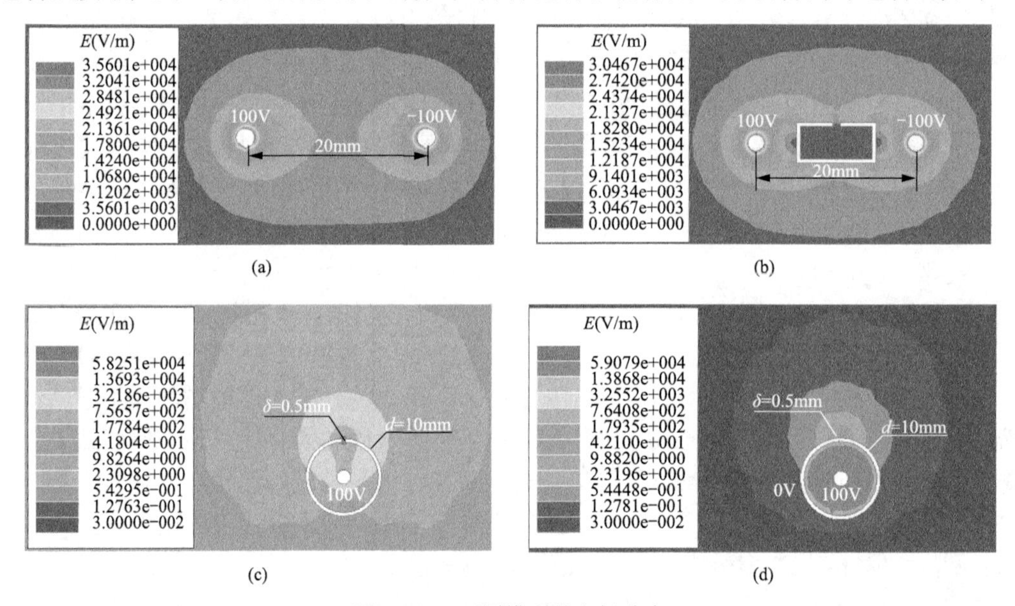

图 10-18 不同模型的电场分布

(a) 无屏蔽时；(b) 有屏蔽时；(c) 屏蔽球壳不接地；(d) 屏蔽球壳接地

对于电场的屏蔽，要求屏蔽材料应该具有较好的导电性。对于静电场屏蔽，屏蔽材料必须具有能够自由移动的电荷；而对于交变电场，位移电流将在屏蔽壳上流动，电导率低的材料会导致屏蔽壳上产生显著的压降，从而使得位移电流通过内部寄生电容流入被屏蔽的电路，影响屏蔽效果。一般金属材料都具有很高的电导率，因此能够对电场产生良好的屏蔽作用。

与电场不同，对磁场的屏蔽在低频和高频下是很不同的。首先，对直流和低频磁场的屏蔽要选择高磁导率的材料。但是，任何铁磁材料的磁导率都不会像空气和金属的电阻率之间的差别那么悬殊，空气的电阻率约为 $3\times10^{8}\,\Omega m$，而金属铜的电阻率仅为 $1.75\times10^{-8}\,\Omega m$。相比之下，空气的相对磁导率 u_r 约为 1，而高磁导率的坡莫合金比空气磁导率高 $2\times10^{4}\sim10^{5}$ 倍。因此，利用金属导体可以对电场形成很好的屏蔽，但是利用铁磁材料对磁场进行屏蔽的效果则远远不如电场。另外，在高频磁场的作用下，金属导体内的感应电势会形成涡流，对外部磁场产生去磁效应。电导率越好的材料，产生的涡流去磁作用越强，也因此能产生很好的磁场屏蔽效果。这就意味着，高频下金属铜对磁场的屏蔽效果要比铁更好。

图 10-19（a）和（b）分别给出了在采用铜和铁屏蔽层时一个 10A 电流线圈产生的直流磁场的分布。从图 10-19（a）和（b）中可以看到，当采用铜屏蔽（相对磁导率 $u_r=1$）时，直流磁场可以不受影响地穿越屏蔽层；而采用铁屏蔽层（$u_r=4000$）时，穿过屏蔽层的磁场被大大减弱。

图 10-19（c）给出了在不同电流频率下，位于屏蔽层后 p 点位置处的磁感应强度的大小。从图 10-19（c）中可以看出，在直流和低频磁场下，铁屏蔽层可以将 p 点的磁场降低到只有铜屏蔽层的 1/5。但是随着电流频率的增加，铜屏蔽层的涡流去磁效应越来越强，p 点的磁场强度也逐渐下降，大约在 50kHz 以后其屏蔽作用更优于铁屏蔽层。引起这种现象的主要原因是在高频下磁屏蔽的主要因素是涡流去磁效应，由于铜的电阻率约为 $17\mu\Omega cm$，而铁则为 $97\mu\Omega cm$，高电阻率的铁在高频磁场的作用下产生的涡流比较小，因此其去磁效应不显著。同时，铁磁材料的磁导率是频率的函数，随着频率的增加，其磁导率是下降的，这也会造成在高频下铁磁材料对电流屏蔽能力的下降。作为一个实例，图 10-19（d）给出了美磁公司的磁粉芯软磁材料铁硅铝的初始磁导率与频率的关系曲线（图中不同曲线的相对磁导率 u_r 不同，取值范围为 26～125）。

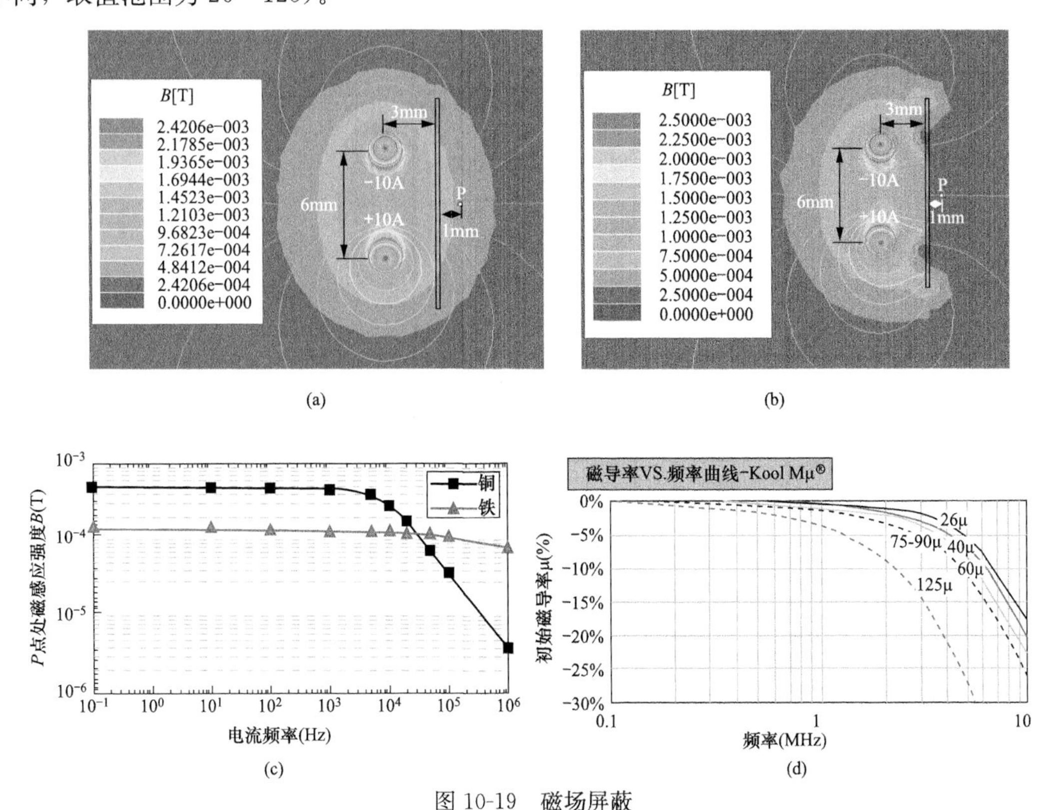

图 10-19　磁场屏蔽

（a）静态磁场铜屏蔽；（b）静态磁场铁屏蔽；（c）高频磁场的屏蔽；（d）初始磁导率与频率关系曲线

对于高频电磁场或者在较远的区域，电磁场的屏蔽问题可通过电磁波在介质中的传输、损耗及分界面的反射来解释。对于电磁波的传输，无论是绝缘材料还是导体都属于电介质，它们的介电常数 ε 和磁导率 μ 对于电磁波的传输性质会带来重要的影响。在远离源的地方，电磁波可以被看作平面电磁波。在介质中传播的平面电磁波可以采用下列方程来描述

$$\begin{cases} E_x(z,\ t)=E_{x0}\mathrm{e}^{-\mathrm{j}kz}\mathrm{e}^{\mathrm{j}\omega t} \\ H_y(z,\ t)=H_{y0}\mathrm{e}^{-\mathrm{j}kz}\mathrm{e}^{\mathrm{j}\omega t} \end{cases} \tag{10-1}$$

式中，k 为波常数，其定义为 $k\equiv\omega/v_{\mathrm{p}}$，$\omega$ 为角频率，v_{p}为波的传播速度；ω 为角相位随时间的变化速率或每单位时间内发生的相位变化（rad/s）。

波常数 k 的物理含义可以理解为空间频率，即角相位随距离 z 的变化速率或每单位距离上相位变化的大小，单位为 rad/m。在真空中，波常数 $k_0=\omega/c=\omega\sqrt{\varepsilon_0\mu_0}$，因此真空中电磁波更一般的表达式为

$$\begin{cases} E_x(t,z)=E_{x0}\cos(\omega t-k_0z) \\ H_y(t,z)=H_{y0}\cos(\omega t-k_0z) \end{cases} \tag{10-2}$$

另外，电磁波的电场分量 E_x和磁场分量 H_y之间存在约束关系，与传输线中的电压波与电流波之间的特征阻抗相对应。任意位置 E_x与 H_y之间的比值称为波阻抗，它由介质的特性来决定。真空中的波阻抗为

$$\frac{E_x(t,\ z)}{H_y(t,\ z)}=\eta_0=\sqrt{\frac{\mu_0}{\varepsilon_0}}\approx377\Omega \tag{10-3}$$

式中，ε_0 和 μ_0 为真空中的介电常数和磁导率。

在介质中，波常数 k 为一个复数，$k=\alpha+\mathrm{j}\beta$，其实部 α 表示电磁波的衰减系数，而 β 则为相位常数（rad/m）。因此，电磁波的方程变为

$$\begin{cases} E_x(t,z)=E_{x0}\mathrm{e}^{-\alpha z}\cos(\omega t-\beta z) \\ H_y(t,z)=H_{y0}\mathrm{e}^{-\alpha z}\cos(\omega t-\beta z) \end{cases} \tag{10-4}$$

这说明电磁波在介质中的传输，其幅值将随着距离 z 的增加而衰减。电介质对电磁波传输的这种影响取决于不同的介质特性，即其介电常数和磁导率值。为了描述这种影响，引入一个复介电常数和复磁导率定义

$$\begin{cases} \varepsilon=\varepsilon'-\mathrm{j}\varepsilon''=\varepsilon_0(\varepsilon'_{\mathrm{r}}-\mathrm{j}\varepsilon''_{\mathrm{r}}) \\ \mu=\mu'-\mathrm{j}\mu''=\mu_0(\mu'_{\mathrm{r}}-\mathrm{j}\mu''_{\mathrm{r}}) \end{cases} \tag{10-5}$$

在上述表达式中的虚部项表示介质对于电磁波的损耗。对于绝缘介质，ε''主要表征了束缚电荷的振动或者电偶极子的弛豫引起的损耗。对于导体，ε''则与导体的电导率 σ 相关。μ'' 则主要由铁磁性材料引起，对于非铁磁材料，一般认为 $\mu=\mu_0$。对于一般的非铁磁材料电介质，式（10-5）中的衰减系数 α 和相位常数 β 的表达式如下

$$\alpha=\omega\sqrt{\frac{\mu\varepsilon'}{2}}\left(\sqrt{1+\left(\frac{\varepsilon''}{\varepsilon'}\right)^2}-1\right)^{\frac{1}{2}};\quad \beta=\omega\sqrt{\frac{\mu\varepsilon'}{2}}\left(\sqrt{1+\left(\frac{\varepsilon''}{\varepsilon'}\right)^2}+1\right)^{\frac{1}{2}} \tag{10-6}$$

式中，$\varepsilon''/\varepsilon'=\tan\theta$，为介质的损耗角正切。

当给电介质材料施加一个正弦交变电压时，其内部会产生两个正弦电流分量，一个是阻性电流分量（与 ε''相关），一个是容性位移电流分量（与 ε'相关），两个电流分量之间的相位差为 90°。损耗角正切 $\tan\theta$ 等于这两个电流的比值。当 $\tan\theta\approx0$ 时，这种材料称为良电介质

材料，这意味着电磁波在其中传输时不会有能量的损失（衰减系数 $\alpha=0$）。同时，从 β 的表达式可以看出，无论良电介质或者有损电介质，电磁波在其中传输时的波长和波速都与真空中的不同（但电磁波的频率 ω 不变），在良电介质中 $\beta=\omega\sqrt{\mu\varepsilon'}$，而在有损电介质中 β 还与 $\tan\theta$ 正相关。电磁波的波长和波速表达式为

$$\begin{cases}\lambda=\dfrac{2\pi}{\beta}\\ v_{\mathrm{p}}=\dfrac{\lambda\omega}{2\pi}=\dfrac{\omega}{\beta}\end{cases}\tag{10-7}$$

可见，介质中 β 总是大于真空中的波常数 k_0，因此电磁波在所有介质中的波长都比真空中要短，而波速则比真空中低。同时，介质损耗越大，电磁波的波长越短，而波速越低。

对于导电介质，电场会在导体中产生自由电子或空穴移动，进而产生传导电流。根据欧姆定理，电流大小由导体的电导率 σ 和电场强度 $\vec{E}_{\mathrm{s}}$ 决定，即 $\vec{J}_{\sigma\mathrm{s}}=\sigma\vec{E}_{\mathrm{s}}$。根据麦克斯韦方程，高频电场的变化及传导电流都会引起磁场。因此：

$$\nabla\times\vec{H}=\vec{J}_{\sigma\mathrm{s}}+\vec{J}_{\mathrm{ds}}=\sigma\vec{E}_{\mathrm{s}}+\mathrm{j}\omega\varepsilon'\vec{E}_{\mathrm{s}}=(\sigma+\mathrm{j}\omega\varepsilon')\vec{E}_{\mathrm{s}}=\mathrm{j}\omega(\varepsilon'-\mathrm{j}\varepsilon'')\vec{E}_{\mathrm{s}}\Rightarrow\varepsilon''=\frac{\sigma}{\omega}\tag{10-8}$$

式中，$\vec{J}_{\sigma\mathrm{s}}$ 和 $\vec{J}_{\mathrm{ds}}$ 分别为传导电流和位移电流密度，两个电流相位差 90°。

这样，导体中的介质损耗角正切为 $\tan\theta=\dfrac{\sigma}{\omega\varepsilon'}$。对于金属导体，$\varepsilon'=\varepsilon_0$，显然即使电导率的数量级仅为 10^5，即便在 100MHz 的高频下，$\tan\theta$ 也远大于 1。可见，对于金属导体，其电磁波衰减系数 α 和相位常数 β 为 $\alpha=\beta=\sqrt{\pi f\mu\sigma}$。到此为止，可以引入著名的透入深度（或集肤深度）$\delta$ 的公式，该深度表示电磁波进入导体后衰减到 $\mathrm{e}^{-1}\approx0.368$ 倍时的距离。

$$\delta=\frac{1}{\alpha}=\frac{1}{\sqrt{\pi f\mu\sigma}}\tag{10-9}$$

式（10-9）表明，高频电磁波进入导体后，其幅值会迅速衰减，导体的电导率越高，则高频电磁波的衰减率越高。因此，在高频下应该选择高电导率的金属材料作为屏蔽材料，而屏蔽层的厚度可以根据趋肤深度的大小来选择，太厚的材料对于屏蔽效果其实没有太大用。另外，需要注意在良导体中，电磁波的速度实际上也是很低的。例如，对于金属铜（$\sigma=5.8\times10^7\mathrm{S/m}$），频率为 50Hz 的电磁波，其透入深度为 9.3mm，但是根据式（10-7），在其中传播的电磁波的波长为 $\lambda=2\pi/\beta\approx5.84\mathrm{m}$，而波速仅为 $v_{\mathrm{p}}=\omega/\beta\approx2.9\mathrm{m/s}$，它并不比人跑步的速度快。高频电磁波遇到良导体，其透入深度是很低的，即进入导体的电磁波的电场和磁场强度会迅速衰减到零，这意味着导体会快速消耗透入的电磁波能量，但是这并不意味着导体把入射电磁波的能量全部吸收了，相反，大部分的能量实际上是被反射回去了。在介质中，电场分量和磁场分量的幅值和相位通过波阻抗联系在一起。在有损介质中的波阻抗是一个复数，其表达式为

$$\eta=\frac{E_x(t,z)}{H_y(t,z)}=\sqrt{\frac{\mu}{\varepsilon}}=\sqrt{\frac{\mu}{\varepsilon'-\mathrm{j}\varepsilon''}}=\sqrt{\frac{\mu}{\varepsilon'}}\cdot\frac{1}{\sqrt{1-\mathrm{j}(\varepsilon''/\varepsilon')}}\tag{10-10}$$

当电磁波从介质 1 传输到介质 2 时，一部分透射，一部分被反射，而且只有考虑到反射

波才能满足电磁场的边界条件。因此，入射波 E_{1x}^{+}、反射波 E_{1x}^{-}和透射波 E_{2x}^{+}（+和−表示波的传播方向）之间的关系可以用反射系数 Γ 和透射系数 τ 来表示

$$\begin{cases}\Gamma=\dfrac{E_{1x}^{-}(t,z)}{E_{1x}^{+}(t,z)}=\dfrac{\eta_2-\eta_1}{\eta_2+\eta_1}=|\Gamma|\cdot \mathrm{e}^{\mathrm{j}\varphi_f}\\ \tau=\dfrac{E_{2x}^{+}(t,z)}{E_{2x}^{+}(t,z)}=\dfrac{2\eta_2}{\eta_2+\eta_1}=1+\Gamma=|\tau|\cdot \mathrm{e}^{\mathrm{j}\varphi_i}\end{cases} \tag{10-11}$$

导体的波阻抗为 $\eta=\sqrt{\dfrac{\mathrm{j}\omega\mu}{\sigma+\mathrm{j}\omega\varepsilon}}$，对于良导体，若 $\sigma=\infty$，则 $\eta=0$。因此，当电磁波从介质中发射到良导体时，$\Gamma=-1$，$\tau=0$。这说明电磁波在良导体的表面被全反射，透入的电磁波为零。图 10-20 给出了平面电磁波的传输、反射和入射原理。

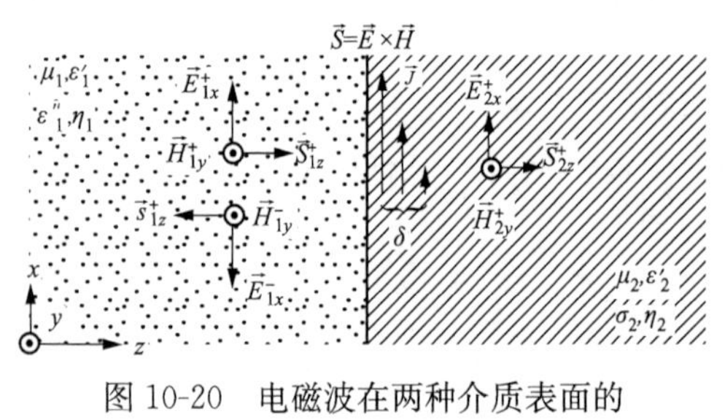

图 10-20 电磁波在两种介质表面的传输、反射和入射原理

仪表的金属机箱无疑是良好的屏蔽层，但是由于不可避免地要安装电缆、开关、按钮及显示器等，就需要在机箱上开孔和开槽。另外，机箱在组装中导电不良的接缝等都形成了对屏蔽层完整性的破坏，从而对电磁波的屏蔽效能产生影响。屏蔽层上开槽的尺寸和电磁波的波长是决定屏蔽效能的主要因素，若开槽的尺寸远远小于电磁波长，则对屏蔽效能几乎没有影响；而波长较短的电磁波则能够以波导传播的模式进入机箱内部，甚至在机箱内形成谐振，从而恶化屏蔽效能。另外，开孔的形状也会对屏蔽效能带来一定的影响；如图 10-21（a)给出的长条槽，若入射电场与槽垂直，则形成的电流将受到槽的影响，流动路径加长，导致等效电导率下降，屏蔽层对电磁波的衰减降低，因此屏蔽效果不好；而电场方向若与开槽的方向水平，则槽对电流的影响较小，电磁屏蔽效果也较好。既然入射电磁波的电场方向是自由的，总体而言，长条槽的屏蔽效果要比圆槽或者方槽差。另外，将一个长条槽分成两个短槽也会收到良好的效果。

大的开槽，如仪器的显示器等需要较大的开孔尺寸，此时最好的屏蔽方法是采用透光性好的导电屏蔽层覆盖显示器表面（如选择 ITO——铟锡氧化物镀膜），对于高频电磁波具有较好的防护作用。但是，这种方法比较昂贵。另外，可以采用双层屏蔽壳的原理，即内部设置两个屏蔽，对内部敏感电路进行防护（但是显示器无法被屏蔽）。为了防止电磁波耦合到显示器的传输电缆中进入机壳，可采用安装滤波器的方法来抑制，如图 10-21（b）和（c）所示。另外，屏蔽壳的面板或侧板等结构体安装时要保证接缝处良好的电接触，防止形成狭缝，最好可以在接缝处填充导电海绵或泡沫。

尽管一个良好的金属外壳可以有效屏蔽外部电磁场对仪表内部电路的干扰，但这并不意味着屏蔽只需要关注机壳。实际上，从机箱内引出的信号线也会受到外部电磁波的侵扰，如果不加屏蔽，信号电缆就会像天线一样接收电磁波，并且通过信号回路传导到内部电路造成干扰，因此对于外部信号线也需要进行有效的屏蔽，最方便的方法是采用屏蔽电缆来连接和传输两台仪器之间的信号。屏蔽电缆把信号线用金属帛或编织金属网包裹，从而实现屏蔽作用。由于屏蔽层与信号线之间存在较大的寄生电容，为了防止共模干扰，应该把信号地与屏蔽壳连接，使其等电位来消除电容效应。不过，对于屏蔽电缆所连接的两个电路，它们的信

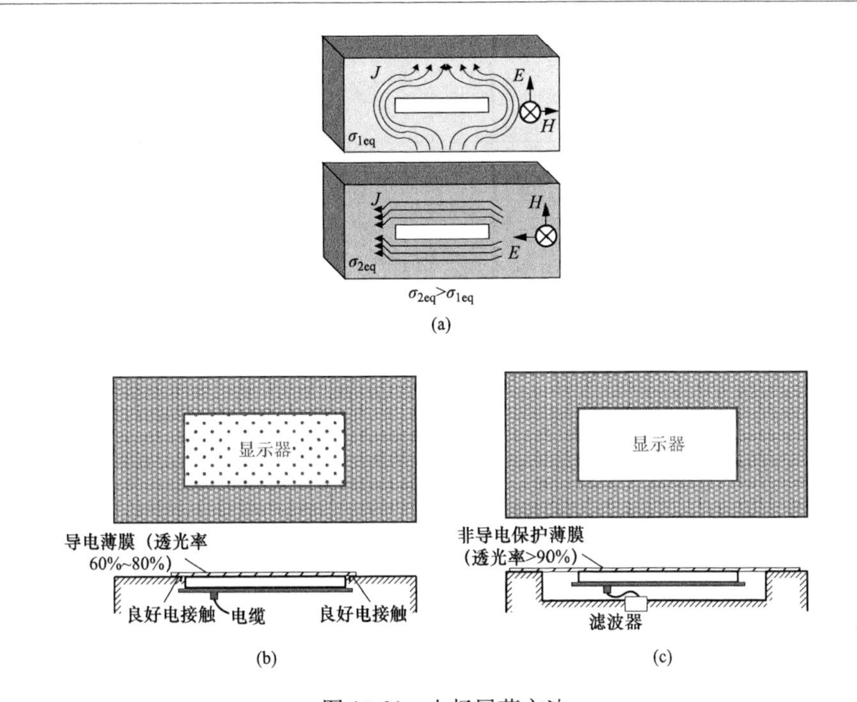

图 10-21　电场屏蔽方法

（a）机箱长条槽对电磁屏蔽的影响；（b）显示器开孔的屏蔽；（c）显示器开孔的双层屏蔽

号地最好不要都与屏蔽层进行连接，因为这样会使屏蔽层与信号地线之间形成一个回路，容易耦合磁场干扰形成地电流，在地线上产生干扰电压。另外，屏蔽层也应该与仪器的机壳相连接，并最终接保护地，以保证两台仪器的机壳与屏蔽层之间均不存在共模电压差。但是，不能把屏蔽层的两端都与保护地相连接，因为这样会造成两点接地，保护地上的浪涌电流将流过屏蔽层，使得屏蔽层的两端不等电位，进而通过寄生电容耦合对信号回路产生干扰，严重时甚至会烧毁屏蔽层。

图 10-22（a）给出了推荐的屏蔽电缆与信号电路相连接的原理。如图 10-22（a）所示，屏蔽层只在一端与机壳（保护地）相连接，同时信号地也仅在这一端与屏蔽层一点相连。这个规则对于低频信号的传输无疑是合理的，但是如果屏蔽电缆传输的是高频信号，那么情况则又不同。高频信号通常采用屏蔽双绞线（差分信号）或同轴电缆（单端信号）传输，屏蔽层同时也是高频信号的电流返回路径。如果采用图 10-22（a）的连接方式，屏蔽层一端开路，会造成特征阻抗的突变，从而引起高频信号的反射。此时，需要将屏蔽层的两端均与电路信号地和机壳相连接。但是，为了防止两点接地的问题，应该只把其中一台仪器的机壳连接保护地。

高频信号的屏蔽电缆连接如图 10-22（b）所示。不过，大多数有人操作的仪器按照安全规范必须将其机壳连接保护地，而不能如图 10-22（b）那样通过信号电缆和其他仪器机壳实现接地（防止信号电缆断开可能造成的浮地问题）。在这种情况下，可采用图 10-22（c）给出的双层屏蔽方案。其中，高频电路 1 和 2 均采用单独的内屏蔽壳实现屏蔽，它们之间的高频信号通过同轴电缆传输，同轴电缆的屏蔽层两端分别与两个内屏蔽壳相连。被屏蔽起来的高频电路与其他低频电路一起被安装在接地的机壳中。低频信号线及高频同轴电缆则又通过一个外屏蔽层来实现二次屏蔽。高频电路内屏蔽壳和传输电缆的外屏蔽层只在一端与接地的机壳连接。这种方案虽然比较麻烦，但是可以兼顾高低频信号的屏蔽要求。

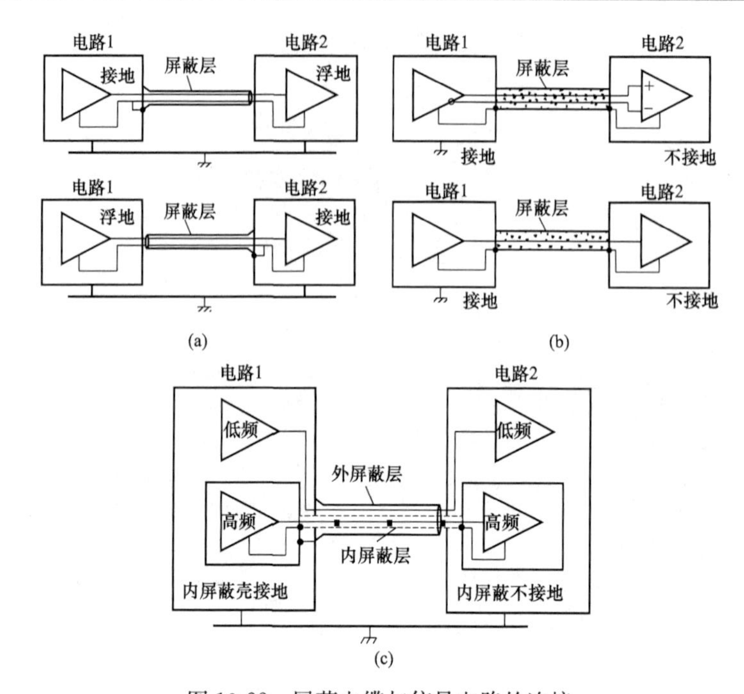

图 10-22 屏蔽电缆与信号电路的连接

(a) 低频信号的传输和屏蔽；(b) 高频信号的传输和屏蔽；(c) 双层屏蔽

高频信号的传输质量不仅受到所选择的屏蔽电缆的影响，还与屏蔽层的连接方式具有重要关系。图 10-23 给出了一个 PC 视频信号 VGA 接口的实例。PC 的视频信号是典型的高频信号，其传输采用多芯屏蔽电缆来实现，屏蔽层通常为铝箔，内部包裹着信号线，并且屏蔽层同时也是高频信号的地线。

图 10-23 (a) 给出了电缆与 VGA 端子的连接，图中屏蔽层通过一个延长引线（俗称“猪尾巴”）连接到 VGA 端子的接地端，但是并没有与 VGA 端子的外金属壳相连接。因此，当 VGA 连接显示器后，由于“猪尾巴”的寄生电感及共模干扰的影响，显示图像上会产生显著干扰条纹。图 10-23 (b) 中，“猪尾巴线”同时被连接到了 VGA 的金属外壳上，但是由于连接位置附近有一个铁的安装螺钉，造成接地线上会产生较大的电抗，因此显示图像仍然会有一定的干扰。在图 10-23 (c) 中，铁螺钉被更换为铜螺钉，波形质量得到了明显改善。屏蔽层与金属外壳连接的最优方式是采用图 10-23 (d) 给出的方式，这种方式屏蔽层用专用导电夹具压接，因此具有最低的接地阻抗，屏蔽效果也最好。

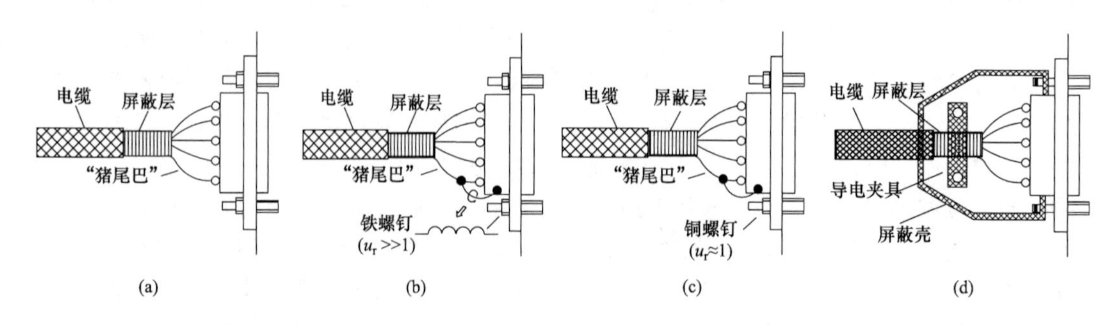

图 10-23 显示器 VGA 端子的连接

(a) 屏蔽不接端子壳（差）；(b) 屏蔽高阻抗接端子壳（较差）；(c) 屏蔽低阻抗接端子壳（较好）；(d) 屏蔽夹具连接（最好）

对电磁场的屏蔽还有其他形式，如对于 PCB 上平面布局的电路，其背面一个整块的接地平面或电源平面会大大降低电路对外的辐射。图 10-24 给出了这种屏蔽方式的另外一个实例。在半桥模块的 IGBT 高频通断时，在其直流母线的高频电容和 IGBT 管芯之间会产生一个等效的高频环流，该环流的频率在 10MHz 以上，取决于高频环流回路的寄生电感及管芯的寄生电容参数。高频环流是影响开关器件过电压、损耗及 EMI 特性的主要原因。对于现在的 IGBT 模块平面布局结构，高频环流回路的长度及因此带来的寄生电感是非常显著的。但是由于 IGBT 管芯背面用于管芯绝缘和散热的覆铜陶瓷板和铜底板的表面铜层的影响，高频环流产生的磁场会在铜层中形成涡流去磁效应（屏蔽作用），从而大大降低了其实际的寄生电感。这种屏蔽作用往往可以用镜像原理来解释，在高频环流回路下方的铜层的作用就像是产生了一个与实际高频环流成镜像的大小相等、方向相反的高频电流，它们之间产生互相削弱的磁场。当然，如果高频回路越接近铜底板（陶瓷板越薄），则去磁作用越显著，回路等效寄生电感也越小。

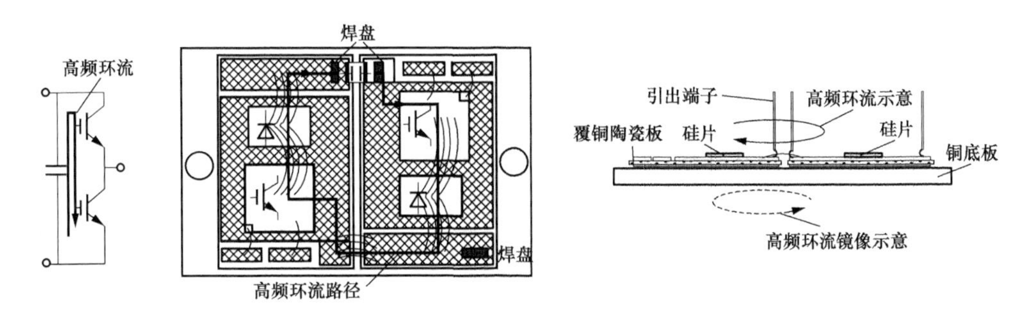

图 10-24　IGBT 模块平面布局的高频环流回路及底板的高频去磁作用

10.3.6　EMI 滤波器

沿着连接线缆进入设备或从设备发出的电磁干扰（电压或电流）可以通过 EMI 滤波器进行衰减，从而使得其幅值降低到不会使设备产生故障，或者达到 EMC 标准的要求。EMI 滤波器的原理是一个 LPF，但是由于电磁干扰的频带非常宽，而受到滤波元件和传输电缆的寄生参数及干扰源和负载阻抗的影响，EMI 滤波器实际上呈现出复杂的阻抗-频率特性。有时，EMI 滤波器的接入会产生电磁谐振，反而会放大某些频率的干扰信号，恶化 EMC 性能。因此，EMI 滤波器的设计需要考虑很多因素，并且往往需要借助仿真工具来进行，最终还需要通过 EMC 实验及阻抗分析仪或频谱分析仪等设备进行测量和评价。评价 EMI 滤波器性能的指标是插入损耗（Insertion Loss，IL）。插入损耗定义为滤波器未接入时传输到负载的电磁干扰噪声的功率 P_1 与接入滤波器后的功率 P_2 的比值。插入损耗越大，表示滤波器的滤波性能越好。图 10-25（a）给出了插入损耗的定义。滤波器插入损耗指标一般都是在源阻抗 R_s 和负载阻抗 R_L 均为 50Ω 的情况下测量得到的，由于实际应用中的源阻抗和负载阻抗是不同的，因此滤波效果也不一样。在电源线上安装的 EMI 滤波器要承受较大的负载电流，要求滤波元件自身的损耗必须比较小，因此往往采用电感和电容元件来构成滤波器。图 10-25（b）给出了不同的电源滤波器形式，以及它们与源阻抗和负载阻抗的关系。

EMI 滤波器所采用的电容元件要求具有很高的谐振频率，影响其高频性能的主要原因是介质材料和引线电感。陶瓷电容具有较高的谐振频率，是 EMI 滤波器中主要使用的电容。陶瓷电容是用高介电常数的陶瓷，如钛酸钡（$BaTiO_3$）、二氧化钛（TiO_2）或锆酸钙（$CaZrO_3$）挤压成圆管、圆片或圆盘作为介质，并用烧渗法将银镀在陶瓷上作为电极制成的。

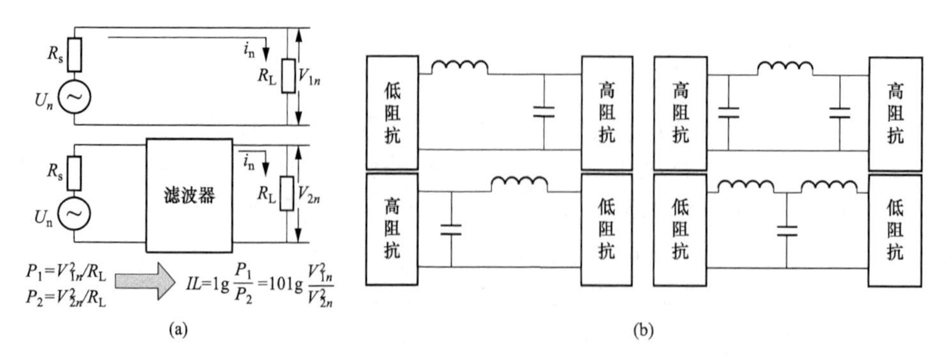

图 10-25 EMI 滤波器的指标和滤波器形式

(a) 插入损耗的定义；(b) 滤波器的形式与源阻抗和负载阻抗的关系

它又分为高频陶瓷电容（如 C0G）和低频陶瓷电容（如 X7R、X5R 和 Y5V 等）两种。前者的电容量几乎不随温度变化，而且具有极好的高频性能，如 100pF 的 C0G 电容的谐振频率高达 500MHz 以上，常常被用于高频谐振电路。不过，此类电容的电容量通常较小，如表贴 1206 封装的 C0G 电容的容量范围为 0.5pF～10nF。低频陶瓷电容的容量相对较大，往往采用多层陶瓷介质（这类电容称为独石电容），容量可以达到 10μF，但是频率性能相对降低。即使如此，一个 100nF 的 X7R 陶瓷电容的谐振频率也能达到 10MHz 以上。可见，陶瓷电容良好的频率特性使其适合在 EMI 滤波器中应用。不过，电容的频率性能还受制于其封装形式，只有那些采用表贴封装（如 0405、0603、0805 等）的小型电容才能达到如此高的谐振频率；而具有较长引线的封装形式（如圆片式），其谐振频率会受到引线电感的显著影响。对于 EMI 滤波器，电容寄生电感的影响可以通过图 10-26（a）的上图所示电路来说明，如果使用三端电容，则可大大降低引线电感的不利影响。

三端电容器的原理如图 10-26（a）下图所示，这种电容的两个极板分别输出 3 个电极，其中底部电极由一个大面积的焊盘构成，它在使用中被焊接到低阻抗的地平面上；而顶部电极则共引出两条引线，它们分别与两侧的滤波电感相连接。可见，这种封装的电容，其引线寄生电感与滤波电感串联，因此不会对滤波性能造成不利影响。另外一种低寄生电感的方案是穿通式电容器，其结构如图 10-26（b）所示，信号线从电容的中间穿过，周围填充陶瓷介质，电容的外极板在使用中连接屏蔽壳。这种电容的电流直接流入屏蔽地，具有很低的寄生电感，因此可以实现在 GHz 频率下的应用。同样，在信号线周围填充铁氧体可构成一个小电感，而馈通电容与该电感可以构成一个 π 形滤波器，如图 10-26（c）所示。

EMI 滤波器的电感元件一般采用铁氧体磁芯来制造。铁氧体是一种具有铁磁性质的陶瓷材料，不仅具有很高的电阻率（典型值 $10^5\Omega$m），而且剩磁很小，是良好的软磁材料。铁氧体在高频下不会产生涡流，故可以工作于很高的频率，常常被应用于制作高频脉冲变压器和电感等元器件。在 EMI 滤波器中主要采用高频 Mn-Zn 铁氧体或 Ni-Zn 铁氧体。

Mn-Zn 铁氧体的电阻率略低，但是磁导率很高，其最高工作频率要低于 Ni-Zn 铁氧体。例如，TDK 公司的 HF90，其电阻率为 0.3Ωm，而初始磁导率高达 5000，工作频率大约为 1.5MHz。与此相比，Ni-Zn 铁氧体的电阻率较高，磁导率比较低，但是工作频率很高。例如，TDK 公司的 HF70，其电阻率为 $10^5\Omega$m，初始磁导率为 1600，工作频率可高达 500MHz。对 GHz 级别的高频信号进行滤波，可在信号线周围包裹铁氧体来可制作一个微小的滤波电感（也称磁珠），如图 10-26（c）给出的方式，这可以提供几纳亨到几十纳亨的电感。对于其他较低频率的应用，采用铁氧体磁环可以提供足够大的滤波电感，高磁导率可以避免使用较多的线绕匝数，因为匝间电容会影响电感的高频特性，它与电感并联使得其阻抗在高频下反而降低。

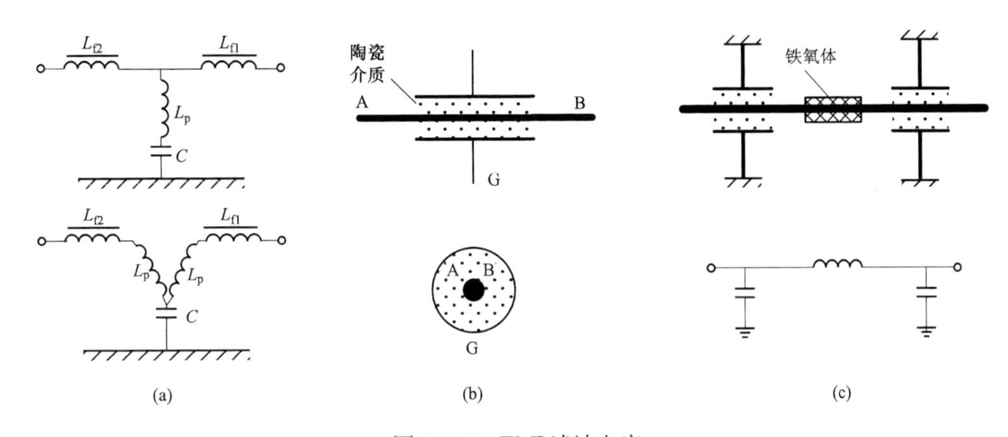

图 10-26 EMI 滤波电容

(a) 普通电容与三端电容；(b) 高频馈通电容；(c) 馈通电容构造高频滤波器

电感匝间电容的大小与电感的绕制方式有关，如图 10-27 (a)～(c) 给出的 3 种方式。单层绕制方式［图 10-27 (a)］只有匝间电容，而没有层间电容，因此是寄生电容最小的方式，而且其匝间电压也比较低。叠层绕制方式［图 10-27 (b)］常常应用于匝数比较多的电感，这种方式除了具有匝间电容外，还有层间电容，因此寄生电容比较大，而且电压差最高的两条导线 1 和 9 彼此相邻，因此对于导线绝缘的要求很高。相比之下，第三种绕制方式［图 10-27 (c)］改进了叠层绕制方式，相邻导线交错叠压，层间电压等于匝间电压，不仅降低了绝缘要求，也能大大降低层间电容的影响。

在仪器和电子设备中都要用到一种重要的 EMI 滤波器，即电源滤波器。电源滤波器要通过比较大的电流，因此可能会引起电感元件的饱和。铁氧体磁芯的饱和磁密比较低（一般为 0.3～0.5T），如果不开气隙，电源电流通过时很容易饱和。但是在电源滤波器中会用到一种特殊的扼流圈——共模抑制器，其原理如图 10-27 (d) 所示。共模抑制器是在铁氧体磁环上并绕两组同样的线圈构成的，它只对极性相同的共模电流 i_{cm}起到抑制作用；而对于极性相反的差模电流$\pm i_{dm}$，由于它们在磁芯中产生的磁通是互相抵消的，因此不会产生电抗作用，而且也不容易产生磁芯饱和（除非共模电流幅值比较大)。电源滤波器的基本电路原理如图 10-27 (e) 和 (f) 所示，其输入 L 和 N 分别为交流电源相线和中性线，而 G 则为保护地端（连接仪表金属外壳）。

差模滤波器能够对高频差模电流和共模电流均产生旁路和抑制作用。例如图 10-27 (e) 的单极 EMI 电源滤波器结构，C_{x1} 和 C_{x2} 为差模电容，它们能够旁路高频差分电流；而 L_c为共模抑制器，同时 C_y则为共模电容，它们构成一个共模 L-C 滤波器，对高频共模电流进行抑制。在滤波器的设计中，C_y的容值不能选择过高，否则会引起较大的泄漏电流，从而导致安全风险。图 10-27 (f) 为两级 EMI 电源滤波器，其扩展的第二级使用了差分电感 L_d，从而能够对差模电流产生抑制能力。当然，为了获得更好的衰减，可以把滤波器进行级联。但是，需要强调的是，对于高频 EMI 滤波器，串联级数越多，未必会获得越好的滤波效果，其主要原因一是磁芯饱和造成电抗的下降，二是寄生参数对高频滤波特性的影响。例如，在电源滤波器的设计中，铁氧体磁芯虽然是很优良的高频磁性元件，但是它也具有比较高的介电常数（微波铁氧体的相对介电常数高达 13），因此缠绕在其上的导线通过铁氧体介质能够构成较大的寄生电容，该电容会削弱一个扼流圈对高频电流的抑制作用。

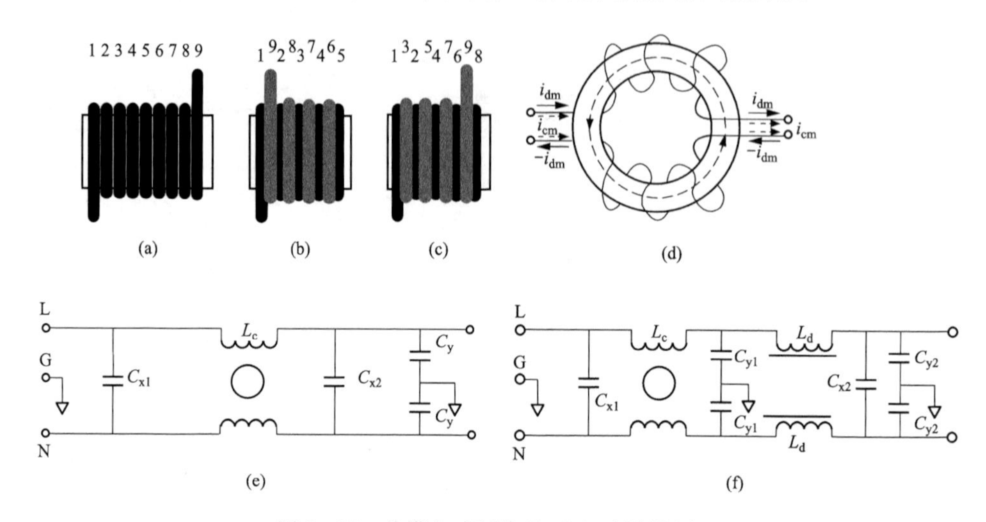

图 10-27 共模电感制作及 EMI 滤波器原理

（a）单层绕制（优）；（b）叠层绕制（差）；（c）步进绕制（较好）；（d）共模抑制器；（e）单级 EMI 电源滤波器；（f）两级 EMI 电源滤波器

除了在电源线上进行 EMI 滤波外，传导性电磁干扰还能够通过 I/O 信号线、I/O 信号地和屏蔽地三者形成差模和共模干扰。考虑到 I/O 信号线数量众多，如果每条信号线均安装滤波器，则代价很高，而且也没有必要。因此，I/O 信号线的 EMI 滤波主要针对那些敏感性电路或者高频电路进行。10/100Mbit/s 和 1000Mbit/s 以太网接口滤波器即典型的信号线 EMI 滤波器。图 10-28（a）给出了 10/100Mbit/s 以太网接口隔离和 EMI 滤波器的原理。

以太网的物理层信号均为差分信号，它们通过网线中的多组差分线来传输。为了降低成本，这些差分线往往只是普通的非屏蔽双绞线，因此对于高频信号的传输，一对差分线可以作为另外一对差分信号线的公共返回路径，从而产生共模干扰。虽然差分信号本身能够削弱共模干扰的影响，但是这只在低频段是有效的；对于高频信号的传输，差分信号的共模抑制能力大幅度下降，主要原因是在高频下由于寄生参数的影响，差分信号线的对称性是无法保证的。因此，在以太网的输出接口处往往要连接 EMI 滤波器，其主要目的是降低共模干扰的影响。

为了有效利用信号线的带宽，以太网的物理层采用特殊的信号调制方式（曼彻斯特编码、MLT-3 或 4D PAM5），这使得被传输的数字位流形成窄带的交流跳变信号，因此它们可以通过变压器被隔离，从而切断共模电流的传导路径。图 10-28（a）中的 T 即为带中间抽头的高频隔离变压器，其一次侧连接以太网物理层芯片 PHY 的差分收发器，并且把共模电压（中间抽头）连接在一个纯净（经过高频滤波和去耦合）的电源电压 V_{CC}上。R_t为交流端接电阻，C_t为隔直电容。隔离变压器的二次侧则连接了一个共模抑制器 L_c，用于抑制通过变压器寄生电容传导的高频共模电流。变压器二次侧中心抽头通过一个称为 Bob Smith 的端接电路（R_{bs}和 C_{bs}）连接到干净的屏蔽地（机壳）上，这种连接可以将共模电流分流到屏蔽地，又防止发生电流波的反射和振荡。同时，高频电磁波会通过网络接口中的不用引脚向外辐射，因此这些不用引脚也通过 R_{bs} 和 C_{bs} 被接屏蔽地。对于图 10-28（b）给出的 1000MHz 的网络接口，除了共模抑制器 L_c 外，还进一步在变压器二次侧并联了一个带中间抽头的电感 L_d，该电感对于差分信号呈现高阻抗，但是对于共模信号则呈现短路，这样可以使得从接口流入的共模电流被进一步旁路到屏蔽地中，实现更好的衰减。

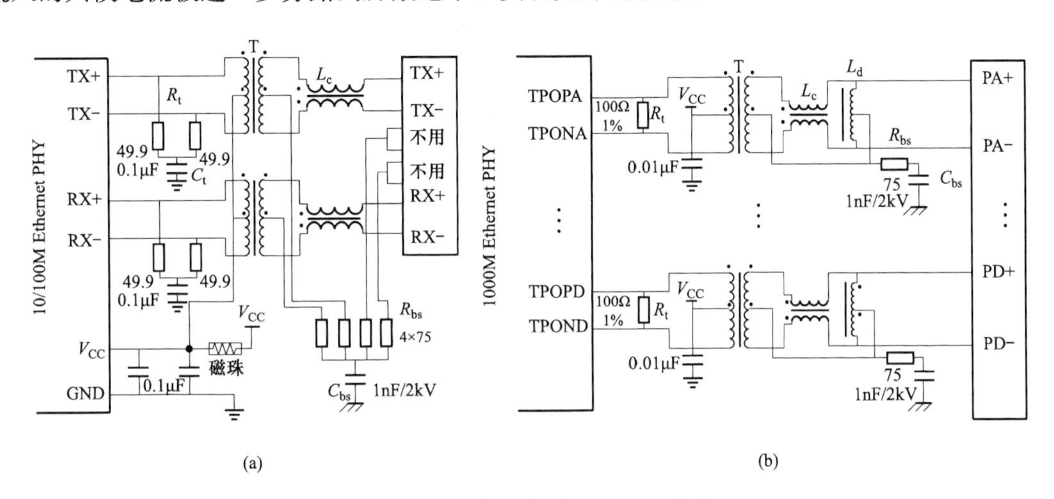

图 10-28　以太网信号侧 EMI 滤波器

（a）10/100Mbit/s 以太网接口隔离和 EMI 滤波器的原理；（b）1000Mbit/s 以太网的接口隔离和 EMI 滤波器原理

10.3.7　布局与布线

仪器设备的 EMC 性能很大程度上取决于其内部元器件的布局和布线，错误的布局和布线有可能导致设备的功能异常。图 10-29（a）给出了一个实际案例，这是一台可用于大功率直流电动机软启动的开关控制柜，其主电路为一个由高频 IGBT 开关构成的斩波电路，输入为直流电源，控制电路采用一个 DSP 数字控制器。另外，一个 PLC 控制器用于接收现场用户的操作命令，实现与其他机构的控制联动，并显示必要的监控信息。由于功率电路会产生强电磁干扰，这对于控制电路的工作会带来严重的挑战，因此必须严格遵循一些设计和安装规范。

首先，在设计和布局上必须遵从强弱电分离，最大可能降低耦合的思想。如图 10-29（a）所示，在控制柜中的右半平面布局了主电路，而左半部分布局了控制电路。供电电源线、IGBT 驱动信号及变送器的输出信号从功率电路连接到控制器，它们应该尽量避免与功率电路并行走线。整个机柜中所有元器件均安装于一个金属背板上，背板不仅起到支撑作用，更重要的是提供了一个公共的保护地（提供零电位）和屏蔽（作用类似于图 10-24 中的铜底板），这是措施①。

对于功率电路，直流母线为高频环流的路径，是主要的 EMI 来源，最好采用措施②即，叠层母线，这样不仅可以减小寄生电感，而且能够降低对外磁场耦合。在有些设计中，功率和控制电路之间加装了金属隔板以实现屏蔽的作用，但是对于图 10-29（a）中的系统，由于电磁干扰的主要形式是传导干扰，因此屏蔽的作用并不突出，而且屏蔽层上的开孔及缝隙等都会大大影响屏蔽效能。在实践中，在直流母线上分布并联高频去耦电容，使其在高频下呈现低阻抗，防止高 dv/dt 发生（共模传导干扰的主要来源），其带来的效果比屏蔽更好。

控制电路需要从功率直流母线取电，因此电源线不可避免受到电磁污染（脏线），它进入控制器电源前必须要经过 EMI 滤波（如③所示），同时滤波器的共模地要与保护地低阻抗连接。对于 DSP 和 PLC 两个控制器，如果它们的信号地之间存在连接关系（如通过不隔离的通信接口进行连接)，那么最好采用隔离的两组电源为二者供电（如④)，这样可以使两个控制器之间只有单个接地点，防止形成信号地环路而造成共模电流的低阻抗流通路径。

功率电路的电压和电流通过隔离的变送器进行了检测，检测信号被反馈给 DSP 控制器（如⑤)。由于电压和电流变送器往往采用磁隔离，一、二次绕组之间存在较大的寄生电容，因此会提供共模电流路径。另外，电流变送器的信号线在布线中还要经过直流功率母线，会受到一定的干扰，因此信号线在引入 DSP 控制板之前要进行 EMI 滤波。

信号线在柜子中的布线要遵从强弱分离的原则，“脏线”严禁与控制信号线同槽并行走线。另外，图 10-29（a）中 PLC 的输出通过继电器进行了隔离和驱动，由于继电器触点的通断会引起线路中的电磁干扰，因此如果条件允许，它们与 PLC 的输入信号应该采用分槽布线的原则（如⑥)，即外部输入 PLC 的信号与 PLC 的继电器输出信号分成不同的线槽。另外，来自功率电路的变送器信号最好与 PLC 的控制信号分槽布线（如⑦)。

最后，DSP 和 PLC 的信号线走线应该紧贴金属背板，使得背板能够作为高频信号的低阻抗返回路径。另外，高频信号线尽量不要越过任何开孔或不连续的接地区域，如图 10-29（a)中连接到门板的高频通信信号线应该从金属铰链上穿过，利用该铰链作为信号的返回路径（如⑧)。当然，最好还是利用屏蔽线来连接高频信号，并且将屏蔽层与背板可靠连接。

对于那些对高频干扰敏感的电路，应该通过图 10-29（b）所示的方案进行屏蔽。图 10-29（b)中，仪表的内部被分为两个小室，那些从外部引入的信号线通过开孔或不屏蔽的连接器引入一个“脏室”，因此该室内的屏蔽效能较差；然后，对电源和信号进行滤波后通过带有屏蔽的连接器将信号引入一个“净室”，该室具有严格设计的开孔和接插件结构，从而获得较好的屏蔽效果，敏感电路则被置入该“净室”中。

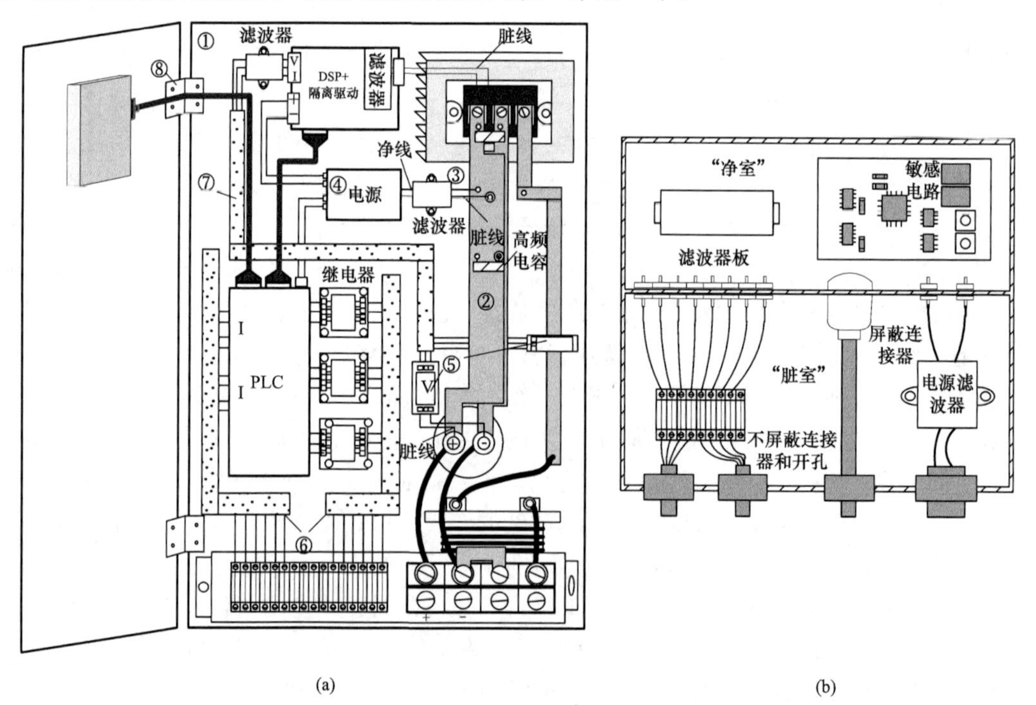

图 10-29 布局和布线的实例

（a）直流电动机软启动柜内的布局和布线；（b）敏感电路的“净室”屏蔽

10.4　智能仪器的瞬态防护

智能仪器在工业现场应用中经常遭受一些瞬态电磁干扰的影响，这些干扰电压或电流往往具有很高的幅值及很短的时间，它们不仅能够通过前文所述的各种耦合路径对仪器的敏感电子电路造成骚扰，而且也可能引起电子元器件的损坏。常见的瞬态干扰包括电快速脉冲群（Electrical Fast Transient，EFT）、浪涌（Surge）和静电放电（ESD）。

EFT 是当继电器、接触器或高压断路器等机械开关在断开感性负载时，在断开处产生的过电压暂态骚扰。由于触头空气间隙反复击穿及触点弹跳等原因，过电压会形成短时脉冲群且会以一定的时间间隔多次重复出现。在 EMC 试验中，标准 EFT 波形被规定为上升时间 t_r 为 5ns，宽度 τ 为 50ns，幅值为 100V～4kV 的脉冲电压串，其群宽度（持续时间）为 15ms，重复间隔时间为 300ms。因此，EFT 的特征频率 $f_s=1/(\pi t_r)=64\text{MHz}$，而脉冲基波频率 $f=1/(\pi\tau)=6.4\text{MHz}$。EFT 主要通过电容耦合对其他电气设备造成传导干扰。

浪涌包括浪涌电压和浪涌电流。浪涌电压的发生有多种来源：首先，当设备遭受雷击或被雷电感应时，会造成电源线或信号线上产生瞬时浪涌电压。其次，当电力系统中的大电流负载被切断时，线路的电抗会造成瞬时过电压，形成浪涌。第三，电力系统故障造成的浪涌，如当三相三线制的输电线产生单相接地故障，非短路相的电压会突变成线电压，从而产生浪涌。浪涌电流的产生也存在很多情况，如雷击放电会产生幅值很高的浪涌电流，当开关接通容性负载时或者两个不等电位的容性带电体接触时也会产生大的浪涌电流，电路的短路故障引起的浪涌电流。另外，浪涌电流的发生也往往与浪涌电压存在很大的关联。例如，当浪涌电压幅值过高导致绝缘或保护器件（如避雷器）被击穿时，则会产生浪涌电流。浪涌电压或电流的上升时间比较慢，持续时间也比较长。在 EMC 试验中，浪涌发生器通常产生 1.2/50μs(上升时间为 1.2μs，持续时间为 50μs）或 8/20μs(上升时间为 8μs，持续时间为 20μs）的浪涌脉冲，因此其特征频率分别为 265kHz 和 125kHz。浪涌电压幅值根据不同的试验对象进行选择，分为 4 个等级，即 500V、1kV、2kV 和 4kV，而浪涌电流幅值则分为 0.25kA、0.5kA、1kA 和 2kA 四个等级。

ESD 来自人体接触设备时的静电放电，或者设备之间在连接时发生的静电放电。人体静电产生的主要原因是干燥空气与织物的摩擦而造成静电电荷，它们存储在人体与大地（当人体与大地之间具有很高的阻抗时，如穿着对地绝缘很好的塑胶鞋子，或者地面采用塑胶硬化）之间的寄生电容上，当它们接触一个仪器的机箱时（通常认为连接到大地），就会发生静电放电。同样，以大地为参考，如果设备的输入或输出连接线的对地阻抗很高，那么它就会存在寄生电容效应，结果感应到静电电荷，造成很高的电压。当两个设备的连接线之间存在对地电压差，那么它们在接触时就会产生静电放电。ESD 的问题首先是放电前的电压可能很高，如人体静电电压可以超过 15kV，当它与接地设备接近时，空气绝缘会被击穿，造成等离子放电；其次，静电放电的时间很短，但是强度较高，典型 ESD 放电（在 EMC 试验中）电流脉冲的上升时间小于 1ns，而持续时间仅 30ns，特征频谱分布在 10～320MHz。由于放电时间短，因此放电电流比较大，人体静电放电电流的典型幅值为 30A，而设备可能达到几百安。

为了降低这些瞬态干扰对仪器设备的影响，除了采用前文所述的对仪器进行隔离、接地及采用 EMI 滤波器等措施，还应该注意从源头防止瞬变干扰的发生或者降低干扰的幅值。

另外，对于那些强度很高的瞬变干扰，还应该安装一些保护器件来防止仪器被损坏。

10.4.1 EFT的防护

EFT主要是由于机械开关在断开感性负载的过程中触头间隙发生击穿而产生，因此有必要对这个过程进行详细的介绍。空气间隙被击穿后可能产生两种放电形式：一种是辉光放电，另外一种则是弧光放电。辉光放电的击穿电压比较高（几百到几千伏），且维持电压也比较高，而放电电流比较小（毫安数量级），且间隙两端辉光放电电压不随放电电流的变化而改变，辉光放电产生很少的热量。弧光放电的维持电压很低（几十伏），放电电流则很大（几安到几千安），且电弧电压与放电电流的 $V\text{-}I$ 曲线呈下降关系，即放电电流越大，电弧电压越低。弧光放电由金属阴极释放热电子产生，会产生大量的热，甚至烧毁电极。

图10-30（a）给出了机械开关触头间距与辉光放电和弧光放电击穿电压及维持电压之间的关系曲线。图10-30（b）给出了开关K开断电感电流时的谐振过程。首先，在第1阶段，K闭合，电感 L 中流过电流 i。接下来，在第2阶段，K断开，此时由于电感电流不能突变，因此电流 i 将会对 L 的寄生电容 C_p 充电，电感两侧的电压迅速升高。一旦电容上的电压与电源电压 E 之和超过K的击穿电压，则触头被击穿放电。第3阶段，C_p 通过导通的触头间隙释放电能，使其电压迅速下降，从而使触头间隙两侧的电压也迅速下降，一旦跌到维持电压以下，则放电结束，间隙恢复阻断。第4阶段，电感电流重新向 C_p 充电，使其电压升高。第5阶段，触头再次被击穿，电容电压下降。第6阶段，电感电流再次向 C_p 充电。重复前面的过程，直到电感的储能被完全消耗（通过内阻 R 及电弧电阻消耗），则间隙完全断开。在此过程中，如果回路电阻 R 比较大，放电电流很小，则此时发生的是辉光放电（触头间可以观察到小火花），并且开关的开断暂态过程很短。但是，如果 R 比较小，那么放电电流比较大，此时就会产生弧光放电，且持续时间比较长。在触头分离的过程中，由于其间隙距离不断增大，因此所需要的击穿电压也会越来越高。因此，在上述谐振过程中，C_p 上的电压幅值开始比较低，且振荡频率也较快，但是之后幅值会越来越高，同时充电时间也会越来越长，振荡频率不断下降。

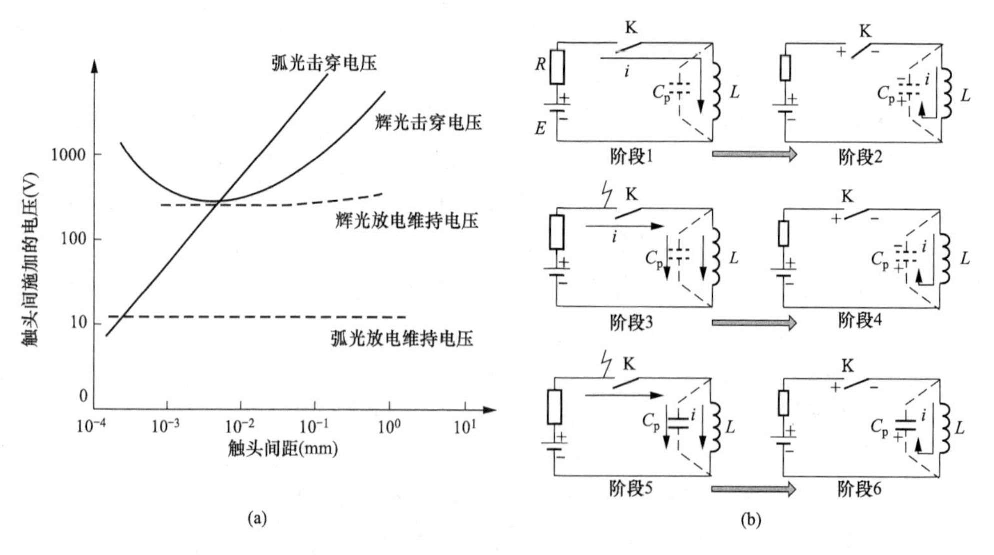

图10-30 机械开关触头开断过程及维持电压

（a）机械开关触头间距与击穿电压的关系；（b）开关断开过程中的谐振过程

从图 10-30（a）给出的关系曲线可以看到，若电感比较大，随着触头间距的增大，开关两侧的电压会增大到上千伏，且间隙被重复击穿放电会产生典型的 EFT 脉冲，对其他仪器设备造成干扰。为了降低这种瞬态干扰的影响，可以如图 10-31 所示在感性负载两侧并联保护元件。

图 10-31（a）采用二极管与负载电感 L 相并联，在这种情况下，一旦 K 断开，则电感不会产生反向电压，也就抑制了 EFT 的产生。但是，电感电流通过二极管续流的持续时间会很长，因此若电感 L 为继电器的线圈，则会造成继电器的时延。图 10-31（b）通过 R-C 阻容电路来抑制过电压及缩短电感放电时间，但是这是一个由参数决定的谐振过程，若电阻 R 越大，虽然电感电流下降更快，但是过电压的抑制能力则降低。图 10-31（c）和（d）利用氧化锌（压敏电阻）和瞬态抑制管（Transient Voltage Suppressor，TVS）来抑制过电压。这两种方案都只对最大过电压进行抑制，在保护元件被击穿前的 EFT 不会受到影响，并且由于电感能量将完全被保护元件消耗，因此在电感能量比较大的情况下对保护元件的功率耐受要求很高。保护电路也可以被施加到开关触头的两侧，如图 10-31（e）和（f）给出的 R-C 及 R-C-D 吸收电路。前者电阻 R 的作用是限制开关 K 接通时由于 C 被短路而产生的浪涌电流，但是 R 对开关断开时的浪涌电压的抑制能力会产生影响，R 越大，抑制效果越不好；后者则把电阻 R 与二极管 D 并联，使得浪涌电压能直接被 C 吸收，但是在开关接通时，D 被阻断，R 又起到限制浪涌电流的作用。

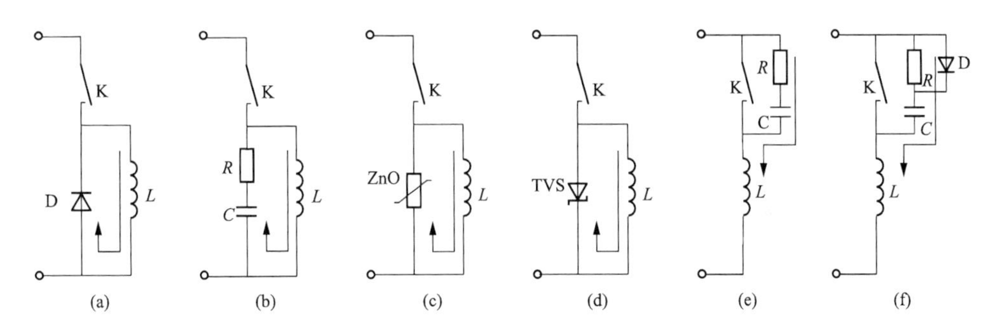

图 10-31　机械开关断开感性负载的浪涌保护电路

（a）二极管续流；（b）R-C 吸收；（c）ZnO 抑制；（d）TUS 抑制；
（e）开关侧的 R-C 吸收；（f）开关侧的 R-C-D 吸收

10.4.2　ESD 的防护措施

ESD 放电对仪器设备造成的影响可以通过图 10-32 来进行说明。如图 10-32 所示，当带静电的人体接近一个仪表的机壳或电缆线时，如果两者之间存在巨大的电位差，则会造成空气绝缘被击穿从而产生放电；如果电压不高，那么只有当接触时才会产生放电。此过程可被等效为一个被充电的电容 C_b 通过仪表的机壳向大地泄放电荷。从放电波形上看，放电电流包括一个非常快（亚纳秒级）的边沿，紧接着是一个相当慢的大幅度放电曲线。这是因为在放电起始，放电点与大地之间存在一个空间电容 C_m，它引起了放电电流的初始尖峰，接下来的放电则主要由人体的等效阻抗 Z 及机壳对地电抗 L_{p1} 来决定。放电电流的峰值取决于人体电容 C_b（典型值为 150pF）及静电电压的大小，这受到织物材料的电阻率、环境空气湿度等因素的影响。

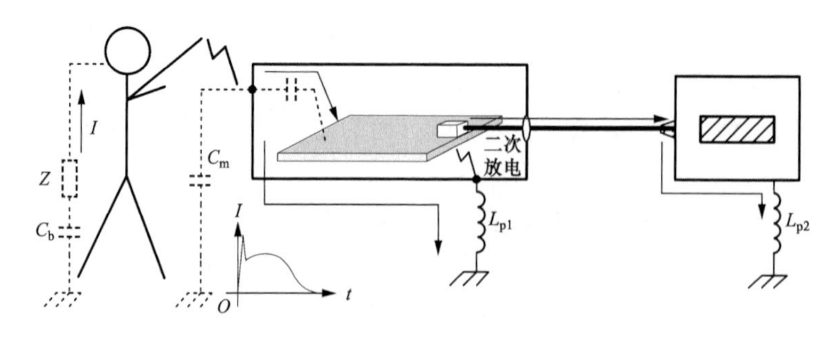

图 10-32 ESD 放电原理

静电放电伴随很高的电压变化（dv/dt），使得放电电流路径未必能够符合设计者的期望，它会通过电容耦合直接对敏感电路造成影响。同时，由于机壳接地阻抗的存在，在 ESD 放电过程中还会产生二次放电现象，这会造成更严重的危害。在图 10-32 中，仪表的内部电路通过信号电缆与另外一台接地仪表相连接，从而使其在远处被接地。当带电体与其机壳接触产生 ESD 放电的瞬间，由于接地阻抗的存在，机壳的瞬时电位会增加到上千伏，从而导致电路板与机壳之间的绝缘被击穿，产生二次放电。在此情况下，放电电流将通过电路板流动，结果将产生严重的干扰和危害。为了克服 ESD 的影响，图 10-33 给出了几种防护措施。

第一，高输入阻抗的电路不能将引脚悬空，这样会受到外部电场的感应而积累电荷，这可以通过在图 10-33（a）中的下拉（或上拉）电阻来解决；第二，如图 10-33（b）中那样在芯片的输入引脚与电源和地线之间连接保护二极管，可以把输入信号线上感应的静电电荷泄放到电源的去耦电容中进行存储，并且把输入电压钳位到电源和地之间。第三，由于气隙

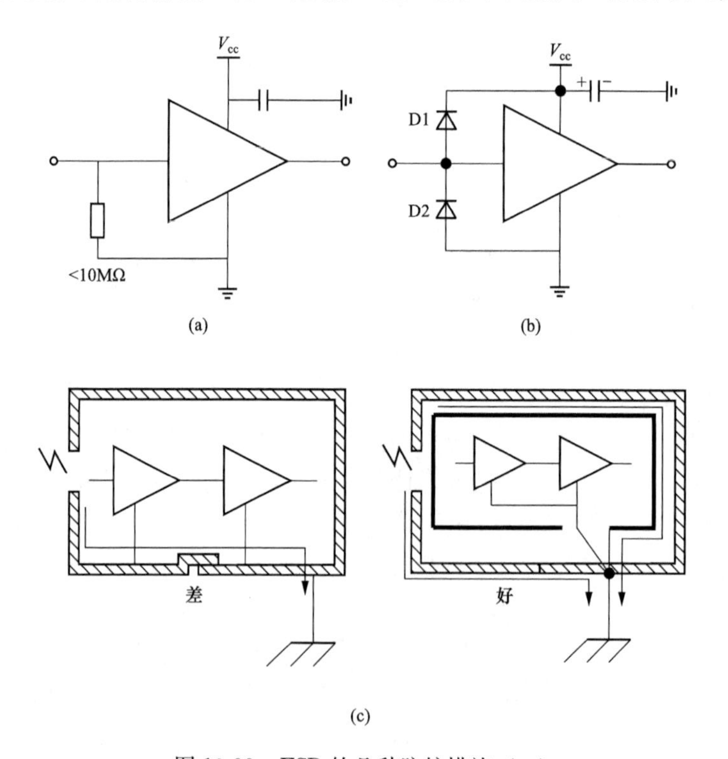

图 10-33 ESD 的几种防护措施（一）
（a）下拉电阻；（b）二极管保护；（c）正确接地和屏蔽

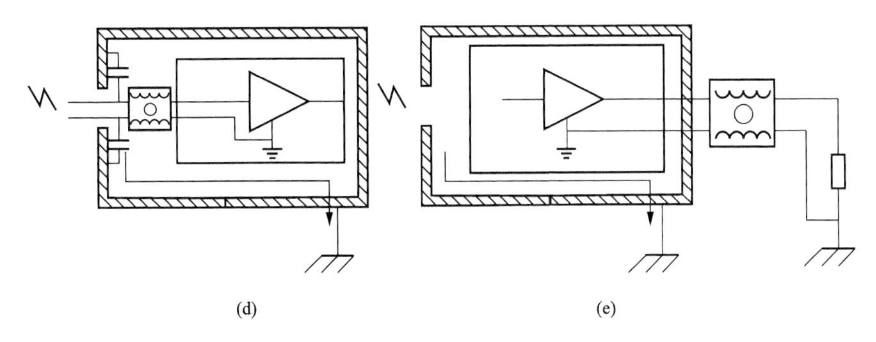

图10-33 ESD的几种防护措施（二）

（d）对输入信号电缆的防护；（e）对输出电缆的防护

或表层油漆的绝缘，机壳的搭接处可能存在接触不良的问题，这样ESD的泄放电流会在此产生高的瞬时电位，对于多点接地的仪表（即使是隔离的两个回路分别接地）会造成损害，同时机壳的开孔和开槽都会增加ESD泄放路径上的阻抗。因此，为了解决这个问题，首先，要改善机壳的搭接连接，采用更有效的方式降低机壳连接阻抗；其次，要把内部电路改造成在机壳上单点接地；最后，在仪表内部加装接地的屏蔽层，从而旁路静电泄放电流，同时也能屏蔽dv/dt引起的位移电流，原理如图10-33（c）所示。第四，对于输入电缆上的ESD问题，可以在输入电缆与机壳之间安装滤波电容；同时，为了阻止ESD电流进入内部电路，还需要在输入电缆上连接铁氧体共模抑制器，如图10-33（d）所示。第五，对于ESD产生二次放电的问题，一方面要改善内部绝缘，提高电路板与机壳之间的绝缘间距，使其大于可能产生的ESD电压。另一方面，也可以在输出电缆上加装共模抑制器，使共模抑制器承受ESD的放电电压，即使出现二次击穿也不产生幅值较高的泄放电流，原理如图10-33（e）所示。

10.4.3 浪涌电压和电流的防护

对于浪涌电压和电流的防护，首要措施是通过低通滤波器进行分压或分流。但是对于幅值过高的浪涌，可能会超过滤波器元件的电压和电流额定值，因此在滤波器之外另外施加浪涌保护器件是对仪表进行保护的必要措施。常用的浪涌电压保护元件包括陶瓷气体放电管、氧化锌压敏电阻及TVS，其共同的保护原理是当浪涌电压超过放电阈值时，器件被击穿，呈现低阻特性，从而泄放浪涌能量。

陶瓷气体放电管是防雷保护设备中应用最广泛的一种器件，其主要特点是放电电流大（高达几十千安），极间电容小（$\leqslant$3pF）。绝缘电阻高（$\geqslant$1GΩ），但是击穿电压分散性较大，反应速度较慢（典型值为0.1～0.2μs）。按电极数分，有二极放电管和三极放电管（相当于两个二极放电管串联）两种。气体放电管由封装在充满惰性气体的陶瓷管中相隔一定距离的两个电极组成。其电气性能基本上取决于气体种类、气体压力及电极距离，中间所充的气体主要是氖或氩，并保持一定压力，电极表面涂以发射剂以减少电子发射能。这些措施使其动作电压可以被调整（一般是70V到几千伏），而且可以保持在一个确定的误差范围内。图10-34（a）给出了各种封装形式的陶瓷放电管照片及放电管的伏安特性。在达到击穿电压B以前，气体放电管是一个绝缘体。一旦达到放电电压，放电管首先会产生辉光放电，此阶段放电电流很小，并且压降较高（C和D点）。接下来，放电管将转入弧光放电（F点），浪涌电流将通过放电管泄放，此时的电压会很低，因此放电管不能应用于直流电源，因为一旦产生放电（放电电压低于直流电源），放电管将无法恢复阻断。另外，气体放电管在使用中存在老化问题，在多次击穿后寿命会下降。

氧化锌压敏电阻是一种以氧化锌为主体，添加多种金属氧化物，经过典型电子陶瓷工艺制成的多晶半导体陶瓷元件。氧化锌陶瓷是由氧化锌晶粒及晶界物质组成的，其中氧化锌晶粒中掺有施主杂质呈 N 型的半导体，而晶界物质中含有大量金属氧化物形成界面态，这样每一微观单元构成一个背靠背的肖特基势垒，整个陶瓷则是由许多这样的垫垒串并联构成的组合体。图 10-34（b）给出了典型压敏电阻的照片及其伏安特性。

压敏电阻的伏安特性分为 3 个区域：①泄漏电流区。在此区域内，施加于压敏电阻两端的电压小于其压敏电压，此时压敏电阻相当于一个 10MΩ 以上的绝缘电阻，流过压敏电阻的阻性电流仅为微安级，可视为开路。②正常压敏击穿区。在该区域内，压敏电阻端电压的微小变化就可引起电流的急剧变化，压敏电阻正是用这一特性来抑制过电压幅值及吸收或对地释放过电压引起的浪涌能量。③电压上升区。当过电压很高，使得通过压敏电阻的电流大于约 $100A/cm^2$ 时，压敏电阻的伏安特性主要由晶粒电阻的伏安特性来决定，此时压敏电阻的伏安特性呈线性电导特性。电压上升区的电流与电压几乎呈线性关系，压敏电阻在该区域已经劣化，失去了其抑制过电压、吸收或释放浪涌能量的特性。

压敏电阻的响应时间为 ns 级（一般小于 25ns），比陶瓷气体放电管快，比 TVS 稍慢一些。压敏电阻的结电容一般在几百到几千 pF 的数量级范围，很多情况下不宜直接应用在高频信号的线路保护中。同时，当应用在交流电路的保护中时，因为其结电容较大会增加漏电流，在设计防护电路时需要充分考虑。压敏电阻的通流容量较大，但比陶瓷气体放电管小。另外，压敏电阻在使用中同样存在老化和寿命的问题。

齐纳击穿型 TVS 与普通二极管的正向导通特性及反向雪崩击穿的原理和特性一致，不过它被设计成能够承受较大的浪涌电流，故可用于瞬态过电压保护。图 10-34（c）给出了元件的照片和伏安特性。TVS 的保护作用主要利用其反向特性，图 10-34（a）中 V_{BR} 为击穿电压，当 TVS 两侧电压达到此电压时，TVS 将发生齐纳击穿而呈现低阻抗。V_{RWM} 为 TVS 的最大反向工作电压，一般被保护电路的额定电压应该低于此电压，通常 $V_{RWM}=0.8\sim0.9V_{BR}$。I_{pp} 为 TVS 最大反向脉冲峰值电流，即在规定的脉冲条件下，TVS 允许通过的最大峰值电流；V_C 为 TVS 的最大钳位电压，即在流过脉冲峰值电流 I_{pp} 时的压降，一般 V_c 为 V_{BR} 的 1.3 倍左右；同时 $P_{max}=V_C\times I_{pp}$，代表 TVS 能够承受的最大功率。TVS 的特点是能够实现的钳位保护电压较低，且容易设计，同时响应速度极快，理论上可以达到 1ps 左右。同时，TVS 不存在寿命的问题，可重复击穿，可靠性高。TVS 的主要缺点是浪涌承受能力相对较弱。TVS 是半导体器件，其结电容大小介于陶瓷气体放电管和压敏电阻之间，典型值为几十皮法。

还有一种基于晶闸管原理的快速保护 TVS，它等效于一个齐纳击穿二极管作为门极的晶闸管，图 10-34（d）给出了 BOURNS 公司产品的实物及其伏安特性。当 TVS 两侧电压达到击穿电压时，齐纳二极管被击穿进而导致晶闸管导通，这样其两侧电压迅速下降，达到一个很低的导通压降值，使得浪涌能量迅速被泄放。当 TVS 两侧电压反向或者流过晶闸管的电流小于维持电流时，晶闸管恢复阻断。与齐纳击穿型 TVS 相比，晶闸管型 TVS 同样具有很快的响应速度（1ps），可实现较低的电压，且没有寿命问题，但是它能承受比齐纳击穿型

TVS更高的瞬时浪涌电流。其缺点主要是一旦晶闸管导通，由于压降比较低，相当于把电路短路，因此不能直接并联在电源两侧进行浪涌保护，而只能并联于图10-31中给出的负载电感两侧。另外，晶闸管型TVS的关断比较困难，需要在其两侧施加反向电压或者电流低于维持电流，因此不能并联于直流系统的机械开关两侧进行过电压保护。表10-1列出了前述几种浪涌电压保护器件的典型型号及其特性比较。

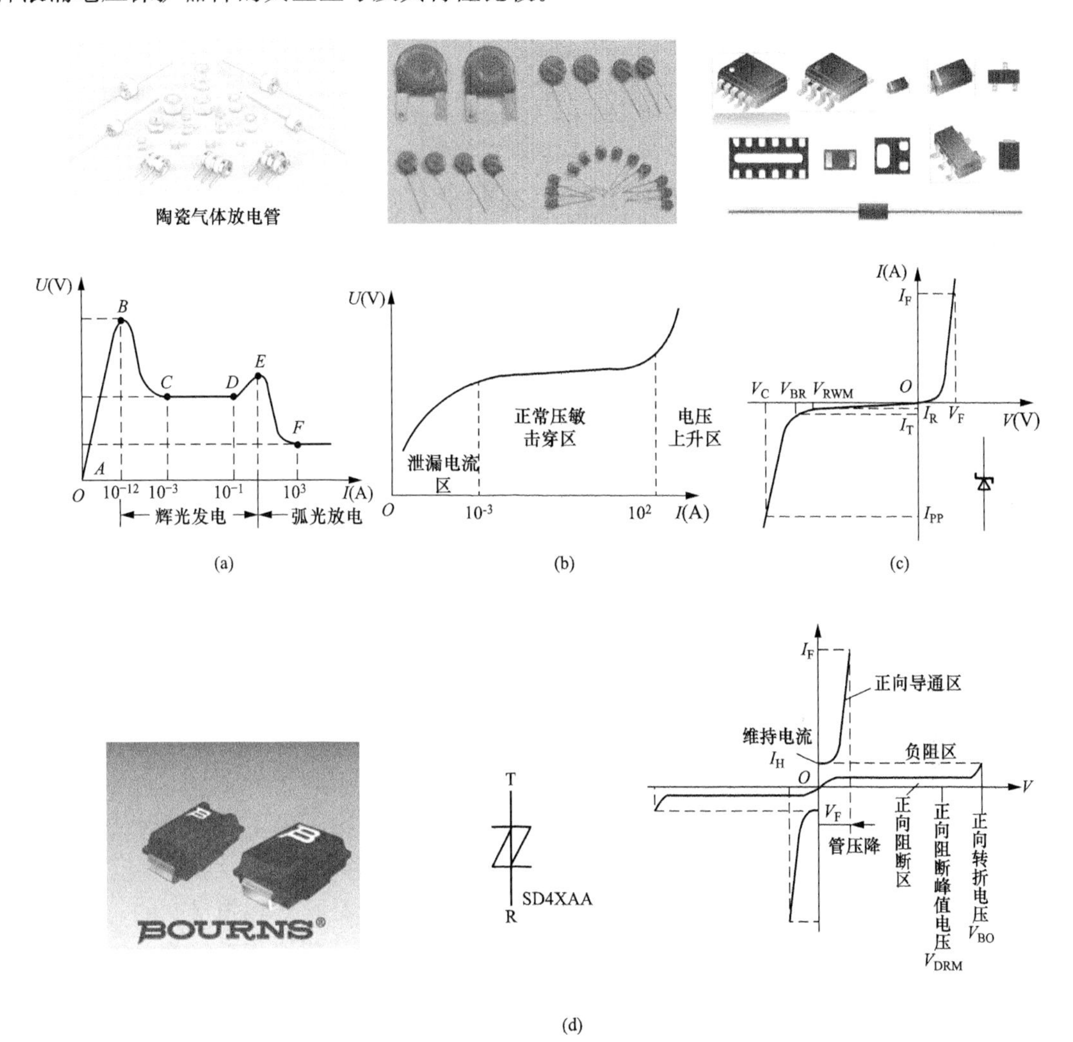

图10-34 浪涌电压防护器件

(a) 陶瓷气体放电管；(b) 压敏电阻；(c) 齐纳击穿型TVS；(d) 晶闸管型TVS

表10-1 浪涌电压保护器件的典型型号及特性比较

参数	陶瓷气体放电管	氧化锌压敏电阻	齐纳击穿型TVS	晶闸管型TVS
系列型号	ZM86系列	MYG20K系列	SMCJ系列	TISP40××L1系列
绝缘阻抗/泄漏电流	$>10^8\Omega$(<150V) $>10^9\Omega$(>150V)	$<10\mu$A(25℃)	1μA(>10V) $5\sim50\mu$A($9\sim11$V) $100\sim800\mu$A($6\sim8$V)	$<5\mu$A

续表

参数	陶瓷气体放电管	氧化锌压敏电阻	齐纳击穿型 TVS	晶闸管型 TVS
钳位电压	75～800V	18～1800V	6.4～490V	15～40V
通流容量（8/20μs）	20kA	2～6.5kA	2～163A(I_{pp})	120A
极间电容	<1.3pF	320pF(1800V) －37nF(18V)	20pF(490V) －5000pF(6.4V)	18～28pF
响应时间	<1μs	<25ns	<1ps	<1ps
损坏形式	开路	短路	短路	短路
老化现象	有	有	无	无

对仪器设备进行瞬态保护的另外一个内容是对浪涌电流进行防护。浪涌电流的产生一般包括以下几个原因：第一，当浪涌电压击穿设备的绝缘或使保护器件动作时会产生浪涌泄放电流。如果浪涌电压的幅值过高或者持续时间很长，那么其产生的浪涌电流会对元器件带来损伤，此时需要对这种浪涌电流进行防护。第二，并联在仪器设备输入电源线上的元器件或保护元器件，在损坏或者被击穿保护时可能造成电源被短路（典型的如陶瓷气体放电管击穿时的弧光电压是很低的，往往低于供电电源，当浪涌电压造成陶瓷气体放电管动作时会导致电源被短路），这会引起幅值很高的短路浪涌电流，因此必须施加保护来进行限制。第三，仪器设备的对外功率输出接口过载或被短路会产生浪涌电流，从而会导致其内部功率元器件受到损害，此时需要施加浪涌电流防护。

浪涌电流防护主要的手段是采用熔断器或者熔丝（俗称保险丝）。熔丝就是一个小电阻，当电流流过时会发热，当其发热量大于散热量时，会引起温度随时间逐渐升高，最终当温度达到熔点后导致熔丝被熔断，从而切断电路。熔丝的主要特性指标包括：

（1）额定电流：能够使熔丝长期工作而不熔断的最大电流，注意它不是动作电流。

（2）额定电压（分断电压）：当熔丝熔断后，其断口上能够承受的最大电压，若实际电压超过该值则不能使电路被切断。

（3）电流/时间特性（安秒特性）：这是熔丝的最重要的指标，反映了流过熔丝的电流值与熔丝熔断时间之间的关系曲线，一般在环境温度为25℃时进行测量。

（4）焦耳积分/时间曲线（I^2t-t 曲线）：焦耳积分值 I^2t 表征熔丝在指定时间 t 内熔断时所需要的能量，如果实际的冲击电流在其脉冲持续时间内的焦耳积分值低于熔丝的值，那么熔丝将能够承受该冲击电流而不会发生熔断。

（5）熔丝的电阻值：该电阻越大，则熔丝的额定电流及承受冲击的能力越小。但是当正常电流流过熔丝时，该电阻会引起损耗，降低电路的效率。另外，对低压电路进行保护时，电阻太大的熔丝会引起工作电流无法被输出。

（6）分断电流：这是熔丝最重要的安全指标，其含义是熔丝在额定电压下能够安全切断的最大电流（非冲击电流）。当实际电流超过此电流时，可能会引起熔丝的破碎、燃烧、喷溅或爆炸等不安全问题。大电流或高压熔断器往往采用陶瓷封装，并且内部包含灭弧装置（如石英砂）。

熔丝的选择与电路的工作条件和希望的熔断保护时间、环境温度、实际浪涌电流的波形等因素都有关，下面通过一个实例来说明如何根据熔丝的技术指标及实际电路的电流特性选择熔丝。

【例 10-1】 通过测量，可知一台仪器的正常工作时的平均工作电流为 1.2A，要求在最大过载电流 6.0A 时，熔丝必须在 1s 内熔断，但是通过电流探头和示波器可以测量到在电源接通时仪器的输入电路中会产生幅值为 6A、持续时间为 1ms 的浪涌电流，其波形如图 10-35（a)所示。要求选择的熔丝应该能够承受这样的冲击电流 10 万次，同时要求熔丝的类别温度为 85℃（熔丝设计能够连续工作的最高环境温度）。根据 JAG 系列微型熔丝数据手册给出的特性指标来选择适合本例中给出的电路的熔丝。

（1）根据正常工作电流选择熔丝的额定电流。

首先要根据电路的工作电流来决定熔丝的额定电流。由于熔丝的额定电流是温度为 25℃下的测量值，在实际中更高的环境温度下熔丝的熔断电流会下降，因此必须根据电路的最高环境温度给出折减系数 K_T。同时，熔丝的额定电流 I_N 与电路的实际工作电流 I_a 之间也应该留出必要的裕量，称为与温度无关的固定折减系数 K_c。这样熔丝的额定电流计算公式为 $I_N=I_a/(K_T K_c)$。一般固定折减系数选择 0.78，而温度折减系数可根据图 10-35（b）来选择，在 85℃下为 0.76。这样熔丝的额定电流为 $I_N \geqslant 1.2/(0.78\times 0.76)\approx 2.02$（A），即被选择的熔丝的额定电流应该不小于该值。

（2）根据过载电流选择熔丝的额定电流。

电路的过载电流是需要被熔断保护的电流限值，不同额定电流的熔丝在流过相同的过载电流时的熔断时间是不同的，因此可根据要求的熔断时间来选择熔丝的额定电流。图 10-35（c）给出了 JAG 系列微型熔丝的电流-时间特性曲线。根据该曲线可以看到，当过载电流选择为熔丝额定电流的 200%时，熔丝可以在 0.1～1s 的时间内熔断。因此，根据 6A 的过载电流和 1s 的熔断时间要求，应该选择熔丝的额定电流 $I_N \leqslant 6.0/2.0=3.0$（A）。

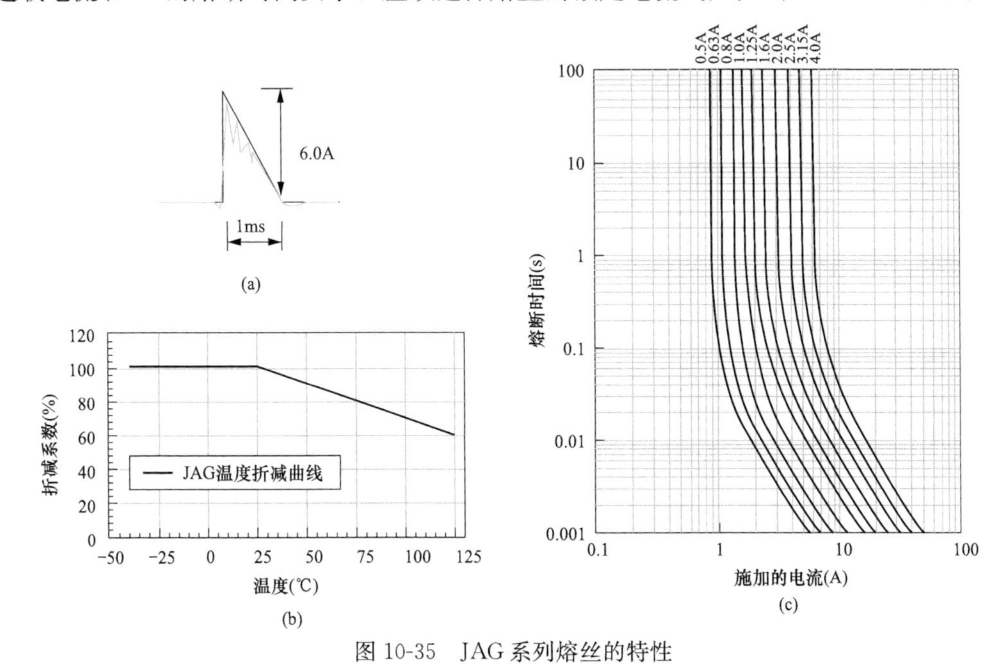

图 10-35　JAG 系列熔丝的特性

（a）浪涌电流的波形；（b）熔丝的温度折减曲线；（c）熔丝的熔断电流-时间特性曲线

（3）根据浪涌电流和熔丝的焦耳积分值选择熔丝的额定电流。

熔丝的焦耳积分值反映了其熔化需要的能量，因此为了能够承受浪涌电流的冲击，熔丝的焦耳积分值 I_f^2t 应该大于实际浪涌电流的焦耳积分值 I_r^2t，但是大于多少则需要根据熔丝的循环寿命来决定。熔丝的循环寿命取决于其负载率 LR（Load Ratio），即脉冲熔化能与平均熔化能之比。一般熔丝会通过试验给出一条循环寿命-负载率曲线，查找这条曲线可以得到对应循环寿命下的 LR。这样，根据焦耳积分值选择熔丝的准则为 $I_f^2t \geqslant I_r^2t/\mathrm{LR}$。

实际冲击电流的焦耳积分值需要把冲击电流波形进行时间积分来计算，在工程上给出了几种典型的冲击电流波形及其对应的焦耳积分值的计算方法，如图 10-36（a）所示。因此，对于图 10-35（a）给出的浪涌电流波形，可以将其简化为一个幅值 6A、持续时间为 1ms 的三角波，这样其焦耳积分值可计算为 $I_r{}^2t=1/3\times6.0^2\times1\times10^{-3}\approx0.012$（$\mathrm{A^2/s}$）。根据图 10-36（b）给出的循环寿命和负载率关系曲线，可以得到 100000 次循环寿命下的 LR＝20%。这样可以得到熔丝的焦耳积分值应该满足 $I_f{}^2t\geqslant0.012/0.2=0.06$（$\mathrm{A^2/s}$）。然后，查找图 10-36（c）给出的 JAG 系列熔丝的焦耳积分值，可得到额定电流 $I_N>0.8$A 的熔丝满足要求的焦耳积分值条件。

名称	波形	I^2t	名称	波形	I^2t
正弦波（全波）	I_m o $\frac{t}{2}$ t	$\frac{1}{2}I_m^2t$	梯形波	I_m o t_1 t_2 t_3	$\frac{1}{3}I_m^2t_1+I_m^2(t_2-t_1)+\frac{1}{3}I_m^2(t_3-t_2)$
正弦波（半波）	I_m o t	$\frac{1}{2}I_m^2t$	任意波1	I_2 I_1 o t	$I_1I_2t+\frac{1}{3}(I_1-I_2)^2t$
三角波	I_m o t_2	$\frac{1}{3}I_m^2t$	任意波2	I_2 I_1 o t_1 t_2 t_3	$\frac{1}{3}I_1^2t_1+\{I_1I_2+\frac{1}{3}(I_1-I_2)^2\}(t_2-t_1)+\frac{1}{3}I_2^2(t_3-t_2)$
矩形波	I_m o t	I_m^2t	冲放电波	I_m $i(t)=I_me^{-t/T}$ $0.368I_m$ o t $-t$	$\frac{1}{2}I_m^2T$

(a)

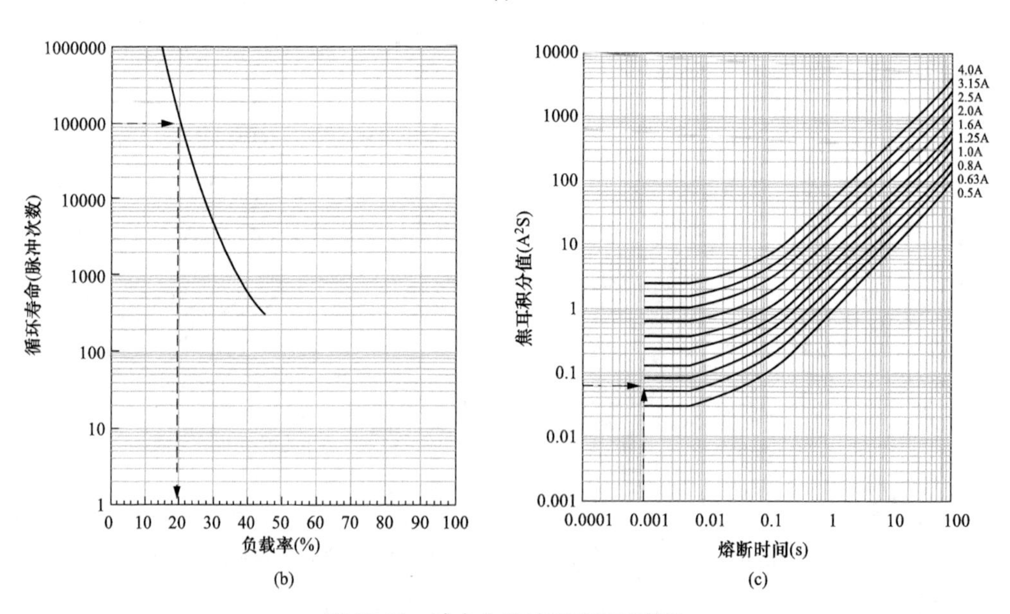

图 10-36　冲击电流波形及熔丝特性

（a）典型冲击电流波形及其对应的焦耳积分值；（b）熔丝的负载率-循环寿命关系曲线；（c）熔丝的焦耳积分值-熔断时间关系曲线

(4) 选择额定电流 I_N=2.5A 的JAG熔丝将能满足所有上述条件。

除了熔丝，正温度系数的热敏电阻（Positive Temperature Coeffcient，PTC）也可以应用于浪涌电流的保护。PTC在正常电流流过时呈现低电阻，而当浪涌过载电流通过时由于发热导致其电阻升高，从而达到对电流进行限制的目的。当电流下降到正常值时，随着发热的减少和温度的下降，PTC又恢复到低电阻状态。这个过程可以重复几千次，故PTC又称自恢复熔丝。根据材料的不同，PTC可分为陶瓷热敏电阻（Ceramic Positive Temperature Coeffcient，CPTC）和聚合物高分子热敏电阻（Polymer Positive Temperature Coeffcient，PPTC）。

CPTC是在钛酸钡（$BaTiO_3$）、五氧化二钒（V_2O_5）或氮化硼（BN）的基体中掺入半导体性质元素而制造的陶瓷热敏电阻。目前得到广泛应用的是$BaTiO_3$系PTC热敏电阻，其主要工艺原理是以钛酸钡构成半导体基体结构，然后掺入施主元素［如锑（Sn）、铋（Bi）、铌（Nb）等］和受主元素［锰（Mn）和铁（Fe）等］，用玻璃（氧化铝或氧化硅）作为添加剂或黏合剂混合烧结制成。钛酸钡型CPTC属于典型的直热式阶跃型PTC，当温度增加到居里温度以上时，其电阻值呈阶跃式增加，可增加4～10个数量级。温度升高需要的热量可以从流过热敏电阻的电流来获得，也可以由外界输入热能或者这二者的叠加来获得。因此，CPTC在电路中可以用作过电流保护、过热保护、温度测量及补偿、电路延时启动及消磁等，应用广泛。CPTC的温度调整范围大（－40～＋320℃），且电阻温度系数高（最高超过40%/℃），同时其额定电阻值可选范围大（0.1Ω～20kΩ），工作电压范围也大（3～1000V）。

CPTC的主要特性包括4个：

(1) 电阻-温度曲线，即CPTC在不同温度下的零功率电阻值，典型特性如图10-37（a）所示。可见随着温度的提高，CPTC的电阻迅速增大，增大幅度可高达几个数量级。

(2) 伏安特性曲线，即在CPTC两端施加不同电压后测量得到的电流值（达到热平衡时测量），典型曲线如图10-37（b）所示，该曲线的斜率即CPTC的等效电阻。从曲线可以看出，当电压升高时，流过CPTC的电流首先会线性增加，在达到一个最大值后反而下降。这是因为随着电流增加，CPTC内部温度升高，当达到居里温度后电阻值迅速升高，从而造成电流下降。

(3) 电流-时间特性曲线，该特性曲线描述了CPTC过电流保护的响应速度，典型曲线如图10-37（c）所示。

(4) 不同环境温度下CPTC电流折减系数曲线，即不同环境温度下CPTC的额定电流与25℃下的比值，如图10-37（d）所示。

由于电阻随流过的电流呈现阶跃式的变化，因此在CPTC自恢复熔丝的应用手册中，有些往往不会给出上述4种曲线，而只简单给出几个关键的技术指标：①额定电压，即电阻能够耐受的最高电压；②额定电阻及其容限，即在环境温度25℃下测量到的零功率时CPTC的电阻值；③保持电流，即在给定环境温度下，使CPTC保持在其额定电阻附近时的最大电流；④动作电流，即在给定环境温度下，使CPTC电阻发生突变的最小电流；⑤最大允许电流，即允许通过CPTC的最大电流；⑥典型动作时间，即给CPTC施加额定电压，随着温度的升高导致PTC内的电流下降到稳定的时间。表10-2给出了几种典型CPTC的技术指标。

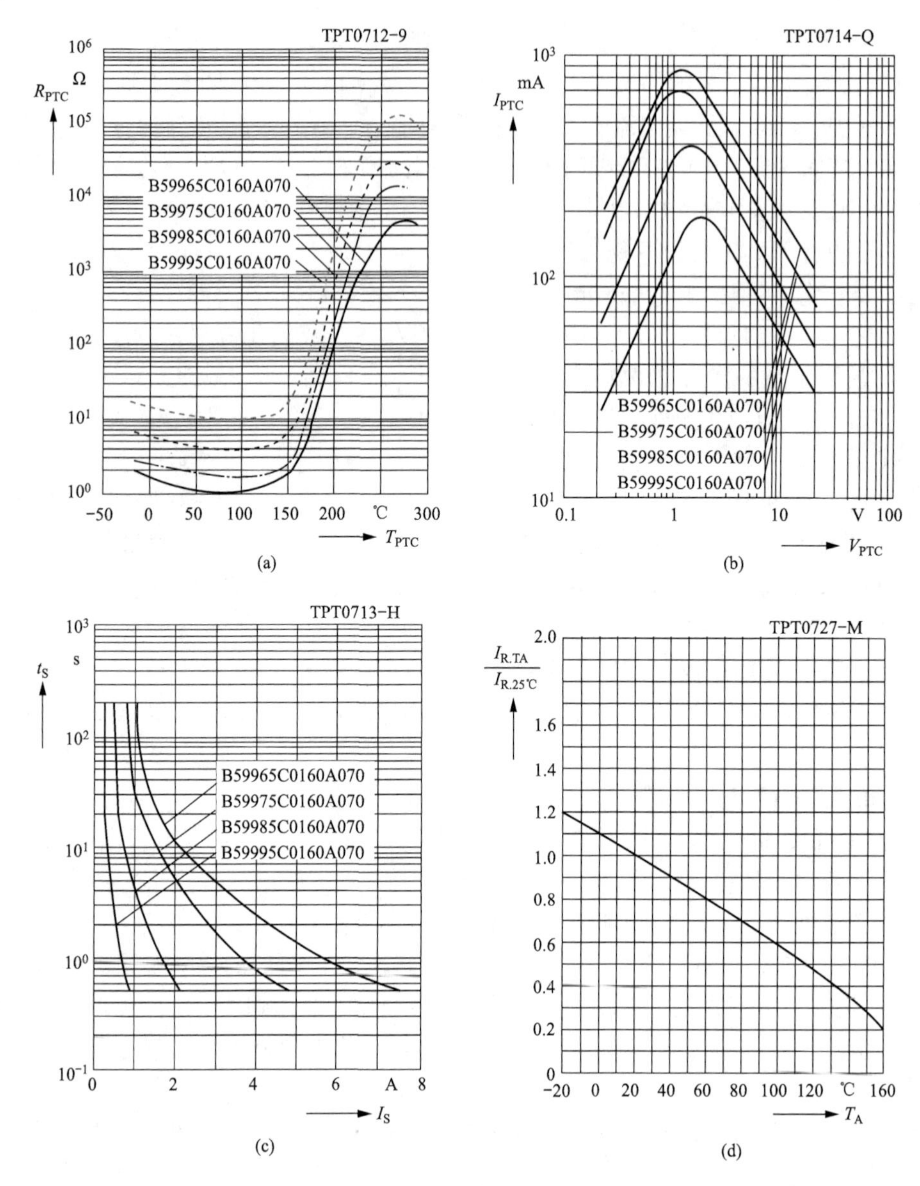

图 10-37　TDK 的 12V 陶瓷 CPTC 的特性曲线

（a）电阻-温度曲线；（b）伏安特性曲线；（c）电流-时间特性曲线；（d）电流折减系数曲线

表 10-2　　BOURNS 的 CMF-SDP 系列 CPTC 的典型技术指标

型号	额定电压（V）	额定电阻（Ω，25℃）	保持电流 I_{hold}（A，25℃）	动作电流 I_{trip}（A，25℃）	最大电流 I_{max}（A，230Vac）	典型动作时间（s，I_{max}）
CMF-SDP07	230	7×(1±20%)	0.08	0.20	3.0	0.45
CMF-SDP25	230	25×(1±20%)	0.13	0.26	2.8@230VAC	0.2
CMF-SDP50	230	50×(1±15%)	0.09	0.19	2.5@230VAC	0.13

PPTC 由高分子聚合物基体与碳粒挤压而成，碳粒形成碳链导电，因此 PPTC 是导体，在正常电流流过时呈现低电阻。但是当有过载电流通过时，产生的热量将使其膨胀，从而将碳粒分开，造成 PPTC 的电阻升高，而这又将促使 PPTC 更快地产生热量，且膨胀得更大，

进一步使其电阻升高，最终使电流得到限制。此时流过 PPTC 的小电流足以使其保持在这个温度和处于高阻状态。当故障清除后，PPTC 收缩至原来的形状并重新将碳粒联结起来，电阻下降至可以通过正常电流的水平。上述过程可多次循环。

CPTC 的主要优点是制造容易，价格便宜，阻值稳定，参数离散性小，但是其零功率电阻值较大，因此只适合小电流的过载保护。CPTC 的保护速度慢，电阻变化响应时间达到百毫秒的数量级，且其热容大，恢复时间长。相比之下，PPTC 的主要优点是常温零功率时的电阻可以做得很小，大电流等级的产品阻值只有几毫欧，使得线路的功耗较小。另外，PPTC 的阻值突变速度快，在冲击电流作用下响应时间可达几毫秒，并且其耐冲击，能够循环保护达 8000 次之多。

PPTC 的技术指标包括保持电流 I_{hold}、动作电流 I_{trip}、额定电压 V_{ac}(交流) 或 V_{dc}(直流)、最大电压 V_{max}、最大断路电流 I_{max}、初始电阻 R_{min} 和 R_{max}、动作后 1h 的恢复电阻 R_1、最大动作时间 t_{trip} 及动作后的功耗 P_D。PPTC 的初始电阻即在零功率时的额定电阻，它的参数变化范围要比 CPTC 的大，同样标称的电阻阻值经常相差 50%以上。同时，PPTC 动作后的恢复电阻与初始电阻相差较大，这可以通过指标 R_1 来反映。另外，V_{max} 和 I_{max} 表示 PPTC 不允许超过的极限值，一旦超过会引起不可逆的损坏。最后，P_D 表示在 PPTC 动作后其泄漏电流与两端电压的乘积，一般在额定电压下测量，因此通过该参数可以计算出 PPTC 动作后的电阻值：$R_{trip}=V_{ac}^2/P_D$。

表 10-3 给出了 BOURNS 的 MF-RM 系列 PPTC 的典型技术指标，它可以与表 10-2 给出的 CPTC 的技术指标进行比较。根据表 10-3 中的数据，可以计算出 MF-RM005 动作后的电阻为 $R_{trip}=240^2/0.9\approx64$ (kΩ)，比初始电阻大 3 个数量级。对于 MF-RM055，其 $R_{trip}\approx17$kΩ，比初始电阻大 4 个数量级。可见，这与 CPTC 是相当的。图 10-38 (a) 给出了 PPTC 在不同故障电流下的动作时间曲线，与表 10-2 中 CPTC 的时间相比，在 I_{max} 电流流过时，PPTC 的动作时间明显要比 CPTC 更短。另外，图 10-38 (b) 给出了随着环境温度的变化，保持电流和动作电流的折减系数曲线。

表 10-3　　BOURNS 的 MF-RM 系列 PPTC 的典型技术指标

型号	典型保持和动作电流限		V_{max}		I_{max}	初始电阻	动作 1h 后电阻	最大动作时间		动作后功耗
	I_{hold}, 23℃	I_{trip}, 23℃	额定电压	断路电压	断路电流	R_{Min}, 23℃	R_1 Max, 23℃	23℃		PD Typ, 23℃
	(A)	(A)	(V)	(V)	(A)	(Ω)	(Ω)	(A)	(s)	(W)
MF-RM005/240	0.05	0.12	240	265	1.0	18.50	65.00	0.25	10.0	0.9
MF-RM008/240	0.08	0.19	240	265	1.2	7.40	26.00	0.40	10.0	0.9
MF-RM012/240	0.12	0.30	240	265	1.2	3.00	12.00	0.60	15.0	1.0
MF-RM016/240	0.16	0.37	240	265	2.0	2.50	7.80	0.80	15.0	1.4
MF-RM025/240	0.25	0.56	240	265	3.5	1.30	3.80	1.25	18.5	1.5
MF-RM033/240	0.33	0.74	240	265	4.5	0.77	2.60	1.65	21.0	1.7
MF-RM040/240	0.40	0.90	240	265	5.5	0.60	1.90	2.00	24.0	2.0
MF-RM055/240	0.55	1.25	240	265	7.0	0.45	1.45	2.75	26.0	3.4

图 10-39 给出了利用浪涌电压和电流保护元件对仪表或设备进行保护的典型电路，其

中图 10-39（a）给出了在仪表输入单相电源上施加熔丝和压敏电阻进行保护的电路，图 10-39（b）给出了差模和对地共模浪涌保护电路。当有瞬时浪涌电压超过 ZnO 或 TVS 击穿电压时，电压会被钳位，浪涌电流涌过保护元件，此时熔丝不会动作。但是，如果过大的浪涌电流流过，或者持续时间较长，危害到保护元件，则熔丝会断开，对电路进行保护。

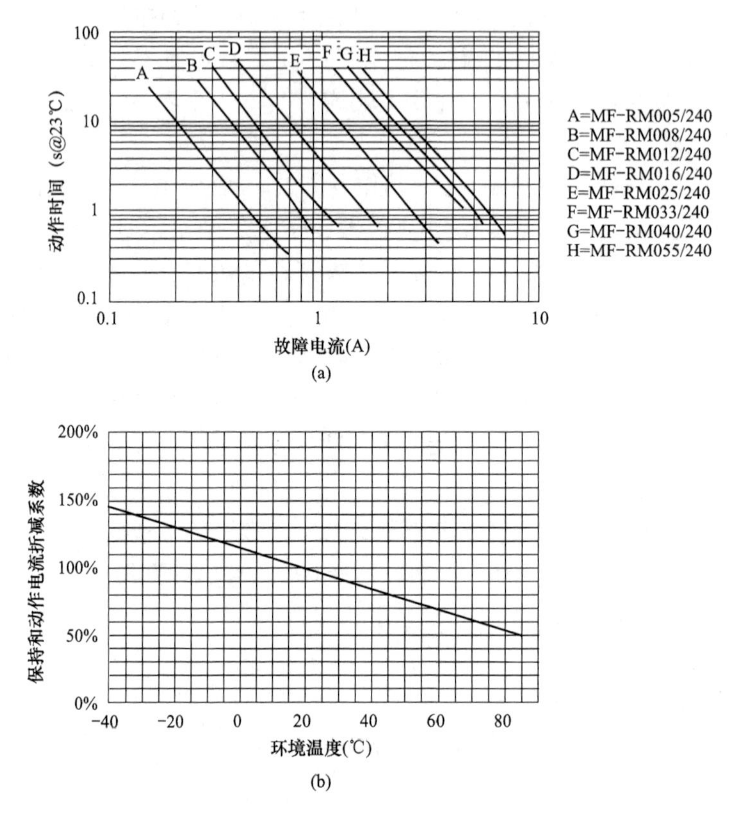

图 10-38 PPTC 的动作时间曲线和电流折减系数曲线

（a）动作时间曲线；（b）电流折减系数曲线

图 10-39（c）给出了利用 PTC 对电动机等负载进行保护的电路，在正常电流流过 PTC 时，PTC 呈现低电阻，不影响电动机的运行。但是一旦电动机发生过载，那么流过 PTC 的浪涌电流会使其阻抗迅速增大，限制了过载电流，从而对电动机或电源进行保护。

图 10-39（d）给出了 PTC 在整流电路中的应用，在电源开关闭合的瞬时，浪涌电流会流过大容量的平波电容，这可能会导致整流二极管损坏。因此，利用 PTC 可以限制该浪涌电流，随着电容电压上升，电流会恢复到正常工作的小电流，PTC 则恢复到原来的低阻抗。

图 10-39（e）给出了 PTC 在节能灯或者荧光灯中应用的原理，节能灯利用 *L-C* 谐振原理产生高的点火电压，击穿灯丝电极而产生辉光或弧光放电。若把 PTC 与谐振电容 *C* 并联后，在电源接通时的冷态，由于 PTC 呈现出低电阻，电容 *C* 被短路，节能灯两侧的电压很低，灯丝上流过的电流将使电极和 PTC 被加热。随着 PTC 的温度升高，其电阻也迅速提高，对 *C* 的影响消除，则灯丝开始承受高的谐振电压而点火发光。这种对灯丝的预热能够大大延长节能灯的寿命。

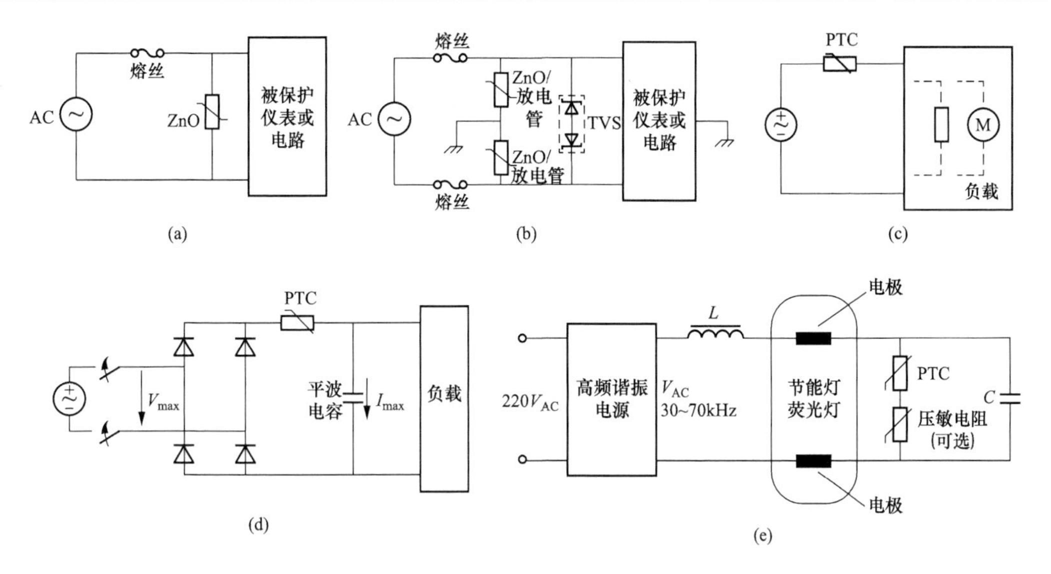

图 10-39　典型的浪涌保护电路及 PTC 的典型应用

（a）熔丝和压敏电阻保护电路；（b）对差模和共模的保护；（c）PTC 的应用实例；（d）PTC 的应用实例 2；（e）PTC 的应用实例 3